Hermann Burmeister

Systematische Übersicht der Tiere Brasiliens

Dritter Teil: Vögel - Zweite Hälfte

bremen university press

Hermann Burmeister

Systematische Übersicht der Tiere Brasiliens

Dritter Teil: Vögel - Zweite Hälfte

ISBN/EAN: 9783955623265

Auflage: 1

Erscheinungsjahr: 2013

Erscheinungsort: Bremen, Deutschland

bremen
university
press

Systematische Uebersicht

der

Thiere Brasiliens,

welche

während einer Reise durch die Provinzen von Rio de
Janeiro und Minas geraës

gesammelt oder beobachtet

wurden

von

Dr. Hermann Burmeister,

o. ö. Prof. d. Zoologie und Direct. d. zool. Mus. der Universität zu Halle.

Dritter Theil.

Vögel (Aves).

Zweite Hälfte.

Vorrede.

Die systematische Uebersicht der Thiere Brasiliens, wovon die Säugethiere und Vögel vollendet vorliegen, findet mit diesem dritten Bande zunächst ihren Abschluß, weil ich im Begriff stehe, eine neue Reise nach Süd-Amerika anzutreten, und deshalb die weitere Bearbeitung meiner Materialien zunächst ruhen lassen muß. Indem ich mich in die mehr südlichen Gegenden des Continents zu begeben gedenke, welche bisher von Europäischen Naturforschern nur sehr wenig besucht waren, hoffe ich eine reiche Ausbeute interessanter Gegenstände für die Fauna dieses Gebietes zu machen und erspare die Fortsetzung meines Werkes um so lieber, als ich mit Benutzung der mir in Aussicht liegenden neuen Erwerbungen im Stande sein werde, eine umfassendere, also auch werthvollere Bearbeitung des vorliegenden Stoffes zu verheißen. Für die Vögel war, bei der großen Menge früherer Schriftsteller über diese Klasse, die Behandlung leicht und für mich wenig Neues übrig geblieben, zumal wenn es sich nur, wie hier, um eine „systematische Uebersicht" handelte; dennoch bin ich oft in den Fall gerathen, fremder Beihülfe mich bedienen zu müssen, weil meine eigene Sammlung begreiflicher Weise nicht alle bereits bekannten Arten umfassen konnte. Ich nenne hier gern und mit aufrichtigem Danke die HH. Geh. R. Lichtenstein in Berlin, Hofr. Reichenbach in Dresden, Dr. Hartlaub in Bremen und Dr. Cabanis in Berlin, welche sich durch bereitwilligen, gütigen Rath und direkte Mittheilung mir fehlender Materialien um die Vollendung meines Unternehmens verdient gemacht haben.

Halle, den 3. September 1856.

H. Burmeister.

Inhalt.

Inhalt.

Inhalt.

Inhalt.

Funfzehnte Familie.

Zweigschlüpfer.　Anabatineae.

Tracheophonen mit allermeist langem, mitunter zierlichem, gewöhnlich starkem, bald gradem, bald mehr oder weniger gebogenem Schnabel, dessen gangbarste Länge den Kopf übertrifft oder ihm wenigstens gleichkommt; die Spitze des Schnabels ist nicht eigentlich hakig, obgleich wohl etwas herabgekrümmt, meistens ganz grade, ohne Kerbe, mitunter gar etwas aufsteigend; die Nasengrube ist kurz und auf den Grund des Schnabels beschränkt, das Nasenloch in der vordersten Ecke angebracht; lange steife Borsten fehlen dem Schnabelrande allgemein, kaum sind einige feine Borstenspitzen am Gefieder des Schnabelgrundes sichtbar. Der Flügelschnitt ist kurz, die Form der Flügel mehr abgerundet als zugespitzt; die erste Schwinge daher stets bedeutend verkürzt. Der Schwanz hat zwölf meist lange, mitunter steifschaftige, zum Anstemmen geeignete Federn. Die Beine haben einen mäßig langen Lauf, dessen Vorderseite mit Tafelschildern bekleidet ist, welche weit nach hinten herumgreifen; in der Mitte der Laufsohle bleibt eine schmale Lücke, worin gewöhnlich nur eine einfache Reihe von Warzen sich bemerklich macht. Die Zehen sind ziemlich lang, besonders der Daumen und die vordere Mittelzehe; sie tragen große, nach Verhältniß starke, mitunter sehr stark gekrümmte Krallen. Die Außenzehe nähert sich zwar der Mittelzehe am Grunde, aber eine förmliche Verwachsung beider ist selten; dagegen schwankt ihre Größe auffallend, insofern sie bald die Länge der Mittelzehe erreicht, bald nur der Innenzehe gleichkommt. —

Die Mitglieder dieser Gruppe haben vorzugsweise eine rostgelbe, rostrothe oder rothbraune Farbe; zeichnen sich z. Th. durch blasse, scharfe Schaftstreifen auf ihrem Gefieder aus und leben an den kleinen Zweigen des niedrigen Buschwerkes, besonders den Schlingpflanzen, an denen sie meist in senkrechter Stellung wie die Certhien herum= hüpfen und nach Insekten suchen. Mehrere von ihnen sind durch eine laute, kreischende Stimme ausgezeichnet. Sie bauen mitunter höchst kunstreiche Nester und legen größtentheils ganz weiße Eier.

1. Furnariinae.

Schnabel von Kopfeslänge oder etwas kürzer, seitlich zusammen= gedrückt, grade oder sanft gebogen, mäßig stark; die Nasengrube vor= tretend, das Nasenloch ziemlich groß, meist spaltenförmig. Flügel etwas über den Anfang des Schwanzes hinabreichend. Schwanz eher kurz als lang, gewöhnlich weich. Lauf hoch, hinten ganz glatt oder flach warzig. Zehen stark und z. Th. recht lang, die Außenzehe ziemlich kurz; die Krallen nur klein, aber scharf, mäßig gekrümmt; die Daumenkralle viel stärker und länger als die übrigen, wie über= haupt der ganze Daumen. —

Die Vögel gehen viel auf dem Boden, hüpfen zwar im Ge= büsch herum, aber klettern nicht; sie sind z. Th. sehr dreist und kom= men selbst bis in die Ansiedelungen. Ihr Hauptgebiet sind die Campos, Pampas und Savannen der inneren Gegenden Süd-Ame= rikas*). —

1. Gatt. Furnarius *Vieill.*
Galer. II. 300.
Figulus *Spix.* Opetiorhynchus *Temm.*

Schnabel kaum länger als der Kopf, vorn höher als breit, am Grunde etwa so breit wie hoch, leicht gebogen; Gefieder bis auf die Nasengrube hinab reichend, ohne alle Borstenspitzen. Flügel stumpf, aber nicht gerundet, über die Basis des Schwanzes hinabreichend; erste Schwinge merklich, zweite wenig verkürzt, die dritte die längste. Schwanz weich, mäßig lang, breit gerundet, die äußeren Federn sicht= bar verkürzt. Lauf sehr hoch, Zehen kräftig, Krallen kurz, scharf, ziemlich gebogen. — Die Vögel bauen große backofenförmige Nester

---

*) Außer den hier erwähnten 2 Gattungen gehören noch Geositta, Henicurus, Ochetorhynchus, Cillurus und Rhodinocinclus (Journ. f. Orn. I. 33.) hierher.

aus Lehm, welche in schwebender Stellung horizontal auf wagrechten
Aesten angebracht sind und 2 Abtheilungen, eine Brütkammer und
eine Wohnkammer enthalten, in welche letztere der stets links gelegene
senkrechte halbelliptische Eingang führt. —

1. Furnarius rufus *Gmel.*

Merops rufus *Gmel. Linn.* s. Nat. I. 1. 456. — *Buff*. pl. enl. 739. — *Lath.*
   Ind. orn. I. 276. 22. —
Turdus badius *Licht*. Doubl. d. zool. Mus. 40. 451.
Figulus albogularis *Spix*. Av. Bras. I. 76. tb. 78.
Opetiorhynchus ruficandus *Pr. Max.* Beitr. III. 6. 671. 2.
Furnarius rufus *D'Orb*. Voy. Am. mer. Ois. 250. — *Burm. Caban.* Journ.
   I. 167. 8. —
Hornero *Azara* Apunt. II. 221. 221.
João de barro der Brasilianer in Minas geraes.

Rostgelbroth, Oberkopf brauner, Unterseite lichter, die Kehle weißlich;
Schwingen braun, Handschwingen am Grunde, Armschwingen am ganzen Innenrande blaß gesäumt. —

So groß wie ein Staar; — Gefieder rostgelbroth, der Oberkopf ziemlich dunkel, beinahe braun, wie die Schwingen; hinter dem Auge ein frischer
gefärbter rostgelber Streif; ebenso die Kehlseiten, aber die Kehlmitte reiner
weiß; Brust, Bauch und Steiß lichter gefärbt, als der Rücken, aber doch
in demselben Ton gehalten. Handschwingen an der Basis eine kurze Strecke
blaßgelb gesäumt, übrigens grau auf der Innenseite; Armschwingen am
ganzen Innenrande mit blaßgelbem Saum. Schwanzfedern viel heller rostgelbroth als die Flügel. Iris gelbbraun; Schnabel braun, der Unterkiefer
am Grunde weißlich; Beine braun. —

Ganze Länge 8″, Schnabelfirste 10‴, Flügel 4″ 2‴, Schwanz 2″ 8‴,
Lauf 1″ 2‴, Mittelzehe 9‴ ohne Kralle.

Im Innern des südlichen Brasiliens, auf dem weiten Camposgebiet
von Minas geraes, Goyaz, Mato grosso, St. Paulo und hinab bis in die
argentinische Republik ist dieser Vogel einer der merkwürdigsten und häufigsten Erscheinungen. Ich traf ihn zuerst am Fuße des Itacolumi, auf der
Fazende Mainarte und war sehr erstaunt, das dreiste Geschöpf auf dem
Hofe herumgehen und vor Niemandem sich fürchten zu sehen. Bei meiner
Nachfrage erfuhr ich, daß er ein den Brasilianern heiliger Vogel (passe-
rino catholico) sei, weil er an seinem großen, backofenförmigen Neste Sonntags nicht arbeite und das Flugloch desselben stets nach Morgen lege. Daß
letztere Angabe nicht richtig sei, fand ich bald selbst und überzeugte davon
auch mehrere Einwohner, die ich deshalb zu Rathe zog; die Sage, daß der
Vogel Sonntags nicht arbeiten soll, hat wohl ihren Grund in der Schnellig-

feit von 5—6 Tagen, womit er sein schwieriges Werk vollendet. Hat er also nicht grade am Sonntage begonnen, so ist er fertig, ehe der nächste Feiertag herankommt. Dies Nest, von dem D'Orbigny eine rohe Figur geliefert hat (Voy. Am. mer. Ois. pl. 55 fig. 2; — man vgl. den Atlas zu meiner Reise Taf. VI.), ist für den kleinen Vogel wirklich ein erstaunens= würdiges Werk; es ist unten über einen Fuß lang, 6—7 Zoll breit und gegen 8—9″ hoch; so schwebt es, einem ovalen Backofen ähnlich, auf einem horizontalen starken Aste, selten auf einem Dachgiebel oder einem Kirchen= kreuze, und hat an der linken Seite der einen längeren Fläche eine senkrechte halbelliptische Oeffnung so hoch, daß der Vogel darin stehen kann. Nach rechts neben der Oeffnung geht eine halbe Querwand durch das Innere des Nestes und darin brüten, auf weicher Unterlage von Grashalmen, Haa= ren und Federn, beide Gatten abwechselnd ihre 3—4 rein weißen Eier (D'Orbigny l. l. pl. 56 f. 3). Die erste Brut fällt in den Anfang des Sep= tember, der Bau wird Ende August ausgeführt, indem beide Geschlechter große Lehmballen, wie Wallnüsse, aus dem Koth der Fahrwege holen und mit den Füßen auskneten; — eine zweite Brut wiederholt sich im Januar. Beide Gatten sind fast immer zusammen, sitzen vereint auf einer Dachspitze, und schreien jeden Vorübergehenden mit lauten, kreischenden Tönen an, wobei das Weibchen die zweite Stimme singt und beide eine genaue chroma= tische Tonleiter inne halten. Die ganze Scala fällt etwas von den höchsten Tönen zu den tiefern hinab. Sie vertheidigen ihr Nest gegen alle Angreifer, und durch Nachsicht verwöhnt, welche ihnen allerorts zu Theil wird, drücken sie in den possirlichsten Stellungen ihre Verwunderung aus, wenn man es wagt, ihnen zu nahe zu kommen. — Die Nahrung unseres Töpfervogels, den die Mineiros ihren Lehmhans (João de barro) nennen, besteht in In= sekten, welche er auf dem Boden sucht; in der Luft oder an Zweigen sieht man ihn nie darnach haschen. — Weitere Mittheilungen habe ich, nament= lich über die Art, wie das Nest gebaut wird, in Cabanis Journ. f. Ornith. I. S. 168 gegeben. —

Furnarius figulus *Ill.*

Turdus figulus *Illig. Licht.* Doubl. zool. Mus. 40. 450.
Furnarius rufus *Vieill.* Gal. II. 301. pl. 182.
Opetiorhynchus rufus *Pr. Max.* Beitr. III. 6. 667. 1.
Furnarius figulus *Reichenb.* Handb. 202. 493.
Furnarius melanotis *Swains.*

Rückengefieder hell zimmtroth, Bauchseite gelblich weiß, hinter dem Auge ein weißgelber Streif; Handschwingen mit blaßgelber Binde.

Etwas kleiner als die vorige Art, übrigens ebenso gestaltet. Schnabel relativ feiner und kürzer, braun, die Kinngegend gelblich. Iris gelbbraun. Oberkopf dunkel zimmtrothbraun, an den Schläfen hinter dem Auge ein breiter blaßgelber Streif; die Ohrdecke besonders am oberen Rande schwarz- braun. Nacken, Rücken, Flügel und Schwanz hell einfarbig zimmtroth; die Schwingen braun, auf der Innenseite grau, nicht bloß mit blaßgelber Basis, sondern auch mit einer breiten blaßgelben Binde über die Mitte, welche mit dem ebenso gefärbten Saum des Innenrandes verfließt und an den Arm- schwingen allmälig schmäler und undeutlicher wird. Kehle, Vorderhals und Backen weiß; Brust und Bauchseiten gelblich, Bauchmitte und Steiß weiß. Beine fleischbraun. —

Ganze Länge 6½", Schnabelfirste 7''', Flügel 3" 4''', Schwanz 2" 4''', Lauf 1', Mittelzehe 8''' ohne Kralle.

Diese Art bewohnt die Campos der Provinz von Bahia und die wei- ter nordwärts gelegenen Districte; sie stimmt, so weit bekannt, in ihren Gewohnheiten ganz mit der vorigen überein und vertritt dort deren Stelle.

Anm. 1. Büffons pl. enl. 739 gehört nicht zu dieser, sondern zur vo- rigen Art, obgleich das Colorit manche Aehnlichkeit mit gegenwärtiger hat; aber die Größe des Vogels, der mangelnde Schläfenstreif und die Angabe, daß er von Buenos-Ayres stamme, entscheiden für die vorige Spezies. Dagegen ist Vieil- lots Abbildung ganz gewiß hierher und nicht zur vorigen Art zu ziehen; kei- nesweges aber Spix Figur; sie stellt die südbrasilianische Art in einer etwas zu dunklen Färbung vor. —
2. Swainson hat in seinen Two Century and a Quarter etc. pag. 324 —351 noch eine ganze Reihe von Furnarii species unterschieden, über deren Recht- mäßigkeit ich kein Urtheil fällen kann, da ich sie nicht gesehen habe. Eine der- selben, der Furnarius leucopus wird von Schomburgk (Reise III. 688. 110) als in Guyana einheimisch aufgeführt; die anderen hat Hofr. Reichenbach (Handb. I. 203. flgd.), der auch den F. melanotis als Art beibehält, kurz be- schrieben. Ich kann in letzteren, mit Bonaparte und Gray, nur den ächten F. figulus entdecken.

Furnarius rectirostris *Pr. Wied.*

Opetiorhynchus rectirostris *Pr. Max.* Beitr. III. 679. 4. —
Figulus rectirostris. *Gray. Bonap.* Consp. 214. 3. — *Reichenb.* Handb. I. 204. 495.

Kopf, Flügel und Schwanz rostroth, Rücken matt olivenbraun; Unterseite gelblich olivenbraun.

Schnabel ziemlich lang, stark, hoch, grade und zugespitzt, nach der etwas über den Unterkiefer vortretenden Kuppe sanft hinabgebogen; Ober- kiefer hornbraun, Unterkiefer röthlichweiß mit brauner Spitze. Iris hoch- gelb. Rücken-Gefieder vom Kopf bis zum Schwanzende rostroth, Flügel und Schwanz dunkler mit Beimischung von braun; Rücken mit leichtem olivenfarbenen Anflug. Alle Untertheile sanft röthlich olivengelb, an der

Kehle reiner gelb, die Seiten von Brust und Bauch bräunlicher. Schwingen kürzer, der Flügelschnitt mehr gerundet, schwärzlich graubraun, die Außenfahne obenauf zimmtroth, die Innenfahne blaßgelb gesäumt. Beine hell graubräunlich. Schwanzfedern stufig abgesetzt, die mittleren verlängert.

Ganze Länge 8″ 8‴, Schnabelfirste 9‴, Flügel 3″ 6‴, Schwanz 3‴, Lauf 11‴, Mittelzehe ohne Kralle 7½‴. —

Die Art ist nur vom Prinzen zu Wied im Innern der Provinz von Bahia auf deren Camposgebiet beobachtet worden; sie baut ein backofenförmiges Nest aus Lehm mit Kammern, wie die vorige und heißt auch dort João de barro. Der Vogel hüpft im Gebüsch herum, und wippt mit seinem viel längerm Schwanze; Gewohnheiten die den vorigen beiden Arten nicht zustehen.

Anm. Nach der Form des Schnabels und Schwanzes zu urtheilen muß dieser Vogel eine eigne Gattung bilden, welche auch Gray und Reichenbach annehmen.

2. Gatt. Lochmias *Swains.*

Myiothera *Licht.* Picerthia *Geoffr.*

Schnabel von Furnarius, nur etwas feiner; so lang wie der Kopf, höher als breit, sanft gebogen, mit grader Spitze; Nasenloch eine Spalte am unteren Rande der Nasengrube; Flügel kürzer, mehr abgerundet; die erste Schwinge sehr stark, die zweite ziemlich verkürzt, die dritte fast so lang wie die vierte längste. Schwanz kurz, die Federn ziemlich schmal, die Schäfte in stechende steife Spitzen verlängert. Beine zierlicher, der Lauf fein, die Hinterzehe minder stark verlängert, daher die vorderen relativ länger erscheinen, mit feinen wenig gebogenen Krallen; die Laufsohle mit glatten Warzen bekleidet. —

Lochmias nematura.

Myiothera nematura *Licht.* Doubl. d. zool. Mus. 43.
Furnarius St. Hilarii *Less.* Traité d'Orn. 307. 5.
Lochmias squamulata *Swains.* Birds of Braz. pl. 33.
Myrmothera nematura *Ménétr.* Mon. d. Myioth. l. l. 474.
Lochmias nematura *Cabanis,* Wiegm. Arch. 1847. I. 231. — *Bonap.* Consp. 210. — *Reichenb.* Handb. I. 178. 411.
Lochmias St. Hilarii *Gray.* Gen. Birds XXII. no. 1.

Rauchschwarz, Rücken braun; Kehle Brust und Bauch mit weißem Tropfen auf jeder Feder.

So groß wie unsere Blaumeise (Sitta europaea), nur Schnabel und Kopf kleiner. Oberschnabel schwarzbraun, Unterschnabel und Beine blaß fleischbraun; Iris braun. Gefieder in der Hauptsache rußschwarz, der Rücken lebhafter braun, mit etwas olivenfarbenem Anfluge. Vorderste Stirn=, Zügel= und Ohrdeckenfedern mit gelblichen, scharfen Schaftstreifen. Schwanz tiefschwarz. Unterseite von der Kehle bis zum Steiß weiß getüpfelt, indem jede Feder auf der Mitte einen weißen Fleck hat, welcher an der Kehle und dem Halse die ganze Mitte ausfüllt, an den Seiten der Brust und des Bauches wie am Steiß sich zu schmalen Schaftstreifen verengert, und auf der Brustmitte aus solchem Schaftstreif mit runder Erweiterung am Ende besteht. — Untere Flügeldeckfedern weiß getüpfelt. —

Ganze Länge 5½″, Schnabelfirste 7‴, Flügel 3″, Schwanz 1½″, Lauf 10‴, Mittelzehe ohne Kralle 7‴.

Der Vogel war ziemlich häufig in Congonhas, dem Orte wo ich mich 3 Monate vom August bis November aufhielt; er zeigte sich des Vormittags im Garten hinter meinem Wohnhause an einem tiefen Bacheinschnitt, wohin gewöhnlich die Nachtstühle geschüttet wurden, lief hier auf dem Boden, selbst auf den Steinen des Baches, und suchte noch im Koth nach Fliegenmaden und andern Insekten. Nur mitunter hüpfte er auf die unteren Zweige der Gebüsche, mit seinen pfeifenden Tönen sich verrathend. Die Mineiros nannten ihn, wegen dieser ekelhaften Liebhaberei, den Präsidenten der Schweinerei (presidente da porcaria). Sein Nest habe ich nicht erhalten, auch keine laute oder eigenthümliche Stimme von ihm vernommen. Mein Sohn schoß mehrere Exemplare, da der Vogel nicht scheu ist. —

2. Dendrocolaptidae.

Schnabel allermeist viel länger als der Kopf, mitunter sehr lang, mehr oder weniger gebogen; die Spitze gerade und scharf, überhaupt der ganze Schnabel stärker und höher als in der vorigen Gruppe. Flügel ziemlich spitz, über den Anfang des Schwanzes merklicher hinab reichend, steiffedrig. Schwanz lang und sehr steif, die mittleren Schäfte stark verdickt, zum Anstemmen geeignet. Lauf mäßig lang, hinten mit kleinen Tafeln belegt. Zehen groß, stark, mit hohen, scharfen, sehr gekrümmten Krallen; Außen= und Mittelzehe genau gleich lang, am Grunde innig mit einander verwachsen. —

Die Mitglieder dieser Gruppe sind strenge Baumkletterer, welche den Boden nicht betreten, sondern senkrecht stehend nach Art der Spechte an den Baumzweigen herumhüpfen, hier nach Insekten in den Fugen und Spalten der Rinde suchend. —

Anm. Diese eigenthümlich gestaltete, leicht kenntliche Gruppe ist mehrmals monographisch bearbeitet worden, zuerst von G. R. Lichtenstein in den Abh. d. Kön. Acad. z. Berlin, phys. math. Cl. a. d. J. 1818 und 1820. S. 255. und kürzlich von Lafresnaye (Guér. Rev. zool. 1849 und 1851.). Eine Zusammenstellung aller Arten enthält *Reichenb.* Handb. d. spez. Orn. I. S. 176. flgd.

A. Schnabel breiter als hoch, ziemlich dick und wenig gebogen, von Kopfeslänge.

3. Gatt. Dendrocincla *Gray.*

Dryocopus *Pr. Wied.*

Schnabel grade, etwa so lang wie der Kopf, breiter als hoch, die Firste nach der Spitze hin sanft gebogen; am Ende mit einem Häkchen hinabgewölbt, aber ohne Kerbe daneben. Nasengrube vortretend, mit schmalem spaltenförmigem Nasenloch am unteren Rande. Flügel mäßig lang, etwa ein Drittel des Schwanzes erreichend. Schwanz stark, die Federn stufig abgesetzt, die Schäfte mäßig steif, mit vortretenden etwas gebogenen Spitzen. Beine nach Verhältniß hoch und schlank, übrigens wie bei Dendrocolaptes.

Dendrocincla turdinea.

Gray. Gen. of the Birds. *Reichenb.* Handb. I. 191. 459.
Dendrocolaptes turdineus *Lichtenst.* l. l. 1818. 204. th. 2. f. 1. — 1820. 264. 7. — Doubl. z. Mus. 16. 150. — *Kittl.* Abb. th. 24. f. 1.
Dryocopus turdineus *Pr. Max.* Beitr. III. 1112. 1.
Dendroceps turdineus *Lafresn.* Rev. zool. 1851. 465.

Ganzes Gefieder olivenbraun, Kehle röthlich gelb, Unterrücken röthlichbraun. —

Schnabel blaßbraun, der Unterkiefer weißlich; Iris braun. Ganzer Körper etwas trüb olivenbraun, die Unterseite etwas lichter; Stirn und Oberkopf sehr matt lichter gestreift; Kehle gelbröthlich überlaufen; Unterrücken etwas röther braun. Schwingen lebhafter braun, der Innensaum rostroth, die Spitze graubraun. Schwanz rothbraun. Beine bleigrau.

Ganze Länge 8″ 2‴, Schnabelfirste 9‴, Flügel 3″ 10‴, Schwanz 3″ 3‴, Lauf 10‴, längste Vorderzehe 7‴ ohne Kralle. —

In den Waldungen der Küstenstrecke von Rio de Janeiro bis Bahia, aber nicht häufig; lebt wie die Dendrocolapten an den Zweigen der Bäume.

Anm. G. R. Lichtenstein beschreibt D. noch 2 Arten, welche ich nicht kenne; ihre Diagnose lautet wie folgt:
Dendrocincla fumigata: Dendrocolaptes fumigatus *Licht.* l. l. 203. 1818 und 264. 8. 1820. — Rostro nigro, capite corporeque immaculato fumigato; vitta utrinque duplici supra et infra oculos pallida. Long. 8″.

Dendrocincla merula; Dendrocolaptes merula *Licht.* I. I. 208. 17. 1818
und 264. 9. 1820. — Rostro brevi, nigrescente, mento albido; corpore toto
obscure guajacino, gula alba. Long. 7½″.
Ueber beide Arten vgl. auch *Lafresn.* Rev. zool. 1851. 466 und *Reichenb.*
Handb. I. 191. —

4. Gatt. Dendrocopus *Swains.*

Premnocopus *Cabanis.*

Schnabel dick, stark, nicht länger als der Kopf, breiter als hoch,
mit stumpfer sanft gewölbter Rückenfirste und leichter Biegung ab=
wärts; Nasenloch weit, kreisrund. Flügel und Schwanz ziemlich
lang, die ersteren zumal bis beinahe zur Mitte des Schwanzes rei=
chend. Schwanzfedern kurz zugespitzt, die Enden der Schäfte wenig
vortretend, nicht abwärts gebogen. Beine mäßig stark; die Zehen
nicht ganz so lang wie bei den folgenden, aber auch nicht sehr dünn;
die Krallen minder stark gebogen als bei den gleich großen Dendro-
colaptes-Arten. —

Bewohnen einzeln die großen dichten Waldungen und machen
sich durch ihren dicken, ganz schwarzen, flach gewölbten Schnabel
sehr kenntlich. —

Dendrocopus platyrhynchus.

Dendrocolaptes platyrostris *Spix* Av. Bras. I. 87. 3. tb. 89. —
Dendrocolaptes melanops *Less.* Suppl. à *Buff* 283. — Rev. zool. 1840. 269.
Dendrocolaptes fortirostris *Such.* zool. Journ. II. 115.
Dendrocopus platyrostris *Swains.* Class. of. birds, 314. — *Lafresn.* Rev. zool.
1851. 326.
Dendrocolaptes platyrhynchus *Reichenb.* Handbuch I. 194. 473.

Tabacksbraun, Kopf, Hals und Unterbrust blaßgelb gestreift; Bauch und
Steiß schwarz quergewellt. Kehle weiß, Vorderhals schwarz getüpfelt. —

In Größe und Ansehn dem Dendrocolaptes decumanus ähnlich, aber
durch den kürzern, niedrigern und breitern Schnabel verschieden. Schnabel
schwarzbraun, Iris gelbbraun. Gefieder des Rumpfes tabacksbraun, die
Flügel und Schwanzfedern rostrother. Oberkopf schwärzlich braun, jede
Feder mit einem blaßgelben Fleck, welcher nach der Stirne zu runder, nach
dem Nacken zu länglicher gestaltet ist; ähnliche aber längere Schaftstreifen
am Halse und der Brust besonders an den Seiten; die Streifen des Vor=
derhalses schwarzbraun an jeder Seite punktirt, die der Oberbrust ähnlich,
aber matter. Kehle weißlich, die Federnränder mehr gelblich angelaufen; die
Gegend über dem Auge und am Ohr deutlicher weißgefleckt, schwarz punk=

tirt; Bauch und Steiß blaßgelblicher, die Federn mit feinen schwarzen Querwellen gezeichnet, welche aber nicht so deutlich sind, wie bei Dendr. decumanus. Schwanz lebhafter rostroth als die Außenseite der Schwingen; die Innenseite braun, der Saum blaßgelbroth; innere Flügeldeckfedern blaß ochergelb, braun gesäumt. — Beine dunkel bleigrau. —

Ganze Länge 9½″, Schnabelfirste 1½″, Flügel 4⅓″, Schwanz 4″, Lauf 1″.

Spix entdeckte diese Art in den Wäldern bei Rio de Janeiro, sie ist dort nicht häufig und gehört überhaupt zu den seltenen. In ihrer Lebens= weise weicht sie, so weit bekannt, von den übrigen nicht ab. —

B. Schnabel höher als breit, besonders nach vorn stark zusammen gedrückt, in den meisten Fällen mehr gebogen und länger als der Kopf.

5. Gatt. Dendrocolaptes *Herm.*

Schnabel hoch, stark seitlich zusammengedrückt, viel höher als breit, mit stumpfer aber deutlicher Firstenkante; Nasengrube mit großem runden offnem Nasenloch an der Spitze. Flügel und Schwanz ziemlich lang, wenigstens nicht kürzer als bei den fol= genden Formen, beide ohne besondere Auszeichnung. Beine stark und je nach der Größe des Vogels um so kräftiger, je dicker und kräf= tiger die Schnabelbildung ist. Gefieder am Kopf und Unterleibe streifig gefleckt.

A. Schnabel und Beine sehr kräftig, ersterer besonders hoch und daher plumper erscheinend als bei den folgenden Arten; Nasenloch ganz kreisrund. Dendrocopus *Vieill.* Dendrocolaptes *Bonap.*

1. Dendrocolaptes decumanus *Licht.*

Lichtenst. O. 1820. 256. 1 th. 1. fig. 1. — *Spix* Av. Bras. 1. 86. 1. th. 87.
Dendrocolaptes guttatus *Pr. Max.* Beitr. III. 1120. 1.
Dendrocopus albicollis *Vieill.* N. Dict. Tm. 26. pag. 117. — *Lafresn.* Rev. zool. 1850. 98. — *Reichenb.* Handb. I. 189. 452.

Tabacksbraun, Schwingen nach innen und die Schwanzfedern mehr roth= braun, Oberkopf schwärzlich; alle Federn des Kopfes, Halses und der Brust mit blaßgelben Schaftstreifen, Bauch schwarz quer gebändert, Kehle einfarbig weißgelb.

Die größte Art unter den in Brasilien einheimischen. Schnabel tief und glänzend schwarz; Iris braun; Beine dunkel bleigrau, die Krallen

brauner. Gefieder in der Hauptsache von der Farbe getrockneter Tabacks=
blätter, also röthlich olivenbraun, der Oberkopf mehr schwarzbraun; jede
Feder der Stirn, des Scheitels, Halses und der Brust mit einem blaßgelben
Schaftstreif, welche Streifen hinter dem Auge und am Ohr breiter und
vorherrschender sind, und zunächst neben sich die dunkelste Grundfarbe haben.
Kehle und Anfang des Halses gelblich weiß, ohne alle Streifen; Brustmitte
Bauch und Stirn mit dichten schwarzbraunen Querlinien, die zuerst an der
Brust als kleine Punkte neben den hellen Schaftstreifen auftreten. Unter=
rücken lebhaft rostgelbbraun. Schwingen unten und an der Innenseite ent=
schieden rothbraun; der Schwanz von derselben Farbe, aber matter; die
Federschäfte an beiden außen schwarzbraun, innen rothgelb.

Ganze Länge 11″, Schnabelfirste 1″ 8‴, Flügel 5½″, Schwanz 3½″,
Lauf 1″, beide verwachsene Zehen 1″ 2‴ ohne die Krallen.

Ich erhielt diese seltene Art nur einmal bei Neu=Freiburg, wo sie in
der Nachbarschaft erlegt worden war. Der Vogel lebt nur im Urwalde
und kommt nicht leicht in die Nähe der Ansiedelungen; wenigstens nicht in
stark bevölkerte Gegenden. Der Prinz zu Wied traf ihn von Rio de Ja=
neiro bis zum Rio Espirito santo.

Anm. Obgleich Vieillots Benennung älter ist, als die von Lichten=
stein, so eignet sie sich doch nicht zur Annahme, weil der Ausdruck albicollis
dem Vogel durchaus nicht gebührt. Azara's Trepadore grande (Apunt. II. 277.
no. 241.) wird von Lichtenstein zu dieser, von Lafresnave zur folgenden
Art gezogen. Ich setze die Beschreibung nach dem Spanischen Original her:
„Länge 12½″, Schwanz 3⅝″, Flugbreite 18″. Ganzes Gefieder tabacksfarben,
etwas mehr röthlich; weniger frisch und etwas gelbbräunlich auf der Unterseite;
auf jeder Feder der Kehle und einem Theil der Brust zeigt sich ein breiter
dunkler Streif, welcher an andern weißlich ist. In der Umgegend am Bauch
und den Seiten stellen sich dunkle Querlinien ein." — Hiernach glaube ich nicht,
daß Azara diese, sondern die folgende Art vor sich hatte.

2. Dendrocolaptes cyanotis.

Lichtenst. a. a. O. 264. 5. — *Le Vaill.* Prom. et Guép. pl. 25.
Dendrocolaptes falcirostris *Spix.* Av. Bras. I. 86. 2. th. 88. — *Reichenb.*
Handb. 189. 455.
Dendrocopus major *Vieill.* N. Dict. Tm. 26. pag. 118.
Dendrocolaptes major *Lafresn.* Rev. zool. 1850. 103. 6.
rubiginosus *Laf.* Mag. d. Zool. III. pl. 16. Cl. II.

Blaß röthlich tabacksbraun, Flügel und Schwanz rothbraun; Kopf, Hals
und Brust matt lichter und dunkler gestreift, Bauch dunkler gebändert.

So groß wie die vorige Art, aber der Schnabel nicht ganz so hoch
und deshalb länger erscheinend. Schnabel hellbraun, im Leben bläulich
braun, aber nicht schwarz; Iris grau. Gefieder tabacksbraun, die Rücken=
seite mit rothbraun überlaufen; Flügel und Schwanz deutlicher rothbraun;
Ohrgegend und Backen ins gräuliche fallend, die Bauchfläche falber. Stirn,

Oberkopf, Vorderhals und Bruſt mit matten blaßgelblichen Schaftſtreifen, deren Ränder dunkler eingefaßt ſind, daher dieſe Theile heller und dunkler geſtreift erſcheinen; die meiſten und ſchärfſten Streifen auf der Bruſt, die Kehle einfarbig weißgelb, die Bruſtſeiten dunkler punktirt; die Mitte der Unterbruſt und der Bauch dunkler quergebändert, in der Anlage alſo ganz wie bei der vorigen Art, aber die Zeichnung nirgends ſo deutlich. Beine braun. —

Ganze Länge 10½″, Schnabelfirſte 1½″, Flügel 4⅓″, Schwanz 4″.

Der Vogel bewohnt die Waldungen des Inneren von Braſilien und ſcheint von Spix anfangs nicht als eigne Art beachtet zu ſein, weil er keinen Fundort angiebt. D'Orbigny brachte ihn aus Bolivien mit. Azara beſchreibt ihn für Paraguay.

B. Schnabel niedriger und beſonders flacher erſcheinend; die Beine dün= ner, mit feineren Zehen.

Schnabelform minder gebogen, grader, dicker und brei= ter am Grunde. Naſenloch ganz rund. Nasica *Lafr.* Dendrocops *Swains.* Premnocopus *Reichenb.*

Dendrocolaptes guttatus *Licht.*

Lichtenst. l. l. 1820. 264. 6. —
Dendrocolaptes flammeus *Id.* 1818. 201. no. 7.
Nasica guttatus *Lafresn.* Rev. zool. 1850. 385. 5.
Premnocopus guttatus *Reichenb.* Handb. 1. 186. 443.

Tabacksbraun, Oberkopf, Hals, Bruſt, Bauch und Steiß mit hellen Schaft= flecken oder Streifen; Flügel und Schwanz rothbraun. —

Aehnelt durch den ziemlich kräftigen Schnabel und die Färbung am meiſten dem D. cyanotis, iſt aber kleiner und bis zum Steiß licht geſtreift. Schnabel braun, der Unterkiefer weißlich, nach der Spitze zu allmälig braun werdend. Oberkopf dunkelbraun, jede Feder mit einem gelben runden Mit= telfleck. Am Halſe werden dieſe Flecken länglicher und an der Bruſt zu wahren, hier ſchwarzbraun gerandeten Schaftſtreifen. Die Kehle iſt ganz gelb. Der Bauch und der Steiß haben ebenfalls helle Schaftſtreifen auf jeder Feder, aber ſie ſind blaſſer, ſchmäler und an den Seiten matt dunkler punktirt. Flügel und Schwanz einfarbig rothbraun, die Schäfte der mit= telſten Schwanzfedern ſehr ſteif und abwärts gebogen, mit geſchwungener Spitze. Beine bläulich fleiſchbraun, die Krallen hellbraun. —

Ganze Länge 9″, Schnabelfirſte 1⅓″, Flügel 4¼″, Schwanz 3⅔″, Lauf 1″.

Die Art iſt hier nach einem Exemplar unſerer Sammlung beſchrieben, das von Berlin bezogen wurde; ihre Heimath fällt in die Gegend von Bahia.

4. Dendrocolaptes obsoletus *Licht.*

Lichtenst. I. l. 1818. 203. 10. — 1820. 265. 10. —
Pr. Max Beitr. III. 6. 1125. 2. —
Nasica obsoletus *Lafresn.* Rev. zool. 1850. 425.
Premnocopus obsoletus *Reichenb.* Handb. I. 188. 452.

Tabacksbraun; Oberkopf, Hals und Brust mit blaßgelben Schaftflecken oder Strichen; Flügel und Schwanz rothbraun.

In der Schnabelform ähnelt diese Art der vorigen sehr, er ist aber nicht ganz so hoch und sieht darum noch gerader aus; Oberkiefer braun, Unterkiefer blaßgelb. Iris graubraun. Gefieder wie gewöhnlich tabacks= farben, der Oberkopf dunkler braun, jede Feder mit blaßgelbem Schaftfled; die Kehle hell rostgelb, ungefleckt; Hals und Brust mit blaßgelben Schaft= streifen, die schon mehr verloschen sind, als bei der vorigen Art; Bauch und Steiß ungefleckt. Flügel und Schwanz rothbraun, die Innenseite der er= stern graubraun; mittlere Schwanzfedern relativ kürzer, aber ebenfalls mit steifen, am Ende etwas abwärts gewundenen Schäften. Beine graulich braun, dünner und namentlich die Zehen viel zierlicher als bei D. guttatus; die Krallen hellbraun. —

Ganze Länge 8″, Schnabelfirste 1″ 3‴, Flügel 4″, Schwanz 3⅓″, Lauf 9‴; längste Zehen ohne die Kralle 6‴. —

Die Art findet sich im Waldgebiet des nördlichen Brasiliens und wurde der Berliner Sammlung hauptsächlich aus der Gegend von Para übersendet. Ihre Lebensweise ist die der vorigen.

Anm. In denselben Gegenden ist eine andere Art zu Hause, welche ich nicht kenne, daher nicht beschreiben kann, und nur kurz definire:

5. Dendrocolaptes longirostris *Illig.*

Licht. I. l. 1818. 200. 2. — 1820. 263. 2. — *Le Vaill.* Prom. et Guép. pl. 24. — Nasica nasalis *Less.* Traité 311. — N. albicollis *Less.* Suppl. à Buff. 280. — N. longirostris *Lafresn.* Rev. zool. 1850. 383. 1. — *Reichenb.* Handb. I. 180. 417. —

Schnabel sehr lang, ziemlich stark gekrümmt, aber hoch, weißgelb ge= färbt; Gefieder röthlich tabacksbraun; Oberkopf dunkler, er und der Nacken mit blaßgelben Schaftstreifen; Kehle weiß, desgleichen ein Streif über dem Auge; Vorderhals, Brust und Bauch mit rein weißen, schuppenförmigen Schaftflecken. Beine kräftiger als bei den vorigen 2 Arten. —Ganze Länge 12½″, Schnabel 2″, Flügel 5½″, Schwanz 4″.

b. Schnabel entschiedener gebogen, niedriger, feiner, spitzer; das Nasenloch kleiner, mehr oder minder oval gestaltet. Lepidocolaptes *Reichenb.* Picolaptes *Lafr.*

6. Dendrocolaptes squamatus *Licht.*

Lichtenst. I. I. 1820. 258. — th. 2. Fig. 1. — Doubl. 17. 152.
Picolaptes squamatus *Lafresn.* Rev. zool. 1850. 148. 1. — 1851. 318.
Lepidocolaptes squamatus *Reichenb.* Handb. I. 184. 432.
Xiphorhynchus maculiventer *Less.* Suppl. à *Buff.* 283.
Dendrocolaptes Wagleri *Spix.* Av. Bras. I. 88. 5. th. 90. Fig. 2.

Rückengefieder gelbbraun, Flügel und Schwanz etwas rostrother; Unterseite schwarzgrau, mit breiten weißen Schaftstreifen. —

So groß wie ein Staar, feiner und zierlicher gebaut als die früheren Arten. — Gefieder des Rückens, von der Stirn an, hell gelbbraun, lebhaft glänzend; Flügel und besonders der Schwanz röthlicher, rostbraun; Oberkopf nach der Stirn zu dunkler, jede Feder mit hellgelbem Schaftstreif, der sich nach der Spitze zu etwas erweitert und lebhafter färbt; ähnliche aber schmälere Streifen im Nacken. Kehle rein weiß, Backen und Schläfen weißlich, die Federn fein schwarz gerandet, der obere Augenrand weiß, die Gegend hinter dem Ange dunkler. Vorderhals, Brust und Bauch schiefer= schwarz, aber auf jeder Feder ein breiter, spitzer, weißer Schaftstreif, wel= cher fast die ganze Mitte einnimmt. Schwingen schwarzbraun, Außenfahne rostgelbroth, Innenfahne der Armschwingen blaßgelb gesäumt. Beine grau= braun, die Krallen bräunlicher. Oberschnabel blaßbraun, Unterschnabel weißlich. Iris graubraun. —

Ganze Länge 8″, Schnabelfirste 1″ 2‴, Flügel 4″, Schwanz 3″, Lauf 8‴. —

Ich erhielt diese Art in Neu=Freiburg, woselbst sie die benachbarten Gebirgswaldungen bewohnte und nicht eben selten war; südwärts geht sie bis St. Paulo, nordwärts vielleicht bis Bahia; da sie aber der Prinz zu Wied auf seiner Reise nirgends getroffen hat, so kann sie nach dieser Richtung hin wenigstens nicht häufig sein.

Anm. Der Dendrocolaptes Wagleri von Spix paßt nach der Abbildung ziemlich gut zu meinen Individuen, daher ich die im Text angegebene etwas geringere Größe für nicht genügend halten möchte, auf ihn mit Lafresnaye (Guer. Rev. zool. 1851. 319.) und Reichenbach (Handb. l. l. no. 433.) eine eigene Art zu gründen. Der ganz blaßgelbe Schnabel und die etwas dunklere Farbe sind außerdem die erheblichsten Unterschiede des D. Wagleri.

7. Dendrocolaptes tenuirostris *Licht.*

Lichtenst. l. l. 1820. 265. 13. — Doubl. d. zool. Mus. 17. 153. — Pr. Max
z. *Wied* Beitr. III. 1127. 3. — *Spix* Av. Bras. I. 88. 7. th. 91. f. 2.
Picolaptes guttatus *Less.* Cent. zool. 93. pl. 32.
Spixii *Less.* Traité d'Orn. 314.
tenuirostris *Lafresn.* Rev. zool. 1850. 151.

Lepidocolaptes Spixii *Reichenb.* Handb. I. 185. 437.
Dendrocolaptes fuscus *Vieill.* N. Dict. T. 26. pag. 117.   Enc. meth. 624. —
Lafresn. Rev. zool. 1850. 278. 11 und 283. 18.

Gelbbraungrau, tabacksfarben, Flügel und Schwanz rothbraun; Kopf, Hals, Brust und Bauch bis zum Steiß mit gelblichen Schaftflecken.

Kleiner als die vorige Art, etwa wie Tichodroma muraria, aber der Schnabel kürzer, stärker. Oberschnabel braun, Unterschnabel blaßgelb mit bräunlicher Spitze. Ganzes Rumpfgefieder mit hellen Schaftflecken, die Grundfarbe wie gewöhnlich tabacksbraun, der Oberkopf dunkelbraun, der einfarbige Unterrücken rothbraun, wie die Flügel und der Schwanz. Oberkopf und Nacken mit tropfenförmigen schwarzgerandeten Schaftflecken; die Rückenflecken länger, schmäler. Kehle bis zum Vorderhalse blaßgelb, die unteren Federn fein schwarz gerandet; Brust mit breiten, Bauch und Steiß mit schmalen Schaftstreifen von blaßgelber Farbe, die nach hinten immer undeutlicher werden, aber selbst den unteren Schwanzdecken nicht fehlen. Schwingen schwarzbraun, der Außenrand rothbraun, die hintersten Armschwingen obenauf ganz rothbraun; Schwanzfedern lebhafter rostroth, die mittleren mit sehr steifen, am Ende abwärts gewundenen Schäften. Beine bleigraubraun, die Krallen hellbraun. —

Ganze Länge 6½", Schnabelfirste 1", Flügel 4", Schwanz 2½", Lauf 8‴.

Diese Art war in den Gebüschen bei Neu-Freiburg die häufigste; sie wird aber nur tief im Walde gefunden, wo sie an den Schlingpflanzen und dünnen Zweigen herumhüpft.

Anm. 1. Ein aus Berlin bezogenes Exemplar unserer Sammlung zeugt dafür, daß diese Art der ächte D. tenuirostris *Licht.* ist. Hofr. Reichenbach hat ihn zu einer anderen Spezies gezogen, sich auf Lichtenstein stützend, der die Flecken weiß nennt; aber in der Definition l. l. heißen sie bestimmt flavescentes. Der vom Verfasser des Handb. I. 181. 422. als Picol. tenuirostris aus Mexico beschriebene Vogel ist also nicht G. R. Lichtensteins Art, sondern eine andere mir unbekannte Spezies und Spix Vogel mit dem von Lichtenstein identisch. Daß der Prinz zu Wied beim D. tenuirostris den D. Wagleri citirt, ist offenbar ein Schreibfehler; hätte er den zu seinem D. tenuirostris bringen wollen, so würde er sich darüber am Schluß seiner Beschreibung, wie gewöhnlich, erklärt haben.

2. Ganz neuerdings hat Sclater in den Proc. zool. Soc. Jun. 1853. einen Dendrocolaptes Eytoni von Para aufgestellt, welchen ich nicht kenne, nach der Definition aber für nah verwandt mit dem D. tenuirostris halte; er hat dessen Farbe und Zeichnung, ist aber viel größer (9" 5‴ lang, Schnabel 1" 9‴), auch sind Kehle und Vorderhals ganz weißgelb. —

6. Gatt. Xiphorhynchus *Swains.*

Schnabel sehr lang, auffallend stark gebogen, fein, schlank, stark seitlich zusammengedrückt, also höher als breit; die Nasengrube sehr

kurz, mit kleinem runden Nasenloch an der Spitze; Kinnwinkel kaum
etwas länger als die Nasengrube. Gefieder von Dendrocolaptes,
nur der Schwanz nach Verhältniß etwas kürzer. Beine zierlich, der
letzten Gruppe von Dendrocolaptes ähnlich; Lauf nicht viel länger
als die langen Vorderzehen, auf der hintern Seite nur nach außen
mit ziemlich großen Tafeln belegt.

Xiphorhynchus trochilirostris *Licht.*

Pr Max. z. Wied Beitr. III. b. 1140. — *Reichenb.* Handb. I. 183. 431.
    Lafresn. Guer. Rev. zool. 1850. 374. 1.
Dendrocolaptes trochilirostris *Lichtenst.* l. l. 1818. 207. tb. 3. — 1820. 263 1.
Dendrocolaptes procurvus *Temm.* pl. col. 28.
Dendrocolaptes falcularius *Vieill.* Gal. II. 286. pl. 175. — *Lesson* Traité
    D'Orn. 313. — Enc. meth. Orn. 626.

Olivenbraun, Flügel und Schwanz rothbraun, Kopf, Hals und Brust blaßgelb gestreift. Kehle weißgrau.

Schnabel dunkel schwarzbraun, gegen die Spitze hin röthlicher, sehr
glänzend, mehr oder minder stark gekrümmt; Iris braun. Oberkopf schwarzbraun, jede Feder mit einem schmalen, gleichbreiten, braungelben Streif,
der stumpf abgerundet ist. Kehle weißlich, nach dem Halse zu hellgrau, die
letzten Federn gelb gesäumt; Backen, Ohrgegend, Hals und Oberbrust
blasser, weißlicher gestreift, die Nackenfedern mit schwärzlichen Rändern der
Streifen. Schwingen, Schwanzfedern und Unterrücken dunkelrothbraun,
die Spitzen der Schwingen unten graulich; die Schwanzfedern einfach und
nicht sehr lang zugespitzt, die äußeren Federn verkürzt. — Beine bleigrau,
Krallen hell braungelb. —

Ganze Länge 10″, Schnabelfirste 2″ 8‴, Flügel 4″, Schwanz 3″,
Lauf 9‴, längste Vorderzehe 8‴ ohne die Kralle.

Ich erhielt von dieser Art 3 Exemplare bei Neu-Freiburg, woselbst sie
die Waldungen in den Schluchten des Orgelgebirges bewohnt; der Prinz z.
Wied fand seine Vögel im Sertong von Bahia, nach Schomburgk
(Reise III. 690. 118.) geht er nördlich bis Guyana und Columbien.

Anm. Da mir Originalexemplare aus anderen Gegenden Süd-Amerikas
fehlen, so kann ich mich über die Trennung in mehrere Arten, welche Lafresnaye und Reichenbach a. a. O. befolgen, nicht äußern. Temmincks Figur
ziehe ich ohne Bedenken zu den von mir gesammelten Vögeln, dagegen hat
Vieillots Bild einen weit weniger gebogenen Schnabel, größere bis auf den
Flügel ausgedehnte Schaftstreifen, und einen relativ spitzeren Schwanz. Wenn
diese Unterscheidungen constant sind, so würden sie eine eigene Art bezeichnen,
da aber Vieillot ihre Heimath in die Thäler des Orgelgebirges verlegt, so
hat er wohl einerlei Art mit der meinigen vor sich gehabt. Indessen zeigt keins
meiner 3 Exemplare helle Schaftstreifen auf den kleinen Flügeldeckfedern und

alle 3 einen viel ſtärker gekrümmten Schnabel, völlig wie Temmincks Ab=
bildung, nur iſt ihr Schnabel noch etwas länger, oder der ganze Vogel, im
Gegentheil, vielleicht etwas kleiner. —

7. Gatt. Picolaptes *Less. Reichenb.*

Thripobrotus *Caban.*

Schnabel zwar ſeitlich zuſammengedrückt, aber niedriger und
namentlich am Grunde viel breiter und flacher als bei den vorher=
gehenden; die Naſengruben weiter vortretend, mit ſchmalem ſpalten=
förmigem Naſenloch am ganzen unteren Rande. Flügel und
Schwanz mäßig lang; beſonders die erſteren nach Verhältniß länger,
der Schwanz kürzer. Beine zierlicher, der Lauf auf der äußeren
Sohlenſeite nicht mit Tafeln, ſondern kleinen zerſtreuten ovalen War=
zen beſetzt; Zehen ſehr fein, mit mäßig hohen ſcharf zugeſpitzten
Krallen. —

Picolaptes bivittatus *Licht.*

Lafresn. Rev. zool. 1850. 152. 5
Dendrocolaptes bivittatus *Lichtenst.* I. I. 1820. 258. 3. th. 2 Fig. 2. — Doubl.
  d. zool. Mus. 17. 154. — *Spix.* Av. Bras. I. 87. 4. tb. 90. F. 1. —
Dendrocolaptes rufus *Pr. Max* Beitr. III. 1130. 4.
Thripobrotus bivittatus *Caban. Wiegm.* Arch. 1847. 1. 340.
Picolaptes angustirostris *Vieill.* Enc. meth. Orn. 624. — *Reichenb.* Handb. I.
  181. 421. — *Lafresn.* Rev. zool. 1850. 151. 4.
Trepadore comun. *Azara* Apunt. II. 279. 242.

Rückengefieder zimmtroth, Oberkopf ſchwarzbraun: die Schaftſtreifen, ein
Randſtreif über dem Auge und die ganze Unterſeite blaßgelb. —

Eine ausgezeichnete eigenthümliche Art, welche ſich von allen früheren
ſcharf abſondert. Der feine ziemlich lange Schnabel iſt ganz blaßgelb, nur
die Gegend am Naſenloch ſpielt ins Braune. Oberkopf dunkelbraun, jede
ſehr ſchmale ſpitze Feder mit einem weißlichen Schaftſtrich; Zügel, oberer
Augenrand und ein Streif über dem Ohr weißlich, ebenſo die Kehle und
die ganze Unterfläche; aber vom Bauch an fällt die Farbe mehr ins Iſabell=
gelbe, mit gräulicher Unterlage bei jungen Vögeln. Nacken, Rücken, Flügel
und Schwanz hell zimmtroth; Schwingen braun, roſtroth gerandet. Beine
bleigrau, die Krallen braun; Iris braun. —

Ganze Länge 8″, Schnabelfirſte 1″ 2‴, Flügel 4″, Schwanz 2²/₃″,
Lauf 8‴. —

Die Art iſt nur im Innern, in den Gebüſchen der Campos=Region
zu treffen und wurde von mir nicht ſelbſt erlegt, ſondern während mei=
nes Aufenthalts in Lagoa ſanta von dem benachbarten Sette Lagoas

bezogen; der Prinz zu Wied traf sie im Sertong von Bahia. Nach Azara ist sie in Paraguay die häufigste von allen. Die Berliner Sammlung bezog sie aus St. Paulo, Spix traf sie angeblich noch in Piauhy.

8. Gatt. Dendroplex *Swains.*

Schnabel ganz grade, von oben wie von unten gleichmäßig zugespitzt, stark seitlich zusammengedrückt, ziemlich hoch, mit scharfer Rückenfirste. Nasengrube kurz, das Nasenloch oval, aber weit und die ganze Grube ausfüllend. Flügel ziemlich kurz, nur wenig über den Anfang des Schwanzes hinabreichend, mehr gerundet. Schwanz von mäßiger Länge, die mittleren Schäfte nicht sehr steif, mit einfacher, grader, vortretender Spitze; die Seitenfedern stumpf, stufig verkürzt. Beine groß, für die Größe des Vogels stark, der Lauf kurz, die Sohle hinten mit großen schiefen Tafeln belegt, die Krallen lang. —

Dendroplex picus *Licht.*

Swainson, classif. 314. f. 281. e. — *Reichenb.* Handb. I. 180. 415. — *Lafresn.* Rev. zool. 1850. 595. I.
Oriolus Picus *Gmel. Linn.* S. Nat. I. 384.   *Buff.* pl. enl. 605. — *Lath.* Ind. orn. I. 188. 47. — *Leguill.* Prom. et Guép. pl. 27.
Dendrocolaptes minor. *Herm.* obs. zool. 135
Dendrocolaptes Picus *Lichtenst.* I. I. 1818. 203. — 1820. 265. II. — Doubl. zool. Mus. 16. 151. — *Pr. Max.* Beitr. III. 1134. 5.
Dendrocolaptes rectirostris *Vieill.* N. Dict. Tm. 26. pag. 129.   Enc. meth. Orn. 626.
Dendrocolaptes chrysolophus *Illig. Licht.* I. I. 1818. 209.
Trepadore pico corto *Azara* Apunt. II. 281. 243.

Röthlichbraun, Flügel und Schwanz rothbraun; Federn des Kopfes, Halses und der Brust mit weißen, dunkler gerandeten Tropfen. Schnabel ganz weißlich.

So groß wie ein Staar und beinahe auch so gestaltet. Schnabel von Kopfeslänge, ganz gerade, weißgelb, die Basis etwas gebräunt. Oberkopf trüb braun; jede Feder mit einem kleinen runden dunkler gesäumten Fleck, die nach hinten länglicher und schmäler werden. Kehle ganz weiß. Ohrdecke weißlich, braun gestreift, darüber hinter dem Auge ein mehr weißlicher Streif. Hals und Brust mit weißen, schwarzbraun gerandeten Tropfen; die des Vorderhalses breit und die oberen bis auf einen feinen Rand die ganze Feder einnehmend; die unteren allmälig länger, die des Nackens viel kleiner; die untersten am Oberbauch undeutliche weißliche Wische, welche bis an den Steiß reichen und selbst dem Schenkelgefieder nicht abgehen. Beine bleigrau, die Krallen blaß braun. Iris braun.

Ganze Länge 8″, Schnabelfirste 1″, Flügel 4″, Schwanz 3″, Lauf 8‴, längste Vorderzehe ohne Nagel 8‴.

Die Art ist nicht selten in allen Wäldern Brasiliens anzutreffen, sie verbreitet sich von Paraguay bis Guyana und stimmt in der Lebensweise mit den wahren Dendrocolapten überein.

Anm. Ich vermuthe, daß Dendrocolaptes guttatus *Spix* Av. Bras. I. th. 91. F. 2, den er im Text I. l. 88. 6. D. ocellatus nennt, auf ein junges Individuum dieser Art mit dunkelfarbigem Schnabel gegründet ist, und als Spezies ganz eingezogen werden muß. —

C. **Schnabel feiner, kürzer als der Kopf, nach vorn seitlich zusammengedrückt, hinten breiter als hoch.**

9. Gatt. Glyphorhynchus *Pr. Wied.*

Schnabel zwar klein, aber ziemlich stark, beide Kiefer zugespitzt; die Spitze ganz grade, fast kegelförmig, etwas zusammengedrückt; die Firste abgesetzt, wenn auch nicht sehr scharf. Nasengrube etwas vortretend, das Nasenloch eine Spalte am unteren Rande. Flügel ziemlich spitz, bis auf ein Drittel des Schwanzes hinabreichend; Schwanz lang, stufig, die Federn schief abgestutzt, mit vortretenden stachelförmigen Enden der Schäfte. Beine klein und zierlich, die Zehen kurz. —

Glyphorhynchus cuneatus *Licht.*

Lafresn. Guer. Rev. zool. 1850. 595. — *Reichenb.* Handb. I. 177. 410. — Dendrocolaptes cuneatus *Licht.* l. l. 1818. 204. th. 3. Fig. 1. — 1820. 266. 18. — Doubl. d. zool. Mus. 17. 156. *Levaill.* Prom. et Guép. pl. 31. F. 1. — *Lafresn.* Guer. Mag. III. cl. 2. pl. 17. 1833. — *Spix.* Aves Bras. I. 89. 8. th. 91. F. 3.
Neops spirurus *Vieill.* N. Dict. Tm. 31. 338.
Glyphorhynchus ruficaudus *Pr. Max* Beitr. III. b. 1150. 1.
Zenophasia platyrhyncha *Swains.* zool. Illustr. III. 351.

Röthlich olivenbraun, Kehle, Kopfseiten und Vorderhals gelblichweiß gestreift; Schwanz rothbraun.

Nicht größer als eine Schwanzmeise (Parus caudatus) und fast von deren Verhältnissen, wenn man sich den Schnabel dreimal so groß denkt. Schnabel dunkel hornbraun, nach dem Kinn zu lichter; Iris braun. Gefieder röthlich olivenbraun, besonders auf dem Rücken und den Flügeln röthlicher unterlaufen, aber nur der Schwanz entschieden rothbraun. Oberkopf mit kleinen matten blaßgelblichen Flecken auf jeder Feder; die Kopfseiten etwas deutlicher blaß gefleckt und hinter dem Auge ein lichterer Streif dadurch gebildet. Kehle, Vorderhals und Oberbrust mit ziemlich klaren

2 *

gelblichen Streifen, welche sich auf der Mitte etwas mehr in die Breite aus=
dehnen. Schwingen graubraun, die Außenfahne röthlich olivenbraun, die
Innenfahne lichter rothbraun gesäumt Beine dunkel bleigrau.

Ganze Länge 5″, Schnabelfirste 5‴, Flügel 2½″, Schwanz 2¼″,
Lauf 6‴, längste Vorderzehe ohne die Kralle 3½‴. —

Dies kleine zierliche Vögelchen gehört den Walddistrikten des nörd=
lichen Brasiliens von Bahia bis Cayenne an, und kam mir auf meiner Reise
nicht vor.

10. Gatt. Sittasomus *Swains.*

Schnabel viel zierlicher, aber wohl ebenso lang wie bei der vo=
rigen Gattung, die Firste gerundet, leicht gebogen, die Spitze herab=
gekrümmt mit feinem Häkchen und seichter Kerbe daneben. Nasen=
grube verkürzt, mit spaltenförmiger Oeffnung am unteren Rande.
Flügel ziemlich lang und spitz, die Schwingen etwas verschmälert.
Schwanz lang, die Federn schief abgestutzt, mit vortretender geschwun=
gener Schaftspitze, neben welcher beide Fahnen aber noch als schma=
ler Franzensaum bis zur Spitze fortsetzen. Beine zwar zierlich und
fein gebaut, aber die Zehen von beträchtlicher Länge, und besonders
die hintere durch ihren langen, wenig gekrümmten Nagel ausgezeichnet.

Sittasomus Erithacus *Licht.*

Lafresn. Rev. zool. 1850. 589. — Reichenb. Handb. I. 176. 405.
Dendrocolaptes Erithacus *Licht.* l. l. 1820. 259. 4. tb. 1. fig. 2. — Doubl.
zool. Mus. 17. 153.
Dendrocolaptes sylviellus *Temm.* pl. col. 72. 1.
Sittasomus olivaceus *Pr. Max.* Beitr. III. b. 1146.
Sittasomus Temminckii *Lesson* Traité 314.

Gelblich olivenbraun, Flügel und Schwanz rothbraun, Kehle und Vorder=
hals gelblicher. —

Etwas derber und größer im Rumpf, aber feiner im Schnabelbau,
als der vorher beschriebene Vogel. Schnabel sängerartig, schwärzlich, die
Kinngegend weißlich. Iris braun. Gefieder gelblich olivengrünbraun, Kehle
und Vorderhals etwas lichter gefärbt; Unterrücken, Flügel und Schwanz
klar rothbraun; kleinste untere Deckfedern und Schwingen schwarzbraun,
nur am Rande roth überlaufen, die Armschwingen lebhafter rostroth ge=
säumt, die hintersten ganz rostroth, alle Armschwingen unten mit blaßgelber
Spitze, und, wie die Handschwingen mit Ausschluß der 2 vordersten, mit
blaßgelbem Fleck an der Innenseite nach der Basis zu. Beine dunkel blei=
grau, die Krallen blaß graubraun. —

Erste Schwinge um 8 Linien kürzer als die zweite, doch diese nur 1''' kürzer als die dritte, welche der vierten gleichkommt; beide sind die längsten. Schwanzfedern stark stufig, das äußerste kleinste Paar ohne abgesetzte Spitze, an den folgenden der vortretende Schafttheil stets größer, länger und stärker geschwungen. Lauf mit einer langen schmalen Tafel auf der Außenkante der Sohle und darüber 1—2 kleine Täfelchen.

Ganze Länge 6'', Schnabelfirste 5''', Flügel 3'' 2''', Schwanz 2'' 8''', Lauf 7''', längste Vorderzehe 5''' ohne Kralle.

Diese Art erhielt ich in Lagoa santa von dem benachbarten Sette Lagoas; im Küsten=Waldgebiet kommt sie nicht vor. Sie ist an ihren Standorten nicht selten und lebt wie die Dendrocolapten im Walde an den Zweigen herumhüpfend. —

Anm. Eine Trennung in 2 Arten, welche Hofr. Reichenbach a. a. O. vorschlägt, finde ich nicht gerechtfertigt; meine 3 Exemplare, auf welche die Beschreibung des Prinzen gut paßt, stimmen zugleich ganz mit der Abbildung von Temminck überein. Die Abbildung von Lichtenstein a. a. O. ist nicht gut colorirt, die Kehle mit dem Halse zu gelb, das übrige Rumpfgefieder zu grau. In der Beschreibung ist zwar nichts von der eigenthümlichen Zeichnung der Schwingen gesagt, aber daraus folgt nicht, daß sie nicht vorhanden sei, weil die Farbenangaben nur die sichtbare Außenfläche der Federn berühren. —

3. Anabatidae.

Vögel vom Ansehn der Vorigen, mit ziemlich starkem gradem Schnabel, dessen Länge der des Kopfes kaum gleichkommt, gewöhnlich etwas geringer ist; dessen allgemeine Form grader zu sein pflegt, und dessen Spitze sich etwas mehr herabbiegt, etwa in der Art wie bei Sittasomus, obgleich es auch Formen mit völlig grader Spitze giebt. Die Nasengrube tritt etwas in den Schnabel vor, und das Nasenloch ist auch hier gewöhnlich eine runde Oeffnung an der Spitze der Grube. Die Flügel haben ganz denselben Schnitt wie bei den Dendrocolapten, aber der Schwanz ist gewöhnlich kürzer, weichfedriger und darum nicht zum Anstemmen geeignet; doch kommen auch Formen mit langem, ziemlich steifem Schwanze vor, dessen Federnschäfte in vortretende Spitzen ausgehen; aber einen eigentlichen wahren Stemmschwanz giebt es in dieser Gruppe nicht. Die Füße unterscheiden sich scharf von denen der vorigen Gruppe dadurch, daß die Außenzehe stets kürzer ist, als die Mittelzehe, obgleich beide am Grunde etwas verwachsen zu sein pflegen. Die Laufsohle hat am Außenrande einen gewöhnlich ganz nackten Streif und die Krallen sind kleiner, kürzer, weniger gekrümmt, weil diese Vögel nicht klettern, sondern auf den Zweigen nur herumhüpfen, indessen ebenfalls gern in senkrechter Stellung, der Richtung des Zweiges folgend. Sie sind strenge Wald=bewohner, die gleichfalls von Insecten leben, welche sie von den Zweigen und Blättern ablesen.

11. Gatt. Xenops *Hoffm.*

Illig. Prodrom. Syst. Mamm. et Av. 213.

Schnabel ziemlich klein, stark seitlich zusammengedrückt, grade, die Firstenkante ohne Krümmung abwärts, aber die Kinnkante des Unterschnabels stark aufwärts gekrümmt und in ähnlicher Weise, aber schwächer, der Mundrand. Nasengrube kurz, weit nach außen ge=rückt, mit offnem Nasenloch am untern Rande der Grube. Flügel schmal und ziemlich spitz, bis zur Mitte des Schwanzes hinabreichend. Schwanz klein, schwach, schmalfedrig, ganz weich, abgerundet, die äußeren Federn merklich verkürzt. Beine zierlich aber die Zehen lang; Laufsohle außen glatt, vordere Außenzehe etwas länger als die Innenzehe. —

1. Xenops genibarbis *Hoffm.*

Illig. l. l. 213.   *Pr. Max   Wied* Beitr. III. b. 1155. 1.   *Le Vaill.*
Prom. et Guép. pl. 31. 2. — *Lichtenst.* Doubl. zool. Mus. 17. 157. —
Temm. pl. col. 150. 1. — *Reichenb.* Handb. I. 197 479.
Neops ruficauda *Vieill.* Gal. II. 278. pl. 170. — N. Dict. Tm. 31. 338
pl. 20. f. 2.

Rückengefieder olivenbraun, Schwingen und Schwanzfedern mit rostrothen Binden; Kehle und ein Streif am Auge weißlich. Brust und Bauch grau=braun, ungefleckt. —

Ein kleines munteres Vögelchen, kaum so groß wie ein Zeisig. Schnabel schwarzbraun, Kinngegend und Kinnfirste weißlich; Iris braun. Rückengefieder etwas röthlich olivenbraun, Oberkopf dunkler, die Federn mit bläßeren, verloschenen Schaftflecken. Zügel und ein Streif hinter dem Auge weißlich gefleckt; Kehle und Vorderhals graulich weiß, unter der Ohrdecke ein schneeweißer Streif. Unterhals und Oberbrust mit weißlichen, verlösche=nen Flecken auf graugelbbraunem Grunde, die Brustmitte und der Bauch einfarbig und ungefleckt. Flügel dunkler braun. Die Innenseite des Deck=gefieders blaßgelb, die Außenseite etwas röthlich überlaufen. Schwingen schwarzbraun, an der Außenfahne ein rostgelber Randstreif, der oben neben der Spitze der zweiten Schwinge beginnt und sich schief über alle bis zur Basis der Armschwingen hinzieht, die 3 letzten Armschwingen ringsum rostgelb gerandet, alle am Saum der Innenfahne blaßgelb. Schwanzfedern hell rostgelbroth, die 3 jeder Seite neben der Mitte schwarz, mit rostgelber nach außen breiterer Spitze; alle etwas stufig verkürzt. Beine bleigrau. —

Ganze Länge 4″, Schnabelfirste 4‴, Flügel 2″, Schwanz 1⅓″, Lauf 6‴, Mittelzehe 6‴ ohne Kralle.

Ich erhielt mehrere Exemplare in Neu-Freiburg, wo die Vögelchen bis in den Garten hinter unserer Wohnung kamen und munter mit pfeifenden Tönen, wie die Baumläufer, an den Zweigen umherhüpften. —

Xenops rutilans.

Lichtenstein Doubl. zool. Mus. 17. 158. — *Pr. Max z. Wied* Beitr. III. 1159. 2. — *v. Tschudi*, Fn. per. Orn. 38. und 238. — *Temm.* pl. col. 72. 2. — *Reichenb.* Handb. I. 197. 479.
Xenops genibarbis *Swains.* zool. III. pl. 100.
Xenops affinis *Id.* two Cent. etc. 352. no. 210.

Rückengefieder rothbraun; Kehle und 2 schwarz gerandete Streifen am Kopf weiß; Unterseite olivengraubraun, weiß gestreift. —

Von dem Ansehn und der Größe der vorigen Art. Der Schnabel etwas kürzer, ganz schwarzbraun. Rückengefieder rothbraun. Oberkopf etwas dunkler, matt blaßgelb gefleckt. Zügel, ein Streif hinter dem Auge und die Kehle weiß, die Ränder der Streifen dunkler, der weiße Streif unter der Ohrdecke ebenso deutlich, die Ohrdecke selbst schwärzlich umrandet. Brust und Bauch grünlich olivenbraungrau, jede Feder mit einem weißlichen Schaftstreif bis zum Steiß hin. Schwingen schwarzbraun, mit rostrothem Streif am Vorderrande schief über die Außenfahnen hinablaufend; die hintersten Armschwingen ganz rostroth. Schwanz einfarbig rostroth braun, nur die vierte Feder von außen in der Tiefe schwarz. Beine bleigrau. —

Maaße wie bei der vorigen Art.

Lebt in denselben Gegenden, wie die vorige Spezies und unterscheidet sich von ihr im Benehmen nicht; mir kam sie nicht vor. —

12. Gatt. Anabatoides*).

Anabazenops *Hartl.* Brem. Verz. — *Reichenb.*

Schnabel ähnlich wie bei Xenops, aber länger, die Rückenfirste nicht völlig so grade, dagegen der Mundrand ganz grade und

---

) Die ganz unrichtige Bildung des ersten Gattungsnamens, der richtig Anabatoxenops lauten müßte, hat mich bestimmt, ihn fallen zu lassen und mit Lafresnaye Temminck's Speziesnamen zum Gattungsnamen zu erheben.

die Kinnfirste weniger stark gebogen; Nasengrube sehr kurz, das runde Nasenloch auf die vorderste Ecke beschränkt. Flügel kürzer, rundlicher im Schnitt, die Schwingen breiter, am Ende schnell aber scharf zugespitzt, die dritte noch etwas kürzer als die vierte, die zweite um 1, die erste um 5 Linien kürzer als die dritte. Schwanz etwas länger, die Federn ziemlich breit, aber am Ende doch mehr zugespitzt als abgerundet, die Schäfte sehr weich. Beine groß und stark, die Lauffohle hinten von den herumgreifenden Tafeln der Vorderseite mit bedeckt, nur außen am Rande ein schmaler matter Streif; Zehen kräftig, besonders der sehr lange Daumen; die Krallen etwas mehr gekrümmt als bei Xenops; die äußere Vorderzehe nur sehr wenig länger als die innere.

Anm. Im Ganzen sind die Unterschiede dieser Gattung, abgesehen von der Größe ihrer Arten, so gering, daß man sie füglich mit der vorigen verbunden lassen könnte. —

1. Anabatoides fuscus.

Sitta fusca *Vieill*.   Dict. d'hist. nat. — Enc. meth. Orn.?
Lafresn. Guer. Mag. d. Zool. II. Cl. 2. pl. 7. (1832.) — *Reichenb.* Handb.
      I. 198. 482.
Sphenura albicollis *Licht* Doubl. zool. Mus. 41. 456.
Xenops anabatoides *Temm.* pl. col. 150. 2.

Gefieder gelbbraun, Kehle und ein Ring um den Nacken weiß; Schwanz hell rostroth.

Von der Größe des Staar's (Sturnus vulgaris). Schnabel blaß horngelb, der Oberkiefer nach der Firstenkante zu allmälig dunkler. Stirnrand, Zügel, Kehle, Vorderhals, ein breiter Ring um den Nacken und ein schmaler Streif hinter dem Auge gelblich weiß. Das ganze übrige Gefieder hell gelbbraun, die Unterseite blasser, längs der Mitte weißlicher. Schwingen graubraun, die Außenfahne aller gelbbraun, die Innenfahne blaßgelb gesäumt. Schwanz hell rothgelbbraun, die äußerste Feder jeder Seite stark verkürzt. Beine bleifarben mit blaßgelben Krallen. Iris gelb.

Ganze Länge 7″, Schnabelfirste 9‴, Flügel 3″ 4‴, Schwanz 3″, Lauf 9‴, Mittelzehe ohne Kralle 8‴.

Ich erhielt diesen kenntlichen Vogel in Lagoa santa von dem benachbarten Sette Lagoas; er lebt nur auf dem Camposgebiet und geht nicht bis in die Urwälder der Küstenstrecke. —

Anabatoides adspersus *Licht.*

Anabates adspersus *Licht.* Mus. ber. Nom. Av. 64.   Verz. d. Hall. zool.
      Mus. 45. 1.

Cichlocolaptes adspersus *Reichenb.* Handb. I. 174. 395.
Cichlocolaptes ochroblepharus ibid. 394.
Xenops rufosuperciliatus *Lafresn.* Guer. Mag. d. Zool. II. Cl. 2. pl. 7.
Leptoxyura rufosuperciliata *Reichenb.* Handb. I. 171. 384.

Bräunlich olivenfarben, etwas grünlich angeflogen, über dem Auge ein rostgelber Streif; Kehle weißlich, Brust und Bauch röthlich gefleckt; Schwanz lebhaft rostroth.

Etwas kleiner als die vorige Art, der Schnabel namentlich kürzer, aber ebenso gestaltet, stark seitlich zusammengedrückt, die Spitze sanft ge=bogen, die Kinnkante etwas vortretend, weiß, der übrige Schnabel schwarz=braun. Iris braun. Rückengefieder olivenbraungrün, über dem Auge und besonders dahinter ein rostgelber Streif. Kehle weißlich, bei jungen Exem=plaren die Federn mit schwarzbraungrauen Rändern, zumal die unteren; Vorderhals ebenso gefleckt, nur die blassen Flecken etwas länglicher und mehr verwaschen; viel deutlicher bei jungen Vögeln als bei alten. Bauch=seite grünlicher graugelb, mit im Alter sehr verwaschenen, in der Jugend deutlichen Schaftstreifen; die letzten Schwanzdecken unten schon rostroth. Flügel lebhafter und röther braun, die Schwingen graubraun, außen braun, innen rostgelb gesäumt. Schwanz lebhaft zimmtroth, die Federn scharf und lang zugespitzt, nur die 4 mittlern gleichlang, die seitlichen stufig verkürzt. Beine bleifarben, in der Jugend bräunlicher, die Krallen gelbgrau.

Ganze Länge 6½", Schnabelfirste 6‴, Flügel 3", Schwanz 2½", Lauf 9‴, Mittelzehe 8‴.

Ich erhielt diese Art aus den Wäldern bei Neu=Freiburg, wo sie nicht selten war; ihre Lebensweise ist mir nicht näher bekannt. —

Anm. Ueber die Synonymie bin ich nicht zweifelhaft; meine 3 Exemplare, worunter eins aus Berlin bezogen, schwanken etwas in der Rückenfarbe, die bald mehr ins Braune bald etwas ins Grüne spielt; daher die verschiedenen Beschreibungen a. a. O. — Wahrscheinlich gehört in eben diese Gattung noch eine mir unbekannte Art, von der ich eine kurze Beschreibung hersetze:

3. Anabatoides ferruginolentus.

Anabates ferruginolentus *Pr. Max z. Wied* Beitr. III. b. 1166. 1. —
Cichlocolaptes ferr. *Reichenb.* Handb. I. 174. 393.

Schnabel und Beine genau wie bei der vorigen Art, doch ersterer etwas länger, ebenso gefärbt. Gefieder röthlichbraun; Kopf, Hals und Rücken dunkler, jede Feder mit hell rostrothem Schaftstreif; über und hin=ter dem Auge eine gelblichweiße Linie. Kehle gelblichweiß; Seiten und Un=terhals röthlichbraungelblich gestrichelt; Brust, Bauch und Steiß graulich rothbraun mit allmälig mehr erloschenen gelblichen Schaftstreifen. Flügel dunkel röthlichbraun, innen blaßgelb; die Schwingen grau, außen braun, innen blaßgelb gesäumt. Schwanz lebhaft zimmtroth, die Seitenfedern stufig.

alle ziemlich schmal. — Ganze Länge 8″ 3‴, Flügel   8‴, Schwanz
3″ 2‴ — Im Serteng von Bahia vom Prinzen zu Wied entdeckt; in
der Lebensweise mit Dendrocolaptes verwandt, klettert an Bäumen und ist
nicht häufig.

13. Gatt. Anabates *Temm.*
Anabates et Philydor *Spix.* Dendroma *Swains.*

Schnabelfirste nicht ganz grade, vielmehr gegen die Spitze hin
mehr oder minder deutlich abwärts gebogen, die Spitze selbst ein
kleines, kaum überhängendes Häkchen, doch ohne Spur einer Rand=
kerbe; Unterkieferkante sanft aufsteigend, aber nicht so deutlich am
Kinnwirbel vortretend, wie bei Xenops und Anabatoides. Nasen=
grube vorspringend, mit rundem offenem Nasenloch in der Spitze.
Vor dem Auge eine Gruppe eigenthümlicher abstehender Federn mit
feinen Borstenspitzen. Flügel ziemlich kurz, nur wenig über den An=
fang des Schwanzes hinabreichend, die ersten 3 Schwingen wie ge=
wöhnlich verkürzt. Schwanz ziemlich lang, breitfedrig, die Schäfte
der Federn weich, aber doch an der Spitze etwas vortretend, die
Fahne zugespitzt; das äußerste Paar der Federn stets merklich ver=
kürzt, die folgenden kurz stufig, die ganze Schwanzform abgerundet*).
Beine etwas feiner gebaut, der Lauf ziemlich hoch, die Sohlenkante
am Außenrande nackt; die Zehen nicht ganz so lang wie bei Xenops
und Anabatoides, die Krallen kleiner, besonders die der Hinterzehe;
Außenzehe kaum etwas länger als die Innenzehe, am Grunde mit
der mittleren etwas verwachsen.

Die Mitglieder dieser Gattung variiren etwas in der Größe
und Form des Schnabels, so daß kaum 2 Arten ganz genau die=
selbe Form haben; deshalb zerlegt man sie jetzt, wie ich glaube mit
Unrecht, in eine große Zahl von Gattungen.

A. Schnabel ziemlich stark, anfangs grade, die Firstenkante erst von der
   Mitte abwärts gebogen. Männchen mit längeren spitzeren Kopffedern.

1. Anabates cristatus *Spix.*

Spix. Av. Bras. I. 83. 2. tb. 84. —
Homorus cristatus *Reichenb.* Handb. I. 173. 389.

---

*) Der Prinz zu Wied führt Arten mit 10 Schwanzfedern an, welche ich
nicht kenne.

Rothbraun, Kehle blaß gelblich weiß, Schwanz lebhafter rothbraun. — Männchen mit mehr oder minder verlängertem spitzerem Oberkopfgefieder. Weibchen mit stumpfen Kopffedern.

So groß wie eine Singdrossel (Turdus musicus). Schnabel hell hornbraun, die Unterkieferkante weiß. Iris hellbraun. Ganzes Gefieder hellroftrothbraun, die Kehle bis zum Halse hinab weißlich, nach hinten ver= waschen; die Bauchseiten grau unterlegt, die ganze Unterfläche mehr gelb= braun als rostbraun. Kopf, Nacken und Schwanz rein und lebhafter rost= roth; der Rücken schon etwas gelblicher als die Flügel. Schwingen grau= braun, an der Innenfahne blaßgelb gesäumt. Schwanz zwölffedrig, die 2 Außenfedern jeder Seite verkürzt und zugerundet, die übrigen zugespitzt, aber gleichlang. Beine blaß bläulichhornfarben. Weibchen etwas kleiner als das Männchen, durch stumpfe Kopffedern verschieden; ebenso der junge zugleich matter gefärbte männliche Vogel.

Ganze Länge 8⅓", Schnabelfirste 10‴, Flügel 4", Schwanz 3", Lauf 1", Mittelzehe ohne Kralle 9‴.

Ich erhielt von dieser ausgezeichneten Art ein Weibchen in Lagoa santa, das mir von dem benachbarten Sette Lagoas gebracht wurde. —

Anm. Die Abbildung von Spix ist in der Farbe ziemlich richtig, nur die Kehle erscheint zu dunkel; aber die langen Kopffedern sind viel zu groß. Spix sagt in der Beschreibung selbst, daß sie nur wenig verlängert seien. — Daß Anabates unirufus D'Orbign. Voy. d. l'Am. mer. Ath. Ois. pl. 55. f. 1. hier= her gehört, bezweifle ich, wenn anders die Abbildung richtig ist; sie erscheint viel dunkler, als mein Vogel und hat lauter fussig abgesetzte Schwanzfedern. Vielleicht ist dies nur männlicher Geschlechtsunterschied und beide Arten gehören doch zusammen. —

Anabates leucophthalmus *Pr. Wied.*

Beitr. z. Naturg. Bras. III. b. 1170. 2. —
Sphenura sulphurascens *Licht.* Doubl. zool. Mus. 41. 457.
Automolus sulphurascens *Reichenb.* Handb. I. 174. 392.
Philydor albogularis *Spix.* Av. Bras. I. 74. 2. tb. 74.
Xenops gularis *Less.* Traité 317.

Rückengefieder gelbbraun, Schwanz zimmtroth, Kehle und Vorderhals weiß, Unterseite graulich gelbbraun. —

Schnabel lang, groß, stark, hellbraun, die Firstengegend dunkler, der Kinnrand weiß bis zur Spitze. Iris perlweis. Gefieder am ganzen Rücken dunkel rothbraun; die Federn der Stirn zugespitzt, mit feinen rostgelben Schaftstreifen; die des Oberkopfes dunkler gefärbt, beim Männchen etwas verlängert und spitzer als beim Weibchen; hinter dem Auge ein blasser Streif. Zügel, Kehle und Backen bis zur Mitte des Halses rein weiß. Unterhals und Brust grangelb, die Seiten der Brust und des Bauches braungelb, die Mitte beider blaſſer; letzte Steißfedern roſtroth. Schwingen braun, außen roſtroth, innen roſigelb geſäumt; Schwanz lebhafter roſtroth beinahe zimmtroth, die äußeren 3 Seitenfedern ſtufig verkürzt. Beine blei-grau, hornbraun unterlegt, die Krallen blaß gelbgrau. —

Männchen friſcher und röther gefärbt, mit ſpitzeren Kopffedern und deutlichem lichteren Streif hinter dem Auge. — Weibchen trüber, mehr braun als roſtroth, ohne Streif hinter dem Auge.

Ganze Länge 7¾″, Schnabelfirſte 9‴, Flügel 3″ 3‴, Schwanz 3″, Lauf 9‴, Mittelzehe 8‴.

Auch dieſe Art erhielt ich nur im Innern auf dem Camposgebiet bei Lagoa ſanta, aber in den dichten Gebüſchen der Thalfurchen, nicht auf den lichten Camposhöhen; der Prinz zu Wied traf den Vogel am Fluſſe Ilheos in den dortigen Urwäldern, Spix am Rio Verde. Nach ihm hält er ſich nur in der Nähe von Gewäſſern auf und läuft am Ufer. Eben deßhalb beſucht er auch die Waldſtrecke am Ufer der Sees von Lagoa ſanta. —

B. Schnabel etwas kürzer, ſchon vom Grunde an ſanft gebogen, daher ſpitzer und mehr kegelförmig ſich ausnehmend, doch ſeitlich zuſammen=gedrückt.

Schwanzfedern von gewöhnlicher Länge und Breite, nur die ſeitlichen ſtufig verkürzt.

Anabates superciliaris.

Sphenura superciliaris *Licht.* Doubl. d. zool. Mus. 41. 159.
Philydor superciliaris *Spix.* Av Bras. 1. 73. 1. th. 73. f. 1.   *Reichenb.*
   Handb. 1. 199. 484.
Anabates atricapillus *Pr. Max.* Beitr. III. b. 1187.
Xenops melanocephalus *Lesson* Traité. 318. 8.
Xenops Canivetii *Less.* Cent. zool. pl 16.
Trepadore dorado, *Azara* Apunt. II. 286. 247.

Rothbraun, Scheitel ſchwarzbraun, Kehle roſigelb, Schwingen braun. —

Vom Anſehn einer kleinen Droſſel, daher auch urſprünglich zu Sylvia geſtellt (S. rubricata *Ill.*); der Schnabel größer und ſtärker, beſonders höher als bei Droſſeln, aber von ähnlicher Form, nach vorn ſtark zuſammen=gedrückt; Oberſchnabel ſchwarzgrau, Unterſchnabel blaßgelb. Oberkopf ſchwarzbraun; Zügel und Ohrgegend blaßgelb, über der Ohrdecke eine feine ſchwarzbraune Linie und die untere Partie der Ohrdecke bis zum Unter-kiefer hin ſchwarzbraun. Nacken, Rücken, Flügel und Bauch lebhaft roſt-roth; der Schwanz friſcher und mehr zimmtroth gefärbt, die Kehle blaß roſtgelb; die Schwingen außen braun, innen grau, Vorderfahne rothbraun, Hinterfahne blaßgelb geſäumt. Beine hellgelblich graubraun. Iris rothbraun.

Ganze Länge 6″ 10‴, Schnabelfirste 6‴, Flügel 3¹⁄₃″, Schwanz 2³⁄₄″, Lauf 7¹⁄₂‴, Mittelzehe 6‴. —

Im Urwaldgebiet des mittleren Brasiliens paarweis oder in kleinen Gesellschaften, hüpft in den Zweigen umher, nach Art der Meisen, dabei zirpende Töne ausstoßend; übrigens scheu und flüchtig. Spix beobachtete den Vogel in Minas geraes, wo er mir nicht vorgekommen ist; nach Azara besucht er zuweilen auch Paraguay. —

4. Anabates amaurotis *Temm.*

Temm. pl. col. 238. 2. — *Bonap.* Consp. 210. 435. 2.
Philydor amaurotis *Reichenb.* Handb. I. 199. 483.
Xenops nigricapillus *Lesson,* Traité 318. 7.

Rückengefieder braun, Schwanz rostroth; Kehle, Backen, Augenstreif weiß; Brust, Bauch und Nackenring blaßgelb.

Rückengefieder braun; Oberkopf dunkler, die Federn mit schwärzlichen Schaftflecken; Zügel, Augenrand und ein Streif hinter dem Auge, der zum Nacken läuft, weißlich, ebenso die Kehle und die Backen; Ohrdecke am oberen Rande braun, am unteren gelb. Halsseiten und eine von ihnen ausgehende matte Binde um den Nacken, Brust und Bauch blaßgelb, allmälig nach hinten trüber graulicher. Flügel braun, Schwingen graulich, am Innenrande blaßgelb, am Außenrande braun. Schwanz lebhaft rostroth, die Seitenfedern stufig verkürzt. Schnabel am Oberkiefer schwarzbraun, am Unterkiefer blaßgelb; Beine graubraun, Krallen lichter. —

Ganze Länge 6″, Schnabelfirste 6‴, Flügel 3″, Schwanz 2″ 8‴, Lauf 7¹⁄₂‴, Mittelzehe 6‴ ohne Kralle.

Von Natterer im Innern Brasiliens beobachtet; mir unbekannt.

b. Schwanz sehr lang, die Federn schmäler, alle stufig verkürzt; Schnabel noch etwas feiner und drosselartiger.

Anabates poliocephalus.

Sphenura poliocephala *Licht.* Doubl. d. zool. Mus. 41. 458.
Philydor poliocephalus *Reichenb.* Handb. I. 199. 485.
Philydor ruficollis *Spix* Av. Bras. I. 74. 3. tb. 74.
Dendrocolaptes rufus *Vieill.* N. Dict. Tm. 26. 114. — *Lafresn.* Rev. zool. 1850. 283. —
Dendroma caniceps *Swains.* orn. Draw. pl. 80.
Xenops rufifrons *Valenc. Lesson.* Traité. 317. 1.

Rostgelb, Flügel und Schwanz rothbraun; Scheitel, Nacken und Ohrstreif grau. —

Schnabel fein gebaut, mit ziemlich schlanker, hakenförmig gebogener Spitze; horngrau, Unterkiefer und Mundrand mit der Spitze blasser, gelb-

licher. Iris roſtgelbbraun. Gefieder weich, die Stirnfedern bis zum Schei
tel länglicher, etwas zugeſpitzt; überall lebhaft roſtgelb gefärbt; Oberkopf,
Nacken und ein Streif hinter dem Auge bis zum Ohr ſchiefergrau. Kehle,
Vorderhals und Stirn lichter und faſt iſabellgelb; Bruſt und Bauch
etwas dunkler auch voller roſtgelb, Rücken bräunlicher gelb. Flügel und
Schwanz rothbraun, die vorderſten kleinen Deckfedern graubraun, wie die
Schwingen, doch letztere am Vorderrande lebhaft, am Hinterrande trüber
roſtroth geſäumt. Schwanzfedern ſehr lang zugeſpitzt, alle etwas ſtufig ver-
kürzt, am bedeutendſten das äußerſte Paar. Beine blaß graubräunlich, die
Krallen faſt weiß.

Ganze Länge 7½″, Schnabelfirſte 7‴, Flügel 3″ 2‴, Schwanz 3″
6‴, Lauf 7‴, Mittelzehe 6‴. —

Im nördlichen Braſilien von Bahia bis Para zu Hauſe und dort
nicht ſelten; das hier beſchriebene ſehr ſchöne Exemplar wurde aus Berlin
bezogen.

Anm. Daß Azara's Trepadore dorado dieſe Art ſei, wie Dr. Hartlaub
vermuthet (Syſtem. Index etc. 16) bezweifle ich; die Maßangaben Azara's
paſſen durchaus nicht, dagegen ſehr gut zu Anabates superciliaris, der ſüdlicher
geht und mit dem auch Azara's Beſchreibung wenigſtens nicht im Wider-
ſpruch ſteht. —

6.   Anabates erythrophthalmus *Pr. Wied.*

Pr. Max. z. *Wied*, Beitr. etc. III. b. 1175. 3. — Deſſen Reiſe n. Braſ. II.
147. — *Des Murs* Icon. pl. 44.
Homorus erythrophthalmus *Reichenb.* Handb. I. 173. 391.
Anabates aradoides *Lafresn.* Guér. Mag. d. Zool. II. Cl. 2. pl. 8.
Asthenes aradoides *Reichenb.* Handb. I. 169. 378. —

Gefieder olivenfarben, etwas ins Graubraune fallend; Stirn, Vorderhals
und Schwanz roſtroth. —

Genau wie die vorige Art gebaut und ihr in allen Theilen höchſt
ähnlich. Schnabel vollkommen ſo geformt, Oberkiefer grau, Unterkiefer
blaſſer, Iris orangeroth. Gefieder etwas bräunlich olivenfarben, bald mehr
ins Graue, bald etwas ins Grünliche ſpielend; Stirn- und vordere Scheitelfedern zugeſpitzt, wie Kinn, Kehle und der Vorderhals lebhaft roſtrothgelb;
der Schwanz ebenſo, nur etwas dunkler und reiner roſtfarben. Flügel
bräunlich überlaufen, die Deckfedern röthlicher gerandet; Schwingen brauner, innen blaß roſtgelb geſäumt. Schwanzfedern etwas breiter und nicht
völlig ſo ſpitz wie bei der vorigen Art. Beine graulichbraun, die Krallen
blaſſer. —

Ganze Länge 7″ 9‴, Schnabelfirſte 6½‴, Flügel 2″ 8‴, Schwanz
3″ 6‴, die äußerſten Federn nur 1″ 4‴, Lauf 9‴, Mittelzehe 6½‴. —

Der Prinz zu Wied beobachtete diesen hübschen Vogel in den dichten Urwäldern am Rio Catoló; er baut an Schlingpflanzen ein beutelförmiges Nest aus dünnen trocknen Reisern und Halmen, worin Anfangs Januar sich junge Vögel befanden, welche schon flügge waren und die Aeltern begleiteten. Eine laute, sonderbare Stimme, welche der Prinz auf Noten gesetzt hat, machte ihn kenntlich.

Anm. 1. Die hübsche Abbildung von Lafresnaye a. a. O. ist etwas zu grün colorirt, im Uebrigen der Vogel kenntlich dargestellt. Daß er nur zehn Schwanzfedern haben soll, wie der Prinz angiebt, ist besonders merkwürdig, vielleicht aber bloß eine Anomalie, denn Lafresnaye's Figur stellt 12 vor. Sollte das äußerste kleinste Paar verloren gegangen sein, als der Prinz seinen Vogel untersuchte? Bei den jungen Vögeln kommt es stets zuletzt, und öfter viel später, als die übrigen.

2. Was ich aus Sphenura subulata *Spix.* Av. Bras. 1. 82. I th. 83. fig. I machen soll, weiß ich nicht; ebenso wenig kennen den Vogel die übrigen neueren Schriftsteller (*Reichenb.* Handb. I. 210. 513. — *Bonap.* Consp. 210. 435. 6.). Mit Thripophaga ist er wohl nicht verwandt, und ebensowenig ein Anabates, wie es mir scheint, weil die Schwanzfedern ganz stumpf und abgerundet dargestellt sind. Darnach müßte er zu den Synallaxinen gehören. Am nächsten scheint ihm Anabates melanorhynchus v. *Tschudi* Fn. per. Orn. 241. 4. th. 21. f. 1. zu kommen. Die Art stammt aus dem Innern, vom oberen Amazonenstrom. Beide zeichnen sich durch den ganz dunkelbraunen Schnabel, neben hellfarbigen Beinen aus. Ihre Zeichnung und Färbung sind wie bei Dendrocolaptes.

14. Gatt. Heliobletus *Reichenb.*
Handb. d. spez. Ornith I. 201.

Schnabel fein und zierlich, wie bei Synallaxis, also viel kürzer als der Kopf, die Firste sanft abgebogen, seitlich zusammengedrückt, am Ende etwas herabgekrümmt; Nasengrube kurz, breit, mit offenem Nasenloch in der Spitze. Gefieder weich, Unterseite fleckig gestreift; Flügel ziemlich lang und spitz, bis auf die Mitte des Schwanzes hinabreichend; die Schwingen ziemlich schmal, die erste merklich verkürzt, die zweite schon ebenso lang wie die dritte längste. Schwanz von mäßiger Länge, die Schäfte der Federn weich, nicht vortretend, die Fahnen spitz zugerundet, nur die 2 äußeren Federn jeder Seite stufig verkürzt. Beine wie bei Xenops nur etwas größer, die Hinterzehe sehr lang mit auffallend großer Kralle, die vordere fein und zierlich, die Außenzehe um ein halbes Glied länger als die Innenzehe.

Anm. Das niedliche Vögelchen, welches den Repräsentanten dieser Gattung bildet, hat den Schnabel von Synallaxis, das Gefieder von Dendrocolaptes, den Fuß und Schwanz von Anabatoides, aber keinen wesentlichen Charakter von Anabates, kann also mit keiner dieser Gattungen verbunden werden, und muß, wie schon Hofr. Reichenbach a. a. O. vermuthete, eine eigene Gattung für sich erhalten.

Heliobletus superciliosus *Illig.*

Dendrocolaptes superciliosus *Illig. Lichtenst.* Monogr. I. 1. 1818. 204 —
　1820. 265. 15. —
Dendrocopus pyrrhophaeus *Vieill.* N. Dict. Tm. 26. 121. — cf. *Lafresn.* Rev.
　zool. 1850. 370.
Philydor superciliosus *Reichenb.* Handb. 1. 200. 490.

Grundfarbe olivenbraun, Rücken und Flügel reiner braun, Schwanz rost=
roth; Oberkopf schwarzbraun, mit feinen blaßgelben Schaftstreifen; Kehle, Augen
streif, Nackenring und untere Schaftstreifen blaßgelb.

So groß wie eine Garten=Grasmücke (Sylvia hortensis) nur der
Schnabel etwas länger, aber kaum dicker. Oberkiefer schwarzbraun, Unter=
kiefer am Grunde blaßgelb, an der Spitze braun. Oberkopf schwarzbraun,
jede Feder mit blaßgelbem, nach außen verwaschenem Schaftstreif. Zügel
blaßgelb, hinter dem Auge bis zum Ohr ein isabellgelber sehr klarer Streif.
Ohrdecke braungelb liniirt. Kehle und Vorderhals, Backen und ein etwas
verwaschener Ring um den Hals blaßgelb, der Vorderhals allmälig grauer
werdend; die übrige Unterseite graulich olivenbraun, mit blaßgelben ver=
waschenen Schaftstreifen, die gegen den Bauch hin verschwinden; untere
Schwanzdecke rostroth. Rücken und Flügel braun, Schwingen schwarzbraun,
außen braun, innen blaßgelb gesäumt. Schwanz lebhaft rostroth, die vier
mittleren Federn mit feinen freien Spitzen der Schäfte. Beine graubraun,
die Krallen sehr blaß graugelb.

Ganze Länge 5¾″, Schnabelfirste 5‴, Flügel 3″, Schwanz 2″, Lauf
8‴, Hinterzehe ohne Kralle 5‴, vordere Mittelzehe ohne Kralle 7‴. —

Ich bekam diesen seltnen Vogel einmal während meiner Anwesenheit
in Neu=Freiburg, woselbst er in den benachbarten Waldungen erlegt war.
Nach Aussage des Schützen hüpfte er, wie ein Dendrocolaptes, an den
Zweigen des Dickigtes umher. —

Anm. Am nächsten steht ihm der Anabates squamiger *Lafresn.* D'Orbigny
Voy. d. l'Am. merid. Ois. pag. 369. no. 308. pl. 54. f. 2. — ja ich würde beide
Vögel zusammenziehen, wenn nicht die Abbildung a. a. O. einen längeren, mehr
stufigen, scheinbar steiferen Schwanz vorstellte. Besonders charakteristisch und
mit Anabates im Widerspruch ist die große lange Hinterzehe, welche vielmehr
völlig wie bei Xenops und Anabatoides sich verhält. Mit Anabatoides adspersus
hat mein Vogel die meiste Aehnlichkeit, aber der Schnabel ist genau wie bei
Synallaxis. —

15. Gatt. Oxyrhamphus *Strickl.*
Oxyrhynchus *Temm.*

Schnabel ganz grade, kegelförmig, beinahe flacher als hoch, ohne
alle Biegung der Rückenfirste und der Spitze. Nasengrube lang, mit
spaltenförmigem Nasenloch am unteren Rande. Vor dem Auge die

eigenthümlichen Federn mit Borstenspitzen, wie bei Anabates, aber auch solche Spitzen an den Federn des Kinnwinkels, wo sie den Anabaten fehlen. Flügel ziemlich lang und spitz, bis auf die Mitte des Schwanzes reichend; die erste Feder nur wenig verkürzt, die zweite die längste. — Schwanz kurz, breit, grade abgestutzt, die Schäfte weich, ohne Spur einer vortretenden Spitze. Beine stark, die Lauf= sohle an der Innenseite mit einem matten Streif, indem die Tafel= schilder nicht von innen, sondern von außen her um die Sohlenkante herumgreifen. Zehen dick, die hinteren stark, mit großer Kralle; die vorderen kurz, besonders die mittlere, welche die beiden anderen gleich langen nur wenig übertrifft.

Anm. Diese höchst eigenthümliche Gattung paßt nirgends recht hin; im Flügelschnitt ist sie am meisten mit Heliobletus verwandt, in der Form des Na= senlochs mit Thripophaga und Anumbius; das hellgrüne Gefieder und die rothe Scheitelholle erinnern an die Tyranniden, die Fußbildung an die Ampeliden. —

Oxyrhamphus flammiceps.

Oxyrhynchus flammiceps *Temm.* pl. col. 125.
Oxyrhynchus cristatus *Swains.* zool. Illustr. pl. 49.
serratus *Mikan,* Delic. Flor. et Fn. Bras. —

Grün, Scheitelmitte feuerroth; Unterseite heller, schwarzgrau getüpfelt. —

Schnabel horngrau, der Unterkiefer blasser. Stirn, Kehle, Backen und Oberkopf schwarz und blaßgrün quergestreift; Kopfmitte orange oder feuerroth, die Federn schopfartig verlängert, mit schwarzen Spitzen; Nacken und Halsseiten matter schwärzlich und blaßgrün gebändert. Rücken, Flügel und Schwanz grün; die Schwingen schiefergrau, hellgrün gerandet, die Innenfahne breit blaßgrün gesäumt, die Deckfedern mit lichteren Säumen. Unterseite blaßgrün, die Federn mit schieferschwarzen Querbinden, welche auf der Brust und dem Oberbauch sich seitwärts verschmälern und hier mehr Tüpfeln gleichen. Beine hellblaugrau, die Krallen lichter gelbgrau.

Ganze Länge 7″, Schnabelfirste 7‴, Flügel 4″, Schwanz 2″, Lauf 9‴, Mittelzehe ohne Kralle 6‴. —

Im Innern Brasiliens, von Joh. Natterer entdeckt; hier nach einem weiblichen Exemplar unserer Sammlung beschrieben, dessen Fundort mir nicht näher bekannt ist; das von Temminck a. a. O. abgebildete Männchen hat eine viel stärkere, längere Federholle auf dem Scheitel, weicht aber sonst nicht vom Weibchen ab. —

4. Synallaxidae.

Schnabel fein, zierlich, drossel= oder sängerförmig, aber etwas höher, viel stärker seitlich zusammengedrückt; die Firste sanft und all= mälig herabgebogen, mit leicht hakiger Spitze, doch ohne Kerbe da= neben. Nasengrube etwas mehr vorspringend, das Nasenloch länglich, mehr als Spalte am unteren Rande auftretend. Vor dem Auge eine Gruppe eigenthümlicher Federn mit Borstenspitzen. Gefieder weich und lar, die Flügel stets kurz, wenig über den Anfang des Schwan= zes hinabreichend; der Schwanz dagegen lang und langstufig, die Federnschäfte aber weich, obgleich zum Anstemmen brauchbar, mitunter mit hervorragenden Schaftspitzen. Beine fein und zierlicher als bei den Anabatiden, die Laufsohle breiter, mit besondern Täfelchen oder kleinen Warzen bekleidet, nicht glatt, wie bei den Anabatiden; Außen= zehe nur sehr wenig länger als die Innenzehe, am Grunde mit der Mittelzehe verwachsen. —

Die Vögel hüpfen wie Meisen im Gebüsch an den freieren Zwei= gen umher, sitzen der Länge nach auf den Zweigen, und stützen sich dabei mit dem Schwanz; sie fressen Insecten. —

16. Gatt. Thripophaga *Caban.*
Wiegm. Arch. 1847. I. 338.

Schnabel beinahe so lang wie der Kopf, sehr sanft zugespitzt, die Rückenfirste allmälig vom Grunde an herabgebogen; die Nasen= grube nach hinten befiedert, wie bei Oxyrhamphus und ebenso lang, schmal spaltenförmig auch das Nasenloch. Gefieder langfedrig und daher die Flügel auch etwas länger als sonst in dieser Gruppe; erste Schwinge bedeutend verkürzt und überhaupt kleiner, zweite etwas kürzer als die dritte und diese nicht ganz so lang wie die vierte längste. Schwanz sehr lang, alle Federn paarig verkürzt, die äußer= sten nur ein Drittel der mittelsten betragend. Beine noch ziemlich stark, wenigstens stärker als bei den folgenden Gattungen; Laufsohle mit einer Reihe kleiner runder Warzenschilder auf der Außenkante. Zehen lang, mit ziemlich hohen aber nicht grade langen Krallen. —

Thripophaga striolata.

Reichenb. Handb. I. 209. 509. — *Cuban.* I. I.
Sphenura striolata *Licht.* Donld. d. zool. Mus.   465. — *Spix.* Av. Bras.
    I. 83. 1. tb. 83. F. 2.
Anabates striolatus *Pr. Max.* Beitr. III. b. 1182. 4. — *Temm.* pl col 238. 1.
Anabates macrurus *Pr. Max.* Reise II. 147.
Xenops ruficollaris *Lesson,* Cent. zool. pl. 36.

Rückengefieder rostrothbraun, jede Feder mit blaßgelbem Schaftstreif; Schwanz hell zimmtroth; Bauchseite rothgraubraun, lebhafter blaßgelb gestreift.

Ungemein schlank und gestreckt gebaut, auch größer als alle übrigen Synallaxinen, etwa wie Sylvia turdoides gestaltet, aber der Schwanz länger. — Schnabel schwarzgrau, Unterkiefer und die Spitze blasser; Iris rothgelb. Rückengefieder rostrothbraun, jede Feder mit einen hellerem Schaftstreif; Flügel einfarbig rothbraun, die Schwingen schwarzbraun, mit rothbraunem Rande. Schwanz hell zimmtrothgelb, alle Federn gerundet, ohne vortretende Spitzen der Schäfte. Kehle lebhaft rothgelb; Backen, Zügel, Ohrgegend und Hals etwas graulichbraun, mit breiten, lebhaften blaßgelben Schaftstreifen, welche von der Brust an schmäler werden und sich am Steiß fast verlieren; die Schäfte der Federn weißlich, die Ränder am Schaftstreif dunkler braun. Beine graubraun, Krallen blaßgelb. —

Ganze Länge 6¼'', Schnabelfirste 7''', Flügel 3'', längste Schwanzfedern 3'', kürzeste 1¼'', Lauf 9''', Mittelzehe ohne Kralle 7'''.

Ein ausgezeichneter Vogel, welcher dem Waldgebiet des mittleren Brasiliens angehört und wie alle Synallaxinen im dichtesten Gebüsch an den Zweigen herumhüpft, die Federn gewöhnlich abstehend gebläht tragend, wie das auch die Synallaxis-Arten thun. Seine Bewegungen sind mehr hüpfend als kletternd, doch zeigen die meist abgenutzten mittelsten Schwanzfedern, daß er auch darauf sich stützt. Von Zeit zu Zeit hört man einen einfachen Lockton von ihm.

Anm. Temmind's Figur ist zu dunkel, wenigstens habe ich kein Individuum von so dunkler Färbung gesehen. — Eine zweite Art aus Peru hat v. *Tschudi* Fn. per. Orn. 239. 1. als Anabates auritus beschrieben. Sie hat den dunkleren Farbenton des Temminck'schen Bildes, aber einen tief schwarzbraunen Oberkopf, ohne Schaftstreifen, und einen hellgelben Streif hinter dem Auge bis zum Ohr.

17. Gatt. Anumbius *D'Orb.*

Sphenopyga *Cuban.* Phacellodomus *Reichenb.*

Schnabel kürzer und darum höher erscheinend, die Rückenfirste stärker gebogen, viel kürzer; Nasengrube ganz befiedert, mit spaltenförmiger Oeffnung am unteren Rande. Stirnfedern bis zur Kopf-

3*

mitte stark zugespitzt; das übrige Gefieder dagegen sehr breitfedrig, weich, gerundet. Flügel kurz, nur bis zum Anfange des Schwanzes reichend, die vierte Schwinge die längste, aber die erste nicht sehr verkürzt. Schwanz lang, keilförmig, alle Federnpaare stufig abgesetzt, die Fahnen gerundet aber doch abgenutzt, die Schäfte weich ohne vortretende Spitze. Beine höher, mit relativ kleineren Zehen; die Laufsohle am Außenrande mit einer Reihe ziemlich großer, viereckiger Tafeln; die Krallen kurz, wenig gekrümmt. —

Anumbius frontalis.

Sphenura frontalis *Licht.* Doubl. zool. Mus. 42. 460.
Anabates rutifrons *Spir.* Av. Bras. 1. 84. 3. th. 84. f. 1. — *Pr. Max* Beitr III. b. 1191. 6. — Dessen Reise. II. 177.
Malurus garrulus *Swains.* zool. Ill. pl. 138
Phacellodomus rufifrons *Reichenb.* Handb. I. 169. 379.

Grau, Stirn lebhaft rostroth: Kehle, Vorderhals und Brust gelblichweiß; hinter dem Auge ein weißlicher Streif. —

Schlank und gestreckt gebaut, nur der Schnabel dagegen kurz. Oberschnabel braun, Unterkiefer blasser. Stirnfedern bis zur Kopfmitte stark zugespitzt, die ersteren lebhaft rostroth; das übrige Rückengefieder aschgrau, die Flügel und der Schwanz, besonders ersterer, etwas braun angelaufen; Schwingen lebhafter röthlich gelbgrau gerandet. Zügel, Kehle, Vorderhals und ein Streif hinter dem Auge bis zum Ohr gelblich weißgrau; Brust und Bauch lebhafter gefärbt, besonders die Seiten und die Steißfedern etwas mehr röthlichgrau. Beine blaß gelbgrau, die Krallen fast ganz weiß; die Iris grau. —

Ganze Länge 6″ 8‴, Schnabelfirste 5½‴, Flügel 2″ 4‴, Schwanz 2″ 8‴, die äußerste Feder nur halb so lang; Lauf 9‴, Mittelzehe 7‴.

Bewohnt die lichten Gebüsche des Camposgebiets vom nördlichen Minas geraes bis über Bahia hinauf und ist wegen seines merkwürdigen beutelförmigen, sehr großen Nestes, das man an den Bäumen hängen sieht, ein allbekannter Vogel. Das Nest ist aus trocknen Halmen und Reisern geflochten, deren Spitzen wie Stacheln nach allen Seiten abstehen; es sitzt an einem aufrechten Zweige und enthält einen napfförmigen Brütraum, zu dem von unten her ein an der Seite hinaufsteigender Gang führt; ersterer ist mit Federn, Baumwolle und Seide ausgefüttert und darin 3—4 ganz weiße Eier. Der Vogel vergrößert seinen Bau alljährlich, indem er den früheren Brütraum nicht wieder benutzt, sondern einen neuen oben drauffetzt. Dadurch erlangen diese Nester eine solche Größe, daß man sie schon von Ferne in der Landschaft erkennt. Gestört, läßt der Vogel ein lautes, fast so gellendes Geschrei hören, wie der Furnarius.

18. Gatt. Melanopareia *Reich.*

Handb. d. sp. Orn. I. 164.

Schnabel ziemlich kurz und nicht ganz so hoch; dem von Anumbius zwar nicht unähnlich, aber nicht so stark, weniger gekrümmt, die Spitze sanft hakig herabgebogen, mit schwacher Kerbe daneben. Nasengrube wenig vortretend, das Nasenloch eine Spalte am unteren Rande. Flügel sehr kurz, stark abgerundet, klein und schwach; die vordersten Schwingen alle stufig verkürzt, erst die fünfte Schwinge die längste. Schwanz lang, die Federn nur wenig stufig verkürzt, alle gleich breit, mit abgerundeter Fahne ohne vortretende Schaftspitzen. Beine ziemlich hoch, die Zehen von mäßiger Länge, die Krallen nicht sehr groß, flach gebogen, die des Daumens fast spornartig aufgerichtet. —

1. Melanopareia torquata.

Reichenb. l. l. 165. 368. —
Synallaxis torquatus **Pr. Max.** Beitr. III. b. 697. 4. — *Lafresn. D'Orb.* Voy. Am. mer. Ois. 248. pl. 15. f. 2. (S. bitorquata).

Rückengefieder graubraun, Bauchseite rostgelb; um den Nacken ein rostrother Ring, über die Brust eine schwarze Binde; kleinste Deckfedern weißlich gesäumt.

Schnabel schwärzlich, Unterkiefer am Grunde blasser; Iris rothgelb. Rückengefieder graulich olivenbraun, Stirn, Zügel und Backen schwarz; vom Schnabelrande bis zum Ohr ein weißlicher Streif. Kehle, Brust und Bauch rostgelb; über die Brust ein schwarzer Ring, der einen weißlichen Vorstoß hat; Nacken breit rothbraun bis zur Schulter. Kleine Flügeldeckfedern am Bug schwärzlich, mit breitem weißen Saum nach außen. Schwingen und Schwanzfedern graubraun, der feine Außenrand röthlich überlaufen. Beine hell bläulich fleischroth. —

Ganze Länge 6" 3''', Schnabelfirste 4''', Flügel 2", Schwanz 2¼", Lauf 7'''.

In den Gebüschen der Campos-Region, an den Zweigen mit einzelnen pfeifenden Locktönen herumhüpfend. —

Anm. Der Prinz hielt diesen Vogel für eine schon von Azara beschriebene Art, die ihm sehr ähnlich sieht, daher ich eine kurze Charakteristik derselben um so lieber hersetze, als sie wahrscheinlich auch in Süd-Brasilien vorkommt.

2. Melanopareia Maximiliani.

Reichenb. l. l. 165. 367. —
Synallaxis Maximiliani *D'Orb.* Voy. Am. mer. Ois. 247. pl. 15. f. 1. (S. torquata).
Pardo collar negro, *Azara.* Apunt. II. 264. 235.

Rückengefieder grünlich graubraun, Kehle und Vorderhals gelb, Brust und Bauch zimmtroth, über die Brust eine schwarze Binde. Flügelbug ungefleckt.

Schnabel schwärzlich, am Grunde bläulich; Iris hellblau. Rücken= gefieder grünlicholivengraubraun; Zügel, Backen und Ohrgegend schwarz; vom Schnabel läuft über dem Auge zum Ohr ein weißlicher Streif. Kehle und Vorderhals blaßgelb, durch eine schwarze Binde von der Brust abge= setzt; Brust, Bauch und Steiß lebhafter rostgelbroth. Flügel am Rande unter dem Bug weißlich, die kleinen Deckfedern aber ungefleckt; Schwingen und Schwanzfedern graubraun, mit grünlichgrauen Außenrändern. Beine hell fleischroth.

Ganze Länge 5¾", Flügel 1″ 9‴, Schwanz 1½", Lauf 7‴, Mittel= zehe 5‴. —

Im Innern Süd=Amerikas, an der Grenze von Bolivien gegen Paraguay und Brasilien bei Yungos gesammelt. —

19. Gatt. Synallaxis *Vieill.*
Galer. II. 284.

Schnabel fein, sanft gebogen, sylvienartig aber länger; Nasen= grube klein, mit schmaler spaltenförmiger Oeffnung am unteren Rande. Flügel kurz, zugerundet, nur wenig über den Anfang des Schwanzes hinabreichend; erste Schwinge sehr verkürzt, die zweite und dritte stufig abgekürzt, die vierte und fünfte die längsten. Schwanz lang, die Seitenfedern stark stufig verkürzt, alle mit steifen Schäften und scharfzugespitztem, durch Abnutzung bei älteren Federn bis auf den Schaft zerstörtem Ende. Beine ziemlich hoch, der Lauf dünn, hinten mit einer Reihe Warzen bekleidet; die Zehen lang, besonders die hin= tere mit großer aber nur wenig gebogener Kralle. Außenzehe fein, nur wenig länger als die Innenzehe. — Gefieder weich, voll, vor= herrschend röthlich braun. —

Es sind kleine zierliche Vögelchen, welche ungemein behende in den Gebüschen an den dünnen Zweigen herumklettern, wenig Furcht verrathen, und völlig wie unsere Certhia sich benehmen. Sie sitzen in der Regel der Länge nach an den Zweigen und stützen sich dabei auf den Schwanz, dessen Federn daher bald abgenutzt werden. —

Schnabel sehr fein und kurz; Schwanz sehr lang, die mittel= sten Federn allein die längsten, ohne freie Schaftspitzen.

1. Synallaxis ruficapilla *Vieill.*
Vieill. Gal. d. Ois. II. 284. pl. 174.   N. Dict. Tm. 32. pag. 10.   *Schomb.* Reise III. 689. 112   *D'Orbigny,* Voy. Am. mer. Ois. pag. 246.

Sphenura ruticeps *Licht.* Doubl. 42. 463.
Parulus ruticeps *Spix.* Av. Bras. I. 85. 1. tb. 86. f. 2.
Synallaxis cinereus *Pr. Max* Beitr III b. 685. 1.
Chicli et Cógogo, *Azara* Apunt. II. 266. 236. 237.

Scheitel, Flügel und Schwanz roftroth; Rücken und Bauchseiten olivenbraun; Unterseite grau, Kehle weißlich. —

Schnabel ziemlich stark, der Oberkiefer schwarzgrau, der Unterkiefer blasser mit weißlichem Kinnrande. Iris gelbbraun. Oberkopf bis zum Nacken hellroftroth; Hinterhals, Rücken und Bauchseiten olivenbraun, röthlich überlaufen. Flügel und Schwanz dunkel rothbraun, die hinteren Armschwingen olivenbraun. Zügel, Augengegend und Backen schiefergrau; ein Streif über dem Auge, Kehle und Vorderhals weißlich, aber jede Feder in der Tiefe grau, daher fleckig; Brust und Bauchmitte grau, beim Weibchen mehr aschgrau, beim Männchen mehr blaugrau gefärbt. Flügel innen grau, die unteren Deckfedern und der Saum der Schwingen blaß roftgelb. Beine braungrau, die Krallen lichter gefärbt. —

Das Männchen unterscheidet sich vom Weibchen durch die roftrothe Stirn, eine lebhaftere vollere Farbe, besonders durch einen rötheren Schwanz und eine mehr blaugraue Brust; es ist in Vieillot's Figur dargestellt; Spix l. l. Fig. 2. zeigt das Weibchen, kenntlich an seiner braneren, nicht roftrothen Stirn, und seinen schmäleren Schwanzfedern. —

Ganze Länge 6", Schnabelfirste 6''', Flügel 2" 4''', Schwanz 3", Lauf 8'''.

Junge Vögel haben kürzeren Schwanz, kürzeren Schnabel und sehr matte Farben. —

Die Art ist in ganz Brasilien häufig; in allen dichten Gebüschen nicht bloß, sondern auch im Urwalde und in der Nähe der Dörfer leicht zu treffen. Ich erhielt den Vogel bei Congonhas und Lagoa santa; er geht südlich bis Paraguay und nördlich bis Guyana.

Anm. Vorstehende Art scheint vielfältig verkannt worden zu sein, was besonders ihre große Aehnlichkeit mit der folgenden verschuldet. Wie der Prinz zu Wied richtig bemerkt, stimmen Männchen und Weibchen in der Färbung des Schwanzes wie der Flügel mit einander überein, dagegen hat das Männchen eine viel dunkler gefärbte Brust als das Weibchen. Hofr. Reichenbach hat in seinem Handbuch zwar richtige Citate, aber seine Definition ist nicht richtig, wenn er den Schwanz olivenbraun nennt, das ist er nur bei S. albescens, nicht bei S. ruficapilla.

2. Synallaxis albescens *Temm.*

Temm. pl. col. 227. juv. — *Reichenb.* Handb. I. 159. 349.
Parulus ruticeps *Spix.* Av. Bras. I. 85. 1. tb. 86. f. 1. mas.

Oberkopf hell rostroth, Rücken und Schwanz olivengraubraun; Brust und
Bauch bleigrau beim Männchen, weißlichgrau beim Weibchen.

Feiner und zierlicher gebaut, als die vorige Art, der Schnabel etwas
kürzer und dünner; Oberschnabel schwarz, Unterschnabel weißlich. Iris
gelbbraun.

Männchen überall lebhafter gefärbt als das Weibchen, sein ganzer
Oberkopf hell rostroth, ebenso die kleinen Flügeldeckfedern am Bug und die
Außenfahne der großen Deckfedern; Rücken, Schwingen und Schwanz
graulich olivenbraun, die Schwingen am Außenrande mit feinem rostrothem
Saum; die kleinen Deckfedern auf der Innenseite blaßgelb, die Schwingen
hier ebenso gesäumt. Kehle, Vorderhals und Brust bleigrau, die Mitte
des Halses schwärzlich; Bauch und Steiß aschgrau, die Seiten olivenbräunlich. Beine blaß braungrau, die Krallen weißlich.

Weibchen blasser und matter gefärbt, die Stirn bräunlichgrau, der
Scheitel bis zum Hinterkopf rostroth; Flügel und Schwanz wie beim
Männchen, aber die Unterseite licht aschgrau, auf der Mitte weißlich; über
dem Auge ein weißlicher Streif.

Die Schwanzfedern sind beim frisch gemauserten Vogel völlig unver-
sehrt, am Fahnenrande nicht abgenutzt und am Schaftende befiedert; sie
werden aber durch den Gebrauch etwas zerstört und abgestoßen, in welchem
Fall die Schaftspitze nackter aussieht. —

Ganze Länge 6″, Schnabelfirste 5‴, Flügel 2″ 2‴, Schwanz
Lauf 8‴.

Der Vogel war sehr häufig in allen Gebüschen bei Neu-Freiburg, er
kam bis in den Garten am Hause und hüpfte hier, wie eine Certhia, an
den Stengeln umher; ich erinnere mich nicht, die vorige Art, welche dem
Binnenlande angehört, dort gesehen zu haben. —

Anm. Spix hat beide Spezies verwechselt, Fig. 1. Taf. 86. stellt das
alte Männchen von dieser vor, Fig. 2. das Weibchen der vorigen, aber die Brust
ist in dieser Figur zu bleigrau; Temminck bildet a. a. O. das Jugendkleid ab.

Auf derselben Tafel 227. stehen bei Temminck noch 2 Arten, welche ich nicht
kenne, daher nur anhangsweise berühre:

3. Synallaxis cinerascens *Temm.* l. l. f. 3. — *Reichenb.* Handb. 1.
159. 350. — Sphenura cinnamomea *Lichtenst.* Doubl. 42. 462. (excl. Synon.). —
Rückengefieder olivenbrauungrau, ebenso der Oberkopf; Unterseite bleigrau, die
Kehle weißlich, der Vorderhals schwärzlich; Flügel und Schwanz lebhaft rostroth.
Gestalt etwas kräftiger, sonst wie S. albescens. — Nord-Brasilien.

4. Synallaxis rutilans *Temm.* l. l. fig. 1. — *Reichenb.* Handb. 1. 159.
351. — Ganzes Gefieder lebhaft und hell rostroth, Kehle und Zügelstreif schwarz;
Schwingen und Schwanz rußbraun, erstere rostroth gerandet. Ganze Länge
5″ 6‴, Schwanz 2″ 8‴.   Im Innern Brasiliens.

b. Schnabel länger und darum scheinbar mehr gebogen, auch etwas kräftiger; Schwanz viel kürzer, die 4 mittleren Federn ziemlich von gleicher Länge, alle in feine Schaftspitzen ausgehend, die Seitenfedern stark stufig, fein und scharf zugespitzt. Leptoxyura *Reichenb.*

5. Synallaxis pallida *Pr. Wied.*

Pr. Max. z. Wied, Beitr. z. Naturg. Bras. III. b. 690.
Reichenbach Handb. I. 171. 383.

Oberkopf, Flügel und Schwanz rothbraun; Rücken olivengraubraun; Kehle und ein Streif am Auge weiß, Unterseite gelbgrau. —

Wegen des kürzeren Schwanzes kleiner erscheinend, als die vorigen Arten, im Grunde aber kräftiger gebaut. Schnabel braun, der untere Rand bis zur Spitze weißlich. Oberkopf rothbraun, die Stirnfedern graubräunlich, mit weißlichen Schaftstreifen, wenigstens bei meinen weiblichen (?) Individuen. Ueber dem Auge bis zum Ohr ein weißer Streif; Kehle weißlich; Vorderhals, Brust und Bauch graugelb, oben bräunlich überlaufen; Nacken, Rücken und obere Flügeldeckfedern gelbbraungrau; die vorderen Deckfedern am Bug und die großen Deckfedern rothbraun, Schwingen schwarzbraun, rostroth gerandet, die letzten Armschwingen obenauf lebhaft hellbraun. Schwanz hellzimmtroth. Innenseite der Flügel und der Saum der Schwingen blaßgelb. Beine graubraun, die Krallen blasser, Iris hell rothbraun.

Ganze Länge 5¼", Schnabelfirste 5‴, Flügel 3", Schwanz 2⅓", Lauf 7‴, Mittelzehe 6‴. —

Ich erhielt die Art in Neu-Freiburg, aber nur einmal; nach dem Prinzen zu Wied bewohnt sie die Gebüsche der Campos-Region.

6. Synallaxis mentalis *Licht.*

Sphenura mentalis *Licht.* Doubl. 42. 461.
Synallaxis caudacutus *Pr. Max.* Beitr. III. b. 692. 3.
Sylvia russeola *Vieill.* N. Dict. II. 217. — Enc. meth. Orn. 463.
Synallaxis ruficauda *Vieill.* ibid. Tm. 32. 310.
Opetiorhynchus inundatus *Temm.*
Leptoxyura ruficauda *Reichenb.* Handb. I. 170. 350.
Anegadizos, *Azara* Apunt. II. 262. 233.

Rückengefieder dunkel rothbraun, Flügel lebhafter rostroth, Schwanz zimmtroth; Kehle gelb, Vorderhals weiß, Brust und Bauch graugelblich.

Noch kürzer und gedrungener gebaut, aber der Schnabel trotzdem länger, ganz schwarzbraun, nur der untere Kinnrand weißlich. Iris rothbraun. Rückengefieder trüb röthlichbraun, nur die Deckfedern und die Ränder der Schwingen lebhafter rostroth, die Schwingen selbst dunkelbraun.

Schwanz hell rostroth, fast zimmtroth. Kehle gelb, die Mitte sehr rein gelb; Vorderhals weiß, die Brust und der Bauch mehr blaßgelb überlaufen, grau unterlegt, die Seiten ins Bräunliche fallend. Beine braun, die Krallen lichter.

Ganze Länge 5½″, Schnabelfirste 6‴, Flügel 2½″, Schwanz 2″, Lauf 8‴, Mittelzehe 6‴.

Ich habe diese Art sowohl in Neu-Freiburg, als auch in Lagoa santa getroffen; sie lebte in den Gebüschen am Seeufer oder an Waldbächen, hüpft selbst noch am Schilf herum und sucht hier ihre Nahrung. Der Prinz zu Wied traf auch das Nest des Vogels in einem Gabelast über dem Schilf, wo es einen dicken Büschel trockner Pflanzenstengel und Halme bildete, und mit den Samenkronen von Asclepiadeen ausgekleidet war. Es enthielt erst zwei rein weiße Eier, doch vermuthet der Prinz, daß der Vogel noch 2 ge- legt haben würde, weil jene 2 nicht bebrütet waren. —

7. Synallaxis cinnamomea.

Certhia cinnamomea *Gmel. Linn.* S. Nat. I. 1. 480. 47.   *Lath.* Ind. I. 298. 56. — *Vieill.* Galer. II. 283. pl. 173.
Synallaxis ruficauda *Spix.* Av. Bras. I. 84. t. 1. tb. 85. f. 2.
Leptoxyura cinnamomea *Reichenb.* Handb. I. 170. 382.

Rückengefieder hell zimmtfarben, Unterseite rein weiß, die Kehle schwefelgelb.

Schnabel braun, Unterkiefer blasser. Iris rothgelb. Rückengefieder lebhaft und gleichmäßig zimmtrothbraun, die Flügel am hellsten, etwas hel- ler als der Rücken; die Schwingen braun, außen und innen zimmtroth ge- randet. Unterseite rein weiß, die Kehle schwefelgelb, die Seiten der Brust, des Bauches und die Schenkel trüb isabellgelb; die Beine blaßgelbbraun mit weißlichen Krallen.

Ganze Länge 5″, die Spitzen der mittelsten Schwanzfedern nicht mit- gerechnet; Schnabelfirste 6‴, Flügel 2⅓″, Schwanz 2″, Lauf 9‴, Mittel- zehe ohne Kralle 6½‴.

In der Gegend von Para und in Guyana zu Hause, hier nach einem Exemplar unserer Sammlung beschrieben, das von Berlin bezogen wurde.

Anm. Spix Abb. a. a. O. paßt genau zu meinem Vogel; seine Angabe, daß er ihn bei Rio de Janeiro gefunden habe, beruhet auf einer Verwechselung mit der vorigen Art, welche er nicht von dieser getrennt zu haben scheint.

8. Synallaxis obsoleta.

Leptoxyura obsoleta *Reichenb.* Handb. I. 171. 385.

Rückengefieder braun, Bauchseite blasser; ein unten schwarzgerandeter wei- ßer Streif am Auge. —

Schnabel und Beine schwärzlichbraun, Rückengefieder ganz braun,
Bauchseite heller; Kehle und Vorderhals in die Grundfarbe verlaufend,
rothgelb; hinter dem Auge ein abwärts verlaufender weißer Streif, welcher
unterwärts schwärzlich gesäumt ist; Flügelaußenwand gelblich weiß, ein
schwarzer Fleck vorn auf der zweiten Deckfedernreihe. Schwanz zimmtfarbig.

Ganze Länge 5″ 3‴, Schnabelfirste 5‴, Flügel 2″ 1‴, Schwanz 2″
3‴, Lauf 7‴. —

In Brasilien; mir unbekannt.

Anm. Nach der Beschreibung paßt Azara's Trepadore palido y roxo, Apunt.
II. 282. 244., den G. R. Lichtenstein zu Certh. cinnamomea zieht, wie schon Sonnini
that, ziemlich zu dieser Art; es scheint, als ob Azara einen jungen Vogel vor
sich gehabt habe. Freilich giebt er ihn etwas größer an, zu 6″ 1‴ Länge.

Sechszehnte Familie.

Wollschlüpfer. Eriodoridae.

Die Mitglieder dieser Familie zeichnen sich durch eine Schnabel=
bildung aus, welche die Charaktere der beiden vorigen Familien in
sich vereinigt; von den Coloptariden hat er die hakige Spitze mit
tiefer oder wenigstens deutlicher Kerbe daneben; von den Anaba=
tiden die stärkere seitliche Zusammendrückung, daher er oft höher ist
als breit, wenigstens nach vorn, und erst hinten vor der Stirn sich
mehr abplattet. Am meisten schließt er sich an die Form des Schna=
bels der Fluvicolinen, aber er ist in der Regel kürzer, höher und
seine Spitze hakiger, als wir sie dort antrafen. Der Mundrand ist,
besonders an den Zügeln, mit Borstenfedern besetzt, aber ihre Spitzen
erreichen in den meisten Fällen weder die Länge noch die Stärke der
Tyrannidenformen, bei denen wir die kräftigsten Mundborsten wahr=
nahmen; namentlich fehlen stets die steiferen am Zügelrande, welche
die Tyranniden so kenntlich machen. Die Nasengrube ist ziemlich
kurz, unter den überliegenden Borstenspitzen versteckt und nur das
runde Nasenloch vorn in der Grube sichtbar. Das Gefieder ist un=
gemein weich und zeichnet sich insonderheit durch eine auffallend starke
Entwickelung der sehr langen, fast wolligen Rückenfedern aus; Flügel
und Schwanz sind bald kurz, bald sehr lang, wenigstens der Schwanz,
dessen Federn alsdann stufig abgesetzt sind. Die ruhenden Flügel

reichen freilich selten weit über die Basis des Schwanzes hinab und sind stets mehr abgerundet, als zugespitzt; daher auch die erste Schwinge sich merklicher zu verkürzen pflegt.

Nicht minder kenntlich sind die Beine durch ihren hohen dünnen Lauf und ihre schlanken, gestreckten Zehen. Am Lauf sieht man mitunter, z. B. bei Conopophaga, eine einzige zusammenhängende Schiene, auf welcher seine Querstreifen in der Tiefe die Trennung in Schilder andeuten; die hintere Seite oder Sohle ist dann ebenso glatt, aber weicher und ohne alle Bedeckung. Allmälig werden die Schilder der Vorderseite deutlicher und zuletzt bekommt auch die Sohle große Tafeln, welche am deutlichsten bei Pteroptochus und dessen Verwandten hervortreten, aber auch schon bei Myiothera Colma nicht fehlen. Die Thamnophili haben die kürzesten stärksten Läufe und darum auch die deutlichste Tafelbekleidung, welche an der Sohlenseite aus 2 Reihen ziemlich großer Schilder besteht, die, wie bei Pteroptochus und Formicarius, etwas alternirend an einander stoßen. Die Zehen sind nicht so charakteristisch; die Außenzehe pflegt mit der mittleren zwar inniger verbunden, aber nur zuweilen völlig verwachsen zu sein; die Krallen sind bei den Gattungen mit hohen Läufen lang und wenig gebogen, bei den mit kürzeren stärker gekrümmt; jene leben auf dem Boden, diese im Gesträuch. Die Nahrung besteht bei allen nur aus Insekten, bei den größeren sogar aus kleinen Vögeln, besonders aus jungen. — Sie sind ziemlich strenge Waldbewohner und ausnehmend behende, im Ganzen wenig scheue Vögel.

1. Myiotheridae.

Schnabel etwas verschieden gestaltet, bald ziemlich dick, hoch nach der Spitze und breit nach der Basis zu, bald fein zierlich und mehr pfriemförmig; selten lang, gewöhnlich viel kürzer als der Kopf und nie länger. Flügel und Schwanz kurz, besonders der letztere ganz klein, schwach und in vielen Fällen wie verkümmert aussehend, seine Federn von gleicher Länge. Lauf in der Regel sehr hoch, nur bei der ersten Gattung (Sclurus) ziemlich kurz, dünn, fein, hinten glatt oder mit Tafeln bekleidet; Zehen in der Regel sehr lang, ebenfalls dünn, fein, mit wenig gebogenen Krallen, von denen die hinterste die längste und mitunter sogar spornartig gestaltet ist. Die Vögel leben auf dem Boden im Dickigt des Unterholzes.

Anm. Eine Monographie dieser und der folgenden Gruppe hat Herr Menetriers in den Mem. d. l'Acad. Imp. d. St. Petersb. 6. Ser. Tm. III. 1835. gegeben.

1. Gatt. S c e l u r u s *Swains.*

Tinactor *Pr. Wied.* Oxypyga *Men.*

Gestalt der folgenden Gattung, aber etwas plumper gebaut; der Schnabel grade so lang wie der Kopf, ziemlich stark, die Firste am Ende sanft herabgebogen, mit leichter aber deutlicher Kerbe daneben; Nasengrube weit, das Nasenloch eine offene elliptische Mündung am Ende der Grube. Flügel breit gerundet, obgleich nicht grade sehr kurz; die erste Schwinge stark, die zweite mäßig verkürzt, die dritte fast so lang wie die vierte längste. Schwanz sehr kurz, ziemlich breit, die Spitzen der mittleren Federn abgenutzt, mit etwas vortretenden Schäften. Lauf nicht hoch, die Sohle glatt; die Zehen lang, besonders der mit einer auffallend langen sanft gebogenen Kralle versehene Daumen; vordere Krallen kürzer und mehr gebogen; die Außenzehe mit der mittleren bis zur Hälfte innig verwachsen.

Scelurus caudacutus.

G. R. Gray Gen. of the Birds XXXII. no. 2. — *Cabanis Wiegm.* Arch. 1847. I. 231.
Myiothera umbretta *Licht.* Doubl. zool. Mus. 43. no. 471. — *Ménétr.* Myioth. etc. l. l. 468. 5.
Myiothera caudacuta *Lafr.* Guer. Mag. d. Zool. III. cl. II. pl. 10.
Thamnophilus caudacutus *Vieill.* N. Dict. Tm. 25. pag. 145.
Tinactor fuscus *Pr. Max.* Beitr III. b. 1106. 1.
Oxypyga scansor *Ménétr.* Myioth. l. l. 520. pl. 11.
Scelurus albogularis *Swains.* birds of Braz. pl. 78.

Ganzes Gefieder umbrabraun, Kehle weißlich, Brust und Unterrücken rostrothbraun.

Fast vom Ansehn und der Größe des Wasserstaars (Cinclus aquaticus). Schnabel schwarz, Unterkiefer am Kinnrande blaßgelb. Iris braun. Ganzes Gefieder umbrabraun, leicht olivenfarben angeflogen; der Schwanz allein dunkler und fast schwarz. Kehle weißlich, die vorderste Partie ganz weiß, die hintere mit dunkleren Federrändern; der Vorderhals rostrothbraun, nach der Brust hin verwaschen; von derselben Farbe der Unterrücken bis zum Bürzel. Schwingen einfarbig braun, inwendig graulicher. Beine hornschwarzbraun, die Krallen etwas lichter.

Ganze Länge 7″, Schnabelfirste 1″, Flügel 4″, Schwanz 2″ 4‴, Lauf 10‴, Mittelzehe ohne Kralle 9‴, Hinterzehe mit der Kralle 8‴. —

Der Vogel lebt zwar im Urwalde, und nur da, aber nicht im Busch=
werk der Höhe, sondern auf dem Boden; hüpft hier im trocknen Geröll
herum, seine Nahrung sich suchend. Nach der Versicherung des Prinzen zu
Wied dreht er nicht bloß abgefallene Blätter mit dem Schnabel um, die
darunter versteckten Insekten hervorholend, sondern er wirft sie auch in die
Höhe oder nach allen Seiten um sich her; mitunter klettert er auch an den
Stämmen der Schlinggewächse hinauf, aber in beträchtlicher Höhe sieht
man ihn nie über dem Boden. Ich erhielt ihn bei Neu=Freiburg.

Anm. Die Stellung des Vogels im System ist nach meinem Dafürhalten
richtiger hier, als bei den Dendrocolapten; er verbindet die Myiotheren
mit den Anabaten, wie schon seine Lebensweise auf dem Boden des Waldes
andeutet. Sein Schnabel hat alle Charaktere der Myiotheren und nichts von
dem der Dendrocolapten.

2. Gatt. Myiothera *Ill.*

Formicarius *Bodd.* Myrmothera *Vieill.* Myrmornis *Herm.* Myrmecophaga *Lacep.*
Myioturdus *Pr. Wied.*

Schnabel kürzer als der Kopf, etwas breiter und niedriger, mit
schwachem Endhaken und undeutlicher Kerbe; Nasengrube kurz, bis
zum Nasenloch befiedert, letzteres eine Längsspalte am unteren Rande.
Flügel kürzer, nur eben bis zum Anfange des Schwanzes reichend,
die dritte Schwinge die längste, die zweite etwas, die erste beträchtlich
verkürzt. Schwanz kurz, abgerundet, die einzelnen Federn ziemlich breit,
ohne vortretende Enden der Schäfte; Lauf hoch, und höher als bei Scelurus, die Sohle mit 2 Reihen kleiner Tafeln, wie bei Pteroptochus;
die Zehen kürzer als bei Scelurus, besonders die hintere, aber ihre
Kralle ebenso grade; Vorderkrallen sehr klein, Außenzehe nur am An=
fange mit der Mittelzehe verbunden. —

1. Myiothera Tetema *Ill.*

Vieill. N. Dict. Tm. 7. pag. 21. —
Turdus Colma var. A. *Gmel. Linn.* Nat. 1. 827. — *Lath.* Ind orn. 1.
360. 124. — *Buff.* pl. enl. 821.
Myioturdus Tetema *Pr. Max.* Beitr. III. 1038. 4. — *Menétr.* l. l. 466.
Myiothera ruficeps *Spix.* Av. Bras. 1. 72. 1. tb. 72. f. 1.

Olivenbraun, Oberkopf und Nacken rostgelb, Kehle, Backen und Vorder=
hals schwarz. —

Ebenfalls von der Größe unseres Wasserstaars (Cinclus aquaticus),
aber etwas hochbeiniger. Schnabel schwarz, Iris braun. Stirn, Ober=
kopf und Nacken rostgelbbraun, auf der Mitte gefleckt. Rückengefieder grün=
lich olivenbraun, Schwingen und Schwanz einfach dunkelbraun; Rand des

Flügels unter dem Bug und die Schwingen am Grunde rostgelb. Kehle, Zügel, Backen und Brust bis zum Vorderhalse schwarz, dann dunkel schiefergrau auf der Brust, mehr olivengrün am Bauch und dem Steiß. Beine bräunlich fleischfarben. —

Ganze Länge 7″, Schnabelfirste 6½‴, Flügel 3″, Schwanz 1″ 8‴, Lauf 1″ 2‴, Mittelzehe ohne Kralle 8‴.

Der junge Vogel hat mattere Farben und einen deutlicher schwarz gefleckten Oberkopf; noch jüngere Individuen zeigen blaß gelbgraue Ränder an fast allen Federn.

Lebt in den großen Urwäldern auf dem Boden, hüpft im Dickigt des Gesträuchs nahe am Grunde herum, und sucht hier nach Insekten; ich erhielt ihn bei Neu-Freiburg, wo er in den benachbarten Wäldern vorkam. —

Anm. Noch 2 Arten dieser Gattung, welche Nord- und Süd-Brasilien bewohnen, sind mir nicht vorgekommen, daher ich sie nur kurz definire.

2. Myiothera Colma, Turdus Colma, *Gmel. Lath.* l. l. — *Buff.* pl. enl. 703. 1. — Myiothera fuscicapilla *Vieill.* N. Dict Tm. 7. pag. 23. — Rückengefieder etwas röthlicher braun; Zügel und Kehle weiß, Brust, Bauch und Steiß bleigrau, Nacken mit rothgelbem Ringe. — Nord-Brasilien, Guyana.

3. Myiothera analis, *Lafr. D'Orb.* Voy. Am. mer. Ois. 191. pl. 6. bis Fig. 1. — *Schomb.* Reise, III. 686, 96. — Rückengefieder rußbraun; Zügel, Kehle und Backen schwarz, Brust und Bauch aschgrau, Steiß rostgelb. — Süd-Brasilien, Bolivien am Ostabhange der Korbilleren. — Beide Vögel haben die Größe der zuerst beschriebenen Art. —

3. Gatt. Chamaezosa *Vig.*

Schnabel nach dem Grunde zu breiter, überhaupt etwas flacher, vorwärts etwas zusammengedrückt, drosselförmig und leicht gebogen; Endhaken und Kerbe sehr schwach; Nasengrube mäßig vortretend, das Nasenloch eine Spalte am unteren Rande, die sich vorwärts erweitert. Flügel bis zum Anfange des Schwanzes reichend, abgerundet, die 3 ersten Federn stufig verkürzt; Schwanz sehr kurz, die Federn schmal, stumpf abgerundet. Lauf sehr hoch, noch etwas höher als bei Myiothera, vorn ebenso bedeckt, hinten glatter, kaum in Tafeln abgesetzt. Zehen etwas länger, wenigstens die vorderen und diese auch mit viel längeren Krallen; die Hinterzehe dagegen kaum so groß wie bei Myiothera und die Kralle kürzer, gekrümmter. —

1. Chamaezosa marginata *Pr. Wied.*

Myioturdus marginatus *Pr. Max.* Beitr. III. 1035. 3. — *Ménétr.* Myioth. l. l. 465. 3. pl. 1. —
Turdus brevicaudus, *Vieill.* N. Dict. Tm. 20. pag. 239. — *Lafresn.* Rev. zool. 1842. 333. — Encycl. meth. Orn. 645.
Myiothera campanisona *Licht.* Doubl. zool. Mus. 43. n. 469.

Chamaezosa meruloides *Vigors.* Jard. Selb. III. Orn. pl. 11.
Grallaria brevicauda *Lafresn.* Rev. zool. 1842. 334. 8.
Fourmilier flambé *Lesson* Traité 395.

Rückengefieder braun, Bauchseite weiß; die Federn auf der Brust und an den Seiten schwarzbraun gerandet, Schwanzfedern mit hellem Endsaum.

Oberkiefer hornbraun, Unterkiefer blaßgelblich weiß; Iris braun. Rückengefieder umbrabraun, Oberkopf röthlicher braun; Flügel etwas dunkler braun, die Schwingen graubraun; Schwanzfedern mit schwärzlicher Binde nach der Spitze zu und lichterem blaßgelblich weißem Endrande. Unterseite rein weiß; Zügel, Backen und ein Streif über dem Auge blaßgelb; Oberbrust gelblich, die Federn hier und an den Seiten des Bauches bis zu den Schenkeln mit schwarzbraunen Säumen; die Kehlfedern blaßgelb getüpfelt, die Ohrgegend schwarzbraun, der Steiß lehmgelb; die Beine fleischfarben, etwas gebräunt.

Ganze Länge 6″ 8‴, Schnabelfirste 7½‴, Flügel 3″ 8‴, Schwanz 2″, Lauf 1″ 8‴, Mittelzehe 10‴. —

Mehr im mittleren als im südlichen Brasilien zu Hause, besonders häufig bei Bahia; in der Provinz von Rio de Janeiro selten. Lebt wie die vorigen Arten auf dem Boden im Dickigt des Unterholzes.

2.   Chamaezosa ochroleuca *Pr. Wied.*

Myioturdus ochroleucus *Pr. Max.* Beitr. III. 1032. 2. — *Ménétr.* 1. 1. 464.

Rückengefieder braun, Schwingen und Deckfedern rothgelb gerandet; Unterseite weiß, Brust und Bauchseiten schwarz gefleckt.

Schnabel dünner, schlanker, der Oberkiefer horngraubraun, der Unterkiefer röthlich weiß; Iris braun. Rückengefieder bräunlich olivengrau; Flügel etwas dunkler, die Ränder der großen Deckfedern und der Schwingen rothgelb, der Innensaum der letzteren blaßgelb, besonders breit an der Wurzel. Ueber dem Auge bis zum Ohr ein blaßgelber Streif, dessen oberer Rand gegen den Kopf dunkler abgesetzt ist. Unterseite weiß, Backen gelb, vom Mundwinkel her schwärzlich gestreift; Brust rostgelb angeflogen, jede Feder mit anfangs rundem, hernach dreieckigem schwarzbraunen Flecken, die sich an den Seiten bis zu den Schenkeln hinabziehen. Aftergegend blaßgelb, Beine fleischfarben.

Ganze Länge 5″ 9‴, Schnabelfirste 7‴, Flügel 3″, Schwanz 1½″, Lauf 1½″, Mittelzehe 7‴. —

Im Innern Brasiliens, in den Gebüschen des Camposgebietes, von St. Paulo durch Minas geraes bis Bahia verbreitet, aber nicht häufig.

4. Gatt. Grallaria *Vieill.*

Myioturdus *Boje.* Codonistris *Gloy.* Colobathris *Caban.*

Schnabel ziemlich dick und etwas höher als breit, kürzer als der Kopf, leicht gebogen, gegen die Spitze hin etwas zusammengedrückt, mit hakiger Spitze und kleiner Kerbe daneben. Nasengrube etwas befiedert, das Nasenloch weiter, runder und mehr nach vorn gerückt. Flügel kurz, abgerundet, kaum über die Basis des Schwanzes hin= abreichend; erste Schwinge stark verkürzt, die zweite mäßig, die dritte und vierte wenig, die fünfte die längste. Schwanz sehr kurz, die Federn klein und schwach. Beine zierlich gebaut, der Lauf sehr hoch, vorn geschildert, hinten nach innen glatt, nach außen etwas unregel= mäßig mit kleinen platten Schildern besetzt; Zehen nicht grade lang, die Krallen sanft gebogen, die Daumenkralle die längste. —

1. Grallaria rex *Gmel.*

Turdus rex *Gmel. Linn.* S. Nat. I. 2. 828. — *Buff.* pl. enl. 702.
Turdus grallarius *Lath.* Ind. orn. I. 361. 129.
Grallaria fusca *Vieill.* Gal. II. 248. pl. 154.
Grallaria rex *Lafresn.* Rev. zool. 1842. 333. 1.
Colobathris rex *Caban. Wiegm.* Arch. 1847. I. 217. 1.
Myioturdus rex, *Pr. Max.* Beitr. III. 1027. 1. — *Ménétr.* I. I. 462. 1.
Galinha do mato der Brasilianer.

Gefieder braun, alle Federn mit blassen Schaftflecken; Oberkopf graulich, Backen gelblich gestreift; Schwingen und Schwanz braun. —

Dicker und plumper gebaut, aber hochbeiniger, als die bisher betrach= teten Formen. Schnabel braun, der Unterkiefer blasser, am Kinn röthlich= weiß; Iris braun. Gefieder in der Hauptsache auch braun, aber heller ge= fleckt; Oberkopf bis zum Nacken aschgrau, jede Feder mit schwärzlichem Rande; Rücken und Achselfedern braun, die Mitte am Schaft blasser, gelb= licher, der Rand dunkler schwarzbraun; Flügeldeckfedern ins Röthliche fallend, die Spitzen der kleineren meist blaßgelb mit davon ausgehendem Schaft= streif; Schwingen schwarzbraun, der Vorderrand rostroth, der Innensaum blaßgelb; Schwanz rostroth. Zügel, Backen und ein Streif, der vom Kinn bis zur Kehle hinläuft, blaß gelblich weiß, die Federn mit schwärzlichen Rändern, besonders die hintersten. Unterseite von der Kehle bis zum Steiß blaßgelbbraun, die vordersten Halsfedern weißer mit schwarzen Rändern; die übrigen Federn lichter am Schaft, dunkler am Saum, matt heller und dunkler gewellt; Schenkel= und Aftergegend lebhafter rostgelb. Beine röth= lichgrau.

Das Weibchen ist mehr braun, überhaupt dunkler gefärbt und nicht aschgrau am Oberkopf. Es legt nur 2 weißlich grüne, braun sparsam ge= fleckte Eier und nistet auf dem Boden im Blättergeröll. —

Ganze Länge 8″, Schnabelfirste 9‴, Flügel 4‴, Schwanz kaum 1½″, Lauf 2″, Mittelzehe 10‴. —

In den dichten geschlossenen Waldungen des ganzen Küstengebietes bis nach Columbien und hier zwar überall bekannt, auch nicht grade selten, aber schwer zu bekommen, weil der Vogel nur im schattigen Dickigt des Unter= holzes sich aufhält und nicht leicht schußgerecht erkannt wird. Der Prinz zu Wied bekam ihn erst am Rio Belmonte; Herr Menetrier schoß ihn an der Sierra d'Estrella bei Mandioco, dem damaligen Landgute des Hrn. v. Langsdorff. Der Vogel ist zeitig munter, man hört in der stillen Morgendämmerung seinen Ruf, und auch am Tage verräth er sich durch einen durchdringenden pfeifenden Lockton, welcher an die Stimme der Tinamus erinnert.

Anm. Eine ähnliche große Art aus Süd=Brasilien (St. Paulo, St. Ca= tharina) hat Natterer von der vorigen unterschieden:

2. Grallaria imperator *Natt. Lafresn.* Rev. zool. 1842. 333. 2. — Größer als Gr. rex, ähnlich gefärbt, aber auf der Brust deutliche Querbinden statt der Längsstreifen. — Mir nicht bekannt. Möglicher Weise gehören auch die von Menetriers beschriebenen Individuen zu dieser Art, weil er die Brust quergebändert nennt und viel heller schildert, mit deutlichen Querlinien am Bauch. —

3. Grallaria macularia *Lafr.*

Pitta macularia *Temm.* pl. col. 506. Texte. sp. 11.
Grallaria macularia *Lafresn.* Rev. zool. 1842. 334. 6.
Myioturdus macularius *Lafresn.* ibid. 1838. 133.
Colobathris macularia *Cabun. Wiegm.* Arch. 1847. I. 217. — *Schomb.* Reise, III. 685. 93.

Rückenseite braun, Scheitel grau; Unterseite weiß, schwarz gefleckt.

Schnabel braun, Unterkiefer weißlich. Rückengefieder olivenbraun, Oberkopf aschgrau; Unterseite weiß, an jeder Seite der Kehle ein doppelter schwarzer Streif, die Brust mit dreieckigen schwarzen Flecken; Zügel, Augen= gegend, Flügelbug, untere kleine Flügeldeckfedern am Rande und Vorder= fahne der Schwingen rothbraun; Bauchseiten und Aftergegend rostgelb. Beine blaß fleischfarben.

Ganze Länge 5″. —

In Brasilien; nach Temminck und Lafresnaye beschrieben, mir un= bekannt.

Anm. Die Beschreibung stimmt in allen Hauptsachen so sehr mit der von Chamaezosa ochroleuca (S. 48) überein, daß ich beide Vögel für identisch halten muß. Da mir indeſſen keiner von beiden aus eigner Anſicht bekannt iſt, ſo habe ich es vorgezogen, ſie von einander getrennt dort aufzuführen, woſelbſt ſie bei den Schriftſtellern, die ihrer gedenken, ſtehen.

4. Grallaria tinniens *Gmel.*

Turdus tinniens *Gmel. Linn.* S. Nat. I.   827. — *Buff.* pl. enl. 706. 1. — *Lath.* Ind. orn. I. 360. 125.
Myioturdus tinniens *Ménétr.* I. l. 469. 6.
Grallaria tinniens *Sundev.* Vet. Acad. Handb. 1835. 77. — *Lafresn.* Rev. zool. 1842. 334. 5.
Colobathris tinniens *Cab. Wiegm.* Arch. 1847. I. 217. — *Schomb.* Reise. III. 686. 94.
Grallaria brevicauda *Gray.* N. G.

Rückengefieder braun, Bauchſeite weiß, Bruſt braun geſtreift. —

Schnabel hornbraun, Unterkiefer blaſſer gelbbraun. Iris braun. Rückengefieder einfarbig olivenbraun, die Seitentheile etwas röthlicher, die Schwingen und Schwanzfedern dunkler braun. Kehle, Vorderhals, Bruſt, Bauch und Steiß rein weiß; die Bruſtfedern beſonders an den Seiten vor den Flügeln braun geſäumt, am Ende mit größerem dunklerem dreieckigem Fleck. —

Ganze Länge 7″, Schnabelfirſte 6‴, Flügel 3″, Schwanz 1½″, Lauf 1½″, Mittelzehe 9‴. —

Selten in Süd-Braſilien, häufiger in Guyana. Von Menetrier einmal in einem Gebüſch bei Rio de Janeiro beobachtet, wo der Vogel am Boden herumhüpfte und von Zeit zu Zeit einen lauten, 5—6mal wieder-holten Pfiff (tin) hören ließ; nach Buffon gemein in Cayenne und dort an ſeiner lauten, glockenförmigen Stimme allgemein bekannt.

5. Gatt. Conopophaga *Vieill.*
Myiagrus *Boje.* **Pr. Max.** Urotomus *Sw.*

Schnabel beträchtlich kürzer als der Kopf, breit, von länglich dreiſeitigem Umriß, mit anſehnlicher Wölbung der Firſte und daher nach vorn nicht abgeplattet, ſondern kuppig gewölbt; die Spitze fein hakig herabgebogen, die Kerbe daneben klein, aber deutlich; die Naſen-grube nur wenig vortretend, mit kleinem runden Naſenloch in der Spitze; viele feine Borſtenſpitzen am ganzen Grunde des Schnabels. Flügel ziemlich wie bei Grallaria abgerundet, etwas über den An-fang des Schwanzes hinabreichend, die erſte Schwinge ſtark verkürzt und überhaupt kleiner; die zweite mäßig, die dritte wenig kürzer als die vierte und fünfte oder ſechſte, welche die längſten und ziemlich gleich lang ſind. Schwanz ſehr kurz, klein und ſchwach, die Federn

4*

zugerundet, alle gleich lang. Beine dünn und hoch, der Lauf vorn schwach getäfelt, insofern die Nähte der Tafeln ganz verwachsen und verstrichen sind, hinten glatt. Zehen ziemlich lang, besonders die hintere, mit langer aber beträchtlich gebogener Kralle; Mittel= und Außenzehe am Grunde verwachsen.

1. Conopophaga lineata *Pr. Wied.*

Cabanis Wiegm. Archiv. 1847. I. 215. 1.
Myiagrus lineatus *Pr. Max.* Beitr. III. 1046. 1.
Conopophaga vulgaris *Ménétr.* l. l. 534. 51. pl. 14. f. 1.

Braun, Kehle und Brust rostgelbroth, Bauchmitte weiß; hinter dem Auge ein Streif größerer weißer Federn.

Oberschnabel schwarzbraun, Unterkiefer blaßgelb. Iris braun. Rücken= gefieder gleichmäßig olivenbraun, die Schwingen mehr schwarzbraun, an der Innenfahne fein blaßgelb gesäumt. Die vierte und fünfte beim Männ= chen eigenthümlich am Rande von der Spitze erweitert. Schwanz etwas röthlicher braun. Zügelfedern in der Tiefe weißgrau, mit schwarzen Spitzen; hinter dem Auge ein Streif rein weißer, etwas derberer, größerer Federn, der über das Ohr hinausragt; diese Federn bei jungen Vögeln unent= wickelt und nur durch einen grauen Streif angedeutet. Kehle, Vorderhals und Brust lebhaft rostgelbroth; Bauchseiten braungrau, Bauchmitte weiß; After und Steiß gelb, in der Tiefe grau. Beine bräunlich fleischfarben. —

Ganze Länge 5″, Schnabelfirste 6‴, Flügel 3″, Schwanz 1¼″, Lauf 1″, Mittelzehe 8‴.

In den Gebüschen bei Neu=Freiburg nicht selten und, wie es scheint, durch das ganze Küstenwaldgebiet Brasiliens verbreitet. — Der Prinz zu Wied erhielt nur einen jungen Vogel bei Bahia; Menetrier fand den Vogel häufig bei Rio de Janeiro und noch in Minas geraes; er ist munter und hat eine zwitschernde Stimme, die mit tin endet. —

2. Conopophaga aurita *Linn.*

Turdus auritus *Gmel. Linn.* S. Nat. I. 2. 827. 94. — *Buff.* pl. enl. 822. —
    Lath. Ind. orn. I. 360. 123.
Pipra leucotis *Gmel. Linn.* S. Nat. I. 2. 1003. 19.
Conopophaga leucotis *Vieill.* Gal. II. 203. pl. 127. — *Ménétr.* l. l. 532. 49.

Rückengefieder olivenbraun, Stirn, Kehle und Vorderhals schwarz, Brust röthlichbraun, Bauchmitte weiß; hinter dem Auge ein weißer Streif.

Etwas größer und kräftiger gebaut als die vorige Art; Schnabel schwarzbraun, Unterkiefer am Kinn graulich. Oberkopf bis zum Nacken umbrabraun; hinter dem Auge ein ebenso gebauter Streif weißer Federn.

Rücken, Flügel und Schwanz olivenbraun, die Deckfedern und Schwingen lichter gerandet, letztere innen blaßgelb gesäumt. Stirn, Kehle, Zügel, Backen und Vorderhals schwarz; Brust rothbraun, Bauchmitte bis zum After weiß, Bauchseiten und Schenkel gelbbraun; Beine dunkel fleischbraun.

Das Weibchen ist weniger klar gefärbt, als das Männchen; sein ganzer Oberkopf ist bis zu den Backen rothbraun und die Kehle weißlich.

Länge 5¼‴, Schnabelfirste 6‴, Flügel 3‴, Schwanz 1¼‴, Lauf 14‴, Mittelzehe 9‴. —

Gehört den Wäldern des mittleren Brasiliens an, und wird besonders in den Gegenden nördlich von Bahia bis nach Guyana gefunden; weder dem Prinzen zu Wied, noch Hrn. Menetriers, noch mir ist diese Art in Süd=Brasilien vorgekommen. —

Conopophaga melanogaster Mén.

Ménétriers Mon. l. l. 537. 53. pl. 15. f. 2.

Kopf, Hals, Brust und Oberbauch schwarz; hinter dem Auge ein weißer Streif; Rücken und Flügel rothbraun. —

Von der Größe der vorigen Arten. Schnabel schieferschwarz. Kopf, Hals und Brust nebst dem Bauch bis zu den Schenkeln hinab schwarz; hinter dem Auge ein Streif rein weißer, derber Federn, welche sich neben dem Ohr am Halse hinabziehen; Nacken, Rücken und Flügel lebhaft kasta= nienrothbraun, die Schwingen und Schwanzfedern dunkler schwarzbraun, erstere rothbraun gerandet. Unterbauch und die Seiten bis zum After röthlich aschgrau. Beine licht fleischbraun.

Ganze Länge 5‴, Schnabelfirste 6‴, Flügel 3‴, Schwanz 10‴, Lauf 1‴ 4‴.

Im Innern Brasiliens, von Hrn. v. Langsdorff bei Cuyaba entdeckt. —

4. Conopophaga dorsalis <i>Mén.</i>

Ménétriers Mon. l. l. 533. 50. pl. 14. f. 2.
Conopophaga ruficeps fem. <i>Swains.</i> Birds of Brazilia pl. 68.

Rückengefieder olivenbraun, hinter dem Auge ein weißer Streif; Unterseite rostgelb, Kehle und Bauchmitte blasser.

Schnabel braungrau, nur die Gegend am Kinn etwas gelblicher. Iris braun. Oberkopf graulich, Rückengefieder olivenbraun, die Spitzen der Fe= dern mit einem matten, schwärzlich gerandeten Fleck; an der rostbraunen Achsel ein schwarzbrauner Streif. Zügel grau, mit schwarzen Borsten= spitzen; hinter dem Auge ein rein weißer Streif, der schmaler ist, als bei ben vorigen Arten und einen graulichen Rand nach unten hat; dieser Streif beim Weibchen kürzer und gelblicher gefärbt. Flügelrand unter dem Bug weiß, die Federn des Daumens schwarz, die großen Deckfedern und die Reihe vor ihnen mit rostgelben Spitzenflecken. Erste Schwinge weiß gerandet, die Handschwingen hinter der fünften eigenthümlich nach innen in eine vorspringende Ecke erweitert, was wahrscheinlich nur männlicher Ge=schlechtscharakter ist. Kehle und Bauchmitte blaß isabellgelb, die übrige Unterfläche lebhaft rostgelbroth, die Bauchseiten am Schenkel etwas grau=braun. Beine fleischfarben.

Das Weibchen hat eine düstere bräunliche Farbe, keinen so rein weißen Augenstreif, aber eine rein weiße Kehle; — Swainson hat es mit Unrecht als Weibchen der folgenden Art abgebildet. —

Ganze Länge 4½″, Schnabelfirste 5½‴, Flügel 2½″, Schwanz 1″, Lauf 14‴, Mittelzehe 8‴. —

Im Waldgebiet der höher gelegenen Gegenden, aber nicht häufig; Herr Menetrier fand diese Art bei Snmidoro an der Straße nach Minas, ich erhielt sie aus der Gegend von Bahia, von wo sie auch Swainson mitbrachte. —

5.　Conopophaga perspicillata *Licht.*

Cabanis Wiegm. Arch. 1847. I. 215. 3.
Myiothera perspicillata *Licht.* Douhl. d. zool. Mus. 43. 147.
Myioturdus perspicillatus *Pr. Max.* Beitr. III. b. 1042. 5.
Conopophaga nigrogenys *Lesson*, Traité — *Ménétr.* Mon. I. l. 536. 52. pl. 15. f. 1.
Conopophaga ruficeps *Swains.* Birds of Braz. pl. 67. — Nat. Libr. X. pl. 16.

Oberkopf rostgelb, Backen schwarz; Rücken olivenbraun, Bauchseite blei=grau, Kehle und Bauchmitte weiß. —

Schnabel schwarz, für die Größe des Vogels ziemlich dick. Stirn, Zügel, Backen und Ohrdecke schwarz; Oberkopf bis zum Nacken lebhaft rostgelb. Rückengefieder olivenbraun, die mittelsten Rücken= und Achsel=federn schwarz gerandet, wodurch ein schwärzlicher Fleck und jederseits daneben ein solcher Streif entsteht. Oberste kleinste Deckfedern und Schulter=federn daneben rostgelb, die übrigen olivenbraun mit rostgelber Spitze; der Flügelrand unter dem Bug weiß, ebenso der Rand der ersten Schwinge; hinterste Armschwingen mit rothgelben Endsäumen. Kehle weiß; Brust, be=sonders an den Seiten bleigrau; Bauchmitte weiß, Steißfedern aschgrau=gelb angeflogen. Beine fleischfarben.

Ganze Länge 4½″, Schnabelfirste 5‴, Flügel 2⅔″, Schwanz 10‴, Lauf 15‴, Mittelzehe 7½‴.

In den Gebüschen bei Rio de Janeiro, aber nicht häufig; auch ich erhielt dort nur 1 Exemplar.

Anm. Diese und die vorige Art sind sich im Bau des Schnabels und der Flügelzeichnung so ähnlich, daß man sich nicht wundern darf, sie von Swainson in eine vereinigt zu sehen, besonders wenn er von jener nur Weibchen, von dieser nur Männchen besaß. Herr Menetrier hat aber beide Geschlechter von beiden Arten gefunden, daher ihre übrige Differenz zur Trennung berechtigt. Ich besitze von beiden nur das männliche Geschlecht. —

6. Gatt. Rhopoterpe *Cabanis*.

Wiegm. Arch. 1847. I. 227.

Schnabel schlanker gestreckter, am Grunde etwas flacher, nach vorn stark zusammengedrückt, mit haliger Spitze aber sehr wenig bemerkbarer Kerbe. Nasengrube ziemlich vorragend, mit kleinem rundem Nasenloch vorn an der Spitze; alle Federn am Schnabelgrunde mit sehr kurzen, wenig bemerkbar werdenden Borstenspitzen. Flügel und Schwanz kurz; jene mehr spitzig, als gerundet; dieser zwar vorragend, aber aus kleinen, schwachen schmalen Federn von gleicher Länge gebildet. Lauf nicht mehr so lang, wie bei den vorhergehenden Gattungen, aber doch von beträchtlicher Länge, die äußere Sohlenkante mit kleinen Schildern bekleidet; Zehen lang, dünn, die hintere mit großer, starker, wie bei Conopophaga gebogener Kralle. —

1. Rhopoterpe formicivora *Gmel.*

Turdus formicivorus *Gmel. Linn.* S. Nat. I. 2. 828. — *Buff.* pl. enl. 700. 1. — *Lath.* Ind. orn. I. 361. 127.
Myioturdus policour *Ménétr.* I. I. 470. 7.
Formicarius torquatus *Gray.* Gen. of Birds. 32. n. 3.
Rhopoterpe formicivora *Caban.* I. I. 228. 1.

Rothbraun am Rücken, weiß am Bauch; Kehle und Vorderhals schwarz; Rücken und Flügeldeckfedern schwarz gefleckt. Größer als Conopophaga lineata, ähnlich gestaltet, aber der Schnabel länger, höher, schlanker, ganz schwarz. Iris braun. Rückengefieder rostroth, die Federn des eigentlichen Rückens und die oberen Flügeldeckfedern schwarz mit rostrothem Saume; Schwingen schwarzbraun, der Flügelrand unterm Bug und die Innenseite weiß, Schwanzfedern rothbraun. Kehle, Vorderhals und Oberbrust schwarz; Backen, Zügel und untere Brustfedern schwarz und weiß gebändert; die übrige Unterseite weißlich, die Bauchseiten silbergrau. Beine schwarzbraun.

Ganze Länge 6", Schnabelfirste 8''', Flügel 3½", Schwanz 1", Lauf 11'''. —

Im nördlichen Brasilien und Guyana, südwärts kaum über Bahia hinabgehend; lebt tief im Urwalde und läßt sich nur in den Vormittags= stunden sehen. —

2. Rhopoterpe gularis *Spix.*

Thamnophilus gularis *Spix.* Av. Bras. II. 30. 15. tb. 41. fig. 2.
Myrmothera gularis *Ménétr.* l. l. 476. 12. pl. 2. fig. 2.
Myiothera cinerea *Pr. Max.* Beitr. III. b. 1093. 16.
Rhopoterpe gularis *Cab.* l. l. 2.

Rücken rothbraun; Kehle schwarz, weiß gefleckt, Brust und Bauch grau; Flügeldeckfedern schwarz, mit gelben oder weißen Spitzen. —

Nur halb so groß, wie die vorige Art; Schnabel freier, zierlicher, schwarz. Iris braun. Oberkopf graubraun, die Federnränder etwas dunkler; Nacken, Rücken, Flügel und Schwanz trüb rothbraun. Kinn, Kehle, Backen und Vorderhals schwarz, die Federn mit weißem Spitzen= fleck, der sich am Schaft heraufzieht. Brust und Bauch bleigrau, After und Steiß gelbgrau. Flügel am Bug und am Rande daneben weiß; die Deckfedern schwarz, beim Männchen mit weißen, beim Weibchen mit gelben Spitzen; Schwingen schwarzbraun, außen rothbraun gerandet. Beine graubraun, mit lichteren Krallen. —

Ganze Länge 4″, Schnabelfirste 6‴, Flügel 2½″, Schwanz 9‴, Lauf 9‴, Mittelzehe 6‴.

In den Gebüschen bei Neu=Freiburg und dort nicht selten; auch in den Umgebungen von Rio de Janeiro von Menetrier beobachtet, der das Nest auf dem Boden fand und darin (August) 5 röthliche, weiß ge= fleckte Eier. —

Anm. Eine dritte Art, welche zwischen den beiden hier beschriebenen die Mitte hält, ist:
3. Rhopoterpe guttata — Myrmothera guttata *Vieill.* Gal. d. Ois. II. 251. pl. 155. — Gefieder dunkel schwarzgrau, Scheitel und Flügel schwarz; alle Deckfedern, Schwingen und Steuerfedern mit rostgelbem Saume. Bauch rostroth. — In Guyana zu Hause.

7. Gatt. Pithys *Vieill.*

Schnabel höher und kräftiger, länger, grader, stark seitlich zu= sammengedrückt, mit sanft gebogenem Endhaken und schwacher Kerbe; der Kinnrand vom Kinnwinkel etwas aufsteigend; Nasengrube dicht befiedert, mit völlig rundem Nasenloch in der Spitze. Gefieder etwas derbe; die Flügel ziemlich lang und etwas spitzig, ganz wie bei Rho= poterpe, die 3 ersten Schwingen stufig verkürzt; Schwanz sehr kurz, kaum etwas länger als die ruhenden Flügel. Beine mit hohen aber etwas stärkeren Läufen, deren Sohle völlig glatt ist; Zehen ebenfalls etwas kräftiger, doch lang, die Krallen stark und mehr gekrümmt; die Außenzehe bis zur Mitte mit der großen Zehe verwachsen.

1. Pithys albifrons *Gmel.*

Pipra albifrons *Gmel. Linn.* S. Nat. I. 2. 1000. — *Buff.* pl. enl. 707. 1. —
  Lath. Ind. orn. II. 560. 21.
Pithys leucops *Vieill.* Gal. II. 205. pl. 129.
Myiothera albifrons *Licht.* Doubl. 44. 476.
Dasycephala albifrons *Gray.* G. 32. n. 9.
Pithys albifrons *Cabanis Wiegm.* Arch. 1847. 1. 214. 1. — *Schomb.* Reise,
  III. 685. 90.

Kopf, Rücken und Flügel schwarz, das übrige Gefieder rothbraun; Stirn und Kehlfedern verlängert, weiß.

Schnabel schwarz, die Spitze bräunlich; Iris braun. Oberkopf, Backen am Auge, Rücken und Flügel schwarz; Bürzel, Schwanz, alle un= teren Theile und der Nacken rostrothbraun; Stirn, Zügel und Kehle weiß, die hintersten Federn der Stirn und der Kehle sehr verlängert, fein zuge= spitzt, abstehend. Beine fleischfarben. —

Ganze Länge 5″, Schnabelfirste 7‴, Flügel 3″, Schwanz 1″, Lauf 9‴, Mittelzehe 6‴. —

Im nördlichen Brasilien und Guyana zu Hause, bewohnt dieselben Gegenden mit der großen Wander = Ameise (Atta cephalotes) und scheint von ihr hauptsächlich zu leben. —

Anm. Man kennt noch zwei ähnliche Arten aus Süd=Amerika, aber beide ohne verlängerte Stirn= und Kehlfedern.
  2. Pithys leucophrys *Tschudi* Fn. peruan. Orn. 176. tb. 11. f. 2. — Ganz schwarz, mit weißen Stirn=, Zügel= und Augendecken bis zum Ohr. — Peru.
  3. Pithys pectoralis *Caban.* — Turdus pectoralis *Lath.* Ind. orn. I. 357. 112. — *Buff.* pl. enl. 644. 2. — Braun, Stirn, Backen und die ganze Unterseite rostgelbroth; Flügeldeckfedern gelbbraun gerandet. — Etwas größer als die Vorigen. — Guyana.
  Noch eine Pithys erythrophrys hat *Sclater* (Proc. zool. Soc. 1854.) aus Neu=Granada bekannt gemacht, indessen selbst bezweifelt, daß die Art eine ächte Pithys sei.

2. Formicivorinae.

Schnabel wenig ausgezeichnet, im Ganzen von mäßiger Stärke, mehr seitlich zusammengedrückt, als flach, aber doch nicht grade hoch, beinahe pfriemen= oder kegelförmig, je nach seiner Größe gestaltet;

die Spitze fein hakig herabgebogen, mit schwacher Kerbe. Das Auge von ganz auffallender Größe. Flügel nicht ganz so kurz wie bei den Vorigen, mehr über die Basis des Schwanzes hinabreichend. Schwanz allermeist lang, die seitlichen Federn stufig verkürzt, die mittleren vier gewöhnlich nicht bloß länger sondern auch breiter. Beine dünn und schlank gebaut, mit hohen, hinten glatten Läufen, deren Außenkante mit einer schmalen Stiefelschiene oder einer Reihe kleiner Tafelschilder belegt ist, und zierlichen, mäßig langen Zehen; aber der Daumen nach Verhältniß schon etwas kürzer, mit schlankem, nicht sehr stark gebogenem Nagel.

Die Vögel leben, gleich den Vorigen, nur in schattigen Gebüschen, aber nicht auf dem Boden, sondern im Gezweige des Unterholzes, hier nach Insekten, besonders Ameisen suchend, die ihre Hauptnahrung bilden; durch den langen Schwanz unterscheiden sie sich leicht von den Myiotheren, ihre Fußbildung und ihr Schnabel ähneln dagegen einander sehr. —

8. Gatt.   C o r y t h o p i s *Sundev.*

Kongl. Vetensk. Acad. Handb. 1836.

Schnabel ziemlich schlank, an der Wurzel etwas breit, nach vorn mehr zusammengedrückt, aber nicht stark, die Firste etwas abgesetzt, der Endhaken klein, die Kerbe fast verwischt. Nasenloch eirund. Flügel etwas länger, beinahe bis zur Mitte des Schwanzes reichend, die vierte Schwinge die längste. Schwanz noch nicht sehr groß, aber lang, die Federn von mäßiger Breite, die äußeren nur wenig verkürzt. Beine wie gewöhnlich hoch, die Laufsohle glatt, außen gestiefelt; die Zehen von mäßiger Länge, der Nagel des Daumens sehr gestreckt, spornartig, die Außenzehe mit der Mittelzehe ein wenig am Grunde verwachsen.

Corythopis calcarata *Pr. Wied.*

Myiothera calcarata *Pr. Max.* Beitr. III. b. 1101. 19.
Corythopis calcarata *Sundev.* l. l. — *Cabanis, Wiegm.* Arch. 1847. I. 215.

Rückengefieder olivengrün, Bauchseite weiß; Oberbrust schwarz, darunter schwarz gefleckt. —

Oberkiefer graubraun, Unterkiefer weißlich. Iris braun. Rückengefieder etwas schmutzig olivengrün; Schwingen und Schwanzfedern graubraun, mit grünlichen Außenrändern. Unterteile vom Kinn bis zum Steiß weiß, am Unterhalse und den Seiten gelblich überlaufen; Oberbrust mit einem schwarzen Querbande, das sich nach unten in Flecken auflöst, indem die Federn weiße Säume bekommen; die hintersten Flecken gestreckter, gegen die Bauchmitte hinablaufend. —

Ganze Länge 5″, Schnabelfirste 6‴, Flügel 2½″, Schwanz 2″, Lauf 10‴, Mittelzehe 6‴.

Im dichten Walde auf niedrigen Zweigen im Gebüsch herumhüpfend, geht auch von Zeit zu Zeit auf den Boden hinab. —

Anm. Einen sehr ähnlichen Vogel hat D'Orbigny als Conopophaga nigrocincta *Lafresn.* beschrieben (Voyag. d. l'Am. mer. Ois. 187. pl. 6. f. 2.); ich halte ihn sogar für nicht verschieden von dem hier geschilderten, welchen Menetriers mit Unrecht zu den Muscicapiden stellt (Mon. l. l. 510.). 2. Als zweite Art gehört Corythopis torquata *Tschudi* Fn. per. 177. 1. hierher; — dieselbe ist etwas größer (5″ 10‴), hat einen viel längeren Schnabel (9‴), eine mehr braune Rückenfarbe, mehr ins Graue fallende Flügel= deckfedern und mehr bräunliche Bauchseiten. Auch ist die Mittelzehe größer. Peru. —

9. Gatt. Pyriglena *Caban.*

Wiegmanns Archiv. 1847. I. 211. Drymophila *Swains.*

Schnabel grade, ziemlich stark, fast kegelförmig, höher als breit, die Firste abgerundet, die Spitze hakig, mit deutlicher obgleich kleiner Kerbe; Nasengrube befiedert, in der Spitze mit rundem Nasenloch. Flügel etwas über die Basis des Schwanzes hinabreichend, die erste Schwinge sehr kurz, die vierte die längste; Schwanz ziemlich lang und kräftig, die Federn von der Mitte an alle etwas verkürzt, daher vollständig abgerundet. Lauf hoch und stark, die Sohle mit deut= licher breiter Stiefelschiene, die Zehen kräftig, aber nicht sehr lang; die Mittelzehe mit der Außenzehe am ersten Gliede verwachsen, die Kralle des Daumens aufgerichtet, aber etwas mehr gebogen; die Vorderkrallen schlank, ziemlich kurz. —

1. Pyriglena domicella *Licht.*

Cabanis Wiegm. Arch. 1847. I. 211. 1.
Lanius domicella *Licht.* Douhl. etc. 47. 502 u. 503.
Myiothera domicella *Pr. Max.* Beitr. III. b. 1058. 3.
Formicivora domicella *Ménétr.* Mon. l. l. 503. 28.
Drymophila trifasciata *Swains.* zool. Journ. I. 302. — II. 152. 3. — *Ej.* zool.
III. 2. Ser. pl. 27. — *Lesson.* Mon. I. 196.
Myrmeciza melanura *Strickl.* Ann. nat. Hist. 1844. 417.

Männchen schwarz, Flügeldeckfedern am Bug und die Ränder der großen Deckfedern weiß.

Weibchen olivenbraun, Kehle und Nackenfedern blaßgelblich.

So groß wie eine Rohrdrossel (Sylvia turdoides) und fast so gestaltet. Männchen ganz schwarz, auch der Schnabel und die Beine; die Iris dunkel feuerroth; Rückenfedern im Nacken am Grunde weiß, dann schwarz; die kleinen Flügeldeckfedern am Bug weiß, die darauf folgende Reihe und die großen Deckfedern schwarz, mit weißem Saum. — Weibchen olivenbraungrau, die Flügel lebhafter braun, der Schwanz schwarzbraun; die Kehle und ein Fleck jederseits im Nacken oberhalb des Flügelbugs blaßgelblich, die Brust gelbgrau, Bauch und Steiß schiefergrau. Schnabel und Beine hornbraun, Iris heller feuerroth. —

Ganze Länge 7″, Schnabelfirste 6‴, Flügel 3″, Schwanz 2½″, Lauf 15‴, Mittelzehe 8‴.

Gemein in allen Wäldern und schattigen Gebüschen Brasiliens, lebt in kleinen Trupps, hält sich gern in der Nähe der Bäche, und läßt von Zeit zu Zeit eine zwitschernde, pfeifende Stimme hören. —

Pyriglena atra Swains.

Cabanis Wiegm. Arch. 1847. I. 212. 2.
Drymophila atra <i>Swains.</i> zool. Journ. II. 153.
Formicivora atra <i>Ménétr.</i> Mon. l. l. 503. 29.

Männchen schwarz, Rücken weiß gefleckt. —

Weibchen wahrscheinlich olivenbraun. —

Etwas stärker und kräftiger gebaut, als die vorige Art, besonders der Schnabel höher und länger. — Männchen ganz schwarz, Iris feuerroth; Rückenfedern zwischen den Schultern weiß, mit großem schwarzem, nach der Basis verschmälertem Fleck, welcher nach dem Ende bloß einen weißen Rand übrig läßt. — Flügel etwas breiter, übrigens auch hier die vierte, fünfte und sechste Schwinge die längsten. Schwanz ebenso abgerundet, d. h. alle Federn nach außen allmälig etwas kürzer. — Weibchen wahrscheinlich olivenbraun, mir nicht bekannt. —

Ganze Länge 7″, Schnabelfirste 8‴, Flügel 3½″, Schwanz 2½″, Lauf 14‴, Mittelzehe 9‴. —

Ich erhielt von diesem Vogel ein männliches Stück aus Bahia durch einen meiner früheren Zuhörer. —

3.   Pyriglena maura Ménétr.

Cabanis l. l. 3.
Formicivora maura <i>Ménétr.</i> Mon. l. l. 506. 30 pl. 7. fig. 8.

Männchen, schwarz, Rücken in der Tiefe weiß.

Weibchen, noch unbekannt.

Ganz wie P. domicella, das Männchen einfarbig schwarz mit feuer=
rother Iris und weißen Rückenfedern zwischen den Schultern, welche aber
am Ende so breit schwarz sind, daß sie in richtiger Lage nichts von der
weißen Basis erkennen lassen. — Weibchen noch nicht beobachtet.

Ganze Länge 6″ 8‴, Schwanz 2″ 10‴, Lauf 14‴.

In Minas geraes, von Hrn. v. Langsdorff gesammelt.

Anm. Mit den hier beschriebenen Vögeln scheint nahe verwandt zu sein:
4. Pyriglena leuconota Spix — Thamnophilus leuconotus Spix Av.
Bras. II. 28. 12. pl. 39. fig. 2. mas und Th. melanoceps Spix. ibid. n. 11.
fig. 1. fem. — Männchen ganz schwarz, nur der Nacken von dem Rücken bis
zum Flügelbug mit einem weißen Mondfleck geziert; — Weibchen rostgelb=
lich, Kopf und Hals schwärzlich, Flügel und Schwanz braunroth, die Schwingen
dunkler. — Ganze Länge 6½″, Schnabelfirste 10‴, Flügel 3″, Schwanz 2½″,
Lauf 14‴. — Spix sammelte beide Vögel in der Gegend von Para, verwech=
selte aber offenbar die Geschlechter, indem er den schwarzen als Weibchen des
rostgelben beschreibt.

10. Gatt. Scytalopus *Gould.*
Proceed. zool. Soc. 1836.
Platyurus *Swains.* Malacorhynchus *Ménétr.* Sarochalinus *Cabanis.*

Schnabel schlank und gestreckt, drosselförmig, dem von Pyriglena
ähnlich, aber feiner, länger, mit fein hakiger Spitze und schwacher
Kerbe; Nasengrube vorragend, befiedert, das Nasenloch am Rande
einer Hornschuppe in der Nasengrube, und darin der folgenden Gat=
tung ähnlicher als der vorigen. Zügelfedern etwas steifer als ge=
wöhnlich, mehr oder weniger aufgerichtet, das Rumpfgefieder dagegen
sehr weich. Flügel kurz, nur wenig über die Basis des Schwanzes
hinabreichend. Schwanz lang, stark stufig, die mittleren Federn sehr
breit, die seitlichen parig kürzer. Lauf hoch, dünn, fein, hinten glatt
oder mit einer Reihe kleiner Schilder; Zehen lang, fleischig, die
Krallen wenig gekrümmt, die Hinterkralle lang, die vorderen kurz, die
Außenzehe mit der Mittelzehe etwas verwachsen. —

Zügelfedern verlängert, abstehend, etwas steifer. Sarochalinus *Caban.* Merulaxis *Less.*

1. Scytalopus ater *Less.*

Merulaxis ater *Lesson,* Cent. zool. pl. 30.
Sarochalinus ater *Caban. Wiegm.* Arch. 1847. 1. 220.
Malacorhynchus cristatellus *Ménétr.* Mon. l. l. 523. 43. tb. 12.
Platyurus corniculatus *Swains.* Birds of Braz. pl. 55. 56.

Schiefergrau, Rücken und Flügel braun, Schwanz schwarz. — Männchen mit schiefergrauer, Weibchen mit rostgelber Brust. —

Vom Ansehen und der Größe der vorigen Vögel; einer Rohrdrossel
noch ähnlicher, nur schlanker, aber der Schwanz relativ viel länger. Schnabel, Iris und Beine braun, Unterkiefer am Kinn röthlicher. Zügelfedern abstehend aufgerichtet, lang zugespitzt. Gefieder des Männchens am Kopfe,
Halse, der Brust und dem Bauch dunkel schiefergrau; am Rücken, den Flügeln und dem Steiße bräunlichgrau; die Flügel brauner, mit lichtern Federrändern der hintern Armschwingen, der Bürzel rostrothbraun; der Schwanz
schwarzbraun, heller und dunkler gewässert, angeblich aus 14 Federn bestehend, von denen nur die 2 mittelsten sehr groß sind, die seitlichen paarweis kleiner werden; jene an der Spitze etwas abgenutzt. —

Weibchen etwas kleiner als das Männchen, das ganze Rückengefieder und die Bauchseiten röthlichbraun, die Rückenfedern dunkler gerandet;
die Bauchseite rostgelb, die Federn mit matten bräunlichen Rändern.

Das Jugendkleid hat zickzackförmige dunklere Querlinien auf
lichterem Grunde, und zeichnet sich dadurch kenntlich aus.

Ganze Länge 8″, Schnabelfirste 9‴, Schwanz 3″ 3‴, Bauch 14‴.

Lebt in den dichtesten Urwaldungen, ist schnell und gewandt, aber sehr
vorsichtig; zeigt sich nur einsam und läßt von Zeit zu Zeit eine laute fast
glockenförmige Stimme hören, die 2—3mal schnell wiederholt wird. Hr.
Menetries hörte den Vogel viel an der Serra d'Estrella, war aber
nur ein paar Mal so glücklich, ihn zu erlegen; — mir ist er nicht vorgekommen.

Scytalopus rhinolophus *Pr. Wied.*

Myiothera rhinolopha *Pr. Max* Beitr. III. b. 1051. 1.
Malacorhynchus rhynolophus *Ménétr.* Mon. l. l. 524. 45.

Rückengefieder braun, Flügel und Schwanz dunkler; Kehle und Brust rothbraun, Bauch und Steiß röthlich gewellt auf dunklerem Grunde. —

Schnabel, Iris und Beine braun, die Basis des Unterkiefers röthlich. — Rückengefieder schwärzlich olivenbraun, am Rücken und Rande der
Schwingen röthlicher überlaufen; Innenseite der Schwingen und Schwanz
schwarzbraun. Zügel, Backen, Brust lebhaft rostroth, die Federn der
Brust dunkler zackig gebändert, die des Bauches und Steißes dunkelbraun
mit rothbraunen Endsäumen. —

Ganze Länge 7″ 9‴, Schnabelfirste 8‴, Flügel 2″ 8‴, Schwanz
2″ 9‴, Lauf 13½‴.

In den dichten Urwäldern am Rio Belmonte vom Prinzen zu Wied
entdeckt, wie es scheint selten.

b. Zügelgefieder nicht verlängert, weich. — Scytalopus *Cab.*

3. Scytalopus indigoticus *Licht.*

Caban. Wiegm. Arch. 1847. I. 220. 3.
Myiothera indigotica *Licht.* — *Pr. Max* Beitr. III. b. 1091.
Malacorhynchus indigoticus *Ménétr.* Mon. I. I. 529. 48. — Malac. albiventris
Mén. ibid. 525. 45. pl. 13. f. 2.
Scytalopus albogularis *Gould* Proc. zool. Soc. 1836. 10.

Rückengefieder dunkel blaugrau, Bürzel und Steiß bräunlich, Bauchseite
weiß. —

Kleiner als die vorigen Arten, der Schwanz nach Verhältniß kürzer,
nicht so breitfedrig. Zügelfedern kurz, auf die Nasengrube ausgedehnt.
Schnabel und Beine horngrau, die Kinngegend blasser, die Beine fleisch=
farben durchscheinend. Iris braun. Rückengefieder dunkelbraungrau, bläu=
lich überlaufen, besonders bei alten Vögeln; Unterrücken, Bürzel und Steiß
bis zu den Schenkeln röthlich braun; Kinn, Kehle, Brust und Bauch weiß;
in der Jugend die Brust matt grau gewellt. Flügel und Schwanz schwarz=
braun, die großen Deckfedern und die Reihe vor ihnen mit rothbraunen
Spitzen, die Schwingen ähnlich aber matter gerandet. —

Ganze Länge 6″, Schnabelfirste 5½‴, Flügel 2″, Schwanz 1½‴,
Lauf 9‴, Mittelzehe 7‴. —

In den Wäldern der Küstenstrecke, von Bahia bis Rio de Janeiro,
aber auch nicht häufig sichtbar, wegen seiner versteckten Lebensweise. —

Anm. Unter dem Namen: 4. Scytalopus speluncae wäre hier eine
von Menetrier als Malacorhynchus (Monogr. I. I. 527. 46. pl. 13. fig. 1.)
beschriebene Art aufzuführen, welche offenbar auf einen noch sehr jungen Vogel
gegründet ist, der ein einfarbig dunkel blaugraues Gefieder mit schwarzbraunen
Flügel= und Schwanzfedern besitzt. Der ziemlich kurze Schnabel ist am Unterkiefer weißlich, die Beine sind fleischfarben, die Iris hellbraun. Ganze Länge
4″ 5‴, Schwanz 2″, Lauf 9‴. — Bei St. João del Rey. —

11. Gatt. Myrmonax *Cabanis.*

Wiegmanns Archiv. 1847. I. 210. Drymophila *Swains.*

Schnabel sängerartig, grade, nach vorn zusammengedrückt, mit
schwachem Endhaken, feiner Kerbe, länglicher Nasenöffnung und z. Th.
befiederter Nasengrube; in der Hauptsache wie bei Scytalopus, nur
kürzer und feiner. Gefieder nicht völlig so weich, wie bei Scytalopus und Formicivora; Flügel kurz, nur bis auf den Anfang des
Schwanzes reichend, die 3 ersten Federn stark verkürzt, die 3 fol=
genden die längsten und gleich lang. Schwanz zwölffedrig, ziemlich

lang, alle Federn schmal und stufig verkürzt. Lauf hoch, hinten glatt; Zehen lang, dünn; nur die Hinterzehe mit großem Nagel, die Außen= zehe wenig mit der mittleren am Grunde verwachsen. —

1. Myrmonax longipes *Swains.*

Cabanis Wiegm. Arch. 1847. I. 210.
Myrmothera longipes *Vieill.* N. Dict. Tm. 27. 321. — *Ménétr.* Mon. I. I. 474. 10.
Drymophila longipes *Swains.* zool. Journ. II. 152. — *Ej.* zool. Illustr. 2. Ser. pl. 23.

Rückengefieder rothbraun, Kehle und Unterseite weiß, Vorderhals und Brust schwarz; Augenstreif weißgrau.

Schnabel schwarz, Iris braun. Rückengefieder rothbraun, der Ober= kopf intensiver roth gefärbt; vom Zügelrande läuft über dem Auge bis zum Ohr ein blasser, weißlicher Streif; die etwas steiferen Stirnfedern sind graulich und dunkler gerandet. Die Kehle ist am Kinn weiß, darunter der Vorderhals bis zur Brust hinab schwarz, welche Farbe sich an den Seiten bis zum Ohr hinaufzieht; Bauch und Steiß haben wieder eine weiße Farbe, welche am letzteren und an den Bauchseiten rothgelb überlaufen ist. Der Schwanz hat die Farbe des Rückens, aber nicht ganz die Länge wie bei der folgenden Art; dagegen sind die Läufe sehr hoch. —

Ganze Länge 6¼″, Schwanz 2½″, Lauf 14‴. —

Nach Swainson aus der Gegend von Rio de Janeiro; mir un= bekannt. —

2. Myrmonax loricatus *Licht.*

Myiothera loricata *Licht.* Doubl. d. zool. Mus. 44. no. 477.
Formicivora loricata *Ménétr.* Mon. I. I. 490. 20. pl. 4. f. 1. et 2.
Myiothera ruficauda *Pr. Max.* Beitr. III. b. 1060. 4.
Drymophila leucopus *Swains.* zool. Journ. II. 150.

Rückengefieder rostgelbbraun; über dem Auge ein blaßgelber Streif, Backen schwarz.

Männchen mit schwarzer Kehle und schwarz gefleckter Brust auf weißem Grunde.

Weibchen mit rostgelbem Vorderhalse und weißem Bauch.

Schnabel des Männchens ganz schwarzbraun, des Weibchens mit wei= ßem am Ende braunem Unterkiefer. Iris braun. Rückengefieder rostgelb= braun; kleine und große Deckfedern schwarz mit blaßgelben Spitzen; Schwingen außen rostroth, innen graubraun; Schwanzfedern rostroth= braun. —

Männchen mit schwarzer Kehle am Kinn und schwarzen Backen, welche sich bis auf die Seiten des Halses erstrecken; Brustfedern schwarz, breit weiß gesäumt. Bauch und Steiß weiß, die Seiten am Schenkel und die Aftergegend rostgelb überlaufen.

Weibchen bloß am Zügel und an den Backen schwarz; die Kehle, der Vorderhals und die Brust rostgelb, die Bauchmitte weiß, der Steiß wieder rostgelb. — Beine lebhaft fleischfarben, im Tode blaßgelb.

Ganze Länge 6″, Schnabelfirste 6¼‴, Flügel 2″ 8‴, Schwanz 2″ 4‴, Lauf 1″, Mittelzehe 8‴. —

In den Gebüschen bei Neu=Freiburg, nicht selten, in kleinen Trupps von 5—6 Stück; nach Swainson auch noch bei Bahia. —

Myrmonax cinnamomeus *Gmel.*

Turdus cinnamomeus *Gmel. Linn.* S. Nat. I. 2. 825. 85. — *Buff.* pl. enl.
560. 2. — *Lath.* Ind. orn. I. 358. 114.
Holocnemis cinnamomea *Strickl.* Ann. Mag. nat. hist. 1844. 416.
Myrmonax cinnamomeus *Caban. Wiegm.* Arch. 1847. I. 210. 3. — *Schomb.*
Reise III. 684. 84.

Rückengefieder rostroth; Kehle, Vorderhals und Brust schwarz, mit weißen Federrändern; Flügeldeckfedern schwarz mit rostgelben Spitzen. —

Der vorigen Art höchst ähnlich, aber größer, wohl so groß wie Sylvia turdoides und von deren Ansehn. Schnabel schwarz, Iris und Beine braun, letztere beim Weibchen blasser gefärbt, Rückengefieder rostroth; alle Flügeldeckfedern schwarz, mit rostgelben Spitzen; Schwingen in der Tiefe braun. —

Männchen am Zügel, den Backen, der Kehle und der Brust schwarz, gegen die Oberseite hin weißlich abgesetzt, die Brustfedern weiß gerandet und zwar um so breiter, je jünger der Vogel ist; Bauchmitte weiß; Seiten, Schenkel und Steiß rostroth.

Weibchen matter gefärbt, oben bräunlicher; Kehle, Vorderhals und Brust gelbbraun, nur am Ohr eine schwärzliche Stelle, die am Halse herabläuft. —

Ganze Länge 7″, Schnabelfirste 7½‴, Flügel 2″ 8‴, Schwanz 2″ 6‴, Lauf 14‴. —

Im nördlichen Brasilien bei Para, häufiger in Guyana, doch nur in den Küstenwäldern, woselbst der Vogel im schattigen Unterholz sich aufhält.

4. Myrmonax ardesiacus *Licht.*

Myiothera ardesiaca *Licht. Pr. Max.* Beitr. III. b. 1055. 2.
Formicivora ardesiaca *Ménétr.* Mon. I. I. 507. 31.
Myrmothera thamnophiloides *Ménétr.* ibid. 475. 11.
Thamnophilus myiotherinus *Spix.* Av. Bras. II. 30. tb. 42. f. 1.
Myrmonax myiotherinus *Caban. Wiegm.* Arch. 1847. I. 210. 4.

Grau; Kehle, Flügel, Rücken und Schwanz schwarz; Flügeldeckfedern mit weißen Spitzen. —

Männchen bleigrau, überall dunkler gefärbt.

Weibchen aschgrau, Unterseite und Kehle gelblich.

Schnabel und Beine schwarzgrau, Iris roth. — Männchen blei-grau gefärbt; Kehle, Zügel und Backen schwarz, vorderste Stirnfedern und Augenrand weißlich. Rücken, Flügel und Schwanz schieferschwarz, ersterer in der Tiefe weiß; die Flügeldeckfedern mit weißen Spitzen; After und Steißgegend lichter grau. — Weibchen am ganzen Rückengefieder gelb-lich überlaufen, also aschgrau; auch auf den Flügeln, deren Rückenfedern gelbliche Spitzen haben; Unterseite trüb röthlichgelb, die Brust am dunkelsten.

Ganze Länge 6″ 8‴, Schnabelfirste 7½‴, Flügel 2″ 8‴, Schwanz 2″ 8‴, Lauf 13‴, Mittelzehe 7‴. —

Im dunkeln Schatten der Wälder und Gebüsche, doch nicht häufig.

Anm. In der Abbildung von Spix ist der Schwanz viel zu kurz gerathen und überhaupt der Vogel zu dick vorgestellt; nur in diesem verkehrten Bilde erscheint er mit einer figura myiotherina, und daher ließ ich den Namen fallen.

Myrmonax lugubris Caban.

Wiegmanns Archiv. 1847. I. 211. 5.
Thamnophilus myiotherinus fem. *Spix.* l. l. Fig. 2.

Männchen schieferschwarz, Kehle kohlschwarz; Stirnfedern und Augen-rand weißlich.

Weibchen noch unbekannt, wahrscheinlich aschgrau mit blaßgelber Bauch-seite. —

Von der gedrungenen Gestalt der vorigen Art, aber merklich größer; Gefieder einfarbig schieferschwarz; Schnabel, Kehle und Beine rein und kohlschwarz. Flügeldeckfedern ohne weiße Spitzen, aber die Stirnfedern und ein Streif hinter dem Auge von weißlicher Farbe. —

Von Spix ohne Angabe des Fundortes beschrieben.

12. Gatt. Ellipura Caban.
Wiegm. Arch. 1847. I. 228.

Schnabel zwar wie bei Myrmonax gestaltet, also sängerartig, aber nach Verhältniß etwas größer, kräftiger, doch stets kürzer als der Kopf; das Nasenloch eine kleine runde Oeffnung an der Spitze der Nasengrube. Gefieder ganz auffallend weich und lang, wolliger als bei irgend einer andern Gattung, besonders am Rücken; Flügel mit sehr kleiner erster Schwinge, die vierte und fünfte die längsten.

Schwanz ziemlich lang, alle Federn stark stufig verkürzt, aus zwölf oder aus zehn Federn gebildet. Lauf und Zehen kürzer, die Sohle glatt, außen mit schmaler Stiefelschiene; Krallen schlank, dünn, fein, mäßig gebogen, die Daumenkralle etwas kleiner als bisher. —

Anm. Die Gattung unterscheidet sich von der vorigen leicht, weniger leicht von Formicivora; letztere hat einen feineren Schnabel, ein derberes Gefieder, getäfelte Laufsohle und einen kürzeren stets zwölffedrigen Schwanz. —

1. Ellipura grisea *Gmel.*

Formicivora grisea *Strickl. Caban. Wiegm.* Arch. 1847. I. 225. 1.
Motacilla grisea *Gmel. Linn.* S. Nat. I. 2. 964. — *Buff.* pl. enl. 643.
Sylvia grisea *Lath.* Ind. orn. II. 532. 88.
Thamnophilus griseus *Spix.* Av. Bras. II. 29. 13. tb. 41. Fig. 1.
Myrmothera leucophrys *Vieill.* N. Dict. Tм. 17. pag. 322.
Myiothera leucophrys *Pr. Max* Beitr. III. b. 1075. 9.
Formicivora Deluzae *Ménétr.* Mon. I. l. 484. 16. pl. 5. f. 2.
Myiothera superciliaris *Licht.* Doubl. d. zool. Mus. 44. no. 480—82.
Formicivora nigricollis *Swains.* zool. Journ. II. 147. 1.

Schwanz zwölffedrig; Rückengefieder braungrau, Flügel und Schwanz schwarz, Deckfedern und seitliche Schwanzfedern mit weißen Spitzen.

Männchen mit schwarzer Kehle, Vorderhals, Brust und Bauchmitte.

Weibchen mit rostgelber Unterseite.

Schnabel schwarz, Iris braun, Beine fleischfarben, bläulich überlaufen. — Männchen am ganzen Rücken bräunlichgrau, Spitzen der Zügelfedern und des Augenrandes weißlich; Flügel und Schwanz schwarz, die Spitzen der 5 äußeren Schwanzfedern jeder Seite, der Deckfedern und die Säume der Armschwingen fein weiß gerandet. Kehle, Backen, Hals, Brust und Bauchmitte bis zum After schwarz, Bauchseiten und Steiß weiß. — Weibchen am Rücken etwas blasser; Flügel und Schwanz wie am Männchen; Stirnrand, Zügel, Augendecke und Kehle weiß; Backen, Hals, Brust und Bauch rostgelb; Steiß und Bauchseiten weiß. —

Ganze Länge 4½″, Flügel 2″, Schwanz 1½″, Lauf 8½‴.

In dichten Gebüschen des mittleren Brasiliens, besonders der inneren Gegenden.

Anm. Die von mir untersuchten Exemplare haben eine sehr deutliche Stiefelschiene, keine Schilder an der Außenseite des Laufs und passen auch sonst, wegen des derberen Schnabels, der längeren Zehen und des laxeren Gefieders, meiner Ansicht nach, besser zu Ellipura als zu Formicivora. Es ist auffallend, wie man den hier beschriebenen Vogel mit Formicivora superciliaris hat verwechseln können; ihre Unterschiede sind grell genug, um den Beobachter nie zu trügen.

2. Ellipura coerulescens *Vieill.*

Myrmothera coerulescens *Vieill.* N. Dict. Tм. 17. pag. 321.
Formicivora coerulescens *Ménétr.* Mon. I. l. 499. 23. pl. 6. f. 1. 2.

Männchen bleigrau, Rückenfedern am Grunde, die Spitzen der Deckfedern und des Schwanzes weiß.

Weibchen gelbgraubraun, Unterseite blaßgelb, Flügel und Schwanz fast
einfarbig.

Sehr schlank gebaut, besonders der Schwanz lang. — Schnabel genau
wie bei der vorigen Art, doch etwas länger, schwarzgrau. Iris braun,
Beine bleigrau. — Männchen lebhaft bleigrau gefärbt, an der Bauchseite etwas lichter, die Rückenfedern am Grunde weiß; Flügel und Schwanz
schieferschwarz, alle Deckfedern und Schwanzfedern mit weißer Spitze,
Schwingen fein weiß gerandet. — Weibchen mit graulich olivenbraunem
Rücken und blaß gelblicher Unterseite; Flügel und Schwanz mehr braun,
die Deckfedern und äußeren Schwanzfedern nur z. Th. mit blaßgelben
Spitzen. —

Ganze Länge 5½″, Schnabelfirste 7‴, Flügel 2″, Schwanz 3—3½″,
Lauf 8½—9‴. —

In den Umgebungen von Rio de Janeiro, gleich den übrigen Arten
in dichten schattigen Gebüschen einsamer Gegenden sich aufhaltend. —

Anm. Formicivora melanaria *Ménétr.* Mon. l. l. 500. 26. pl. 9.
Fig. 2. und pl. 7. c. gehört offenbar zu Ellipura, und mag hier, als eine mir
unbekannte Art, definirt werden:

Ellipura melanaria. Männchen kohlschwarz, Rückenfedern am Grunde,
die Spitzen der Deckfedern und der 3 seitlichen Schwanzfedern weiß.

Weibchen olivenbraun, unten heller, Flügel braun, die Schwingen blaß
gesäumt am Innenrande, Kehle weiß.

Gestalt wie Ellipura coerulescens, vielleicht noch etwas größer, der Schwanz
nicht völlig so lang, aber stark stufig; Schnabel ziemlich breit am Grunde, hernach kegelförmig und ziemlich hoch am Ende, schwarz; Iris braun. — Gefieder
des Männchens kohlschwarz, die Rückenfedern am Grunde grau, dann weiß,
die Spitze breit schwarz; kleine Deckfedern am Bug weiß, die folgenden und die
großen schwarz, mit weißer Spitze. Schwingen und Schwanzfedern schwarz, die
vier äußern jeder Seite mit weißer Spitze. — Weibchen olivenbraun, Rückenfedern in der Mitte ebenfalls weiß; Flügel braun, die Deckfedern lichter gerandet, außerdem mit kleinem weißlichen Fleck an der Spitze; Innenseite der Flügel und der Saum der Schwingen weißlich; Schwanz schwarzbraun, die äußeren Federn jeder Seite mit weißer Spitze. — Aus Minas geraes, nicht häufig.
In der Abbildung sind nur 10 Schwanzfedern sichtbar.

Ganze Länge 6″, Schwanz 3″ 3‴, Lauf 1″.

Ellipura malura *Natt.*

Myiothera malura *Natt. Temm.* pl. col. 353.
Formicivora malura *Ménétr.* Mon. l. l. 496. 23.

Männchen bleigrau, Steiß aschgrau; Hals- und Brustgefieder mit dunkleren Schaftstreifen; Flügeldeckfedern mit weißen Spitzen.

Weibchen braungrau, Hals und Brust mit dunkleren Schaftstrichen; Deckfedern mit weißgelben Spitzen. —

Von der Größe und dem Ansehn der vorigen Art, aber der Schwanz etwas kürzer und der Leib dagegen etwas kräftiger; Schnabel schwarzgrau, Unterkiefer weißlich, mit grauer Spitze; Iris braun, Beine dunkel schiefergrau. — Männchen bleigrau, besonders an der Brust; der Rücken mehr schiefergrau, die Aftergegend aschgrau; alle Federn des Kopfes, Vorderhalses, der Brust und des Oberbauchs mit dunklen Schaftstreifen; Rückenfedern am Grunde weiß; Flügel und Schwanz schwärzlich, die Deckfedern mit weißen Spitzen, die Schwingen gelbgrau gerandet; Schwanzfedern etwas graulich am Rande, aber ohne weiße Spitzen.   Weibchen ganz wie das Männchen gezeichnet, aber die Farbe gelblich olivenbraun und die Schaftstreifen matter, kleiner, fleckiger; Flügel schwarzbraun, die Spitzen der Deckfedern blaß gelblichweiß. —

Ganze Länge 6″, Schnabelfirste 6‴, Flügel 2½″, Schwanz 2½″, Lauf 9‴. —

In der Provinz St. Paulo bei Ypyanema von Natterer entdeckt; von Menetrier auch bei Rio de Janeiro gefunden.

Anm. In Temmind's Figur sind zwölf Schwanzfedern abgebildet und Menetrier giebt der vorigen elf, was gewiß nicht zufällig geschehen ist, bei der großen Deutlichkeit der Zeichnung. Wahrscheinlich haben beide Arten, gleich der ersten, wirklich zwölf Schwanzfedern.

4. Ellipura striata *Spix.*

Cabanis, Wiegmanns Archiv. 1847. I. 228. 3.
Thamnophilus striatus *Spix.* Av. Bras. II. 29. 14. tb. 40. f. 2.

Männchen grau (?), Weibchen olivenbraun; Kopf, Kehle und Vorderhals dunkler gefleckt; kleine Flügeldeckfedern und äußere Schwanzfedern mit weißlichen Spitzen. —

Der vorigen Art zum Verwechseln ähnlich, aber kleiner und besonders durch relativ kürzeren Schwanz und kürzere Läufe sich auszeichnend. — Schnabel schwarz, Unterkiefer grau; Iris braun, Beine blaugrau. Männchen mir unbekannt, wahrscheinlich grau gefärbt, übrigens wie das Weibchen gezeichnet. — Weibchen am Rücken olivenbräunlich, Flügel und Schwanz etwas dunkler; über dem Auge ein rostgelber Streif bis zum Ohr; Kehle, Vorderhals und Brust weißlichgelb; Bauchseiten, Steiß und Unterrücken hell rostgelbroth; Kopf, Hals und Brust bis zum Bauch mit dunkleren, allmälig spitzeren Schaftflecken; Flügeldeckfedern mit rostgelben Spitzen, desgleichen die drei äußeren Schwanzfedern jeder Seite; im Schwanz überhaupt nur zehn Federn.

Ganze Länge 4⅓″, Schnabelrand 7‴, Flügel 2″ 3‴, Schwanz 1½″, Lauf 9‴.

Nach Menetrier, welcher das Weibchen bei der vorigen Art be=
spricht, im Innern von Minas geraes bei Diamantina. —

5. Ellipura squamata *Licht.*

Myiothera squamata *Licht.* Doubl. zool. Mus. 478. — *Pr. Max* Beitr.
III. b. 1070. 7.
Formicivora maculata *Swains.* zool. Journ. II. 147. — *Ménétr.* Mon. l. l.
494. 22. pl. 5. f. 1.
Ellipura squamata *Caban.* *Wiegm.* Arch. 1847. l. 229.

Männchen schwarz, alle Federn mit weißen Spitzen; Bauchseite mehr
weiß. —

Weibchen braun, alle Federn mit gelben Spitzen; Bauchseite wie beim
Männchen, Steiß gelb. —

Schnabel des Männchens schieferschwarz mit weißlichem Kinnrande,
des Weibchens braun mit blaßgelbem Unterkiefer; Iris braun. Beine blei=
grau. Gefieder des Männchens am ganzen Rücken schwarz, die Federn
des Kopfes an den Seiten mit weißen, schief gezogenen Schaftstreifen; die
des Rückens mit weißem Fleck vor der Spitze; die Flügeldeckfedern mit
weißem Endsaum, die Schwingen fein weiß gerandet und die letzten auch
am Ende weiß; die Schwanzfedern mit weißen Spitzen und am Schaft
unterbrochenen Binden. Unterfläche weißer, indem jede Feder nur auf der
Mitte einen großen schwarzen Fleck trägt; Bauchseiten und Steiß bleigrau. —
Weibchen ganz wie das Männchen gezeichnet, aber die Grundfarbe ins
Bräunliche fallend und die sämmtlichen hellen Zeichnungen des Rückens
gelb. Kinn, Vorderhals, Brust und Bauchmitte ganz wie beim Männchen
gefärbt und gezeichnet; Bauchseiten und Steiß aber rostgelb. —

Ganze Länge 4¾", Schnabelfirste 5‴, Flügel 2", Schwanz 1½",
Lauf 8‴. —

Häufig in den Gebüschen der Provinz von Rio de Janeiro, aber
schwer zu schießen; lebt nahe am Boden im tiefsten Dickigt, nistet auf
dem Boden selbst, und legt 4—5 weiße, schwarz und roth gefleckte Eier. —

6. Ellipura rufa *Pr. Wied.*

Cabanis *Wiegm.* Arch. 1847. l. 229. 4.
Myiothera rufa *Pr. Max.* Beitr. III. b. 1095. 17.
Formicivora rufa *Ménétr.* Myioth. l. l. 497. 24. pl. f. 1.

Obertheile rothbraun; kleine Deckfedern und Schwanz schwarz, mit weißen
Spitzen; Unterseite weiß, Kehle, Hals und Brust grau gestreift. —

Ganz vom Ansehn und der Größe der vorigen Art; der Schnabel
schieferschwarz, weißlich am Grunde. Iris braun, Beine bleigrau. — Ober=
theile des Gefieders rothbraun, der Vorderkopf graulich, bis zur Mitte

mit dunkleren Schaftstreifen. Flügeldeckfedern schwarzbraun, mit weißen Spitzen; Schwingen braun mit rostrothen Rändern; Schwanz schwarz=braun, die Spitzen der Federn weiß. Ueber dem Auge ein weißgelber Streif bis zum Ohr; Kinn, Kehle, Hals und Brust weiß, mit graubraunen Schaft=streifen; Bauchseiten und Steiß rostgelbroth. — Weibchen etwas matter gefärbt als das Männchen, mehr ins Gelbliche spielend, besonders auf der Brust und hier bräunlich gefleckt. —

Ganze Länge 4" 10''', Schnabel 5½''', Flügel 2", Schwanz 1" 10''', Lauf 9'''. —

Im mittleren Brasilien, auf dem Camposgebiet der Provinzen Bahia und Goyaz bei Cuyaba.

Anm. Formicivora melanura *Ménétr.* Mon. l. l. 508. 32. pl. 8. — ist eine mir unbekannte Art, über deren Stellung ich im Ungewissen geblieben bin, daher ich sie hier anhangsweise anführe als:

Ellipura melanura: Rückengefieder rothbraun, kleine Flügeldeckfedern mit weißen Tüpfeln; Schwanz einfarbig schwarz.

Männchen grau, an der Bauchseite mit schwarzer Kehle, Hals= und Brustmitte.

Weibchens Kehle, Vorderhals und Bauch weiß, Brust= und Bauchseiten rostroth. —

Gestalt etwas gedrungen, der Schnabel braun, der Oberkiefer dunkler, die Gegend am Kinn blaßgelblich. Iris braun. Rückengefieder rothbraun, etwas graulich; Stirn und Backen schwärzlich; kleine Flügeldeckfedern mit weißlich=gelbem Endfleck, der nach innen von einem schwärzlichen Ringe umgeben ist. Schwingen und Schwanz einfarbig schwarzbraun, die erstere an der Außenfahne rothbraun. — Männchen an der ganzen Bauchseite aschgrau; Kinn, Kehle, Vorderhals und Mitte der Brust kohlschwarz. — Weibchen am Kinn, der Kehle, dem Halse, dem Bauch und Steiß weiß; an der Brust und den Bauch=seiten rostrothgelb. — Beine fleischfarben, der Lauf hoch, die Zehen stark, die Daumenkralle doppelt so lang wie die Mittelkralle.

Ganze Länge 4" 11''', Schwanz 1" 9''', Lauf 1".

Im Innern, auf dem Camposgebiet bei Queluz und Cuyaba.

Ellipura ferruginea *Licht.*

Myiothera ferruginea *Licht.* Doubl. d. zool. Mus. 44. no. 476. — *Temm.* pl. col. 132. 3.
Formicivora ferruginea *Ménétr.* Mon. l. l. 488. 19.
Ellipura ferruginea *Cabanis* l. l. 228. 1.
Drymophila variegata *Such.* zool. Journ. 1. 559.?

Oberkopf schwarz, Augenstreif und Backen weiß, übrigens rostroth; Flügel und Schwanz schwarz, die Federn mit weißen Spitzen.

Schnabel braun, die Kinngegend blasser. Iris braun, Beine blei=grau. — Gefieder des Männchens am Kopf bis zum Nacken, den Flü=geln und dem Schwanz schwarz; die Spitzen der kleinen und großen Flügeldeckfedern nebst denen der hintern Armschwingen und der Schwanz=federn weiß; desgleichen Zügel, Augenstreif bis zum Ohr und die Backen

unter dem Auge. Vorderhals, Brust, Bauch, Unterrücken und Steiß rost=
roth; Oberrücken mit am Grunde weißen, dann schwarzbraunen Federn;
die Schwingen mit rostrothem Außenrande. — Weibchen matter gefärbt,
Oberkopf braun gestreift, die meisten Spitzen der Flügeldeckfedern blaß=
gelb. — Junger Vogel mit braunen Flecken auf allen Rumpffedern.

Ganze Länge 5″ 2‴, Schnabelfirste 6‴, Flügel 2″, Schwanz 2″ 4‴,
Lauf 9‴. —

Lebt einsam in den Gebüschen des Orgelgebirges und hält sich etwa
6 — 8′ hoch über dem Boden, hier am Gezweig besonders nach Ameisen
suchend. Die Stimme des Vogels besteht aus 3 Tönen und endet mit
einem lang ausgezogenen Nachhall; sie klingt voll, laut, etwas metallisch.

13. Gatt. Ramphocaenus *Vieill.*

Gal. d. Ois. II. 203.

Leptorhynchus *Ménétr.*

Schnabel lang, dünn, stark seitlich zusammengedrückt, so lang
oder noch etwas länger als der Kopf, die Spitze hakig herabgebogen,
die Kerbe daneben verwischt; Nasengrube ziemlich lang vortretend,
das Nasenloch eine Längsspalte am untern Rande einer kleinen
Schuppe; nicht rund, wie bei Ellipura. Flügel kurz, abgerundet,
die erste Schwinge sehr klein, die fünfte die längste. Schwanz ziem=
lich lang, zehnfedrig; die Federn schmal, die äußeren verkürzt, unge=
mein klein und viel schmäler als die mittleren. Lauf ziemlich hoch,
glatt, außen mit schmaler Stiefelschiene; Zehen fein, ziemlich kurz,
besonders der Daumen, dessen Kralle stärker gekrümmt ist. —

1. Ramphocaenus melanurus.

Vieill. Gal. d. Ois. II. 204. pl. 128.   *Ej.* N. Dict. Tm. 29. pag. 6.
Troglodytes rectirostris *Swains.* zool. Illustr. III. pl. 140.
Thryothorus gladiator *Pr. Max.* z. *Wied.* Beitr. z. Naturg. Bras. III. b. 751. 3.
Myiothera longirostris *Licht.* Nom. Av. Mus. ber. 22.

Rückengefieder olivenbraun; Kehle, Vorderhals und Bauchmitte weiß, Bauch=
seiten rostgelb; mittlere Schwanzfedern schwarzbraun.

Vom Ansehn des Zaunkönigs (Troglodytes parvulus), aber Schnabel
und Schwanz nach Verhältniß länger. Schnabel hornbraun, der Unter=
kiefer lichter, gelblich weiß; Iris braun, Beine dunkelgrau. Rückengefieder
gelblich olivenbraun, der Nacken und die Halsseiten etwas mehr ins Rost=
gelbe spielend; Schwingen braun, mit rostgelbem Vorderrande. Schwanz

schwarzbraun, die beiden äußersten Federn oben gelb, unten weiß. Kehle und Vorderhals weiß; Bauch= und Brustseiten rostgelb, die Mitte weiß; die Aftergegend graugelblich.

Ganze Länge 4½″, Schnabelfirste 8½‴, Flügel 1″ 8‴, Schwanz 1″ 6‴, Lauf 9‴. — In der Gegend von Bahia, woher auch das hier beschriebene Exem=plar bezogen wurde; lebt, gleich den Formicivorinen, im Unterholz schatti=ger Waldungen, und ist nicht leicht zu haben. —

2.　Ramphocaenus guttatus.

Leptorhynchus guttatus *Ménétr.* Mon. l. l. 516. 40. pl. 10. f. 1.

Bräunlich grau, Kehle weiß; alle Federn des Rückens lichter, des Bau=ches dunkler punktirt; Schwanzfedern gebändert. —

Noch mehr vom Ansehn eines Zaunkönigs, weil der Schnabel etwas kürzer ist, und das Gefieder eine ähnliche Zeichnung hat. Schnabel oben braun, unten blaßgelb. Iris braun. Beine blaß violett. Rückengefieder gelbbraungrau, jede Feder mit kleinem weißlichgelbgrauem Fleckenpaare zu beiden Seiten des Schaftes; Flügel rostbraun, die Deckfedern mit weißem, braungesäumtem Endfleck, die Schwingen in der Tiefe graubraun. Schwanz braun, jede Feder mit weißlicher Spitze und 4—5 lichten, dunkler braun umrandeten, schmalen Querbinden. —

Ganze Länge 4½″, Schnabelfirste 7½‴, Flügel 1″ 8‴, Schwanz 1″ 9‴, Lauf 11‴.

Im Innern Brasiliens von Hrn. v. Langsdorff bei Cuyaba ge=sammelt, mir nicht bekannt.

Anm. Die große habituelle Aehnlichkeit läßt mich nicht zweifeln, daß die Art eher hierher, als zu Ellipura gehört; besonders da Hr. Menetrier das Nasenloch seiner Gattung Leptorhynchus als eine Spalte beschreibt, während es bei Ellipura ein rundes Loch ist. Auch passen der relativ höhere Lauf, die kür=zeren Zehen und der lange Schnabel sehr gut zu Ramphocaenus.

3.　Ramphocaenus maculatus *Pr. Wied.*

Myiothera maculata *Pr. Max.* Beitr. III. b. 1088. 14.
Ellipura maculata *Cabanis, Wiegm.* Arch. 1847. I. 229. 7.
Leptorhynchus striolatus *Ménétr.* Mon. l. l. 517. 41. pl. 10 f. 2.
Formicivora striolata *Gray.* Gen. no. 27.

Kopf, Hals und Brust weiß, schwarz gestreift; Rücken kastanienbraun, Bauch blaßgelb. —

Ein kleines zierliches Vögelchen, das sich durch seinen langgestreckten, obgleich kürzeren Schnabel den vorigen anreihet; Oberkiefer braun, Unter=kiefer blaßgelb. Iris braun. Kopf, Hals und Brust weiß, auf dem Scheitel bis zum Nacken jede Feder mit breitem schwarzem Schaftstrich, daher der Oberkopf schwarz und weiß gestreift erscheint; Hals und Brust nur an den Seiten mit einzelnen schwarzgrauen Schaftstreifen. Oberrücken kastanien= braun; Unterrücken aschgrau, Bauch, Steiß und untere Schwanzdecken hell limonengelb. Flügel schwarz, die Gegend am Bug und die Innenseite weiß; die großen Deckfedern und die Reihe vor ihnen mit weißen Spitzen; Schwingen nach unten und die letzten Armschwingen weiß gerandet, innen breiter weiß gesäumt; Schwanz schwarzbraun, alle Federn an der Spitze weißgrau. Beine bleifarben.

Ganze Länge 3½″, Schnabelfirste 6‴, Flügel 1½″, Schwanz 1″ 3‴, Lauf 7‴. —

Paarweis oder in kleinen Trupps in den dichten Gebüschen der Wald= region, schon in den Umgebungen von Rio de Janeiro und von da weiter nach Norden hinauf. —

14. Gatt. Formicivora *Swains.*
Eriodora *Glog.*

Schnabel kürzer als bei Ellipura, z. Th. auch feiner, zierlicher und ganz sängerartig; am Ende herabgebogen, mehr oder minder hakig, die Kerbe daneben ziemlich deutlich; Nasengrube etwas vor= tretend, mit rundem Nasenloch an der Spitze. Gefieder nicht völlig so weich wie bei Ellipura; die Flügel kurz, abgerundet; der Schwanz stets zwölffedrig, relativ kürzer, die Federn einzeln weniger ungleich, die seitlichen mäßig verkürzt, aber nicht sehr verschmälert; Lauf zwar nicht viel kürzer, aber etwas dicker, auf der Außenkante eine Reihe kleiner Tafeln, keine schmale Stiefelschiene; die Zehen kürzer, schwä= cher, besonders der Daumen; die Krallen kleiner, mehr gebogen, vor= züglich die Daumenkralle. —

Anm. In dieser Gattung tritt am Lauf und an den Zehen der Ueber= gang zu den Thamnophiliden auf, welchen besonders die dritte Gruppe entschie= dener ausbildet. —

A. Schnabel sehr fein pfriemenförmig, beinahe ohne Endhaken; Zehen länger, die Krallen etwas größer als in der folgenden Gruppe. Formicivora *Caban.*

1. Formicivora superciliaris *Pr. Wied.*

Myiothera superciliaris *Pr. Max.* Beitr. III. b. 1072. 8. (nec *Lichtenst.*).
Formicivora nigricollis *Ménétr.* Mon. l. l. 482. 15. pl. 3. mas sen. et juv.

Thamnophilus griseus *Spix*. Av. Bras. II. pl. 40. fig. 1. fem.
Thamnophilus rufater *D'Orb*. *Lafr*. Syn. Guér. Mag. VII. cl. 2. 12. 12.
Formicivora rufatra *Caban*. *Wiegm*. Arch. 1847. I. 225. 2.
Batara gola negra, *Azara* Apunt. II. 208. 216.

Rückengefieder rothbraun; Kehle, Brust und Bauchmitte beim Männchen schwarz, beim Weibchen weiß. Steiß graubraun. Ueber dem Auge ein weißer Streif bis zum Ohr. Flügeldeckfedern und äußere Schwanzfedern am Rande und Ende weiß. —

Vom Ansehn unseres Hausrothschwanzes (Sylvia Tithys) aber beträchtlich kleiner. Schnabel schwarz, die Spitze etwas blässer; Iris braun. Rückengefieder trüb rothbraun beim jungen, reiner und voller rost= roth beim alten Vogel; Zügel und ein Streif hinter dem Auge, der am Halse herabläuft, weiß. Flügel und Schwanz schwarz; die Deckfedern mit kleinem weißem Spitzenfleck, die Schwingen braun gerandet; die drei äuße= ren Schwanzfedern mit weißem Rande und Endfleck, die vierte von außen mit feiner weißer Spitze. Beine dunkel bleigrau.

Männchen am Kinn, der Kehle, dem Vorderhalse, der Brust und der Mitte des Bauches kohlschwarz; der weiße Augenstreif bis zur Achsel verlängert, die schwarzen Achselfedern weiß gerandet; die Brust= und Bauch= seiten mit weißen Enden an einigen Federn, der Steiß und die Bauchseiten rothbraungrau. —

Weibchen heller rostroth am Rücken, der weiße Augenstreif ver= loschen, bloß die Backen am Ohr schwarz, die ganze Unterseite bis zum Bauch weiß; die Steißgegend rostgelbroth.

Junger Vogel trüb rostrothbraun, mit blaßgelblicher Bauchseite, auf der, wenn es ein Männchen ist, zuerst an der Kehle und am Vorder= halse schwarze Stellen sich bilden.

Ganze Länge 5″, Schnabelfirste 6‴, Flügel 2″ 2‴, Schwanz 2″, Lauf 8‴, Mittelzehe 6‴. —

In den Gebüschen der Campos=Region nicht selten; in Minas geraes bei Congonhas und Lagoa santa erlegt; vom Prinzen zu Wied noch bei Bahia beobachtet.

Anm. Azara's angezogener Vogel, den mehrere Schriftsteller zu Myrmo-nax cinnamomeus (S. 65.) ziehen, gehört ohne Zweifel zu dieser Art, die ange-gebenen Maaße sind dafür entscheidend. — Dagegen ist Myiothera superciliaris *Licht*. nach Cabanis Untersuchung der Original-Exemplare, mit Ellipura grisea zu verbinden, wohin er auch Swainson's Formicivora nigricollis stellt. (S. S. 67.). —

2. Formicivora erythronota.

Hartlaub, Revue zool. d. l. Soc. Cuv. 1853. 4.

Schwarz, Rücken zimmtroth; Flügeldeckfedern fein weiß gerandet.

Noch etwas kleiner als die vorige Art, namentlich der Schwanz kür=
zer und die Federn weit weniger stufig abgesetzt. Schnabel schwarz. Iris
dunkelbraun. Gefieder ganz schwarz, die langen weichen Rückenfedern in
der Tiefe grau, am Ende lebhaft zimmtroth gefärbt; Flügeldeckfedern mit
feinen weißen Rändern am Ende, nicht an der Seite. Bauch und Steiß
beim Weibchen schiefergrau, beim Männchen kohlschwarz; Brustseiten
unter den Flügeln weiß. Schwanzfedern einfarbig schwarz. Beine dunkel
bleigrau. —

Ganze Länge 4″ 4‴, Schnabelfirste 5‴, Flügel 2″, Schwanz 1½″,
Lauf 8‴, Mittelzehe 6‴. —

Bei Neu = Freiburg in den dortigen Gebüschen, mitunter in kleinen
Gesellschaften auftretend; lebt, wie die übrigen Arten, im Unterholz. —

**B. Schnabel entschieden stärker und mehr gewölbt, die Spitze hakiger;
Zehen und Krallen sehr kurz.**

Schwanz und Lauf ebenfalls kurz, der erstere bloß et=
was zugerundet, die Seitenfedern nach Verhältniß län=
ger. Myrmothera Lafresn. D'Orb.

Anm. Mit demselben Rechte, wie die folgende Gruppe, könnte auch diese
eine eigene Gattung bilden; die Arten stehen in allen Bildungen genau zwischen
beiden. Sollte ich sie aber in eine derselben einreihen, so würde ich sie lieber zu
Herpsilochmus, als zu Formicivora bringen. —

Formicivora axillaris *Vieill.*

Turdus cirrhatus *Gmel. Linn.*   Nat. I.   826. — *Buff.* pl. enl. 643. 2. —
    Lath. Ind. orn. I. 359. 120.
Myiothera fuliginosa *Illig. Licht.* Doubl. zool. Mus.   483. 484. —
    Pr. Max Beitr. III. b. 1067. 6.
Myrmothera axillaris *Vieill.* N. Dict. d. Sc. nat. Tm. 17. 321.   *Ménétr.*
    Mon. I. 1. 478. 13. — *D'Orb.* Voy. Am. mer. Ois. 185.
Formicivora brevicauda *Swains.* zool. Journ. II. 148.
Thamnophilus melanogaster *Spix.* Av. Bras. II. 31. 17. tb. 43. fig. 1.
Formicivora axillaris *Caban. Wiegm.* Arch. 1847. I. 226.

Dunkel bleigrau, Kehle, Flügel und Schwanz schwarz, Deckfedern und seit=
liche Schwanzfedern mit weißen Spitzen.

Ein kleiner sonderbarer Vogel wegen des kurzen Schwanzes, der kur=
zen Zehen und des verhältnißmäßig starken Schnabels; letzter glänzend
schwarz, mit fein hakiger Spitze; die Seiten etwas gewölbt, im Ganzen
vorn höher als breit, hinten breiter als hoch. Iris dunkel schwarzbraun.
Gefieder dunkel bleigrau, ein etwas bläuliches Schiefergrau; Kehle vom
Kinn an über den Hals und die Mitte der Brust bis zum Bauch hinab
schwarz. Flügeldeckfedern schwarz, mit ziemlich breiten weißen Spitzen;

Schwingen außen grau, innen weiß gerandet; alle Armschwingen mit sei=
nem weißen Endpunkt. Schwanz schwarz, die 4 äußeren Federn jeder
Seite mit weißen Spitzen, die von außen nach innen kleiner werden. Beine
dunkel bleigrau, die Krallen blasser.

Ganze Länge 4″, Schnabelfirste 6‴, Flügel 2″, Schwanz 1″, Lauf
7‴, Mittelzehe 4½‴. —

In allen größeren Waldungen, im Unterholz; besonders häufig in den
Umgebungen von Rio de Janeiro.

4. Formicivora unicolor *Mén.*

Cabanis Wiegm. Arch. 1847. I. S. 227. 6.
Myrmothera unicolor *Ménétr.* Mon. I. I. 480. 14. pl. 2. f. 1.

Schiefergrau, Kehle, Flügel und Schwanz einfarbig schwarz; Zügel und
Augenrand weißlich.

Völlig vom Ansehn der vorigen Art, aber noch kleiner, ganz grau,
weniger bläulich; Kehle bis zur Brust schwarz; die Kinn=, Zügel= und oberen
Augenrandfedern haben feine weißliche Spitzen; die Flügel und der
Schwanz sind schwarz, aber die Ränder der Federn fallen ins Graue. Der
Schnabel hat eine schwarze, die Iris eine schwarzbraune, das Bein eine
bleigraue Farbe.

Ganze Länge 3—3½″, Flügel 1″ 9‴, Schwanz kaum 1″, Lauf 6‴.

Von Herrn Menetrier einige Mal paarweis im dichten Gebüsch
erlegt. —

Formicivora pygmaea.

Muscicapa pygmaea *Gmel. Linn.* S. Nat. I. 933. *Buff.* pl. enl. 831.
2. — *Lath.* Ind. orn. II. 488. 84.
Myrmothera minuta *D'Orb.* Voy. d. l'Am. mer. Ois. 184.
Formicivora pygmaea *Caban.* I. I. 237. 7.

Rückengefieder rothgelb, jede Feder mit großem schwarzen Mittelfleck; Un=
terseite blaßgelb, Brust schwarz gefleckt.

Schnabel blaugrau, Kinngegend weißlich. Iris braun. Rückengefieder
rothgelb, jede Feder mit großem schwarzen Fleck, der die ganze Mitte ein=
nimmt. Gefieder der Unterseite blaßgelb, auf der Brust mehrere schwärz=
liche Schaftstreifen. Flügel schwarz, die Deckfedern weiß gerandet, mit
etwas breiterem Spitzenfleck; die Schwingen ebenfalls mit blaßgelben Rän=
dern, die letzten Armschwingen breiter und alle am Innenrande blaßgelb
gesäumt. Schwanz kurz, die Federn stufig abgesetzt, mit blaßgelber Spitze.
Beine bleigrau. —

Männchen klarer gefärbt, die rothen Säume der Rückenfedern voller; die helleren Ränder der Federn rein weiß.

Weibchen trüber gefärbt, alle Federnränder der Flügel blaßgelb. — Ganze Länge 3—3¼″, Schnabelfirste 6‴, Flügel 1½″, Schwanz 10‴, Lauf 6‴. —

Im Innern und Norden Brasiliens, bis nach Guyana und Bolivien verbreitet. —

b. Schwanz und Lauf etwas länger, besonders der erstere; die Zehen aber klein, mit kurzen stark gebogenen Krallen; Schnabel ziemlich hoch und dick. — Herpsilochmus Cabanis.

6.   Formicivora pileata *Licht.*

Myiothera pileata *Licht.* Doubl. d. zool. Mus. 44.   479. — *Pr. Max* Beitr. III. b. 1078. 10.
Formicivora pileata *Ménétr.* Mon. l. l. 485. 16.
Thamnophilus pileatus *D'Orbigny*, Voy. dans l'Am. mér. Ois. 175.
Herpsilochmus pileatus *Cabanis*, *Wiegm.* Arch. 1847. I. 224. 1.

Licht bleigrau; Scheitel, Flügel und Schwanz schwarz, die Ränder der Federn weiß; ebenso Kehle, Augenstreif und Bauch.

Von kräftigerem Körperbau, und wie Cabanis richtig sich ausdrückt, den Uebergang zu Thamnophilus andeutend. Schnabel schwarz, Unterkiefer und Mundrand weiß. Iris gelbbraun. Stirn, Scheitel und Unterkopf schwarz, an den Seiten über dem Auge ein weißer Streif. Rücken hell bleigrau, die Federn auf der Mitte mit einen weißen, aber ganz versteckten Fleck. Flügel und Schwanz schwarz, alle Deckfedern mit breitem weißen Fleck an der äußeren Spitzenhälfte; die Schwingen weiß gerandet, die hintersten Armschwingen etwas breiter weiß gesäumt an der Spitze. Alle Schwanzfedern mit weißem Endrande, der um so breiter wird, je kürzer die Feder ist und je mehr sie nach außen steht, die äußerste schmälste jeder Seite auch breit weiß gesäumt. Unterfläche an der Kehle und dem Vorderhalse weiß, an der Brust und den Bauchseiten hell bleigrau, am Bauch und Steiß gelblichweiß. Beine blaugrau, die Krallen gelbgrau. —

Ganze Länge 4″ 9‴, Schnabelfirste 6‴, Flügel 2″ 3‴, Schwanz 1″ 9‴, Lauf 8½‴, Mittelzehe 5‴. —

Beim Weibchen, das matter und mehr aschgrau gefärbt ist, haben die Scheitelfedern weiße Spitzen; beim jungen Vogel ist das ganze Gefieder gelblich überlaufen, also noch aschgrauer und die lichten Federnsäume sind gelb, auch etwas breiter.

Ich erhielt diesen ausgezeichneten und besonders an dem starken Schnabel neben den zierlichen Füßen kenntlichen Vogel in Neu=Freiburg. Er bewohnt das Küstenwaldgebiet und streift hinüber bis nach Bolivien, wo D'Orbigny ihn in der Provinz Chiquito antraf.

7. Formicivora rufo-marginata *Temm.*

Myiothera rufo-marginata *Temm*. pl. col. 132. 1. 2.
Myiothera variegata *Licht*. *Pr. Max*. Beitr. III. b. 1086. juv.
Myiothera scapularis *Licht*. *Pr. Max*. ibid. 1083. 12.
Formicivora rufo-marginata *Ménétr*. Mon. I. I. 187.
Herpsilochmus rufo-marginatus *Caban*. *Wiegm*. Arch. 1847. I.

Rücken olivengrau, Flügel und Schwanz schwarz, die Federn mit weißen Spitzen, die Schwingen am Rande rostroth, Bauchseite blaßgelb.

Männchen mit schwarzem, Weibchen mit rostrothem Scheitel, beide mit weißem Augenstreif und weißer Kehle.

Vom Ansehn der vorigen Art, vielleicht etwas schlanker und feiner gebaut. — Schnabel bleifarben, die Firste etwas dunkler. Iris braun. Rückengefieder vom Nacken bis zum Bürzel grünlich aschgrau, olivenfarben, die Flügel und der Schwanz schwarz; alle Deckfedern und die hintersten Armschwingen mit feinen weißen Rändern und breiter weißer Spitze; die Handschwingen und vorderen Armschwingen am Vorderrande rostroth, am Hinterrande blaßgelb gesäumt. Schwanzfedern ebenfalls mit weißen Spitzen, die an den äußeren, allmälig kürzeren Federn stets breiter werden, und zuletzt den ganzen Rand einnehmen; alle Federn ziemlich schmal, besonders die seitlichen, ganz wie bei der vorigen Art. Kehle, Zügel, Scheitelrand und Backen weiß, hinter dem Auge ein schwarzer Streif. — Männchen mit schwarzem Oberkopf, Weibchen mit rostrothem; bei jenem der Rücken mehr bleigraugrün, bei diesem mehr rostgelbgrau. — Beine bleifarben. —

Junge Vögel beider Geschlechter sind matter gefärbt und haben auf dem Kopf lichtere Federnränder mit Schaftstreifen, welche beim männlichen Vogel eine aschgraue, beim weiblichen eine rostgelbe Farbe zeigen; auch die Spitzen des Flügeldeckgefieders fallen beim Weibchen mehr ins Gelbe. —

Ganze Länge 4″ 6‴, Schnabel 5‴, Flügel 2″, Schwanz 1″ 9‴, Lauf 8‴, Mittelzehe 4‴. —

In den Gebüschen der mittleren Waldregion Brasiliens, bei Bahia.

Anm. In diese Gattung und zwar in die dritte Abtheilung gehört noch Thamnophilus axillaris *v. Tschudi*, Fn. per. 174. 7. —

3. Thamnophilidae.

Schnabel besonders hoch und stark, die Spitze als kräftiger Haken herabgebogen, mit deutlicher Kerbe daneben; die Nasengrube flach, mit großem runden Nasenloch in der Spitze; die Borstenspitzen am Schnabelgrunde steifer, als bisher, besonders die am Zügelrande, welche mitunter die Stärke der Tyranniden erreichen. Gefieder weich aber auch voll, großfedrig. Flügel etwas über die Basis des Schwanzes hinabreichend, die 4 ersten Federn ziemlich stark stufig verkürzt und daher die erste kurz, aber nicht grade schmal. Schwanz gewöhnlich von mittlerer Länge, mitunter sehr kurz oder sehr lang, breitfedrig, stark zugerundet, bisweilen schmalfedrig und abgestutzt. Beine kräftig, der Lauf hoch und dick, die Sohle von kleineren Tafeln bekleidet; die Zehen fleischig, die äußere mit der mittleren am Grunde etwas verwachsen, der Daumen mit ziemlich großer, aber stark gebogener Kralle; im Allgemeinen aber die Zehen kürzer als bei den typischen Formicivorinen. —

Die Thamnophiliden sind meistens große kräftige Vögel, welche sich durch ein dreistes verwegenes Benehmen kenntlich machen und im Betragen an unsere großen Würger erinnern. —

15. Gatt. Dasythamnus Cabanis.
Wiegm. Arch. 1847. I. 223.

Durch die relativ geringe Größe und den kurzen, schmalfedrigen, abgestutzten Schwanz sehr ausgezeichnet. Der Schnabel zwar höher als breit, zumal nach vorn, aber nicht so hoch wie bei Thamnophilus, dem Schnabel von Formicivora ähnlicher, nur kräftiger, mit kleinem aber dickem Endhaken und feinen Borstenspitzen am Grunde, namentlich auch am Kehlgefieder; darunter aber keine besonders großen Zügelborsten. Flügel ohne Eigenheiten, die erste Schwinge klein und schmal, die vierte die längste. Schwanz kurz, die Federn gleichlang, schmal und einzeln etwas zugespitzt, insbesondere für diese Gattung charakteristisch. Beine ziemlich fein, namentlich die Zehen schwach, gleichfalls an Formicivora erinnernd, aber die Laufsohle ganz mit länglich sechseckigen Tafeln belegt. —

1. Dasythamnus xanthopterus.

Oberkopf, Flügeldeckfedern und mittlere Rückenfedern hell rostgelbroth; Backen, Brustseiten und Nacken grau, jene weißgefleckt. Kehle weiß, Bauch blaßgelb. —

Schnabel horngrau, der Unterkiefer weißlicher; Iris braun. Stirn und Zügelfedern blaßgelb, mit feinen schwarzen Borstenspitzen. Oberkopf bis zum Nacken rostgelbroth, die Spitzen der Federn etwas dunkler bräunlicher, der Schaft nach unten heller. Nacken bleigrau, gegen den Rücken hin aschgrau, Rückenmitte rostgelbroth, die besonders langen Federn des Unterrückens gelblich aschgrau. Achsel- und oberste Flügeldeckfedern schön und voll rostgelbroth; die mittleren bräunlich, breit rostgelbroth gerandet, die Gegend am Bug blaßgelb; alle Schwingen graubraun, mit rostgelbem Vorderrande, der Innenrand weißlich gelb. Schwanzfedern schmal und zugespitzt, graubraun mit rostgelben Rändern. Kehle weiß, die langen Borstenspitzen der Federn schwarz. Augenringfedern weiß, die vorderen mit schwarzen Borstenspitzen. Backen und Halsseiten voll bleigrau, jede Feder auf der Mitte weiß; Vorderhals licht weißgrau, Brust ins Rostgelbe spielend, Bauch und Steiß blaß limonengelb. Beine bleigrau, die Krallen blaßgelbgrau.

Ganze Länge 5″, Schnabelfirste 6‴, Flügel 2″ 6‴, Schwanz 1″ 9‴, Lauf 9‴, Mittelzehe ohne Kralle 4‴. —

Von diesem Vogel erhielt ich ein einziges Exemplar durch meine Jäger in Neu-Freiburg, das im nahen dichten Walde im Unterholz erlegt worden war; die Spezies scheint unbeschrieben zu sein, wenigstens finde ich in den mir zugänglichen Werken sie nirgends erwähnt.

Anm. Am nächsten kommt ihr Dasythamnus olivaceus, *Tschudi* Fn. peruan. 174. tb. 11. fig. 1. — welcher aber, nach der Abbildung zu urtheilen, viel dunkler gefärbt sein muß; auch lauten die Maaße a. a. O. ganz anders. —

2. Dasythamnus guttulatus.

Cabanis Wiegm. Arch. 1847. I. 223. 1
Lanius guttulatus *Licht.* Doubl. d. zool. Mus. 46. no. 500. 501.
Myiothera strictothorax *Temm.* pl. col. 179. fig. 2. mas fig. 1. fem.
Thamnophilus strictothorax *Pr. Max.* Beitr. III. b. 1013. 7.

Rückengefieder olivengrün, Halsseiten grau, weiß gefleckt; Unterseite blaßgelb; Flügeldeckfedern schwärzlich mit weißen Spitzen.

Männchen: Scheitel aschgrau, Brust mit schwärzlichen streifigen Flecken.
Weibchen: Oberkopf rothbraun, Brust kaum gefleckt.

Schnabel schieferschwarz, am Kinnrande blasser; Iris braun. Kopf und Nacken aschgrau, die Seiten des Halses, zumal hinter dem Ohr, etwas dunkler, mit weißen Flecken auf jeder Feder, wie bei der ersten Art; Schei-

tel des Männchens schiefergrau, des Weibchens rothbraun. Rücken=
gefieder olivengrün, beim Weibchen bräunlich überlaufen. Flügel schwarz=
braun, die Deckfedern graulich überlaufen, mit weißen Spitzen beim Männ
chen und gelblichen beim Weibchen; Schwingen am Vorderrande bleigrau,
an der Innenfahne weißgelb gesäumt. Schwanz einfarbig braungrau,
obenauf dunkler. Ganze Unterseite vom Kinn bis zum Steiß limonengelb,
der Vorderhals und die Brust beim Männchen mit schwärzlichen Schaft=
streifen, wovon beim Weibchen nur einige Tropfen übrig bleiben. Beine
bleigrau. —

Ganze Länge 4″ 10‴, Schnabelfirste 6½‴, Flügel 2″ 2‴, Schwanz
1″ 6‴, Lauf 9‴. —

In den großen schattigen Waldungen des Küstengebietes, von Natte=
rer in St. Paulo, vom Prinzen zu Wied bei Bahia gefunden. —

3. Dasythamnus mentalis.

Cabanis Wiegm. Arch. 1847. I. 223. 2.
Myiothera mentalis Temm. pl. col. 179. fig. 3. mas.
Thamnophilus mentalis v. Tschudi, Fn. per. 173. 5.   D'Orbigny, Voy. Am.
    mer. Ois. 177.
Myiothera poliocephala Pr. Max Beitr. III. b. 1098. 18.

Rückengefieder olivengrün, Kehle weißgrau, die übrige Bauchseite blaßgelb;
Flügeldeckfedern mit weißen Spitzen. — Oberkopf des Männchens aschgrau,
des Weibchens rothbraun. —

Schnabel horngrau, der Unterkiefer blasser; Iris graubraun. —
Oberkopf beim Männchen dunkel aschgrau, die Gegend hinter dem Auge
etwas lichter; beim Weibchen der Scheitel rostroth. Rückengefieder blaß
grünlich grau, beim Männchen mehr ins Grünliche, beim Weibchen mehr
ins Bräunliche fallend; die langen weichen Federn des Unterrückens grau,
mit grünlichen Spitzen. Kleinste Flügeldeckfedern weiß, die folgenden
schwarz, mit weißen Spitzen; die Reihe der großen Deckfedern graulich
olivengrün, mit helleren Endsäumen; alle diese Farben beim Männchen
klarer als beim Weibchen. Schwingen graubraun, der Vorderrand grau=
grün, der Innensaum gelblichweiß. Schwanzfedern grau, grünlich ge=
randet. Kehle weißgrau, Hals, Brust und Bauch limonengelb, an den
Seiten etwas ins Graugrüne spielend. Beine bleigrau.

Ganze Länge 4″ 8‴, Schnabelfirste 6‴, Flügel 2″ 2‴, Schwanz
1″ 3‴, Lauf 8‴, Mittelzehe 4½‴. —

In den großen geschlossenen Waldungen einsam im Unterholze, aber
selten. —

4. Dasythamnus stellaris.

Cabanis Wiegm. Arch. 1847. I. 224. 4.
Thamnophilus stellaris Spix. Av. Bras. II. 27. 8. tb. 36. fig. 2.
Myiothera plumbea Pr. Max. Beitr. III. b. 1080. 11.

Bleigrau, Flügel und Schwanz braungrau, die Deckfedern mit weißen Spitzen, die Schwingen und Schwanzfedern bleigrau gesäumt.

Schnabel schieferschwarz, an der Spitze etwas blasser. Iris braun. Gefieder bleifarben, Rückenfedern am Grunde weiß; Flügel dunkler und mehr schwarzbraun gefärbt, die sämmtlichen Deckfedern mit weißlichen Spitzen, die Schwingen grau gesäumt. Schwanz ziemlich kurz und schmal- federig, die Außenfahne bleigrau, die Innenfahne schwarzbraun, unten lichter. After und Steiß gelblich aschgrau, Bauch lichter bleigrau. Beine bleigrau. —

Diese Beschreibung giebt nur den männlichen Vogel wieder, der weibliche hat wahrscheinlich einen bräunlicheren Farbenton und blaßgelbe Spitzen an den Flügeldeckfedern. —

Ganze Länge 5″, Schnabelfirste 6‴, Flügel 2″ 7‴, Schwanz 1″ 8‴, Lauf 9½‴. —

An denselben Stellen, wie die vorigen Arten.

Anm. Sclater hat den von Spix abgebildeten Vogel vermuthweise zu einer ganz anderen Art gerechnet, die am obern Amazonenstrom lebt und von ihm Thamnophilus maculipennis genannt wird. (Proc. zool. Soc. 1854. — Edinb. new. phil. Journ. Apr. 1855.).

16. Gatt. Biastes Reich.

Reichenbach Handb. d. speziell. Orn. I. 175. (1855).

Schnabel etwas höher, aber stärker nach vorn zusammengedrückt, daher die Firstenkante deutlicher, sonst von den Verhältnissen der vo- rigen Gattung; der Endhaken klein, die Kerbe sehr schwach; die Nasengrube fast ganz verflacht, das Nasenloch weit und rund. Bor- stengefieder am Schnabelgrunde wenig entwickelt, auf den Zügeln abstehende buschige Federn wie bei Thamnophilus. Oberkopffedern etwas verlängert, das übrige Gefieder ziemlich derbe. Flügel abge- rundet, die erste Schwinge sehr klein, die zweite um die Hälfte län- ger, die dritte nur wenig kürzer als die vierte längste. Schwanz ebenso schmalfederig, wie bei Dasythamnus, aber die Federn stufig abgesetzt und schlank zugerundet, daher viel länger. Lauf und Zehen von mäßiger Stärke, die Sohle getäfelt, der ganze Bau völlig wie bei Dasythamnus, nur etwas gröber. —

6*

Biastes nigropectus *Lafr.*

Reichenb. a. O. I. S. 175. Anm.
Anabates nigropectus *Lafresn.* Guér Rev. zool. 1850. 107. pl. I. fig.

Oberkopf und Vorderhals schwarz, Kehle und Nackenring blaßgelb, übriges Gefieder olivenbraun, Schwingen am Rande und der Schwanz rostroth. —

Der Vogel hat ein etwas fremdartiges Ansehn, daher ihn auch Bar. Lafresnaye zu den Anabatiden gezogen hat, denen er wohl in der Färbung, aber durchaus nicht im Körper, Schnabel- und Fußbau sich anschließt; — er gehört sicher, wie Hofr. Reichenbach a. a. O. bemerkt, zu den Thamnophiliden.

Schnabel blaugrau, der Kinnrand weißlich. Iris braun. Stirn, Zügel, Augengegend, Oberkopf und Vorderhals kohlschwarz; Kinn rein weiß, daneben ein blaßgelber Ring so um den Hals gelegt, daß er vom Mundwinkel zum Ohr und so weiter bis zum Hinterkopf sich erstreckt. Ganzes Gefieder übrigens olivenbraun, die Federn in der Tiefe grau. Flügel am Rande weiß unter dem Bug, die Schwingen braun, außen rostroth, innen blaß rostgelb gesäumt; die hintersten Armschwingen obenauf ganz rostroth. Schwanz einfarbig rostrothgelb, heller als die Flügel gefärbt, die Seitenfedern 1" kürzer als die mittelsten; Steiß rostgelb angeflogen. Beine schieferschwarz, die Krallen weißgrau.

Ganze Länge 7", Schnabelfirste 7½''', Flügel 3½", Schwanz 2" 8''', Lauf 9''', Mittelzehe 6''' ohne die Kralle. —

Ich erhielt diesen hübschen Vogel einmal während meiner Anwesenheit in Neu-Freiburg von Herrn Beske, der ihn als eine seltene Erscheinung der dortigen Gegend mir empfahl; er lebt tief im Walde und hat, so weit bekannt, nichts auszeichnendes in seinem Betragen. —

Anm. Schnabel- und Fußbildung dieses Vogels stimmen mehr mit Dasythamnus als mit Anabates überein; das Gefieder, anscheinend höchst Anabates ähnlich, hat doch eine unverkennbare nahe Beziehung zu dem von Dasycephala, zwischen welcher Gattung und Dasythamnus die richtige Stellung des Vogels mir zu sein scheint.

17. Gatt. Dasycephala *Swains.*
Thamnolaimus et Attila *Lesson.*

Schnabel grade, stark, ziemlich bauchig gewölbt, aber schlank zugespitzt, mit besonders am Unterkiefer gewölbter Kinnfirste und kräftigem Endhaken; die Nasengrube ganz von Federn überdeckt, das Nasenloch klein, kreisrund, vorwärts gewendet; alle Federn am Schnabelgrunde mit langen kräftigen Borstenspitzen, besonders die am Zügelrande. Gefieder ziemlich derbe, die Flügel länger und spitziger als bei den übrigen Thamnophiliden, die erste Schwinge schon so lang wie gewöhnlich nur die zweite, die dritte die längste. Schwanz schmalfederig, die äußeren Federn nicht stufig verkürzt, wohl aber die mittleren ein wenig kürzer, daher die Gesammtform etwas ausgeschnitten. Beine nicht dick, aber Lauf und Zehen lang; der Lauf hinten mit kleinen Warzen in mehreren Reihen bekleidet, die Zehen mit sehr langen, mäßig gebogenen, aber nicht hohen Krallen; die Außenzehe mit der mittleren am ersten Gliede verwachsen, nur wenig länger als die Innenzehe. —

1. Dasycephala cinerea *Gmel.*

Cabanis Wiegm. Arch. 1847. I. 221. 1.
Muscicapa cinerea *Gmel. Linn.* S. Nat. I. 2. 933. 27. — *Lath.* Ind orn. II. 488. 83. — *Pr. Max.* Beitr. III. b. 853. 19. — *Spix* Aves Bras. II. 19 16. tb. 25. f. 2.
Tyrannus cinereus *Swains.* Quartl. Journ. XX. 278.
Tyrannus rufescens *D'Orb. Lafresn.* Syn. Guér. Mag. d. Zool. VII. 44. 8. — *Ej.* Voy. Am. mer. Ois. 308. nô. 208.
Dasycephala cinerea *Swains.* Fly-Catch. Nat. Libr. X. 1831.

Gefieder hell rostgelb, Kopf und Hals grau, Zügel und Kehle weiß gestreift.

Beinahe so groß wie eine Singdrossel, nur schlanker gebaut, mit viel längerem Schnabel; letzterer hornbraun, die Firste angedunkelt, die Kinngegend blasser. Kopf, Hals und Nacken trüb bleigrau, die Säume der Federn etwas lichter, die an der Kehle, den Zügeln und dem Vorderhalse größtentheils weiß, mit schwarzen Spitzen und grauen Rändern. Iris braun. Rumpf hell rostgelb, der Rücken etwas dunkler, fast zinnutroth, die Flügel braun; Deckfedern und Schwingen außen rostroth, innen rostgelb gesäumt. Schwanz einfarbig rostgelb, wie die Brust; Bauch und Steiß etwas lichter. Beine fleischbraun, bleigrau überlaufen. —

Weibchen mit gelblichem Kopfe und Halse, dessen Scheitel etwas dunkler und grau angeflogen ist; überhaupt matter gefärbt. —

Ganze Länge 7" 3''', Schnabelfirste 1", Flügel 3" 6''', Schwanz 2" 8''', Lauf 1", Mittelzehe 7'''. —

Im Urwalde und den Walddistriktten des Campos-Gebietes nicht selten, lebt einsam, wie die Tyranniden, und hat überhaupt ganz deren Betragen.

Anm. Eine ähnlich gefärbte Art, mit rothbraunem Kopfe, dessen Scheitel, Stirn und Augenrand schwarze Schaftstreifen enthalten, hat Cabanis aus Guyana in *Schomb.* Reise III. 686. no. 98. als Dasycephala uropygialis beschrieben; ihre Unterseite ist weiß, an der Brust graulich grün gestrichelt, am Steiß gelblich. —

Dasycephala thamnophiloides.

Cabanis Wiegm. Arch. 1847. I. 222. 2.
Muscicapa thamnophiloides *Spix.* Av. Bras. II. 19. 17. tb. 25. f. 2.
Tyrannus rufescens *Swains.* Quartl. Journ. XX. 278. 14.
Tyrannus thamnophiloides *D'Orb.* Voy. Am. mer. Ois. 308. 209.

Gefieder roftgelbroth, der Rücken voller, die Schwingen braun, am äußeren Rande bis zur Mitte roftroth.

Schnabel fleischfarben, Rückenfläche und Spitze bräunlich; Iris rothbraun. Ganzes Gefieder roftgelbroth; Scheitel, Rücken und Schwanz
voller gefärbt als die blassere Unterseite; besonders an der Kehle und am
Bauch lichter, weißlicher. Schwingen schwarzbraun, die Außenfahne zur
Hälfte bis gegen die Spitze hin roftroth, die Innenfahne breit blaßgelb gesäumt. Beine schiefergrau. —

Ganze Länge 8", Schnabelfirste 9''', Flügel 3" 4''', Schwanz 3" 2''',
Lauf 10'''. —

Scheint durch das ganze Innere Brasiliens verbreitet zu sein, aber
die östlichen Gegenden weniger als die westlichen zu bewohnen; von Spix
am Amazonenstrom, von D'Orbigny in Chiquitos beobachtet; vielleicht
auch noch im Thale des Rio St. Francisco, aber mir nicht auf meiner
Reise vorgekommen. —

3. Dasycephala rubra *Vieill.*

Muscicapa rubra *Vieill.* N. Dict. Tm. 21. 457. — *Id.* Enc. meth. Orn. II. 831.
Muscicapa haematodes *Licht.* Mus. ber.
Dasycephala haematodes *Cabanis Wiegm.* Arch. 1847. I.
Suiriri roxo, *Azara* Apunt. II. 128. no. 188.

Gefieder roftgelbroth, Rückenseite voller zimmtroth; Schwingen braun, am
ganzen Vorderrande roftroth. —

Kleiner als die vorige Art, der Schnabel relativ stärker gewölbt, weil
etwas kürzer, nur an der Spitze braun, übrigens blaßgelb, zumal am
Unterkiefer. Iris gelbbraun. Gefieder wie bei der vorigen Art gefärbt,
aber der Rücken klarer zimmtroth, statt roftroth. Die etwas längeren spitzeren Flügel haben schwarzbraune, aber an der ganzen Außenfahne mit der
Spitze roftroth gefärbte, am Innenrande blaßgelb gesäumte Schwingen;
der Schwanz ist lebhaft roftgelbroth, die Kehle und der Bauch lichter weißlich roftgelb. Beine bleigraubraun.

Ganze Länge 7", Schnabelfirste 7''', Flügel 3" 3''', Schwanz 3",
Lauf 8¼'''. —

Bewohnt die südlichen Gegenden Brasiliens, St. Paulo, St. Catharina, Montevideo. —

Anm. Azara beschreibt offenbar diese Art, und nicht die vorige, als seinen Saitin roxo; ich habe daher die von Vieillot darauf gegründete ältere Benennung der späteren vorziehen zu müssen geglaubt. D'Orbigny hat nicht diese, sondern die vorige Art beobachtet, wie seine Charakteristik zeigt. —

18. Gatt. Thamnomanes *Cabanis*.
Wiegm. Arch. 1847. 1. 230.

Schnabel beträchtlich kürzer als bei Dasycephala, ähnlich gewölbt, etwas bauchig, an Psaris erinnernd, aber mit starkem Endhaken, der scharf und eigenthümlich gerundet durch die Kerbe vom Schnabelrande abgesetzt ist. Nasengrube vortretend, mit rundem Nasenloch. Alle Federn am Schnabelgrunde mit langen steifen Borstenspitzen, besonders die am Zügelrande steif, aber mehr abstehend, als bei Dasycephala und das Nasenloch freier. Gefieder sehr weich und lang; die Flügel kürzer, mehr gerundet, die erste Schwinge so klein wie bei Thamnophilus, aber die dritte mit der vierten die längsten. Schwanz von mäßiger Länge, die Federn nicht breit, die äußeren verkürzt, die Gesammtform abgerundet. Beine feiner als bei den übrigen Thamnophiliden, die Laufsohle hinten getäfelt, an der Seite warzig; die Außenzehe mit der Mittelzehe etwas mehr verwachsen; die Krallen dünn, mäßig gebogen, die Daumenkralle wie gewöhnlich die größte.

Thamnomanes caesius *Licht.*
Lanius caesius *Licht.* Doubl. d. zool. Mus. 46. no. 488.
Muscicapa caesia Pr. *Max.* Beitr. III. b. 826. 12. *Temm.* pl. col. 17. —

Männchen dunkel blaugrau, Schwingen und Schwanz schwärzlich, jene innen weiß gesäumt.

Weibchen olivengrau, Flügel bräunlich, Steiß rostroth.

Schnabel horngrau, beim Weibchen der Unterkiefer blasser, beim Männchen der ganze Schnabel schwärzlicher; Iris braun. — Gefieder des Männchens dunkel blaugrau, die Rückenfedern am Grunde mit weißlichem Fleck, die Schwingen am Innenrande rein weiß. Beine bleigrau. — Weibchen in allen Farben matter, das Gefieder gelblich aschgrau oder olivengrau; die Schwingen und Schwanzfedern brauner, erstere röthlicher mit blaßgelbem Innenrande. Backen und Kehle gelblichweiß gefleckt; innere Flügeldeckfedern, der Rand unter dem Bug und die Steißgegend rostgelb. Beine blaßgrau, die Krallen weißlich. —

Ganze Länge 6″, Schnabelfirste 7‴, Flügel 2″ 8‴, Schwanz 2″ 3‴, Lauf 8‴. —

In allen großen Waldungen im dichten Gebüsch; ein einsamer, stiller Vogel, der gar nicht selten ist, aber selten sich schußgerecht treffen läßt. Der Prinz zu Wied fand ihn am häufigsten in der Provinz Bahia. —

Anm. Cabanis hat die sehr ähnliche Form in Guyana von der hier beschriebenen Brasiliens spezifisch getrennt und Thamnomanes glaucus genannt (a. a. O. und Schomb. Reise III. 688. 109.). Nach ihm ist der Schnabel derselben weniger platt gedrückt, nach hinten nicht so breit, nach vorn mehr zusammengedrückt, und die Rückenfedern des Männchens sind am Grunde rein weiß. Das Weibchen hat eine weiße Kehle und von da an ist die ganze Unterseite, nicht bloß der Steiß, rostrothgelb. —

19. Gatt. Thamnophilus Vieill.

Schnabel hoch, stark seitlich zusammengedrückt, aber die Firste doch gerundet, mit scharf abgesetztem großen Endhaken und deutlicher Kerbe daneben; die Nasengrube ganz flach, das Nasenloch weit und rund; der Unterkieferrand gebogen, wie bei Dasycephala, aber viel höher und mehr kahnförmig gestaltet. Borstenspitzen am Grunde des Schnabels für die Größe der Vögel wenig entwickelt und viel kleiner als bei Dasycephala und Thamnomanes, um das Auge ein nackter, sparsam befiederter Ring. Flügel ziemlich kurz abgerundet, die 3 ersten Schwingen beinahe gleichmäßig verkürzt, die vierte mit der fünften die längsten. Schwanz lang, breitfedrig, die Seitenfedern stark verkürzt, schlank gerundet, mehr parabolisch als kreisförmig. Beine kräftig gebaut, der Lauf ziemlich dick, die Sohle hinten getäfelt, an den Seiten warzig; die Zehen fleischig aber doch lang, die Außenzehe etwas länger als die Innenzehe, das erste Glied mit der Mittelzehe verwachsen; die Krallen groß und hoch, sehr schlank und ziemlich stark gebogen, die Daumenkralle bei Weitem die größte. —

Kräftige Waldvögel von dreistem Benehmen, die bis in die Gärten der Dörfer kommen und auf Insekten stoßen; sehr hoch im Gebüsch halten sie sich nicht, sondern mehr in der mittleren Laubregion; bis auf den Boden pflegen sie aber nicht herabzukommen. Unter dem Namen Batara hat sie schon Azara als eigne Gruppe zusammengefaßt. — Die auffallende Verschiedenheit im Kolorit der Männchen und Weibchen ist hier größer, als bei allen andern

Thamnophiliden; jene find fchwarz und weiß, diefe gelbbraun und
fchwarz oder roftroth und weiß gefleckt; nur mitunter ftimmt die
Rückenfarbe beider Gefchlechter überein und ift dann rothbraun. —
Eine fyftematifche Ueberficht der Gattung hat kürzlich Sclater in
dem Edinb. new phil. Journ. 2. Ser. Apr. 1855 gegeben.

A. **Schnabel fehr groß und ftark; Schwanz von bedeutender Länge
und Breite.**

1. Thamnophilus undulatus *Mikan.*

Lanius undulatus **Mikan,** Delect. Fn. et Flor. Brasil. pl. 2.
Lanius procerus *Licht.* Mus. ber.
Vanga striata *Quoy* et *Gaimard,* Voyage de l'Uranie. Ois. I. 98. pl. 18 et 19.
Batara striata *Lesson,* Traité d'Orn. 347.
Thamnophilus cinereus *Vieill.* Dict. d'hist. nat. Tm. 35. pag. 200. mas. —
    Sclater l. l. no. 1.
Thamnophilus rufus *Vieill.* ibid. fem.
Thamnophilus Vigorsii *Such.* zool. Journ. I. 557. pl. 7. et 8.
Thamnophilus gigas *Swains.* Classif. of Birds II. 220.

Männchen am Rücken fchwarz, wie Flügel und Schwanz fein weiß gebändert; Unterfeite bleigrau.

Weibchen gelbbraun, Scheitel fchwarzbraun, am Rücken, Flügeln und
Schwanz fchwarz gebändert.

Einer der größten Tracheophonen Brafiliens, nur wenig kleiner, min-
deftens fchlanker als Coracina scutata, vom Anfehn der Elfter (Corvus
pica *Linn.*), aber hochbeiniger. — Schnabel fehr groß, bleigrau, Rücken-
firfte und Endhaken fchwarz; Iris braun, Scheitelgefieder haubenartig verlängert abftehend. Beine dunkel blaugrau, die Krallen gelblichgrau mit
fchwärzlicher Rückenkante. —

Männchen mit fchwarzem Oberkopf, Rücken, Flügel und Schwanz;
die drei letzteren Theile fein weiß in die Quere gebändert. Unterfeite und
Nacken bleigrau, die Kehle weißlicher. —

Weibchen gelbbraun, Oberkopf vorn rothbraun, nach hinten allmälig
in fchwarz übergehend. Rücken, Flügel und Schwanz fchwarz und roftgelb
gebändert, die Binden beider Farben von gleicher Breite. Unterfeite gelbgraubraun, Kehle blaffer.

Ganze Länge 14″, Schnabelfirfte 1″ 2‴, Flügel 5″, Schwanz 6″
Lauf 1½″, Mittelzehe 13‴ ohne die Kralle. —

In den Gebirgswäldern der Waldregion, zumal der Provinzen Rio
de Janeiro und St. Paulo; von meinem Sohne dicht bei Neu=Freiburg im
Gebüfch erlegt. — Der Vogel ift nicht fcheu, läßt den Schützen nahe heran-

kommen, hüpft in mäßiger Höhe im Gezweig herum und läßt nur sehr selten einen einfachen Laut hören, der einige Mal wiederholt wird. Ich bekam allmälig 2 Weibchen und 1 Männchen in der dortigen Gegend. —

Das Männchen ist ein sehr schöner Vogel, dessen feine weißen Linien 7 — 8''' von einander abstehen, während die Binden der Weibchen jede 1½—2''' breit sind und einander gleichmäßig folgen. Der Schwanz des Männchens hat daher nur 10 Binden mit etwas versetzten Hälften auf beiden Fahnen, des Weibchens 15—16 Binden, deren Hälften auch zu beiden Seiten des Schaftes alterniren. Die Schwingen sind ebenso und in entsprechendem Verhältniß gebändert, aber die beiden Seiten jeder Binde stehen einander mehr gegenüber.

Anm. Mikan's bezeichnender Name verdient deshalb den Vorzug, weil Vieillot's Benennung nur für das Männchen paßt und nur dafür ge- bildet wurde. —

2. Thamnophilus severus *Licht.*

Lanius severus *Licht.* Doubl. d. zool. Mus. 45. no. 489. 490.
Thamnophilus niger *Such.* zool. Journ. 1. 389. — *Jard. Selby.* III. pl. 21. mas.
Thamnophilus Swainsonii *Such.* zool. Journ. 1. 556. pl. 5.
Thamnophilus Othello *Lesson.* Cent. zool. 65. pl. 19. *Id.* Traité 347.

Männchen ganz schwarz.
Weibchen kastanienbraun, überall schwarz gebändert.

Etwas kleiner als die vorige Art, aber von deren Bau. Oberkopf bei beiden Geschlechtern mit verlängerten Federn, die eine hohe aufrichtbare Haube bilden. Schnabel und Beine schieferschwarz, Iris schwarzbraun. — Gefieder des Männchens einfarbig schwarz; — des Weibchens kasta- nienbraun, am ganzen Körper, den Flügeln und Schwingen mit dichten schieferschwarzen Querbinden, die am Schwanz etwas weitläuftiger stehen.

Ganze Länge 9—9½", Schnabel 10''', Flügel 3½", Schwanz 4½".
Im südlichen Brasilien: St. Paulo, Sta Catharina, untere Partie von Minas geraes. Mir nicht vorgekommen.

3. Thamnophilus Leachii *Such.*

Sclater New. Ed. phil. Mag. 2. Ser. 1. 1. no. 3. — *Such.* zool. Journ. 1. 588. mas. *Jard. Selby.* III. orn. pl. 41.
Thamnophilus rufipes *Such.* 1. 1. 589. fem.
Thamnophilus variolosus *Licht.* Mus. ber.

Männchen schwarz, Rückengefieder weiß punktirt; Unterrücken, Brust und Bauch fein weiß quergebändert. —
Weibchen schwarzbraun, breiter und gröber gelblichweiß punktirt und gebändert. —

Schnabel kurz, aber hoch, der Endhaken stark, schwarz, glänzend. Iris schwarzbraun. Beine dunkel bleifarben. — Scheitelgefieder nicht haubenartig verlängert, glatt anliegend. — Männchen überall gleich= mäßig kohlschwarz; jede Feder des Kopfes, Nackens, Rückens und der Schulter mit feinen blaß weißgrauen Querbinden in der Tiefe und einem kleinen herzförmigen weißen Fleck an der Spitze. Kehle und Vorderhals schwarz, und die Ränder der Federn sehr fein weißlich vorgestoßen; Brust, Bauch, Steiß und Unterrücken mit deutlichen aber sehr feinen weißen Querlinien, die am Schaft eine vortretende Spitze zu bilden pflegen. Schwingen rein weiß gebändert. Schwanzfedern trüber schieferschwarz, mit feinen grauen Querwellen an jeder Seite des Fahnensaums, die Mitte ungefleckt und um so breiter, je mehr die Feder eine äußere ist. — Weib= chen mir nicht bekannt, nach Angabe der Schriftsteller ähnlich gefärbt, wie das Männchen, aber die weißen Zeichnungen bei ihm rostgelb gefärbt, gröber und der Oberkopf rostroth gestreift. —

Ganze Länge 10″, Schnabelfirste 7‴, Flügel 3″, Schwanz 5½″, Lauf 14‴. —

Ein männliches Individuum dieser schönen ausgezeichneten Art erhielt ich in Neu=Freiburg, der Vogel wurde auch dort nur selten beobachtet; er verbreitet sich mehr südwärts, als nordwärts und kommt in St. Paulo, Sta Catharina, Rio grande do Sul bis Montevideo hin vor, scheint aber das Waldgebiet nicht zu verlassen.

4. Thamnophilus Meleager *Licht.*

Sclater l. l. no. 4.
Lanius Meleager *Licht.* Doubl. d. zool. Mus. 46. no. 491.
Thamnophilus guttatus *Spix.* Av. Bras. II. 23. 4. tb. 35. f. 1. — *Pr. Max.* Beitr. III. b. 1019. 9.
Thamnophilus maculatus *Such.* zool. Journ. I. 557. pl. 6. suppl.

Männchen schwarz; Rücken, Flügel, Schwanz und Brust weiß gefleckt, Bauch hellgrau, Steiß gelblich. —

Weibchen schwarzbraun, Rücken, Flügel, Schwanz und Brust blaßgelb gefleckt, Bauch weiß, Steiß rostgelb.

Schnabel der vorigen Art, ziemlich kurz, hoch mit starkem Haken, bleigrau, die Firste dunkler. Iris dunkelbraun. Kopfgefieder anliegend, nicht haubenartig verlängert, schwarz, wie der ganze Rücken, die Flügel und der Schwanz. — Beim Männchen jede Feder mit großen weißen Tropfen am Ende und davor, in der Tiefe, mattere Querbinden; die Flü= gel und der Schwanz ziemlich breit weiß gebändert, die Binden auf den Schwanzfedern zu beiden Seiten des Schaftes alternirend. Kehle weiß,

Vorderhals und Brust mit so breiten weißen Binden und Flecken auf schwarzem Grunde, daß der letztere nur an den Seiten der Feder als Randfleck auftritt; Bauch besonders an der Seite hellbleigrau, die Mitte weißlich, die Steißgegend gelblich überlaufen. — Weibchen beinahe ebenso gezeichnet, wie das Männchen, aber die lichten Flecke und Binden rostgelb, besonders am Kopf, auf den Flügeln und dem Schwanz intensiver gefärbt; Kehle, Vorderhals und Brust weißlicher gefleckt; Bauch aschgrau, Steiß lebhaft rostgelb. — Beine schieferschwarz.

Ganze Länge 8″, Schnabelfirste 7‴, Flügel 3″, Schwanz 4″, Lauf 13‴. — Weibchen etwas kleiner. —

Nicht im eigentlichen Waldgebiet zu Hanse, sondern in den Wal= dungen der Camposregion von St. Paulo, Minas geraes und Bahia. —

B. Schwanz viel kleiner, kürzer, schmalfedriger als in der vorigen Gruppe.

Anm. Der Schnabel ist in dieser Gruppe im Ganzen kleiner und schwä= cher, aber sehr verschieden gestaltet; bald ziemlich lang, hoch, und so stark, wie in der vorhergehenden Gruppe, bald sehr viel kleiner, kürzer und schwächer, be= sonders der Enthaken.

Thamnophilus stagurus *Licht.*

Pr. Max Beitr. III. b. 990. 1.
Lanius stagurus Licht. Doubl. etc. 45. no. 487. 488.
Thamnophilus albiventris Spir. Av. Bras. II. 23. 1. tb. 32.
Thamnophilus major Vieill. N. Dict. Tm. 3. pag. 313. — Ind. Enc. meth.
   Orn. II. 744. — D'Orbign. Voy. Am. mer. Ois. 166. — Schomb. Reise
   III. 687. 100. — v. Tschudi Fn. per. Orn. 170. 1. — Sclater l. l. no. 7
Thamnophilus bicolor Swains. zool. Journ. II. 86. — Birds of Bras pl. 60.
Thamnophilus magnus Less. Traité d'Orn. 375.
Batara mayor. Azara Apunt. II. 192. n. 211.

Männchen am ganzen Rücken schwarz, am Bauch weiß; Schwanzfedern weiß gebändert, Flügeldeckfedern mit weißen Spitzen.

Weibchen mit rostrothem Rückengefieder, Flügeln und Schwanz, und ganz weißer Bauchfläche. —

Schnabel schlank, hoch und beinahe so stark wie bei der ersten Art, nur nicht so dick, mehr zusammengedrückt, nach vorn niedriger, mit kleinem Endhaken, schieferschwarz. Iris zinnoberroth. Federn des Oberkopfes etwas verlängert, aber nicht eigentlich zur Haube ausgebildet; das Rumpf= gefieder sehr weich. — Männchen am ganzen Rücken von der Stirn bis zum Schwanz schwarz, Unterrücken grau; alle äußeren Flügeldeckfedern an der Spitze weiß, ebenso die Ränder der Schwingen; innere Flügeldeckfedern weiß, die Schwingen breit weiß gesäumt. Schwanz mit weißen Binden, welche an den mittelsten Federn auf Randflecken beschränkt sind. Unterfläche weiß, Bauchseiten grau unterlegt. — Weibchen am ganzen Rücken mit Einschluß der Flügel und des Schwanzes hell rostroth oder zimmtroth, die Schwingen in der Tiefe graubraun, am Innenrande weiß gesäumt. Bauchfläche von der Kehle bis zum Steiß weiß, die Seiten gelbgrau überlaufen. Beine fleischfarben, bläulich angeflogen. —

Ganze Länge 8½'', Schnabelfirste 11''', Flügel 4'', Schwanz 2'' 10''', Lauf 15''', Mittelzehe 10'''.

Durch ganz Brasilien nicht bloß, sondern durch das ganze wärmere Süd-Amerika verbreitet; lebt im Walde an Flußufern, sitzt sogar im Schilf, ist träge, wenig scheu, und läßt vom Platz seine sonderbare Stimme erschallen, welche wie eine Kugel klingt, die auf einen Stein fällt und mehrmals wieder emporschnellt. Der Prinz zu Wied hat das in Noten wieder zu geben versucht. —

6.   Thamnophilus luctuosus *Licht.*

v. Tschudi Fn. per. Orn. 172. 4. — *Sclater,* l. l. no. 10.
Lanius luctuosus *Licht.* Doubl. d. zool. Mus. 47. no. 504.

Oberkopffedern haubenartig verlängert.

Männchen ganz schwarz, Flügeldeckfedern und Schwanzfedern mit weißen Spitzen.

Weibchen braun am Rücken, rostgelb am Bauch; äußere Schwanzfedern mit weißer Spitze.

Schnabel schieferblau, die Firste dunkler. Iris feuerroth. — Gefieder des Männchens ganz kohlschwarz, die Federn des Unterrückens grau, die des Oberrückens mit weißem Fleck in der Tiefe. Flügeldeckfedern mit weißen Spitzen, die vordersten Handschwingen weiß gerandet, alle am Innenrande breit weiß gesäumt. Mittelste Schwanzfedern ganz schwarz, die übrigen mit weißer Spitze und die äußerste mit weißem Randfleck. — Weibchen mit schwarzbraunem Oberkopf und graubraunem Rücken; die Schwingen olivenbraun gerandet, innen weiß gesäumt; die Deckfedern schwarzbraun, am Spitzenrande grau gesäumt; Schwanzfedern schwarzbraun, nur die 2 äußersten mit weißer Spitze; Kehle und Brust bläulich grau, Bauch weißgelb, Steiß tiefer rostgelb. Beine bleigrau.

Ganze Länge 6½'', Schnabelfirste 8''', Flügel 3'', Schwanz 2'', Lauf 10'''. —

Aus der Gegend von Para und am ganzen Amazonenstrom aufwärts bis Peru, wo von Tschudi die Art am Ostabhange der Cordilleren beobachtete. —

Anm. Am nächsten steht diesem habituell an Pyriglena Domicella erinnern den Vogel Thamnophilus asperiventris *D'Orb.* Voy. Am. mer. Ois. 171. pl. 4. f. 1. mas fig. 2 fem. (Th. schistaceus). — Das Männchen hat einen bleigrauen schwarzgefleckten Bauch und weiße Spitzen auch an den oberen Schwanz= decken, sonst ist es wie Th luctuosus gefärbt; — das Weibchen ist lebhafter ge= zeichnet, am ganzen Bauch bis zur Brust rostgelb und ebenfalls mit weißen Spitzen an denselben Federn, wie beim Männchen geziert. — In Bolivien. —

Thamnophilus naevius *aut.*

Lanius naevius *Gmel. Linn.* Nat. 1. 1. 308. — *Lath.* Ind. orn. 1. 81.
　　　51. — *Licht.* Doubl. d. zool. Mus. 46. no. 496. 497. — *Le Vaill.* Ois.
　　　d'Afr. etc. II. pl. 77. fig. 1. mas.
Thamnophilus naevius *Swains.* Birds of Braz. pl. 59. — *Schomb.* Reise III.
　　　687. 102. — *Sclater* l. l. no. 28.
Thamnophilus albo-notatus *Spix.* Av. Bras. II. 27. 10. tb. 37. f. 2. mas. —
　　　tb. 38. fig. 2. juv.
Thamnophilus coerulescens *Lafr.* Rev. zool. 1853. 388.

Scheitelgefieder glatt anliegend; Schwanzfedern stumpf gerundet, das äu= ßerste Paar mit weißem Randfleck weit vor dem Spitzenfleck.

Männchen bleigrau, Scheitelmitte, Flügel und Schwanz schwarz, weiß gefleckt. —

Weibchen rothbraungrau, Bauchfläche rostgelb; Flügel und Schwanz braun, wie beim Männchen gefleckt. —

Schnabel für die Größe des Vogels ziemlich stark, grade, entschieden seitlich zusammengedrückt, schwarz beim Männchen, braun beim Weibchen. Iris braun. — Gefieder des Männchens bläulich schiefergrau, die Mitte des Oberkopfes bis zum Nacken schwarz. Rückenfedern weiß in der Mitte, dann schwarz, zuletzt grau, daher wenig mehr als die graue Farbe sichtbar bleibt; obere Schwanzdecken mit weißlichem Endrande. Aeußere Flügeldeck= federn schwarz, an allen die Spitzen und an den oberen gegen die Achsel hin auch der Rand weiß; Schwingen graubraun, die Handschwingen mit feinem weißem Rande, die Armschwingen bleigrau gesäumt, bei ganz alten Vögeln auch wohl weiß gerandet, wenigstens die drei letzten. Schwanz schwarz, die beiden mittelsten Federn einfarbig, die übrigen alle mit weißer, nach außen breiterer Spitze, und die äußerste jeder Seite auch mit einem weißen Streif an der Außenfahne, der aber weit von dem Spitzenfleck ent= fernt bleibt. Unterfläche lichter gefärbt, der Steiß weiß und grau matt= gebändert. — Weibchen röthlich olivenbraun, Oberkopf bis zum Nacken rostroth, Rücken rothbraun, die Federn in der Tiefe grau, ohne weiß, aber die oberen Schwanzdecken mit weißlicher Spitze. Flügeldeckfedern dunkel= braun, die an der Achsel breiter als beim Männchen weiß gerandet, die Deckfedern mit schiefem weißem Endsaume, die Schwingen außen rostgelb gesäumt, die vordersten Handschwingen mit feinem weißem Rande, die 3 letzten Armſchwingen bei alten Vögeln auch außen weiß geſäumt. Schwanz am Grunde roſtroth, am Ende ſchwarzbraun, die Federn wie am Männ=chen weiß gefleckt, aber die Flecken kleiner und ſchwärzlich umſäumt. Kehle weißgelb, Bruſt roſtgelb, Bauchſeiten grau unterlegt, Steiß roſtröthlich. Beine bleigrau. —

Ganze Länge 6″, Schnabelfirſte 7‴, Flügel 3″, Schwanz 2″ 3‴, Lauf 10‴. —

Im Waldgebiet der Küſtenſtrecke von Neu=Freiburg, nicht ſelten; in der Lebensweiſe den vorigen Arten verwandt.

Anm. Meine männlichen Exemplare haben nicht ſo breite weiße Ränder, wie Spix Figur. Das Weibchen gleicht dagegen ſehr deſſen Thamnophilus ru-ficollis Av. Bras. 27. 9. th. 37. f. 1., nur der Rücken iſt nicht olivengrün, ſon-dern röthlich braun, ein wenig dunkler als der Scheitel. Mir iſt kein Vogel, wie der Spix'ſche vorgekommen; Cabanis (*Schomb.* Reiſe III. 687. 103.) und Sclater (l. l. no. 35.) halten ihn für eine eigene Spezies. —

8. Thamnophilus pileatus *Swains.*

Swainson, zool. Journ. II. N. 5. pag. 91. — *Sclater,* l. l. no. 31. Thamnophilus ventralis *Sclater* l. l. no. 30.

Stirngefieder etwas haubenartig abſtehend; Schwanzfedern zugeſpitzt, das äußerſte Paar mit weißem Randfleck dicht am Spitzenfleck.

Männchen bleigrau, ganzer Oberkopf und Nacken ſchwarz; Flügel und Schwanz weiß gefleckt. —

Weibchen olivenbraun, Bauch roſtgelb; Flügel und Schwanz wie am Männchen weiß gefleckt.

Der vorigen Art zum Verwechſeln ähnlich, aber etwas kleiner nur beſonders der Schnabel kürzer, niedriger und in allen Dimenſionen kleiner; beim Männchen ſchwarz, beim Weibchen braun. Stirngefieder etwas ver=längert, haubenartig abſtehend, beim Männchen ebenſo ſchwarz, wie der Scheitel bis zum Augenrande und der Nacken; das übrige Gefieder ſchiefer=grau am Rücken, bleigrau am Bauch, gegen den Steiß hin gelblich über=laufen, nicht weiß und grau gewellt, wie bei der vorigen Art; Rückenfedern in der Tiefe weiß, dann ſchwarz, zuletzt grau; Flügeldeckfedern ſchwarz, bloß an der Spitze weiß, ohne den weißen Rand, welcher beſonders den Achſelfedern der vorigen Art zuſteht; Schwingen bräunlichgrau, nur die zweite mit einem feinen weißen Rande, die übrigen außen bleigrau geſäumt, am Innenrande blaßgelb. Schwanz ſchmalfedriger, kürzer, die äußeren Federn, beſonders bei jungen Individuen, ſcharf zugeſpitzt, nicht gerundet; die beiden mittelſten Federn ganz ſchwarz, die übrigen mit weißer Spitze, die an den mehr äußeren Federn ſtets breiter wird, und die äußerſte jeder Seite noch mit einem weißen Streif an der Außenfahne, welcher die weiße

Spitze am Schaft berührt, so daß zwischen ihr und dem Streif ein ovaler schwarzer Randfleck bleibt. Beine dunkel schiefergrau, Iris braunroth.

Das Weibchen ähnelt dem Männchen in der Zeichnung, aber die weißen Flecken sind bei ihm kleiner; Kopf, Hals, Rücken und Flügel sind gelblich olivenbraun gefärbt, die Kehle ist aschgrau, die übrige Bauchfläche bis zum Steiß rostgelb; von den schwarzbraunen, noch deutlicher zugespitzten Schwanzfedern haben nur die 3 oder 4 äußeren einen viel kleineren weißen Endfleck und der ebenfalls kürzere weiße Randstreif des äußersten Paares bleibt deshalb von dem Spitzenfleck getrennt. Schnabel und Beine sind heller gefärbt. —

Ganze Länge 5½'', Schnabelfirste 6''', Flügel 2'' 8''', Schwanz 2'', Lauf 11''', Mittelzehe 6'''. —

Mein Sohn schoß von dieser Art mehrere Exemplare in den lichten Campos-Gebüschen bei Lagoa santa, wo der Vogel ziemlich häufig war. Er saß gewöhnlich auf einzelnen Bäumen, ziemlich hoch, war nicht scheu, erschien vielmehr träge und ließ sich leicht beikommen. —

Anm. Azara's Batara negro y aplomado, Apunt. II. 199. no. 213., wozu dessen Batara pardo dorado ibid. 203. 214. als Weibchen gehört, scheint mir diese Art, und nicht die vorige zu sein; die angegebenen Maaße nicht bloß, sondern auch die Zeichnung passen besser zu ihr, als zur vorigen. Dann wären sie identisch mit Thamnophilus coerulescens Vieill. Enc. meth. Orn. II. 743. was und dessen Th. auratus ibid. 744., welche beide auf Azara's Vögel gegründet wurden.

9. Thamnophilus nigricans *Pr. Wied.*

Beitr. z. Naturgesch. Brasil. III. b. 1006. 5.
Thamnophilus ambiguus *Swains.* zool. Journ. II. 91.   — *Sclater* l. l.
no. 32.
Thamnophilus ferruginens *Swains.* ibid. fem.
Thamnophilus naevius *Vieill.* N. Dict. Tm. 3. pag. 316. — *Lafresn.* Rev. zool. 1853. 338.

Kopfgefieder anliegend, aber aufrichtbar; Schwanzfedern abgerundet, äußeren an beiden Fahnenseiten mit einem weißen Fleck.

Männchen bleigrau, Scheitel, Flügel und Schwanz schwarz, weiß gefleckt.

Weibchen olivenbraun, Scheitel und Schwanz rostroth, übrigens wie das Männchen gefleckt. —

In Größe und Gestalt mit der vorigen Art übereinkommend, der Schnabel, wie es scheint, etwas stärker, und zwischen den Schnäbeln der beiden vorigen Arten die Mitte haltend; das Kopfgefieder glatt anliegend. Männchen mehr aschgrau als bleigrau gefärbt, an Kehle, Bauch und Steiß weißlicher; Stirn aschgrau, Scheitel schwarz, Rückenfedern in der Tiefe weiß, dann schwarz, zuletzt grau; Flügel schwarz, die Deckfedern am Rande und an der Spitze weiß, ebenso die Schwingen gesäumt; Schwanz=

federn schwarz, die Spitzen weiß, und an der äußersten jeder Seite zwei weiße Randflecken, einer auf jeder Seite der Fahne, die einander gegen= überstehen. — Weibchen: Scheitel und Schwanz rothbraun, letzterer weiß gefleckt, wie beim Männchen, aber die Flecken kleiner, mit schwärzlicher Einfassung; Flügel graubraun, röthlich überlaufen, mit starken weißen Rändern an den Deckfedern und letzten Armschwingen. Untertheile fahl graugelb, Rücken olivenbraun. — Schnabel des Männchens schwarz, des Weibchens braun; Iris braun; Beine bleigrau, heller beim Weibchen. — Ganze Länge 5″ 7‴, Schnabelfirste 6⅔‴, Flügel 2″ 7‴, Schwanz 2″ 3‴, Lauf 10‴. —

In den dichten Wäldern und Gebüschen des Urwaldgebietes überall gemein; mehr im Unterholz als in den Laubkronen sich aufhaltend, beson= ders zwischen den Schlinggewächsen. Baut ein kleines kunstloses Nest aus Halmen und legt schmutzig gelbliche Eier mit olivengrauen Flecken, welche am stumpfen Ende sich zu einem Kranze sammeln. Vom Prinzen zu Wied aufgefunden, mir auf der Reise nirgends begegnet; die in Süd=Minas geraes erlegten Vögel gehörten der vorigen Art an, die bei Neu=Frei= burg zur Th. naevius. —

Anm. Thamnophilus nigrocinereus Sclater l. l. no. 33. von Para scheint dieser Art am nächsten zu stehen, aber sich durch den ganz schwarzen Scheitel und die durchgehende weiße Binde der äußersten Schwanzfedern von ihr zu unterscheiden. — Mir ist ein solcher Vogel nicht bekannt.

10. Thamnophilus cristatus *Pr. Wied.*

Beiträge z. Naturgesch. Brasil. III. b. 1002. 4.
Lanius canadensis *Linn.* S. Nat. I. 134. fem. — *Buff.* pl. enl. 479. 2.
Lanius atricapillus *Merr.* Beitr. II. tb. 10. mas. — *Gmel. Linn.* S. Nat. I.
    1. 302. — *Lath.* Ind. orn. I. 73. 19.
Lanius pileatus *Lath.* Ind. orn. I. 76. 31.
Turdus cirrhatus *Gmel. Linn.* S. Nat. I. 2. 826. mas. — *Lath.* Ind. orn. I.
    359. 120.
Tyrannus atricapillus *Vieill.* Ois. Am. sept. pl. 48. pag. 78. mas. — T. cana=
    densis ib. pl. 49. pag. 79. fem.
Thamnophilus cirrhatus *Caban.* Schomb. Reise III. 687. 101. — *Sclater* l. l.
    no. 23.
Formicarius cirrhatus *Gray.* Gen. Birds. gen. 32. no. 10.

Kopfgefieder haubenartig verlängert.

Männchen grau, mit schwarzer Haube und schwarzer Brust.

Weibchen olivenbraun, mit rostrother Haube und gelber Brust.

Aehnelt im Ansehn mehr der folgenden Art und hat wie diese einen etwas dickeren Schnabel mit stärkerem Endhaken, der beim Männchen schwarz, beim Weibchen dunkelbraun gefärbt ist; das Kopfgefieder bei beiden Geschlechtern zu einer starken Haube verlängert. — Männchen im Ge=

sicht, am Oberkopf, der Kehle, dem Vorderhalse, der Brust und dem
Schwanze schwarz; die Deckfedern und Schwingen fein weiß gerandet, die
Schwanzfedern an jeder Fahnenhälfte mit 6—7 weißen, gegenüberstehenden
Flecken. Halsseiten, Brustseiten, Bauch und Steiß lichtgrau, die Mitte
fast ganz weiß; Nacken und Rücken rothbraun, die Federn in der Tiefe
weiß und schwarz. — Weibchen: Gesicht und Scheitel hell rothbraun,
Backen schwarz, Rücken olivenbraun, Kehle weißgrau, Brust rostgelb, zum
Theil schwarz gefleckt, Bauch und Steiß weiß. Flügel und Schwanz wie
am Männchen gezeichnet, aber die Grundfarbe braun, die Flecken, beson=
ders am Schwanz rothgelb. — Iris braun, Beine bleigrau. —

Ganze Länge 6″ 5‴, Schnabel 6⅓‴, Flügel 2⅔″, Schwanz 2½″,
Lauf 1″. —

In den luftigen Gebüschen der Campos von Bahia und weiter nord=
wärts über Guyana, Columbien, Westindien bis nach den sürlichen Pro=
vinzen von Nord=Amerika verbreitet. Im Gebiet meiner Reise nirgends
mehr ansäßig. —

11. Thamnophilus doliatus *Linn.*

Lanius doliatus *Linn.* S. Nat. I. 136. 16. — Mus. Ad. Fr. Reg. 12. — *Buff.*
    pl. enl. 279. 2. — *Lath.* Ind. orn. I. 80. 50. mas. — *Licht.* Doubl. 46.
    no. 494. 495.
Lanius rubiginosus *Lath.* Ind. orn. Suppl. 18. fem. — *Le Vaill.* Ois. d'Afr.
    etc. II. pl. 77. f. 2.
Thamnophilus doliatus *Pr. Max.* Beitr. III. b. 995. 2. — *D'Orb.* Voy. Am.
    mér. Ois. 168.   *Schomb.* Reise III. 687. 99.
Thamnophilus radiatus *Vieill.* Enc. meth. Orn. II. 746. — *Spix* Av. Bras.
    II. 24. 3. tb. 35. fig. 2. mas senex et tb. 38. f. 1. mas juv(?).
Thamnophilus capistratus *Lesson*, Rev. zool. 1840. 226.
Batara listado, *Azara* Apunt. II. 196. 212.

Kopfgefieder haubenartig verlängert.

Männchen überall schwarz und weiß gebändert, der Scheitel einfarbig
schwarz. —

Weibchen rostroth, am Rücken dunkler, am Bauch blasser; Kehle weiß,
Backen grau und weiß gestuft. —

Gestalt und Größe wie Th. naevius, aber der Schnabel nach Ver=
hältniß höher, dicker; Oberkiefer schwarz, Unterkiefer bleigrau; Iris
braun. — Gefieder des Männchens schwarz und weiß gebändert oder
gestreift; der Oberkopf schwarz, mit feinen weißen Streifen an der Stirn
und dem Orbitalrande; Hals und Kehle weißlich, mit schwarzen Längs=
stufen; Brust, Bauch, Rücken, Flügel und Schwanz schwarz und weiß in
die Quere gebändert; die Schwingen und Schwanzfedern mit weißen Quer=
flecken auf beiden Fahnenseiten, aber am Schaft einfarbig schwarz; die
weißen Flecken der äußeren Schwanzfedern alternirend. — Weibchen

ganz roſtroth, die Bauchſeiten mehr roſtgelb; Rücken, Flügel und Schwanz bei jungen Vögeln etwas dunkler gewellt; Backen und Halsſeiten fein grau geſtreift, wie am Männchen; Kehle weiß, Bruſt bei jüngeren Vögeln dunk= ler quergebändert. — Junges Männchen wie das Weibchen gefärbt, aber ſchon mehr wie das Männchen gezeichnet, indem auf der Bruſt, am Bauch, den Schwingen und Schwanzfedern dunklere ſchwarzbraune Quer= binden auftreten, die allmälig klarer werden und zunehmen. (Spix Figur, Taf. 38. Fig. 1.).

Ganze Länge 6″, Schnabelfirſte 6⅔‴, Flügel 3″, Schwanz 1″ 10‴, Lauf 1″, Mittelzehe 6‴ ohne Kralle.

Durch ganz Süd=Amerika, von Paraguay bis nach Columbien ver= breitet; lebt in den dichten ſchattigen Waldungen beſonders der inneren Gegenden, iſt lebhaft, behende und meiſt paarweiſe beiſammen. —

Anm. Lafresnaye (Rev. zool. 1844. S. 82.) und Sclater (a. a. O. no. 14—17.) haben ſich bemüht, dieſe Art in mehrere aufzulöſen, allein, wie mir ſcheint, ohne genügenden Grund. Daß die äußeren Schwanzfedern bei den Vögeln Braſiliens nur am äußeren Fahnenbarte geſleckt ſeien, iſt nicht richtig, der Prinz zu Wied giebt das Gegentheil an, er nennt die äußeren gradezu quergeſtreift, und Spix bildet ſelbſt noch auf den mittleren Federn den inneren Fahnenbart ohne weiße Flecke ab, während der Prinz ihn nur kleiner geſleckt nennt. Auch Azara beſchreibt die Schwanzfedern ſeines Vogels weiß gebändert, mit Unterbrechung der Binden am Schaft und grade ſo ſind ſie bei den Vögeln aus Columbien, die ich beſitze. — Was die hervorgehobenen Unterſchiede der Weibchen betrifft, ſo beruhen ſie auf dem Alter der Individuen; dagegen iſt Spix Figur Taf. 38. kein Weibchen, ſondern entweder ein junges Männchen, oder gar, wie ich vermuthe, das Weibchen von Th. scalaris. —

12. Thamnophilus palliatus *Licht.*

Lanius palliatus *Licht.* Doubl. d. zool. Mus. 46. no. 492 et 493.
Thamnophilus palliatus *Pr. Max z. Wied.* Beitr. III. b. 1010. 6. — *Sclater*
l. l. no. 21.
Thamnophilus lineatus *Spix.* Av. Bras. II. 24. th. 33. — *v. Tschudi* Fn.
Per. 171.
Thamnophilus fasciatus *Swains.* zool. Journ. II. 88.
Thamnophilus badius *Id.* Birds of Braz. pl. 65. 66.

Kopfgefieder anliegend, Rumpf ſchwarz und weiß quergeſtreift; Rücken, Flügel und Schwanz roſtroth.

Männchen mit ſchwarzem, Weibchen mit roſtrothem Oberkopf.

Geſtalt und Größe der vorigen Art, aber das Kopfgefieder glatt an= liegend, ohne eine Haube zu bilden; Schnabel ziemlich dick und ſtark, doch der Endhaken nach Verhältniß kaum ſo ſtark, Oberſchnabel ſchwarz, Unter= kiefer und Mundrand weiß. — Gefieder des Kopfes, Halſes, der Bruſt und des Bauches bis zum Steiß beim Männchen ſchwarz und weiß ge= bändert, der Oberkopf ganz ſchwarz, nur die Stirn, Augengegend und der

Hinterkopf mit kleinen weißlichen Strichelchen geziert; Backen, Kehle und Halsseiten etwas deutlicher weiß gestreift, Brust und Bauch in die Quere etwas wellenförmig und sehr dicht gebändert, die Steißgegend rostgelb überlaufen. — Beim Weibchen sind dieselben Theile etwas breiter weiß gezeichnet und die Steißgegend ist viel deutlicher rostgelb überlaufen, welche Farbe sich an den Bauchseiten über die Schenkel hinauf erstreckt; aber der Oberkopf ist bis zur Stirn und zum Nacken rothbraun. Eben diese Farbe haben bei beiden Geschlechtern der Rücken, die Flügel und der Schwanz. Die Beine sind bleigrau und die Iris ist braun. —

Ganze Länge 6″, Schnabelfirste 7‴, Flügel 3″, Schwanz 2″, Lauf 10‴, Mittelzehe ohne Kralle 7‴. —

Ein häufiger Vogel, der sich in den Gebüschen ganz dicht bei den Ansiedelungen sehen läßt und wie unser kleiner Neuntödter bis in die Gärten der Dörfer kommt. Seine eigenthümliche Stimme, welche von der Höhe durch eine ganze Octave zur Tiefe hinabgeht, macht ihn bald kenntlich und allgemein bekannt. Mein Sohn schoß ein Weibchen zu Alrea da Pedra mitten im Orte.

13.   Thamnophilus scalaris *Licht.*

Pr. Max z. Wied. Beitr. z. Naturg. Bras. III. b. 999. 3.
Thamnophilus ruficapillus *Vieill.* N. Dict. Tm. 3. pag. 318. fem.
Thamnophilus atropileus *D'Orbig.* Voy. Am. mér. Ois. 173. mas.
Thamnophilus torquatus *Swains.* zool. Journ. II. 89. — *Sclater* l. l.
Thamnophilus pectoralis *Swains.* An. in Men. p. 283.
Batara acanelado, *Azara* Apunt. II. 205. no. 215.

Scheitelgefieder glatt anliegend, Rücken rothbraun, Brust schwarz und weiß gebändert; Schwanz schwarz mit weißen Querbinden.

Männchen mit schwarzem Scheitel, Weibchen mit rothbraunem.

Kleiner als alle andern Arten und nicht größer als ein Buchfink (Fring. Coelebs); Schnabel feiner, zierlicher, dem von Th. pileatus ähnlich, nur kleiner, schieferschwarz, der Unterkiefer lichter. — Männchen mit grauer Stirn, Wangen und Nacken, aber tief schwarzer Scheitelmitte; im Nacken wird der Ton allmälig rothbraun, und diese Farbe haben der Rücken mit den Flügeln; doch zeigen sich auf den Deckfedern weiße Endpunkte mit schwarzem Vorstoß; der bedeckte Theil der Schwingen ist braun und der Innenrand licht rostgelb. Der schwarze Schwanz hat 6—8 weiße Querbinden, die an den mittelsten Federn nur als Randflecken auftreten. Die Kehle und die Gegend am Auge sind weißlich aschgrau, die Brust ist rein weiß und schwarz in die Quere fein gebändert; Bauch und Steiß haben eine matt gelbliche graue Farbe. — Beim Weibchen ist der ganze

Oberkopf rothbraun und der Rücken dunkler braun; die Unterseite hat schon an der Kehle und auf der Brust einen mehr gelblichen Ton und nicht so deutliche Querbinden. Die Schwanzfedern haben die Zeichnung wie beim Männchen, aber ihre Grundfarbe ist brauner, selbst röthlichbraun. — Die Beine sind bleigrau und die Iris ist rothgelb.

Ganze Länge 5" 6''', Schnabelfirste 5½''', Flügel 2½", Schwanz 2", Lauf 10''', Mittelzehe 6½'''. —

In den Gebüschen des Camposgebietes, wie es scheint über das ganze innere Brasilien verbreitet; mein Sohn schoß ein Männchen bei Lagoa santa, der Prinz zu Wied giebt keinen bestimmten Fundort an; D'Orbigny brachte den Vogel von Chiquito mit. —

Anm. Die Abbildung des Thamnophilus radiatus *Spix*. Av. Bras. II. th. 38. f. 1. hat viel Aehnlichkeit mit dem Weibchen dieser Art und scheint mir eher hierher, als zu Th. doliatus zu gehören. —

Schließlich erwähne ich hier noch einen mir ganz unbekannten Vogel als:

14. Thamnophilus strigilatus *Spix*, Aves Bras. I. 26. 7. th. 36. fig. 1. Derselbe ist olivenbraungrün am Rumpfe gefärbt, mit lichteren blaßgelblichen breiten Schaftstreifen auf jeder Feder des Kopfes, Halses, Oberrückens und der Brust; die Flügel und der Schwanz sind rothbraun, die Schwingen in der Tiefe schwarzbraun, aber der Rücken hat die Farbe des Nackens. Unterfläche von der Brust bis zum Steiß trüb rostgelblich; desgleichen die Innenseite der Flügel. Schnabel braun, Beine schiefergrau. — Ganze Länge 7".

Nach der Abbildung allerdings ein Thamnophilus, der habituell durch größere Schlankheit von den übrigen Arten sich zu entfernen scheint, aber im Kolorit an Th. palliatus erinnert. —

II. Sänger. Canorae.

Das einzige in die Augen fallende äußere Merkmal dieser Gruppe ist die Anwesenheit einer schmalen ungetheilten Stiefelschiene zu beiden Seiten der Laufsohle, welche oben bis zum Hacken hinaufreicht, unten dagegen schon etwas vor dem Daumen endet und auf der äußeren Seite des Laufs sich in kleine Schilder oder Tafeln aufzulösen pflegt. Der Fuß hat übrigens drei Zehen nach vorn, eine nach hinten, und diese hintere ist nach Verhältniß groß, größer im Allgemeinen als bei den Tracheophonen, obgleich die Unterschiede nicht sehr in die Augen fallen. —

Das Gefieder ist ziemlich derbe, am Grunde dunig und jede Feder mit einem kleinen dunigen Afterschaft versehen. Die Bürzeldrüse hat einen kurzen, nackten Zipfel, ohne Oelfedernkranz und eine sehr breite Herzform. Der Schwanz besteht, mit kaum erwähnungswerthen Ausnahmen, aus zwölf Federn. Die Flügel enthalten am Handtheil in der Mehrzahl nur neun Schwingen, ist eine erste (zehnte) vorhanden, so bleibt sie sehr klein und erreicht dann nur den dritten Theil, höchstens die Hälfte der Größe der zweiten, welche übrigens etwas, aber nur wenig kürzer zu sein pflegt, als die dritte. Bisweilen (z. E. bei den Schwalben) ist indessen grade sie die längste. Am Arm sitzen auch in den meisten Fällen nur neun Federn, mitunter zehn, kaum mehr; die Gesammtzahl aller Schwingen übersteigt also zwanzig nicht. Beachtenswerth ist das Verhältniß der Deckfedern zu den Schwungfedern. Selbige sind stets viel kürzer als bei den Strisoren und lassen mindestens die Hälfte, oft mehr, vom Armflügel unbedeckt. Es besteht nur eine einfache Reihe größerer Deckfedern am Flügel und gleich daran stoßen die kleinen Federn, welche am Bug und dem Rande der Flughaut sitzen, die Flughaut selbst bleibt unbefiedert. Das ist ein merkwürdiges und wichtiges Organisationsverhältniß der ächten Sänger, allein nicht ein ausschließliches; auch die Tracheophonen haben dieselbe Flügelbefiederung, doch pflegen ihre Deckfedern im Ganzen etwas länger zu sein, so daß der Charakter des Singvogel-Flügels minder deutlich in die Augen fällt*).

Die Form des Schnabels ist für die Gruppe im Allgemeinen ohne große Bedeutung, er zeigt die größten Verschiedenheiten in Länge, Breite und Höhe, insofern bald diese, bald jene Richtung die Oberhand behält; groß ist er indessen seltener, als klein, pfriemen- oder kegelförmig, im ersten Falle mit fein hakiger Spitze und schwacher Kerbe daneben; im letzten Falle ohne Endhaken und ohne Kerbe. Sein Ueberzug ist stets eine ziemlich derbe Hornscheide, welche bis an die Nasengrube heranreicht; die Nasengrube selbst wird von einer häutigen Nasendecke ausgefüllt, und umschließt das Nasenloch theils an der Spitze, theils am unteren Rande der Grube. Sehr lange Borsten am Schnabelgrunde findet man, wenigstens bei den brasilianischen Sängern, selten; viel seltener als bei den Tracheophonen; die Zügelgegend ist mit kleinen abstehenden Federn bekleidet, deren Aeste mit Borstenspitzen enden; die Augenliedränder tragen kleine Federchen, keine Wimpern. —

Vom inneren Bau kann hier nur das ganz Allgemeine erwähnt werden. Wir übergehen dabei das Knochengerüst, weil kein Merkmal desselben so sehr sich hervorthut, daß man es als entscheidend betrachten könnte; pneumatisch sind nur die Kopf- und Rumpfknochen nebst dem Oberarm. Die Luft gelangt aus der Paukenhöhle in den Unterkiefer durch ein knöchernes Rohr, das siphonium; das Gabelbein hat einen sehr kurzen, nach hinten gezogenen Stiel, der sich an den vorderen Rand des Brustbeinkammes heftet; zwischen den Schlüsselbeinen tritt ein Gabelfortsatz der Brustbeinplatte hervor; das hintere Ende der Brustbeinfläche hat gewöhnlich einen tiefen Busen. — Die Zunge ist ziemlich klein, flach, am Ende mit mehreren Hornspitzen besetzt, mitunter (bei Nectarinea etc.) in 2 Lappen verlängert. — Die Luftröhre ist kurz und ohne Erweiterung, dagegen am unteren Ende, wo sie sich in die Bronchien theilt, mit fünf kleinen Muskelpaaren belegt, welche den sogenannten Singmuskelapparat bilden und in gleicher Form allen anderen Vögeln seh-

---

*) Man vergleiche hierüber die schon früher (II. Bd. S. 415.) citirte Abhandlung v. Sundeval in Kongl. Vetensk. Acad. Handl. und daraus in der Isis 1846. S. 244.

sen. Diesen Apparat haben alle Mitglieder, obgleich nicht alle singen und nur wenige eine schöne melodische Stimme besitzen. — Der Schlund hat keinen Kropf, der Magen eine mehr oder minder verdickte, muskulöse Wand, welche bis zu zweien gegenüberstehenden Halbkugeln anschwellen kann. Der Darm ist nicht lang, der Dickdarm sogar kurz und am Anfange mit zwei kleinen ungleichen Blinddärmen besetzt. — Allen Singvögeln fehlt die rechte Halsschlagader (Carotis); sie besitzen nur einen linken Eierstock und die Männchen 2 ungleiche, außer der Brunstzeit sehr kleine Hoden. Die Thierchen bauen ziemlich kunstreiche Nester und legen in der Mehrzahl 4—5 bunte, seltner weiße Eier.

Ihre Nahrung besteht bei den feinschnäbligen Mitgliedern aus Insekten, bei den grobschnäbligen mehr in Früchten oder harten Samen; größere lebende Geschöpfe gehen sie nicht an, die größten von ihnen fressen Aas oder allenfalls junge Vögel, wenn sie sie haben können. —

Die meisten ächten Singvögel sind auf der östlichen Halbkugel zu Hause, auf der westlichen vertreten die Tracheophonen vorzüglich ihre Stelle; deshalb ist die Zahl der dort ansäßigen gering und grade die größten (Raben) oder angenehmsten Formen (Lerchen, Meisen, Nachtigallen) fehlen in der Tropenzone Süd-Amerikas ganz. —

Ihre Eintheilung in Gruppen ist schwierig, wir folgen hier der üblichen, von der Schnabelform hergeleiteten Gruppirung, die indessen nur im Allgemeinen genommen zulässig ist:

1. Uncirostres. Schnabelspitze hakenförmig herabgekrümmt, mit deutlicher Kerbe daneben; zehn Handschwingen, die erste etwa um die Hälfte kürzer, als die zweite.

2. Subulirostres. Schnabelspitze zwar herabgebogen, aber ohne eigentlichen Endhaken, mit feiner Kerbe; gewöhnlich zehn Handschwingen, aber die erste sehr klein; bisweilen nur neun Handschwingen.

3. Fissirostres. Schnabel sehr kurz, flach, breit am Grunde mit feinem Endhaken, zehn Handschwingen, die erste kleinste fehlt ganz.

4. Tenuirostres. Schnabel ohne Endhaken, dünn, schlank gebogen; neun Handschwingen. Zunge am Ende zweizipfelig.

5. Conirostres. Schnabel kegelförmig, ziemlich stark aber kurz, ohne Endhaken, meistens auch ohne Kerbe; neun Handschwingen.

6. Magnirostres. Schnabel groß und stark, von Kopfes Länge, meist ohne Kerbe und stets ohne Endhaken; gewöhnlich zehn, mitunter neun Handschwingen. —

Siebenzehnte Familie.

Zahnschnäbler. Uncirostres.

Der Schnabel hat am Ende einen deutlichen Haken, neben dem vor der Spitze eine Kerbe sichtbar ist, deren Rand, wenn sie groß und tief wird, etwas zahnartig vortritt. In seiner Form ist er bald mehr seitlich zusammengedrückt, also hoch, bald mehr flach gewölbt, also breit, und in ersterem Falle gewöhnlich groß und stark, in letzterem feiner, schwächer und z. Th. ganz in die Pfriemenform der folgenden Familie übergehend. Der Zügelrand ist mit einigen großen, steifen Borsten besetzt, welche mitunter sehr lang werden; in welchem Falle diese Vögel ganz wie die Tyranniden aussehen. Ihre Flügel sind weder sehr kurz noch sehr lang, in der Regel bis auf die Mitte des Schwanzes ausgedehnt; am Handtheil sitzen, mit seltenen Ausnahmen, zehn Schwingen, von denen die erste indessen klein bleibt, selbst kürzer als die halbe zweite, ebenfalls verkürzte. Der Schwanz hat auch eine mittlere Länge und meistens eine etwas ausgeschnittene Form. Die Beine sind kräftiger gebaut, als bei vielen andern Singvögeln und harmoniren mit der Schnabelbildung; ihr Lauf ist weniger hoch als stark; ihre Zehen haben keine große Länge, aber starke, hohe, kräftige Krallen. — Sie fressen Insekten.

In Süd-Amerika giebt es nur ein Paar Repräsentanten dieser über die östliche Halbkugel in zahlreichen Arten verbreiteten Gruppe, welche die Muscicapiden und Laniaden in sich faßt. Erstere fehlen in Süd-Amerika ganz. —

Die Süd-Amerikanischen Mitglieder bilden eine besondere Unterabtheilung der Formen mit seitlich zusammengedrückten, ziemlich hohen Schnäbeln (Laniaden) und unterscheiden sich durch ein weiches, wolliges Gefieder, das an die Beschaffenheit desselben bei den Thamnophiliden erinnert, daher wir mit ihnen den Anfang machen:

Vireoninae.

Schnabel von verschiedener Stärke, doch stets höher als breit nach vorn; der Endhaken und die Kerbe zwar klein, aber deutlich vorhanden.

1. Gatt. Cycloris *Swains.*

Laniagra *Lafr. D'Orb.*

Schnabel sehr hoch, stark, auch ziemlich dick, die Spitze nur wenig hakig, die Kerbe daneben klein, die Firstenkante völlig abgerundet; das Nasenloch vorgerückt, freisrund, von Borstenfedern beschattet; am Zügelrande einige lange, aber nicht sehr steife Borsten. Augengegend von einer nackten Ritze umgeben. Gefieder ziemlich derbe, die Flügel mäßig lang, aber nicht viel über den Anfang des Schwanzes hinabreichend; die erste Schwinge sehr klein, nur halb so groß wie die zweite, diese stark verkürzt aber nicht verschmälert, die dritte etwas verkürzt, die vierte und fünfte die längsten. Schwanz sehr schmalfedrig, die Federn zugespitzt, aber nicht scharf, übrigens ziemlich von gleicher Länge. Beine stark, die Laufsohle mit deutlicher Stiefelschiene, die Vorderseite getäfelt, die oberen Tafeln verwachsen; Zehen kurz, nur die hinteren ziemlich lang; die innere Vorderzehe nur sehr wenig kürzer als die äußere und ihre Kralle größer; die Krallen überhaupt nicht groß, mäßig gekrümmt. —

1. Cycloris guianensis.

Tanagra guianensis *Gmel.* Linn. S. Nat. I. 2. 893. — *Lath.* Ind. I. 427. 24. — *Le Vaill.* Ois. d'Afr. etc. II. pl. 76. f. 2.
Lanius superciliosus *Vieill.* Enc. meth. Orn. II. 757. 41.
Lanius guianensis *Licht.* Doubl. 50. 527.
Thamnophilus guianensis *Pr. Max z. Wied.* Beitr. III. b. 1017. 8.
Cycloris guianensis *Swains.* Birds of Bras. pl. 58.
Cycloris poliocephala *v. Tschudi, Wiegm.* Arch. I. 1845. S. 362. — *Ej.* Fn. peruan. Orn. 169.

Oberkopf und Backen bleigrau, Stirn und Zügel rostroth, Rückengefieder grün; Kehle und Brust citronengelb, Anfang des Bauches isabellgelb, Steiß weiß. —

Schnabel nicht völlig so hoch erscheinend, wie bei der folgenden Art, weil nach Verhältniß etwas länger; Oberkiefer am Grunde braun, dann blasser, Unterkiefer bleigrau. Iris orange. Stirn, Zügel und die Gegend hinter dem Auge lebhaft rostroth; Oberkopf, Nacken und Schläfen bleigrau, in der Jugend, besonders am Hinterkopf, braun überlaufen. Rückengefieder, Flügel und Schwanz lebhaft olivengrün; Kehle, Vorderhals und Oberbrust citronengelb, dann isabellfarben bis zum Bauch, besonders an den Seiten; der Steiß weißlich. Beine bleigrau.

Ganze Länge 6″, Schnabelfirste 8‴, Flügel 3″, Schwanz 2″, Lauf 10‴. —

In der Waldregion Brasiliens, besonders nordwärts von Rio de Janeiro bis über Para hinaus, indem diese Art über das ganze Gebiet des Amazonenstromes sich ausbreitet. Ebenso ist sie in Columbien und Peru zu Hause. Die Lebensweise des Vogels ist durch nichts ausgezeichnet, er lebt einsam und still in den Wäldern, ist aber nirgends eine Seltenheit.

2. Cycloris viridis *Caban.*

Cabanis Mus. Heinean. I. 64. 373.
Saltator viridis *Vieill.* Enc. meth. Orn. 793. 13.
Laniagra guianensis *D'Orb.* Voy. Am. mér. Ois. 160.
Cycloris ochrocephala *v. Tschudi Wiegm.* Arch. I. I. 1.
Habia verde *Azara* Apunt. I. 361. no. 89. alter Vogel.
Montese verdoso y cabeza de canela *Azara* ibid. 433. no. 115. junger Vogel.

Oberkopf olivenbraun, Backen bleigrau, Stirn und Zügel rostroth, Rückengefieder grün, Kehle weißlich. Vorderhals und Brust citronengelb, allmälig in isabellgelb übergehend. —

Der vorigen Art zum Verwechseln ähnlich, aber etwas schmächtiger. Der Schnabel kürzer und darum scheinbar höher; Firste und Spitze braun, Seiten fleischroth, am Grunde der Unterkiefer bleifarben. Oberkopf des jungen Vogels bis zum Nacken braun, die Federn heller und rostgelblicher gesäumt, besonders am Augenrande; im Alter der ganze Oberkopf olivenbraun, die Zügel- und vordersten Stirnfedern rostroth. Nacken und Wangen unter dem Auge bis zur Kehle hin bleigrau, die Kehle selbst weißlich. Rückengefieder, Flügel und Schwanz grün; Vorderhals und Brust citronengelb, allmälig auf der Mitte in isabellgelb übergehend, während die Seiten citronengelb bleiben; beim jungen Vogel die letzteren graulich. Steiß beinahe ganz weiß, Beine schieferbraungrau. —

Ganze Länge 6½'', Schnabelfirste 7''', Flügel 3'', Schwanz 2½'', Lauf 10'''. —

Im südlichen Brasilien, auch schon in der Gegend von Rio de Janeiro, wenigstens gehören die bei Neu-Freiburg erlegten Stücke hierher. — Lebensweise ganz wie die vorige Art. —

2. Gatt. Phyllomanes *Caban.*

Vireosylvia *Lafr. D'Orb.* Vireo *Vieill.*

Schnabel schlank und fein, obgleich noch deutlich nach vorn zusammengedrückt, mit leichtem Endhaken und sehr schwacher Kerbe; die Nasengrube mehr vortretend, mit kleinem runden Nasenloch in der Spitze. Gestalt wie ein Laubsänger, nur der Schnabel größer;

die Flügel ziemlich spitz, etwas über den Anfang des Schwanzes
hinabreichend; die erste kleinste Schwinge fehlt ausnahmsweise ganz,
die zweite nach unten verschmälert, am Ende zugerundet, etwas kürzer als die dritte, welche mit der vierten und fünften ziemlich gleiche
Länge hat. Schwanz relativ kürzer und breitfedriger als bei der
vorigen Gattung, die Federn etwas zugespitzt, gleich lang. Beine
von mäßiger Stärke, die Vorderzehen nach Verhältniß länger, der
Daumen kleiner als bei Cycloris, übrigens ihnen ähnlich. —

Phyllomanes agilis *Licht.*

Lanius agilis *Licht.* Doubl. d. zool. Mus. 49. no. 526.
Muscicapa agilis *Pr. Max z. Wied.* Beitr. III. b. 795. 3.
Thamnophilus agilis *Spix.* Av. Bras. II. 23. 5. tb. 34. f. 1.
Sylvia Chivi *Vieill.* Enc. méth. Orn. 497. 63.
Phyllomanes Chivi *Caban.* Mus. Hein. I. 63. 368.
Gaviero, *Azara* Apunt. II. 34. no. 152.

Scheitel grau, Augenstreif und Unterseite weißlich, Rückengefieder grün,
Steiß gelb. —

Ein hübsches, munteres Vögelchen, das in den Gebüschen der Waldregion sehr häufig ist und ganz das Benehmen unserer Laubsänger zeigt,
denen es auch habituell ähnlich sieht. —

Schnabel am Unterkiefer blaßgelbgrau, am Oberkiefer braungrau.
Iris braun. Stirn und Oberkopf bis zum Nacken grau, die Seiten neben
dem Auge schwärzlich; Zügel und Streif über dem Auge weiß, Backen
braungrau; Rücken, Flügel, Schwanz und Brustseiten lebhaft grün, die
Schwingen in der Tiefe graubraun, am Innenrande weiß gesäumt; Kehle,
Vorderhals, Brustmitte und Bauch weißlich, grau unterlegt; Steiß blaßgelb. Beine bleigrau.

Ganze Länge 5'', Schnabelfirste 5''', Flügel 2'' 10''', Schwanz 1½'',
Lauf 8'''. —

Der junge Vogel ist anfangs am ganzen Rücken aschgrau, ohne
grünen Ton; an der ganzen Bauchseite weißgrau und bloß der Steiß etwas
limonengelblich; der weiße Augenstreif ist auch in diesem Gefieder vorhanden.

Das Männchen hat einen stärkeren Schnabel und eine lebhaftere
Farbe, sonst gleicht es dem Weibchen völlig. —

Im ganzen Waldgebiet des wärmeren Süd-Amerikas zu Hause; der
Prinz zu Wied fand auch das Nest des Vogels in einem Gabelast, ähnlich,
wie das des Pirols befestigt; es war geräumig, aus Grasfäden und
Baumbartflocken, mit Baumwolle untermischt, gebaut und enthielt im De-
cember 5 Junge. —

Achtzehnte Familie.

Pfriemenschnäbler. Subulirostres.

Schnabel fein und zierlich gebaut, am Grunde zwar etwas flach und breit, dann aber zugespitzt und ziemlich ebenso hoch wie breit, mit sanft gewölbter Firste und grader Spitze, neben welcher nur eine seichte Kerbe ohne alle Vorsprünge, sich bemerkbar macht. Die Nasengrube ist schmal und das Nasenloch eine Spalte am unteren Rande der häutigen Nasendecke. Die am Zügelrande stehenden etwas größeren Borstenfedern fehlen zwar nicht, aber sie sind kurz, fein und meist ziemlich versteckt. Flügel und Schwanz haben mäßige Länge und der Handtheil trägt in der Regel zehn Schwingen, doch ist die erste Schwinge alsdann ganz auffallend klein. Die Beine sind zierlich, wie der Schnabel, und der Lauf ist ziemlich hoch, die Zehen nach Verhältniß lang mit feinen zierlichen Krallen. — Auch die Nahrung dieser Vögel besteht in Insekten, wenn nicht einige nebenbei noch saftige Beeren fressen; aber harte Sämereien verschmähen sie.

I. Hylophilidae.

Das weiche wollige Gefieder nähert diese kleine Gruppe der vorigen; ihre vorhandene erste Schwinge ist beinahe halb so groß wie die zweite. Der Schnabel hat die feine Pfriemenform deutlich, ist aber nach hinten ziemlich flach und nimmt sich etwas breiter aus, als gewöhnlich.

1. Gatt. Hylophilus *Temm.*

Diese kleine Gattung hat den Schnabel von Basileuterus, er ist nur kürzer und erscheint darum etwas flacher; der Flügelschnitt ist wie bei Cycloris, wohin Bonaparte auch die Gattung gestellt hat, d. h. die erste kleinste Schwinge, welche die halbe Größe der zweiten besitzt, ist vorhanden, die zweite noch beträchtlich kürzer als die dritte, welche auch noch kürzer ist als die vierte längste. Selbst in Farbe und Zeichnung schließen beide Genera nahe aneinander. Hylophilus hat dieselben schmalen spitzen Schwanzfedern, sie sind nur länger, und die Fußbildung ist noch feiner, als bei Phyllomanes, indem die größere Zierlichkeit der Schnabelbildung sich da wiederholt.

1. Hylophilus poecilotis *Pr. Wied.*

Sylvia poecilotis *Pr. Max.* Beitr. III. b. 713. 6. — *Temm.* pl. col. 173.
Sylvia ruficeps *Licht.*
Hylophilus poecilotis *Cabau.* Mus. Hein. 64. 371.

Oberkopf zimmtroth, Rückengefieder grün, Kehle und Backen grau, Bruſt und Bauch gelblich. —

Oberſchnabel graubräunlich, Unterſchnabel blaßgelbgrau. Oberkopf von der Stirn bis zum Nacken zimmtrothbraun; Augenrand, Ohrdecke, Backen und Kehle weißgrau, am Ohr dunkler mit weißen Schaftſtreifen. Rückengefieder, Flügel und Schwanz grün; Oberbruſt blaß röthlich gelb= grau, Bauch und Steiß limonengelbgrau. Beine bleigrau, Iris braun. — Beide Geſchlechter gleich gefärbt.

Ganze Länge 4″ 10‴, Schnabelfirſte 4‴, Flügel 2″ 2‴, Schwanz 2″, Lauf 8‴. —

In den Gebüſchen bei Neu=Freiburg. —

Hylophilus thoracicus *Temm.*

Temm. pl. col. 173. 1.
Sylvia thoracica *Pr. Max* Beitr. III. b. 717.

Scheitel und Rückengefieder grün, Backen grau, Unterſeite blaßgelb, Steiß weiß. —

Ganz wie die vorige Art geſtaltet; der Schnabel etwas ſtärker, grau, die Firſte gebräunt. Iris gelb. Rückengefieder und Scheitel nebſt den Flügeln und dem Schwanz zeiſiggrün; Stirn und Zügel gelbgrün; Hinter= kopf, Ohrgegend und Backen bleigrau, die Ohrfedern mit grünlichen Schaft= ſtreifen. Kehle weißlich grau; Vorderhals und Bruſt citronengelb, Bauch und Steiß weiß. Beine bleigrau.

Ganze Länge 5½″, Schnabelfirſte 4‴, Flügel 2″ 3‴, Schwanz 1″ 10‴, Lauf 8‴. —

Weibchen wie das Männchen gefärbt. —

In den Gebüſchen der Küſtenſtrecke von Rio de Janeiro bis zum Rio Parahyba; auch in St. Paulo. —

3. Hylophilus flaveolus.

Sylvia flaveola *Pr. Max* Beitr. III. b. 719. 8.

Rückengefieder graubraun, Flügel und Schwanz mehr rothbraun; Unter= rücken, Bruſt und Bauch rothgelb, Kehle weiß. —

Schnabel ſchlank und fein pfriemenförmig horngraubraun, der Unter= kiefer blaſſer; Iris braun. Ganzes Rückengefieder hell graubraun; Flügel und Schwanz röthlichbraun, die Schwingen am Innenrande blaß geſäumt;

Unterrücken und die ganze Unterseite von der Brust an blaß röthlichgelb, nach hinten allmälig dunkler; Kehle weiß; Innenseite der Flügel blaßgelb. Beine hell bleigrau.

Ganze Länge 5″ 8‴, Schnabelfirste 4½‴, Lauf 6‴. —
Im Sertong von Bahia, mir unbekannt. —

4. Hylophilus cinerascens *Pr. Wied.*

Beiträge z. Naturg. Brasil. III. b. 723. 1.

Rückengefieder grünlich olivengrau, Unterseite weißgrau; Deckfedern grau braun, blaßgelbroth gerandet.

Schnabel fast wie bei Muscicapa, hinten ziemlich breit, nach vorn hoch und zusammengedrückt, mit feiner Kerbe neben der Spitze; Oberkiefer schwarzbraun, Unterkiefer weißlich. Iris braun. Rückengefieder graubraun, olivengrün überlaufen; Flügel dunkler braun, die Deckfedern röthlichbraun gerandet; Schwingen am Außenrande grünlich, am Innenrande weißlich gesäumt. Kinn, Kehle und Oberbrust weißgraulich, etwas gelblich ange= flogen; Bauch und Steiß mehr blaßgelblich weiß. Beine dunkelbleigrau. —

Ganze Länge 4″ 2‴, Schnabelfirste 3‴, Flügel 2″, Schwanz 1½″, Lauf 6‴. —

In den Wäldern am Rio Espirito Santo. —

2. Gatt. Culicivora *Swains.*
Polioptila *Sclater.* Proc. zool. Soc. 1855.

Schnabel fein, schlank, grade, von der Mitte an etwas zusam= mengedrückt, die Firstenkante sanft gebogen, scharf abgesetzt; die Kerbe sehr schwach. Nasenloch wie bei der vorigen Gattung. Keine star= ken Borstenfedern am Schnabelgrunde. Gefieder glatt; die Flügel stumpf, kaum etwas über die Basis des Schwanzes verlängert, erste Schwinge halb so lang wie die zweite, dritte und vierte Schwinge die längsten; Schwanz recht lang, die Federn schmal, die seitlichen merklich verkürzt. Beine zierlich, der Lauf nach Verhältniß höher als bei Hylophilus. Die Tafeln der Vorderseite nicht verwachsen; Zehen sehr fein gebaut. —

Culicivora leucogastra *Pr. Wied.*

Polioptila leucogastra *Sclater.* l. l.
Sylvia leucogastra *Pr. Max.*, Beitr. III. b. 710. 1.
Motacilla coerulea var. β. *Gmel. Linn.* S. Nat. l. 2. 992. — *Buff.* pl. enl. 704. 1.

Sylvia coerulea var. β. *Lath.* Ind. orn. II. 540. 121.
Sylvia bivittata *Licht.* Doubl. zool. Mus. 35. 397.
Culicivora atricapilla *Swains.* zool. III. new. Ser. pl. 57.

Rückengefieder bleigrau, Oberkopf, Schwingen und mittlere Schwanzfedern schwarz, die seitlichen wie die Unterfläche weiß. —

Schnabel schwarz, Iris braun; Stirn, Oberkopf und Zügel schwarz, bläulich schillernd; Rückengefieder und Flügeldeckfedern blaugrau; Schwingen schwarz, der Vorderrand blaugrau angelaufen, der Innenrand weiß gesäumt, die letzten Armschwingen auch auf der Oberseite. Mittlere 4 Schwanzfedern schwarz, die folgenden nach außen schwarz mit weißer Spitze, die beiden äußersten jeder Seite ganz weiß. Unterfläche vom Kinn bis zum Schwanz rein weiß, Brustseiten etwas grau angeflogen. Beine bleigrau, die Zehen schwärzer.

Ganze Länge 4½", Schnabelfirste 4½‴, Flügel 2", Schwanz 2", Lauf 7‴. —

Dem Weibchen und jungen Vogel fehlt der schwarze Scheitel, ihr Oberkopf ist grau, mit schwärzlichem Ohrfleck; das übrige Gefieder matter grau, auch das Weiß nicht so rein am Bauch.

Im mittleren und nördlichen Brasilien, bei Bahia; in Gebüschen, hüpft dort umher etwa wie unsere Schwanzmeise. —

Anm. Azara's Contremaestre azuladillo (Apunt. II. 60. u. 158.) — Sylvia dumicola *Vieill.* Enc. méth. Orn. II. 433. unterscheidet sich, nach Sclater (l. l.) spezifisch von dieser Art, indem nur die Stirn mit den Backen beim Männchen schwarz sind und die Brust hellgrau. Auch Culicivora bilineata *Licht.* Nom. Av. Mus. ber. 30. — *Bonap.* Consp. I. 316. — aus Columbien unterscheidet sich durch einen weißen Streif über dem Auge und bildet eine dritte Art. —

2. Sylvicolinae.

Schnabel etwas höher nach vorn, daher etwas kräftiger, aber die Spitze ganz grade und fast ohne Kerbe, wie bei den vorigen. Hinterzehe mit kleinem gebogenem Nagel. Keine erste verkümmerte Handschwinge, daher nur neun am Handtheil.

3. Gatt. Basileuterus *Caban.*

Schomb. Reise III. 666.

Schnabel nur klein, zierlich, am Grunde ziemlich breit, dann mehr zusammengedrückt, mit sanftgebogener Spitze und kaum sichtbarer Kerbe; Nasengrube kurz aber weit, das Nasenloch eine Spalte am unteren Rande der Grube; am Grunde des Schnabels zahlreiche lange feine Borstenspitzen. Flügel verlängert, also spitz, bis auf die Mitte des Schwanzes reichend; eine sehr kleine erste Schwinge ist nicht anwesend, die vorhandene erste schmäler und etwas kürzer als die zweite, welche mit der dritten die längste ist. Schwanz ziemlich schmalfedrig, die Federn stumpf zugespitzt, die 2 äußeren jeder Seite verkürzt; Beine sehr fein und zierlich gebaut, der Lauf nicht grade lang, die Hinterzehe im Vergleich gegen die kleinen vorderen groß zu nennen. —

Basileuterus vermivorus Cab.

Sylvia vermivora <i>Vieill.</i> N. Dict. II. 278.
Muscicapara vermivora <i>D'Orb.</i> Voy. Am. mér. Ois. 324.
Muscicapa verticalis <i>Licht.</i>
Trichas bivittata <i>Lafr.</i> Guér. Rev. zool. 1840. 231. 6.
Basileuterus vermivorus <i>Caban.</i> Schomb. Reise III. 667. 7.
Contramaestre coronado <i>Azara.</i> Apunt. II. 44. no. 154.

Rückengefieder olivengrün, Bauchseiten gelb; Oberkopf orange, an beiden Seiten schwarz eingefaßt.

Wegen der langen Mundborsten und des am Grunde flacheren Schnabels einem kleinen Tyranniden (Euscarthmus) sehr ähnlich; der Schnabel bräunlich, die Mundgegend blasser. Stirn grauweiß, die Spitzen der Federn schwarz. Oberkopf rothgelb, die Spitzen der Federn graulich, zumal im Nacken; die Seiten vom Augenrande bis zum Nacken schwarz, die Backen grau, aber hinter dem Auge ein weißlicher Streif. Kehle weißlich. Iris braun. Rückengefieder olivengrün, die Schwingen graubraun, außen grün gerandet, innen weiß gesäumt. Schwanzfedern blasser gefärbt als die Schwingen. Ganze Bauchseite vom Halse bis zum Steiß citronengelb, die Seiten etwas grünlich angeflogen. Beine fleischbraun. —

Ganze Länge 4½″, Schnabelfirste 3½‴, Flügel 2″ 8‴, Schwanz 1″ 10‴, Lauf 7‴.

Gemein in allen Gebüschen um Neu-Freiburg, aber nicht gesellig. — Das Weibchen ist nicht so lebhaft gefärbt, wie das Männchen, sonst ihm ähnlich.

Anm. Im Berliner Museum befindet sich eine sehr ähnliche, nur etwas kleinere Art aus Brasilien, welche sich bei übrigens gleicher Farbe durch eine weiße Unterseite von der beschriebenen unterscheidet. Das ist: 2. Basileuterus hypoleucus <i>Caban.</i> Bonap. Consp. I. 313. 2. — Die übrigen bekannten Arten bewohnen Peru, Columbien und Mexico.

Muscicapara viridicata <i>D'Orb.</i> Voy. Am. mér. Ois. 325. — Contramaestre pardo verdoso corona amarilla <i>Azara.</i> Apunt. II. 57. no. 156. könnte auch zu dieser Gattung gehören; sie ist grün mit gelbem Scheitel, den 2 schwarze Streifen einfassen; die Bauchseite bis zur Brust weiß, dann blaßgelb; die bräunlichen Flügeldeckfedern haben grünliche Spitzen und die Schwingen solche Ränder. Länge 5½″, Lauf 8‴.

4. Gatt. Trichas *Swains.*

Geothlypis *Caban.*

Schnabelbildung wie bei der vorigen Gattung, aber die Basis schmäler, die Biegung der Firste etwas stärker; das Nasenloch ebenso. Mundgefieder ohne lange Borstenspitzen, nur am Zügelrande ein Paar sehr kurze Borsten. Gefieder derber, die Flügel kürzer, abgerundeter, nur die Basis des Schwanzes erreichend; die erste kleinste Schwinge fehlt, die vorhandene erste nur 1‴ kürzer als die zweite, ebenso breit, und die zweite ½‴ kürzer als die dritte längste. Schwanz von mäßiger Länge, die Federn schärfer zugespitzt, die äußeren stufig verkürzt. Lauf hoch, dünn, bachstelzenartig, die Tafeln der Vorderseite verwachsen; Zehen lang und dünn, die Außenzehe etwas mit der Mittelzehe verwachsen; der Daumen mit relativ kleinerer, weniger gebogener, aber doch nicht grader Kralle. —

1.　Trichas leucoblephara *Cab.*

Sylvia leucoblephara *Vieill.* Enc. meth. Orn. 559. — *D'Orb.* Voy. Am. mér. Ois. 216. pl. 12. f. 2.

Trichas superciliosus *Swains.* An Men. 295.

Contramaestre, *Azara* Apunt. II. 41. 153.

Oberkopf schieferschwarz, die Mitte weißlich; Rückengefieder grün, Bauchfläche weiß, die Seiten der Brust grau, der Steiß gelb. —

Vom Ansehn einer gelben Bachstelze, nur der Schwanz und die Flügel kürzer. Schnabel braun, Kinngegend blasser. Iris braun. Stirn, Oberkopf und Nacken schiefergrau, die Scheitelmitte weißgrau, der Augenrand schwarz; Backen und Halsseiten grau, die Ohrdecke weiß gestreift. Rückengefieder lebhaft olivengrün, ebenso Flügel und Schwanz; die Schwingen in der Tiefe graubraun, am Innenrande weiß gesäumt. Ganze Unterseite vom Kinn bis zum After weiß, die Seiten in grau übergehend, die Halsseiten und Oberbrust entschieden bleigrau; der Steiß citronengelb. Beine hellgelb, fleischroth durchscheinend, sehr schlank und dünn, aber die Daumenkralle klein. —

Ganze Länge 5″ 2‴, Schnabelfirste 4‴, Flügel 2½″, Schwanz 2″, Lauf 1″. —

Ebenfalls häufig in den Gebüschen bei Neu=Freiburg; ein munteres Vögelchen, das sich durch seine eigenthümliche aber kurze Melodie, welche mit einigen hohen lang ausgehaltenen Tönen beginnt, und dann schneller werdend ſinket, bald verräth. Es liebt das ſchattige Dickigt des Unterholzes und geht ſelbſt auf den Boden hinab, um Nahrung zu ſuchen, welche aus Inſekten beſteht.

2. Trichas stragulata *Licht.*

Muscicapa stragulata *Licht.* Doubl. d. zool. Mus. 55. no. 564.
Geothlypis stragulata *Caban.* Mus. Hein. 17. 120.

Scheitel grau, ſchwarz gerandet, am Auge ein weißer Streif; Rückengefieder grün, Kehle, Hals und Bauch weiß, Bruſtſeiten roſtfarben. —

Geſtalt und Größe der vorigen Art, auch ähnlich gefärbt. Oberkopf grau, die Ränder der Stirn bis zum Auge ſchwarz; über dem Auge ein weißer Streif, welcher der vorigen Art fehlt. Rücken, Flügel und Schwanz lebhaft olivengrün, der Schwanz am lebhafteſten; Kehle und Vorderhals weiß, Bruſt beſonders nach den Seiten hin blaß roſtgelbroth, Bauch weiß- lich. Schnabel ſchwarzbraun, Iris braun, Beine blaßgelb. —

Ganze Länge 5″, Lauf 1″. —

In Süd-Braſilien, Provinz St. Paulo. —

3. Trichas velata *Vieill.*

Sylvia velata *Vieill.* Ois. d'Am. Sept. pl. 74. — *D'Orb.* Voy. Am. mér. Ois. 217.
Sylvia canicapilla *Pr. Max.* Beitr. III. b. 701. 1.
Tanagra canicapilla *Swains.* zool. III. pl. 174.
Contramaestre verde pecho de oro, *Azara* Apunt. II. 54. 155.

Oberkopf grau, Stirn, Zügel und Backen beim Männchen ſchwarz. Rücken- gefieder grün, Bauchſeite goldgelb.

Etwas derber gebaut als die vorigen Arten, der Lauf nach Verhält- niß kürzer. — Schnabel ſchwarz, beim Weibchen braun, Kinngegend und Mundrand blaſſer. Iris braun. — Oberkopf des Männchens ſchiefer- grau, die Stirn, Zügel und Backen unter dem Auge ſchwarz; des Weib- chens bräunlichgrau, vor dem Auge ein gelber Streif am Zügelrande, Backen wie der übrige Körper gefärbt. Rückengefieder olivengrün, auch die Bruſtſeiten grünlich; ganze Bauchfläche vom Kinn bis zum Steiß goldgelb. Beine hell fleiſchbraun. —

Ganze Länge 5″ 4‴, Schnabelfirſte 5‴, Flügel 2½″, Schwanz 2″, Lauf 10‴. —

Bei Neu-Freiburg, der gemeinſte von allen Singvögeln, täglich und an jedem Orte im Gebüſche zu ſehen; übrigens durch das ganze wärmere Süd-Amerika verbreitet. Der Vogel ſteigt nicht hoch, ſucht auch nicht den Schatten, ſondern zeigt ſich am liebſten frei auf ſonnigem abgeholztem buſchigem Terrain; er läßt von Zeit zu Zeit einen einfachen Pfiff hören

8*

und kam mir stets nur einzeln vor. Sein Nest habe ich, trotz vieler Nachfrage, nicht erhalten können. —

Anm. Trichas aequinoctialis *Cabanis* Mus. Heinean. I. 16. 118. Motacilla aequinoctialis *Gmel. Linn.* S. Nat. I. 2. 972. 110. — *Buff.* pl. enl. 685. 1. — ist der eben beschriebenen Art so ähnlich, daß ich auf die etwas derbere Beschaffenheit des Schnabels und des Laufes nicht eine eigene Spezies gründen möchte; die Seiten des Kopfes hinter dem Auge sind nicht immer grau, sondern öfters, bei jüngeren Exemplaren von Tr. velata, auch grün gefärbt; so bei den Exemplaren, welche ich aus Minas geraes (von Congonhas) mitgebracht habe. —

5. Gatt. Sylvicola *Swains.*

Schnabel fein kegelförmig, grade, ziemlich hoch, die Rückenfirste kaum etwas abwärts gebogen, die Spitze seicht gekerbt; Nasenloch am unteren Rande der kurzen Nasengrube. Gefieder weich, großfedrig. Flügel zugespitzt, bis zur Mitte des Schwanzes reichend, die erste Schwinge fast ebenso lang wie die zweite und dritte, längste, durchaus nicht verschmälert. Schwanz nicht lang, eher kurz, die Federn schmal, etwas zugespitzt, gleich lang. Beine klein, der Lauf dünn, ziemlich kurz, die Tafelschilder verwachsen; die Zehen mit feinen mäßig gebogenen Krallen. — Gefieder vorwiegend grau und gelb, nicht grün gefärbt. —

Anm. Die zahlreichen Arten dieser Gattung sind besonders über das nicht tropische Amerika, doch an den Grenzen der Tropen verbreitet und nach gewissen habituellen Unterschieden von den neueren Ornithologen in zahlreiche Untergattungen gestellt, welche hier füglich unberücksichtigt bleiben können, weil in Brasilien nur 2 Spezies auftreten, welche der Untergattung Parula *Bonap.* (Compsothlypis *Caban.*) angehören.

1. Sylvicola venusta *Temm.*

Sylvia venusta *Temm.* pl. col. 293. 1. — *Pr. Max z. Wied.* Beitr. III. b. 705. 2.
Sylvia plumbea *Swains.* zool. III. pl. 139.
Sylvia pitiayumi *Vieill.* Enc. méth. Orn. II. 479. — *Id.* N. Dict. d'hist. nat. II. 276.
Sylvia minuta *Swains.*
Sylvia brasiliana *Licht.* Doubl. zool. Mus. 35. no. 404.
Compsothlypis pitiayumi *Cabanis* Mus. Hein. I. 21. 143.
Pico de punzou celestre peche de oro, *Azara* Apunt. I. 421.   109.

Oberseite blaugrau, Rücken olivengrün; Unterseite dottergelb; Spitzen der Flügeldeckfedern und ein Fleck in den Schwanzfedern weiß.

Zierlicher und schlanker gebaut, vom Habitus unserer Rohrsänger, etwas meisenartig im Ansehen. — Oberschnabel schwarz, Unterschnabel blaßgelb.

Iris braun. Gefieder der Oberseite blaugrau, nur die Mitte des Rückens olivengrün. Große Flügeldeckfedern und die Reihe vor ihnen mit weißen Spitzen; Schwingen schwarz, außen hellblau, innen weiß gesäumt; Schwanzfedern schieferschwarz, die oberen himmelblau gerandet, die beiden äußersten jeder Seite mit weißem Fleck an der Innenfahne. Unterfläche vom Kinn bis zum After dottergelb, der Steiß hinter dem After und die Schwanzdecken weiß. Beine hell fleischbraun. —

Ganze Länge 4″, Schnabelfirste 4‴, Flügel 2″ 2‴, Schwanz 1″ 5‴, Lauf 7‴. —

Männchen und Weibchen sind gleich gefärbt, die jungen Vögel ebenso wie die älteren, aber in allen Verhältnissen matter. —

Der Vogel ist über ganz Brasilien verbreitet, lebt in den Wäldern, kommt schon bei Rio de Janeiro vor und ähnelt im Benehmen mehr den Meisen als den Sängern. —

2. Sylvicola speciosa *Pr. Wied.*

Sylvia speciosa *Pr. Max.* Beitr. III. b. 708. 3. — *Temm.* pl. col. 293.

Rückengefieder blaugrau, Bauchseite hellgrau, Steiß rostroth. —

Gestalt und Größe der vorigen Art, auch die Farben ebenso schön himmelblaugrau, aber die Zeichnung verschieden. Oberschnabel braungrau, Unterkiefer und Mundrand blasser. Iris braun. Rückengefieder schön blaugrau, fast rein blau, wenigstens blauer, als bei S. venusta; Unterseite hell bleigrau, gegen den Bauch hin heller; Aftergegend weiß, die Federn hinter dem After und die unteren Schwanzdecken rostroth. Schwanzfedern einfarbig schieferschwarz, hellblau gerandet; die Schwingen außerdem mit einer schiefen weißen Querbinde an der Innenfahne. Beine bleigrau.

Ganze Länge 4″ 3‴, Schnabelfirste 4‴, Flügel 2″, Lauf 6‴. —

In den Gebüschen bei Rio de Janeiro und weiter nördlich noch bei Bahia; kommt in die Gärten der Vorstädte und hüpft an den Zweigen, Insekten suchend, munter umher, völlig wie eine Meise. —

Anm. Nach Lafresnaye, Sclater und Reichenbach gehört dieser mir unbekannte Vogel zu Ixenis; vergl. Handb. d. spez. Orn. I. 228. 534.

3. Motacillidae.

Schnabel der Vorigen, nur etwas niedriger. Hinterzehe lang,
mit gradem Sporn. Die erste kleine Handschwinge fehlt ganz, die
letzten Armschwingen und die oberen Schwanzdecken sind stark ver=
längert.

6. Gatt. Anthus *Bechst.*

Schnabel fein, grade, pfriemenförmig, mit kaum bemerkbarer Kerbe
neben der Spitze; Nasengrube vortretend, die Nasenöffnung eine Spalte
am unteren Rande der häutigen Nasendecke; keine langen Borsten
am Schnabelgrunde, nur feine Spitzen an den meisten Federn da=
selbst, darunter einige etwas stärkere am Zügelrande. Gefieder derbe,
lerchenförmig gezeichnet; die Flügel ziemlich lang, zugespitzt, die erste
Schwinge fast ebenso lang wie die zweite, längste (eine ganz kleine
erste Schwinge fehlt); hinterste Armschwingen zwar stark verlängert,
aber nicht völlig so lang wie die Handschwingen. Schwanz mäßig
lang, schmalfedrig, schwach ausgeschnitten; die obersten Schwanzdecken
sehr verlängert, zugespitzt, die längsten fast so lang wie die Schwanz=
federn selbst. Beine hochläufig mit langen dünnen Zehen, deren
Krallen nur wenig gebogen sind; die Kralle des Daumens sehr lang,
spornartig verlängert. —

1. Anthus rufus *Gmel.*

Alauda rufa *Gmel. Linn.* S. Nat. I. 2. 798. — *Buff.* pl. enl. 738. 1. —
Lath. Ind. orn. II. 498. 22.
Anthus correndera *Vieill.* Enc. meth. Orn. I. 325. — *D'Orb.* Voy. Am.
225. *Darwin* Zool. of the Beagle III. 85.
Correndera, *Azara* Apunt. II. 2. 145.

Rückengefieder braun, die Federn blaßgelb gerandet; Kehle weißlich, Brust
und Bauch blaßgelb, die erstere mit braun gescheckter Binde.

Die kleinste Art der Gattung, der Rücken mehr graubraun, die Bauch=
seiten sehr blaß gelblich weiß gefärbt. Auf dem Oberkopf, dem Rücken und
den Flügeln haben die Federn blaßgelbgraue Säume, von welchen der
innere etwas breiter ist, als der äußere; die Schwingen sind sehr fein lich=
ter gerandet. Die Zügel und ein Streif über dem Auge scheinen heller
durch. Kehle und Vorderhals ganz weißgelb, Brust gelbbraun, die Seiten
vor dem Flügelbug sehr dunkel, die Mitte mit feinen schwarzbraunen Schaft=
streifen, die nach den Seiten schnell verschießen. Unterbrust, Bauch und
Steiß einfarbig blaßgelb. Schwanzfedern schwarzbraun, die beiden äußer=

ſten jeder Seite weiß, am Innenrande ſchwarz geſäumt, die äußerſte ſchmal, die zweite breit. Beine blaßgelbbraun, der Daumenſporn ſehr lang und ſpitz. Iris braun, Schnabel ſchwarzbraun, am Kinnrande blaſſer. —

Ganze Länge 4″ 8‴, Schnabelfirſte 5‴, Flügel 2½″, Schwanz 1½″, Lauf 9‴. —

Bei Neu = Freiburg, an offenen Stellen, lebt auf dem Boden, wie unſer Wieſenpiper, fliegt kurze Strecken auf und ſetzt ſich wieder in gerin= ger Entfernung; ſeine Stimme iſt unbedeutend. Das Neſt iſt im dichten Graſe verſteckt und ſchwer zu finden; nach Azara legt der Vogel nur zwei weißliche, braun beſprengte Eier mit einem dichtern Kranze am ſtumpfen Ende. —

Anm. Buffon's Abbildung iſt ſehr kenntlich; D'Orbigny citirt ſie aus Verſehen zu ſeinem Anthus fuscus, welcher ebenda Fig. 2. vorgeſtellt iſt. Ich habe nicht Gelegenheit gehabt, die letztere Art zu beobachten; ſie gehört dem äußerſten Süden Süd=Amerikas an. —

2. Anthus Chii *Vieill.*

Enc. méth. Orn. I. 326. — *Id.* Nouv. Dict. d'hist. nat. Tm. 26. pag. 490.
Lichtenst. Doubl. d. zool. Mus. 37. no. 422.
Pr. Max z. Wied. Beitr. III. a. 631. 1.
Spix. Av. Bras. I. 75. I th. 76. f. 2.
D'Orbigny, Voy. Am. mér. Ois. 225.
Chii, *Azara* Apunt. II. 6. 146.

Rückengefieder ſchwarzbraun, die Federn roſtgelb geſäumt; Unterſeite hell roſtröthlich, Bruſt ſchwarzbraun geſtreift. Aeußerſte Schwanzfedern roſtgelb geſäumt.

Etwas größer als die vorige Art, aber der Schnabel und der Sporn nach Verhältniß kürzer. Oberſchnabel ſchwarzbraun, Unterſchnabel blaß= gelb. Iris braun. Rückengefieder dunkelbraun, die Mitte der Federn ſchwarz, die Säume roſtgelbroth. Flügel und Schwanzfedern wie der Rücken gefärbt, fein roſtgelb gerandet; die äußerſten Schwanzfedern jeder Seite beinahe ganz roſtgelb, die nächſtfolgenden nur an der Spitze und am Ende des Schaftes. Kehle weißgelb. Augenring und Backen lichter ge= färbt; Vorderhals und Bruſt lebhaft roſtgelbroth, mit feinen braunen Schaftſtreifen, welche auch an den Seiten des Bauches bis zu den Schen= keln hin ſich zeigen; Bauchmitte und Steiß blaſſer roſtgelb, die unteren Schwanzdecken mit ſchwarzbraunem Schaftſtreif. Beine blaß gelbbraun; die Daumenkralle ſchlank, aber nicht länger als die Zehe. —

Länge 5″ 6‴, Schnabelfirſte 4½‴, Flügel 3″, Schwanz 2″, Lauf 10‴. —

Ueber ganz Braſilien verbreitet, auf Wieſen in der Nähe von Flüſſen und Bächen; hält ſich am Boden, fliegt ſelten auf und ſetzt ſich bald wieder.

3. Anthus fuscus *Vieill.*

Vieill. Enc. méth. Orn. I. 326.
Anthus poecilopterus *Pr. Max* ş. *Wied.* Beitr. III. a. 633.
Alondra parda, *Azara* Apunt. II. 11. no. 147.

Rückengefieder röthlichbraun, ein Streif über dem Auge blaß rothgelb. Kehle weiß, Bruſt und Bauch röthlichgelb, erſtere braun gefleckt. Schwingen mit ſchwarzer Binde. —

Schnabel horngraubraun. Iris braun. Rückengefieder röthlich grau=braun, mit helleren Federnrändern; über dem Auge zeichnet ſich, von der Naſengrube bis zum Ohr hin, ein röthlich gelber Streif aus. Kehle und Vorderhals weißlich, der letztere bis zum Anfange der Bruſt graubraun gefleckt, indem beſonders die Bruſtſeiten dunklere Federnſäume beſitzen. Unterſeite und Steiß röthlich gelb. Flügeldeckfedern dunkler graubraun mit breitem röthlichgelbem Saume am Ende, der ſich in der Form zweier Querſtreifen bemerklich macht; Schwingen rothbraun, die Handſchwingen am Grunde und an der Außenfahne ſchwarz, mit einem kleinen Fleck nach In=nen; die Armſchwingen breiter rothbraun und der Fleck zu einer ſchiefen Binde ausgedehnt; der Außenrand an allen roſtgelblich abgeſetzt, mit weiß=licher Spitze. Schwanzfedern hell roſtroth, die zwei mittleren graubraun überlaufen, die übrigen mit einer winkligen ſchwarzbraunen Querbinde vor der Spitze. Beine gelbbraun, die Daumenkralle nur mäßig, mehr ge=bogen und nach Verhältniß kurz. —

Ganze Länge 6″, Schnabelfirſte 4‴, Flügel 3″, Schwanz 1″ 10‴, Lauf 9‴, Hinterzehe mit der Kralle 6‴. —

Auf dem Camposgebiet des Innern Braſiliens, wie es ſcheint, durch das ganze Land ſüdlich vom Amazonenſtrom verbreitet.

Anm. Azara giebt zwar beträchtlich größere Maaße an, ſcheint aber doch denſelben Vogel vor ſich gehabt zu haben.

Verwandt mit der vorigen Art, wenigſtens durch den kurzen Nagel der Hinterzehe, ſcheint zu ſein:

4. Anthus breviungnis *Spix*. Av. Bras. I. 75. 2. tb. 76. f. 1. — A. furcatus *D'Orbign.* Voy. Am. mér. Ois. 227. Rückengefieder grünlichbraun, die Federn blaſſer gerandet; über die Flügel zwei lichtere Binden am Ende des Deckgefieders. Schwingen und Schwanzfedern ſchwarzbraun, die erſten ſein blaß=gelblich gerandet; die beiden äußerſten Schwanzfedern mit weißem Saum. Unter=fläche grünlichweiß, Vorderhals ins Gelbliche ſpielend, mit braunen Schaftſtrei=ſen. Ganze Länge 4½″. Von Para.

1. Turdinae.

Schnabel größer und stärker, aber ähnlich gebaut wie bei den vorigen Gruppen. Die erste kleinste Schwinge ist vorhanden, es stehen also zehn am Handtheil des Flügels. Beine hoch, die Zehen ziemlich lang, die Krallen mehr gebogen, besonders die des Daumens.

7. Gatt. Turdus *Linn.*
Sabiah der Brasilianer.

Schnabel hinten ziemlich so hoch wie breit, nach vorn allmälig schmäler werdend, also höher erscheinend und vor der Spitze ziemlich schnell herabgebogen, ohne jedoch einen Haken zu bilden, vielmehr die Spitze selbst grade vorwärts gerichtet, mit sehr leichter Kerbe. Nasengrube ziemlich vorspringend, weil der Schnabel überhaupt lang ist. Am Zügelrande einige recht steife, mäßig lange Borsten. Auge sehr groß, die kleinen Randfedern in feine Borsten ausgezogen. Gefieder derbe, besonders der Rücken hart anzufühlen. Flügel mäßig spitz, doch nicht ganz bis zur Mitte des Schwanzes reichend; erste Schwinge sehr klein, kaum den vierten Theil von der Länge der zweiten erreichend; die zweite mäßig, die dritte wenig verkürzt; die vierte mit der fünften die längsten. Schwanz ziemlich lang, die Federn nicht grade breit, einzeln zugespitzt, alle von gleicher Länge. Lauf hoch und stark, die Tafelschilder bis über die Mitte hinab mit einander verwachsen. Die Zehen lang, die Krallen scharf, spitz, ziemlich kräftig. —

Drosseln giebt es, wie bei uns, in den Gebüschen Brasiliens überall; sie kommen nahe an die Ansiedelungen heran, nisten wenig scheu in den Hecken und legen 4—5 grünliche, rostroth punktirte Eier. Das Nest ist groß aber nicht grade kunstreich. Ihre Stimme ist weniger laut und melodisch, als die unserer Arten; die Hauptsänger gehören zu Mimus. —

A. **Eigentliche Droſſeln.** Rückengefieder bräunlich; Kehle weißlich, dunkler geſtreift.

1. Turdus ferrugineus.

Pr. Max. z. Wied. Beitr. III. b. 649. 4.
Turdus fumigatus *Licht.* Doubl. d. zool. Mus. 38. no. 438. 439.
Turdus olivaceus *Lafr.* Guér. Mag. 1837. cl. 2. 17. 5. (juv.).

Gefieder gleichmäßig roſtrothbraun, Bauchſeite lichter. Kehle weiß und braun geſtreift. —

Junger Vogel nicht rothbraun, ſondern graubräunlich.

Schnabel und Beine bräunlichgrau, die Beine etwas dunkler; Iris braun. — Gefieder des alten Vogels einfarbig roſtbraun, die Bauch= ſeite lichter, faſt zimmtroth; Kehle weißlichgelb, braun geſtreift. Schwingen am Außenrande roſtroth, dann braun, am Innenrande breit roſtgelb ge= ſäumt. Steißfedern und untere Schwanzdecken mit blaßgelbem, faſt wei= ßem Streif. Schwanzfedern dunkel roſtbraun. — Der junge Vogel hat eine gelblich aſchgraue Farbe, die auf den Flügeln etwas mehr in braun ſpielt; die hellen Säume der Schwingen am Innenrande fehlen, die Grundfarbe der Kehle iſt weißer, die Steißſtreifen ſind verwiſchter. —

Ganze Länge 9½″, Schnabelfirſte 9‴, Flügel 4″ 8‴, Schwanz 3″ 4‴, Lauf 14‴.

Im Waldgebiet des mittlern Braſiliens, vom Rio Parahyba bis hin= auf zum Amazonenſtrom; mehr in den Ebenen als in den Gebirgsthälern zu finden, daher nicht bei Rio de Janeiro und Neu=Freiburg. Dieſe Art hat nach Verhältniß den größten Schnabel und den kürzeſten Lauf. —

Anm. G. R. Lichtenſtein definirt nur junge Vögel mit graulich oli= venfarbigem Kleide; die alten Vögel ſind völlig roſtrothbraun und deshalb die Benennung des Prinzen zu Wied bezeichnender. —

2. Turdus rufiventris *Licht.*

Licht. Doubl. d. zool. Mus. 38. no. 455.
Pr. Max. z. Wied. Beitr. III. b. 639. 1.
Spix. Av. Bras. 1. 70. 2. tb. 68. *D'Orbigny* Voy. d. l'Am. mér. Ois. 203
Turdus Chochi *Vieill.* Enc. méth. Orn. 638.
Zorzal obscuro y roxo *Azara* Apunt. II. 336. no. 79.

Rückengefieder olivenbraun; Kehle blaßgelb, braun geſtreift; Vorderhals grau, Bruſt und Bauch roſtroth.

Nicht völlig ſo groß wie unſere Miſteldroſſel, ziemlich von der Größe des Krammetsvogels. Schnabel braungrau, der Mundrand und der Unterkiefer blaſſer; Iris braun. Rückengefieder gleichförmig oliven= braun; die Kehle weiß, braun geſtreift, der Vorderhals bis zur Bruſt grangelb; die Bruſt, der Bauch und der Steiß roſtgelbroth, bei alten Vö=

geln sehr lebhaft gefärbt. Schwingen am Innenrande isabellgelb gesäumt. Beine blaß hornbraun. —

Weibchen viel blasser gefärbt, als das Männchen, besonders an der Unterseite; der Rücken graulicher.

Junger Vogel mit rostrothen Schaftstreifen und Endspitzen am Flügeldeckgefieder; die Federn des Oberkopfs lichter geraudet, die Kehle und der ganze Vorderhals blaßgelb, matt braun gefleckt. —

Ganze Länge 9 — 10", Schnabelfirste 9‴, Flügel 5", Schwanz 3⅓ — 3⅔", Lauf 15‴, Mittelzehe ohne die Kralle 11‴. —

Gemein in der Nähe der Ansiedelungen in allen Gebüschen; nistet auch da, in mäßiger Höhe, und legt 4 — 5 blaßgrüne, rostroth getüpfelte Eier. — Der Gesang des Vogels ist nicht so laut und nicht so mannigfach, wie der unserer Singdrossel; weniger flötend, mehr kreischend und nicht so angenehm. Er ist die gemeinste Drossel-Art Brasiliens im Waldgebiet, woselbst er vorzugsweise sich aufhält.

3. Turdus crotopezus *Illig.*

Licht. Doubl. zool. Mus. 38 no. 436. 437. — *Cabanis*, Mus. Hein. I. 5.
Turdus leucomelas *Vieill.* Enc. méth. Orn. 644. — *Id.* N. Dict. d'hist. nat. Tm. 20. 226.
Turdus albicollis *Spix* Av. Bras. I. 71. 4. tb. 70.
Zorzal obscuro y blanco *Azara* Apunt. I. 341. no. 80.

Rückengefieder olivenbraungrau; Halsmitte weiß, braun gestreift, Brust und Bauchseiten graulich olivengelb; Steiß und Bauchmitte beim Männchen weiß, beim Weibchen blaßgelb.

Schnabel hellbraun, der Unterkiefer blasser; im Alter beide Schnä= bel blaßgelb, in der Jugend dunkelbraun. Iris braun. Rückengefieder graulich olivenfarben, bei recht alten männlichen Vögeln etwas bräunlicher und die Kopfseiten gelblicher. Innere Flügeldeckfedern blaßgelb, ebenso der Saum der Schwingen; vierte und fünfte Schwinge gleich lang und die längsten. Schwanzfedern einfarbig olivengraubraun. Kehle und Vorder= hals beim Männchen (Spix Figur) weiß, nach den Seiten in gelb über= gehend, auf der Mitte braun gestreift; beim Weibchen blaßgelb, ohne weißen Halsfleck, matter braun gestreift. Brust und Bauchseiten graugelb= lich gefärbt; die Bauchmitte und der Steiß beim Männchen rein weiß, scharf von der gelbgrauen Farbe abgesetzt, die Seiten der Steißfedern gelb= grau; beim Weibchen Bauchmitte und Steiß blaßgelb. Beine fleischbraun.

Der junge Vogel unterscheidet sich vom alten nur durch mattere Farbe, einen dunkler braunen Schnabel, dunklere Beine und den Mangel des unteren weißen Halsflecks.

Das Weibchen ist statt des weißen Halsflecks mit einem gelblichen geziert und hat blaßgelben Unterbauch und Steiß, wo das Männchen ganz rein weiß gefärbt ist. Der Schnabel wird bei alten Vögeln ganz hell= braun, selbst gelblich.

Ganze Länge 9″, Schnabelfirste 7‴, Flügel 4″ 8‴, Schwanz Lauf 14‴.

Auf den Campos bei Lagoa santa nicht selten, läuft viel am Boden und bekommt sogar Sandflöhe in seine Zehen, wie eins meiner Exemplare von dort beweist.

Anm. D'Orbigny hat sehr mit Unrecht diese Art für das Weibchen der vorigen ausgegeben; sie leben nicht einmal in derselben Gegend zusammen, son= dern jene im Walde, und diese auf Triften. In der Synonymie bin ich Ca= banis a. a. O. gefolgt, ziehe aber die gleichnamige Art des Prinzen zu Wied lieber zur folgenden, weil die jungen Vögel rothe Schaftstriche besitzen, was beim T. crotopezus *Ill.* nicht der Fall ist. Auch lebt sie nicht im Urwalde.

4.   Turdus albiventris *Spix.*

Spix, Aves Brasil. I. 70. 3. tb. 69. — *Cabanis, Schomb.* Reise III. 666.
    3. — *Id.* Mus. Heineau. I. 4. 28.
Turdus crotopezus *Pr. Max.* Beitr. III. b. 646. 3.
Turdus humilis *Licht.* Mus. Berol.
Turdus gymnopsis *Temm.* Mus. Lugdun.

Rückengefieder olivenbraun, Halsmitte weiß, schwarz gestreift; Brust grau, Bauchseiten rostgelb, Steiß weiß bei beiden Geschlechtern.

Der vorigen Art ähnlich, aber lebhafter gefärbt; Oberschnabel schwarz= braun, Unterschnabel blaßgelb. Iris braun. Rückengefieder olivenbraun, beim Männchen etwas voller gefärbt, die Seiten des Kopfes und Nackens ins Graue spielend. Flügel und Schwanz völlig wie der Rücken gefärbt, der Schwanz relativ länger, auch etwas schwärzlichgrau überlaufen; innere Flügeldecken rostgelb, wie der Saum der Schwingen; die dritte und vierte die längsten. Kehle und Vorderhals weiß, schwarzbraun gestreift, allmälig in die graue Brust übergeführt, ohne weißes Halsschild; Bauchseiten grau, nach außen in rostgelb übergehend; Bauchmitte und Steiß weiß. Beine fleischbraun.

Das Weibchen ähnelt dem Männchen in der Färbung, ist aber etwas blasser und hat keine so roströthlich gefärbten, mehr rostgelbgraue Bauchseiten.

Der junge Vogel besitzt rostrothe Schaftstreifen und Spitzen am Deckgefieder der Flügel, wie bei der zweiten Art und eine viel hellere Grundfarbe; die Brust ist ebenfalls dunkler, aber sehr matt gefleckt. —

Ganze Länge 8″ 9‴, Schnabelfirste 7‴, Flügel 4″ 6‴, Schwanz Lauf 14‴

Im Urwaldgebiet der nördlichen Küstenstrecke, bei Bahia, Para und in Guyana.

Anm. Spix hat bei Angabe der Heimath diese und die vorige Art verwechselt; diese ist bei Para, jene in Minas geraes gesammelt worden.

5.   Turdus albicollis *Vieill.*

Vieill. Enc. méth. Orn. II. 640. no. 10. — *Id.* N. Dict. d'hist. nat. Tm. 20. pag. 226. — *Cabanis.* Mus. Hein. I. 5. 33.

Rückengefieder röthlich olivenbraun, Kopfseiten und Schwanz schieferschwarz; Vorderhals weiß, die Mitte schwarz gestreift; Brust grau, Bauchseite lebhaft rostroth, Steiß und Bauchmitte weiß.

Eine ausgezeichnete Art, welche in gewisser Beziehung die Mitte zwischen den beiden vorigen hält. — Oberschnabel schwarzbraun, Unterschnabel blaßgelb. Iris braun. Oberkopf dunkelbraun, die Seiten am Ohr und die Zügel schiefergrau; Nacken, Rücken und Flügel röthlich olivenbraun; Schwanz schwarzbraun, die Seiten der Federn schiefergrau überlaufen. Innere Flügeldeckfedern rostgelbroth, aber die Schwingen nicht so gesäumt, einfarbig grau; die vierte allein die längste, länger als die dritte und fünfte. Kehle und Vorderhals weiß, die Mitte und die Seiten schwarzbraun, sehr dicht gestreift, auf dem Halse ein weißer Mondfleck. Brust aschgrau; Bauchseiten lebhaft rostgelbroth, nach der Mitte hin verblassend; Bauchmitte und Steiß weiß, die Seiten der Steißfedern bleigrau, wie die Unterschenkel. Beine hell fleischbraun.

Ganze Länge 9″, Schnabelfirste 7‴, Flügel 5″, Schwanz 3″ 3‴, Lauf 14‴.

In den Gebüschen des Binnenlandes, kommt nicht auf den Boden, wie T. crotopezus, und lebt nur im Walde; mein Sohn schoß die Art einmal bei Lagoa santa.

B. Amseln.   Gefieder schwarz, Schnabel im Alter blaßgelb.

6.   Turdus carbonarius *Ill.*

Lichtenst. Doubl. d. zool. Mus. 37. no. 427. 428. — *Pr. Max z. Wied.* Beitr. III. b. 646. 2.
Turdus flavipes *Vieill.* Enc. méth. Orn. II. 670. no. 125. — *Id.* N. Dict. Tm. 20. 277. — *Spix.* Av. Bras. I. 69. 1. tb. 67. f. 2.

Rumpf grau, Kopf, Flügel und Schwanz schwarz; Schnabel und Beine in der Jugend braun, im Alter gelb.

Etwas kleiner als die vorigen Arten und nicht ganz so groß wie unsere Amsel. — Gefieder des Männchens am Kopfe, Halse, der Brust, den Flügeln und dem Schwanze rein und tief rabenblauschwarz; bei jungen

Vögeln matter, glanzloser. Rücken, Bauch und Schenkel bleigrau, in der Jugend sehr düster und matt gefärbt, im Alter lebhafter und heller; Bauch-mitte und hinterste Steißfedern mit weißlichen Spitzen; vierte Schwinge die längste. — Weibchen einfarbig dunkel olivenbraun, die Unterseite etwas lichter, der Schnabel nie ganz gelb, nur hellbraun gefärbt. — Schnabel und Beine der jungen Männchen braun, doch der Schnabel stets etwas dunkler als die Beine; beide mit zunehmendem Alter lichter, doch schneller die Beine; im reifen Alter beide blaßgelb. Iris braun. —

Ganze Länge 8″, Schnabelfirste 7‴, Flügel 4½″, Schwanz 3″, Lauf 1″. —

In den Wäldern der Küstenregionen, schon bei Rio de Janeiro und weiter nordwärts; ich erhielt den Vogel bei Neu-Freiburg, wo er zwar nicht häufig, aber auch nicht grade selten vorkommt. —

8. Gatt. M i m u s *Boje.*
Orpheus *Swains.*

Schnabel relativ etwas höher und die Firste mehr gebogen, als bei Turdus, sonst ebenso; nur das Nasenloch mehr nach vorn ge-rückt; die Borstenfedern am Zügelrande recht deutlich. Gefieder wei-cher, larer; Flügel relativ kürzer, nur wenig über die Basis des Schwanzes hinabreichend, die erste kleinste Schwinge relativ größer, der halben zweiten gleichkommend, die dritte mit der vierten und fünften ziemlich gleich lang. Schwanz sehr lang, aber nicht breit, die äußeren zwei Federn stufig verkürzt, übrigens aber nicht verklei-nert. Lauf und Zehen zwar nicht kürzer, aber relativ kräftiger als bei Turdus, die Tafeln auf der vorderen Seite des Laufs nicht ver-wachsen nach oben; die Krallen kürzer, weniger gebogen, aber nicht schwächer. Gefieder grau oder graugelb; die Flügeldeckfedern lichter gesäumt. Schnabel und Beine schwarz. —

1. Mimus Calandria.

Gray, Gener. of Birds Orpheus No. 7. — *Cabanis,* Mus. Hein. 1. 83. 464.
Orpheus Calandria *Lafr.* D'Orb. Voy. Am. mér. Ois. 206. pl. 10. f. 2.
Calandria *Azara,* Apunt. II. 231. no. 223.

Gelbgrau am Bauch, braungrau am Rücken, über dem Auge ein blasser Streif; Flügeldeckfedern sehr schmal weiß gerandet, die Schwingen breit weiß gesäumt am Innenrande.

Die Größe dieser Art, welche beträchtlicher ist, als bei der folgenden, bildet ihr Hauptkennzeichen; im Gefieder steht sie der zweiten am nächsten, hat aber doch einige sichere Unterschiede. — Schnabel sehr groß, um ein Viertel länger als bei M. saturninus, schwarz. Iris braun. Rückengefieder matt graubraun, die Flügeldeckfedern sehr schwach und fein lichter gerandet, aber die Schwingen mit breitem weißem Saum am Innenrande; die erste Schwinge länger und stärker, beträchtlich länger als die halbe zweite. Schwanz ungemein lang, die drei äußeren Federn jeder Seite mit weißer, successiv kürzerer Spitze, welche an der äußersten die Hälfte der sichtbaren einnimmt. Ein Streif über dem Auge bis zum Hinterkopf und die Kehle Fahne weiß; Vorderhals, Brust und Bauch graulich, die Bauchseiten rost= gelblich und um so deutlicher braun gestreift, je jünger das Individuum ist. Beine schwarzbraun.

Ganze Länge 11″, Schnabelfirste 11‴, Flügel 4½″, Schwanz 5″, Lauf 17‴. —

Im äußersten Süden Brasiliens, St. Catharina, Rio grande do Sul und besonders auf den offenen Triften, auch weiter südlich und westlich, bis nach Paraguay und Chiquitos; also nicht auf dem von mir bereisten Ge= biete. Hier nach einem Exemplar beschrieben, das aus der Gegend von Montevideo herstammt.

Anm. Cabanis hat die Unterschiede a. a. O. zuerst festgestellt, ich finde nur den Schnabel größer, als seine Angaben vermuthen ließen. Sehr charak= teristisch ist die Farbe und Zeichnung der Schwingen und Schwanzfedern.

2.   Mimus saturninus *Licht.*

Turdus saturninus *Licht.* Doubl. d. zool. Mus. 39. no. 449.
Mimus saturninus Pr. Max z. Wied. Beitr. III. b. 658. 2.
Sabiah do Sertão der Brasilianer.

Rückengefieder bräunlichgrau, Bauchseite weißlichgrau, über dem Auge ein blasser Streif, und hinter dem Auge ein schwärzlicher Fleck. Flügeldeckfedern breiter hell gesäumt, Schwingen ohne abgesetzten helleren Saum.

In allen Dimensionen etwas kleiner als die vorige Art, besonders auffallend der Schnabel, der Schwanz und der Lauf. Rückengefieder bräun= licher, jede Feder mit dunklerer Mitte und hellerem Rande; die Flügeldeck= federn scharf und deutlich gelblich weißgrau gesäumt, der Rand unter dem Bug ganz weiß. Die Schwingen auf der Innenseite einfarbig hellgrau, gegen den Binnensaum allmälig etwas lichter; erste kleine Schwinge kleiner, nur etwa halb so lang wie die zweite. Schwanzfedern kürzer, die vier äu= ßeren jeder Seite mit weißer Spitze, welche nicht so tief hinabreicht. Unterseite weißlich graugelb, Kehle reiner weiß; der Augenrandstreif brei= ter und der dunkle Fleck hinter dem Auge viel deutlicher. Bauchseiten braun gestreift, bei jungen Vögeln auch die Brust.

Das Männchen hat einen rostgelblichen Ton, besonders an der Unterseite, und viel schmälere, spitzere Schwanzfedern mit längeren weißen Spitzen. — Die Grundfarbe des Weibchens ist grauer und die Form der Schwanzfedern viel stumpfer.

Ganze Länge 10″, Schnabelfirste 7½—8‴, Flügel 4″, Schwanz 4″, Lauf 14‴.

Auf dem Camposgebiet des Innern Brasiliens, bei Lagoa santa nicht selten. Der Vogel läuft viel auf dem Boden und erhält dadurch einen ganz rothgelben Bauch, der vom anhängenden Lehmstaube herrührt; auch die Schwanzfedern sind stets am Ende beschmutzt und abgenutzt. Das Nest findet sich in den Camposgebüschen und enthält 4—5 grünliche, rostroth gefleckte Eier, deren größere Fleckengruppe dem spitzen Ende genähert ist. —

Mimus lividus.

Turdus lividus *Licht.* Doubl. d. zool. Mus. 39. no. 447.
Mimus lividus *Pr. Max* z. *Wied.* Beitr. III b. 653. 1.
Turdus Orpheus *Spix.* Av. Bras. I. 71. 5. tb. 71.
Sabiah da praya der Brasilianer.

Rückengefieder bleigrau, Flügeldeckfedern weiß gesäumt. Unterseite weiß bei jungen Vögeln braungrau gefleckt.

Viel kleiner und zierlicher gebaut, aber wegen des sehr langen Schwanzes nicht grade kürzer erscheinend. Schnabel feiner, schlanker; die Mundborsten steifer und länger. Rückengefieder beim Männchen hell bläulich aschgrau, wie etwas angelaufenes Blei, beim Weibchen bräunlicher grau; Stirn, Zügel und ein Streif über dem Auge rein weiß, ebenso die Kehle. Brust und Bauch bei alten Vögeln weiß, ohne alle Flecken; bei jungen die Brust mit runden grauen Tüpfeln, welche sich an den Bauchseiten mehr in die Länge ziehen. Alle Flügeldeckfedern weiß gerandet; die Schwingen innen hellgrau, am Innenrande etwas lichter gesäumt, doch nicht ganz weiß. Schwanz sehr lang, die mittleren Federn schieferschwarz, die seitlichen alle mit weißer Spitze, aber der weiße Theil viel kürzer, bei den mittleren auf den Endsaum beschränkt. Auch hier die Federn der Männchen schmäler und spitzer, als die der Weibchen. —

Ganze Länge 9½″, Schnabelfirste 8‴, Flügel 4″ 2‴, Schwanz 4″ 4‴, Lauf 13‴. —

Im Küstenwaldgebiet zu Hause und allgemein bekannt wegen seiner angenehmen Stimme, die ihn sogar als Stubensänger beliebt macht; man sieht den Vogel viel in Käfigen, selbst in Rio de Janeiro. Er lebt aber nicht eigentlich im Urwalde, sondern auf den offnen Strauchstrecken vor dem Walde, nistet auch da, und legt, wie die vorige Art, blaßgrüne, rostroth getüpfelte Eier.

9. Gatt. Donacobius *Swains.*

Cichla *Wagl.*

Schnabel länger, niedriger, bauchiger als bei Mimus und dem von Turdus im Bau ähnlicher, aber stärker gebogen und nach Ver= hältniß viel größer; das Nasenloch eine runde weite Oeffnung vorn in der Nasengrube. Mundborsten ziemlich lang, wie bei Mimus sa= turninus. Gefieder feiner, glatter, derber als bei Mimus, ebenfalls drosselartiger; Flügel sehr kurz, völlig gerundet, nur bis auf den An= fang des Schwanzes reichend, die erste Schwinge relativ viel größer, zwei Drittel der zweiten messend, die zweite mäßig verkürzt, die dritte ein wenig. Schwanz lang, breitfedrig; alle Federn stark stufig ver= kürzt, und jedes Paar von verschiedener Länge; das äußerste ein wenig länger als die unteren Schwanzdecken. Beine ziemlich stark ge= baut, der Lauf hoch, die oberen Tafeln sehr lang, beinahe verwach= sen. Zehen länger, dünner und gestreckter als bei Mimus, besonders auch die Krallen.

Donacobius atricapillus *Linn.*

Cabanis Schomb. Reise III. 674. 42. II 484.
Turdus atricapillus *Linn.* S. Nat. 1. 295. 18. — *Buff.* pl. enl. 392. — *Lath.* Ind. orn. I. 353. 96.
Turdus brasiliensis *Gmel. Linn.* S. Nat. I.   831. — *Lath.* Ind. orn. I. 310. 49.
Oriolus Japacani *Gmel. Linn.* S. Nat. I. I. 385. — *Lath.* Ind. orn. I. 177. 11.
Icterus Japacani *Daudin.* Traité d'Orn. II. 343.
Gracula longirostra *Pall. Spix.* zool. 17. tb. 2. f. 2. — *Lath.* Ind. orn. I. 193. 11.
Turdus platensis *Vieill.* Enc. méth. Orn. 671.
Mimus brasiliensis *Pr. Max z. Wied.* Beitr. III. b. 662. 3.
Donacobius brasiliensis *D'Orb.* Voy. Am. mér. Ois. 213.
Donacobius vociferus *Swains.* zool. Ill. N. Ser. pl. 27.
Donacobius albo-vittatus *D'Orb.* Voy. Am. mér. Ois. 213. pl. 12. f. 1. (D. albo-lineatus).
Batara agallas paladas, *Azara,* Apunt. II. 214. 219.
Japacani *Marcg.* h. nat. Bras. 212.

Oberkopf bis zum Nacken schwarz, Rücken braun; Unterseite rostgelb; Ba= sis der Schwingen und Spitze der Schwanzfedern weiß. —

Von schlankem Körperbau, nicht ganz so groß wie ein Staar, aber der Schwanz länger. — Schnabel glänzend schwarz, Iris orange. Ober= kopf, Rücken und Backen glänzend schwarz; vom Nacken an rothbraun, all= mälig gegen den Bürzel hin lichter, der Bürzel gelbbraun. Schwingen und Schwanz schwarz; erstere an der Basis, letzterer an der Spitze weiß. Ganze Unterfläche vom Kinn bis zum Steiß rostgelb, die Bauchseiten fein quer schwarz gestreift. Am Halse, zu beiden Seiten auf der Grenze der schwarzen und gelben Federn eine nackte fleischrothe Stelle. Beine dunkel graubraun. —

Der junge Vogel ähnelt dem alten, ist aber sehr viel matter gefärbt; der glänzend schwarze Oberkopf ist einfarbig braun, wie der Rücken, und die Flügeldeckfedern haben lichtere Säume; die feinen schwarzen Querlinien an den Bauchseiten fehlen.

Ganze Länge 9″, Schnabelfirste 11‴, Flügel 4″, Schwanz 4½″, Lauf 13‴. —

Im Schilf und Gesträuch der Waldbäche nicht selten, und leicht kenntlich an der lauten, nicht unangenehmen, melodischen Stimme, welche der Vogel bei seinen vielfachen Bewegungen, wie unsere Sylvia turdoides, erschallen läßt. Er hat in seinem ganzen Benehmen etwas vom Zaunschlüpfer (Troglodytes) und stände vielleicht passender in der folgenden Gruppe, wohin ihn auch Cabanis (Ornith. Notiz. I. 207.) freilich zugleich mit Mimus, gestellt hat, was ich weniger zutreffend finde. —

Anm. Die zahlreiche Synonymie beweist, wie vielfältig der Vogel verkannt worden ist; ich erhielt ihn in Neu-Freiburg von meinen dortigen Schützen, habe ihn aber selbst nicht lebend getroffen, weil er so versteckte Oertlichkeiten sucht und mit großer Behendigkeit im Schilf und Buschwerk weiterhüpft, daß es schwer hält, den wilden Vogel zu belauschen. —

5. Troglodytidae.

Schnabel länger, feiner, sanft gebogen, ziemlich hoch und für die Größe der Vögel stark. Flügel kurz, stark gerundet, die vorhandene erste Schwinge über halb so lang wie die zweite. Schwanz kurz und abgerundet, oder lang und stufig.

10. Gatt. Campylorhynchus *Spix*.
Ramphocinclus *Lafr. Bon.*

Schnabel von mäßiger Größe, stark seitlich zusammengedrückt, mit deutlicher wenn auch nicht scharfer Rückenfirste; Nasengrube mit schmalem, länglich ovalem Nasenloch am unteren Rande, darüber ein Hautsaum. Keine steifen Mundborsten am Zügel. Gefieder derbe; Flügel weniger abgerundet als bei den folgenden Gattungen, etwas über die Basis des Schwanzes hinabreichend, die erste Schwinge zwei Drittel der zweiten messend. Schwanz lang, die äußeren Federn etwas verkürzt, doch deutlich nur das äußerste Paar. Beine stark für die Größe des Vogels, der Lauf dick, vorn abgesetzt getäfelt; der Daumen ungemein groß, die Krallen hoch und sehr spitz. —

Campylorhynchus variegatus.

Cabanis, Mus. Heinean. I. 80. 452.
Turdus variegatus *Gmel. Linn.* S. Nat. I. 2. 817. — *Lath.* Ind. orn. I. 332. 18.
Turdus scolopaceus *Licht.* Doubl. zool. Mus. 39. no. 444.
Campylorhynchus scolopaceus *Spix.* Av. Bras. I. 77. 1. tb. 79. fig. 1.
Opetiorhynchus turdineus *Pr. Max.* Beitr. III. b. 673. Dess. Reise n. Bras. II. 148.

Rückengefieder graubraun, die Federn lichter gesäumt; ein Streif am Auge und die Unterfläche weiß; Brust braungrau getüpfelt, Bauch und Steiß quergebändert. —

Fast so groß wie Donacobius atricapillus, der Schnabel feiner, zierlicher, hellbraun, der Unterkiefer blaßgelb; Iris braun. Rückengefieder matt graubraun, jede Feder mit einem lichteren Rande; die Flügeldeckfedern und Schwingen in diesem lichteren Rande heller und dunkler absatzweise getüpfelt, gleich als ob Binden sich darin absetzten, die auch stellenweis etwas auf die Fahne nach innen übergehen; die Schwingen übrigens wie der Rücken im Ton, unten heller graunweiß, der Innenrand etwas lichter. Schwanzfedern etwas matter gefärbt, der Rand auf dieselbe Weise bindenartig heller und dunkler gefleckt. Unterfläche vom Kinn bis zum Schwanz weißlich gelb; Kehle und Vorderhals einfarbig, ebenso die Zügel und ein Streif neben dem Auge, der bis zum Ohr reicht. Brust mit runden braunen Flecken auf jeder Feder nahe der Spitze; Bauch und Steiß braun und blaßgelb quer gefleckt oder gebändert, letztere Zeichnung besonders an den unteren Schwanzdecken. Beine hellbraun, die Krallen lichter. —

Ganze Länge 7½″, Schnabelfirste 8‴, Flügel 3″ 4‴, Schwanz 2″ 7‴, Lauf 1″.

In dichten Gebüschen nahe bei Gewässern, besonders an den mit Wald bekleideten Flußufern und Inseln in den Flüssen, doch mehr in den mittleren Theilen des Küstengebietes nördlich vom Rio Parahyba zu Hause; hüpft wie ein Zaunschlüpfer im Dickigt und macht sich durch eine laute, 3mal wiederholte Stimme, die wie kiock! kiock! kiock klingt, kenntlich; nistet auf isolirten alten und hohen Bäumen, doch nur in einsamen, von Menschen ungestörten Gegenden. —

11. Gatt. Cyphorhinus *Cabanis*.
Platyurus *Swains.*

Schnabel relativ viel höher, mehr seitlich zusammengedrückt, wenig gebogen; die Nasenstrecke erhebt sich über die Nasengrube beträchtlich und bildet für sich eine Art Höcker; die Nasenlöcher sind klein, rund, offen und von einem häutigen Saum umgeben; nicht spaltenförmig und von einer Schuppe bedeckt, wie bei den meisten Gattungen der Troglodytiden. Flügel kurz, stark abgerundet; Schwanz mäßig lang, breitfedrig, die Seitenfedern stark stufig verkürzt. Beine ziemlich derbe gebaut, der Lauf oben mit verwachsenen Tafeln, die eine gemeinsame Schiene bilden, bekleidet; die Zehen ziemlich lang mit nach Verhältniß starken Krallen.

1. Cyphorhinus thoracicus *Cab.*

v. Tschudi, Fauna peruana Orn. 184. 1. th. 16. f. 1.
Platyurus affinis *Swains.* Birds of Brazilia pl. 57.

Braun, Kehle, Vorderhals und Brust rostroth.

Schnabel schwarz, Unterkiefer und Spitze weißlich; Iris braun. Rückengefieder von der Stirn bis zum Schwanz, nebst dem Bauch und der Steißgegend, ziemlich dunkelbraun, mit leichtem rostrothem Anfluge; die Stirn etwas heller, das Auge von einem dunkleren Ringe umgeben; Schwingen und Schwanz schwarzbraun, erstere matt rostroth gerandet. Kinn, Kehle, Backen und Vorderhals bis zur Brust hinab lebhaft und hell rostroth; Bauchmitte blasser, ins Weißliche fallend, Bauchseiten oliven= braun. Beine fleischbraun, die Krallen lichter gefärbt.

Ganze Länge 5″ 9‴, Schnabelfirste 9‴, Flügel 3″ 2‴, Schwanz 1″ 10‴, Lauf 1″. —

Im Urwalde an Bächen und auf Moorgrund, lebt am Boden und im Unterholz. Sein Hauptverbreitungsbezirk sind die Gegenden am oberen Amazonenstrom bis nach Peru; das südliche Brasilien berührt er nicht.

2. Cyphorhinus cantans *Gmel.*

Cabanis Wiegm. Arch. 1847. 1. 206. 2. — *Schomb.* Reise III. 673. 36. und II. 435. 448.
Turdus cantans *Gmel. Linn.* S. Nat. 1. 2. 825. 27. — *Buff.* pl. enl. 706. 2.
Turdus Arada *Lath.* Ind. orn. 1. 358. 116.
Platyurus rubecula *Swains.* nat. hist. II. 319.
Thryothorus carinatus *Id.* Birds of Braz. pl. 14.
Cyphorhinus carinatus *Caban. v. Tschudi* Fn. peruan. Orn. 184. Note.

Rückengefieder braun, fein schwarz gewellt; Kehle und Vorderhals rostroth. Brust und Bauch gelblichweiß; Ohrgegend schwarz und weiß gestrichelt. —

Schnabel schwarz, Unterkiefer am Kinnrande weißlich. Iris braun. Rückengefieder röthlich braun, die Stirn und der Oberkopf heller, röth= licher; Flügeldeckfedern, Schwingen und Schwanz dunkler schwarzbraun, in die Quere fein gewellt; bei jüngeren Vögeln auch der ganze Rücken. Kinn, Kehle und Vorderhals hell rostroth. Halsseiten, Backen, Ohrgegend bis zum Nacken hinab schwarz, jede Feder mit weißem Schaftstreif. Mitte der Brust und des Bauches weißlich gelb, die Seiten matt olivenbraun, etwas dunkler gewellt. Steiß roströthlich. Beine hell fleischbraun. —

Ganze Länge 5″, Schnabelfirste 7‴, Flügel 2″ 2‴, Schwanz 1″ 4‴, Lauf 9‴. —

Im Urwaldgebiet des nördlichen Brasiliens, doch mehr nach Osten (Para), und besonders über Guyana verbreitet; durch seinen angeneh= men Gesang, den er Morgens bei Tagesanbruch hören läßt, sich auszeich= nend. Vielleicht der beste Sänger der Tropen Süd=Amerikas. —

12. Gatt. Pheugopedius *Caban.*
Mus. Heinean. I. 79.

Schnabel von Cyphorhinus, aber etwas dicker, nicht so stark zusammengedrückt, daher die Nasenfirste breiter, stumpfer, die Spitze mehr hakig herabgebogen; Nasengrube nur kurz, das Nasenloch schmal, eigenthümlich ⌒förmig gebogen, von einer gewölbten, dachartigen Schuppe bedeckt. Flügel und Schwanz weniger verkürzt, als bei Cyphorhinus, die erste Schwinge ¾ der zweiten messend, die zweite noch stark abgestuft, die dritte wenig, die vierte und fünfte die läng= sten. Schwanz ziemlich lang, schmalfedrig, die 3 äußeren Federn jeder Seite stufig verkürzt. Beine wie bei Cyphorhinus gebaut, aber der Lauf bis oben hinauf mit getrennten Tafeln bekleidet. —

Pheugopedius genibarbis *Caban.*

Cabanis, Museum Heineanum, I. 79. 450.
Sphenura Coraya *Lichtenst.* Doubl. d. zool. Mus. 42. no. 464.
Myiothera Coraya *Spix.* Av. Bras. I. 73. 3. tb. 73. f. 2. — *D'Orbigny* Voy. d. l'Am. mér. Ois. 229.
Thryothorus Coraya *Pr. Max.* Beitr. III. b. 754. 4.

Oberkopf und Nacken braun, Rücken rothbraun, Schwanz schwarzbraun gebändert. Backen schwarz und weiß gestreift; Kehle und Hals weiß, Brust und Bauch rostgelb. —

Schnabel für die Größe des Vogels stark; Oberkiefer längs der Firste schieferschwarz, Spitze, Mundrand und Unterkiefer weiß. Oberkopf bis zum Nacken und die Nackenseiten graubraun; die vordersten Stirnfedern, die Zügel und ein Streif am Augenrande bis zum Ohr weiß; Backen und Ohrgegend schieferschwarz und weiß gestreift, einige lange schwarzbraune Streifen vom Unterkiefer her an den Halsseiten herab. Kinn, Kehle und Vorderhals weiß; von der Brust an der Ton gelblich, Bauch und Steiß entschieden rostgelb. Rücken und Flügeldeckfedern hell rostroth, die Schwin=

gen braun mit rostrothem Außenrande, am Innenrande blaßgelb gesäumt, die Gegend unter dem Bug am Flügelrande weiß. Schwanzfedern rothbraun und schwarzbraun gebändert, aber die hellen Binden schmäler und z. Th. nur als Randflecken angedeutet. Beine hell fleischbraun, die Krallen ganz blaß.

Ganze Länge 5″ 4‴, Schnabelfirste 7‴, Flügel 2″ 6‴, Schwanz 2″, Lauf 10‴.

In den Gebüschen der Waldregion bei Bahia und nordwärts bis Para; lebt im Unterholz, kommt viel auf dem Boden herab, und hat völlig das Benehmen unseres Zaunschlüpfers. —

Anm. Turdus Coraya *Gmel Linn.* S. Nat. 1. 2. 825. — *Buff.* pl. enl. 701. 1. — *Lath.* Ind. orn. 1. 358. 117. ist etwas größer, hat eine minder rostrethe, mehr umbrabraune Farbe, einen schwarzbraunen Oberkopf, eine intensiver gefärbte Bauchfläche und wie es scheint, nicht die langen schwarzen Streifen am Halse, welche vom Unterkiefer herkommen; weshalb Cabanis diese in Guyana einheimischen Vögel wohl mit Recht als eigene Art von den beschriebenen aus Brasilien absondert.

13. Gatt. Thryothorus *Vieill.*

Schnabel lang, dünn, sanft gebogen, viel schlanker als bei den vorigen Gattungen; Nasenloch eine kurz ovale, von einem erhöhten Hautrande nach oben umgebene Oeffnung. Zügelrand ohne lange Borstenfedern. Flügel kurz und stumpf, doch etwas über die Basis des Schwanzes hinabreichend; erste Schwinge zwei Drittel der zweiten, stark verkürzten: dritte noch etwas kürzer als die vierte, längste. Schwanz klein, weich, kurz, die äußeren Federn stufig verkürzt. Beine etwas feiner als bei den vorigen Gattungen, sonst ebenso; der Lauf bis oben hinauf getäfelt. —

1. Thryothorus rutilus *Vieill.*

Encycl. méth. Ois. 627. — N. Dict. d'hist. nat. Tn.
Thryothorus rutilus *Swains.* Birds of Bras. pl. 15.

Rückengefieder braun, Backen und Kehle schwarz und weiß gewellt, Brust rostroth, Bauch blaßgelb; Flügel und Schwanz schwarzbraun gebändert.

Etwas kräftiger gebaut als die folgenden Arten, mit relativ stärkerem kürzerem Schnabel; dieser hornbraun, nach der Basis lichter. Iris braun. Rückengefieder umbrabraun, der Scheitel dunkler schwarzbraun mit gelblichem Augenraudstreif; die Schwingen innen und die Schwanzfedern schwarz gebändert. Kehle, Backen und Ohrdecke weißlich, jede Feder mit schwarzem Endrande und schwarzen Querlinien; Unterhals und Oberbrust rostroth; Bauch besonders an den Seiten gelblich, die Mitte und der Steiß weißlich, letzterer grau quer gestreift. Beine bräunlich fleischfarben. —

Ganze Länge 5″, Schnabelfirste 10‴, Flügel 2″, Schwanz 1½″, Lauf 10‴.

Im nördlichen Brasilien, bei Para und Bahia. —

2. Thryothorus striolatus.

Pr. Max z. Wied. Beitr. III. b. 748. 2. — *Swains.* Birds of Braz. pl. 16.
Campylorhynchus striolatus *Spix.* Aves Bras. I. 77. 2. tb. 79. fig. 2.
Thryothorus longirostris *Vieill.* Gal. d. Ois. II. 275. pl. 168.

Rothbraun, Kehle und ein Streif über dem Auge weiß, Backen fein schwarz gestreift; Flügel und Schwanz schwarz gebändert.

Beträchtlich größer als unser Zaunschlüpfer, doch ähnlich gestaltet. Schnabel länger, stärker, mehr gebogen; Oberkiefer schwarzbraun, die Spitze beider Kiefern hellbraun, die Kinnkante und der Mundrand blaßgelb. Iris braun. Rückengefieder rothbraun, die Stirn bis zu den Augen mehr graubraun, Zügelfedern und ein Streif über dem Auge weiß; Backen und Ohrgegend fein schwarzbraun gestreift. Kehle weiß, die etwas abstehenden Federn am Kinnrande mit schwarzen Spitzen; Vorderhals blaßgelb, Brust und Bauch rostgelb, nach dem Steiß hin dunkler. Schwanzdecken ohne Querbinden. Große Flügeldeckfedern, Schwingen und Schwanzfedern dicht schwarz gebändert. Innere Deckfedern und Saum der Schwingen rostgelb. Beine hell fleischbraun.

Ganze Länge 5½″, Schnabelfirste 11‴, Flügel 2½″, Schwanz 2″, Lauf 10‴. —

Bei Neu-Freiburg, aber nur im Walde im dichten Unterholz, wo er ganz wie unser Zaunschlüpfer umherhüpft.

Anm. Die vom Prinzen zu Wied hierher gezogene Sylvia ludoviciana *Lath.* Ind. orn. II. 548. 150. — *Buff.* pl. enl. 730. ist etwas kleiner, überall heller gefärbt und nur in Nord-Amerika zu Hause. Vieillet hat die Art als Th. litoralis beschrieben (*Vieill. et Aud.* Ois. d'Am. Sept. pl. 78.). Noch näher steht dem hier beschriebenen Vogel die etwas größere Form aus Guyana, welche Cabanis Th. albipectus nennt. *Schomb.* Reise III. 673. 39.

Thryothorus polyglottus *Vieill.*

Vieill. Enc. méth. Orn. 629. — *Id.* N. Dict. d'hist. nat. Tm. 35. pag. 59.
Troglodytes omnisonus *Licht.* Mus. Berol.
Todo voz, *Azara* Apunt. II. 29. 151.

Kleiner, Gefieder rostrothgelb, Rücken, Flügel und Schwanz schwarz gebändert; Backen schwarz gestreift, Kehle und ein Streif über dem Auge weiß.

Schnabel braun, Unterkiefer blasser; Iris braun. Gefieder rostroth. Stirnrand, Zügel und ein Streif über dem Auge weiß; Backen und Ohrgegend braun, darunter ein zweiter weißer Streif, das Uebrige bis an die Seiten des Halses hinab schwarz gestreift; Kinn, Kehle und Vorderhals

weiß; Brust und Bauch rostgelbroth. Rücken, Flügel und Schwanz schwarz=
braun in die Quere gestreift, die kleinen Deckfedern wie der Nacken roth=
braun. Innere Flügeldeckfedern und Saum der Schwingen weißlich. Beine
graubraun.

Ganze Länge 4″, Schnabelfirste 6‴, Flügel 2″, Schwanz 1½″,
Lauf 8‴.

Im Innern Brasiliens auf dem Camposgebiet; zeichnet sich durch
eine angenehme, melodische Stimme aus; hüpft wie ein Zaunschlüpfer,
durch das niedrige Gesträuch, fliegt nur kurze Strecken, ist ungemein be=
hende und von früh bis spät am Tage in Bewegung.

4. Thryothorus interscapularis *Licht.*

Troglodytes interscapularis *v. Nordm. Erman* Reise, Atlas 13. 90.

Noch kleiner, graulich rostgelb, Bauchseite weißgelb; Rücken, Flügel und
Schwanz schwarzbraun gebändert.

Schnabel braun, Unterkiefer lichter. Iris braun. Gefieder mehr gelb=
lich graubraun, als röthlich gefärbt, die ganze Unterseite sehr blaß, weißlich
gelb, der Steiß röthlicher, die Kehle weiß. Scheitel, Nacken und Rücken
ziemlich dunkel. Flügeldeckfedern, Schwingen am Außenrande und der
Schwanz schwarz gebändert; die Seitenfedern des letzteren ebenfalls nur
am Außenrande. Ueber dem Auge ein weißlicher Streif bis zum Ohr, die
Ohrdecke oben braun, unten blaßgelb, braun gestreift. Beine fleischbraun.

Ganze Länge 3″ 8‴, Schnabelfirste 4‴, Flügel 1″ 9‴, Schwanz
1″ 6‴, Lauf 6½‴. —

In St. Paulo, St. Catharina und dem südlichen Brasilien.

14. Gatt. Troglodytes *Koch.*

Kleine zierliche Vögelchen, welche sich durch einen kürzeren
Schnabel auszeichnen; derselbe ist nicht grade feiner, mitunter ziem=
lich derbe, aber doch etwas anders gestaltet, zumal in der Nasen=
grube, welche kein rundes, sondern ein längliches, geschwungenes
Nasenloch am unteren Rande einer gewölbten Schuppe einschließt und
darin mehr an Cyphorhinus, als an Thryothorus erinnert. Ge=
fieder weich und zart. Flügel kurz, die erste Schwinge viel kleiner
als bei Thryothorus, nur halb so lang wie die zweite; diese be=
merkbar verkürzt, aber die dritte gleich lang mit der vierten und
fünften. Schwanz klein, schwach, schmalfedrig, die äußeren Federn

verfürzt. Beine zierlich, der Lauf hoch, die Tafeln der Vorderseite getrennt, (bei unserer Art: Tr. verus, völlig verwachsen, ohne Spur einer Trennung).

Anm. Die Gattung scheint sich nur nach dem Nasenloch von Thryothorus abzusondern; die Größe und Stärke des Schnabels ist veränderlich nach den Arten; die Täfelung des Laufs nur bei den Arten der östlichen Halbkugel zu einer bonwegenen Schiene, ohne Spur von Verwachsung der Schilder, umgestaltet.

1. Troglodytes furvus *Licht.*

Doubl. d. zool. Mus. z. Berl. 35. no. 406. — *Vieill.* Galer. II. 273. pl. 167
Motacilla furva *Gmel.* Linn. S. Nat. I. 2. 994.
Sylvia furva *Lath.* Ind. orn. II. 548. 151. — *Brow.* Illust. orn. 68. pl. 18.
Thryothorus platensis *Pr. Max.* Beitr. III. b. 742. 1.
Thryothorus aequinoctialis *Swains.* Birds of Braz. pl. 13.
Gnaricho der Brasilianer.

Rückengefieder graubraun, sehr matt dunkler gewellt; Flügel und Schwanz deutlich schwarz fein gebändert. Unterfläche röthlich sahlgelb.

Genau so groß wie unser Zaunkönig (Troglodytes verus) aber mehr braun und der Schnabel stärker. Oberschnabel braun, Unterschnabel blaßgelb. Iris braun. Rückengefieder röthlich graubraun, sehr matt dunkler gewellt; Flügel und Schwanz deutlich schwarzbraun quer gebändert, die Linien fein und dicht aneinander gerückt. Innenseite der Flügel weißlich grau; Schwingen in der Tiefe graubraun, der Innensaum weißlich, dunkler gewellt. Kehle, Zügel und ein Streif über dem Auge blaß rostgelb, Ohrdecke dunkler gestreift. Vorderhals, Brust und Bauch voller rostgelblich gefärbt, der Steiß am dunkelsten; die unteren Schwanzdecken mit blasserer Spitze, vor der eine schwarze Bogenlinie steht. Beine fleischbraun.

Ganze Länge 4″, Schnabelfirste 6‴, Flügel 2″, Schwanz 1½″, Lauf 8‴. —

Ueberall in der Nähe der Dörfer und Städte, nistet in den Dächern, legt 4—5 blaß rosafarbene, rostbraun fein besprengte Eier, und zeichnet sich durch einen lieblichen, aber schwachen Gesang aus. Ist wenig scheu, hüpft an den Zäunen, sitzt oben auf den Zaunpfählen eine Zeit lang singend, und ähnelt in seinem ganzen Benehmen unserm Zaunkönig völlig. —

2. Troglodytes platensis *aut.*

D'Orb. Voy. d. l'Am. mér. Ois. 231.
Sylvia platensis *Lath.* Ind. orn. II. 548. 149. — *Buff.* pl. enl. 730. 2.
Thryothorus platensis *Vieill.* Enc. méth. Orn. II. 471. — *Lesson* Rev. zool. 1840. 264. — *Darw.* zool. of the Beagl. III. 75.
Basacaraguay, *Azara* Apunt. II. 19. 150.

Schnabel derber, Farben blasser, sonst wie die vorige Art, aber der Schwanz kürzer.

Schnabel etwas höher, dicker und derber gebaut, der Oberkiefer braun, der untere blaßgelb. Iris braun. Gefieder des Rückens braun, gegen den Bürzel hin etwas röthlicher, ohne bemerkbare Querwellen. Flügel und Schwanzfedern schwarzbraun fein in die Quere gebändert, die Schwingen in der Tiefe graubraun, am Innenrande blaßgelb gesäumt; die inneren Flügeldeckfedern heller und dunkler rostgelb gebändert, schwarzbraun gefleckt; bald deutlicher, bald matter. Ueber dem Auge nur ein sehr wenig merklicher Streif, die Kehle weißlich, die Backen braun gestreift; Hals, Brust und Bauch blaßrostgelblich, die Brustseiten röthlicher, matt dunkler gewellt. Schwanz dunkler gefärbt und kürzer als bei der vorigen Art, Beine blasser. —

Ganze Länge 4″ 6‴, Schnabelfirste 6‴, Flügel 2″, Schwanz 1″ 4‴, Lauf 9‴. —

Lebt im Süden Brasiliens und im Binnenlande, bewohnt Paraguay, St. Paulo, Minas geraes, und vertritt dort die Stelle der vorigen, mehr im Waldgebiet einheimischen Art. Lebensweise und Betragen völlig dieselben; die Eier etwas größer, dichter gefleckt. Er nistet lieber auf hartem steinigem Grunde und baut gern in die Mauerlöcher oder in Felsspalten, wo er sie haben kann. —

Neunzehnte Familie.

Spaltschnäbler. Fissirostres.

Schnabel sehr kurz, ganz flach, am Grunde breit, mit tiefer Mundspalte, bauchig gewölbtem Oberkieferrande und herabgebogener Spitze, neben welcher sich eine seichte schwache Kerbe bemerklich macht; Nasengrube klein, mit rundem Nasenloch dicht vor dem Stirngefieder; am Zügelrande einige kurze, steife, abwärts gewendete Borsten; Zügelgefieder vortretend mit feinen, abstehenden Borstenspitzen; Augenliedränder mit kleinen Federn besetzt. Ganzes Gefieder klein, derbe, glatt anliegend, seidenartig glänzend; Schwingen und Schwanzfedern derbe, schmal, meist lang ausgezogen; an der Hand nur neun Schwingen, von denen die erste stets die längste ist; am Arm auch neun aber sehr kurze Schwingen, welche der letzten kurzen Armschwinge an Länge gleichstehen. Große Flügeldeckfedern ziemlich lang, ihr frei sichtbarer Theil ebenso lang wie die sichtbaren Theile der Armschwin-

gen und mit dem übrigen kleinen Deckgefieder von beinahe gleicher
Länge*). Schwanzfedern mehr oder minder zugespitzt, die äußeren
um so mehr verlängert, je spitzer sie sind. Beine sehr kurz, die
Laufsohle mit 2—3 großen Tafeln oder einer kurzen Stiefelschiene
an jeder Seite belegt; die Zehen zierlich mit kurzen, spitzen stark ge=
bogenen Krallen; die Außenzehe meist kürzer als die Innenzehe. —

Die Schwalben, welche dieser Gruppe angehören, sind unge=
mein schnell fliegende, gewandte, über die ganze gemäßigte und warme
Erdoberfläche verbreitete Vögel, welche Insekten im Fluge fangen, in
Erdlöchern oder angeklebten Erdnestern brüten und 2—4 weiße oder
fein rothbraun getüpfelte Eier legen. Die meisten haben am Rücken
ein stahlblau glänzendes Gefieder und eine weiße Bauchseite. In
ihrer äußeren Erscheinung harmoniren sie mit den Seglern, in der
zarten Fußbildung mit den Kolibris.

Anm. Die Spezifiker unter den Ornithologen verbinden die Schwalben
mit den Seglern zu einer Hauptgruppe, wie Boje in der Isis 1844. S. 161.,
ja behaupten sogar, daß eine Trennung derselben von einander aller natur=
gemäßen Systematik der Vögel den Todesstoß gebe, während die anatomisch=
physiologischen Forscher (wie Nitzsch, Sundeval ꝛc.) in der Trennung beider
die allein richtige Begründung eines wissenschaftlichen Systems der Vögel er=
blicken. Es ist nicht zu läugnen, daß die Schwalben hier, zwischen den Zaun=
schlüpfern und Honigsängern der neuen Welt, eine sehr gezwungene
Stellung einzunehmen scheinen; berücksichtigt man aber die in Amerika fehlenden
Zwischenglieder der östlichen Hemisphäre, so dürfte die Dissonanz sich in Har=
monie auflösen lassen. —

A. Schwalben. Hirundineae.

Andorinhae der Brasilianer.

Es giebt auf der westlichen Halbkugel nur diese eine Gruppe
der Fissirostres, während die östliche Erdhälfte noch einen Theil
der Fliegenschnepper (Muscicapidae), die Ceblepyriden und
Ocypteriden (Artamidae) als hierhergehörige Formen aufzuweisen
hat. Wir halten es darum für unnöthig, die Unterschiede derselben
zu erörtern; sie liegen hauptsächlich in der Schnabel= und Fuß=
bildung. —

*) Dieser Flügelschnitt unterscheidet die ächten Schwalben sehr leicht von den
Cypseliden, bei denen die Armschwingen viel kürzer, und die Deckfedern
relativ viel länger sind; besonders die vorderen oder Handdecken. Auch
sitzen zehn Federn am Handtheil, nicht neun. Die Kolibris stehen in die=
sen Verhältnissen den Schwalben schon etwas näher, als die Segler; aber
die Anlage ist doch ganz die der Segler, nicht schwalben= oder singvogelartig.

1. Gatt. Progne *Boje*.

Isis, 1826. 971. — Cecropis *Lesson*.

Große Schwalben mit kräftiger Schnabelbildung, deren Gefieder sich durch einen sehr dunklen Stahlglanz, wenigstens am Rücken, auszuzeichnen pflegt. Der Schnabel ist nicht bloß lang, sondern auch ziemlich hoch, mehr gewölbt, am Ende ziemlich hakig herabgebogen, am Grunde breit, nach vorn allmälig von den Seiten zusammengedrückt; das Nasenloch liegt frei und deutlich vor dem Kopfgefieder. Das Gefieder ist sehr derbe, in der Jugend grau mit weißlicher Unterfläche, im Alter stahlblau, entweder einfarbig oder mit weißer Bauchseite. Die ruhenden Flügel reichen bis ans Ende des Schwanzes; letzterer ist gabelförmig, stark ausgeschnitten, aber ziemlich breit und die äußerste längste Feder reicht nicht weiter als die Spitze der ruhenden Flügel. Die Beine sind besonders stark gebaut, der Lauf ist nackt, hinten getäfelt; die Zehen dick und fleischiger als bei anderen Schwalben, die Außenzehe etwas länger als die Innenzehe.

1. Progne purpurea *Linn.*

Hirundo purpurea *Linn.* S. Nat. I. 1. 344. — *Lath.* Ind. orn. II 578. 22. — *Buff.* pl enl. 722.
Hirundo violacea *Gmel. Linn.* S. Nat. I. 2. 1026. 36.
Hirundo chalybaea *Pr. Max z. Wied.* Beitr. III. a. 354. 1.
Hirundo versicolor *Vieill.* N. Dict. d'hist. nat. X. 509.
     Junger Vogel.
Hirundo Subis *Linn.* S. Nat. I. 344. 7.

Alter Vogel ganz stahlblau.

Junger Vogel am Rücken grau, Flügeldeckfedern stahlblau, Kehle und Brust grau mit weißen Federrändern, Bauch weiß.

Die größte Schwalbe Amerikas, größer als Cypselus Melba, aber Flügel und Schwanz kürzer und daher nicht größer erscheinend. — Schnabel des a l t e n Vogels glänzend schwarz, sehr hoch und dick nach vorn, der Mundrand aufgeworfen; Iris graubraun. Ganzes Gefieder lebhaft stahlblau; Flügel und Schwanz matter graulicher gefärbt; recht alte Individuen am Kopfe und der Brust lebhaft violett schillernd. Beine dunkel fleischbraun. Erste Schwinge kaum länger als die zweite.

Junger Vogel matter gefärbt, der Schnabel hornbraun, mit blaß rothgelbem Mundrande; die Beine lichter fleischbraun. Das Gefieder anfangs ganz rauchgrau, die Brust mit breiten weißen Federrändern, die

Bauchmitte und der Steiß weiß, grauflecfig; die Bauchseiten mit grauen Federschäften. Flügeldeckfedern mehr oder minder stahlblau und nur so intensiver gefärbt, je älter der Vogel ist. Vor dem Auge ein schwärzlicher Bürstenfleck.

Ganze Länge 8″, Schnabelfirste 5‴, Flügel 5¾—6″, Schwanz in der Mitte 1½, an den Seiten 2⅓″ lang, Lauf 6‴. —

Die Weibchen tragen das Federkleid des jungen Vogels länger und brüten schon, während der Rumpf noch grau gefärbt ist, obgleich die Flügel bis zu den großen Deckfedern hinab einen lebhaften, vollen Stahl= glanz besitzen. Sie sind auch etwas größer, als die ganz stahlblauen Männ= chen. Das ganz alte Weibchen wird zwar stahlblau, aber nie so lebhaft und schön wie das Männchen; scheint auch den weißen Unterbauch und Steiß zu behalten. Bei jüngeren Vögeln sind diese Theile grau gefleckt. —

Gemein in den Umgebungen Rio de Janeiros und ziemlich durch das ganze tropische Süd=Amerika bis nach Nord=Amerika hinauf verbreitet; nistet an alten Gebäuden oder in Felsenlöchern, und verräth sich bald durch ihre Größe.

Anm. Hirundo chalybaea *Gmel. Linn.* Nat. I. 2. 1026. — *Lath.* Ind. orn. II. 578. 21. — *Buff.* pl. enl. 545. 2. — ist etwas kleiner, als die vor= stehende Art und hat jung eine blaß graugelblichweiße Unterseite, welche dem Weibchen bleibt, dem Männchen im reifen Alter fehlt.

2. Progne dominicensis.

Hirundo dominicensis *Briss.* Orn. II. 493. 3. — *Gmel. Linn.* S. Nat. I. 1025. 33. — *Lath.* Ind. orn. II. 577. 18. — *Buff.* pl. enl. 545. 1. Progne dominicensis *Boje,* Isis 1844. 178. Hirundo albiventris *Vieill.* N. Dict. d'hist. nat. X. 509.

Rückengefieder stahlblau, Brust und Vorderhals bis zur Kehle grau, Bauch und Steiß weiß.

In allen Theilen kleiner als die vorige Art, besonders der Schnabel flacher und zierlicher; hornschwarzgrau, die Ränder etwas lichter. Rücken= gefieder von der Stirn an stahlblau, vor dem Auge ein schwarzer Bürsten= fleck. Flügel und Schwanz matter stahlglänzend, die Innenseite grau. Kehle, Vorderhals und Brust grau, die Ränder der Federn lichter; die Seiten der Brust mit einem stahlblauen Fleck. Bauch und Steiß weiß, die Bauchseiten mit schwärzlichen Schäften. Beine heller fleischbraun, zumal im Alter. Erste Schwinge beträchtlich länger als die zweite.

Der junge Vogel hat einen ganz grauen Rücken und matter stahl= blau schillernde Flügel; das Weibchen ist etwas größer als das Männ= chen und an der Brust grauer; das alte Männchen hat den vollsten

Stahlglanz, einen mehr violetten Oberkopf und eine fast ganz weiße Unter=
seite, indem nur auf der Brust viel Grau durchschimmert.

Ganze Länge 7″, Schnabelfirste 3‴, Flügel 5¼″, Schwanz in der
Mitte 1¾, an der Seite 2⅙″, Lauf 5‴.

Bewohnt die Gebirgsthäler der Küsten=Walddistrikte und findet sich
in Menge bei Neu=Freiburg; nistet wie die vorige Art, an alten Gebäuden,
Kirchen, Felsen, in Löchern, und stimmt im Betragen ganz damit überein.

Anm. Der Prinz zu Wied hat diese Art mit der vorigen verwechselt,
wie nicht bloß seine Beschreibung, sondern auch die Ausmessung zeigt. Ob die
von Vieillot mit dem Namen Hirundo domestica (Enc. méth. Orn. 527. —
N. Dict. d'hist. nat. XIV. 520.) belegte Golondrina domestica Azara's (Apunt. II. 502.
no. 300.) wirklich von der hier beschriebenen Art verschieden ist, wage ich zu
bezweifeln, wiewohl ich kein Exemplar aus Paraguay gesehen habe; Azara's
Beschreibung läßt wenigstens keine wirkliche Verschiedenheit erkennen. Nach
Dr. Hartlaub (Syst. Ind. zu Azara, S. 19.) ist sie sogar identisch mit Progne
purpurea (no. 1.), was ich für weniger sicher halte. Boie dagegen verbindet sie
(Isis, 1844. 178. 2.) mit H. chalybaea und Dr. Cabanis (Mus. Heinean. I. 51.
315.) entscheidet sich für die Verschiedenheit beider Spezies, weiß aber nur "etwas
größere Körperverhältnisse" für Azara's Art anzugeben. Das ist für die von
mir mitgebrachten Individuen nicht zutreffend. — Vergl. auch v. Tschudi Fn.
peruan. Orn. 21. 2. 132. — D'Orbign. Voy. d. l'Am. mér. in Lafr. Syn. Guér.
Magaz. 171. 68. 1. und Darwin Zool. of the Beagle. Orn. III. 38.

2. Gatt. Cotyle Boje.
Isis 1822. 550.

Schnabel sehr viel flacher, als in der vorigen Gattung, beson=
ders nach vorn zu; die Spitze gar nicht kuppig gewölbt, sehr fein,
stark seitlich zusammengedrückt, weniger abwärts gebogen; übrigens
der Schnabel nicht kürzer als bei Progne, aber viel länger als bei
Hirundo; die Nasengrube vortretender, das Nasenloch frei vor dem
Kopfgefieder. Mundrandborsten sehr fein. Gefieder etwas weicher,
entweder ganz ohne allen Stahlglanz, oder nur am Rücken und hier
viel matter glänzend, als bei Progne; die Hauptfarbe ein trübes
Graubraun mit lichterer Bauchseite. Flügel lang und spitz, über den
Schwanz in der Ruhe hinausreichend; erste Schwinge kaum länger
als die zweite. Schwanz nicht grade kurz oder schmalfedrig, aber
sehr wenig ausgeschnitten; die mittleren Federn etwas kürzer als die
äußeren, weniger zugespitzten, ziemlich stumpfen Federn. Beine
fein und zierlich gebaut, der Lauf stark seitlich zusammengedrückt, die
Zehen viel zarter, dünner mit schwächeren, kürzeren Krallen; die
Außenzehe nicht länger als die Innenzehe, am Grunde mit der Mit=

telzehe inniger verbunden. Der flachere aber doch langgezogene ziem=
lich kräftige Schnabel und der kürzere, wenig ausgeschnittene Schwanz
bilden die Kennzeichen dieser Gruppe. —

1. Cotyle Tapera.

Hirundo Tapera *Linn.* S. Nat. I. 345. 9. — *Lath.* Ind. orn. II. 579. 23.
Progne Tapera *Caban.* Schomb. Reise III. 672. 31. — Mus. Heinean. I.
51. 316.
Hirundo pascuum *Pr. Max* z. *Wied.* Beitr. III. a. 360. 2.

Rückengefieder graubräunlich, Flügel und Schwanz dunkler; Unterseite weiß,
Brust graubraun gefleckt.

Fast so groß wie Cypselus apus, der Kopf kleiner; der Rumpf stär=
ker, die Flügel und der Schwanz etwas kürzer. Rückengefieder graubraun,
die Ränder der Flügeldeckfedern etwas lichter; die Schwingen und der
Schwanz schwärzlicher, mit mattem Seidenschiller. Schnabel hornbraun=
grau, der Kinnrand lichter; relativ nicht kleiner als bei Progne, aber viel
flacher, vorwärts gestreckter, und besonders der Mundrand grader, erst
hinten vor dem Auge etwas bauchig abstehend. Iris braun. Unterseite
am Kinn bis zum Halse weiß, die Halsseiten und die Brust rauchgrau, die
Ränder der Federn lichter; die Bauchmitte und der Steiß ganz weiß, die
letzten Steißfedern unter dem Schwanze sehr lang, fast so lang wie die
mittleren Schwanzfedern selbst; Unterschenkel und Bauchseiten rauchgrau.
Beine hell fleischbraun.

Ganze Länge 7″, Schnabelfirste 5‴, Flügel 5″, Schwanz 2½″,
Lauf 5‴. —

Auf dem Camposgebiet des Innern, aber auch dort nicht grade häu=
fig; lebt nicht im Walde, sondern jagt zwischen dem zerstreuten Buschwerk
der Campos nach Insekten, ruhet auf isolirten Zweigen, nistet in alten
Baumstämmen und meidet die Nähe des Menschen. —

Anm. 1. Wegen der bedeutenden Größe haben Cabanis und Bona=
parte diese Art zu Progne gestellt, aber weder die Schnabelform noch der
Schwanzschnitt rechtfertigen die Verbindung; darin harmonirt die Schwalbe
vollständig mit der folgenden Hirundo leucoptera *Linn.*
2. Azara's Golondrina parda (Apunt. II. 505. no. 301.) darf meines Er=
achtens unbedenklich zu dieser Art gezogen werden; auch von ihr wird eine
etwas geringere Größe als Unterschied angegeben, den ich nicht finden kann; sie
ist Hirundo fusca *Vieill.* Enc. méth. Orn. 529. — D. Dict. d'hist. nat. XIV.
510. — Progne fusca *Caban.* Mus. Heinean. I. 51. 317.

2. Cotyle leucoptera *Gmel.*

Hirundo leucoptera *Gmel. Linn.* S. Nat. I. 2. 1022. 26. — *Lath.* Ind. orn.
II. 579. 25. — *Buff.* pl. enlum. 546. 2.   *v. Tschudi* Fn. per. Orn.
21. 3. 132.

Rückengefieder erzgrün, Bauchſeite und Saum der Armſchwingen weiß.

Schnabel groß für den Vogel, namentlich breit am Grunde und ziem=
lich lang, ähnlich wie bei der vorigen Art gebaut, hornſchwarz. Rücken=
gefieder glänzend metalliſch blaugrün, die Schwingen und der Schwanz
faſt ſchwarz, nur wenig bläulich glänzend; Armſchwingen breit weiß ge=
ſäumt, bei jüngeren Vögeln auch die großen und die unteren kleinen Deck=
federn mit weißem Rande. Bürzel, die ganze Unterfläche vom Kinn bis
zum Steiß und die Innenſeite der Flügel weiß. Schwanzfedern am Grunde
weiß, die äußeren allmälig breiter weiß; die längſten oberen Schwanzdecken
mit ſchwarzer Spitze. Beine fleiſchbraun. —

Ganze Länge 5″, Schnabelfirſte 3‴, Flügel 4″, Schwanz 1½″.

Am Flußufer der größeren Ströme des Waldgebietes ziemlich durch
ganz Braſilien verbreitet; fliegt niedrig über dem Waſſer hin, fängt In=
ſekten, niſtet in alten Stammäſten oder dichten Holztrümmern nahe dem
Boden, und legt 2 weiße Eier.

Anm. 1. Im ſüdweſtlichen Süd=Amerika wird dieſe Art durch die Hirundo leucorrhoea *Vieill.* Encycl. méth. 521. — H. leucopyga *Licht.* —
Golondrina rabadilla blanca *Azara*, Apunt. etc. II. 509. 304. — H. frontalis
Gould. Zool. of the Beagl. Orn. III. 40. vertreten. Letztere unterſcheidet ſich
durch einen weißen Zügelſtreif, der auf der Stirn am Naſenloch beginnt, und
die einfarbigen ſchwarzblauen Armſchwingen von der ächten H. leucoptera.
　2. Noch eine ähnliche Art iſt Hirundo leucopyga *Meyen* Reiſe. Nov.
act. phys. med. S. C. L. C. X. C. 1834. Suppl. 73. pl. 10. — Petrochelidon Meyeni
Caban. Mus. Hein. I. 48. 300. — Rückengefieder, Flügel und Schwanz ſtahl=
blau; Bürzel und Bauchſeite vom Kinn bis zum Steiß weiß; über die Bruſt
eine graulicke Binde, kein weißer Zügelſtreif. — Chili. —

3. Cotyle flavigastra.

Boje, Isis. 1844. 170. — *Caban.* Mus. Hein. I. 49. 308.
Hirundo flavigastra *Vieill.* Enc. méth. 531. no. 51. — N Dict. d'hist. nat.
　XIV. 534.
Hirundo jugularis *Pr. Max z. Wied.* Beitr. III. a. 365. 4.
Hirundo hortensis *Licht.* Doubl. d. zool. Mus. 57. no. 592. — *Temm.* pl.
　col. 161. 2.
Hirundo ruficollis *Vieill.* Enc. méth. 525. 27.
Golondrina vientre amarillizo, *Azara* Apunt. etc. II. 512. no. 306.

Schnabel feiner, beſonders kürzer; Gefieder graubraun, Schwingen und
Schwanz ſchwärzlich, Kehle roſtroth, Steiß weißgelb.

Der etwas feinere, kürzere, ſchneller zugeſpitzte Schnabel giebt dieſer
Art ein zierlicheres Anſehn; ſie hat aber übrigens ganz die Bildungsver=
hältniſſe der vorigen. Der Schnabel iſt hornbraungrau, die Iris dunkel=
braun. Das ganze Gefieder hat einen rauchbraunen Ton, der auf dem
Rücken einen lebhaften Seidenſchiller zeigt; die Schwingen und Schwanz=
federn fallen ins Schwärzliche, aber die letzten, mehr bräunlichen Arm=

schwingen haben einen deutlichen weißgrauen Rand; die Unterseite der Flügel und der von den langen Steißfedern bedeckte Schwanzgrund sind hellgrau. Die Kehle ist vom Kinn bis zum Halse hell rostrothgelb, die Brust lichter rauchbraun, die Bauchmitte weißlich, der Steiß, zumal am After, blaßgelblichweiß, die äußerste Spitze der langen unteren Schwanz= decken schwarz mit weißlichem Rande. Die Schwanzfedern sind kürzer und stumpfer als bei Cotyle leucoptera und die mittleren nur sehr wenig kürzer als die äußeren. Die zierlichen Beine sind schwarz, die Unterschenkel blaßgelb. —

Ganze Länge 5″, Schnabelfirste 2⅓‴, Flügel 4″, Schwanz 2″.

Auf dem Camposgebiet des inneren Brasiliens eine häufige, allge= mein verbreitete Art, die sich ohne Scheu bis in die Ansiedelungen begiebt und besonders am Vormittage in den Gärten der Häuser ruhend auf alten laublosen Bäumen sitzend gefunden wird. So fand ich sie in Congonhas fast täglich im August und September hinter meinem Wohnhause. Sie nistet, wie unsere Uferschwalbe, in Erdlöchern an abschüssigen Lehmge= hängen, ziemlich hoch über dem Boden; aber weniger an Flußufern, als in den trocknen Thalschluchten, und legt 2 weiße Eier. —

Anm. Dieser Art steht die Hirundo fucata *Temm.* pl. col. 161. 1. am nächsten; sie ist ebenso gestaltet, aber am Rücken etwas dunkler gefärbt und an der Bauchseite ganz weiß; dagegen dehnt sich die rostgelbe Kehle über den Hals und Oberkopf aus und nimmt einen etwas dunklern Ton an. — Azara's Golondrina rabadilla acanelada (Apunt. II. 511. no. 305.) ist damit nicht identisch, sondern offenbar eine eigene Art, welche Vieillot Hirundo pyrrhonota genannt hat (Encycl. méth. Orn. 524.). Zu Hir. americana *Gmel.* kann sie wohl nicht gehören, weil sie ungefleckte Schwanzfedern besitzt; Azara giebt folgende Be= schreibung: Ganzer Bau von der vorigen Art (Cotyle flavigastra); Stirn bis zum Auge, Backen und Kehle weinroth; Oberkopf, Nacken und Rücken stahlblau, mit matteren graubraunen Federnrändern; Unterrücken und Bürzel roth; obere Schwanzdecken braun, weißlich gesäumt; Flügel und Schwanz schwärzlich, erstere innen röthlich graubraun; Brust und Bauch weiß, Steiß schwarz, auf dem Vor= derhalse ein stahlblauer Fleck.

3. Gatt. Atticora *Boje.*
Isis 1844. 172.

Zierlich gebaute Schwalben mit feinem, kurzem und überhaupt sehr kleinem Schnabel, dessen Nasengrube mit dem Nasenloch unter dem Stirngefieder versteckt bleibt. Das Rückengefieder ist ziemlich derbe, mit mattem oder lebhaftem Stahlglanze, welche Farbe auch dem Bür= zel und Steiß unter dem Schwanze, obgleich minder glanzvoll, zu= steht; die Schwingen und der Schwanz sind kohlschwarz, ohne Stahl= schiller und die erste Schwinge ist nicht viel länger als die zweite.

Der deutlich gabelförmige Schwanz ist theils etwas kürzer als die ruhenden Flügel, theils länger; doch sind in diesem Fall die äußersten Schwanzfedern nicht sehr verschmälert, und keine von ihnen hat einen weißen Fleck. Die sehr zierlichen Beine haben kurze Zehen, wovon die äußere kaum etwas länger ist als die innere. —

1. Atticora fasciata.

Hirundo fasciata *Gmel. Linn. S. Nat.* I. 2. 1022. 24. — *Lath.* Ind. orn. II. 575. 8. — *Ruff.* pl. enl. 724. 2.   *Swains.* zool. Illustr. I. pl. 39.

Schwarz mit leichtem Stahlschiller am Rumpfe; eine Binde über die Brust und die Unterschenkel weiß.

So groß wie Cypselus apus, dunkel blauschwarz, seidenartig schillernd, nur auf dem Scheitel und dem Rücken Spuren von wirklichem Stahlglanze. Schnabel horngrau, Flügel und Schwanz kohlschwarz, Iris schwarzbraun, Beine dunkel fleischbraun. Mitten über die Brust, in der Gegend des Flügelbugs, liegt eine mäßig breite weiße Binde; außerdem nur noch die Unterschenkel weiß. Schwingen lang zugespitzt, die erste die längste; Schwanz tief gabelförmig, das äußerste Federnpaar etwas länger als die ruhenden Flügel.

Ganze Länge 6″, Schnabelfirste 2½‴, Flügel 4″, Schwanz 3″.

Im nördlichen Brasilien bei Para und weiter hinauf über Guyana verbreitet; lebt im Walde, fliegt über den offenen Wasserflächen der Flüsse, nach Insekten schnappend; ruht auf überhängenden Zweigen der Ufer= gewächse oder auf den kahlen Aesten der im Fluß steckenden Bäume, und ist sehr munter und beweglich.

Atticora melanoleuca.

Hirundo melanoleuca *Pr. Wied.* Beitr. III.   371. 6. — *Temm.* pl. col. 209. 2.

Rückengefieder und eine Binde über die Brust stahlblau, Unterseite bis zum After weiß, Steiß schwarzgrau.

Beträchtlich kleiner als unsere Hausschwalbe (Hir. rustica) aber von deren Ansehn, nur der Kopf mit dem Schnabel kleiner, zierlicher. Schna= bel schwarz, Iris schwarzbraun, Beine schiefergraubraun. Rückengefieder dunkel stahlblau, aber die Federn in der Tiefe weiß, besonders im Nacken, der dadurch in gewissen Stellungen einen weißlichen Ring erhält. Flügel und Schwanz schwarzbräunlich, die Schäfte entschiedener braun. Unter= seite vom Kinn bis zum After weiß, aber mitten über die Brust, vor dem Flügelbug, eine stahlblaue Binde; Steiß und untere Schwanzdecken bräun=

lich schwarz, Innenseite der Flügel grau. Schwanz tief gabelförmig, län=
ger als die ruhenden Flügel.

Ganze Länge 5″ 4‴, Schnabelfirste kaum 2‴, Flügel 3½″, Schwanz
über 3½″.

Lebt auf dieselbe Weise an den Flüssen im Waldgebiet des mittleren
Brasiliens und wurde vom Prinzen zu Wied am Rio Belmonte ent=
deckt; besonders die von Felsenspitzen unterbrochenen Stromschnellen scheint
sie zu lieben.

Atticora cyanoleuca.

Cabanis, Mus. Heincan. I. 47. 295.
Hirundo cyanoleuca *Vieill.* Enc. méth. Orn. 521.
Hirundo melampyga *Licht.* Doubl. d. zool. Mus. 57. 593. — *v. Tschudi* Fn.
    Per. Orn. 21. 4. 133. — *Darw.* zool. of the Beagle. III. Orn. 41.
Hirundo minuta *Pr. Wied.* Beitr. III. a. 369. 5. *Temm.* pl. col. 209. 1.
Golondrina timoneles negros, *Azara* Apunt. II. 508. 303.

Rückengefieder und Steiß stahlblau; Unterseite vom Kinn bis zum After
weiß, dahinter schwärzlich. —

Im Rumpf nicht kleiner als die vorige Art, aber wegen des viel kür=
zeren Schwanzes kleiner erscheinend. Schnabel schwarz, Iris schwarzbraun,
Beine dunkel fleischbraun. Rückengefieder glänzend stahlblau, die Federn
in der Tiefe hellgrau, woraus im Nacken bisweilen ein lichterer Ring ent=
steht. Große Deckfedern, Schwingen und Schwanz schwarz, seidenartig
schillernd. Steiß hinter dem After grau, dann stahlblau unter dem
Schwanze. Kinn, Kehle, Vorderhals, Brust und Bauch weiß, bei jüngeren
Vögeln blaß rostgelblich überlaufen, besonders am Vorderhalse; Innenseite
der Flügel rauchbraungrau, Unterschenkel schwarzbraun. Schwanz kürzer
als die ruhenden Flügel, stumpf gabelförmig; erste und zweite Schwinge
gleichlang. —

Ganze Länge 4″ 6—8‴, Schnabelfirste 1½‴, Flügel 3½″,
Schwanz 2″.

Von allen Schwalbenarten Brasiliens die gemeinste in dem von mir
bereisten Striche; in jeder Stadt, in jedem Dorf in Menge vorhanden.
Nistet unter den Dachziegeln, da wo sie auf dem Gesimse ruhen, wie bei
uns die Sperlinge; baut ein kunstloses Nest aus trocknen Gräsern, Haaren,
und legt 2 weiße Eier. — Die Art scheint übrigens in angebauten Ge=
genden häufiger zu sein und dort auch im übrigen Süd=Amerika nicht zu
fehlen; Azara beschreibt sie aus Paraguay, v. Tschudi aus Peru, ich
selbst erhielt sie aus Columbien und traf sie sowohl in Rio de Janeiro, als
auch in Neu=Freiburg, Congonhas und Lagoa santa. —

4. Gatt. H i r u n d o *Linn.*

Cecropis *Boje.* Isis 1826. 971.

Schnabel etwas gröber gebaut, mehr wie bei Cotyle, doch nicht ganz so schlank, kürzer dreiseitig gestaltet; Nasengrube mit den Nasen= löchern vor dem Stirngefieder sichtbar. Gefieder derbe, glatt, am Rücken stahlblau; Stirn, Kehle und oft auch die ganze Unterseite mehr oder weniger rostroth. Flügel schlank und spitz, die beiden er= sten Schwingen gleich lang. Schwanz gabelförmig, die meisten Steuerfedern an der Innenfahne mit einem weißen Fleck; die äuße= ren gewöhnlich stark verlängert und dann mehr oder weniger ver= schmälert. Beine mit kurzem Lauf aber langen Zehen, sehr fein gebaut, der Lauf nackt; die Außenzehe nur so lang wie die Innen= zehe, alle mit langen, spitzen, wenig gebogenen Krallen. —

Ueber die ganze Erdoberfläche verbreiten sich die hierhergehörigen, einander sehr ähnlichen Arten; sie sind an ihren weißgefleckten Schwanzfedern schon im Fluge zu erkennen. In Brasilien kommt nur eine Art und noch dazu nicht eben häufig vor.

Hirundo rufa *Gmel.*

Gmel. Linn. S. Nat. I. 2. 1018.   **Lath.** Ind. orn. II. 574. 5. — *Buff.* pl. enl. 724. 1.
Hirundo americana *Wils.* Am. orn. I. pl. 38. f. 1. 2.
Hirundo cyanopyrrha *Vieill.* Enc. méth. Orn. 528.
Golondrina vientre roxizo, *Azara* Apunt. II. 507. no. 302.

Rückengefieder matt stahlblau, Unterseite des Körpers bis zum Steiß rost= gelbroth. —

Größe und Ansehn völlig wie unsere Rauchschwalbe (Hir. rustica); Schnabel schwarz, Iris schwarzbraun, Beine dunkel fleischbraun. Stirn, weißlich, die hintere Partie ins Rostgelbe spielend. Oberkopf und ganzer Rücken stahlblau; die Flügel und der Schwanz braunschwarz, alle seitlichen Steuerfedern mit einem weißen Fleck an der Innenfahne. Kehle, Vorder= hals, Brust, Bauch und Steiß rostgelbroth; die Mitte des Bauches und der Brust matter, weißlicher; an jeder Seite der Brust vor dem Flügelbug ein schwärzlich stahlblauer Fleck; die Innenseite der Flügel weißgelblich. Aeußere Schwanzfedern sehr schmal, lang zugespitzt. —

Ganze Länge 5" 8''', Schnabelfirste 2''', Flügel 4" 3''', Schwanz 2" 8'''.

Ich habe diese Art auf meiner Reise nicht getroffen, ebenso wenig der Prinz zu Wied; sie scheint mehr den inneren Gegenden anzugehören, hier aber über ganz Süd-Amerika verbreitet zu sein, denn Azara fand sie in Paraguay und wir besitzen Exemplare aus Guyana und Columbien. —

Anm. In Nord-Amerika vertritt die Hirundo americana *Gmel. Linn.* S. Nat. 1. 2. 1017. — *Lath.* Ind. orn. II. 581. 29. — *Vieill.* Ois. Am. sept. pl. 60. — *Audeb.* Am. Av. tb. 173. — deren Stelle; sie ist größer, 6½" lang, hat einen stärkeren, nicht so tief gabeligen Schwanz und eine weiße Unterseite, wovon nur der Bürzel und Steiß rostgelbroth sind. —

Zwanzigste Familie.

Dünnschnäbler. Tenuirostres.

Der Schnabel gleicht in dieser Gruppe im Allgemeinen einem gebogenen Pfriem von ziemlicher Stärke; er ist also so lang wie der Kopf oder etwas länger, sanft gekrümmt, allmälig und fein zugespitzt, mit grader Spitze ohne Kerbe. Die Nasengrube tritt vor, ist aber nicht eben lang und das Nasenloch eine kleine Längsspalte. Sehr bezeichnend für die Gruppe ist die ziemlich lange, tief zweilappige, am Ende jedes Lappens pinselförmig zerschlissene Zunge, deren Entwickelung stets mit der Länge und Zartheit des Schnabels Hand in Hand geht. Diese Zunge senken die Vögel in Blumen oder Rindenspalten, um daraus, nach Art der Kolibris, die kleinen Insekten hervorzuholen. Daß sie dabei aus ersteren Blumenhonig mit einsaugen, mag seine Richtigkeit haben; der Honig ist aber hier so wenig, wie bei den Kolibris, Hauptnahrung. Die Flügel sind ziemlich lang, aber nie so spitz, wie bei den Schwalben oder Kolibris; sie reichen gewöhnlich bis auf die Mitte des Schwanzes; der Handtheil trägt, mit seltenen Ausnahmen, nur neun Federn, von denen die erste nur wenig verkürzt zu sein pflegt; bei zehn Federn an der Hand ist die erste sehr kurz und nicht halb so lang wie die zweite. Der Schwanz ist von mäßiger Länge, ziemlich grade abgestutzt, mitunter keilförmig aber kaum gabelförmig. Die Beine sind ziemlich stark, der Lauf mäßig dick, vorn getäfelt; die Zehen haben keine besondere Länge und auch nur kleine, doch ziemlich gekrümmte Krallen; bei den Meisten ist der Daumen nach Verhältniß klein, nur die welche klettern können, wie die Certhiaceen, haben große

Krallen, einen starken Daumen und z. Th. einen kräftigen Stemm=schwanz. —

Die Mitglieder dieser Gruppe sind vorzugsweise über die alte Welt verbreitet; die Certhiaceen, Meliphagiden und Necta=rineiden gehören hierher; Süd=Amerika besitzt nur von den letzteren einige Mitglieder, welche sich als besondere Unterabtheilung der Dacniden aufstellen lassen. Daher charakterisiren wir sie allein.

A. Saiiden. Dacnidae.

Schnabel ziemlich stark, ein= bis anderthalbmal so lang wie der Kopf, sehr fein zugespitzt. Erste Handschwinge fehlt gänzlich, also nur neun Federn am Handtheil. Schwanz kurz, weich, grade abge=rundet. Beine fein und zierlich, der Daumen oder die Hinterzehe kurz. Zunge in zwei breite, am Ende gefranzte Lappen getheilt. Ge=fieder ohne Metallglanz.

1. Gatt. Coereba Vieill.
Arbelorhina Cabanis.

Schnabel länger als der Kopf, dünn, seitlich etwas zusammen=gedrückt, vom Grunde bis nach der Spitze ziemlich gleich hoch, am Ende schnell zugespitzt, mit leichter Spur einer Kerbe neben der Spitze. Nasengrube bis zum Nasenloch befiedert, letzteres eine ovale Oeffnung in der Spitze der Grube. Zunge ziemlich lang, zwei=lappig, die Lappen am Ende gefasert. Gefieder beider Geschlechter sehr verschieden, das des Männchens prachtvoll, das des Weibchens düster. Flügel spitz, die erste bis dritte Schwinge gleich lang und die längsten. Schwanz mäßig lang, grade abgestutzt. Beine in allen Theilen klein, die Tafeln des Laufs sehr lang, so daß man bei flüchtiger Ansicht sie als zur Stiefelschiene verwachsen ansehen könnte. Hinterzehe mit sehr kleiner Kralle.

Coereba cyanea Linn.

Certhia cyanea Linn. S. Nat. I. 188. — Lath. Ind. orn. I. 291. 34. —
　Buff. pl. enl. 83. 2. mas.
Certhia cayana Linn. S. Nat. I. 186. 9. — Lath. I. l. 293. juv. 37. —
　Buff. pl. enl. 682. 2. fem.
Certhia cyanogastra Lath. ibid. 295. 46.
Certhia armillata Lath. ibid. 298. 55. fem.

Coereba cyanea *Vieill.* Gal. II. 288. pl. 176. — *Pr. Max* Beitr. III. b. 761.
I. — *Reichenb.* Handb. I. 236. 563.
Arbelorhina cyanea *Cabanis Schomb.* Reise III. 675. 46.
Çaï der Braſilianer.

Männchen laſurblau, Scheitel himmelblau; Zügel, Oberrücken, Flügel und Schwanz ſchwarz, die Schwingen innen gelb.

Weibchen graugrün, Kehle und Augenſtreif weißlich; Schwingen und Schwanz ſchwärzlich, grün gerandet; Bauchſeite weißlich geſtreift.

Schnabel dünn, ſchlank, ziemlich gleich hoch, ſchwarz. Iris braun. — Gefieder des Männchens am größten Theile des Rumpfes dunkel ultra= marinblau, faſt laſurfarben, glänzend; Oberkopf himmelblau, die Mitte heller. Zügel bis zum Auge, Nacken, Oberrücken, Flügel, Steiß und Schwanz kohlſchwarz, der Rücken mehr ſammetſchwarz. Schwingen an der Innenſeite breit gelb geſäumt, ebenſo die mittleren unteren Deckfedern. Beine fleiſchrothgelb.

Weibchen und junger Vogel grün; Stirn, Zügel, Augenſtreif und Backen unter dem Auge weißlich, die Ohrdecke grün, fein weiß geſtreift. Schwingen und Schwanz ſchwärzlich, die Außenſeite aller Federn grün, die Innenſeite der Schwingen und die unteren Deckfedern blaßgelb. Bauch= ſeiten heller, die Mitte der meiſten Federn weißlich; Steiß und Bauchmitte faſt ganz weiß, Bürzel am lebhafteſten grün. Beine fleiſchbraun. — Ganze Länge 4½″, Schnabelfirſte 8‴, Flügel 2½″, Schwanz 1⅓″, Lauf 6‴. —

Dem jungen Vogel fehlen die gelben Säume der Schwingen, ihre Farbe iſt bloß lichter grauweiß; die Beine und der Schnabel haben eine hellere Farbe als am alten Weibchen, und das ganze Colorit iſt matter. Nach der erſten Mauſer tritt beim Männchen ſchon die Färbung des alten Vogels ein, das Blau iſt aber matter, als bei recht alten Vögeln.

Im ganzen Waldgebiet des tropiſchen Braſiliens, von Rio de Janeiro nördlich bis nach Para und weiter hinauf bis Guyana und Columbien; überall bekannt und nirgends ſelten. Hauptnahrung ſind Inſekten, zur Zeit der Reiſe aber naſchen ſie gern an ſaftigen zuckerhaltigen Früchten, z. B. den Orangen und kommen dann ſelbſt in die Gärten der Anſiedler.

Anm. Eine zweite, aber wie es ſcheint, nicht mehr ſüdlich vom Amazonen= ſtrom in Braſilien auftretende Art iſt: 2. Coereba coerulea. Certhia coe= rulea *Linn.* S. Nat. I. 185. 8. — Mus. Frid. Ad. Reg. II. 22. — *Lath.* Ind. orn. I. 292. 35. — *Edw.* Av. tb. 21. 1. — *Sparm.* Mus. Carls. tb. 82. — *Vieill.* Ois. dor. pl. 11. 15. — Arbelorhina coerulea *Reich.* Handb. I. 235. 559. Der Vogel iſt etwas kleiner, das Männchen ultramarinblau gefärbt mit ſchwar= zem Zügel, Augenſtreif, Kehle, Flügel und Schwanz, die erſteren ohne gelben Saum an den Schwingen; das Weibchen iſt graugrün, der Rücken oliven= grün, die Unterſeite grau, am After weißlich. — Ganze Länge 3″ 6‴. —

Viel weniger klar ſind mir: 3. Certhia gutturalis *Linn.* S. Nat. I.
186. 15. — *Buff.* pl. enl. 578. 3. — *Lath.* Ind. I. 291. 32. — Braun,
Stirn und Kehle metalliſch grün, Vorderhals und Bruſt purpurroth; kleine
Flügeldeckfedern blau überlaufen; — 5″; — und:
    4. Certhia brasiliana *Gmel. Lath.* Ind. I. 293. 39. — ſchwarzbraun,
Oberkopf goldgrün, Kehle und kleine Flügeldeckfedern purpurroth, Bürzel blau,
Bruſt rothbraun. — 3½″. — Beide Vögel ſollen in Braſilien zu Hauſe ſein.

2. Gatt. D a c n i s *Cuv.*

Schnabel kürzer, am Grunde dicker, kegelförmiger, nach dem
Ende hin viel ſpitzer, mitunter ohne Spur einer Kerbe; Naſengrube
und Naſenloch länger, weil weniger befiedert. Zunge pinſelförmig
gefaſert an der Spitze. Gefieder weicher, duniger; Flügel und Schwanz
wie in der vorigen Gattung, aber die erſte und dritte Schwinge ein
wenig kürzer als die zweite längſte. Lauftafeln kürzer, deutlicher
abgeſetzt, und der Lauf gegen die Zehen etwas länger. Gefieder
beider Geſchlechter ungleich, das des Männchens voller und mehr
blau gefärbt, das des Weibchens matter, mehr grün. Beim Weib=
chen ziemlich ſteife Borſten am Zügelrande, die dem Männchen faſt
ganz fehlen. — Daſſelbe iſt übrigens auch bei Coereba der Fall.

1. Dacnis Spiza *Linn.*

Certhia Spiza *Linn.*   Nat. I. 186. 12. — *Buff.* pl. enl. 578. 2. mas,
    682. 1. fem.
Coereba Spiza **Pr. Max** z. *Wied.* Beitr. III. b. 771. 3.
Dacnis Spiza, *v. Tschudi* Fn. Per. Orn. 37. — *Cabanis,* Mus. Hein. I. 95. 526.
Coereba melanocephala et atricapilla *Vieill.* N. Dict. d'hist. nat. Tm. 14. pag. 50.
Nectarinea mitrata *Licht.* Doubl. 15. no. 139.
Chlorophanes atricapilla *Reichenb.* Handb. d. spez. Orn. I. 234. 558.

    Männchen bläulich grün; Scheitel, Backen und Zügel ſchwarz.
    Weibchen grün, Steiß blaſſer.

Schnabel etwas kräftiger, als bei den folgenden Arten, die Kerbe
neben der Spitze deutlicher; Oberſchnabel ſchwärzlich, Mundrand und
Kinngegend des Unterkiefers weißlich. Iris braun. — Männchen leb=
haft und friſch bläulichgrün gefärbt, in gewiſſen Richtungen des reflectirten
Lichtes blauer und dunkler erſcheinend; Oberkopf, Stirn und Backen bis
zum Halſe hinab ſchwarz. Schwingen und Schwanzfedern ſchieferſchwarz,
hell bläulichgrün gerandet. — Weibchen einfarbig papageigrün, die
Schwingen nur in der Tiefe grau, der Steiß blaſſer, die Seiten und die
Mitte des Bauches weißlich. Beine bleigrau.

    Ganze Länge 5½″, Schnabelfirſte 7‴, Flügel 2″ 7‴, Schwanz
1″ 8‴, Lauf 8‴.

In den Walddiftriften des mittleren Brafiliens, kommt gern auf die
offenen Stellen an den Waldrändern, ift wenig fcheu und wird, gleich den
folgenden Arten, mitunter nahe bei und felbft in den Gärten der Anfiede=
lungen getroffen. —

2. Dacnis cyanomelas *Gmel.*

Fringilla cyanomelas *Gmel.* Linn. S. Nat. I. 2. 924. 93. — *Lath.* Ind. orn.
    I. 464. 102. mas.
Fringilla coerulea *Pall.* N. Com. Petrop. XI. 434. tb. 15. f. 6. mas.
Motacilla cyaneocephala *Gmel.* Linn. S. Nat. I. 2. 990. 163. — *Buff.* pl.
    enl. 578. 1. fem.
Sylvia cyaneocephala *Lath.* Ind. orn. II. 546. 144.
Coereba coerulea *Vieill.* N. Dict. d'hist. nat. Tm. 14. pag. 46. — *Pr. Max
    z. Wied.* Beitr. III. b. 766. 2.
Dacnis cyanater *Less.* Trait. d'Orn. 458. — *v. Tschudi* Fn. per. Orn. 226.
Dacnis cyanomelas *Cabanis*, Mus. Hein. I. 95. 524. — *Reichenb.* Handb. I.
    227. 532.
Dacnis cyanocephala *D'Orb.* Voy. Am. mér. Ois. 221. — *Schomb.* Reise III.
    675. 44. — *Swains.* zool. Ill. II. pl. 117.
Pico de punzon celeste y negro, *Azara*, Apunt. I. 408. no. 103.

Männchen hellblau; Stirn, Zügel, Kehle, Rücken, Schwingen und Schwanz=
federn fchwarz; erftere blau gerandet.

Weibchen grün, Oberkopf und kleinfte Flügeldeckfedern himmelblau, Kehle
weißlich. —

Kleiner als die vorige Art, der Schnabel viel zierlicher, fpitzer, die
Kerbe fehr undeutlich, ganz fchwarz, nur der Kinnwinkelrand fleifchroth.
Iris braun. — Männchen hellblau, Stirn, Zügel, Augenrand, Kehle
bis zum Halfe hinab, der ganze Oberrücken nebft dem Rande der Flügel,
die Schwingen und Schwanzfedern fchwarz; erftere fein blau gerandet, in=
nen blaffer, filbergrau gefäumt. — Weibchen grün, aber heller und mat=
ter als die vorige Art; Oberkopf bis zum Nacken himmelblau, desgleichen
die kleinften Deckfedern. Kehle weißlich. Beine fleifchroth.

Ganze Länge 4½", Schnabelfirfte 6‴, Flügel 2½", Schwanz 1"
4‴, Lauf 7‴. —

An denfelben Oertlichkeiten und überall in Brafilien zu Haufe, von
Rio de Janeiro bis zum Amazonenftrom; in kleinen Trupps an den offe=
nen Waldrändern und auf den mit Gebüfch beftandenen Triften. Sowohl
bei Lagoa fanta, als auch bei Neu=Freiburg von meinem Sohne erlegt.

3. Dacnis cayana *Linn.*

Motacilla cayana *Linn.* S. Nat. I. 336. 40. — *Buff.* pl. enl. 669. 2.
Sylvia cayana *Lath.* Ind. orn. II. 545. 143. — *Vieill.* Gal. II. 269. pl. 165.
Dacnis cayana *v. Tschudi* Fn. per. Orn. 37. — *Schomb.* Reise III. 675.
    43. — *Caban.* Mus. Hein. I. 95. 523.

Dacnis Angelica *de Filippi*, **Reichenb.** Handb. I. 227. 531.
         Junger Vogel.
Pico de punzon verde blanco cabeza celeste, *Azara* Apunt. etc. I. 416. 106.

Männchen hellblau; Zügel, Backen, Oberrücken, Flügel und Schwanz schwarz; Bauchmitte und Steiß weiß.

Junger Vogel: Oberkopf himmelblau, Rücken grünlichgrau, Schwingen und Schwanz schwarz; Bauchseite rostgelblich oder weißlich.

Weibchen aschgrau, oben olivenbräunlich, unten weißlich; Bauch und Steiß weiß.

Wieder etwas kleiner als die vorige Art, doch ebenso gebaut; der Schnabel sehr fein und spitz; beim Weibchen ganz schwarz, beim Männchen blaßgelb am Kinnrande, Iris braun. — Männchen etwas reiner und lichter blau als das vorige, ganz ähnlich gezeichnet, aber der schwarze Zügel geht durch das Ohr an den Seiten des Halses zum schwarzen Rückenschilde hinab und die schwarze Kehle fehlt dieser Art, der ganze Vorder= hals bis zum Schnabel ist blau; die unteren Flügeldecken, der Saum der Schwingen, die Bauchmitte und der Steiß sind weiß. Beine fleischroth. — Das junge Männchen hat im ersten Kleide bloß einen himmelblauen Oberkopf, der sich seitwärts über die Ohrgegend ausbreitet; der Ober= rücken ist grünlichgrau gefärbt, gleich den Flügeldeckfedern; die Schwingen sind schwarz, mit blaß graugrünen Rändern und weißlichem Saum an der Innenfahne; der Schwanz obenauf schwarz, unten grau; der Unterrücken unter den Flügeln und der Bürzel lebhafter himmelblau, wenigstens an den Rändern der Federn und den Spitzen der oberen Schwanzdecken; ganzer Unterkörper vom Kinn bis zum Steiß rostgelb, die Bauchmitte ist weißlich, die Bauchseiten spielen ins Graugrüne; die Beine sind fleischbraun.

Das Weibchen kenne ich nicht, nach Sclater (Contrib. to Orn. 1851. 107.) ist es auf der ganzen Oberseite, den Kopf eingeschlossen, bräun= lichgrau mit olivenfarbigem Anflug, die Flügel und der Schwanz sind dunk= ler gefärbt, die Unterseite weißgrau.

Ganze Länge 4″, Schnabelfirste 5‴, Flügel 2″ 4‴, Schwanz 1″ 2‴, Lauf 6‴.

Mein Sohn schoß den jungen männlichen Vogel einmal bei Lagoa santa; die Art ist wahrscheinlich durch das mittlere innere Brasilien bis zu den Cordilleren und aufwärts über das Gebiet des Amazonenstromes, Co= lumbien und Guhana verbreitet, da v. Tschudi und Schomburgk sie in den erwähnten Gegenden, obgleich weniger häufig als die vorige, an= trafen. Das südliche Waldgebiet betritt sie nicht mehr, der Prinz zu Wied hat kein Exemplar auf seiner Reise erhalten; aber Azara beschreibt noch den jungen Vogel aus Paraguay. ——

Anm. Es ist diese Art, nach meinem Dafürhalten, die ächte Motacilla cayana *Linn.*; Sclater nimmt die vorige dafür (Contrib. to Orn. 1851. 106.) und Hofr. Reichenbach grünbet für sie, auf die alten Abbildungen, eine eigene Spezies, wogegen schon Sclater sich mit Grund erklärt hat (Proceed. zool. Soc. No. 14. 1854.).

Im Binnenlande treten noch einige Arten auf, welche ich nicht kenne, als solche sind zu erwähnen:

4. Dacnis plumbea *v. Tschudi* Fn. per. Orn. 236. — Sylvia plumbea *Lath.* Ind. orn. II. 553. 171. — Blaugrau, Oberkopf himmelblau, Flügel und Schwanz schwarz, die Ränder der Schwingen olivengrün, innen weiß gesäumt; Unterfläche blasser, Kehle weißlich, Steiß gelblich. Länge 4″ 3‴. — Westabhang der Corbilleren Peru's. — Vielleicht Sylvia coerulescens *Pr. Max.* Beitr. III. b. 713. 5. —

5. Dacnis analis *Lafresn.* Guér. Mag. 17. Cl. 2. pl. 77. pag. 21. 4. — Rückengefieder schmutzig himmelblau, Bauchseite weißgrau, Bauchmitte weiß; Steißgegend olivengelbgrün; Schwingen und Schwanz schwarz, erstere himmelblaugrau gerandet. — Chiquitos.

3. Gatt. Certhiola *Sund.*

Kongl. Vetensk. Ac. Handl. 1835. 99.

Schnabel fein zugespitzt, wie bei Dacnis; fast ohne Spur einer Kerbe, aber der Unterkiefer viel höher am Grunde und daher der Mundwinkel herabgezogen, ähnlich wie bei Emberiza; Nasengrube kurz aber weit, mit enger Spalte am unteren Rande; der Zügelrand trägt einige steife, ziemlich lange Borsten. Gefieder beider Geschlechter gleich, matt und ohne prachtvolle Farbe; die Flügel etwas breiter, stumpfer und die erste vorhandene Schwinge etwas kürzer als die zweite und dritte, welche die längsten sind. Schwanz sehr klein, das äußerste Federnpaar etwas abgekürzt. Beine nach Verhältniß groß, der Lauf ziemlich hoch, vorn getäfelt, die Hinterzehe viel stärker als bei Dacnis und Coereba. Die Zunge tiefer gespalten, ihre beiden Lappen am Außenrande gefiedert gefasert, fast fadenförmig, und weit ausstreckbar. —

Certhiola flaveola *Linn.*

Certhia flaveola *Linn.* S. Nat. I. 1. 187. 18. — *Lath.* Ind. orn. I. 297.
53. — *Edw.* Av. pl. 122. et 362. 2. — *Catesb.* Coral. th. 59.
Certhia bartholemica *Sparm.* Mus. Carls. 3. tb. 57.
Nectarinea flaveola *Swains.* zool. Ill. III. pl. 142.
Coereba flaveola *Vieill.* Gal. II. 288. — *Pr. Max.* Beitr. III. b. 774. 4. —
Dessen Reise I. 297.
Certhiola flaveola *v. Tschudi* Fn. per. Orn. 37. — *Schomb.* Reise III. 675.
48. — *Reichenb.* Handh. I. 250. 604.
Nectarinea antillensis *Less.* Traité. d'Orn.

Rückengefieder schiefergrau, ein Streif über dem Auge und die Kehle weißlich; Brust und Bauch gelb, Schwanzfedern mit weißen Spitzen. —

Kleiner als alle früheren Arten der Gruppe, kaum größer als ein Zaunkönig. Schnabel ziemlich stark für die Größe des Vogels, sanft ge=bogen, fein zugespitzt, schwarz. Iris braun. Obertheile schiefergrau, bei jungen Vögeln matter, bei recht alten etwas olivenbraun überlaufen. Zügel, Augenrand und Ohrstreif weiß. Kehle weißgrau bis zum Vorderhalse hinab. Vorderhals, Brust und Bauchmitte gelb; Bauchseiten graugrünlich gelb, Steiß und untere Schwanzdecken weißlich, letztere auf der Mitte grau. Flügel und Schwanz grau, die Schwingen außen fein weißlich gerandet, innen breit weiß gesäumt; die 3 äußeren Schwanzfedern mit weißen Spitzen, die übrigen einfarbig. Beine fleischbraun.

Ganze Länge 4″, Schnabelfirste 6‴, Flügel 2″ 3‴, Schwanz 1″ 2‴, Lauf 7‴. —

Ueberall gemein in ganz Brasilien, so wohl im Waldgebiet, als auch auf dem Camposgebiet; kommt in die Gärten, schöpft Insekten aus Blu=men, und ähnelt im Benehmen den Kolibris. — Das Vögelchen baut ein beinahe kugelrundes überwölbtes Nest aus Baumwolle, Seidenpappus und Heufäden, mit unterem Flugloch; legt 2 grünlich weiße Eier, mit dicken röthlichen Flecken am stumpferen Ende, und nistet gern im niederen Dickigt an Zweigen, wo auch die Chartergi ihre papiernen Nester aufzuhängen pflegen. Die Ueberwölbung, offenbar gegen die heftigen tropischen Regen von Wichtigkeit, ist nicht immer vorhanden und scheint aus der Oertlichkeit der Stelle zu folgen. Man vgl. *Hill*, Proceed. zool. Soc. Sept. 1841. und *Gosse*, Birds of Jamaica pag. 18. pl. 16.

Anm. Cabanis hat im Mus. Heineanum I. S. 96. den Versuch gemacht, diese Art in mehrere aufzulösen. Er nimmt folgende Arten an:

2. Certhiola chloropyga: l. l. 97. 534. Haube sehr schwärzlich, der übrige Rücken heller, graubräunlich; Bürzel nicht lebhaft gelb, sondern grünlich gelb. Flügel ohne weißen Fleck. — Bahia.

3. Certhiola guianensis, ibid. 535.; wie die vorige Art, aber die Oberseite dunkler, der Bürzel lebhafter; kein weißer Flügelfleck. — Guyana.

4. Certhiola major, ibid. Note; größer, auf dem Flügel ein kleiner weißlicher Fleck, gebildet durch die am Grunde weißen Handschwingen; Unter=rücken an den Seiten gelb, wie der Bürzel. — Surinam.

5. Certhiola luteola *Licht.* l. l. 96. 533. — nicht ganz so groß wie C. major, die Oberseite dunkel schwärzlich grau, auf den Flügeln ein deutlicher weißer Fleck, welcher von den am Grunde weiß gesäumten Handschwingen her=rührt; Bürzel gelb. — Von Carthagena und Cumana.

Meine Exemplare von Novo Friburgo und Lagoa santa zeigen keine Spur eines weißen Flecks im Flügel und keinen Unterschied im Farbenton der Kopf=haube und des Rückens; sie gehören also der hier als C. flaveola beschriebenen südlichen Form an. —

Einunbzwanzigſte Familie.
Kegelſchnäbler. Conirostres.

Schnabel viel kürzer als der Kopf, in der Regel nur halb ſo lang, kegelförmig geſtaltet, mit ſanft gewölbter oder faſt graber Firſte unb graber Spitze, deren Enbe z. Th. etwas herabgebogen und bann mit einer kleinen Kerbe baneben verſehen zu ſein pflegt; im anderen Falle ganz grabe und ohne Spur einer Kerbe. Naſengrube kurz, wenig vortretenb; das Naſenloch eine runbe Oeffnung bicht vor ober nahe bem Kopfgefieber; bisweilen ſchon ganz barunter verſteckt. Zügelfebern meiſtens ohne ſteife Borſtenſpitzen. Zunge am Enbe gezackt, kurz breieckig, nicht tief geſpalten oder pinſelförmig zerſchliſſen. Flügel ziemlich lang, über die Baſis des Schwanzes hinabreichenb; an ber Hanb nur neun Schwingen, von benen bie erſte ben folgenben ein wenig an Länge nachſteht; am Armtheil ebenſo viele. Schwanz ziemlich lang, aber ſtets weich, nicht zum Anſtemmen geeignet, gewöhnlich etwas ausgeſchnitten, zwölffeberig. Beine ziemlich kräftig, ber Lauf ſtark unb hoch, vorn getäfelt, hinten mit Stiefelſchiene; bie Zehen lang, mäßig ſtark, mit großen, ſcharfen, gebogenen Krallen; ber Daumen lang, die Kralle ſehr groß, mitunter nur mäßig gebogen. —

Die zahlreichen Mitglieber dieſer Gruppe nähren ſich vorzugsweiſe von vegetabiliſcher Koſt; die mit feinerem Schnabel unb Kerbe an ber Spitze meiſt von ſaftigen Beeren, baher Baccivorae genannt; die mit kräftigem bickem Schnabel ohne Kerbe von harten Sämereien, beſonbers ben nahrhaften Saamen ber Futter= unb Kulturkräuter, baher Granivorae. Sie ſinb über die ganze Erboberfläche verbreitet, treten aber auf ber öſtlichen Halbkugel mit eigenthümlichen Unterabtheilungen auf, welche bie Abſonberung in mehrere Sectionen nothwendig machen. Eine für Amerika charakteriſtiſche Gruppe iſt die ber ſchön= und buntfarbigen Tanagriben, deren Stimme indeſſen weber ſehr laut, noch mit beſonberer Melobie begabt iſt; während die altweltlichen Fringillinen ſich durch eine ſehr laute unb z. Th. auch ſehr melobiſche Stimme auszeichnen. — Wir beginnen mit jenen ausſchließlich amerikaniſchen Formen, welche als Beerenfreſſer (Baccivorae) beſonbers bekannt ſinb. —

1. Tanagridae.

Thraupinae *Cabanis*.

Schnabel noch ziemlich schlank kegelförmig gestaltet, nicht breiter als hoch, die Rückenfirste wenig gewölbt, die Spitze etwas herabgebogen, mit z. Th. recht deutlicher, stets sichtbarer Kerbe daneben. Nasengrube ziemlich lang, das Nasenloch frei vor dem Kopfgefieder; am Zügelrande gewöhnlich noch einige mäßig lange Borstenspitzen im Gefieder sichtbar. Gefieder ziemlich derbe, bunt und brennend gefärbt, meist blau, grün, roth mit schwarz und weiß gemischt; die Männchen lebhafter voller und schöner als die Weibchen. Flügel und Schwanz von mittlerer Länge. — Es sind Beerenfresser, deren Hauptnahrung in weichen, saftigen, zucker= und mehlhaltigen Fleischfrüchten geringerer Größe besteht; viele fressen nebenbei auch Insekten, manche Formen schon ausschließlich trockne Sämereien. Sie bewohnen vorzugsweise die heiße Zone, leben in Wäldern und Gebüschen, haben keine klangvolle oder melodische Stimme und sind auf Amerika beschränkt.

1. Gatt. Nemosia *Vieill*.

Hemithraupis *Cabanis*.   Hylophilus *Pr. Wied*.

Schnabel gestreckt, vorwärts etwas mehr zusammengedrückt; die Nasengrube stark vorspringend, mit rundem Nasenloch in der Spitze, das Ende herabgebogen mit schwacher Kerbe. Gefieder einfach, grünlich oder grau; die Flügel mäßig lang, ziemlich spitz, bis zur Mitte des Schwanzes reichend; die erste Schwinge nur wenig kürzer als die zweite und dritte, welche die längsten sind. Schwanz von mäßiger Länge, leicht ausgeschnitten. Beine mittelstark, Lauf und Zehen nicht sehr lang, aber die Krallen stark gekrümmt.

Nemosia *Cuban*. Schnabel etwas bauchig, die Firste stärker gebogen, die Seiten nicht sehr flach. Erste Handschwinge ziemlich kurz, die Armschwingen lang.

1. Nemosia pileata.

Tanagra pileata *Gmel. Linn.* S. Nat. I. 2. 898. — *Lath.* Ind. orn. I. 423. 11. — *Buff.* pl. enl. 720. 2.
Nemosia pileata *Vieill*. Enc. méth. Orn. 788.
Hylophilus cyanoleucus *Pr. Max*. Beitr. III. b. 734. — *D'Orb.* Voy. Am. mér. Ois. 261.
Pico de punzon negro azul y blanco, *Azara* Apunt I. 414. 105. mas et ibid. 423. no. 110. fem.

Gefieder bleigrau, Scheitel, Backen und ein Streif am Halſe kohlſchwarz; Zügel und ganze Unterſeite weiß.

Schnabel hornſchwarz, der Unterkiefer etwas blaſſer; Iris orange. Gefieder am ganzen Rücken, den Flügeln und dem Schwanze bläulich blei-grau; die Schwingen in der Tiefe ſchieferſchwarz, an den Rändern leb-hafter blaugrau; Unterfläche weiß vom Kinn bis zum Steiß. — Beim Männchen Stirn, Oberkopf, Backen und ein Streif auf der Grenze des Nacken- und Halsgefieders ſchwarz; Zügel und Augenring weißlich. Beine bleigrau. — Weibchen etwas kleiner, matter gefärbt, ohne die ſchwarzen Kopffarben, vielmehr mit weißer Stirn, Zügel, Backen und Augengegend und etwas gelblich überlaufener Bruſt. Beine lichter gelblichgrau.

Ganze Länge 5″ — 5″ 4‴, Schnabelfirſte 5‴, Flügel 2″ 9‴ — 3″, Schwanz 2″, Lauf 7‴. —

Im Binnenlande, auf dem Camposgebiet; wie es ſcheint durch den größten Theil des tropiſchen Braſiliens und bis ins nördliche Paraguay verbreitet. —

2. Nemosia fulviceps.

Emberiza fulviceps *Lafr. D'Orb.* Voy. Am. mér. Ois. 362. pl. 46. f. 2.
Nemosia fulvescens *Strickl.* Ann. Mag. nat. hist. Tm. 13. pag. 420. 1844.
Tanagra icterocephala *Langsd.* Msc.
Thlypopsis fulvescens *Caban.* Mus. Hein. I. 138. 715.
Pipilopsis fulviceps, *Bonap.* Consp. I. 485.

Kopf und Kehle gelb, Hinterkopf mehr roſtfarben; Rückengefieder grau, Bauchſeite roſtgelblich weiß. —

Geſtalt der vorigen Art. Schnabel dunkel bleifarben, der Unterkiefer etwas bauchiger, die Naſengrube tiefer, und mehr darin ammernartig ſich verhaltend. Stirn, Kehle und Vorderhals dottergelb, Scheitel und Nacken ins Roſtrothe fallend. Rückengefieder aſchgrau, im Nacken, wo es in den roſtgelben Hinterkopf übergeht, grünlich. Schwingen in der Tiefe ſchwarz, die Ränder weißgrau. Oberbruſt und Bauchmitte röthlich iſabell-farben, die Bauchſeiten graulicher, der Steiß röthlicher. Beine bleifarben.

Ganze Länge 5″ 8‴, Schnabelfirſte 4½‴, Flügel 2″ 8‴, Schwanz 2″, Lauf 8‴.

Ich erhielt ein Exemplar dieſer Art in Lagoa ſanta, woſelbſt es mein Sohn in den benachbarten Gebüſchen erlegte.

Nemosia ruficeps.

Tachyphonus ruficeps *Strickl.* Ann. et Mag. nat. hist. Tm. 13. 419. (1844.).
Pyrrhocoma ruficeps *Cabanis* Mus. Heinean. I. 138. 717.
Pipilopsis ruficeps, *Bonap.* Consp. I. 485.

Kopf und Kehle roſtbraun, Stirn und Zügel ſchwarz; ganzes Gefieder
bleigrau. —

Nur etwas größer als die vorige Art und ihr überhaupt ſehr ähnlich;
der Schnabel ſtärker und beſonders der Unterkiefer höher, noch mehr am=
mernartig; Oberkiefer braun, Unterkiefer bleigrau, Mundränder weiß. Iris
braun. Kopf bis zum Nacken mit der Ohrgegend und der ganzen Kehle
rothbraun, mehr kaſtanienbraun als roſtroth; Stirn, Zügel und vorderſter
Kinnrand ſchwarz. Das ganze übrige Gefieder rein und klar bleigrau, die
Schwingen in der Tiefe ſchieferſchwarz, am Außenrande fein blaugrau,
die Innenſeite grau, weißlich geſäumt am Rande. Schwanz wie der
Rücken gefärbt, mehr abgerundet. Beine ſchieferſchwarzbraun, die Krallen
blaſſer. —

Ganze Länge 5″ 6‴, Schnabelfirſte 5‴, Flügel 2″ 9‴, Schwanz
2″, Lauf 9‴. —

Im Innern Braſiliens, bei Pernambuco.

Anm. Auch dieſe Art erhebt Cabanis, gleich der vorigen, zu einer be=
ſonderen Gattung. Allerdings ſind die Flügel etwas kürzer und iſt der Schna=
bel etwas ſtärker, aber ſo feine Unterſchiede ſind kaum zu Gattungsmerkmalen
tauglich; zuletzt würde aus jeder Spezies auch ein Genus. Als zweite Art
rechnet er dahin: Arremon personatus sibi Schomb. Reiſe III. 678. 58. aus
Guyana. —

     b. Hemithraupis *Cab.* Mus. Hein. I. 21. Schnabel ſpitzer,
ſchlanker, die Firſte grade; Armſchwingen kürzer, erſte
Schwinge weniger verkürzt.

4. Nemosia flavicollis *Vieill.*

Gall. d. Ois. etc. II. 99. pl. 75. — *Id.* Enc. méth. Ois. 788.
Sylvia melanoxantha *Licht.* Doubl. d. zool. Mus. 34. no. 398. 395.
Tanagra speculifera *Temm.* pl. col. 36. f. 1. 2.

Männchen: An der ganzen Rückenſeite ſchwarz, Kehle und Unterrücken
gelb, Bauchſeite weiß.

Weibchen: Rückengefieder olivengrün, Bauchſeite gelb.

Oberſchnabel ſchwarzbraun, Unterſchnabel und Mundrand blaßgelb=
lich. Iris braun. — Rückengefieder des Männchens kohlſchwarz; Unter=
rücken von den Flügeln abwärts und die Kehle mit dem Vorderhalſe ſchön
und lebhaft gelb; Bruſt und Bauch weiß, Steiß gelb. Alle Schwingen,
mit Ausſchluß der vorderſten, weiß am Grunde, wodurch ein weißer Fleck
außen auf den Flügeln unter den großen Deckfedern zu entſtehen pflegt,
jedoch nicht immer ſichtbar iſt. — Weibchen am ganzen Rücken oliven=
grün; die Schwingen in der Tiefe ſchwarzbraun, gelblich gerandet, wie die
Deckfedern. Unterſeite vom Kinn bis zum Schwanz gelb. —

Ganze Länge 5″, Schnabelfirste 4½‴, Flügel 3″, Schwanz 1″ 10‴, Lauf 7‴. —

Bei Bahia, in Gebüschen.

Nemosia ruficapilla *Vieill.*

Sylvia ruficapilla *Vieill.* Gal. Suppl. c. fig.
Nemosia ruficapilla *Vieill.* Enc. méth. Orn. 788.
Hylophilus ruficeps *Pr. Max* Beitr. III. b. 725. 2. — *D'Orbigny,* Voy. Am.
   mér. Ois. 219. pl. 13. f. 1. (fem).
Hemithraupis ruficeps *Cabanis* Mus. Hein. I. 21. 145.

Rückengefieder olivengrün, Brust gelb, Oberkopf roftroth, beim Männchen auch die Kehle. —

Etwas zierlicher gebaut, als die vorigen Arten, die Flügel nach Verhält= niß kürzer. — Schnabel etwas feiner, Oberkiefer braun, Unterkiefer blaß= gelb. Stirn, Oberkopf, Backen und beim Männchen auch die Kehle bis hinab auf den Vorderhals hell roftroth; Rückengefieder, Flügel und Schwanz olivengrün, die Schwingen in der Tiefe braungrau; Unterrücken und Halsseiten dottergelb, die Brust etwas dunkler gelb, die Bauchseiten bis zum Steiß hellgrün, mehr nach oben ins Graue fallend. Weibchen matter gefärbt, bloß der Oberkopf und die Kopfseiten roftroth, die Kehle, der Hals und die Wangen, wie der Unterrücken und die Brust, von hellgelber Farbe. — Beine bleigrau, viel zierlicher gebaut, als bei N. flavicollis.

Ganze Länge 4″ 8‴—5″, Schnabel 4‴, Flügel 2″ 8‴, Schwanz 1″ 9‴, Lauf 7‴. —

In den Gebüschen der Waldregion, besonders häufig bei Bahia, wo= her auch das hier beschriebene Exemplar stammt. —

6. Nemosia Gnira *Linn.*

Motacilla Guira *Linn.* S. Nat. I. 335. 36. — *Buff.* pl. enl. 720. 1.
Sylvia Guira *Lath.* Ind. orn. II. 547. 147.
Tanagra nigricollis *Gmel. Linn.* S Nat. I. 2. 894.   *Edwards* Av. t. 351. f. 2.
Nemosia nigricollis *Vieill.* Enc. méth. Orn. 788.
Hylophilus Guira *Pr. Max* Beitr. III. b. 729. 3.
Pico de punzon amarillo barba negra, *Azara* Apunt. I. 400. n. 102.
Guira-guaçu-beraba *Marcgr.* h. nat. Bras. 212.

Rückengefieder olivengrün, Unterrücken und Brust orange; Kehle und Backen beim Männchen schwarz, beim Weibchen braun, Bauchseite blaß gelblichgrün.

Gestalt, Größe und Ansehn der vorigen Art; Oberschnabel braun, Unterkiefer blaßgelb. Iris orange. Rückengefieder von der Stirn an gelb= lich olivengrün, die Schwingen in der Tiefe graubraun; Unterrücken und Unterhals bis zur Brust orangegelb; Stirn, Zügel und ein Streif über dem Auge bis zum Ohr und den Halsseiten dottergelb; Kinn, Kehle und

Backen bis zum Ohr hinauf beim Männchen kohlschwarz, beim Weib=
chen dunkelbraun. Bauch und Steiß blaß grünlichgelb, die Mitte reiner
gelb, die Seiten grünlich. Beine fleischbraun.

Ganze Länge 4″ 8—10‴, Schnabelfirste 4‴, Flügel 2″ 4‴, Schwanz
2″ 6‴, Lauf 6½‴.

Im ganzen tropischen Süd=Amerika einheimisch, lebt mehr in offenen
Gebüschen, als im tiefen Walde, hält sich in kleinen Trupps zusammen,
und ist nirgends selten.

Anm. Azara beschreibt ein junges Männchen, dessen Kehle zuerst schwarze
zerstreute Federn bekommt, anstatt des Weibchens; die jungen Vögel haben anfangs
eine homogen gefärbte blaßgelbe Kehle bis zum Vorderhalse und der Brust
hinab, erst nach der ersten Mauser bekommt das Männchen ein schwarzes, das
Weibchen ein braunes Kehlschild.

<h2 style="text-align:center">2. Gatt. Leucopygia Swains.</h2>

Cypsnagra Less.

Schnabel schlank kegelförmig, die Firste sanft gekrümmt, der
Mundrand einwärts gebogen, aber die Spitze ganz grade, ohne deut=
liche Kerbe; Nasengrube ziemlich weit vortretend, das Nasenloch
länglich oval, am unteren Rande der häutigen Nasendecke. Zügel=
borsten sehr fein, wenig entwickelt. Gefieder etwas derbe, in der
Farbe an Nemosia, im Bau mehr an Tachyphonus erinnernd;
Flügel mäßig lang, spitz, bis auf die Mitte des Schwanzes rei=
chend; die erste vorhandene Schwinge beinahe so lang wie die zweite,
längste. Schwanz nach Verhältniß schmal, die äußeren Federn etwas
verkürzt, die mittleren jeder Seite die längsten, daher abgerundet aus=
geschnitten. Beine im Ganzen stark, der Lauf mäßig dick, die Zehen
fleischiger als bei Tachyphonus, die Krallen höher, schärfer. —

Leucopygia ruficollis.

Swains., two Cent. a. Quart. 312. no. 97.
Tanagra ruficollis *Licht.* Doubl. d. zool. Mus. 30. no. 330.
Tachyphonus ruficollis *D'Orb.* Voy. Am. mér. 277. 166.
Cypsnagra hirundinacea *Less.* Traité d'Orn. 460. — *Bonap.* Consp. I. 233.
501. — *Caban.* Mus. Hein. I. 137. 714.

Rückenseite schwarz, Unterrücken und eine Binde über die Flügel weiß;
Bauchseite rostgelb, die Kehle am dunkelsten.

Hat im Ansehn einige Aehnlichkeit mit unserem Buchfinken, ob=
gleich der Schnabel viel größer und ganz glänzend schwarz gefärbt ist, auch
das Gefieder davon völlig abweicht. Die Iris dunkelbraun. Rückenseite

glänzend schwarz, Unterrücken und Bürzel blaß gelblich; Spitze der Flügel=
deckfedernreihe vor den großen Deckfedern und die Basis der Schwingen
weiß, der Rand grauweiß, die Fläche außen schieferschwarz, innen bleigrau
weiß gesäumt. Schwanzfedern obenauf matt schwarz, unten grau, die drei
äußeren jeder Seite mit weißlichem Endfleck an der Innenfahne. Unter=
fläche vom Kinn bis zum Schwanz blaß rostgelb, die Kehle allein dunkel
rostgelbbraun, gegen den Hals hin allmälig heller werdend. Beine schwarz.
Ganze Länge 6″, Schnabelfirste 7‴, Flügel 3″ 2‴, Schwanz 2″ 1‴,
Lauf 9‴. —

Auf dem Camposgebiet des Innern Brasiliens; bei Lagoa santa
häufig. Sitzt hier und da auf einem Baum und singt, ähnlich wie unser
Buchfink, doch schlechter und ohne eine so sanfte Melodie; ist wenig scheu,
und kommt mitunter in kleinen Trupps von 6—8 Stück angeflogen, die
gesellig im Laube herumhüpfen. —

Anm. Der Vogel bildet ein sehr passendes Uebergangsglied von Nemosia
zu Tachyphonus. Sein Schnabel ähnelt ganz dem von T. nigerrimus, ist aber
etwas kleiner; das Gefieder harmonirt am meisten mit dem von Nemosia flavicollis und der metallische Glanz des Kopfes und Rückens zeigen wieder mehr
nach Tachyphonus. Zu den Pitylinen kann ich den Vogel nicht stellen, so
wenig wie die erste Section von Nemosia (Thlypopsis *Cab.*); die Schnabelspitze
ist zwar grader, als bei Nemosia (sect. 2.), aber nicht grader als bei Tachyphonus
(genuini). —

3. Gatt. Tachyphonus *Vieill.*
Comarophagus *Boje.*

Schnabel etwas dicker und bauchiger als in der vorigen Gat=
tung, sonst ebenso gestaltet, der Oberkieferrand eingebogen, die Firsten=
kante sanft gewölbt mit herabgekrümmter Spitze, neben der eine
schwache Kerbe sich zeigt; die Nasengrube kurz, breit, mit ovalem,
von oben her bedecktem Nasenloch; am Zügelrande einige recht steife
Borsten. Gefieder voll und stark, die Federn des Oberkopfes be=
sonders beim Männchen haubenartig verlängert, grell gefärbt; Flü=
gel mäßig spitz, kaum bis zur Mitte des Schwanzes reichend; die
erste Schwinge etwas, die zweite sehr wenig verkürzt, die dritte und
vierte die längsten. Schwanz lang und stark, leicht abgerundet, die
Seitenfedern etwas verkürzt, stumpf zugespitzt. Beine zierlich für
die Größe der Vögel, der Lauf ziemlich kurz, die Zehen fein, mit
schmalen spitzen, stark gebogenen Krallen.

Im Kolorit fehlen grelle Farben und Zeichnungen, der Haupt=
ton ist braun oder schwarz; der Scheitel des Männchens hochroth

11 *

oder gelb, der weibliche Vogel öfters hellbraun. — Es ſind ziemlich
große muntere Vögel, die wenig von ſich reden machen, haupt=
ſächlich ſaftige Beeren und Fleiſchfrüchte, aber auch viele Inſekten
freſſen. —

A. Trichothraupis *Cabanis.* Schnabel etwas kürzer und zier=
licher als bei den nachfolgenden Arten; das Naſenloch
länger, ſpaltenförmiger; die Zügelborſten ſehr ent=
wickelt; im Nacken feine haarförmige Borſtenfedern.
Schließen ſich zunächſt an Nemosia.

1. Tachyphonus quadricolor *Vieill.*

Vieillot, Encycl. méth. Orn. p. 803. — *Cabanis* Mus. Hein. I. 23. 154. —
Hartlaub, system. Ind. z. *Azara* 7. — *Bonap.* Consp. 237. 3.
Tanagra auricapilla *Spix.* Av. Bras. II. 39. 9. tb. 52. — *Pr. Max* Beitr. III.
    b. 538. 23.
Muscicapa galeata *Licht.* Doubl. d. zool. Mus. 56. 569.
Lindo pardo copete amarillo *Azara* Apunt. I. 398. 101. mas.
Lindo pardo y canela alas y cola negras *Azara* ibid. 396. 100. fem.

Rückengefieder olivengraubraun, Flügel und Schwanz ſchwärzlich; Unter=
ſeite blaßroſtgelb; Stirn des Männchens ſchwarz, der Scheitel gelb. —

Beinahe ſo groß wie ein Staar. Der Schnabel dunkel bleigrau, der
Mundrand und die Spitze des Unterkiefers weißlich. Iris braun. Gefieder
des Rückens grünlich grau, beim jungen Vogel etwas bräunlicher. Hand=
flügel und Schwanz ſchwarz; der Rand des Flügels am Daumen, die
Innenſeite und die Baſis aller Schwingen, mit Ausnahme der drei letzten
des Armes, am Grunde mit einem weißen Fleck nach innen. Unterſeite vom
Kinn bis zum Schwanz blaß roſtgelb, die Seiten grünlich grau. Beine
bleigrau. —

Das Männchen hat eine ſchwarze Stirn, die ſich bis über die Zü=
gel und den Augenrand erſtreckt; die Scheitelmitte iſt ſchön goldgelb. —
Dem Weibchen fehlen dieſe Zeichnungen am Kopf, ſein Scheitel iſt wie
der Rücken gefärbt. — Der junge Vogel hat mehr Roſtbraun im Ge=
fieder, beſonders iſt die Unterſeite voller gefärbt. Ihm fehlen die langen
Nackenhaarfedern, welche die alten Vögel beſitzen, obgleich ſie ſich auch bei
ihnen im Gefieder verſtecken.

Ganze Länge 6″ 3‴, Schnabelfirſte 6‴, Flügel 3″ 4‴, Schwanz
2″ 4‴, Lauf 9‴. —

Im Walde bei Rio de Janeiro und Neu=Freiburg nicht ſelten, be=
ſonders am letzteren Orte häufig. — Der Vogel folgt den Zügen der gro=

ßen Ameise (Atta cephalates), deren ungeflügelte Arbeiter seine Lieblings=
nahrung sind.

Anm. 2. Eine zweite brasilianische Art dieser Gruppe dürfte Tanagra
penicillata *Spix*. Av. Bras. II. 36. 4. th. 49. f. 1. sein. Der Vogel, dessen
Fundstätte nicht angegeben ist, hat dieselbe Größe und Farbe mit dem vorigen,
doch ist der Ton lebhafter; die Flügel und der Schwanz sind nicht schwarz,
sondern dunkel olivengrün; die Bauchseite fällt auch mehr ins Olivengrüne;
den Schwingen fehlt der weiße Fleck, ihr Innensaum ist rostgelb; Kopf und
Kehle sind grau, der Nacken hat einen weißgrauen Federnschopf. —
3. Außerdem rechnet Cabanis a. a. O. noch Pyranga albicollis *D'Orb.*
Voy. d. l'Am. mér. Ois. 265. pl. 26. f. 2. hierher. Die Art scheint etwas größer zu sein; ihr Colorit ist lebhafter olivengraugrün am Rücken, gelbgelb am
Bauch und die Kehle rein weiß; der Oberkopf bis zum Nacken dunkler als der
Rücken. —

B. Tachyphonus. Schnabel stärker, höher, länger, der
Mundrand mäßig eingebogen; das Nasenloch mehr kreisrund, also weiter und viel kürzer. Zügelborsten kleiner, schwächer; feine Haarfedern im Nacken. —

2. Tachyphonus cristatus *Linn.*

Tanagra cristata *Linn.* S. Nat. I. 317. 24. — *Buff.* pl. enl. 7. 2. — *Pr.*
Max Beitr. III. b. 474. 7.
Tachyphonus cristatus *Vieill.* — *Caban.* Schomb. Reise III. 668. 13.   Mus.
Hein. 1. 22. 152.

Männchen schwarz, Oberkopf feuerroth; Kehle und Unterrücken rostgelb,
Flügelrand weiß.

Weibchen einfarbig olivenbraun, die Bauchseite rostgelb.

Schnabel dick und stark, aber nicht sehr lang, beim Männchen schwarz,
beim Weibchen braun. Iris dunkelbraun. — Männchen mit verlängerten feuerrothen Oberkopffedern, sonst schwarz; ein Streif an der Kehle vom
Kinn bis zum Halse herab und der Unterrücken blaß rostgelb; Innenseite
des Flügels und der vordere Rand vom Bug bis zum Ellenbogenwinkel
weiß, desgleichen die Schwingen am Grunde, sonst bleigrau. — Weibchen
röthlich olivenbraun am Rücken, rostgelbroth am Bauch von der Kehle bis
zum Schwanz. Beine fleischbraun.

Junger Vogel wie das Weibchen gefärbt, beim Männchen im
Uebergangskleide schwarz gefleckt mit durchscheinendem rothen Scheitel und
etwas verlängerten Kopffedern.

Ganze Länge 6½″, Schnabelfirste   Flügel 3″, Schwanz 2½″,
Lauf 8‴. —

Im Waldgebiet des ganzen Brasiliens, und nirgends selten; bei Rio
de Janeiro häufig, doch mehr im Uferdistrikt, als in den Gebirgsthälern
einheimisch. —

Anm. 1. *Buff.* pl. enl. 301. 2. stellt zwar einen sehr ähnlichen, aber doch verschiedenen, größeren Vogel vor, den Lichtenstein im Berl. Museum Tanagra ochropygos nannte. *Cabanis. Schomb.* Reise III. 668. 14. Die Haube ist kürzer und nicht feuerroth, sondern rothgelb; der Körper schillert blau, wie bei T. coronatus, während er bei T. cristatus matt und ohne Stahlglanz ist.

2. Tachyphonus rufiventris *Spix.* Av. Bras. II. 37. 6. Taf. 50. Fig. 1. ist ebenfalls nahe mit T. cristatus verwandt; das Gefieder des Männchens schwarz, die Scheitelmitte gelb, der Unterrücken bis zum Schwanz mit der ganzen Bauchseite rostgelbroth, die Kehle blaßgelb; die Flügel am Armrande und der Innenseite weiß. Ganze Länge 6″. — Weibchen einfarbig braunroth, die Bauchseite lichter. — Bei Para.

3. Tachyphonus coronatus.

Cabanis Mus. Hein. I. 22. 151.
Aglajus coronatus *Vieill.* Enc. méth. Orn. 711.
Tanagra coryphaea *Licht.* Doubl. zool. Mus. 31. no. 342.
Tanagra brunnea *Spix.* Av. Bras. II. 37. 5. tb. 49. f. 2. (mas juv.)
Tachyphonus Vigorsii *Swains. Jard. Selby*, III. Orn. pl. 36. f. 1.
Tordo de bosque coronado y negro, *Azara* Apunt. I. 328. 77.

Männchen glänzend schwarz, stahlblau schillernd, Scheitelmitte in der Tiefe roth.

Weibchen rostbraun, Unterseite rostgelb, Scheitel graulich.

Ein wenig größer als die vorige Art, der Schnabel viel größer, minder gewölbt, die Spitze grader; beim Männchen schwarz, beim Weibchen braun. — Gefieder des Männchens überall stahlblau glänzend schwarz, die Innenseite der Flügel weiß; der Oberkopf in der Tiefe feuerroth, doch so daß man äußerlich fast nichts bemerkt. — Weibchen lebhaft rostbraun am Rücken, Bürzel und Schwanzfedern voller zimmtroth; Unterseite rostgelb; Oberkopf bis zum Nacken graubraun, Ohrdecke grau gestreift. — Junger Vogel wie das Weibchen gefärbt, während der Mauser, wenn männlich, mit schwarzen stahlblau glänzenden Federn und durchblickendem rothem Oberkopf. Beine fleischbraun, beim alten Männchen fast schwarz. —

Ganze Länge 7″, Schnabelfirste 6‴, Flügel 3″ 4—5‴, Schwanz 2¼″, Lauf 9‴. —

Gemein in allen Waldungen des südlichen Brasiliens, besonders häufig in St. Paulo und Sta Catharina. Von Azara auch in Paraguay beobachtet. —

Anm. Tanagra brunnea *Spix.* gehört zu dieser Art, nicht zu Tach. cristatus. und stellt ein junges Männchen bei beginnender Mauser vor.

4. Tachyphonus nigerrimus.

Tanagra nigerrima *Gmel. Linn.* S. Nat. I. 2 897. 45. — *Licht.* Doubl. 31 n. 338. — *Pr. Max.* Beitr. III. b. 534 22. — *Desmar.* Tanag. tb. 45.

Oriolus leucopterus *Gmel.* ibid. I. 1. 392. 40. — *Buff.* pl. enl. 179. 2. und
711. — *Lath.* Ind. orn. I. 183. 31.
Tachyphonus leucopterus *Vieill.* Enc. méth. Orn. II. 803.   Gall. d. Ois.
II. 113. pl. 82. — *D'Orb.* Voy. d. l'Am. mér Ois. 277. 165.
Tordo de bosque negro cobijas blancas, *Azara* Apunt I. 326. n. 76.

Männchen glänzend schwarz, stahlblau schillernd; Armrand des Flügels
in der Tiefe weiß.
Weibchen einfarbig rostbraun, die Bauchseite lichter.

Schnabel genau wie bei der vorigen Art gebaut, etwas länger und
daher spitzer erscheinend; glänzend schwarz, der Kinnrand grau. Iris
braun. — Gefieder des Männchens einfarbig schwarz, stahlblau schillernd, ohne alle Abzeichen, als daß die Innenseite der Flügel, die Brustseiten unter dem Flügel und der vordere Rand des Armtheiles rein weiß
gefärbt sind; man sieht indessen äußerlich davon sehr wenig, weil die großen Federn am Rande der Flughaut sich äußerlich über die kleineren Deckfedern legen und die weiße Stelle in der Ruhe ganz verstecken. Schnabel
schwarz, die Kinngegend blaugrau, Beine schwarz. — Weibchen einfarbig
rostbraun, ziemlich wie frisches Leder, die Bauchseite heller, die Rückenseite
dunkler; die Flügel innen und der Saum der Schwingen röthlich isabellgelb; Schnabel braungrau, Beine fleischbraun. — Junger männlicher
Vogel wie das Weibchen, in der ersten Mauser schwarz gefleckt, bis die
neuen Federn vollzählig sind, dann mattschwarz, minder glänzend.

Ganze Länge 7″, Schnabelfirste 7‴, Flügel 3″ 4‴, Schwanz 2″
5‴, Lauf 9‴.

Mehr im nördlichen als im südlichen Brasilien einheimisch, besonders
über die Gegenden am Amazonenstrom, Guyana und Columbien verbreitet.

Anm. Eine verwandte mir unbekannte Art ist: 5. Tachyphonus phoeni-
ceus *Swains.* Two Cent et a. Quart. 311. — T. saucius *Strickl.* Ann. et Mag.
nat. hist. XIII. 419. (1844.). — Der Vogel hat dasselbe Ansehn, aber vor dem
weißen Rande des Flügels ist noch ein blutrother Fleck am Handgelenk. Die
Größe ist etwas geringer, der Schwanz etwas länger. Ganze Länge 5½″,
Schnabelfirste 6‴, Flügel 2″ 9‴, Schwanz 2½″.

C. Lamprotes *Swains.* Schnabel etwas mehr gebogen, Lauf
und Schwanz nach Verhältniß kürzer, der Leib dicker,
größer. —

Tachyphonus loricatus *Licht.*

Tanagra loricata *Licht.* Doubl. d. zool. Mus. etc. 31. no. 341. 42.
Tanagra rubricollis *Spix.* Av. Bras. II. 43. 17. tb. 56. f. 1. (T. rubrigularis).
Lamprotes rubricollis *Swains.* *Caban.* Mus. Hein. I. 23. 156.
Jacapu, *Marcgr.* hist. nat. Bras. 192.

Männchen glänzend schwarz, violett schillernd; Vorderhals im Alter roth gefleckt. —

Weibchen am Rücken rothbraun, am Bauch rothgelb.

Eine der größten Arten der Gruppe, so groß wie eine Amsel. Schnabel und Beine schwarz; Iris dunkelbraun. — Männchen schwarz, das Rumpfgefieder violett glänzend, die Ränder der Federn stahlblau. Flügel und Schwanz glanzloser und mehr schwarzbraun gefärbt. Kehle und Vorderhals im Alter mit blutrothen Spitzen der Federn. — Weibchen rostrothbraun, am Rücken mehr ins Zimmtrothe, am Bauch mehr ins Rostgelbe fallend. — Junger männlicher Vogel wie das Weibchen gefärbt.

Ganze Länge 8″, Schnabelfirste 9‴, Flügel 4″ 4‴, Schwanz 2″ 10‴, Lauf 10‴.

In den Wäldern des Binnenlandes, besonders im nördlichen Theile von Minas geraes, im Sertong von Bahia und weiter hinauf bis zum Amazonenstrom.

b. Phoenicotraupis *Cab.* Schnabel viel dicker und bauchiger als bei der vorigen Gruppe, der Mundrand stärker eingebogen, die Nasengrube unter Federn versteckt; die Firste stumpfer. Scheitelgefieder der Männchen verlängert. Schwanz und Lauf länger. Gefieder roth.

Tachyphonus rubicus.

Saltator rubicus *Vieill.* N. Dict. d'hist. nat. Tm. 14. pag. 1807. und 1823. — *Id.* Enc. méth. Orn. II. 792.
Pyranga rubicus *D'Orb.* Voy. d. l'Am. mér. Ois. 265. no. 146.
Phoenicotraupis rubicus *Cab.* Mus. Hein. I. 24. 158.
Tanagra Porphyrio *Licht.* Doubl. d. zool. Mus. 31. no. 335. 336.
Tanagra flammiceps *Temm.* pl. col. 177. — *Pr. Max.* Beitr. III. b. 497. 13.
Habia roxiza *Azara* Apunt. I. 351. no. 85.

Männchen roth, am Rumpf grau unterlegt; Scheitelfedern verlängert, hell blutroth gefärbt.

Weibchen olivenbraun, Flügel und Schwanz röther, Bauch gelblicher.

Wenig kleiner als die vorige Art, beinahe so groß wie ein Pirol. Schnabel braunschwarz, Iris braun, Beine fleischbraun. — Männchen am ganzen Körper trüb zinnoberroth, grau unterlegt; die Rückenseite tiefer roth, die Bauchseite lichter; Schwingen am Rande und die Schwanzfedern am röthesten, außen in der Tiefe graubraun, am Innenrande blaßroth gesäumt. Federn des Oberkopfes verlängert, zugespitzt, lebhaft blutroth, Stirn und Seiten am Augenrande schwärzlich braun. Weibchen und junger Vogel olivenbraun, die Unterfläche gelblicher; Schwanzfedern

rothbraun, die mittleren braun; Schwingen in der Tiefe braun, blaßgelb
gesäumt. Oberkopf einfarbig, ohne verlängerte Haube. —

Ganze Länge 8″, Schnabelfirste 8‴, Flügel 4″   Schwanz 3″,
Lauf 1″. —

Ich erhielt ein Männchen dieser schönen Art in Neu=Freiburg, wo
indessen der Vogel selten war; sein Hauptgebiet fällt südlicher, nach St.
Paulo, Sta Catharina und Paraguay, wo ihn A z a r a beobachtete. Nach
D'O r b i g n y lebt er nur in den dichtesten ungestörten Waldungen. —

Anm. Die Schnabelform ist zwar etwas dicker, aber doch so wenig eigenthümlich, daß ich die Aufstellung einer besonderen Gattung nicht für nöthig
halte. Es giebt übrigens darin Varietäten, so namentlich bei Tachyphonus cristatus; einige Individuen haben einen viel schlankeren zierlichen Schnabel, der
mehr an den von T. quadricolor erinnert; andere einen so viel dickeren, bauchi-
geren, daß er ganz dem Schnabel von T. rubicus im Kleinen ähnelt. Berücksichtigt man die Scheitelhaube und die Geschlechtsunterschiede, so könnte man
T. rubicus als eine excessive Ausbildung der Gattungsderivation bezeichnen, welche
in T. cristatus schon vorgebildet ist. — T. coronatus und T. nigerrimus stehen zu
einander näher, als zu T. cristatus, der mehr an T. rubicus mahnt. Wie T.
rubicus zu T cristatus, so verhält sich T. loricatus zu T. nigerrimus und T. coronatus. Deshalb zog ich es vor, alle 5 in einem Genus bei einander zu lassen.
Etwas ferner steht ihnen T. quadricolor.

4. Gatt. Orthogonys *Strickl.*

Tanagra *Spix.*

Schnabel stark seitlich zusammengedrückt, sanft an der Rücken=
firste abwärts gebogen, die letztere ziemlich scharf, aber nicht kantig;
die Spitze ohne Endhaken mit schwacher Kerbe; der Mundrand leicht
einwärts gebogen, die Unterkieferseiten grade abfallend, die Kinnkante
nach hinten abgeplattet, nach vorn zugeschärft. Nasengrube kurz,
befiedert, das Nasenloch oval, ganz nach vorn gerückt; Zügelrand
mit etwas steifen, mäßig langen Borsten besetzt. Der Kopf klein
und schmal für die Größe des Vogels. Gefieder ziemlich derbe;
Flügel kurz, doch etwas über die Basis des Schwanzes hinabreichend;
die Schwingen zwar nicht schmal, aber am Ende zugespitzt, die erste
wenig, die zweite kaum kürzer als die dritte und vierte, welche die
längsten sind. Schwanz mäßig lang, die Federn parabolisch zuge=
spitzt, die zwei äußeren jeder Seite etwas verkürzt. Beine ziemlich
hoch, höher als bei Pyranga, auch etwas kräftiger gebaut, die Kral=
len stärker gekrümmt; die Außenzehe so eben etwas länger als die
Innenzehe, letztere mit der mittleren am Grunde inniger verbunden.

Anm. Die einzige bekannte Art dieser Gattung ist nicht bloß ein ziemlich seltener, sondern auch ein höchst eigenthümlicher Vogel, welcher nirgends
recht hinpaßt, daher eine eigene Gattung bilden muß; der stark seitlich zusammengedrückte Schnabel entfernt ihn auffallend von Pyranga, womit er habituell am
meisten übereinstimmt: durch den Mangel jeder Spur einer hakig abwärts gebogenen Spitze ist er von Tachyphonus scharf abgesondert.

Orthogonys viridis *Strickl.*

Annals et Mag. of natur. hist. 1844.
Hartlaub Cat. Mus. Brem. 72. — *Cabanis* Mus. Hein. I.   157.
Tanagra viridis *Spix*. Av. Bras. II. 36. 7. th. 48. f. 2.
Saltator chloricterus *Vieill*. Enc. méth. Orn. 791.
Lamprotes viridis *Gray*.
Pitylus olivaceus *Bonap*. (olim) Consp. I. 241.
Tanagra vegeta *Illig*. Mus. ber.

Gefieder einfarbig grün, die Rückenseite dunkler, die Bauchseite gelblich.

Etwa so groß wie ein Pirol (Oriolus galbula), der Kopf kleiner.
Schnabel braunschwarz, der Kinnrand bis zur Spitze weißlich. Iris rothbraun. Gefieder am ganzen Rücken einfarbig olivengrün, etwas ins Graubraune fallend; die bedeckten Theile der Schwingen und Schwanzfedern
wirklich graubraun; die Innenseite der Schwingen blaßgelb gesäumt.
Unterfläche gelblicher, Kinn, Kehle und Vorderhals reiner gelb; Brust und
Bauchseiten mehr grün, Bauchmitte und Steiß gelbgrün. Beine hell gelblich fleischfarben.

Ganze Länge 8″, Schnabelfirste 8‴, Flügel 3″ 6‴, Schwanz 3″,
Lauf 10‴. —

In den Wäldern bei Rio de Janeiro, und den südlichen Theilen der
Provinz; lebt einsam tief im Walde und wird schon wegen der grünen
Farbe selten bemerkt. Weder dem Prinzen zu Wied, noch mir ist der Vo-
gel dort begegnet; ich erhielt ihn aus Berlin zur Ansicht.

Anm. Sclater (Catal. specif. Tanagrarum. 1854.) verbindet mit Tanagra
viridis (Salt. chloricterus) generisch die Pyranga cyanictera *Vieill*. Gal. II. 112.
pl. 81. und nimmt für Beide Bonaparte's Genus Cyanicterus an (Consp. I.
240.). Die letztere Art ist im männlichen Geschlecht am Rücken und der
Kehle hellblau, am Bauch gelb; das Weibchen grünlich am Rücken, wie T.
viridis. Nach der Abbildung a. a. O. hat der Schnabel einen sehr deutlichen
Winkel am Mundrande, welcher bei Orthogonys durchaus nicht vorhanden ist,
wohl aber bei Pyranga; letzterer Gattung muß Cyanicterus also näher stehen, als
Orthogonys.

5. Gatt. Pyranga *Vieill.*
Phoenicosoma *Swains.*

Schnabel dick konisch gewölbt, die Kiefer einzeln für sich gewölbt, daher der Mundrand stark eingebogen: die Mitte des Ober-
kieferrandes zahnartig vortretend, die Spitze ganz grade, mit kaum

ſichtbarer Spur einer Kerbe. Naſengrube ſehr kurz, bloß als kreis=
rundes Naſenloch ſichtbar; Mundborſten klein und kurz, nur am
Zügelrande deutlich. Gefieder derb und glatt, meiſt roth beim Männ=
chen, gelb beim Weibchen; Flügel mäßig lang, beinahe bis zur Mitte
des Schwanzes reichend, die erſte vorhandene Schwinge nur wenig
kürzer als die zweite, längſte. Schwanz mäßig lang, die Federn
einzeln ſtumpf zugeſpitzt, das äußerſte Paar etwas verkürzt. Beine
kurz, Lauf ziemlich dick, Zehen mit langen feinen Vorderkrallen, aber
verhältnißmäßig kurzer Hinterkralle. —

Pyranga coccinea *Gray.*

Gray, Genera of the Birds. ex Bodd.
Tanagra missisippensis *Licht.* Doubl. d. Berl. Mus. 30. no. 333. et 334 —
 Pr. Max. z. *Wied* Beitr. III. b. 521. 19.
Tanagra Saira *Spix.* Av. Bras II. 35. 2. tb. 18. fig. 1. fem.
Saltator ruber *Vieill.* Enc. méth. II. 791. mas. — S. flavus ibid. fem.
Pyranga Azarae *Lafr. D'Orb.* Voy. Am. mér. Ois. 264. *Buff.* pl. enl. 741.
Phoenicosoma Azarae *Cabau. v. Tschudi* Fn. peruan. Orn. 30. — Mus. Hein.
 I. 25. 163.
Habia amarilla et H. punzó *Azara* Apunt. I. 358. no. 87. fem 88. mas.

Männchen ſcharlachroth, Schwingen in der Tiefe ſchwarzbraun.
Weibchen grünlichgelb am Rücken, röthlichgelb an Kehle, Bruſt und Steiß.

Ein großer Vogel, größer als ein Kernbeißer, aber der Schnabel
mit dem Kopf nicht ſo ſtark. Schnabel ſchieferſchwarz, Unterkiefer bläulich,
in der Mitte weißlich. Iris braun. — Gefieder des Männchens lebhaft
ſcharlachroth, die Rückenſeite dunkler, und mehr blutroth gefärbt; die Deck=
federn und Schwingen in der Tiefe ſchwarzbraun, die Innenſeite des Flügels
und der Innenrand der Schwingen roſenroth. — Weibchen am Rücken,
den Flügeln, dem Schwanz und Bauch grünlich gelb; die Flügel wie beim
Männchen in der Tiefe gefärbt, die Innenſeite weißlich geſäumt. Stirn,
Oberkopf, Kehle, Vorderhals bis zur Bruſt und Steiß rothgelb, die Gegend
am Ohr und der Hinterkopf braungelb. Beine ſchieferſchwarz. —

Ganze Länge 7″, Schnabelfirſte 7‴, Flügel 4″, Schwanz 2″ 9‴,
Lauf 10‴. —

Häufig und überall auf dem Camposgebiet des innern Braſiliens,
aber nur einzeln oder paarig; ein ſtummer, wenig ſcheuer, an ſeiner Farbe
leicht kenntlicher Vogel, der zu den täglichen Erſcheinungen des Reiſenden
in Minas geraes gehört.

6. Gatt. Ramphocelus *Desm.*

Durch den dicken hohen, am Grunde bauchig angeschwollenen, mit einer anders gefärbten Schwiele versehenen Unterkiefer zeichnet sich diese Gattung vor allen anderen aus; der Rand des Oberkiefers ist etwas einwärts gebogen, ohne Winkel oder Zahn, und die Spitze etwas mehr herabgebogen, mit deutlicher Kerbe. Die Nasengrube tritt sehr wenig vor und bleibt fast ganz unter dem abstehenden Stirngefieder versteckt; der Zügelrand hat einige feine Borsten, die deutlicher sind beim Weibchen als beim Männchen. Das Gefieder zeigt einen sehr starken Geschlechtsunterschied und ist beim Männchen nicht bloß prachtvoller gefärbt, sondern auch viel derber gebaut. Die ziemlich kurzen Flügel reichen nicht bis auf die Mitte des Schwanzes; die erste Schwinge ist bemerkbar verkürzt und die zweite noch etwas kürzer als die dritte. Der Schwanz zeichnet sich durch beträchtliche Länge aus, hat aber stärker verkürzte Seitenfedern; die Beine sind nur klein, der Lauf ist etwas dick, die feinen Zehen haben schwache Krallen, unter denen nur die hintere sich durch ihre Größe hervorthut. —

1. Ramphocelus Jacapa *Linn.*

Tanagra Jacapa *Linn.* S. Nat. I. 313. 1 — *Buff.* pl. enl. 128. — *Lath.* Ind. orn. I. 419. 1.
Ramphocelus purpureus *Vieill.* — *Lesson* Rev. zool. 1840. 132.
Ramphopis atrococcineus *Swains.* orn. Draw. pl. 20. — Birds of Brazil. pl. 20. — *Desmar.* Tanagr. pl. 30. 31.

Männchen dunkel kirschroth; Rücken, Flügel und Schwanz schwärzlich.
Weibchen braun, Unterseite röthlicher.

Schnabel braun, Unterkiefer am Grunde sehr dick, mit gelblich fleisch= farbener Schwiele. — Gefieder des Männchens kirschroth; Rücken, Flü= gel, Schwanz schwärzlich mit matt rothen Federrändern. Beine fleisch= braun. — Weibchen einfarbig braun, der Ton ins Röthliche spielend, besonders am Vorderhalse und auf der Brust; die Schwiele am Schnabel weniger hell gefärbt. Beine braun. — Vor dem Auge bildet sich mit zu= nehmendem Alter eine nackte Stelle, indem die Federn zwischen dem Auge und Mundwinkel allmälig ausfallen.

Ganze Länge 6″, Schnabelfirste 6‴, Flügel　Schwanz 2¼″, Lauf 9‴.

Im nördlichen Brasilien, bei Para, und über Guyana, Columbien, Peru verbreitet. —

Anm. Ramphocelus atro-sericens *Lafr.* *D'Orbigny* Voyage d. l'Am. mér. Ois. 280. no. 170. pl. 26. f. 1. steht dieser Art am nächsten, das Männ= chen ist aber ganz sammetschwarz, mit kirschrother Kehle, das Weibchen schwärzlich, mit röthlich brauner Brust, Kehle und Vorderhalse. — Bolivien.

2. Ramphocelus brasilia *Linn.*

Tanagra brasilia *Linn.* S. Nat. I. 314. 2. — *Buff.* pl. enl. 127. 1. — *Lath.* Ind. orn. I. 420. 2. — *Pr. Max.* Beitr. III. b 511. 17.
Ramphocelus coccineus *Vieill.* Gal. d. Ois. II. 106. pl. 79. — *Lesson,* Rev. zool. 1840. 133. — *Desmar.* Tanagr. pl. 28. 29.
Ramphopis coccineus *Swains.* orn. Draw. pl. 18. 19. — Birds of Braz. ib. —
Tijé-piranga *Marcgr.* h. nat. Bras. 192.

Männchen prachtvoll kochenillroth; Flügel, Schwanz und Unterschenkel schwarz. —

Weibchen braun, Unterrücken matt roth, Brust, Bauch und Steiß trüb fleischfarben. —

Schnabel braun, beim Männchen mit weißer, beim Weibchen mit blasser Backenschwiele. — Gefieder des Männchens sehr derbe, stark hornig und glänzend; gleichmäßig kochenillroth, nur etwas greller, Flügel, Schwanz und Unterschenkel schwarz; Beine fleischbraun. — Weibchen am Kopfe, Halse und Rücken graubraun, Flügel olivenbraun, Schwanz schwarzbraun, Unterrücken kochenillroth; Brust, Bauch und Bürzel wie frisches Fleisch, trübe röthlich grau. Beine lichter braun. Iris blutroth.

Ganze Länge 6″ 6‴, Schnabelfirste 6½‴, Flügel 3″ 2‴, Schwanz 2″ 8‴, Lauf 9‴.

In den Gebüschen der Sumpfländer an den Mündungen der Flüsse, oder im Flußthale selbst, aber stets auf nassem mit Schilf und Gebüsch besetztem Grunde; so fand ich den Vogel bei der Einfahrt in den Rio Ma= cacu an der Bai von Rio de Janeiro und auf dieselbe Art verbreitet er sich durch ganz Brasilien. Er hält sich in kleinen Schwärmen zusammen, aber nicht ganz dicht neben einander; man sieht immer nur einzelne Indivi= duen hier und da im Buschwerk herumhüpfen, bald Männchen bald Weib= chen. Die höheren Gebirgsthäler besucht der Vogel nicht. Sein Nest ist an ähnlichen Stellen im Gebüsch angebracht, sitzt nicht hoch, besteht aus Moos mit trocknen Halmen und enthält 2—3 blaugrüne, dunkeler be= sprengte, am stumpfen Ende schwarz gekritzelte Eier. —

Rhamphocelus nigrogularis *Spix.*

Tanagra nigrogularis *Spix.* Av. Bras. II. 35. 1. tb. 47.
Ramphopis nigrogularis *Swains.* orn. Draw. pl. 17. — Birds of Braz. ibid.
Tanagra ignescens *Less.* Cent. Zool. pl. 24.

Männchen kochenillroth; Stirn, Zügel, Rücken, Flügel, Schwanz und Schenkel schwarz.

Weibchen braun, Bauchseite röthlich; Rücken, Flügel und Schwanz schwarzbraun.

Ganz wie die vorige Art gebaut und gefärbt, das Männchen voller roth; die Stirnfedern, Zügel, der Kinnwinkel, der Oberrücken, die Flügel, der Schwanz und die Unterschenkel schwarz. — Das Weibchen blaß röthlich braun, die Bauchseite voller roth; Rücken, Flügel und Schwanz dunkler braun, besonders der Schwanz schwärzlich. —

Ganze Länge 6″, Schnabelfirste 7‴, Flügel 3″, Schwanz 2″ 9‴. —

Im nordwestlichen Brasilien, am Rio Solimoes und den Fluß abwärts im Gebiet des Amazonenstromes. —

Anm. Sclater führt in seinem Catalog. spec. Tanagr. noch einen Ramphocelus dorsalis Bonap. auf, welcher nach Angabe der Note dazu sich von R. brasilia nur durch eine dunklere Färbung auf der Mitte des Rückens unterscheidet; mir ist diese gleichfalls in Brasilien heimische Form nicht bekannt. (cf. Proceed. zool. Soc. 1854. March. 28.).

7. Gatt. Tanagra aut.
Thraupis Boje, Caban.

Schnabel weder so stark noch so lang wie bei Ramphocelus, gebogen kegelförmig, die Firste ziemlich scharf, weil seitlich zusammengedrückt, die Spitze fast grade, ohne oder mit sehr schwacher Kerbe; der Unterkiefer viel niedriger als bei Ramphocelus, ohne Schwiele; die Nasengrube kurz, das Nasenloch rund. Gefieder grünlich oder bläulichgrau, wenig lebhaft; die Flügel bis zur Mitte des Schwanzes reichend, mäßig spitz, die erste Schwinge nur sehr wenig kürzer als die zweite, längste. Schwanz ziemlich lang, nach dem Ende hin etwas breiter, leicht ausgeschnitten. Beine etwas stark, die Zehen nicht grade lang, die Außenzehe kaum länger als die Innenzehe; die Krallen stark gebogen, spitz, doch nicht sehr groß. — Männchen und Weibchen im Kolorit nur relativ verschieden, ersteres lebhafter und frischer gefärbt. — Nahrung gemischt, theils aus Beeren, theils aus Insekten bestehend. —

1. Tanagra ornata Sparm.

Sparm. Mus. Carlson. tb. 95. — Swains. Birds of Brazil. pl. 42.
Tanagra Archiepiscopus Desmur. Tanagr. tb. 17. 18. — Pr. Max. Beitr. III.
a. 481. 9. — Spix. Av. Bras. II. 42. 16. tb. 55. f. 2. — Schomb. Reise
III. 670. 22.

Kopf, Hals und Brust hellblau; Rücken, Flügel, Bauch und Schwanz graugrün; oberste kleinste Deckfedern gelb.

So groß wie Ramphocelus brasilia, nur wenig kleiner als ein Staar. Schnabel lang, spitz, wenig gebogen, schwarzgrau. Iris rothbraun. Gefieder am Kopfe, Halse und der Brust hellblau, grau unterlegt, beim Weibchen matt, beim Männchen lebhaft gefärbt. Rücken und Bauch schiefergrau, etwas bläulich angeflogen. Steiß und Bürzel grünlich grau. Flügel und Schwanz dunkler schiefergrau, die Ränder der Federn lebhaft grün gefärbt; die kleinen Deckfedern neben dem Flügelbug hellgelb, die obersten am Bug bläulich; Schwingen innen weiß gesäumt. Beine schwärzlichbraungrau.

Ganze Länge 7″, Schnabelfirste 6‴, Flügel 4″, Schwanz 2½″, Lauf 8‴.

Häufig in den Waldungen der mittleren Küstenstrecke Brasiliens, besonders bei Bahia und in den Umgegenden; lebt wie alle Tanagren nahe den Ansiedelungen, kommt in die Gärten und ist wenig scheu. Im südlichen Brasilien und im Gebiet meiner Reise kommt der Vogel nicht mehr vor, dagegen ist er noch nordwärts vom Amazonenstrom über Guyana verbreitet. —

2. Tanagra olivascens.

Lichtenst. Doubl. d. zool. Mus. 32. 351. — *Swains.* Birds of Braz. pl. 38. mas. — *Cabanis* Mus. Hein. I. 28. 189. — *Schomb.* Reise III. 670. 24. Tanagra palmarum *Pr. Max.* Beitr. III. a. 489. 11. — *Buff.* pl. enl. 178. 2. Tanagra Praelatus *Less.*

Olivengraugrün, Oberkopf und eine Binde über die Flügel frischer grün, Rücken, Schwingen und Schwanz brauner. —

Größe und Gestalt der vorigen Art, der Schnabel ebenso schlank, doch etwas kürzer und darum höher aussehend, schieferschwarz. Iris dunkelbraun. Gefieder graulich olivengrün, beim Männchen der Kopf bis zum Nacken und eine schiefe Binde über die Flügel lebhafter grün; desgleichen die Basis der Handschwingen, ihr Rand und der Rand des Schwanzes; die Schwingen und Schwanzfedern übrigens schwärzlichbraun, erstere am Grunde innen weiß gesäumt. Rücken etwas brauner, Bauch mehr grauer. Beine dunkel graubraun. Weibchen in allen Theilen ähnlich, aber matter gefärbt, die Farbe des Oberkopfes weniger vom Nacken verschieden, desgleichen die Binde am Flügel viel undeutlicher.

Ganze Länge 7″, Schnabelfirste 5½‴, Flügel 4″, Schwanz 2⅓‴, Lauf 9‴.

Mehr im Innern an offenen Stellen und häufig in den Gärten bei Lagoa ſanta getroffen, wo ſie beſonders in den Kronen der hohen Macauba-Palmen (Acrocomia sclerocarpa) ſich aufhielt, auch darin niſtet. — Leider brütete der Vogel zur Zeit meiner Anweſenheit nicht, ſo daß mir die Eier entgangen ſind. —

Tanagra Episcopus.

Linn. S. Nat. I. 316. 19. — *Lath.* Ind. orn. I.   17. — *Buff.* pl. enl. 178. 1.
Thraupis Episcopus *Cabanis* Mus. Hein. I. 28. Note.
Tanagra coelestris *Spix.* Av. Bras. I. 42. 15. tb. 55. f. 1.

Männchen ſehr hell bläulichgrau, Flügel und Schwanzfedern himmelblau geſäumt, oberſte Deckfedern und Rand der großen Deckfedern weißlich.

Weibchen ohne weißlichen Flügelfleck, mehr grünlich grau.

Schnabel etwas kürzer, nach Verhältniß höher, ſchieferſchwarz, der Unterkiefer am Grunde weißlich. Iris braun. — Gefieder des Männchens lebhaft und hell bleigrau, etwas grünlich überlaufen; Flügel und Schwanzfedern in der Tiefe ſchieferſchwarz, der ſichtbare Theil der Außenfahne ſchön himmelblau; die Schwingen innen weiß geſäumt; die Deckfedern bis zu den großen hinab weißlich, etwas ins Violette ſpielend; der Rand der großen Deckfedern fein weiß vorgeſtoßen. — Weibchen mehr grünlich und etwas düſterer gefärbt, die himmelblauen Säume der Flügel und Schwanzfedern reiner grünlich; kein heller Fleck am Flügelbug, vielmehr nur ein matterer Ton daſelbſt ſichtbar.

Ganze Länge 6½″, Schnabelfirſte 4½‴, Flügel 3¾″, Schwanz 2¼″, Lauf 8‴.

Im Innern des nördlichen Braſiliens, am Amazonenſtrom und Rio Negro, ſo wie abwärts bis Para; beſonders in Guyana zu Hauſe, wo die Art häufig iſt, gleich der vorigen gern in den Kronen der Palmenbäume ſich aufhält und viel in die Gärten der Anſiedelungen kommt. —

Anm. Der Vogel iſt hier nach einem Exemplar beſchrieben, das unſere Sammlung aus Berlin erhielt und angeblich von Para ſtammt. Cabanis hat a. a. Orte erwieſen, daß dies die wahre Tanagra Episcopus Linné's iſt; er hält davon die Tanagra sericptera *Swains.* two Cent. et a. Quart. no. 99. einſtweilen, wenigſtens als klimatiſche Form, für verſchieden. Letztere iſt nach ſeiner Angabe etwas kleiner, die weißen Flügeldeckfedern ſpielen mehr ins Violette und der breite weiße Saum fehlt den großen Flügeldeckfedern. Mein Exemplar ſtimmt völlig mit Spix Abbildung a. a. O. überein und ſtellt wohl die ächte Tanagra Episcopus vor. —

4.   Tanagra Sayaca *Pr. Wied.*

Pr. Max z. Wied. Beitr. III. S. 484. 10. — *Bonap.* Consp. I. 238. 1.
Saltator cyanopterus *Vieill.* Enc. méth. Orn. 790. — *D'Orb.* Voy. Am. mér. Ois. 274.

Tanagra Episcopus *Swains.* Birds of Bras. pl. 39.
Tanagra inornata ibid. pl. 40. fem.
Lindo saihobi, *Azara* Apunt. I. 370. 92.
Sangaço der Brasilianer.

Rückengefieder grünlich grau, Bauchseite weißgrau, Schwingen und Schwanzfedern bläulich grün gerandet. — Männchen mit himmelblauem Fleck am Bug,
der dem Weibchen fehlt.

Der vorigen Art in Größe und Gestalt sehr ähnlich, im Ganzen
vielleicht etwas größer; besonders aber der Schnabel beträchtlich höher und
dicker, nach vorn mehr zusammengedrückt, mit starker am Ende herabgebogener Firste; einfarbig schiefergraubraun, der Kinnrand etwas lichter.
Gefieder am Rücken ziemlich dunkel grünlich grau, die ganze Bauchseite
hellgrau, nicht bläulich sondern trüb gelblich auf der Mitte überlaufen.
Flügel und Schwanzfedern in der Tiefe graubraun, die Ränder deutlich
grün gesäumt, der Innensaum der Schwingen weißlich. Beim Männchen
die oberste Partie der kleinen Deckfedern am Bug schön und voll himmelblau, etwas ins Cyanblaue fallend; — beim Weibchen keine Spur eines
solchen Fleckes, auch die Ränder der Schwingen und Schwanzfedern matter. — Beine bläulich schiefergrau, die Krallen gelblicher.

Ganze Länge 6″ 8‴, Schnabelfirste 5‴, Flügel 3″ 8‴, Schwanz
2″ 3‴, Lauf 8½‴. —

Im Innern Brasiliens auf dem Camposgebiet und weiter südlich oder
westlich bis nach Paraguay und an den Fuß der Cordilleren verbreitet;
lebt, gleich den vorigen Arten, in den Gipfeln der Palmen, nährt sich von
fleischigen Beeren und weichen Insekten, kommt viel in die Nähe der Ansiedelungen und ist dort nicht selten, besonders in Gärten, wo Palmen
stehen. — Mein Sohn erlegte mehrere Exemplare in Lagoa santa.

Anm. 1. Ich habe für diese Art den Namen Tanagra Sayaca beibehalten,
weil grade sie als solche am besten beschrieben und bekannt geworden ist; der
Name cyanoptera könnte der ihr zunächst stehenden Tanagra coelestris
Swains. Birds of Brazil. pl. 41. mit weit größerem Rechte gegeben werden. —
Diese Art ist beträchtlich größer, hat einen ganz auffallend dicken, kurzen, hohen
Schnabel, eine viel voller grünere Rückenfarbe und einen sehr deutlichen, nach
dem Reflex voller blau oder etwas grünlich schillernden Saum an allen Flü-
gel- und Schwanzfedern; dabei ist der schön blaue Fleck am Flügelbug des
Männchens viel größer und deutlicher. Dem Weibchen fehlt dieser Fleck
ebenfalls, doch ist die Gegend des Flügels heller gefärbt, als die Umgebung,
wie Swainson's Abbildung des weiblichen Vogels deutlich zeigt. — Ganze
Länge 7″ 4‴, Schnabelfirste 5‴, Flügel 4″, Schwanz 2½″, Lauf 9‴. — In
Guyana und Columbien; auch noch im nördlichen Brasilien am Rio Negro
und Amazonenstrom. — Diese Art ist wahrscheinlich die wahre Tanagra Sayaca
Linn. S. Nat. I. 316. 20. — *Lath.* Ind. orn. I. 425. 18. — *Buff.* pl. col.
301. 1. und wird dafür auch von Cabanis (Mus. Hein. I. 28. 191.) genommen. Dennoch behalte ich, aus dem bereits angegebenen Gründen, Swainson's
Benennung für dieselbe bei. Spix gleichnamige Art gehört zu Tanagra Episcopus *Linn.*, wie wir gesehen haben.

2. Eine andere gute Art, welche die Mitte zwischen der vorstehend charakterisirten Tanagra coelestris *Swains.* und der Tanagra Episcopus *Linn.* (T. coelestris *Spix.*) hält, ist die Tanagra cana *Swains.* Birds of Brazilia. pl. 37. — Sie steht in der Größe der Tanagra Sayaca *Nob.* gleich, ist also kleiner, als T. coelestris *Swains.* und ähnelt in der Farbe mehr der T. Episcopus. Kopf, Hals und Brust sind hell bleigrau, der Rücken ist dunkler bläulichgrau; die schwarzbraunen Schwingen und Schwanzfedern haben breite, schön grünblaue, fast spangrüne Säume, welche Farbe sich auch über die großen Flügeldeckfedern erstreckt, aber die kleinen sind lebhaft und voll himmel-cyanblau. Die Innenseite der Schwingen ist weißlich grau gerandet, der Bauch hat eine mehr grünlich überlaufene, heller graue Färbung, die vorwärts über einen Theil der Brust sich erstreckt und weiter hinab auch über den Steiß. Die Beine sind dunkel schiefergrau, der Schnabel horngrau, mit blasserer Kinnkante. Die Iris ist gelbgrau. In der Form stimmt der Schnabel am meisten mit dem von T. Episcopus überein; er ist also viel schlanker und gestreckter, niedriger, als der von T. coelestris *Swains.*, selbst noch etwas niedriger als der von T. Sayaca *Nob.*, und sein Mundrand nach vorn zu etwas stärker eingebogen. — Ganze Länge 6" 10''', Schnabelfirste 5''', Flügel 3" 8''', Schwanz 2" 3''', Lauf 8'''. — In Columbien und Nord-Brasilien, am Rio Negro, einheimisch; aber nicht mehr im östlichen Brasilien, bei Para und Pernambuco. —

3. Im äußersten Süden Brasiliens kommt noch eine Art vor, welche ich auf meiner Reise nicht kennen gelernt habe, es ist die Tanagra striata *Gmel.* Linn. S. Nat. I. 2. 899. 44. — *Lath.* Ind. orn. I. 423. — *Vieill.* Enc. méth. Orn. 776. — *D'Orb.* Voy. Am. mér. Ois. 273. — *Gould.* Zool. of the Beagl. III. Birds pl. 36. — Lindo celeste oro y negro *Azara* Apunt. I. 377. 94. — Tan. Darwinii *Bonap.* — Das Männchen ist schwarz; Kopf, Hals und die Flügeldeckfedern sind himmelblau; Brust und Bürzel orange, Bauch blaßgelb, die Unterschenkel grau; — das Weibchen hat ein graulich olivenfarbenes Kleid mit hellem himmelblauem Kopfe, Halse und Flügeln; die ganze Unterseite mit dem Bürzel ist blaßgelb, die Unterschenkel grau. — Ueber Rio Grande de Sul, Montevideo, Paraguay und hinüber bis nach den Cordilleren verbreitet. —

8. Gatt. Tanagrella *Swains.*

Hypothlypis *Caban.*

Schnabel feiner, schlanker, zwar ähnlich dem von Tanagra ornata, aber etwas länger nach Verhältniß, die Firste mehr gebogen, die Spitze mit schwacher Kerbe; Nasengrube von den Borstenspitzen des Gefieders am Schnabelgrunde beschattet, die Nasenlöcher klein und versteckt. Flügel schmal und spitz, kaum bis auf die Mitte des Schwanzes reichend, die erste Schwinge sehr wenig verkürzt. Schwanz ziemlich lang, schmalfedrig, leicht ausgeschnitten. Beine mit verhältnißmäßig weit längeren Zehen, der Daumen auffallend groß. Gefieder kurzfedrig, sehr bunt.

Tanagrella cyanomelas *Pr. Wied.*

Tanagra cyanomelas *Pr. Max z. Wied.* Beitr. III. a. 453. 1.
Tanagrella multicolor *Swains.*
Sylvia surinamensis coerulea *Briss.* Orn. III. 536. 73.
Hypothlypis Velia *Cabanis* Mus. Heineau. I. 22. 149.

Rückengefieder schwarz, Stirn vorn blau, dahinter gelb. Unterseite himmelblau, Kehle und Flügeldecken cyanblau gefleckt, Bürzel orange, Bauch und
Steiß rostroth. —

Ein hübsches buntes Vögelchen, vom Ansehn einer Nemosia, aber der
Schnabel höher, stärker und wenig am Ende herabgebogen, glänzend
schwarz. Iris braun. Hauptfarbe des Rückengefieders schwarz. Stirn und
Zügel blau, dahinter vor den Augen gelb. Kehle und Backen mit lebhaften
cyanblauen glänzenden Flecken auf jeder Feder; Vorderhals, Brust und
Bauchseiten heller weißblau gefleckt; Bauchmitte und Steiß rostroth, Bürzel
orange. Kleine Flügeldeckfedern cyanblau, große wie die Schwingen
schwarz, fein blau gerandet; desgleichen die Schwanzfedern. Innenseite der
Schwingen weißlich gesäumt. Beine glänzend schwarz. —

Ganze Länge 5″, Schnabelfirste 6‴, Flügel 3″, Schwanz 1″ 8‴,
Lauf 7‴.

In den großen Urwäldern des Küstengebietes zwischen Capo frio und
Bahia in kleinen Schwärmen, aber nicht überall. —

Anm. Motacilla Velia *Linn.* Nat. I. 336. 4. — *Lath.* Ind. orn.
II. 546. 146. — *Buff.* pl. enl. 669. 3. steht dieser Art sehr nahe, aber die
Stirn ist einfarbig blau, die Brust ebenso dunkelblau, wie die Kehle und der
Bauch nicht rostroth, sondern hell orange, wie der Bürzel. Die Art ist in
Guyana zu Hause und geht nur bis in die Wälder am Amazonenstrom hinab.
Sie hat einen feinern Schnabel, daher Tanagra tenuirostris *Swains.* (*Desmar.*
Tanagr. pl. 2.).

9. Gatt. Calliste *Boje.*
Isis 1826.

Aglaja *Swains.*　　Callospiza *Gray.*　　Sclater. Synops. of the genus Calliste.

Schnabel kürzer und etwas höher, dem von Tanagra Sayaca
im Kleinen ähnlich, ziemlich stark seitlich zusammengedrückt, die Firste
scharfkantig, die Spitze mit schwacher Kerbe. Nasengrube von Federn beschattet, das Nasenloch drunter versteckt. Augenlieder mit
einem schönfarbigen Kranze kleiner, platter Federn. Gefieder sehr
bunt, das der Männchen reiner und klarer als das der Weibchen,
doch sonst ebenso; nur die jungen Vögel sehr viel matter gefärbt.
Flügel und Schwanz von mäßiger Länge, die erste Schwinge etwas
mehr verkürzt, die dritte und vierte die längsten; Schwanz schmal-
febrig, etwas ausgeschnitten. Beine zierlicher, der Lauf höher, die
Zehen kürzer, nur der Daumen noch ziemlich stark.

Eine zahlreiche Gruppe kleiner Vögel vom Ansehn der Buchfinken, Zeisige, Hänflinge, aber sehr bunt und prächtig gefärbt, welche

12*

sich in den Gebüschen der Waldregion aufhalten und in kleinen Trupps beisammen leben, sonst aber keine eigenthümlichen Gewohnheiten zeigen. Ihre Nahrung besteht ausschließlich in Sämereien.

A. Gefieder nur schwarz und blau, Bauch weiß oder gelb.

1. Calliste brasiliensis.

Tanagra brasiliensis *Linn.* S. Nat. I. 316. 15.   *Buff.* pl. enl. 179. 1 mas. 155. 1. fem. — *Lath.* Ind. orn. I. 424. 15. — *Pr. Max z. Wied.* Beitr. III. a. 477. 8.
Calliste brasiliensis *Sclater* l. l.
Tanagra barbadensis *Kuhl.*

Schwarz; Stirn, Kehle, Halsseiten, Brust und Bürzel hell violettblau; Bauchmitte und Steiß weiß.

Eine der größeren Arten, ziemlich wie ein Buchfink; Schnabel mäßig groß und stark, hoch, scharfkantig mit gebogener Firste, schwarz. Iris braun. Gefieder am Rücken größtentheils schwarz; die Stirn bis über die Augen hinauf, die Backen, Kehle, Brust, Bauchseiten, der Bürzel und die kleinen Flügeldeckfedern hell bläulich violett; die großen Flügeldeckfedern und die Handschwingen fein ebenso gerandet, alle Schwingen innen weißlich gesäumt; Bauchmitte, Steiß und untere Schwanzdecken weiß. Beine glänzend schwarzbraun. — Weibchen wie das Männchen gefärbt, aber das Blauviolette matter, weißlicher und mehr auf die Spitzen der Federn beschränkt. —

Ganze Länge 5½", Schnabelfirste 4‴, Flügel 3½", Schwanz 1" 9‴, Lauf 8‴. —

Im Waldgebiet Brasiliens nicht selten, von mir bei Neu-Freiburg gesammelt, nordwärts seltener und kaum über Bahia hinaus. Der Prinz zu Wied fand das Nest mit 2 weißen, röthlich violett marmorirten Eiern, worin einige irregulaire schwarze Striche und Punkte sind. —

2. Calliste flaviventris.

Sclater l. l. no. 47. — *Cabanis* Mus Hein. I. 27. 180.
Tanagra mexicana *Linn.* S. Nat. I. 315. 10. — *Lath.* Ind. orn. I. 426. 23.
Buff. pl. enl. 290. 2. — *Edw.* Gleam. tb. 350. — *Desmar.* Tanagr. pl.
Tanagra flaviventris *Vieill.* N. Dict. d'hist. nat Tm. 111.

Kornblumenblau; Hinterkopf, Nacken, Rücken, Flügel und Schwanz schwarz; kleine Deckfedern meergrün, Bauch und Steiß gelb. —

Etwas kleiner als die vorige Art, der Schnabel minder gebogen, fein und ziemlich grade, schwarz; Iris schwarzbraun. — Gefieder beim Männchen lebhaft und schön kornblumenblau; vom Hinterkopf über den Nacken, Rücken, die Flügel und den Schwanz schwarz; der bedeckte Unter-

rücken, der Bürzel und die Schwanzfedern blau gefäumt. Kleine Deck=
federn am Bug hell bläulich grün, die übrigen fein blau gerandet; Bauch
und Steiß röthlich rottergelb, die Bauchseiten schwarz gefleckt. Beine
schwarzbraun. — Weibchen nur matter gefärbt als das Männchen, der
meergrüne Fleck am Flügelbug kleiner, verwaschener; die Bauchseite weiß=
licher gelb; die blauen Federnränder ins Grünliche spielend.

Ganze Länge 5″, Schnabelfirste 3½‴, Flügel 3″, Schwanz 1″ 10‴,
Lauf 8‴.

Im nördlichen Brasilien, über das Gebiet des Amazonenstromes und
weiter über Guyana, Columbien und Trinidad verbreitet. —

B. Oberkopf, Nacken und Rücken gelb oder rothbraun, Flügel grün.

Calliste flava.

Tanagra flava *Gmel. Linn.* S. Nat. I. 2. 896. — *Lath* Ind. I. 431. 40.
Pr. Max z. *Wied.* Beitr. III. a. 467. 5.
Tanagra formosa *Vieill.* Enc. méth. Orn. 773.
Lindo bello *Azara* Apunt. I. 387. 96.
Guirapera *Marcgr.* h. nat. Bras. 212.

Männchen: Rumpf blaß ochergelb, Kehle, Vorderhals, Brust und Bauch=
mitte schwarz; Flügel und Schwanzfedern ebenso, aber breit blaugrün gerandet.

Weibchen: Grünlich grau, Oberkopf ins Rostgelbe, Kehle ins Weißliche
fallend; Flügel und Schwanz wie beim Männchen, aber matter gefärbt. —

Nicht ganz so groß wie die erste Art, der Schnabel stark, hoch, mit
scharfer gebogener Firste, braungrau gefärbt. Iris braun. — Rumpf=
gefieder des Männchens mehr oder weniger trüb ochergelb, der Stirnrand
etwas dunkler, rostgelb; Kinn, Kehle, Vorderhals, Brust= und Bauchmitte
schwarz. Flügel schwarz, die Deckfedern mehr grünlich blau, die Schwingen
reiner blau gesäumt, am Innenrande weißlich. Schwanzfedern schwarz,
himmelblau überlaufen, besonders an den Rändern. Beine bräunlich grau.
Weibchen am ganzen Rumpfe aschgrau, der Rücken grünlich überlaufen,
die Stirn und der Oberkopf rostgelblich, die Kehle und der Vorderhals
weißlich; der Bauch und Steiß rostgelblich; Flügel und Schwanz wie beim
Männchen, nur matter und die Ränder mehr graugrünlich gefärbt. Schna=
bel und Beine heller als beim Männchen.

Ganze Länge 5″ 6‴, Schnabelfirste 1‴, Flügel 3″, Schwanz 2″,
Lauf 8‴. —

Das junge Männchen, vor der ersten Mauser, ähnelt dem Weibchen,
ist aber noch matter gefärbt und bekommt erst allmälig den vollen gelben
Oberkörper alter Individuen.

Bei Neu=Freiburg, aber auch nordwärts bis Bahia und südwärts bis
Paraguay verbreitet. —

4. Calliste melanota.

Aglaja melanota *Swains.* Birds of Braz. pl. 31. mas. pl. 43. fem.
Tanagra Gyrola *Pr. Max* Beitr. III. 471. 6. (fem).
Tanagra peruviana *Desmar.* Tanagr. pl. 11.
Calliste peruviana *Sclater* l. l. no. 35.

Oberkopf bis zum Rücken rostroth, Rücken schwarz.

Männchen mit schwarzen Zügeln, gelben Flügeldecken, grüner Unterseite und blaugesäumten Schwingen.

Weibchen matter, Flügeldecken und Schwingenränder grün, Bauchseite blaßgelb. —

Schnabel kürzer als bei der vorigen Art, mehr gewölbt, schwarzbraun. Iris braun. Oberkopf, Backen, Hinterhals bis zum Rücken rothbraun, Mitte des Rückens schwarz. — Männchen voller gefärbt, Zügel schwarz; kleine Flügeldeckfedern ochergelb, große und die Schwingen schwarz, mit himmelblauen Rändern; Unterrücken grünlich, gleich der Unterseite vom Kinn bis zum Bauch; Aftergegend nebst den unteren Schwanzdecken bis zum Bürzel hinauf rostgelbroth, Schwanz schwarz mit himmelblauen Rändern; Beine bräunlich fleischfarben. — Weibchen matter gefärbt als das Männchen, besonders der Rücken trüber schwarzbraun. Unterrücken und Flügeldeckfedern grün, die Schwingen und die Schwanzfedern schwarzbraun mit grünen Rändern; die ganze Bauchseite blaß gelblichweiß, nur die Kehle und der Vorderhals grünlich überlaufen.

Ganze Länge 5¼″, Schnabelfirste 3‴, Flügel 3″, Schwanz 2″, Lauf 8‴.

Im Waldgebiet des mittleren Brasiliens, besonders nördlich von Bahia und im Innern am Amazonenstrom, aber nicht häufig. —

Anm. Es ist wahrscheinlich ein Irrthum, wenn Desmarest die Heimath dieser Art nach Peru legte und sie deshalb T. peruviana nannte. Swainson hat eine schöne Abbildung von beiden Geschlechtern gegeben; der Prinz zu Wied erhielt sie ebenfalls auf seiner Reise und nahm sie für das Weibchen der folgenden, beide die Tanagra Gyrola Linné aufführend. Ich halte mich überzeugt, daß es vorzugsweise junge Individuen dieser Art waren, welche er selbst beobachtete; weil so südlich, wie die Heimath von Azara's Lindo preciosa liegt, der Prinz nicht kam. —

Calliste preciosa *Cabau.*

Cabanis Mus. Heinean. I. 27. 183.
Tanagra Gyrola *Pr. Max z. Wied.* Beitr. III. 471. 6. mas.
Calliste castanonota *Sclater* l. l. no. 34.
Calliste cajana *D'Orb.* Voy. Am. mér. Ois. 272.
Lindo precioso *Azara* Apunt. etc. I. 381. 95.

Oberkopf, Nacken und Rücken rothbraun, Flügel und Unterseite grün.

Schnabel ziemlich kurz, zusammengedrückt, nach der Spitze zu etwas gebogen, hornschwarz; Iris braun. Zügel tief sammetschwarz: Oberkopf,

Nacken und Rücken schon rostroth, mit Feuerglanz; Bürzel und obere Flü=
geldeckfedern grün mit lebhaftem Goldschiller; Schwingen und Schwanz=
federn schwarzbraun, himmelblau gerandet, mit grünlichem Reflex; Kehle,
Hals, Brust und Bauch grün, mit himmelblauem Widerschein; Steiß hell
rothbraun, die Unterschwanzdecken blau gesäumt. — Weibchen ganz wie
das Männchen gefärbt, aber alle Farben viel matter und ohne den pracht=
vollen Reflex, der dem Männchen eigen ist. Beine graulich fleischfarben.

Ganze Länge 5″ 9‴, Schnabelfirste 4‴, Flügel 3¼″, Schwanz
2″ 2‴, Lauf 9‴. —

Im südlichen Brasilien: St. Catharina, Rio Grande do Sul, Monte=
video; ferner in Paraguay und hinüber bis zum Ostabhange der Cordilleren.

Anm. 1. Der Prinz zu Wied führt diesen Vogel als Männchen seiner
Tanagra Gyrola auf und beschreibt ihn nicht ganz richtig, weil er ihn mit der
vorigen Art verband; offenbar hat er nur letztere selbst beobachtet, die Calliste
preciosa dagegen anders woher erhalten, vielleicht in Rio de Janeiro von Händlern
oder Jägern bekommen. Hier findet sich aber der Vogel noch nicht.
2. Tanagra Gyrola Linn. S. Nat. I. 315. 7. — Buff. pl. enl. 133.
2. — Lath. Ind. orn. I. 437 26. — Desmar. Tanagr. pl. 6. et 7. — Calliste
Gyrola Sclater l. l. no. 42.; — ist ein anderer Vogel, ganz lebhaft grün,
Kopf und Kinn gelbroth, ein goldgelber Fleck verbreitet sich am Flügelbug über
die kleinsten Deckfedern, der Bauch ist himmelblau. Er bewohnt die Gegenden
nördlich vom Amazonenstrome, Guyana und Columbien.
3. Ihm steht zunächst Tanagra peruviana Swains. Anim. in Menag.
356. — Tan. Gyrola v. Tschudi Fn. per. Orn. 30. 6. 202. — D'Orb. Consp.
Av. Mag. d. zool. 1837. 32. 10. — Calliste gyruloides Bonap. Sclater l. l. no.
43. — Die Art stimmt mit der ächten T. Gyrola ganz überein, unterscheidet sich
von ihr indessen durch einen stets himmelblauen Bürzel, längere Flügel und
etwas beträchtlichere Größe. Sie bewohnt Neu=Granada, Peru und Bolivien.

6. Calliste cucullata.

Sclater, l. l. no. 33.
Aglaja cucullata Swains. Birds of Braz. pl. 7.

Oberseite, Flügel und Schwanz grün; Scheitel, Nacken bis zum Rücken
und Steiß zimmtroth; Kehle, Brust und Bauch blau beim Männchen, grau
weiß beim Weibchen.

Eine ausgezeichnete Art, die mir bloß aus Swainson's angezogener
Abbildung bekannt ist. Gestalt und Größe wie C. flava; Schnabel ziemlich
groß, etwas gebogen, mäßig gewölbt, hornbraun. Iris braun. Oberkopf
beim Männchen, der Nacken und die Mitte des Rückens verwaschen roth=
braun; Backen, Halsseiten, Flügel, Unterrücken und Schwanz grün, die
Schwingen und Schwanzfedern in der Tiefe schwarzbraun; Kehle, Vorder=
hals, Brust und Bauch hell cyanblau; Steiß und untere Schwanzdecken
rostgelbroth. Beine fleischbraun. — Weibchen wie das Männchen ge=
färbt, oben blasser, alle Farben mehr verloschen, die Unterseite matt grau=
bläulich weiß. —

Ganze Länge 5″, Schnabelfirste 4‴, Flügel 2″ 10‴, Schwanz 1″ 7‴, Lauf 8‴. —

Von Swainson bei Pernambuco gesammelt, nach Sclater nur auf den Inseln Westindiens zu Hause (St. Thomas).

C. **Gefieder schwarz getüpfelt, vorwiegend grün; die Federn, wenigstens am Rücken, auf der Mitte schwarz.**

7.   Calliste citrinella.

Tanagra citrinella *Temm.* pl. col. 42. 2.   *Swains.* Birds of Brazil. pl. 6.
   Pr. Max z. Wied. Beitr. III. a. 464. 4.
Tanagra cyanoventris *Vieill.* N. Dict. d'hist. nat. Tm. 32. 426.
Tanagra elegans *Pr. Max z. Wied.* Reise I. 187

Oberkopf, Backen und Rücken gelb, letzterer schwarz getüpfelt; Kehle schwarz, Brust und Bauch blau; Flügel und Schwanzfedern schwarz, grün gerandet. —

Von mittlerer Größe, etwa wie ein Hänfling (Fr. cannabina) gestaltet, doch der Schnabel etwas kräftiger, länger, dicker, sanft gebogen, schwarz. Oberkopf und Backen bis zum Kinnrande rottergelb, die Zügel und die Kehle unter dem Kinn schwarz. Nacken und Rücken goldgelb, jede Feder mit schwarzer Mitte; Flügel und Schwanzfedern schwarz, am Außenrande breit grün gesäumt; Unterrücken trüb ochergelb. Vorderhals, Brust und Bauchseiten hellblau, Bauchmitte grün, Steiß ochergelb. Beine graulich fleischbraun. — Weibchen wie das Männchen gefärbt, nur weniger lebhaft im Farbenton. —

Ganze Länge 5″, Schnabelfirste 3‴, Flügel 2″ 6‴, Schwanz 1″ 10‴, Lauf 8‴. —

Im Waldgebiet des mittleren Brasiliens, vom Rio Espirito Santo bis nach Bahia, Pernambuco und über die untere Partie des Amazonenstromgebietes verbreitet. — Zuerst vom Prinzen zu Wied beobachtet und ausführlich beschrieben, dann von Temminck und Swainson abgebildet; von letzterem besser gezeichnet aber weniger gelungen im Kolorit, das zu düster ist.

8.   Calliste Schrankii.

Tanagra Schrankii *Spix.* Av. Bras. II. 388. tb. 51.
Calliste Schrankii *Sclater*, l. l. no. 11. —   *Tschudi* Fn. per. Orn. 29.
   4. 201.
Aglaja melanotis *Swains.* An. in Menag. 355.

Grün, die Federn des Rückens und der Flügel schwarz getüpfelt; Scheitel, Bürzel und Mitte der Bauchseiten gelb.

Etwas kleiner als die vorige Art, doch ihr im Körperbau ähnlich; Schnabel ziemlich kurz, etwas gewölbt, schwarz; Stirn und Ohrdecke schwarz; Nacken, Rücken, Flügel und Schwanz ebenfalls schwarz, aber jede Feder mit breitem grünem Randsaum; Bürzel und Oberkopf gelb, besonders die Stirn hinter der schwarzen Binde; Unterseite heller grün, die Mitte von der Brust bis zum Steiß gelb, die unteren Schwanzdecken reiner gelb. Beine schieferschwarz. Iris braun. — Weibchen mit schmäleren grünen Federrändern, besonders an den Schwingen und Schwanzfedern; der Oberkopf blaßgrün, der Bürzel sehr wenig gelb, überhaupt matter gefärbt. —

Ganze Länge 4½", Schnabel 3''', Flügel 2⅓", Schwanz 1½", Lauf 7'''. —

Im Innern Brasiliens, am obern Amazonenstrom und Rio Negro, bis hinüber nach Peru, Bolivien und Neu-Granada. —

9. Calliste punctata.

Tanagra punctata *Linn.* S. Nat. I. 316. 21. — *Lath.* Ind. orn. 425. 19. *Buff.* pl. enl. 133. 1. — *Edw.* Aves pl. 262. — *Desmar.* Tanagr. pl. 8. et 9. Calliste punctata *Sclater* l. l. no. 13. — *Cabanis* Mus. Hein. I. 177. 6.

Rückengefieder gelbgrün, alle Federn mit großem schwarzem Fleck; Unterseite graugrün, die Brust stark schwarz getüpfelt.

Der vorigen Art ähnlich, aber etwas größer und besonders der Schnabel länger, schlanker kegelförmig, mehr seitlich zusammengedrückt; schieferschwarz, die Gegend am Kinn breit weiß. Oberkopf, Ohrgegend und Nacken gelbgrau, die Stirn fast ohne schwarze Tüpfel, das Uebrige auf der Mitte jeder Feder schwarz; Zügel schwarz. Rücken mehr grünlich, jede Feder breit schwarz auf der Mitte, nur der Unterrücken einfarbig grün. Flügel und Schwanzfedern schwarz, mit hell seladongrünen Rändern, die Innenseite der Schwingen weißlich gesäumt. Kehle und Brust weißgrau, letztere mit großen schwarzen Tropfenflecken auf jeder Feder. Bauchmitte einfarbig weißlich grau, Bauchseiten grünlich grau, Steiß gelblich, untere Schwanzdecken mit grünlichen Tüpfeln auf der Mitte der Federn. Beine schwarzbraungrau. — Weibchen wie das Männchen, nur der gelbliche Ton auf dem Scheitel matter, grünlicher.

Ganze Länge 5", Schnabelfirste 4''', Flügel 2" 10''', Schwanz 1" 10''', Lauf 8'''. —

Bewohnt das Waldgebiet des nördlichen Brasiliens, von Pernambuco über die Mündung des Amazonenstromes, dessen untere Laufstrecke bis nach Guyana; lebt in kleinen Trupps in den dichten Waldungen der höher gelegenen Orte, ferner von der Küste und ist dort nicht selten.

Anm. Die Tanagra punctata v. *Tschudi* Fn. per. Orn. 30. 8. und 203. ist nach *Sclater* l. l. no. 12. eine andere Art, welche er Calliste chrysophrys nennt (*Jard.* Contrib. to Orn. 1851 pl. 69. f. 2.), während Cabanis sie mit der ächten Call. punctata verbindet (Mus. Hein. I. 26. 177.). Das hier beschriebene Exemplar erhielt ich aus der Gegend nördlich von Bahia.

10. Calliste thoracica.

Sclater l. l. no. 10.   *Caban.* Mus. Hein. I. 26. 175.
Tanagra thoracica *Temm.* pl. col. 42. 1.

Rückengefieder grün, schwarz gestreift; Stirn schwarz, dahinter und der Augenring blau, Vorderhals gelb mit schwarzem Kehlfleck; Unterfläche auf der Mitte blaßgelb, an den Seiten spangrün. —

Eine sehr bunte, aber auch sehr hübsche Art; etwas größer als die vorigen; der Schnabel feiner, spitzer, stärker zusammengedrückt, glänzend schwarz. Iris braun. Stirn, Zügel und vorderster Kinnwinkel schwarz. Oberkopf zwischen den Augen und der Augenring himmelblau, dann grün, wie der ganze Rücken, aber mit goldgelbem Reflex; alle Federn des Hinterkopfes, Nackens, Rückens und der Flügel mit schwarzem Längsstreif auf der Mitte. Oberste kleinste Deckfedern schön goldgelb gesäumt, die übrigen, wie die schwarzen Schwingen und Schwanzfedern grün gerandet. Vorderhals bis zur Brust goldgelb, darauf in der Kehlbuge ein schwarzer Fleck. Brust und Bauchseiten spangrün, gegen die Mitte hin mehr grasgrün, die Mitte selbst blaßgelb, wie der Unterschenkel und die unteren Schwanzdecken, aber die Aftergegend grün. Beine bleigraubraun. — Das Weibchen viel matter gefärbt als das Männchen, besonders die blaue Stirn nicht so lebhaft und der schwarze Kehlfleck kleiner.

Junger Vogel ganz matt graugrün, die schwarzen Streifen des Rückens sehr wenig deutlich; der Vorderhals und der Steiß gelbgrau; Stirn, Zügel und Kehle nicht schwarz, sondern wie die benachbarten Theile gefärbt, auch keine blaue Binde zwischen den Augen.

Ganze Länge 5¼", Schnabelfirste 4‴, Flügel 3", Schwanz 1" 8‴, Lauf 8‴. —

In den Gebirgswäldern der südlichen tropischen Gegenden Brasiliens, Rio de Janeiro, St. Paulo und Süd-Minas; von mir bei Neu-Freiburg gesammelt, wo die Art nicht selten war; lebt wie die übrigen Arten in kleinen Trupps im Walde, ist nicht eben scheu, aber still und wird darum nur selten gesehen. —

D. Gefieder bunt: blau, roth, grün, schwarz und gelb; die Federn nicht
schwarz getüpfelt.

11. Calliste tricolor.

Tanagra tricolor *Gmel. Linn.* S. Nat. I. 891. — *Buff.* pl. enl. 33. 1. —
Lath. Ind. orn. I. 428. 29. — *Temm.* pl. col. 215. 1. — *Desmur.* Tanagr.
pl. 3. — *Kittlitz* Vögel etc. pl. 31. f. 1.
Tanagra Tatao *Pr. Max.* Beitr. III. a. 459. 3.
Calliste tricolor *Sclater* l. l. no. 3. — *Caban.* Mus. Hein. I. 26. 172.

Kopf spangrün, Brust blau, Nacken gelbgrün, Vorderhals und Rücken
schwarz, Unterrücken orange, Bauch und Steiß grün.

Ein sehr bunter Vogel; Gestalt wie bei der vorigen Art, doch etwas
schmächtiger. Schnabel glänzend schwarz, länglich kegelförmig, nach vorn
spitz, die Firste sanft gebogen. Iris braun. Oberkopf, Backen und Kinnrand spangrün, ziemlich stark ins Himmelblaue fallend. Nacken, Halsseiten und Oberrücken gelbgrün; Mittelrücken schwarz, z. Th. mit gelb-
grünen Federrändern; Unterrücken orange. Flügeldeckfedern cyanblau, die
bedeckte Partie schwarz; Schwingen und Schwanzfedern schwarz, die Handschwingen und die Schwanzfedern schmal blau gerandet, die Armschwingen
breit grün gesäumt. Vorderhals schwarz; Brust himmelblau, anfangs mit
einigen schwärzlichen Flecken; Bauch, Steiß und Bürzel grün, die Unterschenkel himmelblau, die Beine schwarzbraun. — Das alte Weibchen
unterscheidet sich von dem vorstehend beschriebenen Männchen nur durch
etwas mattere Farben, einen gleichmäßiger grün gefleckten Rücken und nicht
ganz rein blaue, mehr blaugrüne kleinste Flügeldeckfedern. — Der junge
Vogel ist noch matter gefärbt, hat viel Grau in allen Tönen, und weder
die blauen, noch die orangeren Farben so klar wie das Weibchen. —

Ganze Länge 5″, Schnabelfirste 4‴, Flügel 3″, Schwanz 1″ 8‴,
Lauf 9‴. —

Im Waldgebiet des mittleren Brasiliens zu Hause, von Rio de Janeiro aufwärts bis Bahia; ferner westwärts über die inneren Gegenden
verbreitet; lebt wie die vorigen Arten in kleinen Trupps im dichten Walde,
die von Zeit zu Zeit kurze Locktöne hören lassen, sonst aber sich nicht verrathen. Der Vogel ist wenig scheu und kommt selbst in die Gärten der Ansiedler. Ich erhielt ihn in Neu-Freiburg.

12. Calliste Tatao.

Tanagra Tatao *Linn.* S. Nat. I. 315. 11. — *Buff.* pl. enl. 7. 1. und 127.
2. — *Lath.* Ind. orn. I. 428. 31. — *Edwards* Av. pl. 349. — *Desmur.*
Tanagr. pl. 1. *Kittl.* Vögel etc. tb. 31. f. 3. — *Caban. Schomb.* Reise
III. 669. 17.
Calliste Tatao *Sclater* l. l. no. 1. — *Caban.* Mus. Hein. I. 26. 174.
Aglaja paradisea *Swains.* Classific. Birds. II. 286.

Stirn und Backen moosgrün; Rücken, Bauch, Flügel und Schwanz schwarz; Unterrücken feuerroth; Kehle und Vorderhals cyanblau, Brust und Bauchseiten himmelblau. —

Schnabel ziemlich schlank kegelförmig, schwarz, wenig gebogen. Iris braun. — Vorderster Stirnrand schwarz; Mittelkopf, Backen und Augengegend mit kleinen, meergrünen, schuppenförmigen Federn besetzt; Hinterkopf, Nacken, Rücken, Flügel, Schwanz, Steiß und Bauchmitte kohlschwarz; oberste kleinste Deckfedern himmelblau, erste Handschwingen fein blau gerandet; Unterrücken feuerroth, gegen den Bürzel hin allmälig gelber. Kinn und Vorderhals cyanblau; Brust, Halsseiten und Bauchseite himmelblau; Unterschenkel wie die Beine schwarz. — Weibchen wie das Männchen gefärbt, aber die Farben matter, graulicher. —

Ganze Länge 5" 4"', Schnabelfirste 4"', Flügel 3", Schwanz 2" 8"', Lauf 8"'. —

Bewohnt das Waldgebiet Brasiliens am unteren Amazonenstrom, und geht südlich etwa bis Pernambuco, höchstens ausnahmsweise bis Bahia; nordwärts verbreitet sich die Art über Guyana, Venezuela und Neu-Granada, aber nicht mehr nach Peru. Bei Rio de Janeiro findet man sie gewiß nicht, dort trifft man den Vogel wohl bei Händlern, aber nicht im Freien. —

13.   Calliste festiva.

Sclater l. l. no. 4.   *Cabanis* Mus. Hein. 1. 26. 173.
Tanagra festiva *Shaw* Nat. Misc. pl. 537.
Tanagra tricolor var β. *Linn. Lath.* l. l. — *Buff.* pl. enl. 33. 2.
Tanagra cyanocephala *Vieill.* N. Dict. d'hist. nat. Tm. 32. 425. — *Id.* Enc. méth. Orn. 780. — *Desmar.* Tanagr. pl. 4.
Tanagra rubricollis *Temm.* pl. col. 215. 2. — *Pr. Max* Beitr. III. 456. 2. — *Kittl.* Vögel etc. tb. 31. f. 2.
Aglaja cyanocephala *Swains.* Birds of Braz pl. 5.
Tanagra trichroa *Licht.* Doubl. d zool. Mus. 30. 321.

Oberkopf und Kehle blau, Nacken und Wangen roth, Stirnrand und Rücken schwarz; übrigens grün; kleinste Flügeldeckfeder schwarz mit gelbem Streif am unteren Rande.

Fein und zierlich, wie die vorige Art gebaut, der glänzend schwarze Schnabel ebenso dünn zugespitzt, leicht gebogen; vorderste Stirn- und Kinnfedern schwarz, die nächsten der Stirn und des Augenrandes himmelblau, die übrigen bis zum Hinterkopf cyanblau. Im Nacken eine zinnoberrothe Binde, die sich nach vorn über die Ohrdecke bis zum Kinn fortsetzt; der obere Theil des Rückens zunächst an der Binde schwarz, der untere mit dem Bürzel grün; ebenso Steiß, Bauch, Brust und Vorderhals, nur die vorderste Partie unter der Kehle cyanblau. Flügel und Schwanzfedern schwarz, die kleinsten Deckfedern am Bug einfarbig, darunter eine Reihe orangegelber, die übrigen nebst den Schwingen und Schwanzfedern mit breitem grünem Raude. Unterschenkel gelbgran, Beine schieferschwarz. — Weibchen völlig wie das Männchen gefärbt, nur wenig matter, der Anfang des grünen Rückentheiles schwarz gefleckt. —

Ganze Länge 5″, Schnabelfirste 3½‴, Flügel 3″, Schwanz 1½″, Lauf 8‴. —

Im Waldgebiet der Ostküste Brasiliens von St. Paulo bis nach dem Amazonenstrom verbreitet, und jenseits desselben selbst noch in Guyana einheimisch, aber nicht grade häufig; liebt die Gebirgswaldungen höher gelegener Gegenden und ist darum dem Prinzen zu Wied nur einmal auf seiner Reise vorgekommen. Bei Neu-Freiburg erhielt ich nach und nach mehrere Exemplare.

Anm. In den Werken der Schriftsteller finden sich noch 2 mir daselbst nicht begegnete Arten aus Brasilien, deren Diagnosen ich hersetze:

14. Calliste cyanoptera Swains. Birds of Braz. pl. 8. — Tanagra argentea Lafresn. Rev. zool. 1843. — Blaß gelbgrün, die Rückenseite mehr ins glänzend Flachsgelbe spielend, mit Metallschiller; Kopf, Flügel und Schwanz schwarz, die Ränder der großen Deckfedern, Schwingen und Schwanzfedern prächtig lasurblau, untere Schwanzdecken weiß gerandet. — Bei Pernambuco, auch in Venezuela, von wo wir den Vogel besitzen.

15. Calliste graminea Spix. Av. Bras. I. 40. 12. tb. 53. fig. 2. — Einfarbig grün, die Bauchseite ins Schwefelgelbe spielend; Flügel und Schwanz schwarzbraun, die Ränder der Schwingen und Schwanzfedern grün. — Länge 4½″. — Am Amazonenstrom. —

2. Euphonidae.

Der dickere meist breitere und dabei sehr kurze Schnabel, neben dessen herabgebogener Spitze eine deutliche selbst doppelte Kerbe vorhanden ist, unterscheidet die hierher gehörigen Vögel von den vorigen, denen sie übrigens, besonders den Callisten, sehr ähnlich sehen. Sie haben dickere breitere Köpfe, kürzere Flügel, meist viel kürzeren Schwanz und einen kürzeren Lauf. —

10. Gatt. Procnopis *Caban.*
Tschudi Fn. per. Orn. 198.

Schnabel am Grunde höher als breit, dem von Calliste ähnlich, nur größer, stärker, scharfkantiger auf der Firste; die Nasengrube versteckt, der Kinnwinkel sehr kurz und gerundet; die ganze Form gröber. Flügel und Schwanz von beträchtlicher Länge, besonders die Armschwingen sehr lang, und alle Schwingen relativ brei-

ter als bei Calliste: noch mehr aber die Schwanzfedern, daher die
ganze Schwanzform stumpfer, grader und voller. Beine für die
Größe der Vögel ziemlich klein, die Zehen kurz, die Krallen scharf
und ziemlich stark gebogen. Gefieder kar und langfedrig, besonders
am Rücken; die Basis der Federn stärker dunig. —

Die Gattung ist vorzugsweise im Norden und Westen von Süd-
Amerika zu Hause und in Brasilien nur durch eine etwas abweichende Art vertreten, welche Sclater sogar generisch von den übrigen trennt. — Wir behalten die Gattung in dem Umfange bei, wie
Cabanis sie aufstellte. —

Procnopis melanonota.

Cabanis Mus. Hein. I. 30. 202.
Tanagra melanonota *Vieill.* N. Dict. d'hist. nat. Tm. 32. pag. 407. — *Idem.*
    Enc. méth. Orn. 773.
Tanagra vittata *Temm.* pl. col. 48.
Pico de punzon azul y canela *Azara* Apunt. I. 413. 104.

Rückengefieder blau, Oberkopf und Unterrücken heller; Stirnrand und Ohrdecke schwarz; Unterfläche rostgelbroth. —

Etwas größer als die meisten Callistae, so groß wie unser Buchfink.
Schnabel glänzend schwarz, der Unterkiefer in der Jugend weiß, im Alter
nur die Kinnkante so gefärbt; die Firste scharf, die Spitze etwas hakig,
mit feiner aber deutlicher Kerbe. Vorderste Stirnfedern, Zügel und Backen
am Ohr schwarz; Rücken ultramarinblau, Oberkopf und Unterrücken hell,
das übrige sehr dunkelblau gefärbt; Flügel und Schwanzfedern schwarz,
lasurblau gesäumt; die Schwingen am Innenrande grau. Unterfläche vom
Kinn bis zum Steiß rostgelbroth, die vorderste Kinngegend etwas heller.
Beine fleischbraun.

Weibchen etwas matter gefärbt als das Männchen.

Junger Vogel anfangs an der ganzen Rückenseite schiefergrau, an
der Bauchseite blaßgelbgrau; nur der Bürzel und die Ränder der Schwingen wie der Schwanzfedern himmelblau, die Backen schwarzbraun, die
Beine graulich fleischfarben, der Unterkiefer weiß. Iris in allen Altern
braun. —

Ganze Länge 5½", Schnabelfirste 4‴, Flügel 3" 4‴, Schwanz
1" 8‴, Lauf 8‴.

In den Wäldern bei Neu-Freiburg nicht selten und besonders über
St. Paulo, Sta Catharina und Rio grande do Sul verbreitet, so wie
westwärts bis an die Cordilleren.

11. Gatt. Procnias *Illig.*

Tersine *Vieill.*

Schnabel ungemein breit am Grunde, mit bauchig vortretenden, dick aufgeworfenen Rändern, welche eine Art Schwiele bilden; die Spitze stark seitlich zusammengedrückt, höher als breit, mit feiner Kerbe; die Firste wenig gebogen, stumpfkantig. Nasengrube von feinen Borstenfedern beschattet, das Nasenloch frei in der Spitze, kreisrund, mit aufgeworfenem kurz röhrenförmigem Rande. Gefieder derbe, beim Männchen fester, und ganz anders gefärbt als beim Weibchen. Flügel lang, spitz, die Schwingen schmal, die erste Schwinge beinahe so lang wie die zweite. Schwanz nicht lang, aber breitfedrig, bemerkbar ausgeschnitten. Beine für die Größe des Vogels klein, der Lauf kurz, die Zehen mäßig lang, aber die Krallen klein, doch spitz und ziemlich stark gebogen. —

Procnias tersa.

Bonap. Consp. I. 232. 500. — *Cabanis* Mus. Hein. I. 30. 209.
Ampelis tersa *Linn.* S. Nat. I. 298. 7. — *Lath.* Ind. orn. I. 365. 4.
Procnias ventralis *Illig.* Prodr. 229. — *Temm.* pl. col. 5. — *v. Tschudi* Fn. peruan. Orn. 29. 1. — *Pr. Max* z. *Wied.* Beitr. III. a. 385. 1.
Tersine coerulea *Vieill.* Gal. d. Ois. II. 187. pl. 119. — *Id.* N. Dict. d'hist. nat. Tm. 24.
Procnias hirundinacea *Swains.* zool. Illustr. pl. 28.
Weibchen.
Hirundo viridis *Temm.* Catal. d. Ois.

Männchen hell ultramarinblau; Stirn, Backen, Kehle, Schwingen und Schwanz schwarz; Bauchmitte und Steiß weiß.

Weibchen grün, die Unterseite heller und dunkler quer gebändert; Bauchmitte und Steiß gelb, schwarz gestreift.

Ziemlich so groß wie ein Dompfaffe (Loxia pyrrhula *Linn.*); der Kopf dicker und breiter, der Schnabel nicht höher, aber viel breiter am Grunde, schieferschwarz, mit graulichem Kinnrande. Iris rothbraun, Beine fleischbraun. — Gefieder des Männchens sehr derbe, glänzend, hell ultramarinblau; Stirnrand, Backen unter dem Auge und Kehle schwarz; desgleichen die Schwingen und Schwanzfedern, aber beide am Außenrande blau gesäumt. Bauchmitte von der Brust herab, weiß, ebenso die Steißgegend und die unteren Schwanzdecken; die blauen Bauchseiten mit schwarzen Spitzensäumen der Federn. —

Weibchen grasgrün, der Rücken etwas dunkler; die Schwingen und Schwanzfedern graubraun, am Außenrande, besonders nach unten, blaß

gelbgrün geſäumt. Kehle weißlichgrau, dunkler quer geſtreift; Bruſt und
Bauch heller und dunkler grün quer gebändert, die Mitte des Bauches und
die Steißgegend blaßgelb, jede Feder mit ſchwärzlichem Schaftſtreif. —
Ganze Länge 6″, Schnabelfirſte 4‴, Flügel 3″ 1‴, Schwanz 1″
Lauf 7‴. —

Durch das ganze tropiſche Braſilien verbreitet; ein einſamer ſtiller
Waldvogel, der überall wegen ſeines ſchönen Farbenkleides gut bekannt iſt.
Ich erhielt ihn ſowohl bei Neu=Freiburg, als auch in Lagoa ſanta. Seine
Nahrung ſind fleiſchige Beeren mittlerer Größe. —

12. Gatt. Euphone *Desm.*

Synops. of the Genus Euphonia by *Ph. L. Sclater*. — Contr. I. Orn. May. 1851.
Bonaparte Revue zool. 1851.

Ziemlich kleine Vögel, mit dicken Köpfen und ſtarken Schnäbeln,
die am Grunde breit und zugleich hoch geſtaltet, nach vorn mehr
ſeitlich zuſammengedrückt und mit herabgebogener Spitze verſehen ſind,
neben welcher ſich deutlich eine Kerbe zeigt, und vor derſelben eine
Ausbiegung, wie eine zweite Kerbe. Der Mundrand iſt nicht auf=
geworfen, ſondern etwas eingezogen, der Unterkiefer dagegen am
Grunde ſehr breit, flach und ſtark; die Naſengrube iſt beſchattet, und
das Naſenloch kaum ſichtbar, weil die Naſengrube ſehr tief liegt.
Das derbe Gefieder zeigt durchgreifende Geſchlechtsverſchiedenheit und
hat am Rücken beim Männchen vorherrſchend ſtahlblaue oder grüne,
beim Weibchen ſtets olivengrüne Farben; die Bauchſeite iſt lebhafter
gelb oder blaßgrün gefärbt. Die Flügel ſind kurz, ſchmalfedrig und
wenig über die Baſis des Schwanzes hinab verlängert, die drei
erſten Schwingen gleich lang; der Schwanz iſt ſehr klein, ſowohl
kurz als auch ſchmalfedrig, die einzelnen Federn ſind abgerundet.
Die Beine erſcheinen ziemlich groß, obgleich nicht ſtark, haben nach
Verhältniß hohe Läufe, dicke Zehen und kurze ſtark gebogene Krallen.

Die anatomiſche Eigenheit, den völligen Mangel eines ſelbſtſtän=
digen Magens, während am Schlunde eine ſpindelförmige Erweite=
rung gleich einem Kropfe bemerkt wird, hat Dr. Lund in ſeiner
intereſſanten Schrift: De genere Euphones. Hafniae 1829. 8.
nachgewieſen. Die Vögelchen leben nach Art der Pipren, denen
ſie auch habituell ähnlich ſind, einſam im dichten Walde, nähren ſich
von kleinen mehrſamigen Beeren, und haben eine angenehme, ſehr

klangvolle Stimme, mit förmlicher Octaven=Modulation, die sie viel=
fältig hören laſſen. — Die Braſilianer kennen deshalb dieſe kleinen
Sänger ſehr wohl und nennen ſie Gatturamas. Sie niſten in dich=
ten Gebüſchen und legen ſehr längliche, blaßröthliche, am ſtumpfen
Ende rothbraun getüpfelte Eier. *Thienem.* Fortpf. d. ges. Vögel
Taf. 32. Fig. 17—20.

I. Rückengefieder dunkel ſtahlblau oder erzgrün, Bauchſeite gelb. Schnabel
ſehr dick. Euphonia *Bonap.*

    A. Oberkopf himmelblau.

                1. Euphone nigricollis.

Lund, l. l. 27. 6.
Tanagra nigricollis *Vieill.* N. Dict. d'hist. nat. Tm. 32. 41.
Euphonia nigricollis *D'Orb. Lafresn.* Syn. Guér. Mag. 1837. cl. 2. pag. 30.
2. — Voyag. Am. mér. Ois. 267. — *Sclater* l. l. no. 2.
Tanagra aureata *Vieill.* Enc. méth. Orn. 782.
Euphone aureata *Hartl.* syst. Ind. p. *Azara* 7. 99. — *Lund*, l. l. 28. 7.
Euphone musica *Pr. Max z. Wied.* Beitr. III. a. 443. 2.
Cyanophonia aureata *Bonap.* Rev. zool. 1851. 3.
Lindo azul y oro cabeza celeste *Azara* Apunt. I. 390. 98.

    Scheitel bis zum Nacken himmelblau; Rückengefieder beim Männchen
dunkel violettblau, Bauch und Bruſt orange; beim Weibchen olivengrün mit
gelblicher Bauchſeite. —

    Schnabel ſchwarz, Iris dunkelbraun. — Beim Männchen Stirn,
Zügel und Augengegend kohlſchwarz; Oberkopf bis zum Nacken himmel=
blau; Rücken, Flügel und Schwanz glänzend violettſchwarzblau; die be=
deckten Stellen der Schwingen und Schwanzfedern kohlſchwarz. Kinn,
Kehle und Vorderhals glänzend violettſchwarz; Bruſt, Bauch, Bürzel und
Steiß orange. Beine fleiſchbraungrau. — Weibchen gelblich olivengrün,
die Unterſeite mehr ins Gelbe fallend; Oberkopf himmelblau, Stirnrand
roth. —

    Ganze Länge 4½", Schnabelfirſte 2½''', Flügel 2½", Schwanz
1¼", Lauf 6'''. —

    In den Wäldern der ſüdlichen und öſtlichen Diſtrikte Braſiliens und
von da hinunter nach Paraguay bis an den Fuß der Cordilleren. Mir
nicht vorgekommen auf meiner Reiſe.

    Anm. Pipra musica *Gmel.* Linn. S. Nat. 1. 2. 1004. — *Lath.* Ind.
orn. II. 562. 28. — *Vieill.* Galer. Suppl. — Eupho-
nia musica *Sclater* l. l. no. 1. unterſcheidet ſich von der beſchriebenen Art durch
eine gelbe Binde über die Stirn zwiſchen der ſchwarzen und himmelblauen
Zeichnung und eine mehr roſtgelbrothe Unterſeite; das Weibchen iſt voller
grün, weniger gelb und hat wie das Männchen eine gelbe Stirnbinde. Dieſe
Art iſt nördlich vom Amazonenſtrom in Columbien zu Hauſe und beſonders
über die ſüdlichen großen Antillen verbreitet.

B. Oberkopf ganz oder z. Th. gelb.

2. Euphone chalybaea.

Mikan Delectus Faun. et Flor. Bras. pl. 3. — *Sclater* l. l. no. 7. — *Strickl.*
Contrib. to Orn. 1851. 71.
Euphone aenea *Sunder.* Kongl. Vet. Ac. Handl. 1834. 309.
Euphone pardalotes *Lesson* Echo d. Mond. sav. 1844.

Rückengefieder beim Männchen dunkel erzgrün, Stirn und Bauchseite
dottergelb; Kinn schwarz. — Weibchen olivengrün, Bauchseite gelbgrau, die
Bauchmitte und der Steiß reiner gelb.

Schnabel sehr dick, groß, hoch, der Unterkiefer herabgewölbt, weißlich
am Kinnrande, übrigens schwarz. — Männchen mit schwefelgelber
Stirn und dunkel erzgrüner Rückenseite, die Innenseite der Schwingen
weißgrau gesäumt; äußere Schwanzfedern auf der Unterseite hellgrau mit
schwärzlicher Spitze. Kinnwinkel und vorderste Kehlpartie schwarz, die
übrige Unterseite dottergelb, die Seiten etwas mehr schwefelgelb, weil grau
unterlegt. Beine schiefergrau. — Weibchen einfarbig olivengrün, unten
trüber, heller, grünlicher, nur die Mitte des Bauches und die Steißgegend
reiner gelb. Schwingen und Schwanzfedern braungrau, breit olivengrün
gesäumt, die Schwingen innen und die Schwanzfedern unten hellgrau. —
Ganze Länge 4″ 10‴, Schnabelfirste 3‴, Flügel 2″ 9‴, Schwanz
1″ 5‴, Lauf 7‴.

Die Art ist durch den sehr dicken Schnabel und den relativ etwas
längeren Schwanz vor den übrigen ausgezeichnet; sie findet sich im süd=
lichen Brasilien, St. Paulo, Süd=Minas, Sta Catharina und scheint selten
zu sein. Mein hier beschriebenes Exemplar wurde von der Berliner Samm=
lung bezogen. —

3. Euphone chlorotica.

Lund. l. l. 26. 2.
Tanagra chlorotica *Linn.* S. Nat. I. 317. 23.   *Buff.* pl. enl. 114. 1.
Licht. Doubl. d. zool. Mus. 29. 315.
Tanagra violacea var. β. *Lath.* Ind. orn. I. 430. A.
Euphonia chlorotica *Sclater* l. l. no. 4.   *Caban.* Mus. Hein. I. 31. 209.
Gatturama mudinha der Brasilianer.

Kleiner, Rückengefieder und Vorderhals dunkel stahlblau; Oberkopf, Brust,
Bauch und Steiß dottergelb; die äußerste Schwanzfeder mit weißem Fleck.

Schnabel dick kegelförmig, aber minder bauchig, als bei der vorigen
Art; weißlich horngrau, der Oberkiefer dunkler, die Spitze schwarz. Iris
braun. Männchen: Stirn und Oberkopf bis hinter die Augen voll dot=
tergelb; Zügel, Backen, die Rückenseite und die Kehle bis über den Vorder=
hals hinab glänzend violett stahlblau, sehr dunkel; der Rücken und die

Flügeldeckfedern am meisten blau. Schwingen und Schwanzfedern kohl=
schwarz, erstere am Innenrande, besonders nach unten weiß gesäumt; die
äußerste Schwanzfeder jeder Seite mit einem großen weißen Fleck an der
Innenfahne vor der Spitze. Brust, Bauch und Steiß dottergelb, die Sei=
ten mehr goldgelb; die Beine fleischbraun. — Weibchen einfarbig oliven=
grün, die Bauchseite blasser, gelblicher. —

Ganze Länge 4″, Schnabelfirste 2½‴, Flügel 2½″, Schwanz 1″,
Lauf 7‴. —

...asilien, bei Pernambuco, Para, mitunter auch noch
...auptsächlich über Guyana und Columbien verbreitet.

...t hat in dem Kongl. Vetensk. Acad. Handl. 1833. tb. 10.
...anthogastra beschrieben, welche Bonaparte (Rev.
...ostris nannte. — Diese mir unbekannte Art steht der
...ist etwas größer, hat einen stärkeren Schnabel und einen
bis zum Nacken reichenden gelben Oberkopf, dessen Ton, gleichwie der des Bau=
ches, mehr ins Rothgelbe fällt. — Ihre Heimath sind die Gegenden am oberen
Amazonenstrom und Rio Negro. —

4. Euphone violacea.

Tanagra violacea *Linn.* S. Nat. I. 314. 5. — *Buff.* pl. enl. 114. 2. — *Lath.*
Ind. orn. I, 429. 33.
Euphone violacea *Desmar.* h. nat. d. Tanagr. pl. 21—24. — *Pr. Max* Beitr.
III. a. 439. 1. — *Licht.* Doubl. d. zool. Mus. 29. 310—14. — *Lund.*
I. I. 25. 1. — *Sclater* l. l. no. 10. — *Cabanis* Mus. Hein. I. 31. 208.
Gatturama verdadeira der Brasilianer.

Männchen: Stirn und die ganze Unterseite dottergelb, Oberkopf und
ganzes Rückengefieder violett stahlblau; 2 äußerste Schwanzfedern an der Innen=
fahne weiß.

Weibchen olivengrün, Bauchfläche heller, ins Gelbe fallend.

Schnabel groß, stark, mit scharfer Firste und etwas hakiger Spitze;
schwarz, der Unterkiefer am Grunde blaugrau. Iris braun. Beine grau=
lich fleischbraun.

Männchen mit dottergelber Stirn, die bis zum Auge reicht; von da
an die ganze Oberseite violett stahlblau, die Flügeldeckfedern und die Rän=
der der Schwingen etwas mehr ins Erzgrüne spielend, letztere am Grunde
innen weiß gesäumt. Schwanzfedern oben stahlblaugrün, unten schwarz,
die beiden äußeren jeder Seite mit weißer Innenfahne und weißem Schaft.

Weibchen trüb olivengrün; Schwingen und Schwanzfedern an
bedeckten Theile graubraun; Unterseite heller gelbgrau.

Junges Männchen wie das Weibchen, im Uebergangskleide oben
stahlblau unten gelbfleckig; die zweite äußere Schwanzfeder zuerst im Aus=
wuchs begriffen, daher sie allein innen weiß. —

13*

Ganze Länge 4″, Schnabelfirste   Flügel 2″ 5‴, Schwanz 1″,
Lauf 7‴. —

Im ganzen Waldgebiet Brasiliens heimisch, von Rio de Janeiro bis
nach Guyana hinauf; von mir vielfältig bei Neu-Freiburg gefunden, da der
Vogel nirgends selten ist.

Anm. 1. Im Innern an der Grenze Boliviens vertritt die Euphone
laniirostris *D'Orb.* *Lafr.* Synops. Mag. d. Zool. 1837. cl. 2. pl. 30. 1. die
Stelle der vorigen Art; — dieselbe ist erzgrün am Rücken, nicht stahlblau und
hat einen noch stärkeren Schnabel.

2. Im Norden Brasiliens, am Rio Negro, tritt die Euphone melanura *Sclater* l. l. no. 12. auf. Bei ihr ist der ganze Oberkopf bis zum Nacken
dottergelb und die Rückenfarbe stahlblau; aber weder die Schwingen, noch die
Schwanzfedern haben einen weißen Saum.

C. Oberkopf blauschwarz, wie der Rücken.

Euphone pectoralis.

Pipra pectoralis *Lath.* Ind. orn. Suppl. 37.
Euphonia pectoralis *Sclater* l. l. no. 14.
Euphone rufiventris *Licht.* Doubl. zool. Mus. 30. 317. — *Pr. Max.* Beitr.
    III. a, 447. 3. — *Lund,* l. l. 27. 4.
Euphone castaneiventris *Vieill.* Gal. d. Ois. Suppl.
Euphonia umbilicalis *Lesson* Traité 46.
Gatturama Sirrador der Brasilianer.

Männchen glänzend stahlblauschwarz, Bauch und Steiß rothbraun, oberste
Brustseiten gelb.

Weibchen olivengrün, Nacken, Brust und Bauch grau, die Seiten und
der Steiß rothbraun. —

Schnabel nicht ganz so stark, wie bei E. violacea, die Firstenkante
stumpfer, niedriger, übrigens ebenso gebaut; schieferschwarz, die Basis
weiß. Iris braun; Beine dunkel fleischbraun. —

Männchen dunkel blauschwarz, stahlglänzend, die Kehle und der
Nacken ins Violette spielend. Schwingen in der Tiefe am Innenrande
weiß gesäumt. Brustseiten am Flügelbug dottergelb, der Bauch und der
Steiß rostrothbraun, die Unterschenkel schwarzgrau. —

Weibchen olivengrün, Nacken, Brust und Bauchmitte sehr ins Graue
fallend, Bauchseiten und Steiß rostrothbraun. Schwingen und Schwanzfedern graubraun, grünlich gerandet. —

Ganze Länge 4½″, Schnabelfirste   Flügel 2″ 8‴, Schwanz 1″,
Lauf 7‴. —

Im ganzen Waldgebiet Brasiliens zu Hause und nirgends selten;
öfters bei Neu-Freiburg beobachtet. —

6. Euphone cajana.

Tanagra cajana *Linn.* S. Nat. I. 316. 14. *Buff.* pl. enl. 114. 3.
Tanagra cajanensis *Lath.* Ind. orn. I. 430. 34.
Euphone cajennensis *Desmar.* Tanagr. pl. 26. — *Lund,* l. l. 27. 3.
Euphonia cajana *Sclater* l. l. no. 15.

Männchen ganz blauschwarz, Brustseiten gelb gerandet.
Weibchen olivengrün, Unterseite graulicher.

Ganzes Ansehn der vorigen Art und von ihr bloß dadurch verschie=
den, daß Unterbauch und Steiß nicht rothbraun, sondern schwarz gefärbt
sind, welche Gegenden einen minder lebhaften Stahlglanz haben, als der
violette Kopf und Hals, oder die mehr blauen Flügel, deren Innenseite gelb
gefärbt, wie der Saum der Schwingen. Das Weibchen von dem der
vorigen Art nur durch den Mangel des rothbraunen Steißes verschieden.
Größenverhältnisse genau ebenso.

Die Art ist vorzugsweise in Guyana zu Hause, sie verbreitet sich aber
südwärts bis an den Amazonenstrom und berührt die nördlichsten Distrikte
Brasiliens. —

II. **Rückengefieder lebhaft grün gefärbt, Bauchseite lichter gelblicher.**
Chlorophonia *Bonap.*

Der Schnabel ist in dieser Gruppe von sehr veränderlicher Gestalt;
bald dick und aufgetrieben, wie bei Pyrrhula; bald ziemlich schlank und
spitz kegelförmig, mit scharfer Firstenkante, fast wie bei Procnopis; eine Art
hat auch gekerbte Schnabelränder (E. serrirostris *D'Orb. Lafr.* Syn. Mag.
d. Zool. 1837. cl. 2. pag. 30. 3. aus Bolivien). In Brasilien findet sich
nur eine Art, deren Schnabelform spitzkegelförmig ist. —

Euphone viridis.

Lund, l. l. 31. 5.
Tanagra viridis *Vieill.* N. Dict. d'hist. nat. Tm. 32. pag. 426. *Temm.* pl.
col. 36. 3.
Euphonia viridis *Sclater* l. l. no. 16.
Pipra chlorocapilla *Shaw.* Gen. Zool. XIII. 255.
Procnias viridis *Cabanis,* v. *Tschudi* Fn. per. Orn. 197.

Männchen: Kopf und Hals hellgrün, Rücken dunkelgrün, Nacken und
Bürzel himmelblau, Bauchseite gelb. —

Weibchen bräunlich olivengrün am Rücken, gelblichgrün an der Bauchseite.

Schnabel schlank kegelförmig, nach der Spitze zu stark zusammenge=
drückt, die Rückenfirste sanft gekrümmt, stumpfkantig, die Spitze selbst etwas
herabgebogen; schieferschwarz, die Basis bleigrau. Iris braun, Beine
bläulich fleischbraun.

Männchen: Kopf, Hals und Kehle schön und rein grün; Augen-
wimpernring himmelblau, ebenso der Nacken bis zu den Halsseiten hinab.
Rücken, Flügel und Schwanz dunkelgrün; die Schwingen und Schwanzfedern schieferschwarz, fein grün gerandet; Unterrücken und Bürzel himmelblau. Schwingen am Innenrande weißgrau, auch die beiden äußeren
Schwanzfedern unten zur Hälfte heller grün schillernd. Brust, Bauch und
Steiß goldgelb, die Seiten graugrün unterlegt. —

Weibchen etwas plumper gebaut, besonders auch der Schnabel
dicker; Gefieder an der ganzen Rückenseite einfarbig bräunlich olivengrün,
die Schwingen und Schwanzfedern schwarzgrau, mit grünlichen Rändern;
vorderste Stirngegend und die ganze Unterfläche gelb, die Seiten des Halses, der Brust und des Bauches ins Olivengrüne fallend. Schwanzfedern
außen, Schwingen innen auf der Unterseite heller weißgrau gesäumt.

Ganze Länge 4½″, Schnabelfirste 3¼‴, Flügel 2½″, Schwanz 1″,
Lauf 6‴.

Ich erhielt ein Pärchen dieser Art in Neu-Freiburg von Hrn. Besde,
der es aus der dortigen Gegend erhalten hatte, aber als einen nicht häufi-
gen Vogel mir pries. Seine Lebensweise kannte er nicht näher.

Pitylinae.

Schnabel bald stark, dick, bauchig kegelförmig, bald schlank, dünn
und einfach kegelförmig; — im ersten Fall mit gewölbter Firste, etwas
herabgebogener Spitze und schwacher Kerbe daneben; im zweiten Fall
mehr grade, ohne Kerbe und Endhaken, aber stets mit mehr oder
weniger eingebogenem schwach winkligem Mundrande und hohem
Unterkiefer, dessen Mundwinkel noch ziemlich horizontal bleibt; und
kurzer wenig vortretender, befiederter Nasengrube, in deren vorderer
Ecke das kleine, wenig bemerkbare Nasenloch sich befindet. Am Zügelrande einige feine schwache Borstenspitzen. Gefieder voll, ziemlich
weich, meist ohne Metallglanz, gewöhnlich grünlich olivengrau oder
einfarbig grau; mitunter rothgelb oder schwarz. Die Flügel nicht
grade lang, aber auch nicht stark abgerundet, etwas über die Basis
des Schwanzes hinabreichend; die erste Schwinge stets beträchtlich
verkürzt, die zweite etwas, die dritte mit der vierten in der Regel
die längsten. Schwanz lang, meist zugerundet oder zugespitzt; seltner
abgestutzt oder ausgeschnitten. Beine stark gebaut, der Lauf von
ziemlicher Höhe, die Zehen nicht grade lang, aber kräftig, mäßig

fleischig, besonders groß der Daumen, und viel länger als bei den
ächten Finken (Fringillinen); die beiden äußeren Vorderzehen am
Grunde verwachsen; die Krallen weder sehr groß noch sehr stark gebogen, aber scharf und allmälig zugespitzt. —

Die Gruppe ist vorzugsweise in Süd-Amerika zu Hause und
dort zahlreich vertreten; ihre Arten sind Singvögel mittlerer Größe,
wie Drosseln und Lerchen, welche sich mehr der harten Sämereien
als der fleischigen Beeren zur Nahrung bedienen und überall häufiger in Gebüschen und in Vorwäldern, als im dichten Urwalde gesehen werden. Angenehme Stimmen haben sie nicht, man hört nur
kurze Locktöne von ihnen. —

A. Genuinae. Schnabel bauchig kegelförmig, groß und stark,
aber nicht kurz, mit deutlicher Kerbe und Endhaken; Gefieder
meistens bunt. (Papageifinken).

13. Gatt. Saltator *Vieill.*

Schnabel hoch, ziemlich stark, seitlich zusammengedrückt, die
Spitze fast grade, der Mundrand stark eingebogen, die Firste sanft
gekrümmt, seine Farbe schwarz. Gefieder olivengrün am Rücken und
den Flügeln; erste Schwinge stark verkürzt. Schwanz lang, ziemlich
kurz abgerundet, die Mitte grade, die äußeren Federn nur wenig verkürzt. Beine recht kräftig, doch ohne besondere Eigenheiten.

1. Saltator magnus.

Tanagra magna *Gmel. Linn.* S. Nat. I. 2. 890. — *Buff.* pl. enl. 205. —
Lath. Ind. orn. I. 422. 8.   *Pr. Max z. Wied.* Beitr. III. 525. 20.
Saltator olivaceus *Vieill.* Gal. II. 103. pl. 77.

Grau, Rückenseite olivengrün, Kehle und Augenstreif weiß, Kinnstreif
schwarz, Vorderhals und Steiß rostgelb. —

So groß wie eine Singdrossel (Turdus musicus). Schnabel schieferschwarz, der Unterkiefer am Grunde weißlich. Oberkopf bis zum Nacken
und die Wangen schiefergrau, ein Streif vom Zügel zum oberen Augenrande und die Kehle weiß, ein anderer Streif vom Kinnwinkel am Halse
herab schwarz. Vorderhals rostgelb, allmälig gegen die Brust hin verwaschen, Brust und Bauch grau, Steiß rostgelb. Rückenseite, vom Nacken
abwärts, Flügel und Schwanz olivengrün, die Schwingen innen weißgrau

gerandet, die untere Flügeldecke z. Th. rostgelb. Beine schiefergrau, Iris
rothbraun. —

Das Männchen ist vom Weibchen wenig verschieden, nur lebhafter
gefärbt; der junge Vogel dagegen hat dunklere Schaftstriche auf den
übrigens heller gefärbten Federn der Brust und des Bauches bei trüberer
Rückenfarbe. —

Ganze Länge 8″, Schnabelfirste mit der Krümmung 9‴, Flügel 4″,
Schwanz 3″, Lauf 11‴.

Im Waldgebiet der Küstenstrecke des ganzen tropischen Brasiliens, von
Rio de Janeiro bis nach Guyana; überall gemein, gewöhnlich paarweis,
in Gärten und Gebüschen nach Früchten suchend; wenig scheu, aber schnell
und gewandt, von Zeit zu Zeit durch schreiende Locktöne sich verrathend.
Vielfach bei Neu=Freiburg erlegt.   Das Nest ist in mäßiger Höhe aus
Moos gebaut und enthält 2 blaßgrüne Eier mit dichten schwarzen Linien
am stumpfen Ende. Vgl. *Thienem.* Fortpf. d. ges. Vögel etc. Taf. 32. Fig. 1.

Saltator superciliaris.

Tanagra superciliaris *Pr. Max z. Wied.* Beitr. III. b. 518. 18.
Saltator similis *D'Orb. Lafr.* Syn. Guér. Magaz. 1837. cl. 2. pag. 36.   —
    D'Orb. Voyag. Am. mér. Ois. 182. pl. 28. f. 2.

Grau, nur die Flügel und die Mitte des Rückens olivengrün; Kehle und
Augenstreif weiß, Kinnstreif schwarz, Steiß rostgelb. —

Schnabel schieferschwarz, nur der Kinnrand weißgelb. — Gefieder
größtentheils grau, doch schimmert auf der Höhe des Scheitels und der
Mitte des Rückens die grünliche Olivenfarbe der Flügelfedern sehr deutlich
durch, und nimmt mit dem Alter an Intensität zu. Augenstreif vom Zü=
gel an bis weit hinter das Auge zum Nacken hinab weiß, desgleichen die
Kehle bis zum Halse hinab; letzterer ohne rostgelben Ton, dagegen die graue
Brust und die Bauchmitte rostgelb überlaufen, besonders bei alten Vögeln
und der Steiß ganz rostgelb; ebenso, aber matter, die Innenseite der Flü=
gel, die Schwingen weißlich gerandet. Schwanz einfarbig schiefergrau, ohne
grüne Federnränder, auch die vordersten großen Flügeldeckfedern nicht grün,
sondern braungrau. Beine graulich braun, Iris braun.

Das Weibchen ist vom Männchen nur durch einen matteren Ton,
besonders am Rücken und an der Brust verschieden; der junge Vogel
dagegen hat schieferschwarze verloschene Schaftstreifen auf weißlichem
Grunde an der Brust und dem Bauch, und mehr Grün am Rücken. —

Ganze Länge 8″, Schnabelfirste 9‴, Flügel 4″, Schwanz 3″,
Lauf 13‴.

Im Innern Brasiliens, auf dem Camposgebiet, durch Minas geraes bis gegen Bahia und Paraguay hin verbreitet; dort häufig und ganz ebenso im Betragen, wie die vorige Art.

Anm. Der Prinz zu Wied hat diese Art zuerst gut beschrieben, daher muß sein passender Name beibehalten werden; daß er sie für die folgende, von Azara zuerst beschriebene hielt, ist Nebensache und rechtfertigt nicht die Einführung der späteren Benennung von Lafresnaye.

Saltator coerulescens.

Lafresn. Syn. Guér. Mag. 1837. cl. 2. 35. 1. — *Vieill.* N. Dict. d'hist. nat. Tm. 14. 105. — Enc. méth. Orn. 791. — *D'Orbign.* Voyag. Am. mér. Ois. 287. no. 177. — *v. Tschudi* Fn. per. Orn. 31.
Tanagra superciliaris *Spix.* Av. Bras I. 44. 19. 1b, 57. f. 1.
Habia ceja blanca, *Azara* Apunt. I. 344. no. 81.

Grau, Augenstreif und Kehle weiß, Kinnstreif schwarz; Rücken und Flügel olivenbraun überlaufen, Steiß rostgelb.

Ebenfalls der ersten Art höchst ähnlich und im ganzen ähnlicher, als der zweiten; Schnabel hornbrauugrau, der Mundrand etwas lichter. Gefieder bläulich schiefergrau; Zügel und ein Streif am oberen Augenrande, der aber nicht viel über das Auge hinausreicht, weiß; Kehle weiß, von dem schwarzen Kinnstreifen seitlich begrenzt. Nacken, Rücken und Flügel nicht grünlich, sondern gelbbraun überlaufen, besonders auch die vordersten großen Deckfedern; Innenseite der Flügel rostgelb. Oberbrust grau, Unterbrust und Bauchmitte weißlicher; Steiß rostgelb, grau fleckig; Schwanz dunkel schiefergrau, die seitlichen Federn mehr verkürzt, die ganze Form spitziger. Iris rothbraun. Beine schieferschwarz.

Ganze Länge 8″, Schnabelfirste 8‴, Flügel 4″, Schwanz 3½″, Lauf 1″. —

Die Art ist im Süden Brasiliens, Sta Catharina, Rio grande do Sul bis St. Paulo zu Hause, und verbreitet sich westwärts bis an die Cordilleren; sie ist in Paraguay besonders sehr gemein. Das Nest findet man in Gebüschen auf halber Höhe der Bäume, aus Reisern und trockenen Blättern gebaut und darin 2 grüne Eier von der Farbe unserer Drossel-Eier, mit feinen schwarzen Linien und Flecken am stumpfen Ende (*D'Orbigny* Voy. l. l. pl. 28. f. 4.). Gefangen läßt sich der Vogel gut zähmen und mit Brod, zerquetschten Mayskörnern, Früchten, selbst Fleischstückchen ernähren; zu große Bissen kaut er im Schnabel, bis sie ihm mundgerecht geworden sind, ganz wie ein Säugethier (Azara). — Ich habe die Art auf meiner Reise nicht getroffen, ihr Gebiet fällt südlicher.

Anm. 1. G. R. Lichtenstein's Tanagra decumana (Doubl. 31. 346.) gehört nicht hierher, sondern zu Embernagra platensis; er citirt zu seiner Art den

Coracias cajennensis *Gmel. Linn.* S. Nat. I. 1. 381. — *Buff.* pl. enl. 616. —
Coracias cajana *Lath.* Ind. orn. I. 172. 16. — Saltator virescens *Vieill.* Enc.
méth. Orn. 790. — S. cajana *D'Orbign.* Voy. Ois. 290. no. 183.   Die Ab=
bildung a. a. O. paßt dem ganz grünen Colorit nach, mit dem rothen Schna=
bel, zu keiner der mir bekannten Saltator-Arten; während der längere, mehr
stufige Schwanz an S. coerulescens erinnert. D'Orbigny macht daraus mit
Vieillot eine eigene Art, die er aber nicht weiter beschreibt, weil er sie bloß
gesehen hat.

2. Saltator olivaceus *Cabanis*, *Schomb.* Reise III. 676. 52. — *Id.*
Mus. Hein. I. 142. 735 Note schließt sich ebenfalls habituell zunächst an S.
coerulescens; aber das Grün des Körpers ist mehr olivenfarben, die Bauchseite
mit Rostgelb überlaufen und der Steiß ganz rostgelb. — Ihre Heimath fällt
nach Guyana. —

4.   Saltator atricollis.

Vieill. N. Dict. d'hist. nat. Tm. 24. 106. — *Id.* Enc. méth. Orn. 790. —
    D'Orb. Voy. Am. mér. Ois. 288. no. 180.
Saltator validus *Vieill.* ibid. et. Enc. méth. Orn. 792.
Tanagra atricollis *Spix* Av Bras. I. 43. 18. tb. 56 f. 2.
Tanagra jugularis *Licht.* Doubl. d zool. Mus. 31. 348.
Fringilla jugularis *Pr. Wied.* Beitr. III. a. 558. 3.
Habia gola negra *Azara* Apunt. I. 348. no. 82.

Olivenbraungrau, Kehle, Backen und Vorderhals schwarz, Brust, Bauch
und Steiß rostgelb; Oberkiefer braun, Unterkiefer orange. —

Schnabel höher, stärker gebogen und mehr zusammengerückt, als bei
den vorigen Arten; der Mundrand etwas stärker eingezogen; Oberkiefer
braun, der Mundrand rothgelb, ebenso der ganze Unterkiefer. Rückengefie=
der olivenbraungrau, der Oberkopf dunkelbraun; Stirnrand, Zügel, Backen
und Kehle bis zum Vorderhalse schwarz. Schwingen und Schwanzfedern
dunkelbraun, roströthlich gerandet, die Schwingen innen weißlich gesäumt;
der Rand des Flügels unter dem Bug weißlich; die Schwanzfedern mit
weißlicher Spitze. Unterseite hell rostgelb roth. Der Steiß etwas röthli=
cher. Beine hellbräunlich fleischfarben. Iris orangeroth. —

Weibchen und junge Vögel matter gefärbt als das Männchen, sonst
ihm ähnlich, besonders matt beim Jungen die schwarze Kehle. Schnabel
anfangs graugelbbraun. —

Ganze Länge 8½", Schnabelfirste gebogen 8‴, Flügel 4″, Schwanz
3″ 4‴, Lauf 1″.

Im Innern Brasiliens, auf dem Camposgebiet, doch nicht mehr in
den südlichen Distrikten; besonders im nördlichen Theile von Minas geraës.
Ich erhielt den Vogel von Sette Lagoas, wo er häufig vorkommen soll.

Anm. Tanagra psittacina *Spix* Av. Bras. I. 44. 20. tab. 57. 2. ist nach
meinem Dafürhalten ein junger Vogel von Pitylus coerulescens *Cab.* oder
Fringilla Gnatho *Pr. Wied.*

14. Gatt. Orchesticus *Caban.*

Mus. Hein. I. 143.

Schnabel bauchig kegelförmig, seitlich nicht zusammengedrückt, die Firstenkante gerundet, die Spitze feinhakig mit deutlicher, nach hinten verstrichener Kerbe, der Mundrand scharf, nicht eingebogen; Nasengrube dicht befiedert, das kleine Nasenloch beschattet. Gefieder weich, vorwiegend rostgelbroth gefärbt; Flügel spitziger und länger, die erste Schwinge weniger verkürzt, die dritte auch hier die längste. Schwanz lang, abgerundet, die äußeren Federn nur sehr wenig verkürzt. Beine zierlicher als bei Saltator, die Zehen schlanker, der Daumen und die Krallen kleiner. —

Orchesticus occipitalis *Natt.*

Cabanis, l. l. I. 143. 739.
Tanagra occipitalis *Natter.* Msc.
Tanagra rufa *Lesson* Traité Orn. 461. 52.
Dincopis leucophaea *Bonap.* Consp. I. 491. 3.

Rostgelbroth, Scheitel und Hinterkopf braun; Rücken, Schwingen und Schwanz dunkler, die Federn der letztern lebhaft rostgelb gerandet. —

Vom Ansehn eines Saltator, aber kleiner, der Schnabel dicker, bauchiger und niedriger; horngrau gefärbt, die Basis dunkler. Iris rothbraun. Gefieder rostgelb, die Stirn und ein Streif über dem Auge röthlicher gefärbt, der übrige Oberkopf graubraun. Kehle blaßgelb. Rücken braungelb. Flügeldeckfedern, besonders am Bug goldgelb überlaufen, die Flügel überhaupt voller rostgelb, die Schwingen und Schwanzfedern graubraun, lebhaft rostgelbroth gerandet, desgleichen die Basis der Handschwingen und der Innensaum der Armschwingen. Bauchseiten trüber rostgelb, grau unterlegt; Beine bläulich schiefergrau. —

Ganze Länge 7″, Schnabelfirste 5‴, Flügel 3″ 6‴, Schwanz 3″, Lauf 8‴. —

Im Innern Brasiliens, auf dem Camposgebiet; in 2 Exemplaren während meines Aufenthalts in Lagoa santa von Sette Lagoas bezogen.

15. Gatt. Cissopis *Vieill.*

Bethylus *Cuv.*

Schnabel wie bei der vorigen Gattung, nur etwas plumper, die Firste stark gekrümmt, der Endhaken sehr groß, der Mundrand etwas eingezogen, die Nasengrube dichter befiedert, aber das offene,

runde Naſenloch frei vor ihr. Gefieder derbe, glatt, am Kopfe und
Halſe zugeſpitzt, beſonders bei alten männlichen Vögeln. Stirn= und
Kinnfedern abſtehend, nur die letzteren mit Haarſpitzen; übrigens
bloß ſchwarz und weiß gefärbt, die ſchwarzen Stellen ſtahlblau glän=
zend. Flügel kurz, mehr gerundet, die erſte Schwinge beträchtlich,
die zweite wenig verkürzt; die drei folgenden gleich lang und die
längſten. Schwanz lang, alle Federnpaare ſtufig verkürzt, die äuße=
ren nur halb ſo lang wie die mittelſten. Beine ſehr kräftig gebaut,
der Lauf hoch, die Zehen dick aber nicht lang, der Daumen groß
mit ſtarker Kralle. —

Anm. Die Hauptform dieſer Gattung iſt der Lanius Leverianus
Gmel. Linn. S. Nat. I. 1. 302. — Mus. Lever. 2. 241. pl. 59. — Lanius picatus *Lath.* Ind. orn. I. 73. 20. — *Levaill.* Ois. d'Afr. I. 33 pl. 60. — Bethylus
picatus *Cuv.* R. anim. I. — Cissopis bicolor *Vieill.* Gal. II. 226. pl. 140. —
Corvus Collurio *Daud.* Trait. d'Orn. II. 246. — welche ſich von der nachſtehend
beſchriebenen Art faſt nur durch viel geringere Größe unterſcheidet. Ihre Hei=
math fällt nach Guyana. Eine dritte noch kleinere Art (Ciss. minor) iſt in
Peru zu Hauſe. Vgl. Cabanis in e. *Tschudi* Fn. peruan. Orn. 211. —

Cissopis major *Caban.*

Cissopis major *Cabanis* Mus. Hein. I. 144. 745.
Bethylus picatus *Pr. Max* z. *Wied.* Beitr. III. a   I.
Bethylus medius *Bonap.* Consp. I. 491. 2.

Kopf und Hals bis über die Bruſt und den Rücken dunkel ſtahlblau; Flü=
gel und Schwanz ſchwarz; Schultern, Ränder der letzten Armſchwingen, Spitzen
der Schwanzfedern und der Rumpf weiß.

Beinahe ſo groß wie eine Elſter und der im Gefieder ähnlich. Der
kurze, dicke, hakige Schnabel iſt glänzend ſchwarz; die Iris hellgelb; Kopf,
Hals, Anfang des Rückens und der Bruſt dunkel ſtahlblau, eigentlich die
langen und ſpitzen Federn nur ſo gerandet, in der Tiefe ſchwarz; der übrige
Rumpf weiß. Flügel an der Achſel und den kleinen Deckfedern weiß, dann
ſchwarz, aber die Spitzen der vorderſten großen Deckfedern, die Säume
der hinterſten und der letzten Armſchwingen weiß; unten alle Schwingen
grau, die Deckfedern weiß. Schwanzfedern ſchwarz, alle mit allmälig kür=
zerer weißer Spitze. Beine glänzend ſchwarz. —

Ganze Länge 11″, Schnabelfirſte 7‴, Flügel 4″, Schwanz 5½″,
Lauf 14‴.

In den Waldungen der Küſtenregion in kleinen Trupps oder paar=
weis auf hohen Bäumen, in denen die Vögel mit lauter Stimme, die eine
kurze nicht unangenehme Melodie hat, umherhüpfen und nach Inſekten zu

chen, welche ihre Hauptnahrung bilden. Ich traf mehrmals solche kleine Flüge bei Neu-Freiburg, aber nie ganz nahe am Orte; der Vogel liebt die ruhige Waldeinsamkeit. —

16. Gatt. Stephanophorus *Strickl.*

Tanagra *aut.* Fringilla *Licht.*

Steht im Schnabelbau und Gefieder der vorigen Gattung am nächsten, ist aber viel kleiner, anders gefärbt und durch einen kürzeren stumpfen Schwanz verschieden. Der Schnabel ist sehr kurz, bauchig kegelförmig, mit gebogener Firste, starkem Endhaken, scharfer obgleich feiner Kerbe und etwas eingebogener, scharfer Mundkante; die Nasengrube wird von abstehenden Federn mit kleinen Borstenspitzen beschattet und läßt das kleine runde Nasenloch kaum sehen. Gefieder weich und voll, eigenthümlich seidenartig glänzend; die Flügel ziemlich spitz, die erste Schwinge merklich, die zweite wenig verkürzt, die dritte mit der vierten die längsten. Schwanz kurz, grade abgestutzt, die Federn gleich lang. Beine stark gebaut, der Lauf dick, die Zehen fleischig, der Daumen sehr groß, die Krallen lang, fein zugespitzt. —

Stephanophorus coeruleus *Strickl.*

Proceed. zool. Societ. 1841. 39. *Cabanis*, Mus. Hein I. 148. 763. — *Hartlaub.* syst. Ind. z. *Azara* 6.
Pyrrhula coerulea *Vieill.* Gal. d. Ois. II. 61. pl. 54.
Tanagra leucocephala *Vieill.* Enc. méth. Orn. 774.
Tanagra diademata *Natt.* Temm. pl. col. 243.
Fringilla splendida *Licht.* Mus. ber.
Lindo azul cabeza blanca, *Azara* Apunt. I. 375. no. 93.

Lasurblau, Stirn, Kehle, Flügel und Schwanz schwarz; Oberkopf weißlich himmelblau, die Mitte des Scheitels roth gefleckt. —

Vom Ansehn unseres Dompfaffen (Loxia pyrrhula *Linn.*) doch etwas größer, der Kopf nach Verhältniß kleiner, das Gefieder voller. Schnabel besonders viel kleiner und zierlicher, glänzend schwarz. Iris schwarz. Gefieder lasurblau, aber die Farbe nicht recht voll, weil überall ein dunkles Schieferschwarz unterliegt, welches hervorschimmert; Stirn, Zügel, Kehle und Augenring kohlschwarz; Oberkopf hell weißlich himmelblau, die mittleren Federn mit schön blutrothen Flecken an der Spitze. Kleine Flügeldeckfedern lebhafter und heller ultramarinblau; große Deckfedern, Schwingen und Schwanzfedern schwarz, bloß grünlichblau fein ge-

randet, die letzten Armschwingen mit lasurblauen Rändern. Beine glänzend schwarz.

Ganze Länge 7″, Schnabelfirste 4‴, Flügel 4″, Schwanz 2″ 4‴,
Lauf 1″.

Bei Neu-Freiburg in den Wäldern der Umgegend, aber nicht häufig;
lebt wie Cissopis in kleinen Trupps, doch stiller und versteckter, und daher
seltener gesehen. —

Anm. Zu den dickschnäbligen Finken paßt dieser Vogel weit weniger,
als zu Cissopis, dem er unbedenklich am nächsten steht; auch Azara, dessen
richtigen Takt man so oft zu bewundern Veranlassung hat, stellt ihn unter die
Tanagrae. Die Weibchen haben nach ihm einen heller weißen Oberkopf und sind
etwas kleiner; die ebenfalls kleinern jungen Vögel sind matter, graulicher gefärbt.

17. Gatt. Pitylus *Cuv.*

Schnabel sehr dick, bauchig gewölbt, doch dabei seitlich zusammengedrückt, weniger bauchig als der von Cissopis und Stephano-
phoros, aber viel dicker als der von Saltator; der Mundrand eingebogen, mit deutlicher winkelförmiger Bucht neben der Mitte; die
Spitze stumpf hakig herabgebogen, die Kerbe nicht tief aber deutlich.
Nasengrube befiedert, das Nasenloch versteckt; am Zügelrande einige
steife, ziemlich starke Borsten. Der Unterkiefer besonders am Kinn
dick, der Kinnwinkel gerundet. Gefieder ziemlich weich, aber nicht
sehr voll; die Flügel kurz, noch nicht über die oberen Schwanzdecken
hinabreichend, die Schwingen schmal, die zwei ersten stufig verkürzt,
die dritte die längste. Schwanz sehr lang, die 3 äußeren Federn
stark verkürzt, die 6 mittleren aber gleich lang. Beine zierlicher gebaut und in eine Art von Mißverhältniß zum Schnabel stehend;
der Lauf nicht grade hoch, aber die Zehen lang, die vorderen auffallend dünn, mit schlanken, spitzen, wenig gebogenen Krallen. —

Pitylus coerulescens.

Cabanis Mus. Hein. I. 143. 741.
Coccothraustes coerulescens *Vieill.* N. Dict. d'hist. nat. Tm. 13. 546. — *Id.*
    Enc. méth. Orn. 1016. 75.
Fringilla Gnatho *Licht.* Doubl. d. zool. Mus.   215. — *Pr. Max Wied*
    Beitr. III. a. 552. 1.
Pitylus Gnatho *Bonap.* Consp. I. 503.
Pitylus atrochalybaeus *Jard. Selb.* Ill. pl. 3.
Pitylus erythrorhynchus *Swains.* nat. hist. Birds. II. 282.
        Junger Vogel.
Tanagra psittacina *Spix.* Av. Bras. I. 44. 20. tb. 57. f. 2.

Bläulich schieferschwarz, matt glänzend; [Schnabel hell zinnoberroth mit bräunlicher Firste. —

Vom Ansehn eines großen dickschnäbeligen Saltator. Schnabel leb= haft und hell zinnoberroth, die Firstenkante allmälig dunkler, längs der Mitte braun; nach dem Tode heller verblassend, gelblich fleischroth, in der Jugend trüber roth gefärbt. Iris braun. Ganzes Gefieder dunkel schiefer= schwarz, bläulich überlaufen mit schwachem Stahlschiller; Stirn, Backen, Kehle und Vorderhals kohlschwarz. Flügel bräunlich schiefergrau, die Ränder der Schwingen etwas bläulicher, die Innenseite hell weißgrau mit weißli= chem Saum der Schwingen. Beine schwarzbraun. —

Ganze Länge 9″, Schnabelfirste 10‴, Flügel 4″, Schwanz 4″, Lauf 1″. —

Ich erhielt diesen Vogel einmal bei Neu=Freiburg; er lebt nicht eigent= lich im tiefen Walde, sondern mehr an den Waldrändern, auf buschigen sonnigen Triften und wird gewöhnlich paarweis gesehen. Häufig ist er nicht. Man findet ihn von St. Paulo bis nach Bahia und darüber hinaus, aber den Amazonenstrom scheint er nicht zu überschreiten.

Anm. Spix hat den jungen Vogel kenntlich genug dargestellt, daher es mich Wunder nimmt, daß man seine Tanagra psittacina noch als Art aufführt.

18. Gatt. Caryothraustes *Reichenb.*

Schnabel ähnlich wie bei Pitylus, nur nicht völlig so bauchig, dick gewölbt, nicht ganz so hoch, groß und stark; der Mundrand etwas eingebogen, mit winkelförmiger Bucht neben der Mitte; die Spitze ziemlich stark hakig herabgebogen, mit seichter Kerbe; der Un= terkiefer nach Verhältniß niedriger, weniger aufgetrieben, der Kinn= winkel ein kurzer Bogen; die Nasengrube befiedert, aber das runde Nasenloch frei sichtbar; am Zügelrande einige feine, selbst ziemlich lange Borsten. Gefieder etwas derber, lebhaft und schön gefärbt; die Flügel über den Anfang des Schwanzes fast bis zur Mitte hinab= reichend, die zwei ersten Schwingen stufig verkürzt, die dritte und vierte die längsten. Schwanz auffallend kurz, leicht abgerundet, die äußeren Federn nur wenig verkürzt. Beine ebenfalls klein und schwach für den großen Schnabel; besonders die nach Verhältniß viel klei= nere Hinterzehe, welche darin sich mehr wie bei den wahren Fin= ken verhält; alle Krallen fein, kurz, oben ziemlich stark gebogen.

Caryothraustes brasiliensis.

Cabanis, Mus. Heinean. I. 144. 793.
Fringilla cayanensis *Licht.* Doubl. 22. 220. (excl. syn.).
Fringilla viridis *Pr. Max.* Beitr. III. a. 555. 7. (excl. syn.).

Gelbgrün, Schnabel, Zügel und Kehle schwarz; Stirn und Unterfläche reiner gelb. —

Beinahe so groß wie ein Kernbeißer (Fring. coccothraustes *Linn.*) und dem in Ansehn ähnlich, doch ganz anders gefärbt. Schnabel glänzend schwarz, die Basis etwas heller, bei alten Vögeln bleigrau. Iris braun. Zügel, Augenrand, Kinn und Kehle schwarz; Stirn, Backen, Vorderhals, Brust und Mitte des Bauches ziemlich rein gelb, doch ins Grüne spielend; Nacken, Rücken, Flügel, Schwanz und Bauchseiten olivengrün; Schwingen und Schwanzfedern in der Tiefe bräunlich graugrün; die Innenseite der Flügel blaßgelb, die Schwingen weißgelb gesäumt. Beine hell fleischbraun.

Ganze Länge 7″, Schnabelfirste 7‴, Flügel 4″, Schwanz 3″, Lauf ziemlich 1″. —

Lebt nur im tiefen Walde in kleinen Schwärmen und hält sich mehr im mittleren Brasilien auf; bei Rio de Janeiro ist der Vogel selten und ebenso selten in den höher gelegenen Gebirgswaldungen bei Neu=Freiburg. Ich habe ihn dort nicht erhalten. —

Anm. Eine sehr ähnliche Art bewohnt Guyana:
2. Caryothraustes viridis *Caban.* l. l. 742. — Coccoth. viridis *Vieill.* Enc. méth. Orn. 1017. 77. — Loxia canadensis *Linn.* S. Nat I. 304. 29. — *Lath.* Ind. orn. I. 379. 29. — Pitylus personatus *Less.* Rev. zool. 1839. 42. — Der Vogel ist in allen Dimensionen etwas kleiner, als die Art von Brasilien und wie es scheint, grünlicher gefärbt, mit mehr Grau am Flügel, dem Bauch und Steiß.

19. Gatt. Schistochlamys *Reichenb.*
Uincopis *Bonap.*

Schnabelform grader, gestreckter, weniger bauchig, die Spitze nicht hakig, die Kerbe schwach, zum Typus von Saltator mehr zu= rückkehrend; die Firste abgerundet, die Nasengrube befiedert, das Na= senloch klein, nach oben häutig gesäumt. Gefieder vorherrschend grau gefärbt, voll und weich, die Basis der Federn des Rumpfes stark dunig. Flügel schmal und ziemlich spitz, etwas über den Anfang des Schwanzes hinabreichend, die erste Schwinge um 3‴, die zweite um 1‴ kürzer als die dritte, längste. Schwanz lang, sanft zuge= rundet, die äußeren Federn ein wenig verkürzt. Beine mäßig stark, der Lauf eher hoch, die Zehen etwas fleischig, der Daumen lang mit großer Kralle, die Vorderzehen mit feinen spitzen Krallen.

1. Schistochlamys leucophaea.

Cabanis Mus. Hein. I. 141. 729.
Tanagra leucophaea Licht. Doubl. zool. Mus. 32. 354.
Tanagra capistrata Spix. Av. Bras. 1 41. 13. tb. 54. f. 1. — Pr. Max. Beitr. III. a. 500. 14.
Diucopis capistrata Bonap. Consp. I. 491.
Tanagra conspicillata Mus. paris.

Oberkopf braun, Stirn und Zügel schwarz. Rumpfgefieder bleigrau; Kehle, Vorderhals, Brust und Steiß rostgelb. —

So groß wie ein Dompfaffe (Loxia pyrrhula Linn.), der Kopf schwächer, der Schwanz länger. Schnabel bläulich weiß, die Spitze schwarz; Iris braun. Oberkopf hellbraun; Stirn, Zügel, vorderster Kinnrand und der Augenrand schwarz. Backen, Kehle, Vorderhals und Brust bis zum Bauch röthlich rostgelb; Nacken, Rücken, Flügel und Schwanz bleigrau, die Mitte des Bauches weißlich; die Gegend hinter dem After rostroth. Flügel und Schwanzfedern dunkler schiefergrau, die Ränder lichter, mit Rostgelb überlaufen; Innenseite der Flügel und der Saum der Schwingen weiß. Beine fleischbraun.

Ganze Länge 7″, Schnabelfirste 5‴, Flügel 3″ 8‴, Schwanz 2″ 9‴, Lauf 1″. —

Dieser hübsche Vogel fand sich häufig in den Umgebungen von Lagoa santa, am Rande der Gebüsche, neben den offenen Wegen im Walde, und wurde meist einzeln oder paarig gesehen; er ist wenig scheu und ließ uns leicht zum Schuß kommen. Der Prinz zu Wied traf ihn auf dieselbe Weise im Camposgebiet der Provinz Bahia. —

2. Schistochlamys melanopis.

Tanagra melanopis Lath. Ind. orn. I.   10. — Pr. Max z. Wied. Beitr. III. a. 504. 15.
Tanagra atra Gmel. Linn. S. Nat. 1. 3. 898. — Buff. pl. col. 714. 2. — Desmar. Tanagr. pl. 42.
Saltator melanopis D'Orb. Voy. Am. mér. Ois. 291. n. 184.
Saltator ater Cabanis, Schomb. Reise III. 677. 53.
Diucopis atra Bonap. Consp. I. 492. 4.

Stirn, Backen, Kehle und Vorderhals schwarz; Rumpfgefieder bleigrau, Flügel bräunlich überlaufen, Schwanz schieferschwarz.

Etwas kleiner, als die vorige Art, der Schnabel nach Verhältniß dicker, ebenso gefärbt, die Basis bläulich weiß, die Spitze schwarz. Stirn, Zügel, Backen bis hinter dem Auge, Kehle und Vorderhals schwarz. Rumpf= gefieder bleigrau; der Rücken, die Flügel und der Schwanz etwas dunkler, mehr schiefergrau; die Schwingen bräunlich überlaufen, mit helleren Säu=

nen am Innenrande und rostgelblichen äußeren. Bauchmitte und Steiß weißgrau. Beine schiefergrau. Iris rostbraun.

Ganze Länge 7″, Schnabelfirste 5‴, Flügel 3″ 2‴, Schwanz 2″ 9‴, Lauf fast 1″. —

In den Provinzen von Rio de Janeiro, St. Paulo, Sta Catharina zu Hause; bewohnt das Urwaldgebiet, hält sich aber viel weniger im dichten Walde, als an Waldrändern auf, oder in den mit Gebüsch besetzten sumpfigen Niederungen der Ebenen, woselbst der Vogel ziemlich häufig ist.

B. Plumbinae. Schnabel schlank kegelförmig, spitz, mit sanft gebogener Rückenfirste, grader Spitze und meist ohne Kerbe; Gefieder vorherrschend bleigrau. (Graufinken).

20. Gatt. Paroaria *Bonap.*
Calyptrophorus *Cab.*

Schnabel noch ziemlich dick, aber grade, die Spitze nicht hakig, der Mundrand etwas eingebogen, mit leichter Winkelung neben der Mitte; Nasengrube befiedert, aber das Nasenloch frei. Gefieder am Rücken dunkel blei= oder schiefergrau, die Bauchseite weiß, der Kopf roth; Flügel ziemlich spitz, fast bis zur Mitte des Schwanzes reichend, die ersten 2—3 Schwingen stufig verkürzt, die Armschwingen lang und breit. Schwanz mäßig lang, die Federn nicht sehr breit, von gleicher Länge; nur das äußerste Paar etwas verkürzt. Beine ziemlich dick und fleischig, hell fleischbraun oder fleischroth gefärbt: die Daumenkralle nur klein.

A. Schnabel stärker und mehr gewölbt. Paroaria. *Bonap.*

1. Paroaria cucullata *Lath.*

Loxia cucullata *Lath.* Ind. orn. I. 378. 22.   *Buff.* pl. enl. 103.
Fringilla cucullata *Licht.* Doubl. 22. 222.
Paroaria cucullata *Bonap.* Consp. I. 471. 1.
Calyptrophorus cucullatus *Cab.* Mus. Hein. I. 145. 747.
Crestudo roxo *Azara* Apunt. I. 461. 128.

Kopffedern verlängert, scharlachroth, wie Kehle und Vorderhals; Rücken bleigrau, Halsseiten und Unterfläche weiß, Schwanz schieferschwarz.

Schnabel fleischfarben, der Oberkiefer bräunlich, besonders an der Firste; Iris braunroth. Gefieder des Kopfes und Vorderhalses eigenthümlich derb, verlängert, spitzfedrig, scharlachroth gefärbt, nur die Ohrdecke grau. Halsseiten bis zum Nacken hinauf, Brust, Bauch und Steiß weiß, die Seiten etwas grau überlaufen; Nacken, Rücken und Bürzel bleigrau; Flügel und Schwanzfedern schwärzlich schiefergrau, die Schwingen heller bleigrau gerandet. Beine fleischfarben.

Ganze Länge 7″, Schnabelfirste 5½‴, Flügel 3″ 6‴, Schwanz 2″ 5‴, Lauf 11‴. —

Im Innern Brasiliens, auf den feuchten buschigen Niederungen am Rande der großen Flüsse, einzeln oder paarig zu Hause, namentlich am Rio St. Francisco unterhalb der Vereinigung mit dem Rio das Velhas (A. d. *St. Hilaire*, Prem. Voy. II. S. 422.). Der Vogel breitet sich besonders süd= wärts weiter aus, bis nach Montevideo, nistet im dichten Gebüsch, baut in mäßiger Höhe ein ziemlich großes Nest aus trocknen Halmen und legt 3—4 länglich ovale, weiße, dicht graugrün besprengte, am stumpfen Ende dunk= lere Eier (*D'Orb.* Voy. Am. mér. Ois. pl. 45. f. 4.).

Paroaria dominicana Linn.

Loxia dominicana *Linn.* S. Nat. 1. 301. 8. — *Buff.* pl. enl. 55.   *Lath.* Ind. orn. 1. 377. 21.   *Vieill.* Ois. chant pl. 69. Fringilla dominicana *Pr. Max.* Beitr. III. a. 594. 16. Paroaria dominicana *Bonap.* Consp. 1. 471. 2. Calyptrophorus dominicanus *Cab.* Mus. Hein. 1. 145. 748.

Oberkopf, Backen, Kehle und Vorderhals blutroth; Rücken schiefergrau, Bauchseiten weiß. —

Etwas kleiner als die vorige Art, die Kopffedern nicht verlängert, aber doch derber gebaut, ähnlich wie bei der vorigen Art; dunkler blutroth gefärbt, ebenso die Kehle und die Mitte des Vorderhalses, die Ohrdecke schwärzlich. Oberschnabel schieferschwarz, Unterschnabel weißlich. Iris braun. Gefieder des Nackens, Rückens, der Flügel und des Schwanzes dunkel schiefergrau, die Schwingen mit weißlichen Rändern; Unterfläche weiß, im Nacken zwischen dem rothen Kopf und dem grauen Rücken bis zur Mitte sich hinaufziehend, die Brustseiten hier und da mit schiefergrauem Fleck. Beine fleischbraun. —

Ganze Länge 6½″, Schnabelfirste 6‴, Flügel 3½″, Schwanz 2⅓″, Lauf 10‴. —

Im nördlichen Brasilien bei Bahia, Para, am Amazonenstrom und drüber hinaus bis in Guyana verbreitet; lebt wie die vorige Art einzeln im Gebüsch der Vorwälder und ist ebenfalls nirgends häufig. —

B. Schnabel zierlicher, dünner, gestreckter. Coccopsis. *Reichenb.*

3.   Paroaria gularis Linn.

Tanagra gularis *Linn.* S. Nat. 1. 316. 13. — *Buff.* pl. enl. 155. 2. — *Lath.* Ind. orn. 1. 425. 20.

Nemosia gularis *Vieill.* Enc. méth. Orn. 788.
Tachyphonus gularis *D'Orb.* Voy. Am. mér. Ois. 279. 168.
Paroaria gularis *Bonap.* Consp. I. 472. 4.
Coccopsis gularis *Caban.* Mus. Hein. I. 145. 749. — *Schomb.* Reise III.
   678. 59.

Kopf und Kehle roth, Oberschnabel und Beine braun; Rückengefieder und
ein Fleck unter der Kehle schieferschwarz, Unterfläche weiß.

Vom Ansehn der vorigen Art, nur schlanker gebaut und dunkler ge=
färbt. Kopf blutroth, die Kehle ebenfalls, aber darunter ein schwarzer Fleck.
Die übrige Unterseite weiß, welche Farbe sich am Halse zum Nacken herauf=
zieht; Nacken, Rücken, Flügel und Schwanz schieferschwarz, die Schwingen
ohne weißen Rand. Schnabel hornschwarz, der Unterkiefer weißlich; Beine
bläulich schiefergrau, fleischroth durchscheinend. Iris braun.

Ganze Länge 6½″, Schnabelfirste 5‴, Flügel 3½″, Schwanz 2½″,
Lauf 1″. —

In Guyana zu Hause, lebt paarig an den Ufern der Flüsse, nahe
dem Wasser auf überhängenden Zweigen herumhüpfend; geht südwärts und
ostwärts bis in das Gebiet des Amazonenstromes und Rio Negro, aber
nicht viel darüber hinaus.

4. Paroaria capitata.

Bonap. Consp. I. 472. 5.
Tachyphonus capitatus *D'Orb.* Voy. Am. mér. Ois. 278. 167. pl. 19. f. 2.
Capitá, *Azara* Apunt. I. 509. 137.

Kopf und Kehle roth, Schnabel und Beine fleischfarben; Rückengefieder und
ein Streif unter der Kehle schieferschwarz, Unterfläche weiß. —

Noch etwas zierlicher gebaut, als die vorige Art, übrigens ihr in der
Farbe und Zeichnung des Körpers ganz ähnlich, aber verschieden durch den
hell rosenrothen Schnabel und die fleischfarbenen Beine, welcher ersterer
beim Weibchen nur auf der Firstenkante etwas gebräunt ist. —

Ganze Länge 6½″, Schnabelfirste 5‴, Flügel 3″ 7‴, Schwanz
2″ 6‴, Lauf 10‴.

Die jungen Vögel sind matter, mehr braungrau am Rücken gefärbt;
der rothe Kopf ist anfangs blaßbraun, hernach rostgelblich und wird erst
später wirklich roth; Schnabel und Beine haben eine sehr verloschene
Färbung. —

Im Süden Brasiliens, an der Grenze von Paraguay und Bolivien;
lebt völlig wie die vorige Art an Flußufern, und geht weder auf die offenen
Triften, noch in den dichten Urwald. Man sieht die Vögel im Sommer meist
paarweis, im Winter in kleinen Gesellschaften; sie kommen dann öfters in

die Nähe der Ansiedelungen, wo sie besonders gern das zum Trocknen aus=
gelegte Fleisch benaschen. Ihre eigentliche Nahrung besteht in Sämereien
und Insekten. Sie nisten im dichten Gebüsch, mäßig hoch, und legen
3—4 weiße, graubraun punktirte Eier. —

21. Gatt. Coryphospingus *Caban.*

Mus. Hein. I. 145.

Lophospiza *Bonap.* Tiaris *Reichenb.*

Schnabel schlank kegelförmig, etwas seitlich zusammengedrückt,
die Firste fast ganz grade, die Spitze ohne Haken und Kerbe, der
Mundrand etwas eingebogen, der Mundwinkel liegt abwärts geneigt,
der Unterkiefer hoch; überhaupt ganz ähnlich der vorigen Gattung,
nur etwas zierlicher, dünner, spitzer. Nasengrube von feinen Borsten=
spitzen beschattet, das kleine runde Nasenloch frei in der Spitze der
Grube. Gefieder mäßig weich, die Federn des Oberkopfs, besonders
beim Männchen, schopfartig verlängert, aber nicht von derberer Be=
schaffenheit als die übrigen Federn. Flügel etwas kürzer, nur eben
über die Basis des Schwanzes hinabreichend, die erste Schwinge
mäßig, die zweite sehr wenig abgekürzt. Schwanz mäßig lang, ziem=
lich schmalfedrig, leicht ausgeschnitten, die äußerste Feder etwas kür=
zer als die nächstfolgenden. Beine zierlich gebaut, der Daumen
zwar nicht kurz, aber die Kralle nur mäßig, sanft gebogen, fein zu=
gespitzt; die Vorderzehen mit ähnlichen aber kleinen Krallen. —

1. Coryphospingus cristatus.

Fringilla cristata *Gmel. Linn. S. Nat.* I. 926. 102. — *Buff.* pl. enl. 181.
1. — *Lath.* Ind. orn. I. 434. 4.
Fringilla araguira *Vieill.* Enc. méth. Orn. 956. — *Id.* N. Dict. d'hist. nat.
Tm. 12. 197. — *Id.* Ois. chant. pl. 28. bis.
Tachyphonus rubescens *Swains. Hartl.* syst. Ind. *Azara* 9. 136.
Lophospiza cristata *Bonap.* Consp. I. 470. 1.
Coryphospingus cristatus *Caban.* Mus. Hein. I 145. 751.
Emberiza araguira *Lafr.* Syn. *D'Orb.* Guér. Mag. 1837. cl. 2. pag. 81.
Araguirá, *Azara* Apunt. I. 499. 136.
Cardinal der Brasilianer.

Rückengefieder dunkel blutrothbraun, Bauchseite voller blutroth.
Männchen mit hellrother, schwarz gerandeter Scheitelhaube.
Weibchens Oberkopf wie der Rücken.

So groß wie ein Buchfink (Fringilla coelebs) oder etwas darüber,
der Kopf größer, der Schnabel stärker, doch von ähnlicher Form; Ober=

tiefer schwärzlich brann, Unterkiefer röthlich weiß. Iris rothbrann. Gefieder an der ganzen Oberseite, den Flügeln und dem Schwanze dunkel blutroth= brann, der Bürzel und die Bauchseite lebhafter gefärbt, reiner blutroth; die Kehle fleischroth; die Brust am meisten roth, noch reiner als der Bürzel. Beine fleischbrann.

Oberkopf des Männchens hell und glänzend scharlachroth, die Sei= ten mit schwarzbrannem Rande; des Weibchens wie der Rücken gefärbt, die Federn nicht schopfartig verlängert; die Ohrdecke bei beiden Geschlech= tern dunkler brann.

Ganze Länge 6″, Schnabelfirste 5‴, Flügel 3″ 4‴, Schwanz 2″ 4‴, Lauf 10‴.

Im Süden Brasiliens, St. Paulo, Sta Catharina, Rio grande do Sul, und weiter westwärts über Paraguay und Chiquitos verbreitet; hält sich den Ansiedelungen fern, lebt im Sommer paarig, im Winter in kleinen Trupps auf den wüsten Distelfeldern, nistet im dichten Gebüsch ziemlich hoch, und legt 3 — 4 weiße, vom stumpfen nach dem spitzen Ende abnehmend graubrann getüpfelte Eier.

Man hält diesen hübschen Vogel gern in Käfigen, worin er gut aus= dauert und mit zerstoßenem Mays sich ernähren läßt.

Coryphospingus pileatus.

Fringilla pileata *Pr. Max*   *Wied.* Beitr.   Nat. Bras. III. b. 605. — Dessen
     Reise II. 160. 166.
Tachyphonus pileatus *Hartl.* syst. Ind. z. Azara 8. 114.
Tanagra cristatella *Spix.* Av. Bras. I. 40. 11. tb. 53. fig. 1.
Tachyphonus fringilloides *Swains.*
Passerina ornata *Lesson*, Echo d. monde sav. 1844. 231.
Emberiza ruficapilla *Sparm.* Mus. Carls. tb. 44. 2.
Lophospiza pileata *Bonap.* Consp. I. 471.
Coryphospingus pileatus *Caban.* Mus. Hein. I. 146. 752.
Montese cabeza de bermillon, *Azara* Apunt. I. 432. 114.
Ticko-ticko-rey der Brasilianer in Minas geraes.
Papa-capim im Sertong von Bahia.

Rückengefieder dunkel bleigrau, Bauchseite heller grau, Kehle weißgrau, Steiß weiß.

Männchen mit lebhaft rothem, schwarz gerandetem Oberkopf.

Weibchens Oberkopf wie der Rücken.

Etwas kleiner als die vorige Art und schlanker gebaut. Oberschnabel schwarzbrann, Unterkiefer weißlich. Iris brann. Ganzes Gefieder blei= grau, Flügelfedern mehr bräunlich, Schwanz schwärzlich; Kehle weißlich= grau, Brust und Bauchseiten hell bleigrau, Bauchmitte weißlich, Steiß rein weiß. Beine fleischbrann.

Männchen auf der Mitte des Oberkopfes lebhaft und schön roth, die
Ränder an den Seiten und der Stirn schwarz.

Weibchen am Oberkopf wie am Rücken gefärbt.

Junger Vogel wie das Weibchen, Schnabel und Beine heller,
Brust trüber und matt gestreift.

Ganze Länge 5″ 6‴, Schnabelfirste 5‴, Flügel 3″, Schwanz 2″,
Lauf 9‴. —

Dieser gefällig aussehende Vogel war in dem von mir bereisten Strich
der Provinz Minas geraes bei Congonhas und Lagoa santa nicht selten,
obgleich auch nicht gemein; er lebt im gelichteten Walde oder hohem Gebüsch und hält sich im Sommer paarig zusammen, im Winter mehr einzeln
oder in kleinen Trupps, nährt sich von Sämereien und läßt von Zeit zu
Zeit einen kurzen Lockton hören, aber durchaus keinen Gesang. Sein Nest
habe ich nicht erhalten.

Anm. Man kennt noch 2 hierher gehörige Arten:
3. Tiaris cruenta *Lesson* Rev. zool. 1844. 485. — Am Rücken, Flügel und Schwanz kohlschwarz, die Unterseite roth, die Bauchseiten mehr orange.
Männchen mit ähnlichem Oberkopf wie bei der vorigen Art. Guyaquil.
4. Emberiza griseocristata *D'Orb* Voy. Am. mér. Ois. 363. 296. pl. 67.
f. 1. — Bleigrau, unten heller, Schwanz schwärzlich, die Seitenfedern mit weißer Spitze; Männchen mit verlängerten, aber nicht abweichend gefärbten Kopffedern. — Bolivien bei Cochabamba. —

22. Gatt. Paospiza *Cabanis*.
Wiegm. Arch. 1847. I. 349.

Gestalt fast ganz die der vorigen Gattung, aber der Schnabel
noch feiner, spitzer, nach Verhältniß länger und die Firste etwas mehr
gebogen, die Spitze grade, mit leichter Spur einer Kerbe; beide Kie-
ferhälften gleich gefärbt. Gefieder vorwiegend grau am Rücken, weiß
oder rostroth am Bauch, der Oberkopf ohne verlängerte Federn beim
Männchen. Flügel zwar nicht kürzer, aber die drei ersten Schwingen stärker stufig verkürzt; Schwanzfedern nach Verhältniß länger.
Lauf höher, Zehen feiner, länger, der Daumen entschieden größer und
seine Kralle nicht bloß, auch die der Vorderzehen, länger, schärfer.

1. Paospiza lateralis.

Cabanis l. l. 350. — *Id.* Mus. Hein. I. 137. 711. — *Bonap.* Consp. I.
473. 4.
Emberiza lateralis *Natt.* Mus. Vind. Msc.
Fringilla lateralis *Nordm.* *Erman* Reise Atlas. 10. no.
Ammodromus lateralis *Licht.* Verz. d. Hall. Samml. 35.
Pipilio superciliosa *Swains.* Anim. of Menag. or two Cent. etc. 311. 95. fig. 59.
Montese obscuro y roxo, *Azara* Apunt. I. 434. 116.

Oberkopf und Nacken grau, Rücken röthlich überlaufen, Bauchseiten rostroth; über dem Auge ein weißer Streif; seitliche Schwanzfedern mit weißer
Spitze. —

Schnabel schwarzbraun, der Unterkiefer etwas heller, aber nicht ganz
weiß. Iris braun. Kopf und Hals bis zum Rücken schiefergrau, der
Rücken grau, rostbraun überlaufen; der Bürzel, Steiß und die Seiten des
Bauches lebhaft rostrothbraun. Ein Streif über dem Auge, der am Schnabel entspringt und bis zum Ohr reicht, nebst der Kehle weiß; Vorderhals
und Brust röthlich gelb, die Brustseiten graulich, die Bauchmitte weiß.
Flügel graubraun, die Ränder der hinteren großen Deckfedern und Armschwingen rostgelbroth, die der vorderen großen Deckfedern und mittleren
Handschwingen weiß; Innenseite des Flügels weiß. Schwanz dunkel schiefergrau, die zwei äußersten Federn mit weißem Ende, die nächstfolgenden
nur mit kleinem weißen Fleck an der Spitze. Beine fleischbraun.

Ganze Länge 5″ 4‴, Schnabelfirste 4‴, Flügel 3″, Schwanz 2″,
Lauf 8‴. —

Im südwestlichen Theile der Provinz von Rio de Janeiro, St. Paulo,
Sta Catharina und den benachbarten Gegenden des Innern verbreitet,
aber nicht häufig.

Anm. Sehr ähnlich ist der hier beschriebenen Art die Emberiza hypochondria D'Orb. Voy. Am. mér. Ois. 361. 292. pl. 45. fig. 1., sie unterscheidet
sich nur durch eine mehr gelbliche, von der Brust bis zum Steiß reichende
Unterfläche, deren Seiten ein wenig rostroth gestreift sind, weiße Flecken am
Innenbart der drei äußeren Schwanzfedern und eine ganz weiße Spitze an
der äußersten Feder jeder Seite. — Bolivien.

Noch 2 verwandte, mir unbekannte Arten charakterisirt Cabanis im Mus.
Hein. I. 137. Note als Paospiza assimilis und Paospiza Cabanisi Bonap.
Consp. I. 473. 5. — Die erstere soll nur zwei weiße Schwanzspitzen besitzen,
die letztere keinen rostroth überlaufenen Rücken haben. — Mein aus Berlin
als P. lateralis bezogenes, hier beschriebenes Stück hat nur weiße Spitzen an
den zwei äußeren Federn und möchte die P. assimilis sein, während die von
Cabanis a. a. O. charakterisirte P. lateralis mehr zu Emberiza hypochondria
D'Orb. paßt. —

Paospiza nigrorufa.

Cabanis Wiegm. Arch. I. I. 350. I.
Emberiza nigrorufa Lafr. D'Orb. Syn. Guér. Magaz. 1837. cl. 2. 81. no. 21. —
 Lesson, Traité d'Orn. 440.
Pipilio personata Swains. Two Cent. 311. 94. fig. 58.   Darwin Zool. of
 the Beagl. III. pl. 35.
Chipiu negro y canela, Azara Apunt. I.   142.

Rückengefieder schwarzbraun, Bauchseite rothbraun; ein Streif über dem
Auge und am Rande der Kehle weiß; Steiß gelb, Bauchmitte und Spitzen der
äußeren Schwanzfedern weiß.

Feiner und zierlicher gebaut, der folgenden Art im Habitus ähnlicher, doch etwas größer. Schnabel schwarz, Unterkiefer am Grunde weißlich). Iris braun. Oberkopf, Backen, Rücken, Flügel und Schwanz rußschwarzbraun; das kleine Deckgefieder mehr schiefergrau. Zügelrand und ein Streif über dem Auge bis zum Ohr weiß, am Ende rostroth. Kehle rostroth, weiß eingefaßt. Vorderhals und ganze Unterseite bis zum Steiß rothbraun; Bauchmitte weiß, Steiß rostgelb. Die drei äußeren Schwanzfedern mit weißer, nach innen stufig kürzerer Spitze; die Schwingen innen weiß gesäumt. Beine hell graulich fleischbraun.

Ganze Länge 6''', Schnabelfirste 5''', Flügel 2'' 8''', Schwanz 2'' 3''', Lauf 8'''. —

Nach Azara ist der junge Vogel am Rücken heller graulicher gefärbt, und auf der Brust mit dunklen, schwärzlichen Schaftstrichen versehen.

Im Süden Brasiliens, Sta Catharina, Rio grande do Sul und Montevideo, außerdem im Innern von Paraguay und hinüber bis nach dem Fuße der Cordilleren. Lebt auf buschigem Grunde meist paarig, ist sehr lebhaft, fliegt nur kurz, setzt sich in Binsengruppen nahe am Boden, selbst gern auf die Erde und ähnelt im Betragen den Sylvicolinen.

Paospiza thoracica.

Cabanis Wiegm. Arch. l. l. 350. 2. — *Id.* Mus. Hein. I. 137. 712.
Fringilla thoracica *v. Nordm.* Atl. z. *Ermans* Reise, 10. 73.
Pipilio rufitorques *Swains.* two Centur 312. no. 96. fig. 60.
Carduelis rufo-gularis *Lesson,* Rev. zool. 1839 42.

Rückengefieder grau, olivengrünlich überlaufen. Kehle und Bauchmitte weiß; Brust, Bauchseiten und Bürzel rostroth.

Gestalt und Größe der vorigen Art; Schnabel hornbraungrau, der Unterkiefer blasser. Iris braun. Rückengefieder von der Stirn bis zum Schwanz hell schiefergrau, die Federn des Oberkopfes dunkler gesäumt mit lichterem Schaftstreif, der Rücken besonders grünlich überlaufen; die Schwingen mehr braungrau, die Handschwingen mit rein weißem Vorderrande, der nach unten breiter und schärfer wird. Kehle und ein Streif unter dem Auge weiß, Ohrdecke und Backen heller grau. Unterhals, Oberbrust und die Seiten bis zum Steiß lebhaft rostroth, Brustmitte bis zum Bauch hinab weißlich gelb, Steiß röthlich gelb; alle Schwingen am Innenrande weiß gesäumt; Schwanzfedern schiefergrau, weißgrau gerandet, übrigens alle einfarbig. Beine fleischbraungrau.

Ganze Länge 5'' 1''', Schnabelfirste 4¾''', Flügel 2'' 10''', Schwanz 2'' 2'''. —

Ich erhielt ein Exemplar dieses zierlichen Vogels in Neu Freiburg, das dort erlegt war; die Art gehört ebenfalls den südlichen Gegenden Brasiliens an, scheint aber das Waldgebiet der Küstenstrecken nicht zu verlassen.

Anm. Es ist möglich, daß Azara in seinem Chipiu pardo y canela (Apunt I. 530. 143.) diesen Vogel im jugendlichen Alter vor sich hatte, besonders wenn man den weißen Streif am Auge auf das untere Augenlied beziehen dürfte. Die Schwanzfedern sind in der That bei P. thoracica sehr schmal, wirklich zugespitzt und etwas abgenutzt.

4. Paospiza schistacea.

Cabanis Mus. Heinem. I. 137. 713.
Tanagra schistacea Licht. Mus. ber.

Rückengefieder bleigrau, Backen schwarz; Unterseite weiß, äußere Schwanzfedern mit weißer Spitze.

Etwas kräftiger gebaut, als die vorige Art, doch sonst von deren Habitus. Schnabel schiefergraubraun, der Unterkiefer an der Kinnkante weißlich. Rückengefieder bleigrau, der Oberkopf etwas grünlich grau überlaufen bis zum Nacken; Zügel, Augenrand und Ohrdecke schwarz. Schwingen und vorderste große Deckfedern schwarz, die Ränder hell bleigrau vorgestoßen, der Innensaum wie die übrige Fahne gefärbt. Schwanzfedern an der Innenseite schieferschwarz, an der Außenfahne bleigrau, die äußerste Feder jeder Seite mit langer weißer Spitze, die nächstfolgende nur an der Innenfahne weiß, die dritte mit weißem Fleck an der Spitze. Unterfläche weiß, die Kehle und der Vorderhals gelblich überlaufen, die Seiten der Brust und des Bauches heller bleigrau. Beine graulich fleischbraun. —

Ganze Länge 5" 4''', Schnabelfirste 5''', Flügel 2" 8''', Schwanz 2", Lauf 8'''. —

Im Innern Brasiliens, in den Gebüschen des Camposgebietes, von meinem Sohn in Lagoa santa erlegt; aber auch, wenn ich recht gesehen habe, bei Neu-Freiburg beobachtet, obgleich nicht erlegt. — Hüpft im Laube mittelhoher Bäume umher und läßt von Zeit zu Zeit einen kurzen Lockton hören. —

Anm. Eine Anzahl zu dieser Gattung gehöriger, mir unbekannter Arten, welche besonders über die inneren südlichen und westlichen Gegenden Brasiliens sich zu verbreiten scheinen, will ich hier kurz definiren, da ich keine Gelegenheit gefunden habe, sie selbst näher kennen zu lernen.
5. Paospiza melanoleuca, *Lafresn. D'Orb.* Synops. ibid. 82. no. 25. *Vieill.* Dict. d. Deterv. XII. 4. — Chipin negro y blanco *Azara* Apunt. I. 532. 144. — Rückengefieder bräunlich grau, Oberkopf und Backen schwarz; Flügel und Schwanzfedern schwarz, die Schwingen grau gerandet, die äußerste Schwanzfeder mit ganz weißer, die drei folgenden mit halb weißer Spitze; Unterfläche weiß, die Bauchseiten grau angelaufen. —
6. Paospiza cinerea *Bonap.* Consp. I. 473. 7. — Rückengefieder röthlich olivengrün, Flügel und Schwanz dunkler, die Schwingen heller gerau-

det, die äußeren Schwanzfedern mit breiter weißer Spitze; Unterfläche gelblich
weiß; Schnabel stärker, Schwanz länger als bei der vorigen Art. —

7. Paospiza olivacea *Bonap.* Consp. I. 473. 10. — Grünlich olivenfarben, Oberkopf und Flügel graulicher, die Schwingen lichter gerandet; Unterfläche weißlich grün, die Kehle am hellsten; hinter dem Auge ein weißer Streif.
Schnabel dick, mehr gewölbt; Schwanzfedern zugespitzt. —

Ich habe die Definitionen aller dieser Arten hergesetzt, weil wahrscheinlich
eine oder die andere ihrem Hauptgebiet zunächst gelegene Gegenden des Innern
Brasiliens besucht oder bewohnt.

23. Gatt. Diuca *Reichenb.*
Hedyglossa *Caban.* Mus. Hein. I. 135.

Vom Ansehn der beiden vorigen Gattungen, aber kräftiger und
solider gebaut. Der Schnabel ziemlich stark kegelförmig, die Firste
mehr gebogen, der Unterkiefer höher, die Spitze stumpfer, der Mundrand am Grunde etwas stärker eingezogen. Nasengrube kurz, und
dicht befiedert, das Nasenloch eine kleine Oeffnung in der Spitze;
die Firstenkante etwas gegen die Stirn vortretend, der Zügelrand
mit einigen feinen Borsten besetzt. Gefieder ziemlich voll; die Flügel zwar kurz, doch etwas länger als bei Paospiza, eine Strecke
über die Basis des Schwanzes hinabreichend; die beiden ersten
Schwingen stufig abgekürzt, die dritte mit der vierten und fünften
die längsten. Schwanz von mäßiger Länge, leicht ausgeschnitten;
die seitlichen Federn zwar nicht spitz, aber auch nicht abgerundet,
sondern mehr parabolisch gestaltet, das äußerste Paar etwas kürzer.
Beine ziemlich solide gebaut, der Lauf mittelhoch, der Daumen stark,
die Vorderzehen nicht lang, aber fleischig, die Außenzehe länger als
die Innenzehe; die Krallen klein, selbst die des Daumens nicht lang,
mehr hoch und scharf zugespitzt. —

1. Diuca fasciata.

Tanagra fasciata *Licht.* Doubl. d. zool. Mus. 32. 353. — *Pr. Max z. Wied.*
Beitr. III. a. 492. 12. — *Bonap.* Consp. I. 238. 4.
Tanagra axillaris *Spix.* Av. Bras. I. 41. 14. tb. 54. f. 2.
Diucopis fasciata *Bonap.* Consp. I. 491.

Oberschnabel braun, Unterschnabel weißlich; Flügel schwarz oder schwarzbraun, mit weißer Binde über das Deckgefieder.
Männchen bleigrau, Backen schwarz, Kehle weiß, Steiß weißlich.
Weibchen bräunlich aschgrau, Backen braun, Kehle weiß, Steiß rostgelb.

Beträchtlich größer als ein Buchfink (Fringilla coelebs), mehr vom
Ansehn des kleinen Würgers (Lanius Collurio), aber der Kopf gestreckter.
Oberschnabel schwarzgrau, Unterschnabel weißlich. Iris braun.

Männchen schön bleigrau; Stirnrand, Zügel und Backen unter dem Auge schwarz. Flügel schwarz, die letzte Reihe der kleinen Deckfedern weiß, die großen Deckfedern mit weißlichem Rande; die Schwingen bräunlicher, außen grau, innen weiß gesäumt; die hintersten Armschwingen an der ganzen Außenfahne grau. Mittelschwanzfedern schiefergrau, die seitlichen schwarz, mit grauem Außensaum und gleichfarbiger Spitze. Kehle rein weiß, Unterhals, Brust und Bauchseiten bleigrau; Bauchmitte und Steiß weißlich. Beine graulich fleischbraun. —

Weibchen wie das Männchen gezeichnet, aber statt des bleigrauen Tones bräunlich grau gefärbt, die schwarzen Stellen nur schwarzbraun; die Bauchmitte und der Steiß rostgelb überlaufen.

Junger Vogel wie das Weibchen, aber alle Töne matter.

Ganze Länge 6″ 8‴, Schnabelfirste 5½‴, Flügel 3″, Schwanz 2″ 6‴, Lauf 9‴.

In den Gebüschen der Camposregion bei Lagoa santa, nicht selten; munter und wenig scheu, hat eine kurze Melodie, ist aber eigentlich kein Sänger. —

Anm. Der Vogel ist durchaus nicht mit Tanagra capistrata und Tanagra leucophaea *aut.* verwandt, er kann auf keine Weise mit denselben in eine Gattung gestellt werden, wie Bonaparte gethan hat; sein nächster Verwandter ist vielmehr:

2. Fringilla Diuca, *Molina* Comp. del. hist nat. del Reyne de Chili 221. — *Lath.* Ind. orn. I. 456. 77. — *Kittlitz*, Mém. prés. à l'Acad. Imp. d. Sc. d. St. Petersb. 1831. 192. pl. 11. — Voyage d. l. Favor. Guér. Mag. de Zool. 1836. cl. 2. pl. 69. Hedyglossa Diuca *Caban.* Mus. Hein. I. 135. 706. — Der Vogel hat genau das Ansehn und die Färbung der vorstehenden Art, aber der Unterschnabel ist ebenfalls schwarz, die Backe hinter dem Auge bleifarben, wie der Oberkopf, das Deckgefieder der Flügel einfarbig bleigrau; der Steiß mehr rostgelb überlaufen und der Schwanz von außen nach innen kürzer weiß gefärbt an der Spitze der Federn. — Chili; daselbst ein beliebter Sänger. —

3. Eine dritte Art der Gattung Diuca ist Emberiza speculifera *D'Orbigny* Voy. Am. mér. Ois. 362. no. 294. pl. 46. f. 1.; — sie weicht durch breit am Außenrande weißgefärbte mittlere Handschwingen und einen rein weißen Bauch nebst Steiß, ganz weiße äußere Schwanzfedern und einen weißen Fleck unter dem Auge von der vorigen ab. — Bolivien.

4. Noch eine viel kleinere Art von röthlich graubrauner Farbe führt Bonaparte Consp. I. 476. als Diuca minor aus Patagonien auf; ihre kleinen Deckfedern haben weißliche Spitzen.

C. **Geospizinae.** Schnabel der Vorigen, also schlank kegelförmig, mit grader Spitze und wenig gebogener Firste; im Ganzen etwas kegelförmiger und dadurch zierlicher aussehend, ohne es zu sein; der Mundrand eingebogen, der Mundwinkel nicht mehr so grade. Gefieder bunt, z. Th. ammernartig, mit großen sehr langen hinteren Armschwingen. Lauf hoch, Zehen lang, besonders der Daumen; letzterer zumal mit langer, wenig gebogener, fast spornartiger Kralle, weil alle viel und gern sich am Boden bewegen. (Ammerufinken).

24. Gatt. Arremon *Vieill.*

Schnabel ziemlich groß, namentlich lang, fein zugespitzt, stark seitlich zusammengedrückt, also hoch, mit abgerundeter leicht gebogener Spitze ohne Kerbe, aber deutlich eingebogenem Mundrande; am Zügelrande ziemlich lange steife Borsten. Gefieder vorherrschend grünlich am Rücken, weiß am Bauch; Kopf schwarz, heller gestreift, am Unterhalse ein schwarzer Ring. Flügel kurz, die ersten drei Schwingen stufig verkürzt, die vierte und fünfte die längsten, die Armschwingen nur wenig kürzer als die Handschwingen. Schwanz lang, bemerkbar zugerundet, die Seitenfedern ziemlich abgekürzt. Beine mit hohem Lauf und langen Zehen, unter denen sich der Daumen besonders durch seine Länge und die lange sanft gebogene Kralle auszeichnet.

Die Arten sind Waldvögel, welche die offenen Triften meiden, aber im Dickigt gern auf den Boden hinabgehen, ihre Nahrung zu suchen. —

1. Arremon silens.

Tanagra silens *Lath.* Ind. orn. I. 432. 42. — *Buff.* pl. enl. 742. — *Pr. Max* z. *Wied.* Beitr. III. a. 507. 16. — *Desmar.* Tanagr. pl. 38—40.
Arremon torquatus *Vieill.* Gal. II. 105. pl. 78.
Arremon silens *Bonap.* Consp. I. 487.   *Caban.* Mus. Hein. I. 140. 724.

Kopf schwarz, längs dem Scheitel ein grauer, über jedem Auge ein weißer Streif; Nacken und Brustseiten grau, Rücken grünlichgrau, der Flügelbug lebhaft gelb. Schnabel schwarz.

Schnabel schieferschwarz, der Kinnrand etwas abgeblaßter; Iris schwarzbraun. Kopf schwarz bis zur Kehle; von der Stirn über den Scheitel ein hellgrauer Streif, der sich im Nacken als Ring nach beiden Seiten ausbreitet und mehr bleigrau färbt; über jedem Auge ein weißer Streif, welcher ebenfalls bis zum grauen Nacken reicht. Rücken und Flügel oliven= grün, die Schwingen und Schwanzfedern braun, olivengrün gerandet; die kleinen Deckfedern am Bug und Vorderrande goldgelb, die Innenseite grün, die Schwingen lichter gesäumt. Kehle bis zum Halse herab weiß; mitten am Halse ein schwarzer Ring, der bis an den bleigrauen Nacken sich herum= zieht; darunter die Mitte weiß, die Seiten bleigrau; der Steiß etwas gelb= lich überlaufen. Beine fleischfarben, grau übertüncht. —

Der junge Vogel ist matter gefärbt und hat anfangs gar keinen schwarzen Halsring. —

Ganze Länge 6" 5''', Schnabelfirste 5''', Flügel 3", Schwanz 2½", Lauf 11'''. —

Im mittleren Brasilien, besonders bei Bahia und Para; lebt im Walde und den dichteren Gebüschen, geht hier bis auf den Boden hinab und nährt sich hauptsächlich von Insekten, welche er da aufliest. —

Arremon flavirostris *Sw.*

Swains. two Centur and a Quart. 347. — *Bonapart.* Consp. I. 488. 2.

Kopf schwarz, ein schmaler grauer Streif beginnt auf dem Scheitel und ein weißer hinter dem Auge; Nacken und Bauchseiten grau, Rücken grün; Schna= bel blaß gelblich, die Firste braun.

Ganz wie die vorige Art gezeichnet, aber mit einigen geringen Ab= weichungen. Der Hauptunterschied liegt im Schnabel, der blaßgelblich ge= färbt und bloß längs der Firstenkante gebräunt ist, übrigens auch etwas größer erscheint. Der schwarze Oberkopf hat zwar den mittleren grauen Streif, welcher sich im Nacken zu einer Binde ausdehnt, aber derselbe er= reicht nicht die Stirn, sondern endet mitten auf dem Kopf zwischen den Augen; ebenso fehlt dem weißen Streif über dem Auge, der bis zum Nacken reicht, die Fortsetzung am Zügel bis zum Schnabel. Der Rücken und die Flügel sind ganz ebenso gefärbt, der Rand am Bug ist ebenfalls goldgelb, die Innenseite grau, grünlich überlaufen. Die Unterfläche hat mehr weiß, die graue Brust und Bauchseiten sind schmäler, heller; die schwarze Hals= binde sitzt etwas höher und der Steiß ist einfarbig weiß. Die Beine sind hell fleischfarben, mit grauem Anflug.

Die jungen Vögel dürften dieselben Unterschiede wie bei der vorigen Art darbieten. —

Ganze Länge 6" 2''', Schnabelfirste 5''', Flügel 3", Schwanz 2" 3''', Lauf 10'''. —

Von Cameta im nördlichen Brasilien, nach einem Exemplar der
Berliner Sammlung beschrieben; mir auf der Reise nicht begegnet, ebenso=
wenig dem Prinzen zu Wied. —

Anm. Arremon semitorquatus *Swains*. l. l. 357. — *Bonap*. Consp.
l. 488. 5. ist wahrscheinlich der junge Vogel dieser Art mit halbfertigem Hals=
bande und matter gefärbtem Kleide überhaupt. —

Arremon affinis.

Lafresn. *D'Orb*. Voy. Am. mér. Ois. 282. no. 172. pl. 27. f. 1.
Embernagra torquata *Lafres*. *D'Orb*. Syn. Guér. Mag. 1837. cl. 2. 34.
Buarremon torquatus *Bonap*. Consp. l. 483. 1007. 1.
      Junger Vogel.
Arremon conirostris Mus. Par. Bon. ibid. 488. 7.

Kopf schwarz, die Scheitelmitte grünlich, hinter dem Auge ein weißer Streif;
Rücken und Flügel grün. Bugrand schmäler gelb; Schnabel ganz schwarz.

Schnabel höher nach hinten und etwas stärker als bei den vorigen
beiden Arten, ganz schwarz. Iris braun. Kopf schwarz, die Mitte des
Scheitels grünlich überlaufen; am Auge ein weißer Streif, der nach hinten
bis zu dem hier matten, graugrünen Nackenringe reicht. Rückengefieder und
Flügeldecken dunkler olivengrün, die Schwingen und Schwanzfedern braun,
grünlich gerandet, die Randfedern unter dem Bug nur so weit sie der In=
nenseite angehören gelbgelb. Kehle weiß; auf dem Halse ein schwarzer
Ring. Brust und Bauchseiten grünlich grau, die Mitte beider weißlich,
der Steiß hell aschgrau. Beine stärker, hell graulich fleischbraun.

Junger Vogel matter gefärbt, der schwarze Halsring nur als Schat=
ten angedeutet.

Ganze Länge 6" 3"', Schnabelfirste 6"', Flügel 2" 10"', Schwanz
2" 2"', Lauf 1". —

Ich erhielt auf meiner Reise ein Exemplar in Lagoa santa aus dem
benachbarten Sette Lagoas; der Vogel gehört also dem inneren Campos=
gebiet an, und lebt dort in den Wäldern und Gebüschen der Flußthäler wie
die vorigen Arten.

Anm. Die Bildung einer eigenen Gattung Buarremon, welche sich ledig=
lich auf den etwas kräftigeren Schnabel und Fußbildung dieser Art stützt, scheint
mir nicht gerechtfertigt. — Den jungen Vogel der hier beschriebenen Art, dessen
Schnabel und Beine noch schwächer gebaut sind, hat Bonaparte darum auch
als Arremon conirostris Consp. l. 488. 7. zur Gattung Arremon gestellt.

25. Gatt. Embernagra *Less*.

Limnospiza *Cabon*.

Schnabel kürzer, dicker, kräftiger; die Firste fast ganz grade,
die Spitze ohne Kerbe, der Mundrand nur bis nahe am Mundwinkel
eingebogen, dann schnell abfallend, mit unteren zahnartig vortretender

Ecke; Zügelborsten sehr kurz. Gefieder weicher, larer; die Flügel noch
mehr verkürzt, kürzer als die oberen Schwanzdecken, die beiden
ersten Schwingen ziemlich stark abgestuft, die dritte, vierte und fünfte
die längsten, alle stumpf zugespitzt. Schwanz mäßig lang, stark ab=
gerundet, die Federn länglich zugerundet, die drei äußeren verkürzt.
Beine sehr kräftig gebaut, der Lauf dick, ziemlich hoch; die Zehen
lang, aber auch fleischig, besonders der Daumen; alle Krallen schlank,
wenig gebogen, fein zugespitzt. —

Leben in wasserreichen Gegenden an Flußufern, hüpfen im nie=
drigen Gesträuch, gehen viel auf den Boden und suchen hier In=
sekten oder harte Sämereien. —

Embernagra platensis.

Bonap. Consp. I. 483. 1006. 1. — *D'Orb.* Voy. Am. mér. Ois. 284. no. 174.
Emberiza platensis *Gmel. Linn.* S. Nat. I. 2. 886. 68. — *Lath.* Ind. orn.
     I. 417. 66. — *Vieill.* Enc. méth. Orn. 922.
Embernagra dumetorum *Lesson,* Traité d'Orn. 465.
Tanagra decumana *Licht.* Doubl. d. zool. Mus. 31. 346. (excl. synon.).
Emberizoides poliocephalus *Darw.* Zool. of the Beagl. III. 98.
Limnospiza platensis *Caban.* Mus. Hein. I. 136. 708.
Habia de banado *Azara* Apunt. I. 363. 90.

Grau, Rücken, Flügel und Schwanz grünlich; Oberschnabel schwarz; Mund=
rand, Unterkiefer und Beine blaß röthlichgelb.

So groß wie ein Krammetsvogel (Turdus pilaris), aber der
Kopf kleiner, schmäler. Schnabel ammernförmig, nur etwas länger; Ober=
kiefer schwarz, Mundrand und Unterkiefer weißgelb. Iris braunschwarz.
Gefieder des Kopfes sehr kleinfedrig, schiefergrau, im Nacken grünlich über=
laufen; Rücken, Flügel und Schwanz ganz grün, die Schwingen und
Schwanzfedern im bedeckten Theile graubraun; der Flügelrand unter dem
Bug nach innen gelb, die Innenseite grau mit weißlichem Saum der Schwin=
gen. Die Federn des Rückens mit dunkleren, matt schwärzlichen Schaft=
streifen und blaßgelblicher Spitze; die Ränder der großen Deckfedern und
vordersten Handschwingen heller gelbgrün. Unterfläche vom Kinn bis zum
Steiß hellgrau, der Vorderhals mehr ins Blaugraue spielend, die Brust
ins Aschgraue, die Seiten und der Steiß etwas ins Rostgelbe fallend.
Beine hell fleischrothgelb.

Ganze Länge 8″, Schnabelfirste 6‴, Flügel 4″, Schwanz 3″,
Lauf 13‴. —

In den südlichsten Gegenden Brasiliens, Rio grande do Sul, Monte=
video, Paraguay und im ganzen La Plata = Gebiet einheimisch, dort

häufig; lebt auf die angegebene Art in der Nähe von Gewässern und nistet auch da im dichten Gebüsch. Das ziemlich große, aus trocknen Halmen der Gräser gebaute Nest enthält 5—6 weißliche Eier, welche sehr denen unserer Grau = Ammer (Ember. miliaria) im Ansehn ähneln, und auf weißlichem Grunde größere und kleinere grau violette Flecken ziemlich gleichmäßig und dichter, als bei der Ammer, vertheilt zeigen. D'Orbigny's Figur (Voy. Ois. pl. 22. f. 3.) ist etwas zu klein gerathen. —

26. Gatt. Emberizoides *Temm.*

Chlorion *Temm.* (antea). Tardivola *Swains.* Leptonyx *Swains.* (antea).
Coryphospiza *Gray.*

Schnabel etwas gebogener, als bei Embernagra, mehr seitlich zusammengedrückt, die Spitze etwas herabgekrümmt, mit leicht angedeuteter Kerbe; Mundrand ganz eingebogen bis zur Basis, ohne zahnartig vortretenden Winkel; Nasengrube nach oben von Haut ausgekleidet, das Nasenloch am unteren Rande; Gefieder des Schnabelgrundes mit Borstenspitzen. Rumpfgefieder ziemlich derbe, ammernartig gefärbt, mit dunkleren Schaftstreifen auf graubraunem Grunde. Flügel kurz, wenig über den Schwanz hinabreichend; die beiden ersten Schwingen etwas stufig verkürzt, die dritte, vierte und fünfte die längsten; die hintersten Armschwingen sehr groß, fast so lang wie die längsten Handschwingen. Schwanz mehr oder weniger keilförmig, alle Federn stufig abgesetzt, einzeln lang oder scharf zugespitzt. Beine ziemlich kräftig gebaut, der Lauf hoch, die Zehen dünn aber fleischig, der Daumen recht lang mit sehr wenig gebogener Kralle. —

Die Arten leben auf offenen Feldern und gehen, wie die Lerchen und Ammern, sehr viel am Boden. —

1. Emberizoides macrurus.

Fringilla macrura *Lath.* Ind. orn I. 460. 90.   *Gmel. Linn.* S. Nat I.
    918. 72.
Emberizoides marginalis *Temm.* pl. col. 141. 2.
Sylvia herbicola *Vieill.* Enc. méth. Orn. 454.
Sphenura fringillaris *Licht.* Donbl. d. zool. Mus. 42. 466.
Passerina sphenura *Vieill.* N. Dict. d'hist. nat. Tm. 25. 25.
Embernagra macrura *D'Orb.* Voy. Am. mér. Ois. 287. 176.
Tardivola sphenura *Swains.* nat. hist. of Birds II. 281.
Tardivola marginalis *Caban.* Mus. Hein. I. 135. 707.
Cola aguda encuentro amarillo, *Azara* Apunt. II. 257 230.

Graubraun, Oberseite mit schwarzen Schaftstreifen; Flügel grünlich geran- det; Bürzel und Steiß rostgelb; Schwanz von Rumpfeslänge. —

Oberschnabel braun, Mundrand und Unterkiefer blaßgelb. Iris graubraun. Rückengefieder röthlichgrau, alle Federn des Oberkopfes, Nackens, Rückens und der Flügel mit breiten schwarzen Schaftstreifen; Flü- gelrand unter dem Bug goldgelb, die Deckfedern und Handschwingen grün- lichgelb gerandet; die letzten breiten Armschwingen und breiten Schwanz- decken mit mehr rostgelbgrauem Saum. Schwanzfedern sehr lang zugespitzt, die mittelsten so lang wie der Rumpf, graugelbbraun, am Schaft schwärz- lich. Ohrdecke, Zügelrand und Stirn reiner grau, erstere auf jeder Feder mit weißlicher Schaftlinie. Unterseite an der Kehle und dem Vorderhalse weißlich, an der Brust besonders nach den Seiten graulich, die Bauchseiten und der Steiß rostgelblich, die ganze Mitte bis zum After weißlich. Beine gelblich fleischfarben. —

Junge Vögel matter gefärbt, als die älteren, Männchen und Weib- chen ohne wesentlichen Unterschied, am ersteren alle Töne voller, besonders die mehr rostgelbe Unterseite. —

Ganze Länge 8", Schnabelfirste 5''', Flügel 3", Schwanz 4", Lauf 1",

Auf dem Camposgebiet des Innern Brasiliens nicht selten, aber nur einzeln hier und da, besonders an offenen Stellen; läuft viel am Boden, namentlich in den Wegen, wo das Erdreich ganz frei ist und stöbert nach Nahrung, die aus Sämereien und Insekten besteht. Aufgescheucht, sucht sich der Vogel im hohen Grase und Gebüsch zu verstecken, indem er nur eine kurze Strecke fliegt und dann wieder zum Erdboden unter Gebüsch und in hohes Gras zurückkehrt. Sein Nest fand ich leider nicht. —

Anm. Der Vogel war in den Umgebungen von Lagoa santa häufig; an- dere Exemplare erhielt ich aus dem Sertong der Provinz Bahia. Bonaparte unterscheidet im Consp. I. 482. einen Emberizoides megarhynchus, wel- cher größer sein und keinen gelben Flügelrand unter dem Bug besitzen soll; auch weniger zugespitzte Schwanzfedern. Mir ist eine solche Form nicht wei- ter bekannt.

2.   Emberizoides melanotis.

Temm. pl. col. 114. 1.   *Bonap.* Consp. I. 483. 3.
Leptonyx melanotis *Swains.* two. Centur. etc. 314. 100. fig. 62.
Oreja negra *Azara* Apunt. I. 522. 140.

Oberkopf, Backen und Brustseiten schwarz, über dem Auge ein heller Streif; Rücken und Flügel braungran, Flügelrand am Bug goldgelb. Schwanz von halber Rumpfeslänge. —

Viel kleiner als die vorige Art, nicht größer als ein Hänfling (*Fring.* cannabina). Schnabel kürzer, höher, dick kegelförmig, der Ober-

kiefer schwarz, der Unterkiefer blaßgelb. Iris braun. Kopf schwarz, am
Nasenloch beginnt ein weißlicher Streif, welcher über das Auge und Ohr
zum Nacken reicht; Hinterkopf grau gestrichelt, indem die Federn hellere
Ränder bekommen, welche nach hinten rostbraun werden. Rücken rostbraun=
grau, jede Feder mit dunklerer Mitte. Kleine Flügeldeckfedern und Rand
am Bug goldgelb, große Flügeldeckfedern und Schwingen grünlichgelb, fein
weißgrau gerandet; hinterste Armschwingen wie der Rücken gefärbt, alle
Schwingen innen weißlich gesäumt. Schwanz schwarz, nur die beiden mit=
telsten Federn braun, die seitlichen Federn mit weißer Spitze, vor welcher
an dem äußersten Paar, das einen ganz weißen Rand besitzt, noch ein
schwarzgrauer Endfleck steht; alle Federn zugespitzt, stufig von außen nach
innen etwas verlängert. Ganze Unterseite rein weiß, oder blaß rostgelblich=
weiß; die Brustseiten am Flügelbug schieferschwarz, welche Farbe sich bis
zum Nacken hinaufzieht. Beine gelblich fleischfarben. —

Ganze Länge 5″, Schnabelfirste 4‴, Flügel 2″ 3‴, Schwanz 2″,
Lauf 8‴. —

Im südlichen Minas geraes, St. Paulo und den inneren Campos=
Gegenden von Goyaz und Mato grosso; seltner als die vorige Art und mir
nicht vorgekommen, hier nach einem Exemplar der Berliner Sammlung
beschrieben. — Die Lebensweise und das Betragen, nach Azara's Schil=
derung, ganz wie bei der vorigen Art.

27. Gatt. Coturniculus *Bonap.*
Consp. I. 481.

Schnabel kürzer, sonst wie bei Emberizoides, die Firste sanft
gebogen, die Spitze grade, der Mundrand eingezogen bis fast zur
Basis, die Kerbe am Ende leicht angedeutet, übrigens der ganze
Schnabel mehr seitlich zusammengedrückt und daher von oben be=
trachtet schmäler; Zügelrand mit einigen steifen Borsten besetzt. Ge=
fieder ammerartig, ähnlich wie bei Emberizoides; die Flügel ebenso
kurz, die zwei ersten Schwingen etwas stufig abgekürzt, die hinteren
Armschwingen sehr lang. Schwanz kleiner, schwächer, kürzer, die
Federn stumpf zugerundet, das äußere Paar etwas verkürzt. Beine
feiner zierlicher gebaut, die Zehen übrigens ganz ähnlich, ziemlich
lang mit relativ zwar kürzeren aber doch nur wenig gekrümmten
Krallen; besonders der Lauf und die Daumenkralle mehr verkürzt.

15 *

Leben auf Feldern und Wieſen, im Gebüſch und am Rande der
Wälder, nicht im Walde ſelbſt, gehen wie unſere Sperlinge gern zu
Boden, und nähren ſich hauptſächlich von Sämereien. —

Coturniculus Manimbe.

Fringilla Manimbe *Licht.* Doubl. d zool. Mus. 25. 253. — *Pr. Max z. Wied.*
Beitr. III. a. 600. 18.
Emberiza Manimbe *Lafr. D'Orb.* Syn. Guér. Mag. d. Zool. 1837. cl. 2. 77.
10. — Enc. méth. Orn. 993. — *Darwin* Zool. of the Beagl. III. pl. 30.
Coturniculus Manimbe *Bonap.* Consp I. 481. 1003. 6. — *Cabanis* Mus. Hein.
I. 133. 697.
Ammodromus Manimbe *Hartl.* syst. Ind. *Azar.* 10.
Manimbé *Azara* Apunt. I. 526. 141.

Grau, Rückengefieder mit ſchwarzbraunen Schaftſtreifen, Armſchwingen
roſtbraun geſäumt; Zügel und Flügelrand am Bug goldgelb, Mitte der Unterſeite weiß. —

Größe und Anſehn eines weiblichen Hausſperlings (Fring. do-
mestica) nur klarer und mehr bleigrau gefärbt. Schnabel blaßgelb, die
Baſis der Rückenfirſte braun. Iris hellbraun. Zügel citronengelb. Ober-
kopf, Rücken, Flügel und Schwanz grau, jede Feder mit ſchwarzbraunem
Schaftſtreif, die Ränder der Deckfedern ſehr hell weißgrau, die Säume der
Armſchwingen roſtbraun, der Flügelrand unter dem Bug citronengelb;
Bürzel- und Schwanzfedern braun, weißgrau gerandet. Kehle, Vorderhals,
Mitte der Bruſt, des Bauches und der Steiß weiß; Seiten der Bruſt und
des Bauches bräunlich bleigrau. Beine gelblich fleiſchfarben. Ohrdecke
weißlich geſtrichelt. —

Ganze Länge 4″ 10‴, Schnabelfirſte 4‴, Flügel 2″ 2‴, Schwanz
1″ 6‴, Lauf 8‴. —

In den Umgebungen Neu-Freiburgs beobachtet, auf Wieſen in der
Nähe der Flüſſe, wo einzelnes Buſchwerk ſteht, in denen der Vogel auch
niſtet. Ich erhielt das Neſt mit 2 Eiern, welche ich in *Cabanis* Journ. f.
Orn. I. 163. beſchrieben habe. Das Neſt beſteht aus trocknen Halmen mit
Asclepiadeen-Pappus ausgekleidet, und ſitzt an einem Zweige, deſſen Blätter z. Th. mit in den äußeren Umfang aufgenommen ſind. Die Eier haben
die Größe der von Fringilla coelebs, ſind blaß röthlichweiß, mit großen
rothbraunen Flecken am ſtumpferen Ende, die einen unregelmäßigen Kranz
bilden; ihr Ton iſt theils heller, theils dunkler und ein Paar kleinere Punkte
ſtehen auch hier und da auf der übrigen Oberfläche. Der Vogel verbreitet
ſich nordwärts etwa bis zum 20° Br., ſüdwärts dagegen über die Mündung des Rio de la Plata hinaus; geht viel auf die Erde, wie die Sperlinge, und fliegt nur in kurzen Strecken. Er hat einen leiſen, etwas melo-
riſchen Geſang. —

28. Gatt. Zonotrichia *Swains.*

Schnabel schlank kegelförmig, ziemlich wie bei Arremon, nur feiner zugespitzt, die Firste ganz grade, die Spitze schlank, fast ohne Kerbe, der Mundrand eingebogen bis zum Grunde, der Mundwinkel etwas herabgezogen, der Unterkiefer fast ebenso hoch wie der Oberkiefer. Nasenloch von vorgebogenen Federn bedeckt, nur einige feine und schwache Mundborsten am Zügelrande. Gefieder ziemlich weich, voll, ammernartig; die Flügel etwas länger, bis ans Ende der oberen Schwanzdecken reichend; die beiden ersten Schwingen stufig abgekürzt, die Armschwingen zwar lang, aber nicht völlig so lang erscheinend, wie bei Coturniculus und Emberizoides, weil die Handschwingen etwas länger sind. Schwanz schmalfedrig, aber nicht kurz, die äußeren Federn kaum etwas kürzer als die mittleren. Beine hochläufiger, als bei Coturniculus, die Zehen etwas länger, die Krallen größer, doch ebenfalls nur wenig gebogen, sanft zugespitzt.

Vertreten die Stelle der **Haussperlinge** in der neuen Welt, nähern sich den Ansiedelungen, schließen sich mehr an bewohnte Ortschaften, und fressen Sämereien, die sie am Boden suchen.

Zonotrichia matutina.

Fringilla capensis *Lath.* Ind. orn. I. 408. ♂. — *Buff.* pl. enl. 386.
Fringilla matutina *Licht.* Doubl. d. zool. Mus. 25. 246. — *Pr. Max z. Wied.* Beitr. III. a. 623. 23.
Tanagra rufirollis *Spix.* Av. Bras I. 39. 10. tb. 53. f. 3.
Fringilla chilensis *Meyen* Reise. III. 212. — *Kittl.* Kupfertaf. tb. 23. f. 3.
Fringilla nuchalis *Temm.*
Zonotrichia matutina *Gray. Darw.* Zool. of. the Beagl. III. 91. — *v. Tschudi* Fn. per. Orn. 32. — *Bonap.* Consp. I. 479. 11. — *Cabanis* Mus. Hein. I. 132. 693.
Zonotrichia subtorquata *Swains.* nat. hist. of Birds. II. 288.
Pyrgita peruviana *Lesson,* Rev. zool. 1839. 45.
Pyrgita peruvicnsis *Lesson,* Instit 1834. no. 72. 316. 3.
Euspiza peruviana *Blyth.*
Passer pileatus *Boddart.*
Chingolo. *Azara* Apunt. I. 492. 135.
Ticko-ticko der Brasilianer in Minas.

Kopf grau, schwarz gestreift; Nacken röstrotb, Rücken braun mit breiten schwarzen Schaftstreifen und helleren Spitzen an vielen Federn. Kehle weiß, die Seiten schwarz eingefaßt. —

Aehnelt mehr der **Rohrammer** (Emberiza Schoeniclus) als dem **Sperlinge** (Fr. domestica) im Ansehn. Schnabel schlank kegelförmig.

Oberkiefer braun, Unterkiefer graugelb, Iris graubraun. Oberkopf grau, ein schwarzer Streif über jedem Auge, der am Schnabel beginnt und bis zum Nacken reicht; Ohrdecke oben weiß gerandet, dann schieferschwarz, meist gestrichelt. Kehle weiß, mit schwarzem Seitenstreif, der unter dem Auge anfängt und bis zur Halsmitte reicht; Nacken rostroth, beiderseits bis zum schwarzen Halsstreifen ausgedehnt. Rückengefieder und Flügel röthlich-braun, auf jeder Feder ein breiter schwarzer Schaftstreif. Die großen Deck-federn und Achselfedern außerdem mit blaßgelblichem Endfleck und die Reihe der kleinen vor den großen an der Spitze weiß. Schwingen schwarzbraun, fein graulich rothbraun gerandet, die letzten Armschwingen mit breiterem mehr rostrothem Saum. Schwanz obenauf schwarz, rostroth gerandet, un-ten grau, wie die Innenseite der Schwingen. Brustmitte und Bauch bis zu den Beinen weiß, die Seiten und die des Bauches bräunlichgrau, die Bauchmitte hell rostroth, der Steiß graulichweiß; die Beine gelblich fleisch-farben. —

Beide Geschlechter stimmen in der Farbe überein, doch hat das Weib-chen einen viel blasseren Farbenton. —

Der junge Vogel hat einen graubraunen Oberkopf, keine so deutlichen schwarzen Streifen, kein Rostroth im Nacken und keinen so röthlich ge-färbten, mehr graubraunen Rücken, dessen Federn und die der Flügel mit breiten weißen Spitzen versehen sind; auch fehlt ihm der schwarze Hals-streif, oder ist nur als graue Unterlage angedeutet, dagegen sind Kopf- und Nackenfedern auf der Mitte dunkel gestreift, die seitlichen Kopffedern am ganzen Außenrande schwärzer; der weiße Zügel- und Augenrandstreif ist matter graulichweiß gefärbt und die Unterfläche lichtgrau. —

Ganze Länge 5″ 6‴, Schnabelfirste 5‴, Flügel 2″ 6‴, Schwanz 2″ 3‴, Lauf 8‴.

Ich erhielt von dieser über ganz Brasilien verbreiteten Art in Lagoa santa einen Albino, dessen sämmtliche schwarzen Federstellen rein silberweiß sind, während die rostrothen Töne sich ungeändert erhalten haben; nur der schwarze Seitenstreif des Kopfes ist als brauner, aber nicht rostrother, Streif sichtbar. — Man trifft den Vogel in jedem Dorf in Menge, sieht ihn auf den Straßen im Pferdemist suchen, wie bei uns Sperlinge und Ammern, und hört früh Morgens gleich nach Sonnenaufgang seine sanfte, melodische Stimme, welche er von der Firste des Daches erschallen läßt. Er nistet aber nicht an den Gebäuden, wie die Sperlinge, sondern nur in den Gebüschen der Gärten; baut ein großes Nest aus trocknen Halmen, Haaren, Federn und legt 4—5 blaß grünlichweiße, dicht und gleichmäßig hell rostroth getüpfelte Eier. Im Walde begegnet man dem Vogel sehr felten, nur an einfamen nicht fehr bevölferten Gegenden pflegt man ihn am Rande der Wälder zu gewahren. Seine Nahrung find Sämereien, welche er am Boden fucht. — Das Neft und die Eier habe ich ausführlich in Cabanis Journ. d. Ornith. I. 162. 1. befchrieben. Thienemann (Fortpf. Gefch. der gefammt. Vögel Taf 34. Fig. 10.) und D'Orbigny (Voy. Am. mér. Ois. pl. 47. f. 3.) gaben Abbildungen von Eiern, die nicht fehr gelungen find, obgleich in der Hauptfache richtig aufgefaßt. Der Vogel brütet zweimal, zuerft im September, das zweite Mal im Januar; vielleicht mitunter noch zum dritten Mal im April. —

29. Gatt. Phrygilus Cabanis.

Tschudi Fn. per. Orn. 217.

Schnabel ebenfo fchlanf kegelförmig, wie bei Zonotrichia und davon kaum verfchieden; nach vorn ziemlich ftarf zufammengedrückt, die Firfte grade, die Spitze etwas mehr verlängert, der Mundrand deutlich eingebogen, der Mundwinkel ftärker herabgezogen, der Gaumen ebenfalls ohne Höcker. Gefieder ziemlich weich, das der Männchen vorherrfchend fchieferfchwarz oder dunkel blaugrau, das der Weibchen und jungen Vögel z. Th. grünlich oder bräunlich grau, mit dunkleren Schaftftreifen, doch nicht eigentlich ammernartig; mitunter der Rücken wie bei Ammern gefärbt. Flügel fpitziger, nur die erfte Schwinge verkürzt, fo weit wie die oberen Schwanzdecken über die Bafis des Schwanzes hinabreichend; die hinteren Armfchwingen nicht verlängert und viel kürzer als bei den vorigen Gattungen. Schwanz nicht grade lang, etwas ausgefchnitten, die Federn ziemlich fchmal, am Ende mehr oder minder zugefpitzt, die feitlichen Federn nicht verkürzt. Beine fchlanf und fein, der Lauf mäßig hoch, die Zehen dünn, ganz wie bei Zonotrichia, mit wenig gebogenen, fcharf zugefpitzten Krallen. —

Die Gattung hält die Mitte zwifchen Zonotrichia und Spiza oder Volatinia, von jener die Schnabelform, von diefer mehr den Charakter des Gefieders fich aneignend; ihre Arten bewohnen die außertropifchen Gegenden Süd-Amerikas und kommen im Tropengebiet nur an höher gelegenen Orten des Gebirges vor; mir ift keine von ihnen auf meiner Reife begegnet.

1. Phrygilus unicolor.

v. *Tschudi* Fn. per. Orn. 219. 3.
Emberiza unicolor *Lafresn. D'Orb.* Syn. Guér. Mag. 1837. cl. 2. 79. 16.
Tanagra unicolor *Licht.* Mus. ber.
Spiza unicolor *Licht.* Nom. Av. Mus. berol. 45.
Haplospiza unicolor *Caban.* Mus. Hein I. 147. 759.

Männchen dunkel bleigrau, schieferschwarz unterlegt, Schwingen und Schwanz bräunlich, die Handschwingen fein weißlich gerandet.

Weibchen olivengrüngrau, Unterseite lichter, die Federn mit dunkleren Schaftstreifen.

Junger Vogel rußbraun, Unterseite weißlich, mit rußbraunen Schaft streifen. —

Gestalt völlig wie Zonotrichia matutina, doch etwas kleiner; Schnabel bräunlich horngrau, der Oberkiefer dunkler; Iris schwarzbraun, Beine gelblich fleischfarben. Schwanzfedern mit scharfer Spitze. —

Männchen dunkel blaugrau, überall schiefergrau unterlegt und nur die vorragenden Stellen der Federn gleichmäßig blaugrau überlaufen, ohne dunklere Schaftpartien; Schwingen und Schwanz mehr braun, weil die blaugrauen Ränder beschränkter sind, nur die Handschwingen am Außen-rande feiner weiß. Unterfläche etwas lichter und mehr bleigrau, ohne alle Verschiedenheit im Ton; Schwanzfedern unten hellgrau.

Weibchen am ganzen Rücken graulich olivengrün, die Federn gleich-farbig, ohne dunklere Schaftstreisen; die Schwingen und Schwanzfedern mehr braun, die vordersten Handschwingen fein grau gerandet. Unterfläche hell weißgrün, jede Feder mit dunklerem, aber nicht scharf abgesetztem Schaft-streif, daher matt weißlich und grünlich gestreift.

Jüngere Vögel beiderlei Geschlechts wie die Weibchen gezeichnet, aber statt des grünlichen Tones trüb rußbraun, die Bauchseite weißer, schärfer rußbraun gestreift, die Bauchmitte und der Steiß mit rostgelblicher Grundfarbe. Schwanzfedern mit abgerundeter Spitze.

Ganze Länge 5″, Schnabelfirste 5‴, Flügel 2″ 5‴, Schwanz 1″ 10‴.

In St. Paulo, Sta Catharina, den südlichen Gegenden von Minas geraes, Goyaz bis hinüber an die Cordilleren, wo D'Orbigny den Vo-gel bei Tacora in Peru beobachtete; — hier nach Exemplaren beschrieben, die aus Berlin bezogen wurden, und von St. Paulo stammen. —

Anm. Cabanis erhebt den hier beschriebenen Vogel zu einer eigenen Gattung; ich glaube, daß er sich füglich mit Phrygilus verbinden läßt. Andere Arten habe ich freilich nicht selbst beobachten können; es sind aber deren meh-rere bekannt geworden, welche z. Th. auch dem südlichen Brasilien angehören mögen, daher ich ihre Diagnosen hersetze:

Einige sind im männlichen Geschlecht einfarbig schiefer= grau oder schieferschwarz, im weiblichen graugrün, ähn= lich der vorstehend beschriebenen Art und bilden die Gattung Haplospiza *Caban.*

2. **Phrygilus rusticus** *v. Tschudi* Fn. per. Orn. 219. 5. — Bleigrau, Scheitel und Rücken dunkler, letzterer bräunlich überlaufen; Schwingen und Schwanzfedern schwarzbraun, lichter gerandet; Unterfläche heller bleigrau, Bauch= mitte und Steiß weiß. — Weibchen grünlichgrau, Unterseite lichter und dunk= ler gestreift. — Ganze Länge 4'' 9'''. — Peru. — Von dem vorhergehenden Phr. unicolor sogleich durch einen schlankeren spitzeren Schnabel und etwas län= gere Flügel zu unterscheiden.

3. **Phrygilus carbonarius.** Emberiza carbonaria *D'Orb.* Voy. Am. mér. 361. n. 293 pl. 45. f. 2. — Dunkel schieferschwarz, bläulich überlaufen, alle Federn des Nackens und Rückens auf der Mitte dunkler, die Schwingen und Flügeldeckfedern lichter gerandet; Stirnrand und Schwanz reiner schwarz. Schnabel und Beine blaßgelb. — Ganze Länge 5'. — Patagonien.

Als junger Vogel von einer den drei vorigen zunächst verwandten Art dürfte zu deuten sein: **Phrygilus plebejus** *v. Tschudi* Fn. per. Orn. 219. 4. tb. 19. f. 1. — Oben bräunlichgrau, jede Feder mit dunklerer Mitte; Unterfläche weiß, Brust und Bauch mit braunen Schaftstreifen; Schwingen und Schwanzfedern schwarz= braun, weißlich gerandet. Ganze Länge 5'' 9'''. — Peru.

b. Andere Arten sind nur z. Th. schiefergrau, am Rücken braun, und scheinen in beiden Geschlechtern überein= stimmender gefärbt zu sein; ihre Flügel sind noch etwas länger, ihr Schwanz ist kürzer. Phrygilus *Caban.*

4. **Phrygilus Gayi** *v. Tschudi* l. l. 218. 1. — Emberiza Gayi *Lafr. D'Orb.* Guér. Mag. 1834. cl. 2. pl. 23. — Schiefergrau, Rücken olivenbraun; Brustmitte, Bauch, Bürzel und Steiß gelblich; Schnabel graubraun mit helle= rer Basis, Beine fleischfarben. — Weibchen graulicher im Ton, Flügel und Schwanz brauner. — Länge 5'' 8'''. — Chili, Patagonien.

5. **Phrygilus alaudinus.** Fringilla alaudina *Kittl.* Vögel etc. pl. 23. f. 2. — Emberiza guttata *Meyen* Reise Suppl. N. A. ph. m. Soc. L. C. N. C. pl. 12. f. 1. — Passerina guttata *Lafr.* Guér. Mag. 1836. cl. 2. pl. 70. — Frin= gilla erythrorhyncha *Less.* Fring. campestris *Bonap. Griff.* anim. Kingd. Birds II. c. fig. — Bläulich schiefergrau, der Rücken und die hintersten Armschwingen braun, Bauch und Steiß weiß, Schwanz schwarz, die Federn mit weißem Fleck an der Innenfahne. Schnabel und Beine röthlichgelb. — Chili.

6. **Phrygilus fruticeti,** Fring. fruticeti *Kittl.* Vögel etc. tb. 23. f. 1. — Ember. luctuosa *Eyd. Gerv.* Guér. Mag. 1836. cl. 2. pl. 71. — Schiefergrau, Oberkopf und Rücken schwarz gestreift, Kehle ganz schwarz, Bauch und Steiß weiß; Flügeldeckfedern mit zwei weißen Binden, die Handschwingen weiß ge= randet; Schnabel und Beine gelblich fleischfarben. Ganze Länge 6'' 9'''. — Chili. —

Noch einige ferner stehende Arten werden bei v. Tschudi und D'Orbigny charakterisirt. —

30. **Gatt.** Volatina *Reichenb.*

Tanagra *Linn.*   Fringilla *Vieill.*   Emberiza *Lafr.*

Schnabel etwas kürzer kegelförmig, am Grunde stärker, schneller zugespitzt, nach vorn stark zusammengedrückt, die Firste grade, die Spitze scharf, der Mundrand etwas eingezogen, der Unterkiefer niedriger als der Oberkiefer; Nasengrube befiedert, das Nasenloch davor sichtbar; am Zügelrande 3—4 steife Borsten. Gefieder ziemlich derbe, im Alter stahlblau oder metallisch glänzend, in der Jugend graugelbbraun, lerchenartig. Flügel kurz, nur bis auf den Anfang des Schwanzes reichend, die erste Schwinge beträchtlich, die zweite kaum verkürzt; hinterste Armschwingen ziemlich lang, doch nicht an sich, nur weil die Handschwingen so kurz sind. Schwanz von beträchtlicher Länge, die Federn schmal, einzeln zugerundet, die äußeren etwas verkürzt. Beine sehr zierlich, die Zehen lang, aber die Krallen kurz, selbst die des Daumens etwas kürzer, obgleich wenig gebogen und fein zugespitzt. —

Volatina Jacarina.

Tanagra *Linn.* S. Nat. I. 314. 4. — *Lath.* Ind. orn. I. 429. 32. — *Buff.* pl. enl. 224. 3.
Fringilla nitens var. *β. Gmel. Linn.* S. Nat. I. 2. 909. — *Lath.* Ind. orn. I. 442. 25. *β.*
Fringilla splendens *Vieill.* N. Dict. d'hist. nat. Tm. 12. pag. 143. — Enc. méth. Orn. 933. — *Pr. Max z. Wied.* Beitr. III. a, 597. 17.
Euphone Jacarini *Licht*, Doubl. d. zool. Mus. 30. no. 319.
Spiza Jacarina *Cab. v. Tschudi* Fn. per. Orn. 220.
Emberiza Jacarini *Lafr.* D'Orb. Consp. Guér. Mag. 1837. cl. 2. 81. no. 23.
Volatina Jacarina *Cuban.* Mus. Hein. I. 147. 758. — *Bonap.* Consp. I. 473. (s. V. splendens ibid. 474.).
Volatin, *Azara* Apunt. I. 513. no. 138.

Männchen im Alter glänzend schwarz, stahlblau schillernd; Weibchen und junger Vogel graubraun, unten weißlich, mit dunklen Schaftstreifen.

Kleiner als ein Zeisig, von dessen Ansehn, doch der Schnabel größer. Schnabel und Beine schieferschwarz, die Basis des Unterkiefers grau. Iris schwarzbraun. -

Ganz altes Männchen glänzend schwarz, stahlblau oder z. Th. auch etwas erzfarben schillernd, die Federn des Rumpfes im Winterkleide mit graubraunen Rändern; jüngere Vögel haben braunschwarze Flügel und Schwanzfedern, ohne Metallschiller und einen weißlichen Flügelrand am Bug nebst ebensolchen inneren Deckfedern und Säumen der Schwingen selbst.

Das Weibchen ähnelt im Ansehn einer Lerche, ist aber viel kleiner; Schnabel und Beine sind graulich fleischbraun, die Iris schwarzbraun. Rückengefieder dunkel graubraun, die Federn der Flügel in der Tiefe schwarzbraun; die Schwingen und Schwanzfedern glänzend schwarz, nach der Spitze zu bräunlich, mit heller gelbgrauem Rande; die Innenseite des Flügels weiß, die Schwingen hier weiß gesäumt; Kehle und Bauchmitte weiß; Hals, Brust, Bauchseiten und Steiß hell graugelblich, jede Feder mit braunem, spitzem Schaftfleck, welcher an den großen unteren Schwanzdecken fast schwarz wird. Das ist die Spiza grisola Mus. ber. *Licht.* Nom. Av. 45.

Der junge Vogel ähnelt anfangs dem Weibchen völlig, aber schon nach der ersten Mauser wird sein Kopf= und Rumpfgefieder glänzend schwarz mit braunen Federrändern, während die Flügel und Schwanzfedern die frühere Färbung beibehalten. Allmälig nimmt der schwarze Ton mit dem Stahlglanze immer mehr Ueberhand und nur der weißliche Flügelrand bleibt mit einem Theile der inneren Flügeldeckfedern. Bei recht alten Männchen gehen auch diese weißen Federn in schwarze über.

Ganze Länge 4″ 5‴, Schnabelfirste 3½‴, Flügel 2″, Schwanz 1½″, Lauf 7‴. —

Ueber ganz Süd=Amerika verbreitet. Der Vogel kam mir nur bei Rio de Janeiro vor, ich besitze aber auch Exemplare aus Columbien. Dort lebte im Garten des Herrn Lallemant am Fuße des Corcovado (Laranjeras) ein Pärchen, das grade brütete. Sein Nest saß in einem Kaffee=strauch, etwa 8′ hoch über dem Boden und bestand vorzugsweise aus feinen trocknen Luftwurzeln einer und derselben Pflanze, die nur locker zusammen=gefügt waren; es enthielt um Weihnachten 2 bebrütete Eier von sehr weiß=lich grünlicher Grundfarbe, worauf hellere und dunklere graubräunliche Spitzflecken von ziemlicher Größe ungleich vertheilt sind, während am stumpferen Ende sich einige schwarze Punkte zeigen; sie sind nicht völlig so groß wie die Eier des Hänflings (Fr. cannabina) und etwas schlanker. Vgl. *Cabanis* Journ. f. Orn. I. 164. 3. — Gesang habe ich so wenig, wie der Prinz zu Wied, vom Vogel vernommen; man hält sie aber doch gern in Käsigen und füttert sie mit Canariensamen, wobei sie oft lange aus=halten. Der Vogel sucht seine Nahrung, gleich den Ammern, am Boden, und ist ziemlich Jedermann in Brasilien unter dem Namen Jacarini be=kannt.

Anm. Prinz Bonaparte und einige andere Autoren lösen den Vogel in 2 Arten auf, je nachdem er weiße oder schwarze untere Flügeldeckfedern besitzt; jener soll nur in Brasilien, dieser in Guyana und Columbien zu Hause sein. Ich halte diese Unterschiede nicht für beständig und deute sie als Alterskleider. —

4. Fringillinae.

Der Schnabel zeigt in dieser Gruppe, was das allgemeine Ansehn betrifft, dieselbe Mannigfaltigkeit, wie bei den Pitylinen;
bald ist er dick und bauchig kegelförmig, bald schlank kegelförmig
und sanft zugespitzt; — aber er hat stets einen viel stärker abwärts
gezogenen Mundwinkel und darum eine viel beträchtlichere Biegung
am Mundrande. In Folge davon tritt der Unterkiefer mit einer
deutlichen Ecke in den Mundrand des Oberschnabels hinein. Bis
dahin sind die Ränder beider Kiefern eingebogen, hernach grade,
scharf und wie schneidend beschaffen. Die Nasengrube ist kurz, dicht
befiedert und das kleine Nasenloch mehr oder weniger unter Borstenspitzen versteckt. Das Gefieder im Ganzen hat keine besondere Eigenschaften; die Flügel neigen zu spitzeren Formen und ist namentlich
die erste Schwinge in der Regel fast ebenso lang, wie die zweite,
welche mit der dritten längsten auch schon übereinstimmt. Der
Schwanz hat im Allgemeinen nicht die volle Länge des Schwanzes
der typischen Pitylinen, ist mehr abgestutzt als abgerundet, und nur
selten von eigenthümlicher Form. Die Beine sind in allen Theilen
kleiner als bei den Pitylinen, der Lauf ist viel kürzer, die Zehen sind
schwächer und besonders steht der Daumen weit hinter dem langen
starken Daumen der Pitylinen zurück. Die feinen zierlichen Krallen
haben mehr Krümmung, sind meist kürzer gebogen und erscheinen
dadurch kürzer, als die der Pitylinen, ohne es in Wahrheit zu sein.

Die Fringillinen oder eigentlichen Finken sind mehr über
die alte, als über die neue Welt verbreitet und haben in ihr nur
einige Repräsentanten, welche sich in ähnliche Gruppen, nach der
Schnabelform bringen lassen, wie die altweltlichen Loxiaden und
Fringilliden.

A. Sporophilidae. Schnabel dick kegelförmig, bauchig gewölbt, sehr groß und stark für die Größe des Vogels; erste Schwinge etwas merklicher verkürzt; Daumen nach Verhältniß etwas größer, als in der folgenden Gruppe. (Kernbeißerfinken).

31. Gatt. Coccoborus *Swains.*

Guiraca *Swains.* Cyanoloxia *Bonap.*

Schnabel ungemein dick, groß, stark; beide Kiefer für sich gewölbt, der Unterkiefer am Grunde, da wo sich der Mundwinkel herabzieht, ebenso hoch wie der Oberkiefer; der Mundrand sehr stark eingebogen, die Spitze grade, ohne Endhaken und ohne Kerbe. Nasengrube kurz, aber breit, bis zum kleinen runden Nasenloch befiedert. Am Zügelrande einige ziemlich lange, abwärts gewendete Borsten. Flügel kurz, nur wenig über die Basis des Schwanzes hinabreichend; die erste Schwinge merklich verkürzt, die zweite nur sehr wenig kürzer als die dritte, längste. Schwanz sehr lang, die Federn einzeln stumpf zugespitzt, die äußeren 2 jeder Seite verkürzt. Beine zierlich gebaut, gegen den dicken Schnabel stark abstechend; der Lauf dünn, mäßig hoch; die Zehen von mittlerer Länge, fein; die Krallen kurz aber spitz und mehr gekrümmt als bei den vorhergehenden Formen.

Coccoborus cyaneus.

Cabanis Mus. Heinean. I. 152. 778.
Loxia cyanea *Linn.* S. Nat. I. 303. 22. — *Lath.* Ind. orn. I. 374. 12.
Loxia coerulea *Gmel. Linn.* S. Nat. I. 2. 863. 41. var. β. — *Lath.* ibid. 11.
Edwards Aves th. 125.
Coccothraustes cyaneus *Vieill.* Enc. méth. 998. 6. — *Id.* Ois. chant. pl. 64.
Fringilla Brissonii *Licht.* Doubl. d. zool. Mus. 22. 218. 219. — *Pr. Max* s.
Wied. Beitr. III. a. 561. 4.
Pitylus Brissonii *Hartl.* Ind. syst. *Azarae* 8.
Pico grueso azulejo, *Azara* Apunt. I. 438. 118.

Männchen azurblau, über dem Auge ein hellerer Streif; Schwingen und Schwanz schwarz.

Weibchen röthlich gelbbraun, Schwingen und Schwanz graubraun. —

Schnabel hornschwarz, die Spitze etwas bräunlich. Iris braun, Beine dunkel violettbraungrau. — Männchen dunkel indigoblau, Oberkopf und kleine Flügeldeckfedern heller, über dem Auge ein hellerer Streif; hintere Partie der Ohrdecke, Schwingen und Schwanz kohlschwarz. — Weibchen röthlich gelbbraun, Schwingen und Schwanzfedern graubraun, die großen

Deckfedern dunkler braun, röthlicher gerandet. Schnabel und Beine heller gefärbt. —

Ganze Länge 6″ 6‴, Schnabelfirste 7‴, Flügel 3″, Schwanz 2″ 8‴, Lauf 9‴. —

Im Camposgebiet des ganzen inneren Brasiliens, nicht im Urwalde, sondern nur an den Waldrändern, auf offenen mit Gebüsch bestandenen Flächen, wo der Vogel einzeln oder im Winter auch wohl in kleinen Gesellschaften gesehen wird. Ich erhielt ihn in Lagoa santa. — Er ist ein guter Sänger, dem man gern eine Zeitlang zuhört, wenn man Gelegenheit hat, seinen Lieblingsstandquartieren nahe zu kommen. Häufig ist er mir indessen nicht vorgekommen. —

Anm. Eine etwas kleinere, dem Süden Brasiliens (Montevideo, La Plata-Gebiet) angehörige Art ist der Pico grueso azul. *Azara* Apunt. I. 440. 119. — Pyrrhula glauco-coerulea *D'Orb.* Voy. Am. mér. Ois. pl. 50. f. 2. — Die Farbe ist heller blau und die Schwingen wie Schwanzfedern haben himmelblaue Ränder, welche der vorigen Art fehlen. Länge 5″.

32. Gatt. Oryzoborus *Cabanis*.
Mus. Hein. I. 151.

Schnabel ebenso dick und stark, wie in der vorigen Gattung, aber weniger gewölbt. Die Firste grade, die Spitze schärfer, der Unterkiefer noch höher, der Mundwinkel stärker abfallend, viel breiter am Grunde, mit stark vorspringenden Backen. Gefieder der Männchen vorherrschend schwarz, der Weibchen gelbbraungrün; erste Schwinge etwas weniger, die zweite mehr verkürzt, die Flügel im Ganzen etwas länger. Schwanz relativ kürzer, die Federn ebenfalls stumpf zugespitzt, die äußeren 2 jeder Seite etwas verkürzt. Beine mit relativ längeren Zehen und besonders etwas längeren Krallen; sonst wie in der vorigen Gattung gebaut, nur die Außenzehe entschieden länger, viel länger als die Innenzehe: während bei Coccoborus beide fast gleich lang sind. —

1. Oryzoborus Maximiliani.
Cabanis Mus. Hein. I. 151. Note 2.
Fringilla crassirostris *Pr. Max z. Wied.* Beitr. III. 564.

Männchen ganz schwarz, mit weißem Fleck auf den großen Flügeldeckfedern. Weibchen olivenbraun, die Unterseite gelblicher.

Vom Ansehn eines Kernbeißers (Fr. Coccothraustes *Linn.*), aber beträchtlich kleiner, kaum so groß wie ein Hänfling. Schnabel am Grunde

hoch), höher als der Scheitel, übrigens mit grauer Firste; graubraun, Unter=
tiefer blasser, mit einem dunkleren Seitenstreif. Iris braun, Beine bläu=
lich fleischbraun. —

Männchen ganz schwarz, etwas ins Grünliche schillernd; auf der
Mitte der großen Flügeldeckfedern ein weißer Fleck, welcher von der wei=
ßen Basis dieser Federn herrührt; die inneren Flügeldecken ebenfalls weiß.

Weibchen olivenbraun, die Unterseite etwas rothgelber; Brust und
Bauchseiten graulich unterlegt, Mitte des Bauches fast rostgelb; Schwingen
und Schwanzfedern schwarzbraun, olivengrangrün gerandet. Innere Flü=
geldecken weiß. —

Ganze Länge 5" 6"', Schnabelfirste 6"', Flügel 2" 8"', Schwanz
2", Lauf 6"'. —

Im Waldgebiet des mittleren Brasiliens, vom Prinzen zu Wied am
Rio Espirito Santo entdeckt.

Anm. Die sehr ähnliche Loxia crassirostris *Gmel. Linn.* S. Nat. I.
2. 862. — *Lath.* Ind. orn. I. 390. 65. — unterscheidet sich durch einen am
Grunde weißen Schwanz von dem hier beschriebenen Vogel und lebt in Guyana,
vielleicht auch noch am Amazonenstrom. Sie ist zugleich Sporophila Othello
Bonap. Consp. I. 498.

Oryzoborus torridus.

Cabanis Mus. Hein. I. 151. 776.
Loxia torrida *Gmel. Linn.* S. Nat. I. 2. 884. 67. — *Lath.* Ind. I.
389. 61.
Loxia angolensis *Linn.* S. Nat. I. 303. — *Lath.* ibid. 60. — *Edw.* Av.
th. 352. f. 2.
Fringilla torrida *Licht.* Doubl. 26. 260. 261. — *Pr. Max* z. *Wied.* Beitr.
III. a. 567. 6.
Loxia nasuta *Spix.* Av. Bras I. 45. 1. th. 58. f. 1. 2.
Coccoborus magnirostris *Swains.* nat. Class. hist. Birds II. 111. fig. 159.
Coccoborus torridus *v. Tschudi* Fn. per. Orn. 33 und 223.
Sporophila torrida *Bonap.* Consp. I. 499. 5.
Pico grueso negro y canela *Azara* Apunt. I. 444. 121. — *Ej.* Voy. Am.
mér. Atl. pl. 22.

Männchen schwarz, Brust, Bauch und Steiß rostroth, Basis der Schwin=
gen weiß.

Weibchen olivenbraun, Unterseite rostgelblich; Schwingen am Grunde weiß.

Nicht völlig so groß, wie die vorige Art, der Schnabel am Grunde
auch nicht ganz so hoch; horngraubraun, der Mundrand und die Basis
des Unterkiefers blasser. Beine fleischbraungrau. —

Männchen schwarz, die Basis der Schwingen und die Innenseite
der Flügel weiß; Brust, Bauch und Steiß lebhaft und voll rostroth, auch
die Bürzelfedern an der Spitze z. Th. ebenso gefärbt. —

Weibchen olivenbraun, die ganze Bauchseite lebhafter und mehr rost=

gelb gefärbt, der Schnabel und die Beine heller als beim Männchen, die Basis der Schwingen und inneren Flügeldeckfedern weiß. —

Ganze Länge 5″, Schnabelfirste 5½‴, Flügel 2″ 6‴, Schwanz 1″ 10‴, Lauf 7‴. —

Im mittleren und nördlichen Brasilien bis nach Guyana einheimisch, ausnahmsweise auch wohl südlich bis an die Grenzen der Tropen verbreitet, aber nicht häufig; ist mehr im Innern auf den offenen Triften, als im Waldgebiet zu Hause. —

Oryzoborus unicolor.

Fringilla unicolor *Licht.* Mus. ber.
Sporophila unicolor *Id.* Nom. Av. 45.

Schnabel relativ viel kleiner, blaßfarbig, mit dunklerer Firstenfläche.
Männchen ganz schwarz.
Weibchen olivengraubraun.

Der Schnabel dieser Art hat genau den Bau wie bei der vorigen, ist aber sehr viel kleiner und am Grunde niedriger als die Stirn; im Leben mag er eine blaßrothe Farbe gehabt haben, mit brauner Firste; im Tode ist er blaßgelblich, mit dunkler Firste und hellerem Kinnrande. Die Beine sind bläulichgrau. —

Das Männchen hat ein einfarbig schwarzbraunes Gefieder, ohne irgend eine weiße Zeichnung.

Das Weibchen möchte ebenso einfarbig olivengelbgrau gefärbt sein, ist mir aber nicht bekannt. —

Ganze Länge 4″ 5‴, Schnabelfirste 4‴, Flügel 2″ 3‴, Schwanz 1″ 4‴, Lauf 6‴.

Ich erhielt von diesem Vogel kein Exemplar auf meiner Reise, sondern nur einen männlichen Vogel aus Berlin zur Ansicht; zu Sporophila scheint er mir, trotz des kleinern Schnabels weit weniger zu passen, als zu Oryzoborus, wohin ihn auch das einfarbige Gefieder weist.

Anm. Bonaparte hat im Consp. Av. I. 498. 4. noch eine Sporophila corallina mit rothem Schnabel und ganz weißen inneren Flügeldecken definirt, welche hierher zu gehören scheint, aber eine andere Art sein muß; die Flügel der hier beschriebenen sind an der Innenseite zwar hellgrau gefärbt, aber nicht weiß.

33. Gatt. Sporophila.

Cabanis Wiegm. Arch. 1844. I.   Spermophila *Swains.*

Schnabel in der Hauptsache wie bei den vorigen Gattungen gebaut, aber im Ganzen kleiner und durch eine mehr gewölbte Firste besonders vom Schnabel der Gattung Oryzoborus verschieden; die

Spitze etwas hakig herabgebogen, der Unterkiefer am Grunde breit, bauchig nach den Seiten vortretend, wodurch sich die Gattung wieder von Coccoborus weiter entfernt. Gefieder der Männchen schwarz und weiß, oder bleigrau und weiß; der Weibchen olivengraugelb; mitunter beide Geschlechter nur wenig im Farbenton verschieden, doch das Männchen stets voller und klarer gefärbt. Flügel länger, spitzer, die erste Schwinge sehr wenig oder gar nicht verkürzt, die zweite stets so lang wie die dritte, längste. Schwanz kurz, klein, schmalfedrig, die seitlichen Federn nur sehr wenig abgekürzt. Beine fein und zierlich gebaut, der Lauf kürzer, die Zehen nicht länger als bei den vorigen Gattungen, aber der Daumen lang für die Größe der Vorderzehen; Außenzehe kaum oder nur sehr wenig länger als die Innenzehe. —

Leben gern in kleinen Gesellschaften auf offnen Triften, fallen schaarenweis in die Reis- und Hirsefelder, nähren sich nur von trocknen Samen und haben feine, melodische, z. Th. recht liebliche Stimmen.

A. Gefieder des Männchens bleigrau oder schiefergrau; Schnabel sehr dick, im Alter roth, in der Jugend grau.

1. Sporophila hypoleuca *Ill.*

Fringilla hypoleuca *Illig.* Doubl. d. zool. Mus. 26. no. 262.
Sporophila hypoleuca *Caban.* Mus. Hein. I. 148. 764. — *Bonap.* Consp. I. 497. 15.
Pyrrhula cinereola *Temm.* pl. col. 11. f. 1. — *Bonap.* Consp. I. 499. 9. — *Swains.* nat. hist. Birds. II. 294.
Fringilla rufirostris *Pr. Max* Beitr. III. a. 581. 12.
Pico triguenno *Azara* Apunt. I. 447. 123.

Männchen: Rückengefieder bleigrau, Basis der Handschwingen und Mitte der ganzen Unterseite weiß.

Weibchen olivenbraun, die Mitte der Unterseite graugelb, Aftergegend weißlich. —

Schnabel sehr dick und stark, stärker als bei allen folgenden Arten, dem von Coccoborus cyaneus ähnlich, aber der Unterkiefer am Grunde breiter; in der Jugend blaß horngelbgrau, später fleischroth, zuletzt beinahe corallroth gefärbt; Beine schieferschwarz, Iris graubraun. —

Männchen am ganzen Rücken dunkel bleigrau, die Schwingen und Schwanzfedern schieferschwarz, matt bleigrau gerandet; die Basis der Handschwingen und die inneren Deckfedern weiß. Kehle und Vorderhals ganz weiß; Brustseiten bis zum Bauch hinab heller bleigrau, Bauchmitte und Steiß weiß.

Weibchen olivenbräunlich, Schwingen und Schwanzfedern dunkler braun, olivengrau gerandet; Unterfläche heller und gelblicher gefärbt, die Mitte des Bauches und der Steiß weiß. Der Schnabel nie ganz roth, nur röthlich gelbgrau; die Beine heller fleischroth, grau überlaufen.

Ganze Länge 5″, Schnabelfirste 4‴, Flügel 2″ 6‴, Schwanz 1″ 8‴, Lauf 7‴. —

Auf dem Camposgebiet des Innern Brasiliens häufig, in kleinen Gesellschaften; wird wegen seiner angenehmen Stimme in Käfigen viel gehalten. Die Mineiros nannten den Vogel Bico vermelho. —

Anm. Pyrrhula bicolor *D'Orb.* Voy. Am. mér. Ois. pl. 50. f. 1 unterscheidet sich von der hier beschriebenen Art durch einen dunkleren, mehr schieferschwarzen Rücken und ganz weiße Rumpfseiten.

2.   Sporophila plumbea.

Cabanis Mus. Hein. I. 149. 766.
Fringilla plumbea *Pr. Max* Beitr. III. a. 579. 11.
Pyrrhula cinerea *Lafr. D'Orb.* Synops. Guér. Mag. 1837. cl. 2. 87. — *Bonap.* Consp. I. 499. 10.
Sporophila ardesiaca et cinereola *Licht.* Nom. Av. Mus. ber. 45. mas.

Männchen rein bleigrau, Oberseite dunkler, Schwingen und Schwanz schwarz, bleigrau gerandet; Handschwingen am Grunde weiß.

Alter Vogel mit weißem Fleck an der Basis des Unterkiefers und fleischrothem Schnabel.

Jüngerer Vogel nur weißlich am Unterkieferrande mit schiefergrauem Schnabel.

Weibchen olivengelbgrau, Unterseite lichter; Schnabel graulichgelb. —

Feiner und zierlicher gebaut als die vorige Art, besonders der Schnabel, dessen Unterkiefer am Grunde nicht so breit und bauchig ist. — Ganz alte Männchen haben einen blaß fleischröthlich weißen Schnabel, dessen Basis mehr oder weniger gebräunt ist; junge Vögel besitzen einen schiefergrauen Schnabel mit weißlicher Spitze; noch jüngere einen ganz schiefergrauen. Das Gefieder ist ein schönes reines Bleigrau, welches auf der Unterseite heller bleibt und gegen den Steiß allmälig weiß wird. Neben dem Unterkiefer zeigt sich beim alten Vogel mit röthlichem Schnabel ein weißer Fleck, während der jüngere mit grauem Schnabel daselbst nur eine weißliche Stelle erkennen läßt. Die Schwingen und Schwanzfedern sind schieferschwarzgrau, hell bleigrau gerandet; die Basis der Handschwingen ist weiß, welche Farbe sich, wie bei der vorigen Art, mit zunehmendem Alter mehr ausdehnt; die Innenseite der Flügel hat dieselbe Farbe. Die Iris ist grau, die Beine schiefergrau. —

Das Weibchen habe ich nicht gesehen, der Analogie nach wird es eine grauliche Olivenfarbe besitzen und am Bauch mehr ins Gelbliche fallen.

Ganze Länge 4″ 6‴, Schnabelfirste 3‴, Flügel 2″ 4‴, Schwanz 1″ 6‴, Lauf 6‴.

Im Innern Brasiliens, über das Camposgebiet weit verbreitet, von St. Paulo bis nach Bahia hinauf und westlich bis an den Fuß der Cordilleren; lebt in kleinen Gesellschaften auf offenen Stellen, hat eine angenehme melodische Stimme, und gilt für den besten Sänger des Binnenlandes bei den Mineiros, die ihn Batetivo nennen. Ich sah den Vogel lebend in Congonhas bei meinem Wirth, der ihn als einen Schatz sehr hoch hielt; da es aber die Zeit der Mauser und hernach Winter war, so sang der Vogel gar nicht, so lange ich ihn beobachten konnte.

Anm. Sehr nahe steht dieser Art die Sporophila intermedia *Cabanis* Mus. Hein. I. 149. 765. — Der Vogel hat einen größeren, stärkeren mehr dem von Sp. hypoleuca ähnlichen Schnabel und die weiße Farbe des Steißes reicht bis zur Brust hinauf. — Venezuela.

Sporophila albogularis.

Cabanis Mus. Hein. I. 149. 767. — *Bonap.* Consp. I. 497. 14.
Loxia albogularis *Spix*. Av. Bras. I. 46. 3. tb. 60. f. 1. 2.

Männchen braungrauschwarz am Rücken, weiß an der Unterseite, über die Brust eine schwarze Binde.

Weibchen gelbgraubraun, Unterseite weißlich; beide Geschlechter mit am Grunde weißen Handschwingen.

Nicht ganz von der Größe der vorigen Art, also beträchtlich kleiner als Sp. hypoleuca. — Männchen mit hellrothem Schnabel und schiefer schwarzem Rückengefieder, das mehr oder weniger ins Braune spielt; Stirn, Backen und Oberkopf reiner und fast kohlschwarz; Bürzel heller grau. Unterseite und Innenseite der Flügel weiß, ebenso die Basis der Handschwingen, was im Flügel eine schmale weiße Binde erzeugt; über die Brust eine schwarze Binde. Beine graulich fleischfarben. —

Weibchen mit braungraugelber Oberseite, die Unterseite weißlich, besonders längs der Mitte; ebenso die Innenseite der Flügel und die Basis der Handschwingen. Schnabel gelblich grau, Beine fleischbraun. —

Ganze Länge 4″, Schnabelfirste 3‴, Flügel 2″, Schwanz 1″ 5‴, Lauf 5‴. —

Im Innern Brasiliens, am Amazonenstrom. —

B. Gefieder des Männchens dunkelgelbgrau, öfters theilweis schwarz; Schnabel weißlich.

4. Sporophila ornata.

Cabanis Mus. Hein. I. 149. 768. — *Bonap.* Consp. I. 497. 16.
Fringilla ornata *Licht.* Doubl. d. zool. Mus. 26. 265.

Fringilla leucopogon *Pr. Max z. Wied* Beitr. III. a. 572. 8.
Pico grueso gargantillo. *Azara* Apunt. I. 452. no. 125.
Papa Capim in Minas geraes.

Männchen dunkel ſchiefergrau, Stirn, Zügel, Kinn und eine Binde über
die Bruſt ſchwarz, das Uebrige der Unterſeite weiß.

Weibchen gelblichgrau, Unterſeite weiß; Kinn und eine Binde über die
Bruſt ſchieferſchwarz.

So groß wie die vorige Art. Schnabel mäßig dick, doch kleiner als
bei Sp. plumbea, blaßgelb, nach dem Tode weißlich. Iris graubraun.
Gefieder des Männchens dunkel ſchiefergrau am Rücken, Schwingen und
Schwanzfedern ſchwarzbraun, etwas lichter gerandet; die Baſis der Schwin-
gen nur ſehr wenig weiß, daher äußerlich nicht ſichtbar, dagegen die unteren
Flügeldeckfedern ganz weiß. Stirn, Zügel, Backen, Kehle unmittelbar am
Kinn und eine Binde über die Bruſt ſchwarz; ein Fleck an der Baſis der
Unterkieferfirſte, die Mitte des Vorderhalſes, die Unterbruſt, der Bauch und
Steiß weiß. Beine ſchiefergrau. —

Weibchen und junger Vogel gelblich ſchiefergrau, die großen Deck=
federn und die hinteren Armſchwingen viel heller gerandet, mit weißlicher
Spitze; die Unterſeite weiß, nur die Kehle am Kinn und eine Binde über
die Bruſt ſchiefergrau. Beine gräulich fleiſchfarben.

Ganze Länge 4″ 4‴, Schnabelfirſte 3‴, Flügel 2″ 5‴, Schwanz
1″ 6‴, Lauf 6‴. —

Sehr gemein in den Umgebungen von Rio de Janeiro, beſonders an
der Oſtſeite der Vai am Rio Macacu und in der Ebene jenſeits Niterohy;
lebt beſonders auf ſumpfigen Niederungen, ſitzt ſchaarenweis im trocknen
Schilf, fällt in die Reisfelder und ſtellt allen kleineren Sämereien nach,
beſonders der Hirſe viel Schaden zufügend. Auch in Minas geraes an ent-
ſprechenden Oertlichkeiten häufig beobachtet. Eine Stimme hört man ſelten
von den Vögeln, ſie ſind ganz ſtill bei ihren Diebereien und kreiſchen durchaus nicht, wie unſere Sperlinge. —

5. Sporophila gutturalis.

Cabanis Mus. Hein. I. 149. 769.
Fringilla gutturalis *Licht.* Doubl. d. zool. Mus. 26. 263.
Fringilla melanocephala *Pr. Max* Beitr. III. a. 577. 10.
Loxia plebeja *Spix.* Av. Bras. I. 46. 5. tb. 59. f. 3. fem.
Loxia ignobilis, ibid. 4. th. 60. f. 3. mas.
Pyrrhula gutturalis *Lesson.*
Phonipara gutturalis *Bonap.* Consp. I. 494. 4.

Männchen: Rückengefieder grünlich ſchiefergrau, Kopf, Kehle und Bruſt
kohlſchwarz, Bauch und Steiß olivengelbgrün.

Weibchen: Rückengefieder gelbbraungrau, Unterſeite lichter, die Bruſt am
meiſten gelblich.

Etwas kleiner als die vorige Art. Gefieder des Männchens am ganzen Rücken, den Flügeln und Schwanz grünlichgrau, trüb olivenfarben; Stirn, Oberkopf, Backen, Kehle und Vorderhals bis zur Brust kohlschwarz, aber die Farbe allmälig verwaschen nach hinten, nicht scharf abgesetzt. Flügel- und Schwanzfedern in der Tiefe graubraun, graugrünlich gerandet. Brust, Bauch und Steiß grünlichgelb, die Bauchseiten grau. Beine schieferbraun, Schnabel weiß. — Weibchen bräunlich olivenfarben am Rücken, gelblich an der ganzen Bauchseite, die Brust etwas röthlicher überlaufen; die Flügel- und Schwanzfedern etwas dunkler, mit lichteren Rändern. Schnabel gelbgrau, Beine lichter fleischbraun. — Flügel inwendig bei beiden Geschlechtern weißgrau, die Schwingen ebenso gesäumt, aber die Farbe beim Männchen reiner weißlich als beim Weibchen. —

Ganze Länge 4″ 4‴, Schnabelfirste 3‴, Flügel 2″ Schwanz 1″ 7‴, Lauf 7‴. —

Bei Rio de Janeiro gesammelt; lebt wie die vorigen Arten gern auf offenen Triften, um an den Samen der Gramineen zu naschen.

C. Gefieder des Männchens mehr oder weniger rabenschwarz, weißgefleckt; Schnabel horngrau, in der Jugend dunkler.

6. Sporophila lineata *Gmel.*

Loxia lineata *Gmel. Linn.* S. Nat. I. 2. 858. 79. — *Lath.* Ind. orn. I. 395. 85.
Sporophila leucopterygia *Bonap.* Consp. I. 496. 12.
Loxia leucopterygia *Spix.* Av. Bras. I. 45. 2. th. 58. f. 3.
Pyrrhula leucoptera *Vieill.* Enc. méth. Orn. 998.
Pico grueso negro y blanco, *Azara* Apunt. I. 458. 127.

Männchen blauschwarz, Hinterrücken und Unterseite weiß; Flügeldeckfedern mit weißen Spitzen.

Weibchen wahrscheinlich gelblich olivenbraun am Rücken, blaßgelb am Bauch. —

Wieder etwas größer, selbst größer als Spor. ornata. — Männchen mit am Grunde bleigrauem, an der Spitze weißlichem Schnabel und schwarzblauem Gefieder von der Stirn bis zur Mitte des Rückens, wo die Federn, zumal am Saume heller werden; Unterrücken weiß, ebenso die ganze Unterseite, doch zeigen sich quer über die Brust, besonders an deren Seiten, schwärzliche Flecken, die eine Art Binde bilden, auch die oberen und unteren Schwanzdecken sind schwarz mit weißen Rändern. Flügeldeckgefieder blauschwarz, jede Feder mit weißer Spitze und weißlichem Rande; Schwingen und Schwanzfedern einfarbig schwarzbraun, die Schwingen innen weiß gesäumt, die Schwanzfedern etwas zugespitzt. Beine schieferschwarz, fleischfarben unterlegt. —

Weibchen unbekannt, wahrſcheinlich gelblichgraubraun am Rücken, blaßgelblichgrau am Bauch gefärbt. —

Ganze Länge 4″ 4‴, Schnabelfirſte faſt 4‴, Flügel 2″ 4‴, Schwanz 2″, Lauf 8‴. —

Bei P a r a , mir unbekannt.

7.   Sporophila collaria *Linn.*

Loxia collaria *Linn.* S. Nat. I. 305. 31. — *Lath.* Ind. orn. I. 582. 37. — *Buff.* pl. enl. 393. jung, 659. 2. alt.
Fringilla atricapilla *Pr. Max.* Beitr. III. a. 569. 7.
Coccothraustes melanocephalus *Vieill.* Enc. méth. 1013. — *Id.* N. Dict. d'hist. nat. Tm. 13. 542.
Pyrrhula melanocephala *Lafr.* D'Orb. Syn. Guér. Mag. 1837. cl. 2. pag. 85. 2.
Pico grueso variabile *Azara* Apunt. I. 454. 126. junge Vögel beiderlei Ge=
ſchlechtes.
Pico grueso ceja blanca ibid. 448. 124. altes Männchen.

M ä n n c h e n : Oberkopf, Backen, Rücken und eine feine Binde über die Bruſt ſchwarz; Bürzel, Unterſeite und ein Ring im Nacken roſtgelb; Kehle weiß; Flügelfedern gelblich gerandet.

W e i b c h e n gelblich braungrau, die Flügelfedern gelb gerandet; Unterſeite und ein Ring im Nacken weißlichgelb, Bauch gelblicher. —

Schnabel ziemlich hoch und dick, wie die Beine graulich hornfarben, die Baſis des Schnabels beim M ä n n c h e n grauſchwarz, die Spitze gelblich; letzteres am Kopf, den Backen und dem Rücken glänzend ſchwarzgrünlich, metalliſch glänzend, die Rückenfedern z. Th. graugelb gerandet; ein Fleck vor und unter dem Auge, Kehle, Vorderhals weiß, dagegen ein Ring im Nacken und der Bürzel roſtgelb; über die Bruſt eine ſchmale ſchwarze Binde, die bei jungen Vögeln nur aus Flecken beſteht und in der Mitte noch unter= brochen ſein kann; Bauchmitte weißlich, die Seiten und der Steiß roſtgelb, nach hinten voller roſtrothgelb. Flügeldeckfedern, Schwingen und Schwanz= federn ſchwarzbraun, alle Deckfedern und die Armſchwingen gelblich geran= det und nur ſo breiter, je jünger der Vogel iſt; die Schwanzfedern am matt= ſten, im höheren Alter einfarbig. Baſis der Handſchwingen, der Innenſaum aller Schwingen und die unteren Deckfedern weiß; obere Schwanzdecken grau mit roſtrothen Spitzen.

W e i b c h e n nicht ſchwarz, ſondern braungrau gefärbt, wo das Männ= chen ſchwarz iſt, die Kehle und der Ring um den Nacken ziemlich hell weiß= gelb; die Bruſt und der Bauch voller röthlich gelbgrau mit blaſſer Mitte; die Flügel und Schwanzfedern brauner, gelbgrau gerandet, der Schwanz dunkler als die Flügel. —

Die j u n g e n männlichen Vögel tragen das Kleid der Weibchen, fär= ben aber bald die Federn des Kopfes, Oberrückens und der Bruſtſeiten auf der Mitte dunkler, so daß an diesen Stellen schwärzliche Flecken erscheinen, die sich mehr und mehr ausdehnen, bis sie in einander übergehen. — Ganze Länge 4″, Schnabelfirste 4‴, Flügel 2″ 3‴, Schwanz 1″ 10‴, Lauf 6‴. —

Im Innern Brasiliens, doch nicht auf den ganz offenen Campos, mehr in bewaldeten Gegenden, wo er sich in kleinen Gesellschaften am Rande der Wälder auf sumpfigem Grunde zu zeigen pflegt, auch gern die Kulturflächen nahe gelegener Ansiedelungen besucht, um dort Sämereien zu naschen. In viel bebauten, ganz offenen Orten zeigt er sich dagegen nicht und vielleicht darum ist mir diese Art entgangen. Der Prinz zu Wied traf sie am Rio Espirito Santo, Azara in Paraguay, D'Orbigny in Bolivien. —

8. Sporophila pectoralis *Lath.*

Loxia pectoralis *Lath.* Ind. orn. I. 390. 67.
Fringilla pectoralis *Licht.* Doubl. d. zool. Mus. 26. 264.
Fringilla americana *Gmel.* Linn. S. Nat. I. 2. 863. 90.
Sporophila americana *Caban.* Schomb. Reise III. 678. 64. — *Id.* Mus. Hein. I. 150. 771.
Pyrrhula Mysia *Vieill.* Enc. méth. Orn. 1011. — *Bonap.* Consp. I. 496. 11.

Männchen glänzend schwarz, Bürzel grau, Unterseite und ein nicht ganz vollständiger Nackenring weiß; Brust mit schwarzer Binde, Flügel mit 2 weißen Flecken.

Weibchen braungelbgrau, Unterseite heller.

Kleiner als die vorige Art, doch übrigens ihr ähnlich. Schnabel sehr groß und stark, ziemlich hoch gewölbt, die Spitze scharf hakig herabgebogen; der Mundwinkel am Oberschnabel bedeutend geknickt; der Unterschnabel sehr hoch. — Gefieder des Männchens glänzend schwarz am Rücken, bei recht alten Vögeln mit deutlichem grünlichem Metallschiller; Unterrücken und Bürzel grau, aber die oberen Schwanzdecken schwarz, weißlich gerandet. Kehle, Vorderhals, und ein zum Nacken heraufsteigender, nicht ganz geschlossener Ring weiß, auch die Wimpernfedern des unteren Augenliedes; mitten auf der Brust eine nach beiden Seiten breitere schwarze Binde, die übrige Unterfläche weiß, die Bauchseiten bleigrau. Flügel und Schwanz schwarz, die Ränder der Deckfederreihe vor den großen und einige der großen weiß gerandet, aber deutlich nur auf der Mitte beider Reihen; die Handschwingen am Grunde weiß, welche Farbe als Fleck neben den großen Deckfedern durchschaut, innere Deckfedern auch weiß. Schwanzfedern ziemlich breit, stumpf zugespitzt, mit graulicher Enddecke.

Weibchen bräunlich olivengrau, Flügel und Schwanzfedern dunkler braun, heller gelbgrau gerandet; Unterseite lebhafter gelbgrau, die Seiten der Brust trüber, die Backen und die Kehle am vollsten rostgelblich. —

Ganze Länge 4″ 3‴, Schnabelfirſte 4‴, Flügel 2″ 1‴, Schwanz 1″ 8‴, Lauf 6‴. —

Im nördlichen Braſilien und Guyana, lebt wie die vorige Art in den Vorwäldern, mehr bei Anſiedelungen und vertritt dort deren Stelle; die mir vorliegenden Exemplare ſind von Para.

9.   Sporophila lineola *Linn.*

Loxia lineola *Linn.* S. Nat. I. 304. 25. — *Buff.* pl. enl. 319. 1. — *Lath.* Ind. orn. I. 390. 68.
Pyrrhula crispa *Vieill.* Ois. chant. pl. 47.
Sporophila lineola *Caban.* Mus. Hein. I. 150. 772.   *Bonap.* Consp. 407. 19.

Männchen glänzend ſchwarz, ein Streif auf dem Kopf, Backen und Unterſeite ohne das Kinn weiß; Flügel mit weißem Fleck.

Weibchen roſtgelbgrau, Bauchſeite heller; Flügel und Schwanz dunkler braungrau, die Federn gelbgrau gerandet.

Ganz vom Anſehn der vorigen Art, aber etwas kleiner, beſonders der Schnabel nach Verhältniß ſchwächer, niedriger und der Schwanz länger, mit viel ſchärfer zugeſpitzten Federn. — Gefieder des Männchens am ganzen Rücken glänzend ſchwarz, nur die hinterſten Bürzelfedern ſind grau und die ganz ſchwarzen oberen Schwanzdecken ohne weißlichen Rand. Vom Schnabelgrunde erſtreckt ſich ein weißer Streif über die Stirn bis zum Hinterkopf, ein zweiter beginnt am Rande des Unterkiefers und zieht ſich breiter werdend unter dem Auge zum Ohr hin; Kinn und Anfang der Kehle ſind ſchwarz, die Halsmitte mit Bruſt, Bauch und Steiß weiß, doch bleibt auf den Seiten der Bruſt am Flügelbug ein ſchwarzer vortretender Winkel. Die ganz ſchwarzen Flügel haben einen weißen Fleck, welcher von der Baſis der Schwingen herrührt; die inneren Deckfedern ſind nur z. Th. weiß und die Schwingen breit weiß geſäumt. Der Schwanz iſt ſtark zugerundet, die einzelnen Federn aber ſind zugeſpitzt. Schnabel hornſchwarz, Iris graubraun; Beine bleigrau. —

Für das Weibchen dieſer Art halte ich einen mehr röthlich braungrau gefärbten Vogel, deſſen Unterſeite heller und mehr roſtgelblich, auf der Mitte der Bruſt aber weißlicher gefärbt iſt. Die Flügel und Schwanzfedern haben eine braunere Farbe, und hellere gelblich graue Ränder, die an den Schwanzfedern ſich mehr auf die Spitze beſchränken. Schnabel und Beine horngelbgrau, übrigens genau wie beim Männchen gebaut; Innenſeite der Flügel weißlich.

Ganze Länge 4″, Schnabelfirſte 3‴, Flügel 2″ 2‴, Schwanz 1″ 6‴, Lauf 6‴. —

In denſelben Gegenden mit der vorigen Art zu Hauſe und ganz ebenſo ſich benehmend; hier nach Exemplaren von Para beſchrieben. —

D. Gefieder der Männchen nur relativ vom Weibchen verschieden, hauptsächlich rothgelbbraun, oder grünlichbraun; Schnabel schiefergraubraun.

10. Sporophila flabellifera.

Loxia flabellifera *Gmel. Linn.* S. Nat. I. 2. 850. — *Buff.* pl. enl, 380. — *Lath.* Ind. orn. I. 380. 30.
Sporophila flabellifera *Bonap.* Consp. I. 499. 6.

Männchen kastanienbraun, Flügel und Schwanzfedern braun, die Deckfedern rothbraun gerandet.

Weibchen blasser gefärbt, Bauch und Steiß gelbgrauweiß. —

Etwas größer als die zuvor beschriebenen Vögel, so groß wie Spor. hypoleuca. Schnabel bleigrau, an der Basis dunkler. Iris braun. Kopf, Hals, Rücken und Bauch bis zum Steiß rostroth, die Nackenpartie mit dem Oberkopf etwas dunkler braun; Flügel und Schwanzfedern braun, alle Deckfedern hell rostroth gerandet. Brust und Bauch bis zum Steiß bei anderen, matter gefärbten und wahrscheinlich weiblichen Exemplaren graugelblich. —

Ganze Länge 5″, Flügel 3″, Schwanz 2″, Lauf 8‴.

Angeblich in Brasilien zu Hause, wenigstens behauptet das Bonaparte; mir nicht bekannt. —

11. Sporophila hypoxantha *Licht.*

Nom. Av. Mus. berol. S. 45.
Cabanis Mus. Hein. I. 774. Note.
Loxia cinnamomea *Lafr.* Rev. zool. 1839. 99. — *Bonap.* Consp. I. 495. 3.
Pyrrhula minuta *D'Orb. Lafr.* Syn. Gnér. Mag. 1837. cl. 2. pag. 87. no. 7. juv.
Pyrrhula nigro-rufa ibid. no. 8. mas senex.
Sporophila ruficollis *Licht. Cabanis* l. l. mas juv.
Pico grueso pardo et canela *Azara* Apunt. I. 445. no. 122.

Männchen im Alter oben schwarz, Bürzel und Unterseite rostroth; in der Jugend oben grau, unten blaßgelb mit rostrother Kehle.

Weibchen oben braun, unten rostgelbroth, Brust rostroth.

Ein kleines hübsches Vögelchen, das besonders dem äußersten Süden Brasiliens angehört und mit dem Alter vielfachem Wechsel des Federkleides zu unterliegen scheint. —

Am häufigsten sieht man junge Vögel in dem Kleide, wie sie Azara beschrieben hat. Schnabel und Beine sind graulich hornbraun, die Iris braun. Das Gefieder des Rückens ist braungrau, die Ränder der Flügeldeckfedern und äußersten Schwanzfedern sind blaßgelbgrau, die Handschwingen an der Basis weiß, welche Färbung als Fleck nach außen durchscheint. Die Kehle und der Vorderhals haben eine matt rostrothe, die

Brust und der Bauch eine blaßgelbe Farbe; die grauen Bürzel= und gelben Steißfedern spielen mit mehr oder weniger rostrothen Säumen. —

Etwas ältere Individuen bekommen statt des braunen einen grauen Rücken, einen bleigrauen Oberkopf, voller rostrothe Kehle und Halsfarbe, nebst mehr Rostroth am Bürzel und Steiß. Das scheinen die Jungen im Uebergangskleide zu sein (Spor. ruficollis *Licht.*).

Das ganz alte Männchen hat einen bleigrauen, am Grunde dunk= leren Schnabel, schwarzen Oberkopf, Nacken, Oberrücken, Flügel und Schwanz; aber eine ganz rostrothe Unterseite nebst rostrothem Bürzel; der weiße Fleck im Flügel bleibt ihm nicht bloß, sondern wird noch etwas grö= ßer. (Pyrrh. nigrorufa *Lafr.*).

Das alte Weibchen ist am Rücken graubraun mit helleren Feder= rändern, an der ganzen Unterseite und dem Bürzel heller rostroth; Ober= kopf, Nacken und Rücken sind reiner grau, überhaupt ist das ganze Kolorit lebhafter als beim jungen Vogel. (Spor. hypoxantha *Licht.*).

Die Schwanzfedern sind in allen Lebensaltern am Ende scharf zuge= spitzt, die der alten Männchen werden allmälig spitzer, die äußeren schmäler, kürzer, die mittleren länger, daher die Zurundung des Schwanzes auffal= lender ist. Alle haben eine weißgraue Spitze und die äußeren auch einen solchen Außenrand. —

Ganze Länge 4″, Schnabelfirste 3½‴, Flügel 2″, Schwanz 2″ 4‴, Lauf 6‴. —

Von Azara als die gemeinste Art der Sporophilae in Paraguay be= zeichnet, wahrscheinlich aber z. Th. mit der folgenden verwechselt; hier nach Exemplaren von Montevideo in der Berliner Sammlung beschrieben.

Anm. Die Darstellung der allmäligen Veränderung des Gefieders stützt sich auf die Analogie der folgenden Art. Ob Loxia minuta *Linn.* S. Nat. I. 307. 47. *Buff.* pl. enl. 319. 2. *Lath.* Ind. orn. I. 396. 90. wirklich eine davon verschiedene Art der nördlichen Gegenden Süd-Amerikas bildet, muß ich unentschieden lassen. —

12. Sporophila aurantia.

Cabanis Mus. Hein. I. 151. 775.
Loxia aurantia *Gmel. Linn.* S. Nat. I. 2. 853. 66. — *Buff.* pl. enl. 204. 2. — *Lath.* Ind. orn. I. 390. 66.
Loxia brevirostris *Spix.* Av. Bras. I. 47. 6. tb. 49. f. 1. 2.
Pyrrhula pyrrhomelas *Vieill.* Enc. méth. Orn. 1027.
Fringilla pyrrhomelas *Pr. Max. z. Wied* Beitr. III. a. 586. 14.
Pyrrhula capistrata *Vig.* zool. Journ. III. 273.
Spermophila pyrrhomelas *Bonap.* Consp. I. 495.

Männchen rostgelbroth; Scheitel, Flügel und Schwanz schwarz, Basis der Handschwingen weiß.

Weibchen rothgelbbraun, Bauchseite heller, rostgelber. —

Nicht völlig die Größe der vorigen Art erreichend, besonders der Schnabel kleiner, niedriger, grader, spitzer; schwarzbraun, der Kinnrand röthlicher. — Gefieder des Männchens rostgelbroth, bei ganz alten Vögeln schön und klar gefärbt, auch ganz gleichmäßig, nur die Kehlgegend etwas lichter. Oberkopf von der Stirn bis zum Nacken, mit Einschluß der Zügel, Flügel und Schwanz schwarz, glanzlos; die Ränder der großen Deckfedern und der hintersten Armschwingen weißlich, die Basis der Hand-schwingen rein weiß, einen Fleck äußerlich im Flügel bildend; Innenseite der Flügel grau, nur der Rand am Bug und der Saum der Schwingen weiß. Schwanzfedern stumpf zugespitzt, mit weißgrauem Endrande. —

Junges Männchen trüber rostgelbbraun; der Oberkopf, die Flü-gel und der Schwanz dunkler, schwarzbraun; die Flügelfedern breiter, grau-weiß gerandet, der weiße Fleck im Flügel kleiner; Schnabel und Beine blasser braun.

Weibchen gleichförmiger roströthlichbraun gefärbt, die Flügel und Schwanzfedern nur wenig dunkler als der Rücken, die Ränder breiter ge-säumt; der Oberkopf von gleicher Farbe mit dem Nacken, die Bauchfläche lichter rostgelbroth; der weiße Fleck im Flügel klein, bei jungen Vögeln gar nicht sichtbar.

Ganze Länge 3″ 10‴, Schnabelfirste 3‴, Flügel 2″, Schwanz 1″ 3‴, Lauf 5‴.

Gemein in ganz Brasilien in kleinen und größeren Schwärmen, be-sonders auf den Hirsefeldern häufig zu beobachten; sie verhalten sich dabei ganz ruhig und fliegen auch aufgescheucht ohne Geschrei davon; einen Ge-sang habe ich nie vernommen, so oft ich sie auch in den Umgebungen von Neu-Freiburg beobachtete. Auch bei Lagoa santa kamen mir die Vögel vor.

Anm. Fringilla minuta Pr. Wied. Beitr. III. 591. 15. gehört, wenn sie mit Loxia plebeja Spix einerlei ist, zu Sporophila gutturalis Licht. und stellt den jungen oder weiblichen Vogel vor. Wahrscheinlich aber sind darunter ver-schiedene junge Vögel dieser kleinen, einander so ähnlichen Arten begriffen. Da aber grade bei Rio de Janeiro Spor. gutturalis häufig ist, so wird die Fr. mi-nuta wohl auch dahin zu bringen sein. —

13.   Sporophila alaudina.

Bonap. Consp. I. 496. 8.
Pyrrhula alaudina *Lafr. D'Orb.* Syn. Guér. Mag. 1837. cl. 2. pag. 83.
Sporophila mitrata *Licht.* Nom. Av. Mus. ber. 46.

Männchen: Oberkopf, Flügel und Schwanz schwarz; Rücken lerchengrau, alle Federn, gleich denen des Flügels, breit weiß gerandet; Bauchseite weiß.
Weibchen wahrscheinlich ganz weißgrau, unten heller.

Geftalt und Größe völlig wie bei der vorigen Art, und ihr so ähnlich, daß man diese für eine verblaßte Varietät der vorigen halten möchte; was ich dahin gestellt sein lasse. —

Schnabel schieferschwarzbraun, der Kinnrand heller; Iris braun, Beine graulich fleischbraun. Stirn, Zügel und Oberkopf schwarz; Nacken, Rücken und Bürzel lerchengrau, die Federn breit weißlich gerandet, z. Th. ganz weiß. Flügel graubraun, alle Deckfedern und die hinteren Arm= schwingen weißlich gerandet; die Handschwingen am Grunde und Innen= rande weiß, wodurch ein Fleck außen im Flügel gebildet wird. Schwanz schwarzbraun, der Rand der äußersten Federn und die Spitzen aller weiß= lichgrau. Unterfläche vom Kinn bis zum Steiß rein weiß.

Ganze Länge 3″ 8‴, Flügel 2″, Schwanz 1″ 3‴, Lauf 5‴. —

Nach einem Exemplar der Berliner Sammlung von Montevideo be= schrieben; von D'Orbigny in Peru beobachtet.

Anm. Lafresnaye definirt a. a. O. einen jungen Vogel, der mehr Grau im Gefieder zeigt, hat aber gewiß dieselbe Spezies vor sich gehabt.

14. Sporophila falcirostris.

Bonap. Consp. I. 499. 7.
Pyrrhula falcirostris *Temm.* pl. col. 11. f. 1.
Fringilla falcirostris *Pr. Wied.* Beitr. III. a. 584. 13.
Sporophila olivascens *Licht.* Nom. Av. Mus. ber. 45. — *Lesson,* Traité d'Orn. 450. 5.

Grünlich olivenbraungrau, Schnabel und Beine blaß horngelbgrau. —

Etwas größer als die vorhergehenden Arten, so groß wie Spor. hypo= leuca. Schnabel sehr hoch, dick, mit gebogener Firste und hakiger Spitze; aber der Oberschnabel kleiner, schmäler, niedriger als der Unterschnabel und wahrhaft in ihn eingelassen, blaß gelbgrau gefärbt. Gefieder gleich= farbig olivenbraungrau, etwas grünlicher am Rücken und beträchtlich dunk= ler, mehr gelblich am Unterkörper und viel heller; besonders der Steiß rostgelb. Innere Flügeldecken und Basis der Schwingen weiß, aber ohne äußerlich einen weißen Fleck im Flügel zu bilden; Schwingen und Schwanz= federn graulicher, fein heller gerandet; Beine graulich fleischfarben.

Ganze Länge 4″ 6‴, Schnabelfirste 4‴, Flügel 2″ 4‴, Schwanz 1″ 6‴, Lauf 5‴.

Im Waldgebiet der Küstenregion, besonders bei Bahia, woher auch das hier beschriebene Exemplar stammt. —

Anm. Die Art ist wahrscheinlich nur im weiblichen Geschlecht bekannt; wenn Temmind's Figur wirklich ein Männchen vorstellt, so ist dasselbe viel grünlicher gefärbt als das Weibchen, aber sonst ihm ganz ähnlich. Durch die eigenthümliche Schnabelform sehr ausgezeichnet.

B. Fringillidae. Schnabel schlanker kegelförmig, mit grader Firstenkante und pfriemenförmiger Spitze ohne Kerbe; übrigens ganz finkenartig, mit versteckter befiederter Nasengrube, mangelnden Mundborsten am Zügelrande und sehr kurzem rundem Kinnwinkel. Erste Schwinge fast so lang wie die zweite, welche letztere schon die längste ist und hinter der dritten nicht zurücksteht. Schwanz von mittlerer Länge, grade abgestutzt.

34. Gatt. S y c a l i s *Boje.*
Crithagra *Swains. Bonap.*

Schnabel noch ziemlich dick, kurz kegelförmig, am Grunde breit, nach vorn stark verschmälert, und dadurch sehr spitz werdend, ganz grade, ohne Spur von Krümmung; der Unterkiefer etwas niedriger als der Oberkiefer. Gefieder der Hänflinge, auch deren Gestalt; Flügel bis zur Mitte des Schwanzes reichend, die erste Schwinge sehr wenig kürzer als die zweite, die hinteren Armschwingen stark verlängert; Schwanz ziemlich lang, am Ende etwas breiter, leicht ausgeschnitten. Beine zierlich, durch lange Zehen und besonders lange, scharfe, spitze Krallen vor den folgenden Arten sich auszeichnend; aber die Daumenkralle, obgleich nicht stark, doch ebenso gebogen wie die Krallen der Vorderzehen; Innenzehe völlig so lang wie die Außenzehe. —

Anm. Die Gattung wird verschieden gestellt; Cabanis bringt sie zu den Geospizinae (*Schomb.* Reise), wohin zwar die langen hinteren Armschwingen sie weisen, aber die erste lange Schwinge ebenso wenig, wie die mehr gebogene Daumenkralle paßt; Bonaparte's Einordnung neben den Hänflingen und Zeisigen erscheint mir richtiger. —

1. Sycalis brasiliensis.

Emberiza brasiliensis *Gmel. Linn.* S. Nat. I. 2. 872. — *Buff.* pl. enl. 321. 1. — *Lath.* Index orn. I. 412. 43.
Fringilla brasiliensis *Spix.* Av. Bras. I. 47. 1. tb 61. — *Pr. Max z. Wied* Beitr. III. a. 614. 21.
Passerina flava *Vieill.* Enc. méth. Orn. 933.
Sycalis brasiliensis *Cab. v. Tschudi* Fn. peruan. Orn. 215. — *Schomb.* Reise III. 679. 63. — *Mus. Hein.* I. 146. 755.
Linaria aurifrons *Lesson.*
Crithagra brasiliensis *Bonap.* Consp. I. 521.
Chuý, *Azara* Apunt. I. 479. 133.
Guiranheem gatú *Marcgr.* h. nat. Bras. 211.
Canario der Brasilianer.

Junger Vogel grünlich lerchengrau, Kehle und Oberbauch weißlich, Unter=
ſeite gelblich; alle Federn mit dunklerem Schaftſtreif, Schwingen innen gelb
geſäumt.

Alter Vogel grünlichgelb am Rücken, dottergelb am ganzen Unterkörper,
Stirn orange. Schwingen und Schwanzfedern unten gelblich, erſtere gelb geſäumt.

Etwas größer als unſer Hänfling (Fr. cannabina), ähnlich geſtaltet,
der Schnabel ſtärker; Oberkiefer bräunlich horngrau, Unterkiefer gelblich
horngrau; Iris braun. — Gefieder des alten männlichen Vogels an
der Stirn bis über den Oberkopf lebhaft orangegelb, von da an grünlich=
gelb am Rücken; Schwingen und Schwanzfedern ſchwarzbraun, ſcharf
grüngelb gerandet, alle unten gelblich, erſtere innen breit gelb geſäumt.
Kehle, Bruſtmitte, Bauch und Steiß dottergelb, Bruſtſeiten grünlich über=
laufen; Beine hell fleiſchbraun. —

Weibchen und junger Vogel am Rücken lerchenfarben, jede Feder
mit dunklerem Schaftfleck; die Flügel und Schwanzfedern blaß gelblichgrün
gerandet. Kehle und Vorderhals weiß; Oberbruſt, Bauchſeiten und Steiß
gelb, mit graubraunen feinen Schaftſtreifen; Unterbruſt und Bauchmitte
weißlich. Schnabel und Beine heller gefärbt. — Die Färbung des jungen
Vogels trüber und matter, die des Weibchens reiner und klarer.

Ganze Länge 5″ 2‴, Schnabelfirſte 3½‴, Flügel 3″, Schwanz
1″ 9‴, Lauf 8‴. —

Häufig und vielfach in der Nähe menſchlicher Anſiedelungen zu treffen,
zeigt ſich gern in den Gärten auf Palmkronen und ſucht, gleich den Sper=
lingen und Hänflingen, ſeine Nahrung zwar am Boden, aber auch an den
Gewächſen ſelbſt, beſonders an Gramineen, in Geſellſchaft der Sporophilae.
Sein Geſang iſt ziemlich einfach und weder ſo laut, als der eines Canarien=
vogels, noch ſo melodiſch als der des Zeiſigs.

Anm. Emberiza flaveola *Linn.* S. Nat. I. 311. 14. — *Gmel.* S. Nat.
I. 2. 888. 24. — *Lath.* Ind. orn. I. 410. 36. bezeichnet, wie es mir ſcheint,
den jungen männlichen Vogel, oder das alte Weibchen eben dieſer Art. Bona=
parte führt ihn (a. a. O. 2.) als eigne Art auf.

2. Sycalis Hilarii.

Cabanis Mus. Heineanum I. 147. 757.
Crithagra Hilarii *Bonap.* Consp. I. 521. 4.
Sycalis minor *Cabanis* Schomb. Reise III. 679. 64.

Rückengefieder lerchenfarben; Unterſeite und Zügel citronengelb; Flügel
und Schwanzfedern unten ganz grau.

Veträchtlich kleiner als die vorige Art, mehr vom Anſehn des Hänf=
lings, weil auch der Schnabel feiner, kürzer, zierlicher iſt. — Gefieder am
ganzen Rücken lerchengrau, jede Feder mit dunklerer Mitte; Schwingen und

Schwanzfebern breiter braungrau, unten nicht gelblichgrau, sondern weiß=
lichgrau, außen fein gelblichgrau gerandet, nur die Schwingen grünlicher
am Rande. Innensaum der Schwingen weißlich. Unterfläche, ein Fleck
am Zügel vor dem Auge und der obere Rand der Ohrdecke citronengelb;
die Seiten der Brust und des Bauches grau unterlegt, Steiß blasser gelb.
Beine dünner, die Zehen sehr schlank, mit auffallend langen, viel weniger
gebogenen Krallen, unter denen die Daumenkralle bei weitem die längste ist.

Ganze Länge 4″ 8‴, Schnabelfirste 3‴, Flügel 2″ 10‴, Schwanz
1″ 8‴, Lauf 6‴. —

Im Innern Brasiliens, auf dem Camposgebiet und hier, wie es
scheint, weit verbreitet; wenigstens von Minas geraes, wo A. de St. Hi=
laire den Vogel fand, bis Guyana, von wo ihn Cabanis beschreibt. —

Anm. Ein mir vorliegendes Exemplar aus Brasilien stimmt so gut mit
Cabanis Beschreibung a. a. O., daß ich dessen Syc. minor hierherziehen muß.
Von Sycalis luteiventris *Meyen* Reise III. th. 12. f. 3. unterscheidet sich der Vo=
gel, wie es scheint kaum anders als durch geringere Größe, namentlich des
Schnabels. —

35. Gatt. Chrysomitris *Boje*.

Schnabel sehr schlank kegelförmig, fein zugespitzt, am Grunde
breit, an den Seiten nach innen gebogen zusammengedrückt, der
Mundrand sanft gekrümmt, der Mundwinkel stark abwärts gezogen;
Nasenloch völlig versteckt, keine Spur von Borsten am Zügelrande,
nur einige feine Spitzen am Mundgefieder. Rumpfgefieder weich,
Flügel und Schwanzfedern aber derbe; Flügel lang, spitz, über die
Mitte des Schwanzes hinabreichend; die erste Schwinge sehr wenig
kürzer als die zweite, längste; die hinteren Armschwingen klein und
kurz. Schwanz kurz, leicht ausgeschnitten. Beine kurz, aber die
Zehen ziemlich fleischig, die Krallen stark gebogen, scharf zugespitzt,
die Daumenkralle nicht größer als die vordere Mittelkralle, die In=
nenzehe völlig so lang wie die Außenzehe. —

Chrysomitris magellanica.

Fringilla magellanica *Vieill.* N. Dict. d'hist. nat. Tm. 12. pag. 168. — *Id.*
   Encycl. méth. Orn. 983. — *Id.* Ois. chant. pl. 30. — *Pr. Max z. Wied*
   Beitr. III. a. 620. 22.
Fringilla campestris *Spix.* Av. Bras. I. 48. 2. tb. 61. f. 3. fem.
Fringilla icterica *Licht.* Doubl. d. zool. Mus. 26. no. 259.
Chrysomitris magellanica *Cab. v. Tschudi* Fn. per. Orn. 33. et 220. — *Id.*
   Mus. Hein. I. 160. 808. — *Bonap.* Consp. I. 516.

Carduelis magellanica *Lafr. D'Orb.* Syn. Guér. Mag. 1837. cl. 2. pag. 83. — *Darwin,* Zool. of the Beagl. III. 97.
Gaſarron, *Azara* Apunt. I. 483. 134.

Gefieder zeiſiggrün, Kopf, Kehle, Flügel und Schwanz beim Männchen ſchwarz. —

Schnabel hornbleigrau, Iris braun. — Oberkopf bis zum Nacken, Kehle, Backen und ein Theil des Vorderhalſes beim Männchen glänzend ſchwarz, beim Weibchen und jungen Vogel gelbgrün, wie der Rücken; letzterer dunkler und ſchwärzlich unterlegt; Bruſt, Bauch und Bürzel gelb, die Seiten grünlich angeflogen. Flügel ſchwarz, die Deckfedern mit breiten grünlichen Rändern, die Schwingen an der Baſis und am Innenrande gelb, wodurch eine breite Winkelbinde im Flügel entſteht; die letzten Arm=ſchwingen auch am Rande grün. Schwanz ſchwarz, die Baſis der Federn gelb, ihr Rand grünlich. Beine ſchwarzbraun, die Krallen bräunlicher.

Ganze Länge 4″ 5‴, Schnabelfirſte 4‴, Flügel 2″ 8‴, Schwanz 1″ 6‴, Lauf 5‴.

Im mittleren Braſilien, beſonders auf dem Camposgebiet; bei Lagoa ſanta und Congonhas nicht ſelten. Kommt nahe an die Anſiedelungen und bis in die Gärten der Dörfer, läßt ſich leicht fangen, wird in Käfigen ge=halten, ſingt aber wenig und ohne große Mannigfaltigkeit der Töne. Mit dem Zeiſig, deſſen Stelle dieſe Art vertritt, wie die vorige den Hänfling, kann ſich der Vogel nicht meſſen. Seine Nahrung ſind trockne Sämereien, in der Gefangenſchaft vorzüglich Canarienſamen. —

36. Gatt. T i a r i s *Swains.*

Schnabel der vorigen Gattung, doch grader, nach vorn weniger verſchmälert, obgleich ſcharf zugeſpitzt, nach hinten nicht ſo breit; die Naſengrube völlig befiedert, der Zügelrand ohne beſondere Bor=ſten, obgleich das ganze Gefieder am Schnabelgrunde wieder etwas länger zugeſpitzt iſt. Gefieder des Rumpfes weich, auf dem Ober=kopf ſchopfartig verlängert. Flügel nicht völlig ſo lang wie bei vo=riger Gattung, die erſte Schwinge wenig verkürzt, die zweite, dritte und vierte die längſten, die hinteren Armſchwingen etwas länger. Schwanz ebenfalls länger, gleichförmiger abgeſtutzt. Beine ſehr fein gebaut, der Lauf nach Verhältniß höher, die Zehen kürzer als bei Chrysomitris; die Krallen klein, ſpitz, ſtark gekrümmt, die Daumen=kralle nur ſo groß wie die Mittelkralle, die Außenzehe kaum länger als die Innenzehe. —

Tiaris ornata *Pr. Wied.*

Fringilla ornata *Pr. Max z. Wied* Beitr. III. a. 610. 20. — *Temm.* pl. col. 208.
Tiaris ornata *Swains.* zool. III. — *Bonap.* Consp. I. 471. 987.
Tiaris comptus *Licht.* Nom. Av. Mus. ber. 45.

Rückengefieder bleigrau; Oberkopf, Kehle bis zur Brust, Flügel und Schwanz
schwarz. —

Schnabel hellhorngrau, der Kieferrand heller, weißlicher. Iris braun.
Stirn, Zügel, Oberkopf bis zum Nacken, Kehle und Vorderhals bis zur
Brust hinab schwarz; die Kopffedern zugespitzt, die hinteren allmälig schopf=
artig verlängert. Nacken, Rücken und äußere Flügeldeckfedern bleigrau,
die Schwingen schwarz, die hintersten gleich den großen Deckfedern hell
weißlichgrau gesäumt; Innenseite der Flügel weißgrau, die Schwingen weiß
gesäumt, die mittleren Handschwingen mit weißer Basis, die nach Außen
durchblickt. Schwanzfedern schwarz, am Grunde weiß. Backen, Halsseiten
und obere Partie des Bürzels weiß; Brustseiten, Bauch und Steiß rost=
gelb. Beine blutroth fleischfarben. —

Weibchen und junge Vögel sind weniger bleigrau am Rücken, son=
dern aschgrau; der Oberkopf ist olivenbräunlich und die Farbe der ganzen
Unterseite blaßgelbroth. Flügel und Schwanzfedern haben eine graubraune
Farbe und weniger weiß an der Basis. Die Haube des Oberkopfes ist
kleiner. —

Ganze Länge 4″ 6‴, Schnabelfirste 4‴, Flügel 2″ 3‴, Schwanz
1″ 6‴, Lauf 6‴. —

Im Innern Brasiliens, auf dem Camposgebiet, bei Lagao santa und
Congonhas erlegt, und dort nicht selten. Der Vogel ist munter, aber wenig
scheu, wird meistens nur einzeln angetroffen und kommt bis in die Gärten
der Ansiedelungen. Sein Nest erhielt ich nicht; eben so wenig ist mir ein
besonderer Zug seiner Lebensweise bekannt geworden.

Anm. Mit den Graufinken stimmt dieser kleine Vogel nur in der Farbe
überein, sowohl sein Schnabel, als auch besonders die Flügel und die Beine
sind völlig wie bei den ächten Finken gebaut und rechtfertigen die Verbindung
mit den Letzteren, welche ich hier befolge.

Anm. Anhangsweise erwähne ich, als einen mir nicht aus eigener Ansicht
bekannten Vogel, Gubernatrix cristatella *Lesson, Bonap.* Consp. I. 470.
984. — Emberiza cristatella *Vieill.* Gal. d. Ois. pl. 67. — Emberiza gubernatrix
Temm. pl. col. 63. 64. — Gubernatrix cristata *Swains.* zool. III. pl. 148. —
Crestudo amarillo *Azara* Apunt. I. 464. 129. — Derselbe hat die Schnabelform
der Ammer, selbst den dicken Höcker am Gaumen des Oberkiefers, aber keinen
Sporn am Daumen, sondern eine kurze gebogene Kralle, wie an den Vorder=
zehen. Das Gefieder ist derbe, von ammernartiger Zeichnung am Rücken, mit
einem Schopf auf dem Scheitel und langen hinteren Armschwingen, die bis ans

Ende der Handſchwingen reichen. Am Rücken iſt die Grundfarbe beider Geſchlechter grünlich, der Rand am Bug und die äußeren Schwanzfedern ſind gelb
geſäumt, der Oberkopf und die Kehle iſt ſchwarz. Das Männchen hat eine
gelbe Unterſeite und einen breiten gelben Streif über dem Auge; das Weibchen iſt am Auge und den Backen weiß, an der Bruſt grau, am Bauch und
Steiß blaßgrün; die Ohrdecke beider Geſchlechter iſt graugrün und das Rückengefieder durch dunklere Schaftſtreifen gezeichnet; der Schnabel horngrau, die
Beine ſchwarz. Ganze Länge 8″, Schnabelfirſte 6‴, Flügel 4″, Schwanz 3″
6‴, Lauf 1″. — Im Süden Braſiliens zu Hauſe, angeblich noch bei Rio de
Janeiro, bewohnt das Waldgebiet und iſt überall ſelten. — Syſtematiſch ſcheint
mir der Vogel eine eigene Gruppe vor den Geoſpizinen bilden zu müſſen.

Zweiunbzwanzigſte Familie.

Großſchnäbler. Magnirostres.

Schnabel von mindeſtens halber, gewöhnlich ganzer Kopfeslänge, oder noch etwas länger; ziemlich grade, ſtark, kegelförmig,
mit grader oder ſanft gebogener Firſte und einfacher Spitze, meiſt
ohne Kerbe, die ebenfalls grade vorſteht oder nur etwas herabgebogen iſt, aber nie einen förmlichen Haken bildet. Naſengrube ſtets
kurz, nie bis zur Mitte des Schnabels hinabreichend, mit allermeiſt
offenem Naſenloch in der Spitze, übrigens befiedert, daher der Schnabelrücken ſtets auf die Stirn ſich fortzuſetzen ſcheint. Am Zügelrande keine ſteifen Borſtenfedern, überhaupt faſt gar keine Borſtenſpitzen am Schnabelgrunde; höchſtens einige kurze, ſteife Spitzen am
Kehlgefieder im Kinnwinkel. — Gefieder derbe und voll, aber ziemlich kleinfedrig, daher an Federn zahlreich; vorherrſchend ſchwarz und
gelb geſärbt, bisweilen ſtellenweis auch roth oder blau; die ſchwarzen Kleider gewöhnlich ſtahlblau glänzend. Flügel mäßig lang, und
meiſtens ſpitz; die erſte kleine Handſchwinge fehlt entweder (bei den
Jcterinen), oder iſt vorhanden und dann ziemlich groß, von halber Länge der zweiten und drüber (Corvinen). Der Schwanz
iſt im allgemeinen lang, abgerundet oder abgeſtutzt, und ſtets aus
zwölf Federn gebildet. Die Beine haben einen hohen Lauf und
einen ſehr ſtarken, kräftigen, langen Daumen.

1. Icterinae.

Psarocolius *Wagl.* Syst. Av. I.

Schnabel mehr grade, als gebogen, meist schlank kegelförmig, scharf zugespitzt, ohne Herabbiegung gegen die Spitze; der Mundrand etwas eingebogen, die hintere Partie winkelförmig abgesetzt und stark abwärts geneigt, daher der Unterkiefer am Grunde hoch und mit einer stumpfen Ecke versehen ist; Kinnwinkel des Schnabels kurz, die Kinnkante länger als der halbe Schnabel; Nasengrube ebenfalls kurz, wie die Stirn befiedert, mit kleinem offenen runden, bisweilen von einer Schuppe bedeckten oder häutig gesäumten Nasenloch in der Spitze. Flügel spitz, die erste kleine Handschwinge fehlt, also nur neun Federn an der Hand. Schwanz lang, mehr oder weniger abgerundet. Beine kräftig, der Daumen lang, z. Th. mit graber, spornförmiger Kralle. Sie fressen Insekten oder fleischige Früchte.

Anm. Diese Vögel vertreten die Stelle der Sturniden und Orioliden in Süd-Amerika; beide haben stets zehn Handschwingen, was diese Gruppen, trotz des sehr ähnlichen Schnabels, scharf von unserer unterscheidet.

I. Agelaeidae. Schnabel vollständig grade, ohne Krümmung der Firste; Mundwinkel sehr stark abwärts gebogen. Gefieder der jungen Vögel häufig ammernartig, ganz verschieden vom alten, zumal männlichen Kleide. Daumen sehr lang, mit spornartiger Kralle.

A. Nasenloch unter einer Schuppe, die mehr oder weniger wagerecht absteht; Jugendgefieder ammernartig. Sturnellidae.

1. Gatt. Trupialis *Bonap.*
Pedotribes et Pezites *Cabanis.*

Schnabel sehr fein zugespitzt, mit schmaler aber weit in die Stirn vortretender Schneppe und kurzer breiter dicht befiederter Nasengrube, in deren Spitze sich eine deutliche große nackte Schuppe befindet, unter welcher das Nasenloch. Gefieder des jungen Vogels ammernförmig, der alte an Brust und Vorderhals roth, am Rücken schwarz; Flügel spitz, die erste vorhandene Schwinge kaum etwas kürzer als die zweite, längste, und der dritten gleich; Armschwingen lang, nur wenig kürzer als die längsten Handschwingen. Schwanz

mäßig lang, abgestutzt, die Federn etwas spitzig. Lauf sehr hoch,
Zehen lang, besonders der Daumen, dessen lange Kralle nur wenig
gekrümmt erscheint.

A. Schnabel nur wenig länger als der halbe Kopf; hinterste Armschwingen
dreiseitig zugespitzt, Schwanz relativ kürzer, der Körperbau kleiner.
Pedotribes *Cab.*

1. Trupialis guianensis.

Oriolus guianensis *Linn.* S. Nat. I. 162. 9. — *Buff.* pl. enl. 536 juv. —
   Lath. Ind. orn. I. 179. 16.
Tanagra militaris *Linn.* S. Nat. I. 316. 17. — *Buff.* pl. enl. 236. adult. —
   Lath. Ind. orn. I. 431. 38.
Agelaius militaris *Vieill.* Gal. II. 128. pl. 88. — *v. Tschudi* Fn. per. Orn.
   35. 3. und 225.
Psarocolius militaris *Wagl.* l. l. no. 11.
Leistes americanus *Vigors,* zool. Journ. — *Hartl.* syst. Ind. z. Azara 5. —
   Cabanis Schomb. Reise III. 681. 75.
Pedotribes guianensis *Cabanis* Mus. Hein. I. 191. 920.
Tordo degollado tercero *Azara* Apunt. I. 309. 70.

Junger Vogel lerchenfarben, Kehle und drei Streifen am Kopf blaßgelb.
Alter Vogel am Rücken schwarz, die Federränder z. Th. noch weißlich;
Kehle, Vorderhals, Brust und Flügel am Bug blutroth. —

Kaum so groß wie ein Staar (Sturnus vulgaris), der Schnabel kür=
zer, am Grunde dicker, am Ende feiner zugespitzt. —

Junger Vogel überall lerchenfarben, der Rücken braun, die Bauch=
seite blaßgelb, jener mit helleren gelben Federsäumen, diese mit schmalen
braunen Schaftstreifen; ein Streif längs der Kopfmitte, ein anderer hinter
jedem Auge über dem Ohr, die Kehle, Backen, der Vorderhals bis zur
Brust hinab blaß rostgelb. Schwingen und Schwanzfedern dicht schwarz in
die Quere gebändert auf gelbbraungrauem Grunde, der Rand der Schwin=
gen fein rostgelb. Bürzel, Steiß und Schwanzdeckfedern lebhafter grau=
braun, fein schwarz quergestreift. Schnabel und Beine blaß gelbbraun,
Iris braun. Daumensporn sehr fein und länger als am alten Vogel, der
Schnabel dagegen kürzer. —

Alter Vogel um so schwärzer am Rücken, je älter er ist, zuletzt ein=
farbig schwarzbraun, mit leichtem Seidenschiller; in jüngeren Stadien jede
Feder mit weißlichem Rande, zuletzt nur noch die Flügeldeckfedern so geran=
det. Kinn, Kehle, Vorderhals, Brust bis auf die Mitte des Bauches und
der Flügelbug außen wie innen roth, die inneren Flügeldeckfedern aber
schwarz; bei jüngeren Individuen das Roth blasser und mehr rosafarben,
bei alten blutroth. Schnabel hornschwarz, der Kinnrand gebräunt; Iris
dunkelbraun, Beine fleischbraun. —

Ganze Länge 7″, Schnabelfirste jung 7‴, alt 9‴, Flügel 4″, Schwanz 2″ 5—6‴, Lauf 14‴. —

Im ganzen Küstengebiet Brasiliens von Guyana bis nach Montevideo verbreitet und nicht sowohl im Walde, als auf offenen, mäßig feuchten Niederungen oder Viehweiden, wo der Vogel sich in Schwärmen, wie die Staare, versammelt und seine Nahrung, die in Insekten besteht, am Boden sucht; er hat eine zwar nicht laute, aber auch nicht unmelodische Stimme. Da er, gleich dem Staar, ein Strichvogel ist, so trifft man ihn nicht überall, am wenigsten auf dem dichtbewaldeten Küstensaume, welchen der Prinz zu Wied bereiste. Meine Exemplare stammen von Sta Catharina und viel südlicher scheint der Vogel nicht zu gehen. —

Anm. Cabanis bezweifelt im Mus. Hein. l. l. die Identität von Azara's Art mit der seinigen; der Vogel ist mir direkt aus Sta Catharina zugekommen, also südlich genug, um auch in Paraguay sich zu finden. —

B. Schnabel so lang wie der Kopf, schlanker zugespitzt mit nicht ganz so scharfer Spitze. Körperbau robuster, Schwanz länger, hinterste Armschwingen runder. Pezites Cab.

2.   Trupialis militaris.

Sturnus militaris *Linn.* Mant. 1771. 527.   *Ej.* Syst. Nat. I. 291. 6. —
Buff. pl. enl. 113. — *Lath.* Ind. orn. I. 323. 4.
Sturnella militaris *Hartl.* syst. Ind. z. *Azara* S. 5. — *De Filippi.*
Sturnella defilippii *Bonap.* Consp. I. 429. 3.
Pezites militaris *Cab.* Mus. Hein. I. 191. Note 3.
Tordo degollado primero et segundo, *Azara* Apunt. I. 304. 68. und 306. 69.

Junger Vogel lerchenfarben, am Auge ein weißer Streif; der Rücken dunkler braun, mit blassen Federrändern.

Alter Vogel schwarzbraun, die Federn gelbgrau gerändet, über dem Auge ein weißer Streif; Zügel, Kehle, Vorderhals und Brust roth. —

Aehnelt sehr der vorigen Art, ist aber beträchtlich größer und besonders an dem viel längeren Schnabel und weißen Augenstreif kenntlich.

Der Schnabel ist schwärzlich horngrau, mit lichterem Kieferrande und etwas hellerem Unterkiefer; die Iris braun. Das Gefieder hat am Rücken einen rußbraunen Ton, welcher durch hellere, bei jüngeren Individuen weißlich graue Federnränder etwas gelichtet wird; die hellen Ränder zeigen sich besonders am Flügelgefieder, wo sie mitunter einen zackigen Randsaum bilden, was die jugendlichen Exemplare bezeichnet. Der Oberkopf hat längs der Mitte einen graulichen Fleckenstrich und über jedem Auge bis zum Ohr einen deutlichen weißen Streif; die Gegend vor dem Auge ist blutroth, die unter dem Auge wieder weiß. Kehle, Vorderhals und Brust bis etwas auf den Bauch hinab sind blutroth und dieselbe Farbe haben auch die kleinen

Deckfedern am Flügelbug und dessen Rande; aber die Innenseite der Flügel ist schwarz, gleich wie der Unterbauch, der Steiß und der Schwanz. Jüngere Individuen haben hellere weißliche Ränder an den unteren Schwanzdecken. Beine fleischbraun.

Von dem vorstehend beschriebenen alten Vogel unterscheidet sich der junge durch einen viel heller braunen Ton, der an der Unterseite rostgelbbraun wird, und wenn der Vogel nicht mehr ganz jung ist, auf dem Vorderhalse und der Brust schon einen blutrothen Schein bekommt, indem die Säume der Federn die Farbe annehmen. Auf den Flügeldeckfedern zeigen sich statt der lichten Ränder hellere und dunklere Querflecken an der Außenfahne und die Schwanzfedern haben eine ähnliche nur mehr verloschene Zeichnung, während die des Bürzels schon deutlich quer gebändert erscheinen. Die Schwingen sind inwendig weißgrau mit lichterem Rande, außen braun, gelblich fein aber scharf gerandet und mit dunkleren Querflecken auf der Außenfahne versehen. —

Ganze Länge 8½″, Schnabelfirste 1″, Flügel 4¼″, Schwanz 3″, Lauf 14‴.

Bewohnt die südlichsten Gegenden Brasiliens, Rio grande do Sul, Montevideo und Paraguay, hat ganz das Betragen der vorigen Art und ist nicht überall zu Hause, sondern als Strichvogel über das bezeichnete Gebiet hier und da verbreitet. Seine Nahrung, Insekten, sucht der Vogel am Boden. —

Anm. Cabanis hat a. a. O. No. 922. von der hier beschriebenen Art eine Trupialis (Pezites) brevirostris unterschieden, wohin er auch Sturnella bellicosa *Bonap.* Consp. I. 429. 2. zu ziehen geneigt ist. Die Art ist kleiner als die vorhin beschriebene, und stimmt mit der ganz ähnlichen, aber größeren, aus Chili darin überein, daß beide weiße innere Flügeldeckfedern besitzen, während die beiden hier erörterten schwarze haben. Außerdem ist der Schnabel nicht bloß kürzer als bei Trupialis Loyca (Sturnus Loyca *Gmel. Linn.* S. Nat. I. 1. 304. *Lath.* Ind. orn. I. 325. 12.), der Art Chili's, sondern auch kürzer als bei Tr. militaris, weniger gestreckt und an der Basis höher, an der Spitze aber abgeplattet und weniger zugespitzt. (Ganze Länge 8½″, Schnabelfirste 9‴, Flügel 4½″, Schwanz 3″, Lauf 15‴. — Nach diesen Angaben bin ich geneigt, darin auch die Sturnella militaris v. *Tschudi* Fn. per. Orn. 228. zu sehen, weil derselbe ähnliche kleinere Maaße für den von ihm in Peru beobachteten Vogel angiebt. Die weißen inneren Flügeldecken bleiben das Hauptmerkmal dieser beiden dem Westen Süd-Amerikas angehörigen Spezies. — Die eigentliche Trupialis Loyca ist 9½″ lang und ihre Schnabelfirste 14‴. —

2. Gatt. Amblyrhamphus *Leach.*

Schnabel relativ dicker nach vorn, nicht zugespitzt, sondern abgeplattet zugerundet, mit kürzerer Nasengrube und kleinerer Schuppe in der Spitze über dem Nasenloch. Flügel und Schwanzschnitt wie

bei der vorigen Gattung, die Armschwingen lang, breiter und mehr
zugerundet; die Handschwingen stumpf zugespitzt, die erste vorhan=
dene Schwinge etwas stärker abgekürzt. Schwanz relativ länger und
mehr abgerundet. Beine dick und fleischig, der Lauf kürzer, die Ze=
hen plumper, etwas länger, mit mehr gebogenen kürzeren Krallen.

Amblyrhamphus ruber.

Bonap. Consp. I. 429. 923.
Oriolus ruber *Gmel. Linn.* S. Nat. I. 1. 388. 34. — *Lath.* Ind. I. 179. 17.
Oriolus holosericeus *Scapal.* Son. Voy. 113. th. 68.
Sturnus pyrrhocephalus *Licht.* Doubl. d. zool. Mus. 18. 166. — *Wagl.* Syst.
    Av. no. 7.
Sturnella rubra *Vieill.* Enc. méth. Orn. 635. — *Lafr. D'Orb.* Syn. Guér.
    Mag. 1838. cl. 2. pag. 8. — *Darwin* Zool. of the Beagl. III. 109.
Amblyrhamphus bicolor *Leach.* zool. Misc. I. 82. pl. 36.
Amblyrhamphus holosericeus *Hartl.* syst. Ind. z. Azara 5. — *Cabanis* Mus.
    Hein. I. 190. 919.
Leistes erythrocephala *Swains.* nat. hist. Birds. II. 275.
Japus rubricapillus *Merrem, Ersch* et *Grub.* Enc. XV. 281.
Turdo negro cabeza roxa, *Azara* Apunt. I. 316. 73.

Kopf, Hals, Brust und Unterschenkel feuerroth, das übrige Gefieder sam=
metschwarz. —

Beträchtlich größer als ein Staar. — Schnabel hornschwarz, Iris
braun. Kopf, Hals, Nacken und Brust feuerroth, hell scharlachfarben, von
glänzend strahlendem Colorit; alle übrigen Körpertheile sammetschwarz, mit
Ausnahme der Unterschenkel, welche feuerroth sind. Beine dunkel fleisch=
braun. —

Die jungen Vögel sind anfangs einfarbig braunschwarz, mit etwas
hellern Federrändern, bekommen aber bald rothe Säume am Kopf, Hals und
Brustgefieder.

Ganze Länge 10″, Schnabelfirste 13‴, Flügel 4″ 8‴, Schwanz 4″,
Lauf 13‴. —

Im Süden Brasiliens (Rio grande do Sul, Montevideo). Der Vo=
gel durchzieht feuchte Wiesengründe und die schilfreichen Flußufer der Flüsse;
frißt Maden, Schnecken und allerhand Gewürm vom Boden.

B. Nasenloch am oberen Rande nur von einer senk=
recten Hautfalte umgeben. Gefieder der jungen
Vögel nicht mehr ammernartig. Agelaeidae.

3. Gatt. Leistes *Vig.*

Schnabel ziemlich hoch am Grunde, mit dicker, aber schmaler
Stirnschneppe, anfangs grader, am Ende etwas abwärts gebogener,

scharfer Spitze und leicht geschwungenem Mundrande. Nasenloch ziemlich weit, länglich oval, oberhalb häutig. Gefieder derbe und glatt anliegend, hart anzufühlen; Flügel nicht völlig bis zur Mitte des Schwanzes reichend, ziemlich spitz, die Armschwingen noch groß, die erste vorhandene Handschwinge nur sehr wenig kürzer als die zweite. Der Schwanz ziemlich lang, sanft zugerundet. Beine groß und stark, in allen Theilen kräftig gebaut, der Daumen sehr groß, mit langer mehr gebogener Kralle, die Innenzehe wohl etwas länger als die Außenzehe, die vorderen Krallen sehr wenig gekrümmt.

1.　Leistes viridis.

Bonap. Consp. 1. 436. 934. 1. — *Cabanis* Mus. Heinean. 1. 189. 918. — *Hartl.* syst. Ind. 5.
Oriolus viridis *Gmel. Linn.* S. Nat. 1. 1. 395. 51. — *Buff.* pl. enl. 236. 1. juv. — *Lath.* Ind. orn. 1. 184. 35.
Agelajus Guirahuro *Vieill.* Enc. méth. Orn. 717. — *Id.* N. Dict. d'hist. nat. Tm. 34. 545.
Icterus dominicensis *Licht.* Doubl. d. zool. Mus. 19. n. 181.
Icterus atro-olivaceus *Pr. Max* Beitr. III. b. 1216. 5. jung.
Trupialis palustris *Merrem, Ersch* et *Grub.* Encycl. XV. 281.
Psarocolius Guirahuro *Wagl.* S. Av. no. 8.
Xanthormes Gasqueti *Quoy. Gaim.* Voy. Uran. Zool. pl. 24.
Leistes Snehii *Vig.* zool. Journ. II. 6. pl. 10.
Leistes orioloides *Swains.* two Cent. 303. no. 71. tb. 55.
Leistes brevirostris ibid. 72. tb. 55. c. juv.
Guirahuro *Azara* Apunt. I. 291. 64.

Olivenbraun; Bürzel, Brust, Bauch und Flügelrand vom Ellenbogen bis zum Bug goldgelb. —

So groß wie ein Pirol (Oriolus galbula). Schnabel glänzend schwarz. Kopf, Hals, Nacken und Kehle olivenbraun, bei älteren besonders männlichen Vögeln sehr dunkel gefärbt, die Backen schwärzlich, glänzend. Rücken, Flügel und Schwanz heller olivenbraun, die Schwingen mit blasseren Rändern; der Unterrücken, die kleinen Deckfedern vom Bug bis zum Ellenbogen, die Brust, der Bauch und der Steiß lebhaft goldgelb; die oberen und unteren Schwanzdecken bräunlich, wie der Schwanz. Innenseite der Flügel blaßgelb, Schwingen daselbst grau, heller gesäumt. —

Junger Vogel am ganzen Rücken schwärzlich olivenbraun, die Federn des Kopfes, Nackens und Oberrückens fast schwarz, lichter gesäumt. Flügel- und Schwanzfedern brauner, mit breiten gelblichgrünen Rändern, die Federn am Flügelrande fast ganz gelb. Unterseite auf der Mitte olivengrün, die Bauchseiten und der Steiß graubraun, heller gerandet. —

Das alte Weibchen wie das Männchen gefärbt, nur lichter und matter. —

Ganze Länge 9″, Schnabelfirste 14‴, Flügel 4″, Schwanz 3″, Lauf 14‴; der junge Vogel beträchtlich kleiner.

Im Innern Brasiliens, an Teichen und Seen im Schilf in kleinen Trupps, hier und da und ziemlich überall zu treffen; die Vögel sind munter, aber vorsichtig, gewöhnlich still, bis einer das Zeichen giebt, worauf alle kreischend durch einander schreien und davon fliegen. — Ich bekam die Art in Lagoa santa von dem benachbarten Sette Lagoas. Das sehr kugelige bläulichweiße, rothpunktirte Ei ist von D'Orbigny abgebildet. (Voy. Am. mér. Ois. pl. 48. f. 4. (nicht 3.).

2. Leistes anticus.

Bonap. Consp. I. 436. 934. 3.
Icterus anticus *Licht.* Doubl. d. zool. Mus. 19. 182.
Psarocolius anticus *Wagl.* Syst. Av. no. 9.
Agelaius virescens *Vieill.* Enc. méth. Orn. 716.
Trupialis Draco *Merrem.* l. l.
Leistes virescens *Hartl.* syst. Ind. z. Azara 5. — *Cab.* Mus. Hein. l. l.
Dragon *Azara* Apunt. I. 296. 65.

Olivenbraun; vorderer Flügelrand, Brust und Bauchmitte goldgelb. —

Der vorigen Art ähnlich, aber etwas kleiner zierlicher gebaut, und besonders durch einen relativ längeren, dünneren, feineren Schnabel von ihr sich unterscheidend. — Gefieder wie bei jener Spezies olivenbraun gefärbt, der Kopf schwärzlicher, namentlich bei alten Vögeln. Der Unterrücken ebenfalls; nicht gelb, wie bei jener. Brust goldgelb, ebenso die Mitte des Bauches und bisweilen auch ein Theil des Unterhalses; Bauchseiten und Steiß olivenbraun. Flügel innen blasser gelb, die Schwingen lichter grau.

Junge und Weibchen matter gefärbt, oder heller, sonst wie das alte Männchen.

Ganze Länge 8½″, Schnabel 14‴, Flügel 4″ 10‴, Schwanz 3⅓″, Lauf 15‴. —

Im äußersten Süden Brasiliens (Rio grande do Sul, Montevideo) und in Paraguay; leben in kleiner Gesellschaft auf trocknen Weiden und Triften, sind weniger scheu, kommen bis in die Dörfer und gehen südlicher bis auf die Pampas, wo sich die vorige Art nicht mehr findet. —

4. Gatt. Gymnomystax *Reichenb.*
Icterus *Spix.*

Schnabel ziemlich wie bei der vorigen Gattung, nach Verhältniß etwas zierlicher, spitzer, mit schmaler Stirnschneppe; Nasengrube, Zügel und Augengegend unbefiedert, nackt, mithin alle diese Stel-

len ohne Spur von Borstenfedern. Gefieder ziemlich derb, die Flü=
gel kürzer, mehr abgerundet, nur wenig über die Basis des Schwanzes
hinabreichend. Schwanz lang, abgerundet. Beine feiner gebaut als
bei der vorigen Gattung, besonders die Zehen dünner und die Kral=
len viel schwächer, zierlicher und sanft gebogen, fein und lang zu=
gespitzt. —

Gymnomystax melanicterus.

Cabanis Mus. Hein. I. 189. 917.
Agelaius melanicterus *Vieill.* N. Dict. d'hist. nat. Tm. 34. 544.
Oriolus mexicanus *Linn.* S. Nat. I. 162. 8. — *Buff.* pl. enl. 533. — *Lath.*
    Ind. orn. I. 179. 18.
Gymnomystax mexicanus *Bonap.* Consp. I. 431. 928.
Icterus citrinus *Spix* Av. Bras. I. 69. 6. tb. 66.
Psarocolius gymnops *Wagl.* Syst. Av. no. 14.

Gelb; Schnabel, Zügel, Flügel und Schwanz schwarz; der Flügelrand über
dem Bug gelb.

Etwas größer als ein Pirol; Gefieder goldgelb, Schnabel und die
nackten Theile des Gesichtes schwarz; Iris braun. Rücken, Flügel und
Schwanz schwarz, die kleinen Federn am Rande des Flügels zwischen Ellen=
bogen und Bug gelb. Innere Flügeldeckfedern z. Th. schwarz, die Schwin=
gen grau, lichter gesäumt. Beine schwarz.

Junger Vogel matter gelb, Oberkopf schwarzbraun; Rücken, Flügel
und Schwanz schwarzbraun, die Federn lichter gerandet, besonders die des
Rückens und der Schulter z. Th. mit gelblichen Säumen. Schnabel hell=
braun, der Kinnrand weißlich; das nackte Gesicht fleischfarben, die Beine
fleischbraun.

Ganze Länge 10″, Schnabelfirste 14‴, Flügel 4″, Schwanz 4¼″,
Lauf 13⅓‴. —

5. Gatt. Chrysomus *Swains.*
Xanthosomus *Caban.*

Die Gattung hat den feinen, spitzen Schnabelbau der vorigen,
unterscheidet sich aber von ihr durch die befiederte Nasengrube, Zü=
gel und Augenränder nebst einem viel kürzeren Schwanz bei gleich=
falls ziemlich kurzem Flügelschnitt; die Beine sind kräftiger, Lauf und
Zehen kürzer, dicker und die relativ stärkeren Krallen mehr gebogen.

Anm. Der Gattungstypus ist Oriolus icterocephalus *Linn.* S. Nat.
I. 163. 16. — *Buff.* pl. enl. 343. — *Lath.* Ind. orn. I. 183. 32. — Psaro=
colius icterocephalus *Wagl.* Syst. Av. no. 20.   Von der Größe des Staars,
ganz schwarz, mit goldgelbem Kopfe und Halse. — In Guyana zu Hause, nicht
mehr in Brasilien, sondern bloß nördlich vom Amazonenstrom. —

1. Chrysomus frontalis.

Hartl. syst. Ind. z. Azara 5. 72. — *Bonap.* Consp. I. 431. 929. 2.
Agelaius frontalis *Vieill.* N. Dict. d'hist. nat. Tm. 34. pag. 536. — Enc. méth.
Orn. 717.
Psarocolius frontalis *Wagl.* Syst. Av. no. 13.
Trupialis ruficeps *Merr.* Enc. l. l.
Agelaius ruficapillus *Vieill.* l. l. 545. und Enc. 712.
Agelaius ruficollis *Swains.* two Cent. 302. 68.
Tordo corona de canela, *Azara* Apunt. I. 315. 72.

Schwarz; Oberkopf, Kehle und Vorderhals rostroth.

Ein wenig kleiner als ein Staar (Sturnus vulgaris), ganz schwarz, matt seidenartig schillernd; Stirn, Zügel, Oberkopf, Kehle und ein Theil des Vorderhalses zimmtroth; Iris braun, Beine schwarzbraun. — Ganze Länge 7″, Schnabelfirste 9‴, Flügel 3½″, Schwanz 2⅔″, Lauf 1″. —

Im südlichen Brasilien, Rio grande do Sul, Montevideo und Paraguay, hält sich im Gebüsch an Flußufern auf und frißt nicht bloß Insekten, sondern auch Sämereien. —

2. Chrysomus flavus.

Bonap. Consp. I. 431. 929. 3.
Oriolus flavus *Gmel. Linn.* S. Nat. I. 1. 389.
Xanthornus flavus *Hartl.* syst. Ind. 5. 66. — *Vieill.* Enc. méth. Orn. 717.
Psarocolius flaviceps *Wagl.* Syst. Av. Suppl. n. 9.
Chrysomus xanthopygius *Swains.* — Voyage of the Beagle III. pl.
Tordo cabeza amarilla *Azara* Apunt. I. 299. 66.

Gelb; Nacken, Rücken, Flügel und Schwanz schwarz.

Größe der vorigen Art. — Ganzes Gefieder goldgelb; Stirn, Kehle und Vorderhals mehr orange; Zügel, Nacken, Rücken, Flügel und Schwanz schwarz; desgleichen der Unterschenkel, die Beine und der Schnabel. Iris rothbraun. Innenseite der Flügel schwarz, Schwingen schiefergrau. — Ganze Länge 7″, Schnabelfirste 9‴, Flügel 3″, Schwanz 2½″, Lauf 1″. —

Sehr gemein in Paraguay und dem La Plata-Gebiet, leben in Trupps von ziemlicher Anzahl und machen sich durch ihre laute aber nicht unangenehme Stimme bemerklich; fressen Maden und Insekten, sind wenig scheu, kommen gern in die Nähe der Ansiedelungen.

II. **Cassicinae.** Schnabel sehr fein zugespitzt, durchaus grade auf der Firste, mehr drehrund nach vorn und gestreckter; Nasengrube kurz, das Nasenloch am ganzen unteren Rande der Nasengrube; Krallen höher und mehr gebogen. Gefieder nie ammernartig im Jugendkleide.

6. Gatt. Icterus *Briss.*

Oriolus *Linn. Illig.*

Schnabel schlank und fein zugespitzt, am Grunde hoch, mit ab= gerundeter Firste, scharfer Stirnschneppe und hohem Mundwinkel am Unterkiefer; stets schwarz gefärbt, bei jüngeren Vögeln bräunlich. Gefieder etwas weicher, vorherrschend gelb. Flügel mäßig kurz, nur bis auf den Anfang des Schwanzes reichend, die erste Schwinge merklich verkürzt. Schwanz lang, abgerundet, die Seitenfedern stufig abgesetzt. Beine ziemlich kräftig, die Zehen fleischig, die Außenzehe etwas länger als die Innenzehe, alle mit starken, hohen, stark ge= krümmten Krallen. —

1. Icterus Jamacaii.

Daudin Traité D'Orn. II. 335. — *Pr. Max z. Wied.* Beitr. III. b. 1199. 1. — *Bonap.* Consp. I. 435. 3. — *Cabanis* Mus. Hein. I. 185. 898. — *Schomb.* Reise III. 679. 66.
Oriolus Jamacaii *Gmel. Linn.* S. Nat. I. 1. 391. 39. — *Lath.* Ind. orn. I. 182. 28.
Pendulinus Jamacaii *Vieill.* N. Dict. d'hist. nat. Tm. 5. pag. 319. — *Id.* Enc. méth. Orn. 706.
Psarocolius Jamacaii *Wagl.* Syst. Av. no. 25.
Icterus aurantius *Lesson* Tr. d'Orn. 428.
Soffré der Brasilianer.

Kopf, Kehle, Rücken, Flügel und Schwanz schwarz; der Flügel mit weißem Fleck, das übrige Gefieder orangegelb. —

Schnabel glänzend schwarz, die Basis des Unterkiefers bleigrau; Iris blaßgelb. — Gefieder am Kopfe, Vorderhalse mit Kinn, Kehle und Ober= brust schwarz; um das Auge ein nackter grün gefärbter Ring; Nacken, Unterrücken, Brust, Bauch und Steiß lebhaft und schön orangegelb, z. Th. ins Feuerfarbene spielend bei recht alten Vögeln; Rücken, Flügel und Schwanz schwarz, ein Theil der hinteren Armschwingen nach unten weiß gesäumt, die kleinen Deckfedern am Bug und der Rand orangegelb, Innen= seite der Flügel dottergelb, Schwingen grau, lichter gesäumt. Beine bläu= lich fleischfarben. —

Weibchen heller gefärbt als das Männchen; junge Vögel überall

matter, mit breiten granlichen Säumen an den Flügelfedern; Schnabel
braun, Beine blaßgelbgrau.

Ganze Länge 9½", Schnabelfirste 1", Flügel 4" 4''', Schwanz 4"
6''', Lauf 13'''. —

Im Innern Brasiliens, in den Waldungen des Camposgebietes; lebt
einzeln oder paarig, im Winter in kleinen Gesellschaften, verräth sich bald
durch seine mit mannigfachen Tönen abwechselnde Stimme und wird des=
halb gern in Käfigen gehalten. Ich traf den Vogel in den Umgebungen
von Lagoa santa, hatte aber nicht Gelegenheit, ihn zu erlegen; am Tage
meines Beinbruchs (den 3. Juni 1851) beobachtete ich längere Zeit ein
Individuum im Käfig bei den Leuten, wo ich mich befand. Dem südlichen
und östlichen Waldgebiet fehlt der Vogel. — Die Nahrung desselben be=
steht in Insekten, besonders den weichen Maden und Larven, die er am Bo=
den sucht; doch stellt er, gleich den Cassicus-Arten, auch den reifen Früchten
nach, besonders den Orangen und kommt nach ihnen bis in die Gärten der
Ansiedler. —

2. Icterus xanthornus *Daud.*

Cabanis Mus. Hein. I. 185. 901. — *Schomb.* Reise III. 680. 67.
Oriolus xanthornus *Linn.* S. Nat. I. 163. 3. — *Buff.* pl. enl. 5. 1. — *Lath.*
   Ind. orn. I. 181. 26.
Agelaius xanthornus *Vieill.* l. l.
Psarocolius xanthornus *Wagl.* Syst. Av. n. 15.
Xanthornus Linnaei *Bonap.* Consp. I. 344. 932. 1.

Goldgelb; Zügel, Kehle, Vorderhals, Flügel und Schwanz schwarz; große
Deckfedern mit weißen Spitzen, hinterste Armschwingen weiß gerandet. —

Beträchtlich kleiner als die vorige Art und nicht größer als ein
Staar. — Schnabel glänzend schwarz, bei jüngeren Vögeln braun. Iris
weißgelb. Zügel, der nackte Augenring, Kinn, Kehle und Vorderhals
schwarz, das übrige Rumpfgefieder nebst dem Oberkopf goldgelb; Stirn,
Backen, Halsseiten und Brust ins Orangegelbe fallend. Flügel schwarz, die
kleinen Deckfedern am Bug gelb, die großen Deckfedern mit weißen Spitzen,
außerdem die hintersten Armschwingen weiß gerandet; alle Schwingen an
der Innenseite weiß gesäumt, die mittleren Handschwingen z. Th. auch mit
weißem Rande nach außen am Grunde. Schwanzfedern schwarz, mit feiner
weißlicher Spitze. Beine bleigrau.

Junger Vogel am Nacken und Rücken grünlichgelb, die kleinen Deck=
federn mit gelblicher Spitze, die großen und alle Schwingen weißlichgrau
gerandet, die Schwanzfedern olivenbraun, übrigens goldgelb mit schwärz=
licher Kehle.

Das alte Weibchen wie das Männchen gefärbt, aber der Farben=
ton heller.

Ganze Länge 8″, Schnabelfirste 8‴, Flügel 3″ 3‴, Schwanz 3″,
Lauf 10‴. —

Der Vogel ist nur im nördlichen Brasilien zu Hause und besonders
nördlich vom Amazonenstrom eine sehr gewöhnliche Art; er lebt, gleich dem
vorigen, auf buschigem Terrain, aber nicht grade im tiefen Urwalde, zeigt
sich einzeln oder paarig zur Brutzeit und baut ein langes, klar gewebtes
beutelförmiges Nest aus Grashalmen, das frei im Gebüsch an den Aesten
hängt. Die Eier sind hell bläulichweiß, ziemlich dicht rothbraun getüpfelt,
mit etwas stärkeren Flecken am stumpferen Ende. —

7. Gatt. Xanthornus *Cuv.*
Pendulinus *Vieill. Bon.*

Schnabel der vorigen Gattung, schlank und fein zugespitzt,
schwarz; am Grunde nicht so hoch und stark, der Mundwinkelrand
niedriger, die Nasengrube schmäler. Gefieder vorherrschend schwarz
gefärbt, ziemlich weich; die Flügel etwas länger als bei Icterus,
aber doch nicht über die oberen Schwanzdecken hinabreichend; die
erste vorhandene Schwinge merklich verkürzt, auch die zweite noch
etwas kürzer als die dritte, längste. Schwanz lang, sehr schmalfedrig,
stark zugerundet, die Seitenfedern bedeutend verkürzt. Beine etwas
zierlicher, die Außenzehe nicht länger als die Innenzehe, der Daumen
lang, die Kralle weniger gekrümmt; auch die vorderen Krallen
schlanker. —

1. Xanthornus chrysocephalus.

Cabanis Mus. Hein. I. 184. 896.
Oriolus chrysocephalus *Linn.* S. Nat. I. 164. 20. — *Lath.* Ind. orn. I. 183. 30.
Gracula chrysoptera *Merrem.* Ic. Av. I. 10. tb. 3.
Pendulinus chrysocephalus *Vieill.* Gal. II. 122. pl. 86. — *Bonap.* Consp. I. 432.
Icterus chrysocephalus *Spix.* Av. I. 68. 5. tb. 67. fig. 1.
Psarocolius chrysocephalus *Wagl.* Syst. Av. I. no. 22.

Schwarz; Oberkopf bis zum Nacken, Bürzel, Flügelbugrand und Unter=
schenkel goldgelb. —

Von der Größe des Staars. — Schnabel glänzend schwarz, Iris
rothbraun. Gefieder rein sammetschwarz, Oberkopf bis zum Nacken hinab,
kleine Flügeldeckfedern am Bug, Bürzel, Steiß und Unterschenkel goldgelb.
Beine schwarz.

Junge Vögel matter gefärbt, das Schwarz ins Braune spielend, das Gelbe mehr schwefelgelb; die Federn des Flügels, der Bauchseiten und des Steißes graulichbraun gerandet. —

Weibchen heller gelben Tones, der Oberkopf nicht völlig bis zum Nacken gelb, der Bürzel weniger gelb und bloß am Ende so gefärbt, indem die Federn gelbe Ränder bekommen.

Ganze Länge 8″, Schnabelfirste 10‴, Flügel 3″ 8‴, Schwanz 3″, Lauf 10‴. —

Im nördlichen Brasilien, oberhalb des Amazonenstroms, von Spix am Rio Negro einzeln im Walde beobachtet und dort nicht selten; häufig in Guyana und Columbien. —

2. Xanthornus chrysopterus.

Agelaius chrysopterus *Vieill.* N. Dict. d'hist. nat. Tm. 34. pag. 535. — *Id.* Enc. méth. Orn. 713. — *Hartl.* syst. Ind. z. Azara 5. 67.
Psarocolius chrysopterus *Wagl.* Syst. Av. 1. n. 21.
Oriolus cajanensis *Linn.* S. Nat. I. 168. 15. — *Buff.* pl. enl. 535. 2. — *Lath.* Ind. orn. I. 182. 29.
Icterus cayanensis *Daudin* Traité D'Orn. II. 336. — *Pr. Max* z. *Wied* Beitr. III. b. 1204. 2. — *Swains.* zool. Ill. 2. Ser. pl. 22. *Darw.* Zool. of the Beagl. III. 106.
Icterus tibialis *Swains.* two Cent. 302. no. 67.
Pendulinus cayanensis *Bonap.* Consp. I. 433. 7.
Xanthornus cayanensis *Cab.* Mus. Hein. I. 184. 897.
Tordo negro cobijas amarillas, *Azara* Apunt. I. 301. 67.

Schwarz; Flügelrand am Bug goldgelb, gewöhnlich auch die Unterschenkel etwas gelb. —

Kleiner als ein Staar. Glänzend kohlschwarz, Iris rothbraun. Flügelrand vom Ellenbogen bis zum Bug gelb, bei jüngeren Vögeln schmäler und heller, bei alten mehr orange; innere Flügeldeckfedern gelb, Schwingen unten grau, weißlich gesäumt. Unterschenkel mit gelben Federnspitzen, welche sich besonders auf der Außenseite zeigen. —

Der junge Vogel hat schlankere Krallen, einen etwas kürzeren Schnabel, viel heller und blaßgelb gefärbte Deckfedern am Bug, und graubräunliche Federnränder auf den Flügeln, den Brustseiten und am Steiß hinter dem After.

Ganze Länge 7½″, Schnabelfirste 9‴, Flügel 3″ 6‴, Schwanz 3″, Lauf 9‴. —

Im ganzen Küstenwaldgebiet Brasiliens, von Rio de Janeiro bis über den Amazonenstrom hinauf und noch in Guyana, auch weiter südlich in St. Paulo, Sta Catharina und Paraguay; lebt meist paarweis in buschigen Gegenden, besucht gern die Ufer der Flüsse, frißt Insekten und saftreiche Fleischfrüchte, und hat einen nicht unangenehmen Gesang, der die Stimmen anderer Vögel nachzuahmen sucht, ganz wie unser Staar. Nistet in beutelförmigen, locker aus trocknen Halmen gewebten, hängenden Nestern und legt weißblaue, rothbraun getüpfelte Eier. — Ich erhielt den Vogel nur bei Neu=Freiburg, nicht mehr im Binnenlande. —

Anm. Die Benennung von Linné und den älteren Autoren habe ich deshalb nicht beibehalten, weil sie durchaus nicht passend ist, denn der Vogel gehört weit mehr dem Süden, als dem Norden der Tropenzone Süd=Amerikas an. Sehr passend ist dagegen der Name Vieillot's. Azara beschreibt nur junge Vögel.

8. Gatt. Cassicus *Cuv.*
Cassicus et Cassiculus *Bonap.*

Schnabel spitz kegelförmig, höher als breit am Grunde, mit ab= gerundeter Firste und breiter in die Stirn eindringender Platte; Na= sengrube flach, dicht fein befiedert, mit ovalem, offenem Nasenloch ohne Hautsaum in der Spitze; die Farbe des Schnabels im Alter gewöhnlich weiß oder bunt. Gefieder derbe, glatt, glänzend; die Flügel ziemlich lang, zugespitzt, aber die beiden ersten Federn mehr verkürzt, als gewöhnlich bei den Icterinen. Schwanz lang, etwas breitfedriger, stufig abgerundet. Beine sehr stark, die Zehen völlig krähenartig, mit starken Sohlenballen und großen, scharfen, mehr ge= bogenen Krallen; der Daumen ganz besonders groß, größer nach Verhältniß als bei Krähen. Gefieder vorwiegend schwarz, mit gel= ben oder rothen Decorationen, mitunter grünlich. —

A. Schnabel fein, kürzer als der Kopf. Cassiculus *Bonap.* Archiplanus *Cabanis* Mus. Hein. 1. 186.

1. Cassicus albirostris.

Vieill. Enc. méth. Orn. 723. — *Id.* N. Dict. d'hist. nat. V. 364. — *Hartl.* syst. Ind. z. *Azara* 4. 59. — *Schomb.* Reise III. 687. 73.
Psarocolius albirostris *Wagler.* Syst. Av. Suppl. no. 5.
Japus dubius *Merr., Ersch et Grub.* Enc. Tm. 15. pag. 277.
Xanthornus chrysopterus *Vigors.* zool. Journ. II. 128. und III. 190. pl. 9. suppl.
Japu negro y amarillo *Azara* Apunt. 1. 269. 59.

Schwarz; Bürzel und Flügelrand vor dem Bug gelb. —

Kleiner als ein Staar, ganz vom Ansehn des vorigen Vogels. — Schnabel sehr zierlich gestaltet, kürzer als der Kopf, fein zugespitzt, weiß, mit bläulicher Basis des Unterkiefers. Iris braun. Gefieder kohlschwarz, der Unterrücken mit Ausschluß der oberen Schwanzdecken und der Flügel=

rand vom Bug bis zum Ellenbogen goldgelb, die Innenseite der Schwin=
gen weißgrau. Schwanz lang, aber die äußeren Federn nur wenig verkürzt.

Ganze Länge 7½'', Schnabelfirste 9''', Flügel 3'' 6''', Schwanz 3'',
Lauf 9'''.

Im Süden Brasiliens, Sta Catharina, Rio grande do Sul und
Paraguay, besonders an Flußufern. Azara traf den Vogel daselbst nur
zweimal, er scheint also dort nicht häufig zu sein; minder selten findet er
sich in Guyana und Columbien, von wo die Exemplare unserer Sammlung
stammen. —

Anm. Zu dieser ersten Section gehört auch: Cassicus nigerrimus
Spix. Av. Bras. I. 66. 3. tb. 63. fig. 1. — *Swains*. Birds of Braz. pl. 4. —
Psarocolius nigerrimus *Wagl*. S. Av. no. 7. — Amblyrhamphus Prevostii *Lesson*
Centur. zool. pl. 54. — Der Vogel ist etwas größer, als der vorstehend beschrie=
bene, ganz schwarz, matt glänzend, mit perlfarbener Iris und hornweißem
Schnabel. Länge 8—9''', Schnabel 1'' 2''', Flügel 4'' 3''', Schwanz 4'', Lauf
9'''. — Am oberen Amazonenstrom von Spix gesammelt, mir nicht näher
bekannt. Cabanis erhebt den Vogel zu einer eigenen Gattung Amblycerus
(Mus. Hein. I. 190. Note 2.), weil er viel kürzere, abgerundete Flügel und einen
nach Verhältniß kürzeren Schwanz besitze; was indessen die Abbildung und
Maaßangaben bei Spix mir nicht in dem Grade auszudrücken scheinen. —

B. Schnabel stärker, von der Länge des Kopfes. Cassicus *Bonap.*

Cassicus *Caban*. Mus. Hein. I. l. Schwanz nach Verhältniß
kürzer, Flügel länger als in der vorigen und folgenden
Gruppe.

2. Cassicus icteronotus.

Vieill. N. Dict. d'hist. nat. V. 315. — *v. Tschudi* Fn. per. Orn. 35. und
228. — *Caban*. Mus. Hein. 186. 907. — *Bonap*. Consp. I. 428. 10. —
Swains. Birds of Braz. pl. 3.
Oriolus persicus *Linn*. S. Nat. I. 161. 7. — *Buff*. pl. enl. 184. *Lath*.
Ind. I. 173. 1.
Cassicus persicus *Daudin* Trait. d'Orn. II. 329. — *Pr. Max z. Wied* Beitr.
III. b. 1234. 3. *Schomb*. Reise III. 687. 72.
Psarocolius icteronotus *Wagl*. Syst Av. I. no. 5. — *Marcgr*. hist. nat. Bras. 193.
Japu-y der Brasilianer.

Schwarz; Unterrücken, Bürzel, Steiß, Basis der Schwanzfedern und ein
Fleck im Flügel goldgelb.

Beträchtlich größer als ein Staar, noch etwas größer als der Pirol.
Schnabel sanft gebogen, obgleich sehr spitz und ohne Endhaken; Nasenloch
klein, eng. Gefieder kohlschwarz, seiden glänzend, die größere hintere Strecke
der großen Armdeckfedern goldgelb; von derselben Farbe der Unterrücken,
der Steiß hinter dem After, die oberen und unteren Schwanzdeckfedern und
die Basis der Schwanzfedern; letztere um so breiter, je mehr nach außen.
Iris himmelblau, Beine schwarz. —

Ganze Länge des Männchens 10″, Schnabelfirste 15‴, Flügel 6″, Schwanz 3″ 8‴, Lauf 1″. — Das Weibchen ist beträchtlich kleiner, ge= wöhnlich nur 8″ 10‴ — 9″ lang.

Der junge Vogel hat einen schwarzbraunen Ton, der auch am Bauch ziemlich stark ins Olivenbraune spielt, einen kürzeren Schnabel und eine matter gelbe Farbe an den lichten Stellen.

Der Vogel ist nicht mehr im südlichen Brasilien bei Rio de Janeiro zu treffen, er geht etwa bis zum 19° S. Br. und ist von da nur nach Norden überall in den großen Waldungen ansässig. Er hält sich in klei= nen Trupps zusammen, besonders auf den höchsten etwas isolirter stehenden Bäumen und macht sich durch das häufige Ab= und Zufliegen der Indivi= duen, wobei dieselben kreischend einander zuschreien, bald bemerklich. Zur Brutzeit sieht man dagegen fast nur Paare. Ihr beutelförmiges aus Hal= men und Pflanzenfäden gebautes Nest hängt an hohen Bäumen frei unter der Krone, und ist etwas kleiner, sonst ähnlich geformt, wie bei der folgen= den Art. Die Eier sind bläulichweiß, braun getüpfelt und ziemlich kugelig gestaltet. Der guaranische Name Japu-y (gesproch. Schapu-y) bedeutet: kleiner Japu, und ist der Art im Gegensatz zu Cassicus cristatus bei= gelegt worden.

3. Cassicus haemorrhous.

Daudin Traité d'Orn. II. 328. — *Pr. Max z. Wied* Beitr. III. b. 1230. 2. —
   Schomb. Reise III. 681. 71. — *Cabanis* Mus. Hein. I. 186. 906.
Oriolus haemorrhous *Linn.* S. Nat. I. 161. 6. — *Buff.* pl. enl. 482. —
   Lath. Ind. orn. I. 174. 2.
Psarocolius haemorrhous *Wagl.* S. Av. no. 6.
Icterus haemorrhous *Swains.* Birds of Bras. pl. 1. fem.
Cassicus affinis ibid. pl. 2. mas.
Japira, *Marcgr.* hist. nat. Bras. 193.
Guache (Gu-asch) der Brasilianer.

Schwarz, Unterrücken blutroth.

So groß wie eine Dohle, aber der Kopf viel schmäler und darum kleiner erscheinend. Schnabel ganz grade, grünlichweiß; Iris hellblau. Gefieder kohlschwarz, an der Unterseite braunschwarz, die Flügel stark sei= denartig glänzend, der Unterrücken mit dem Bürzel lebhaft blutroth, die Beine schwarz.

Der junge Vogel unterscheidet sich vom alten durch weniger rothen Bürzel und eine mehr braune Grundfarbe.

Ganze Länge 11 — 11½″ beim Männchen, 9¾ — 10″ beim Weib= chen, Schnabelfirste 1″ 4‴, Flügel 5¾ — 6½″, Schwanz 3½ — 4″, Lauf 10 — 12‴. —

Im ganzen tropischen Brasilien einer der häufigsten Vögel, überall sichtbar, besonders im Winter (Mai — Juli), wo er gern in die Gärten kommt und den reifenden Orangen nachstellt; nistet auf einzelnen hohen Bäumen, oft ganz frei am Wege oder vor einzeln stehenden Häusern, woselbst die über 2' langen, einem Schrotbeutel im Umriß ähnlichen Nester, welche lose aus allerhand trocknen Halmen und Grasfäden gewebt sind, viel gesehen werden. Der Eingang ist etwas unter der Mitte als eine ovale Mündung ohne Rohr, wodurch der Vogel hineinschlüpft; man sieht den brütenden Vogel durch das Nest und erkennt besonders gut seinen rothen Bürzel. Die Eier sind so groß wie die des Pirol, bläulichweiß, sparsam violett punktirt und selten in größerer Zahl, als zwei, vorhanden. Die Stimme des Vogels ist laut, kreischend, etwas heller als die der Dohlen und wo ihrer mehrere zusammen sind, da hört man sie stets vielfältig durch einander schreien; einzeln ist der Vogel still und nascht in den Baumkronen, ohne sich zu verrathen.

Anm. Swainson hat die beiden in der Größe sehr ungleichen Geschlechter als 2 verschiedene Arten abgebildet; die zweite größere Figur ist besser gerathen, in der ersten erscheint der Vogel zu dünn und sein Schwanz zu lang.

b. Ostinops *Cab.* l. l. Schnabel höher am Grunde, besonders der Unterkiefer viel stärker; Hinterkopffedern schopfartig verlängert, schmal zugespitzt; Schwanzfedern stärker abgestuft, daher die Gesammtform spitzer.

4. Cassicus cristatus.

Daudin Traité d'Ornith. II. 326. — *Vieill.* N. Dict. d'hist. nat. V. 357.
Pr. Max z. Wied. Beitr. III. b. 1220. 1. — *Swains.* Birds of Bras. pl. 32. — *v. Tschudi* Fn. peruan. Orn. 35. und 232 — *Bonap.* Consp. I. 427. 921. 1. — *Cabanis* Mus. Hein. I. 187. 908.
Oriolus cristatus *Gmel. Linn.* S. Nat. I. 1. 387. 33. — *Buff.* pl. enl. 344. — *Lath.* Ind. orn. I. 174. 3.
Psarocolius cristatus *Wagl.* S. Av. no. 3.
Japu der Brasilianer — *Azara* Apunt. I. 268. 57.

Glänzend schwarz; Unterrücken, Bürzel und Steiß rostbraun; Schwanz gelb, die beiden mittelsten Federn schwarz.

Von der Größe einer kleinen Saatkrähe (Corvus frugilegus), die Weibchen gewöhnlich viel kleiner und kaum größer als eine Dohle (Corvus Monedula). — Schnabel weißlich blaßgelb, die Stirnschwiele schmal zugerundet, etwas für sich gegen die Mitte gewölbt. Ganzes Gefieder glänzend schwarz, an den Seiten des Halses vor dem Flügelbug häufig einzelne weiße Federn eingesetzt; der Rücken und die Flügel lebhaft erzgrünlich glänzend; am Hinterkopf einige lange, schmale, spitze Federn, deren Stellung eigentlich

die Scheitelmitte iſt. Iris hellblau. Unterrücken, Bürzel und Steiß roſt=
braun; der Schwanz hellgelb, die beiden mittelſten Federn ſchwarz. Beine
glänzend ſchwarz.

Junge Vögel matter braunſchwarz, glanzlos, die Rückenfedern z. Th.
braun gerandet, die ſpitzen Scheitelfedern nur ſehr kurz; — Weibchen
wie das Männchen gefärbt, aber die Scheitelfedern ebenfalls viel kürzer
und nach Verhältniß breiter.

Ganze Länge des Männchens 16—18″, des Weibchens 13″, Schna=
belfirſte 1⅔—2″, Flügel 8—9″, Schwanz 5—6½″, Lauf 1¼—1½″.

Ebenfalls durch ganz Braſilien verbreitet, ſelbſt ſüdlicher, als die vo=
rige Art; hält ſich aber nur in der Nähe von großen Waldungen auf und
bleibt den menſchlichen Wohnungen ferner, als der vorige Vogel. Sein Be=
nehmen iſt flüger, vorſichtiger, doch in der Hauptſache wie bei jenem. Niſtet
ebenfalls in großen bentelförmigen, frei hängenden Neſtern und legt 2 weiß=
liche, violett gefleckte, dazwiſchen mit dunklen ſchwärzlichen Strichen gezierte
Eier. Ich traf den Vogel ſchon am Orgelgebirge, wo er mehrmals in
kleinen Trupps hoch in der Luft über dem Walde ſich zeigte und ſogleich an
ſeinem gelben Schwanz erkannt wurde. Später hatte ich Gelegenheit, wäh=
rend meines Beſuchs bei den Puris (Siehe m. Reiſe S. 261.) einen großen
einzeln ſtehenden Baum zu ſehen, der mit den Neſtern des Vogels behangen
war. Sowohl hier, als auch bei Lagoa ſanta, wurden Exemplare erlegt.
Er iſt beſonders bei der indianiſchen Bevölkerung eine beliebte Speiſe, ſeine
Nahrung beſteht in Inſekten aller Art und reifen Baumfrüchten, am lieb=
ſten Gojaven und Orangen. —

5. Cassicus bifasciatus.

Spix. Av. Bras. I. 65. 1. tb. 61. — *Bonap.* Consp. I.   7.
Psarocolius bifasciatus *Wagl.* Syst. Av. no. 2.
Cassicus Montezuma *Lesson* Cent. zool. pl. 7. ?

Rothbraun; Kopf, Hals, Bruſt, Schwingen und 2 mittelſte Schwanzfedern
ſchwarz, die übrigen gelb. —

Noch größer als die vorige Art, ſo groß wie eine Krähe; der Schna=
bel höher, ſtärker, länger, mit ſanft gebogener Firſte und breiter Stirnplatte,
ſchwarz gefärbt, an der Baſis und an der Spitze roth. Iris braun. Ge=
ſieder des Kopfes, Halſes und der Bruſt ſchwarz; die Federn des Oberkopfes
in lange feine Spitzen ausgezogen, völlig wie bei der vorigen Art. Rücken,
Flügel, Bauch, Bürzel und Steiß roſtrothbraun; die Handſchwingen ſchwarz,
mit feinen roſtrothen Säumen nach unten, die Armſchwingen nur in der

Tiefe schwarz. Schwanz goldgelb, wie bei C. cristatus, aber die beiden mittelsten Federn schwarz. —

Bei jungen Vögeln ist die Farbe blasser, matter und die rothe Schnabelspitze weißlich gefärbt; die langen Federn des Oberkopfes sind um die Hälfte kürzer.

Ganze Länge des Männchens 18″ 9‴, des Weibchens 14″ 8‴; Schnabel jenes 2″ 7‴, dieses 2″; Flügel dort 9″ 10‴, hier 7″ 8‴; Schwanz ebenso 7″ 6‴ oder 6″ 7‴; Lauf 2″ und 1″ 7‴. —

In den großen Waldungen am oberen Amazonenstrom, von Spix am Rio Negro gesammelt, nach Lesson auch in Mexico (vielleicht Panama und Guatimala); mir unbekannt. —

Anm. Es giebt noch einige grüne Arten dieser Gruppe, welche eigentlich nur nordwärts und westwärts vom Amazonenstrom vorkommen, aber daselbst auch Brasilien berühren, weshalb ich Definitionen hersetze.

6. Cassicus viridis, Oriolus cristatus *aut.* var. *Lath.* l. l. 175. *γ.* — *Buff.* pl. enl. 328. — *Bonap.* Consp. I. 427 2. — *Psarocolius viridis Wagl.* Syst. Av. no. 1. — Schnabel weißgrün, die Spitze röthlich. Gefieder olivengrün, Schwingen und 2 mittelste Schwanzfedern schwarzbraun, grünlich gesäumt; Unterrücken, Bürzel und Steiß rothbraun; seitliche Schwanzfedern gelb, mit grünlicher Spitze. — Ganze Länge 17″. — Der junge Vogel hat dieselbe Schnabelfarbe, wie der alte, aber schwarze Beine und eine am Grunde nur mäßig gewölbte Stirnplatte; der alte Vogel hat rothbraune, am Lauf ganz rothe Beine und eine sehr hohe breite Stirnplatte. — Der Schwanz ist beträchtlich kleiner als bei Cassicus cristatus. — Heimath Guyana und Columbien.

7. Cassicus Yuracores *D'Orbigny*, Voy. Am. mér. Ois. pl. 51. fig. 1. — v. *Tschudi* Fn. per. Orn. 230. 3. — Schnabel schwarz, an der Spitze roth, die Basis des Unterkiefers gelb; Gefieder gelblich olivengrün, Unterrücken, Bürzel, Steiß, Bauchseiten und Flügel rostbraun, die Schwingen in der Tiefe schwarz; Schwanz gelb, die beiden mittelsten Federn olivengrün. Beine schwarzbraun. Ganze Länge 14—18″. — Heimath Peru und oberer Amazonenstrom. — Zu dieser Art scheint mir Cassicus augustifrons *Spix.* Av. Bras. I. 66. 2. th. 62. als junger Vogel zu gehören; wahrscheinlich auch C. Devillii *Bonap.* Consp. I. 427. 6. -- Die Spitze des Schnabels junger Vögel ist anfangs schwärzlich, später weißlich, zuletzt roth gefärbt.

8. Cassicus atrovirens *D'Orb.* Voy. Am. mér. Ois. pl. 51. f. 2. — v. *Tschudi* Fn. per. Orn. 230. 4. — Schnabel weißlich hornfarben, die Mitte gelbgrün; Gefieder olivengrün, Stirn und Zügel goldgelb, Augengegend schwärzlichbraun. Unterrücken, Bürzel und Steiß rothbraun; Schwingen in der Tiefe schwarzbraun; Schwanz gelb, die beiden mittleren Federn und die Spitzen der seitlichen bräunlich olivengrün. — Ganze Länge 12—14″. — D'Orbigny's Figur stellt den jungen Vogel ohne gelbe Stirn und schwärzliche Backen, mit weißlicher Kehle und trüberer Rückenfarbe vor. — Süd-Peru, Bolivien. —

III. Scaphiduridae. Schnabel kürzer kegelförmig, die Firste mehr oder weniger gebogen, seltener ganz grade; Nasengrube kür= zer, eigenthümlich dicht befiedert, das runde Nasenloch mit oder ohne Hautfalte. Flügel länger, spitzer, bis zur Mitte des Schwanzes reichend; nur die erste Schwinge verkürzt. Gefieder stets ganz schwarz, mehr oder weniger stahlglänzend; Schnabel und Beine schwarz.

A. Psarocolidae. Schnabelfirste mehr grade, die Spitze scharf, nicht herabgebogen; die Mundecke hoch, die Nasengrube sehr kurz.

9. Gatt. Scaphidurus *Swains.*
Cassicus *aut.*

Schnabel sanft herabgebogen, mit breiter flacher Stirnplatte, abgerundeter Firste, hoher Mundecke und stark abfallendem Mund= winkel; die Nasengrube von einer Leiste begrenzt, in deren Spitze das feine Nasenloch. Gefieder derbe, stark glänzend, beim Männchen am Halse sehr großfedrig, kragenförmig abstehend; Flügel lang und spitz, schon die erste Schwinge die längste. Schwanz breitfedrig und lang, abgerundet, die Seitenfedern nur wenig verkürzt. Beine völlig krähenartig, mit hohem Lauf, langen Zehen, von denen die äußere die innere kaum an Länge übertrifft; die Krallen stark gekrümmt, scharf und spitz. —

Scaphidurus ater.

Hartl. syst. Ind. Azar. 4. 60.   *Bonap.* Consp. I. 426. 918. 1.
Cassicus ater *Vieill.* Enc. méth. Orn. 723. — *Id.* N. Dict. d'hist. nat. V. 363.
Cassicus niger *Daudin* Traité d'Orn. II. 329. — *Licht.* Doubl. etc. 19. 177. —
     Pr. Max z. Wied III. b. 1241. 4.
Oriolus oryzivorus *Gmel.* Linn. S. Nat. I. 386. 10. — *Buff.* pl. enl. 534. —
     Lath. Ind. orn. I. 176. 5.
Psarocolius palliatus *Wagl.* S. Av. no. 4.
Cassicus palliatus *v. Tschudi.* Fn. per. Orn. 35. und 229. 2.
Japus Azarae *Merrem, Ersch et Grub.* Enc. XV. 276.
Cassidix mexicanus *Lesson* Traité d'Orn. 433.
Cassidix oryzivora *Cabanis* Mus. Hein. I. 194. 930.
Scaphidura barita et crassirostra *Swains.* two Centur. et a Quart. etc. 301.
     no. 62. 63.
Scaphidura atra *Cabanis Schomb.* Reise III. 683. 79.
Turdo grande, *Azara* Apunt. I. 273. 60.

Glänzend violettschwarz, Schnabel und Beine kohlschwarz.
Männchen lebhafter glänzend, mit weitem kragenartigen Halsgefieder.
Weibchen wenig glänzend, mit anliegendem Halsgefieder.

Schnabel schwarz, Iris perlweis. — Gefieder glänzend violettschwarz, die Backen mehr stahlblau, die Brust etwas erzfarben schillernd, die Flügel und Schwanzfedern schwärzer als der Rumpf gefärbt. Beine glänzend schwarz. —

Weibchen viel kleiner als das Männchen, letzteres durch größere, breitere einen Kragen bildende Halsfedern sich auszeichnend; ersteres weniger glänzend, mit Stahlschiller. —

Ganze Länge des Männchens 13—13½", des Weibchens 11—11½", Schnabel jenes 1" 5‴, dieses 1" 2‴, Flügel dort 7" 4‴, hier 6" 2‴, Schwanz 5" oder 4", Lauf 1" 5‴ oder 1" 3‴. —

Im mittleren Brasilien, besonders bei Bahia einheimisch, nicht mehr bei Rio de Janeiro und Novo=Friburgo. Der Vogel hat im Benehmen viel krähenartiges, ist dreist, lebt gesellig nicht sowohl im Walde, als auf den offenen Triften, wo er auf Viehweiden gesehen wird; geht viel am Boden mit schreitender Bewegung, wie eine Krähe, und frißt besonders allerhand Gewürm, was er vom Boden aufliest. Die Brasilianer fangen den Vogel ein und halten ihn, wie eine Dohle, im Hause, wo er mit dem Abfall jeder menschlichen Nahrung vorlieb nimmt. —

10. Gatt. Molobrus *Cabanis.*
Molothrus *aut.*[*])

Schnabel kurz kegelförmig, sehr spitz, die Firste fast grade, die Stirnplatte schmal, die Nasengrube kurz, ohne Kante, der Mundrand eingebogen, besonders stark der des Unterkiefers, ähnlich wie bei der vorigen Gattung. Munddecke hoch, Mundwinkel stark abfallend. Gefieder weich, im Alter lebhaft metallisch stahlblau, in der Jugend braun oder bräunlich; Flügel ziemlich lang und spitz, die drei ersten Federn gleich lang. Schwanz nicht sehr lang, grade abgestutzt, die einzelnen Federn gegen die Spitze hin etwas breiter, besonders die äußerste jeder Seite. Beine feiner, zierlicher als bei Scaphidurus, die Zehen dünner, die Krallen grader, die Außenzehe ebenso lang wie die Innenzehe. —

1. Molobrus sericeus.

Bonap. Consp. I. 437. 4.
Icterus sericeus *Licht.* Doubl. d. zool. Mus. 19. 179. — v. *Tschudi* Fn. Per. Orn. 34. 2. und 225. 2.

---

*) Der durch einen Irrthum des ersten Gründers entstandene, unverständliche Name Molothrus ist von Cabanis (Mus. Hein. I. 192.) in die richtige Form Molobrus umgeändert worden.

Icterus violaceus *Pr. Max z. Wied* Beitr. III. b. 1212.
Icterus minor *Spix.* Av. Bras. I. 67. 1. tb. 63. 1. fig. 2.
Psarocolins sericeus *Wagl.* Syst. no. 31.
Scolecophagus sericeus *Swains.* two Centur. 301. n. 64.
Tanagra bonariensis *Gmel. Linn.* S. Nat. I. 2. 898. 38. — *Buff.* pl. enl.
　　710. — *Lath.* Ind. orn. I. 430. 36.
Tordo commun *Azara* Apunt. I. 275. 61.

Schnabel glänzend schwarz. Iris braun. — Gefieder des alten männlichen Vogels gleichmäßig stahlblau glänzend, die Brust mehr violettblau, die Flügel und der Schwanz grünlichblau, auf der Unterseite matt schwarzgrau. — Weibchen beträchtlich kleiner, matter und mehr schwarzbraun, mit leichtem Veilchen- oder Stahlschiller am Oberkörper; die Flügel und der Schwanz schwarzbraun; die Unterfläche heller braungrau, mit dunkleren Schaftstreifen. — Der junge Vogel wie das Weibchen gefärbt, doch das Gefieder noch matter, glanzloser; die Federn lichter gesäumt, über dem Auge ein etwas hellerer Streif, die Kehle weißlich. —

Ganze Länge des Männchens 8″, des Weibchens 7″, Schnabelfirste 7½—7‴, Flügel 4″ 2‴—4″, Schwanz 2″ 8‴—2″ 5‴, Lauf 13—12‴.

Sehr häufig in ganz Brasilien, lebt in kleinen Trupps, wie die Staare, streift umher, auf offenem buschigen Terrain, nicht im Walde, kommt nahe an die Ansiedelungen, und verräth sich dann bald durch ein lautes Gekreisch und Gesingsel, was grade nicht unangenehm ist. Die Nahrung des Vogels besteht hauptsächlich in Insekten, die er am Boden sucht; auf den Gebüschen ruht er nur in Gesellschaften, und singt dann zum Zeitvertreib. Oefters kamen solche Schwärme in Neu-Freiburg ganz nahe an meine Wohnung. Auch in Minas geraes traf ich den Vogel überall; die Mineiros nannten ihn Vira-bosta (Mistwälzer), weil er den auf der Straße liegenden Pferdekoth gern untersucht. —

Anm. In dem von mir bereisten Strich Brasiliens habe ich nur diese eine Art getroffen; indessen unterscheiden die Ornithologen mehrere ähnliche Spezies, über deren Berechtigung ich mich alles Urtheils enthalte, weil ich sie nicht gesehen habe; setze aber ihre Diagnosen her.

2. Molobrus unicolor *Bonap.* Consp. I. 437. 5. — Leistes unicolor *Swains.* two Cent. 304. no. 75. — Der kürzere mehr abgerundete Schwanz und die stumpferen Flügel sollen diese Art von der vorigen unterscheiden; das Männchen ist schwarz, matt glänzend, das Weibchen braun, mit schwarzen Schaftstreifen und rostrother Bauchseite.

3. Molobrus brevirostris *Swains.* two Cent. etc. 305. no. 76. fig. 50. — *Bonap.* Consp. I. 436. 935. 2. — *Caban.* Mus. Hein. I. 193. 927. — Angeblich an dem kurzen, kaum ½ Zoll langen Schnabel und der matteren Färbung kenntlich; das Männchen ist schwarz, fast ohne allen Stahlglanz, Flügel und Schwanz schwarzbraun; das Weibchen braun, unten blasser mit weißlicher Kehle. — Schnabel 6‴, Flügel 4″.

4. Molobrus badius *Caban.* l. l. 4. — Agelaius badius *Vieill.* Enc. méth. Orn. 711. 4. — *Lesson* Traité d'Orn. 432. — Icterus fringillaris *Spix*

Av. Bras. I. 68. 4. tb. 65. f. 1. et 2. — Tordo pardo roxizo *Azara* Apunt. I. 290. 63. — Männchen braun, Oberkopf dunkler, Zügel und Backen schwärz= lich; Flügel und Schwanzfedern schwarzbraun, lebhaft rostbraun gerandet; Unter= fläche rostgelb. — Weibchen matter gefärbt, die Unterfläche mehr graulich. Schnabel und Beine schwarz. — Länge 6″, Schnabel 7‴, Flügel 3″ 3‴, Schwanz 2″ 4‴. — In Minas geraes.

11. Gatt. Psarocolius *Bonap.*

Aphobus *Caban.*

Schnabel der vorigen Gattung, aber etwas schlanker und darum spitzer; beide Kiefer mit schiefen Furchen, die des Unterkiefers deut= licher. Kopfgefieder schmalfedrig, spitz, wie an unserem Staar (Sturnus); das übrige Gefieder rund und ziemlich weich; Flügel etwas stumpfer als bei Molobrus, die erste Schwinge kürzer als die zweite, welche mit der dritten die längste ist; Schwanz länger und abgerundet, die Seitenfedern etwas verkürzt; Beine kräftiger, solider gebaut, besonders die Zehen und Krallen stärker.

Psarocolius unicolor.

Icterus unicolor *Licht.* Doubl. d. zool. Mus. 19. 178. — *Pr. Max z. Wied* Beitr. III. b. 1208. 3.
Agelaius Chopi *Vieill.* N. Dict. d'hist. nat. Tm. 34. pag. 537. — *Id.* Enc. méth. Orn. 713. — *Bonap.* Consp. I. 425. 917. 3.
Icterus sulcirostris *Spix* Av. Bras. I. 67. 2. tb. 64. 2.
Psarocolius sulcirostris *Wagl.* S. Av. 29.
Agelaius sulcirostris *Swains.* two Cent. 303. no. 69. fig. 50. a.
Aphobus Chopi *Caban.* Mus. Hein. I. 194. 928.
Chopi, *Azara* Apunt. I. 282. 62.

Schwarz, matt seidenartig glänzend, das alte Männchen etwas grünlich metallisch schillernd.

Beträchtlich größer als unser Staar (Sturnus vulgaris), aber dessen wahrer Stellvertreter in Süd=Amerika. — Ganzes Gefieder kohlschwarz, seidenartig glänzend, bei alten Vögeln, besonders die Brust, etwas grünlich metallisch schillernd. Schnabel hornschwarz, der Mundrand des Oberkiefers etwas abwärts gebogen, vom Nasenloch aus zwei schwache Furchen, und zwei recht starke vom Kinnrande her schief über die Seiten des Unterkiefers. Kopffedern bis zum Nacken lang, schmal, zugespitzt. Flügel nicht völlig bis auf die Mitte des Schwanzes reichend, doch etwas länger als die oberen Schwanzdecken. Schwanz nach dem Ende zu breiter, sanft zugerundet, die 3 äußeren Federn jeder Seite etwas verkürzt. Lauf hoch. Hinterzehe sehr lang, mit starkgebogener sanft zugespitzter Kralle.

Ganze Länge 9″, Schnabelfirste 9‴, Flügel 4″ 6‴, Schwanz 3″ 4‴,
Lauf 14‴. —

Auf dem Camposgebiet des inneren Brasiliens, und nur da ansäßig,
nicht in den dicht bewaldeten Küstenstrecken; lebt in kleinen Gesellschaften
auf offenen Triften, wie die Staare, geht viel am Boden, sucht Insekten
im Mist der Hausthiere auf der Landstraße oder den Viehweiden, und
läßt sich oft ganz nahe bei den Ansiedelungen in Schwärmen auf einzelnen
Büschen nieder, ruhet hier einige Zeit, und singt im mannigfachen Tönen
durcheinander, bis ein herannahender feindlicher Gegenstand sie aufscheucht
und sie lärmend davon eilen. Das ganze Benehmen des Vogels erinnert
lebhaft an das des Staars. Die Brasilianer nennen ihn ebenfalls Vira-hoste.
Das Nisten des Vogels beschreibt Azara nach Angabe seines Freundes
Noseda; ich traf einmal am Abhange eines tiefen Hohlweges mehrere Löcher,
aus denen mein Sohn den Vogel hervorkommen sah; es gelang uns aber
nicht, die Bruthöhle zu erreichen, da der Eingang zu enge war; nach
Azara legt der Vogel vier bis fünf ganz weiße Eier. Er frißt übrigens
auch Früchte und Sämereien und gewöhnt sich, in der Gefangenschaft, an
jede menschliche Nahrung. —

Anm. 1. Bonaparte verbindet mit dieser Art generisch auch den Japú
negro *Azara* Apunt. I. 268. 58. — Cassicus solitarius *Vieill.* Enc. méth. Orn.
723. (der übrigens nicht identisch mit Cassicus nigerrimus *Spix* l. l. ist; wie
Cabanis nachweist, Mus. Hein. I. 190. Note 2.). Derselbe ist ganz schwarz,
mit bleigrauen Beinen und rother Iris; 10½″ lang, der Schwanz 4″, der
Schnabel 15‴, der Lauf 17‴; also beträchtlich größer als die vorige Art. —
Der Vogel lebt einzeln und wird nicht häufig gesehen; mir ist er unbekannt. —

2. Ein nah verwandter, mir ebenfalls unbekannter Vogel scheint Icterus
tanagrinus *Spix* Av. Bras. I. 67. 3. th. 64. f. 1. zu sein, welchen Cabanis
zu seiner Gattung Lamprospar (*Schomb.* Reise III. 682. — Mus. Heinean. I.
194.) rechnet. Nach seiner Angabe unterscheidet sich dieselbe hauptsächlich durch
den längeren, spitzeren Schnabel, die stumpferen Flügel, deren vierte Schwinge
die längste ist, und den längeren stufigen Schwanz von Molobrus. Die er-
wähnte Art ist einfarbig schwarz, glanzlos, 7½″ lang und bei Para zu Hause.
Azara's Tordo negro y vario (Apunt. I. 313. 71.) — Agelaius cyanopus *Vieill.*
Enc. méth. Orn. 719. steht derselben am nächsten.

B. **Quiscalidae.** Schnabelfirste mehr gekrümmt, die
Spitze entschieden herabgebogen; der Schnabel am
Grunde schwächer, besonders der Unterkiefer nie-
driger und die Mundecke weniger scharf abgesetzt.

Anm. Die Mitglieder dieser Gruppe sind mehr in der nördlichen Tropenzone Amerikas einheimisch, und bewohnen die südlichen Gegenden nicht; ich habe
keine Art auf meiner Reise getroffen. Die Gattungen Scolecophagus, Quiscalus
oder Chalcophanes gehören hierher, sie bilden den Uebergang zu den Corvinen.

12. Gatt. Quiscalus *Vieill.*

Chalcophanes *Caban.*

Schnabel dem von Oriolus ähnlicher als dem von Sturnus, die Stirnschneppe schmal und kurz, die Nasengrube zwar lang, aber nur eine kurze Strecke befiedert, daher die nackte Haut über dem Nasenloch deutlich sichtbar bleibt; Schnabelfirste sanft gebogen, die Spitze deutlich herabgekrümmt, der Mundwinkel nicht so herabge= zogen wie bei den vorhergehenden Gattungen. Gefieder schwarz, stark metallisch glänzend. Flügel bis auf die Mitte des Schwanzes reichend, ziemlich spitz, die erste und zweite Schwinge ein wenig ver= kürzt, die dritte mit der vierten die längsten. Schwanz mäßig lang, stark zugerundet, die Seitenfedern verkürzt. Beine zierlicher, mehr drossel= als staarartig; der Lauf hoch, die Zehen lang und dünn, die Außen= und Innenzehe gleich lang, die Krallen spitz, aber nicht sehr stark gekrümmt. —

Quiscalus lugubris.

Swains. two Century and a Quart. etc. pag. 229. no. 57. fig. 54. c. — *Bonap.* Consp. I. 424. 3.
Chalcophanes lugubris *Caban.* Mus. Hein. I. 197. 938.

Violettschwarz, Flügel grünlich schillernd.

Schnabel nicht völlig so lang wie der Kopf, glänzend schwarz. Iris braun. Gefieder violettschwarz, mäßig und nicht sehr lebhaft metallisch glänzend; die Flügel und der Schwanz etwas ins Erzgrünliche fallend; die Beine wie der Schnabel glänzend schwarz. —

Ganze Länge 10″, Schnabelfirste 14‴, Flügel 4″ 7‴, Schwanz 4″, Lauf 1″ 2‴. —

Im nördlichen Brasilien, bei Pernambuco, Para und am Amazonen= strom; lebt auf offenen Plätzen, an Wegen, sucht im Pferdedung nach Nah= rung und vertritt hier die Stelle der südlichen Psarocolien. —

Anm. Ich habe den Vogel nicht gesehen und gebe darum keine weitere Beschreibung. Wie er sich von Quiscalus jamaicensis *aut.*, Sturnus dominicensis *Daud.* und Quisc. minor *Caban.* Schomb. Reise III. 683. 81. — Mus. Hein. I. 197. 939. unterscheide, ist mir nicht recht klar, und möchten diese einander sehr ähnlichen Vögel wohl alle zu einer Art zu rechnen sein. Von letzterer liegt mir ein Individuum aus Surinam vor.

2. Corvinae.

Schnabel zumal nach vorn höher, dicker, stärker, die Firste mehr herabgebogen, die Spitze etwas hakig herabgekrümmt. Nasengrube breit, von anliegenden Federn bedeckt, deren Spitzen über das runde Nasenloch herüberreichen. Gefieder meist derbe und stark gebaut, vorwiegend schwarz gefärbt, bei den Süd-Amerikanern ganz oder z. Th. himmelblau; am Flügel ist die erste kleinere Handschwinge vorhanden, obgleich sie beträchtlich, mitunter bis zur Hälfte der zweiten, verkürzt zu sein pflegt; es sitzen also zehn Federn am Handtheil des Flügels. Schwanz groß, stark, aber nicht grade lang, mehrentheils abgerundet, stets aus zwölf Federn gebildet. Beine stark, die Zehen weniger lang, fleischig, nur der Daumen sehr groß, mit kräftigen gekrümmten Krallen. —

Eigentliche Raben und Krähen sind in Süd-Amerika nicht ansäsig, sie werden dort von ganz anderen Vögeln vertreten; wirkliche Corvinen treten daselbst nur in Hähergestalt auf und gehören zu den schönsten Arten dieser durch ziemlich kurzen Schnabel und längere Schwanzform ausgezeichneten Unterabtheilung.

13. Gatt. Cyanocorax *Boje*.
Uroleuca *Bonap.*

Ihre kurzen, nur bis auf die Basis des Schwanzes reichenden Flügel, deren fünfte und sechste Schwinge die längsten sind, zeichnen die hierher gehörigen Arten aus, alle anderen Merkmale verbinden sie mit der folgenden; die größere Länge des Schwanzes ist nur scheinbar, auch die Haubenbildung der Federn des Oberkopfes nicht ihnen ausschließlich eigen.

1. Cyanocorax pileatus.

Corvus pileatus *Temm.* pl. col. 58.
Pica pileata *Wagl.* Syst. Av. no. 28.
Pica chrysops *Vieill.* N. Dict. d'hist. nat. Tm. 26. p. 121. — *Id.* Enc. méth. Orn. 884. — *Id.* Gal. d. Ois. II. 157. pl. 101.
Uroleuca pileata *Bonap.* Consp. I. 380. 4.
Cyanocorax pileatus *Caban.* Mus. Hein. I. 224. 1036.
Cyanurus pileatus *Swains.* Fn. Am. bor. II. 495. 7.
Acahé, *Azara* Apunt. I. 253. 53.

Rückengefieder blau, Bauchseiten und Schwanzspitze weiß; Stirn, Kehle, Oberkopf und Vorderhals schwarz.

So groß wie eine Elster (Corvus Pica *Linn.*), doch der Schwanz beträchtlich kürzer. — Schnabel und Beine glänzend schwarz. Iris weiß=gelb. Stirn, Zügel, Oberkopf, dessen Federn haubenartig nach hinten ver=längert sind, Halsseiten, Kehle und Vorderhals bis zur Brust kohlschwarz; über und unter dem Auge ein breiter, mondförmiger, himmelblauer Fleck, ersterer und der Hinterkopf weißlich gerandet. Nacken, Rücken, Flügel und Schwanz ultramarinblau, die Schwanzfedern an der bedeckten Strecke schwarz, die Spitzen der Schwanzfedern breit weiß; ebenso die ganze Unter=seite von der Brust bis zum Steiß und die Innenseite der Flügel; die Schwingen auf der Innenseite grau. —

Ganze Länge 14″, Schnabelfirste 10‴, Flügel 6″, Schwanz 6½‴, Lauf 19‴. —

Ueber das ganze wärmere Amerika verbreitet, aber mehr im Binnen=lande, als im Waldgebiet heimisch; lebt wie die Elster meist paarig, nistet ziemlich kunstlos auf hohen Bäumen, legt 2 bläulichweiße, braun gefleckte Eier, und frißt Körner oder Insekten je nach der Jahreszeit. Die Stimme des Vogels ist laut aber unangenehm. —

2. Cyanocorax cyanopogon.

Corvus cyanopogon *Pr. Max z. Wied* Beitr. III. b. 1247. 1. — *Temm.* pl. col. 169.
Pica cyanopogon *Wagl.* S. Av. no. 27.
Uroleuca cyanopogon *Bonap.* Consp. I. 379. 814. 3.
Cyanocorax cyanopogon *Caban.* Mus. Hein. I. 224. 1037.
Cyanurus cyanopogon *Swains.* Fn. Am. bor. II. 495.

Oberkopf, Kehle und Vorderhals schwarz; Nacken, Unterseite und Schwanz=spitze weiß; Rücken, Flügel und Schwanzgrund braun, Backen blau.

Etwas kleiner als die vorige Art, sonst ebenso gestaltet. Schnabel und Beine glänzend schwarz. Iris goldgelb. Stirn und das haubenartig ver=längerte Gefieder des Oberkopfes nebst der Kehle, den Halsseiten und dem Vorderhalse kohlschwarz; über dem Auge ein weißer Bogenstreif, die Backen unter dem Auge bis zum oberen Rande herum ultramarinblau. Nacken, Brust, Bauch, Steiß und Schwanzspitze weiß; Rücken, Flügel und Basis des Schwanzes schwarzbraun; Innenseite der Flügel weiß, der Rand schwarz gefleckt, die Schwingen grau. —

Ganze Länge 12″ 9‴, Schnabelfirste 10‴, Flügel 5¼″, Schwanz 6″, Lauf 1½″. —

Das Männchen ist lebhafter gefärbt, als das Weibchen und be=sonders im Nacken nicht rein weiß, sondern hell himmelblau, welche Farbe ſich an den Halsſeiten bis zur Bruſt hinabzieht; der junge Vogel gleicht dem Weibchen und unterſcheidet ſich von ihm durch die kleine Kopfhaube.

In den Wäldern der Küſtenſtrecke, beſonders bei Bahia und weiter nach Norden zu nicht ſelten; hat die Lebensweiſe und Manieren unſeres Hähers (Corvus glandarius *Linn.*) und frißt, wie dieſer, ſowohl Inſekten als auch trockne Samen, beſonders der größeren Waldbäume.

14. Gatt. Uroleuca *Bonap. Cab.*

Schnabel nach Verhältniß höher und ſtärker als bei der vorigen Gruppe; das Gefieder faſt ebenſo, nur die Flügel viel länger und bis auf die Mitte des Schwanzes reichend; erſte Schwinge halb ſo lang wie die vierte, längſte, die zweite ſtark, die dritte wenig ver=kürzt; Schwanz etwas ſtumpfer gerundet, d. h. die mittleren Federn kürzer und daher auch im Ganzen kürzer erſcheinend.

Uroleuca cristatella.

Corvus cristatellus *Pr. Wied* Beitr. III. b. 1251. 2. — *Temm.* pl. col. 193.
Pica cristatella *Wagl.* Syst. Av. I. no. 26.
Corvus splendidus *Licht.* Doubl. d. zool. Mus. 21. 200.
Corvus tricolor *Natt. Mikan Del.* Fn. et Flor. Bras. 2.
Uroleuca cyanoleuca *Bonap.* Consp. I. 379. 814. 2. — *Cabanis* Mus. Hein. I. 223. 1039.

Kopf, Hals und Oberrücken ſchwarzbraun; Flügel und Schwanzgrund himmelblau; Bruſt, Bauch, Steiß und Schwanzſpitze weiß. —

Etwas gedrungener gebaut als die vorigen beiden Arten, beſonders der Schnabel viel dicker und länger; er nebſt den Beinen glänzend ſchwarz, Iris perlgrau. Gefieder der Stirn ſchopfartig verlängert, zumal die vorderſten Federn, übrigens wie der ganze Kopf, Hals, Nacken und Ober=rücken ſchwarzbraun; der übrige Rücken blau überlaufen, die Flügel und Baſis des Schwanzes reiner ultramarinblau, die bedeckten Stellen der Schwingen ſchwarz; die Endhälfte des Schwanzes breit weiß, ebenſo die Bruſt, der Bauch, der Steiß und die Innenſeite der Flügel, mit Ausſchluß der grauen Schwingen und des ſchwarzen Randes. —

Ganze Länge 15″, Schnabelfirſte 1″, Flügel 7½″, Schwanz 5″, Lauf 2″. —

Auf dem Camposgebiet des inneren Braſiliens und dort nicht ſelten; man ſieht den Vogel aber nur einzeln in den lichten Gebüſchen der Campos serrados, wo er bis nahe an die Anſiedelungen kommt, aber in die Gärten nicht leicht ſich begiebt. Mein Sohn ſchoß den Vogel einige Male in der Nähe von Lagoa ſanta. —

Anm. In dem von mir bereisten Gebiete Brasiliens kommen nur die 3 vorstehend beschriebenen Corvinen vor; weiter nach Norden und Süden finden sich noch einige ganz blaue Arten mit langen spitzen Flügeln, auf welche Bonaparte die Gattung Cyanocorax beschränkt und die Cabanis zu einer eigenen Gattung Coronideus erhebt (Mus. Hein. I. 225.). Da ich diese Spezies nicht selbst untersucht habe, so setze ich bloß ihre Definitionen her:

1. Coronideus coeruleus: Pica coerulea *Vieill*. N. Dict. d'hist. nat. Tm. 26. 126. — *Id*. Enc. méth. Orn. 886. 6. — Corvus azureus *Temm*. pl. col. 168. — Pica azurea *Wagl*. S. Av. no. 25. — Urraca celeste *Azara* Apunt. I. 259. 55. — Kopf bis zum Nacken, Vorderhals, Schnabel und Beine schwarz; das ganze übrige Gefieder ultramarinblau; Flügel und Schwanz auf der Unterseite schieferschwarz. Ganze Länge 14", Schnabelfirste 1¼", Flügel 7", Schwanz 6". — Im ganzen Innern Brasiliens, vom Amazonenstrom bis Rio de la Plata verbreitet; aber nicht häufig.

2. Coronideus hyacinthinus *Caban*. Schomb. Reise III. 683. 83. — Cyan. violaceus *Dubus*. Rev. zool. 1848. 243. — Cyn. Harrisii *Cassin*. Proc. Acad. Phil. 1848. — hat ganz dieselbe Größe und Färbung, aber der Oberkopf mit dem Nacken ist blau, nicht schwarz, und die Farbe der Flügel viel voller blau als die des Rumpfes. Lebt in Guyana und Columbien.

3. Coronideus cyanomelas: Pica cyanomelas *Vieill*. Enc. méth. Orn. 884. — *Wagl*. S. Av. I. n. 24. — Corvus Oenas *Licht*. Ms. ber. — Urraca morada, *Azara* Apunt. I. 256. 54. — ist etwas kleiner, hat einen viel kürzeren dickeren Schnabel, eine mehr blaugraue nicht reine blaue Grundfarbe und einen rußbraunen Kopf, Hals und Oberbrust mit sammetschwarzer Stirn, Zügel und Augengegend. Bewohnt Rio grande do Sul, Montevideo und Paraguay. — Ganze Länge 13", Schnabelfirste 11‴, Flügel 6¼", Schwanz 6¼". —

Vierte Ordnung.
Girrvögel. Gyratores.

Dreiundzwanzigste Familie.
Tauben. Columbinae.

So leicht es in den meisten Fällen ist, eine Taube schon beim ersten Anblick zu erkennen, so schwer hält es oft, die feineren Unterschiede der Arten und ihre Verbindung zu natürlichen Gruppen herauszufinden. Ganz kürzlich hat sich der Prinz Ch. Bonaparte dieser Aufgabe unterzogen und sie mit bekanntem Geschick gelöst. (Comptes rendus des Scéanc. hebdom. etc. Vol. XXXIX et XL. 1854. 2. und 1855. 1.). Wir benutzen hier seine Arbeit und beschränken unseren Antheil bei Bearbeitung der Brasilianischen Tauben-Arten auf die Beschreibung der in Brasilien selbst beobachteten Spezies. Zuvor eine allgemeine Charakteristik der Tauben-Gestalt.

Der Schnabel der Tauben ist ziemlich fein gebaut, nie länger als der Kopf, in der Mitte etwas dünn, von Haut bekleidet und vorn an beiden Hälften mit einer gewölbten, kuppenartigen Hornplatte versehen, welche am Oberschnabel zwar stumpf bleibt, aber etwas hakig abwärts gebogen ist. Im Oberschnabel zieht sich eine lange Nasengrube herab, deren hintere Partie eine bauchige Knorpelschuppe einschließt, über welche sich die zarte Wachshaut ausbreitet; dieser Theil des Schnabels pflegt mit einem weißen Puderstaube bedeckt zu sein, die hornige Kuppe ist bald hell weißlichgrau, bald dunkler schwarzgrau gefärbt. Das Nasenloch bildet eine Längsspalte am unteren Rande der Schuppe und steht nach vorn weiter auf. Die Firste des Schnabels ist nie scharf, stets etwas abgeplattet; der Unterkiefer an den Seiten nicht bloß vertieft, sondern in der Vertiefung befiedert. Zähne oder Kerben hat der Schnabel am Rande nicht; besonders wenn, wie Bonaparte will, die scharf gezahnte Gattung Didunculus unter die Hühner in die Nähe von Odontophorus gehört. — Die Zunge der Tauben ist stets weich, klein, etwas fleischig und ungefasert. —

Das Gefieder zeichnet sich durch seine derbe, feste Beschaffenheit
kenntlich aus; die einzelnen Federn sind groß, breit abgerundet, un=
ten dunig, aber nicht mit einem Afterschaft versehen; Dunen zwischen
den Conturfedern fehlen, ebenso die kleinen Federn am Rande der
stets ganz nackten, bisweilen warzig papillösen Augenlieder. Die
Flügel sind von mäßiger Länge, die Schwingen zugespitzt, und
die ersten bald mehr bald weniger verkürzt. Es sitzen am Handtheil
zehn Federn, am Arme eilf bis zwölf, seltener funfzehn, nie
mehr; letztere sind ziemlich breit, stumpf abgerundet und von gleicher
Länge. Der Schwanz ist bald lang und zugespitzt, bald breit und
abgerundet, aber nicht gabelförmig gestaltet; er enthält bei den Arten
Amerikas nur zwölf Federn, bei denen der östlichen Hemisphäre
mitunter mehr (bis sechzehn), aber nie weniger. Die Bürzeldrüse
ist am Zipfel unbefiedert. —

Auch den jungen im Neste liegenden Vögeln fehlt anfangs jedes
Dunenkleid, eine Eigenschaft, worin die Tauben weit mehr mit den
Singvögeln, als mit den Hühnern übereinstimmen. Zuerst erscheinen
steife, gewöhnlich gelbe, Borsten auf den Spitzen der durchbrechenden
Conturfedern, hernach die derben Conturfedern selbst. Alle Tauben
legen zwei weiße Eier und füttern ihre Jungen mit den im Kropfe
der Aeltern erweichten Nahrungsmitteln, welche in großen trockenen
Pflanzensamen bestehen.

In der Fußbildung der Tauben herrscht die Anordnung der
Hochvögel, aber nicht deren Bildung. Die Befiederung reicht allge=
mein bis zum Hacken, oder dehnt sich bisweilen darüber hin aus.
Der Lauf ist im Ganzen kurz und selten länger als die Mittelzehe;
er pflegt vorn mit kurzen Querschildern bedeckt, hinten netzförmig ge=
täfelt oder nackt zu sein. Von den vier Zehen steht der Daumen
immer nach hinten, die drei anderen nach vorn. Ersterer ist klein,
viel kleiner als gewöhnlich bei den Singvögeln und mit einem mä=
ßigen, doch seitlich zusammengedrückten Nagel besetzt; die drei vorde=
ren Zehen haben denselben Bau, sind aber schlanker, länger, und wie
der Daumen auf der Oberseite von kurzen, gleich großen Halbgürteln
bekleidet, unten warzig; die mittlere Zehe ist stets länger als die
beiden andern unter sich gleich langen. Eine Spannhaut fehlt ent=
weder, oder sie ist zwischen der Außenzehe und der Mittelzehe vor=

hauben. Bei einigen Tauben der östlichen Hemisphäre sind diese Zehen gar verwachsen, bei andern ihre Oberfläche nicht mit Gürtelschildern, sondern mit eckigen kleinen Täfelchen in mehreren Reihen bekleidet. —

Anatomisch zeichnen sich die Tauben durch einen großen Kropf, einen kräftigen Muskelmagen und kurze Blinddärme aus. Ihr Knochensystem ist nicht sehr derbe und größtentheils pneumatisch. —

In ihrer Lebensweise sind sie durch die strenge Monogamie und das übereinstimmende Kolorit beider Geschlechter den Hühnern höchst unähnlich; sie nähren sich, gleich letzteren, nur von vegetabilischer Kost, z. Th. von fleischigen Früchten, die meisten von harten, trocknen Samen und verbreiten sich, mit merkwürdigem Festhalten der allgemeinen Form, über die ganze Erdoberfläche, kommen aber in den wärmeren Gegenden viel häufiger vor, als in den kalten. Europa besitzt nur 7 Arten von den 225 bekannten, Amerika 120, also über die Hälfte aller Tauben; aber die größere Menge derselben ist außerhalb Brasilien, über Nord-Amerika, Mexico, Westindien und das Cordillerengebiet verbreitet. In Brasilien giebt es fast nur Waldtauben, welche auf Bäumen nisten, keine Felsentauben; selbst die so häufig am Boden sichtbaren kleinen Erdtauben bauen ihre Nester in Gebüschen, wenn auch nicht grade im dichten Urwalde. Sie haben die bekannte girrende oder turtelnde Stimme, welche man häufig in den Wäldern hört, und heißen bei den Einwohnern Brasiliens ohne Unterschied Pomba, mit Zusätzen für die verschiedenen Arten. —

Der Prinz Bonaparte theilt in seiner oben citirten Bearbeitung die Tauben nach der Fuß-, Flügel- und Schwanzbildung in zwei Hauptgruppen, 5 Familien und 12 Unterfamilien. Davon bewohnen nur 2 Unterfamilien, die der ächten Columbiden, und die Zenaiden Süd-Amerika; wir haben also auch nur diese beiden hier zu schildern.

1. Columbidae.

Tauben mit kurzem Lauf, welcher die Länge der vorderen Mittelzehe nicht ganz erreicht, und derbem breitem, abgerundetem Schwanze, dessen äußere Federn nicht viel verkürzt und ebenso breit sind, wie die mittleren. —

1. Gatt. Chloroenas *Reich.*

Lauf am Hacken herum, besonders auf der Vorderseite befiedert, oder von überhängenden Federn bedeckt, die untere Partie vorn mit schwach abgesetzten, mitunter getheilten Halbgürteln bekleidet, hinten fein warzig; Mittelzehe sehr lang, viel länger als die seitlichen Zehen und der Lauf; die Innenzehe etwas kürzer als die Außenzehe. Schnabel ziemlich kurz, am Grunde von dem herabsteigenden Stirn= gefieder bekleidet; die Nasenschuppe lang, schmal, z. Th. neben dem Stirngefieder sich erstreckend. Flügel lang, bis zur Mitte des Schwan= zes reichend, die Handschwingen schlank zugespitzt, etwas gebogen; die dritte Schwinge die längste. Schwanz sehr breit und nach Ver= hältniß lang, die äußeren Federn recht merklich verkürzt.

Hierher die größten Waldtauben Brasiliens mit matt metallisch schillerndem Rücken, aber ohne lebhaft metallisches Hals= oder Nacken= gefieder; von trüb rothgrauer Farbe. —

1. Chloroenas rufina.

Temm. Pig. 59. pl. 24. — *Id.* hist. nat. d. Pig. et Gall. I. 245. — *Pr. Max z. Wied* Beitr. IV. 453. 2. — *Wagl.* Syst. Av. sp. 64. — *Schomb.* Reise III. 743. 334.
Pomba Cacaroba oder Saroba der Brasilianer.

Blaugrau; Stirn, Vorderhals, Brust und Rücken weinroth; Schwingen und Schwanz graubraun. —

Nicht ganz so groß wie unsere Waldtaube (Col. Oenas *Linn.*) und auch von deren Ansehn. Schnabel schwärzlich, Iris hellroth. Gefieder in der Hauptsache ein schönes helles Bleigrau; Stirn bis zu den Augen, Hals, Brust und der Rücken vor den Flügeln weinroth, etwas ins Violette spie= lend, besonders die Brust, im Nacken ein leichter Kupferschiller bei alten Vögeln. Flügel, besonders die Schwingen und der Schwanz schiefergrau= braun, die vorderen und äußeren etwas dunkler und schwärzer als die hin= teren; der Außenrand ins Gelbliche spielend; Kehle und Aftergegend weiß= lichgrau; die Innenseite der Flügel hell gelblichgrau. Beine lebhaft taubenroth, wie bei unseren Arten. —

Das Weibchen ist etwas kleiner als das Männchen, hat mattere Farben und keinen Metallschiller im Nacken; der Oberrücken ist graubraun, wie die Flügel. —

Ganze Länge 12″ 6—8‴, Schnabel 8‴, Flügel 7—7¼″, Schwanz 4″ 6—8‴, Lauf 10‴, Mittelzehe 12—13‴ ohne Kralle. —

Ich erhielt diese große Tauben-Art mehrmals in Lagoa santa, wo sie in den benachbarten Waldungen ziemlich häufig vorkam. Der Prinz zu Wied traf sie im Walde schon bei Rio de Janeiro, dagegen ist sie mir in den Gebirgsthälern bei Neu-Freiburg nicht vorgekommen. —

Chloroenas infuscata.

Lichtenstein Doubl. d. zool. Mus. 66. 682. — *Wagl.* Syst. Av. sp. 65.
Columba locutrix *Temm.* pl col. 166. — *Wagl.* Isis 1829. 744. — *Id.* Syst.
Av. sp. 62. — *Pr. Max* z. *Wied* Beitr. IV. 635. 3.
Columba plumbea *Vieill.* N. Dict. d'hist. nat. Tm. 26. pag. 238.
Pomba margosa der Brasilianer.

Weinröthlichbraun, Kehle blaßgelb, im Nacken weinrothe Tupfel; Rücken, Flügel und Schwanz braun, matt metallisch schillernd. —

Nur wenig kleiner als die vorige Art, der Schnabel schwarz, die Iris weinroth. Gefieder weinröthlichgrau, gegen den Rücken hin dunkler; die Flügel und der Schwanz graubraun, mit leichtem metallischem Erz= schiller. Im Nacken vor dem Rücken auf jeder Feder ein heller weinroth= gelber, schwärzlich nach außen gerandeter Fleck. Außenrand der ersten Hand= schwingen weißgrau, Endrand der unteren Schwanzdecken rostgelb, wie die Kehle. Beine taubenroth. —

Männchen und Weibchen gleich gefärbt, aber letzteres matter, be= sonders an der Brust.

Ganze Länge 12″, Schnabelfirste 7‴, Flügel 7″, Schwanz 4″ 8‴, Lauf 10‴, Mittelzehe ohne Kralle 14‴. —

Diese Art erhielt ich in Neu-Freiburg, wo sie sehr häufig war; der Prinz zu Wied traf sie erst am Rio Belmonte und vermuthet, daß sie bei Rio de Janeiro nicht mehr vorkomme. Sie ist eine strenge Wald= taube, welche die Wälder und dichten Gebüsche nicht viel verläßt. —

Anm. Eine dritte hierher gehörige Art, welche mehr den nördlichen Ge= genden Brasiliens angehört, ist:

3. Chloroenas vinacea, Columba vinacea *Temm.* Pig. 87. pl. 41.
Id. hist. nat. d. Pig. et Gall. 303. — *Wagl.* Syst. Av. sp. 78. — Kopf, Hals
und die ganze Bauchseite des Körpers hell weinroth, mit Anflug von violett;
Rücken, Flügel und Schwanz rußbraun. — Ganze Länge 10″. —

2. Gatt. Patagioenas *Reich.*

Tauben vom Körperbau der Vorigen, nur mit relativ kürzeren Schwänzen, deren Halsgefieder mit schönen metallischen Federrändern gezeichnet ist, die sich wie glänzende Schuppenringe auf mattem Grunde auszeichnen. Ihr Körperbau ist noch gedrungener, als bei

Chloroenas, wozu der kürzere Schwanz und der stärkere, kräftigere Schnabel viel beitragen; die Beine sind wie in der vorigen Gruppe gebildet, aber der Lauf hat vorn gewöhnlich zwei Schilderreihen alternirend neben einander. —

Lepidooenas. Die Schuppenzeichnung des Halfes dehnt sich über den Rücken und die größere Partie des Körpers aus.

1. Patagioenas speciosa.

Columba speciosa *Gmel. Linn.* S. Nat. I. 2. 783. — *Buff.* pl. enl. 213. — *Lath.* Ind. orn. II. 605. 45. — *Temm.* Pig. pl. 14. — *Id.* hist. nat. d. Pig. et Gall. 208. — *Wagl.* Syst. Av. sp. 63. — *Pr. Max z. Wied* Beitr. IV. 447. 1. — *Schomb.* Reise III. 743. 333.
Pomba Troca der Brasilianer.

Oberkopf und Rücken rothbraun, Schwanz schwarz; Hals und Rumpf weißlich, jede Feder mit grün metallischem violettschillerndem Rande. —

Schnabel roth, nicht schwarz wie bei den Vorigen, Nasenschuppe weiß bepudert; Iris braun, innen orange. — Gefieder des Oberkopfes, Rückens und der Flügel zimmtrothbraun, mit Purpurreflex; Schwingen graubraun, der Schwanz wirklich schwarz. Kehle und Hals im Grunde weiß, aber jede Feder hat einen breiten erzgrünen Saum, vor dem besonders auf dem Halse noch ein violetter Rand sich bildet; am Nacken und auf der Brust wird die Grundfarbe rostgelbroth, am Bauch werden die Ringe schmäler und die Grundfarbe geht hier in Graugelb über. — Das Weibchen ähnelt dem Männchen, ist aber matter gefärbt; der junge Vogel hat anfangs gar keine metallischen Ränder, bekommt aber bald einige am Halse. —

Ganze Länge 12½", Schnabel 9‴, Flügel 6" 9‴, Schwanz 4" Lauf 10‴, Mittelzehe ohne Kralle 12‴. —

In den großen Waldungen des nördlichen Brasiliens, von Bahia bis hinauf zum Amazonenstrom und über Guyana verbreitet; besonders in den Küstengegenden einheimisch. —

b. Patagioenas. Die Schuppenzeichnung ist auf den Hals, Nacken und die Oberbrust beschränkt. —

Die z. Th. größeren Arten dieser Gruppe sind in Westindien, Columbien und Venezuela verbreitet und kommen nicht bis nach Brasilien; Bonaparte zieht 3 Spezies her.

2. Patagioenas leucocephala; Col. leucoc. *Linn.* S. Nat. I. 281.
14. — *Lath.* Ind. orn. II. 594. 5. — *Wagl.* Syst. Av. sp. 52. — aus Nord-Amerika. Größe 12—13". —

3. Patagioenas imbricata; Columba corentis *Gmel. Lath.* Ind. orn.
II. 605. 16. — Col. imbricata *Wagl.* Syst. Av. sp. 48. — von St. Domingo,
Porterico und Venezuela. Größe 14—15". —

4. Patagioenas lamprauchena; Columb. lamprauch. *Wagl.* Syst.
Av. sp. 46. — Col. caribaea *Temm.* Pig. 22. pl. 10. — von Portorico. —
Größe 17—18".

Crossophthalmus *Bonap.* Rings um jedes Auge ist ein
breiter, nackter, fleischfarbener, weiß bepuderter Ring;
das Schuppengefieder des Halses ist viel beschränkter.

Patagioenas loricata.

Columba loricata *Licht.* Doubl. d. zool. Mus. 67. 700. (excl. Synon.).
Columba gymnophthalma *Temm.* Pig. 48. pl. 18. — *Id.* h. nat. d. Pig. et
  Gall. 228.
Columba poeciloptera *Pr. Wied* Beitr. IV. 459. 4. juv.
Columba Picazuro *Temm.* Pig. et Gall. I. 111. juv.
Pomba verdadeira der Brasilianer.

Aschgrau; Halsgefieder mit feinen schwarzen Rändern, Bürzel und Schwanz
braungrau.

Junger Vogel mit weißer Flügelbinde. —

Gestalt und Ansehn unserer Waldtaube (Columba Oenas), also größer
als Pat. speciosus; Schnabel nicht roth, sondern blaugrau, die Schuppe
weiß bepudert; beim jungen Vogel trüber, schwärzlicher gefärbt. Iris
orange, nach außen dunkler. Gefieder bleigrau, am Halse weinröthlich überlaufen, hier jede Feder mit einer metallischen Bogenlinie, vor welcher sich
am Oberhalse ein lichter weißlicher Rand absetzt; Unterrücken lebhafter
blaugrau. Flügel graubraun, der Schwanz ebenso, aber mit dunklerem
schwarzbraunem Endsaume. Beine taubenroth.

Der junge vom Prinzen zu Wied beschriebene Vogel ist matter rauchgrau gefärbt und hat am Halsgefieder keinen metallischen, sondern bloß
einen schwärzlichen feinen Ring; die Deckfedern der Flügel, besonders die
großen vor den Schwingen, haben eine breite weiße Spitze, die sich am
Außenrande herabzieht, wodurch eine weiße Binde über die Flügel entsteht.

Ganze Länge 14—15", Schnabelfirste 9''', Flügel 7", Schwanz 4½",
Lauf 11''', Mittelzehe ohne die Kralle 14'''.

In allen großen Waldungen des Waldgebietes Brasiliens, von Rio
de Janeiro bis über Bahia hinaus verbreitet; lebt wie unsere Waldtaube,
ist aber mehr in den unteren sehr heißen Gegenden zu Hause und kam mir
deshalb in den kühlen Gebirgsthälern bei Neu-Freiburg nicht vor. —

Anm. Eine sehr ähnliche, aber etwas kleinere Art ist:

6. Patagioenas maculosa; Columba maculosa *Temm.* Pig. — C.
poeciloptera *Vieill.* Enc. meth. Orn. 375. — C. loricata *Wagl.* Syst. Av. sp. 53. —

Crossophthalmus Reichenbachii *Bonap.* Compt. rend. Vol. 39. pag. 1110. — Pica-zuro *Azar.* Apunt. etc. III. 4. 317. alt, und Paloma cabijas machadas *Azara* ibid. 10. 318. — Sie unterscheidet sich von der vorigen durch geringere Größe (12–13″ Länge), einen viel schmäleren nackten Augenring und einen weißen hufeisenförmigen Fleck am Hals- und Nackengefieder; und im jugendlichen Alter durch weiße Flecken am Rücken, aber einen viel schmäleren weißen Rand an den Flügeldeckfedern. In Süd-Brasilien, Montevideo, Paraguay und den La-Plata Staaten. —

2. Zenaididae.

Kleinere, zierlicher gebaute Tauben mit dünneren, schlankeren Schnäbeln, deren kuppenförmige Spitze länger und mehr ausgezogen ist. Hauptsächlich unterscheiden sie sich durch den relativ viel höheren Lauf und die kürzeren, schwächeren Zehen von den Vorigen. Das Gefieder endet schon am Hacken und läßt den Lauf frei; die Krallen sind feiner, schmäler, spitzer. Zeichnung und Farbe sind variabel. Diese Tauben gehen viel auf den Boden und kommen mehr in die offenen buschigen Gegenden, den dichten Wald vermeidend.

Bonaparte bringt die zahlreichen, ausschließlich in Amerika einheimischen Arten, deren er 53 aufzählt, unter drei Sectionen und 14 Gattungen; wir folgen ihm darin, soweit es für unsere Zwecke erlaubt ist.

a. **Zenaididae genuinae. Schnabel sehr dünn, Fußbildung zierlich; der Lauf nur wenig länger als die Mittelzehe, vorn mit sehr wenig abgesetzten, dünnen Tafeln, in einfacher Reihe bekleidet.**

3. Gatt. Chamaepelia *Swains.*

Sehr kleine Tauben, nicht größer als die Haubenlerche, mit feinem gestrecktem Schnabel, dessen Endkuppe ungemein schmal und langgezogen ist. Sie haben einen schmalen, nackten Ring am Auge, ein weiches Gefieder; kurze stumpfe Flügel, die wenig über die Basis des Schwanzes hinabreichen, mit breiten, stumpf zugespitzten Schwingen, wovon bloß die erste etwas abgekürzt ist, und einen mäßig langen, breiten, nicht stark abgestuften, kurz zugerundeten Schwanz. Die Beine sind sehr fein und zierlich gebaut, die sie bedeckenden Hornschilder aber kräftiger als bei den nachfolgenden, stets größeren Tauben. Von allen brasilianischen Arten sind sie diejenigen, welche den Boden am meisten und vorzugsweise betreten; man sieht sie auf den

Wegen im Pferbedung nach Nahrung suchen, wie bei uns die Am=
mern und Sperlinge. —

a. Gefieder mit Schuppenzeichnung am Halse. **Chamaepelia** *Bonap.*

1. Chamaepelia griseola *Bonap.*

Bonaparte Compt. rend. XL. 21. 5.
Columba minuta *Temm.* Pig. 28. pl. 16. — *Wagl.* Syst. Av. I. sp. 89.
Columba griseola *Spix.* Av. Bras. II. 58. 4. th. 75. a. 2.
Paloma enana, *Azara* Apunt. III. 25. no. 325.

Bräunlichgrau, Halsseiten und Nacken mit dunkleren Bogenlinien; Schwingen rostroth, braun gerandet; Schwanz schwarz, die äußerste Feder mit weißem
Endrande.

Schnabel blaugrau, die Nasenschuppe weiß bestäubt; Iris perlgrau.
Gefieder rostbräunlichgrau; die Federnränder am Kopfe, Halse bis zur Brust
hinab heller, weißlicher; die Mitte jeder Feder dunkler, nach der Brust zu
metallisch violett schillernd; der ganze Grundton auf der Brust mehr ins
Weinrothe spielend. Bauch und untere Schwanzdecken weiß, die Flügel
außen graubraun, innen rostroth, die Deckfedern z. Th. mit großen violett=
metallischen Flecken; die Schwingen rostroth, am Außenrande schwarzbraun.
Der Schwanz ist schieferschwarz, die äußerste Feder jeder Seite am Ende
weiß gesäumt. Beine fleischroth. —

Ganze Länge 5″, Schnabelfirste 5‴, Flügel 3″, Schwanz 2″, Lauf 6‴.

Bewohnt das Campesgebiet im Innern Brasiliens und erstreckt sich
südwärts bis nach Paraguay, nordwärts bis zum Amazonenstrom.

Anm. Nach Bonaparte ist die ächte Columba minuta *Linn.*, nicht diese
Art, sondern die Jugendform seiner C. passerina, welche in Guyana zu Hause
ist. Ein etwas größerer Körperbau und leichte Verschiedenheiten der Färbung
trennen sie von der hier beschriebenen südlichen Art. Bonaparte unterscheidet
davon, a. a. Orte noch 5 ähnliche Spezies:

2. Chamaepelia passerina *aut.* ist am dunkelsten gefärbt und in Nord=
Amerika zu Hause. Von Buffon pl. enl. 243. abgebildet.

3. Chamaepelia granatina stammt von Bogota und hat eine ganz
graue Grundfarbe, ohne weinrothen Anflug; die Flecken auf den Flügeln sind
granatroth.

4. Chamaepelia albivitta von Carthagena, hat beim Weibchen eine
grauliche, beim Männchen eine rothe Grundfarbe und amethystfarbige Flügelflecken.

5. Chamaepelia trochilia von Martinique ist ohne allen rothen An=
flug, ganz aschgrau, mit sehr großen, herzförmigen Metallflecken auf den Flügeln.

6. Chamaepelia amazilia hat einen ungefleckten weißlichgrauen Vor=
derhals, eine weinrothe Unterseite und sehr kleine Metallflecken auf den Flügeln;
sie ist die kleinste Art und kommt aus Peru. —

b. Gefieder ohne Schuppenzeichnung am Halse. Talpacotia *Bonap.*

7. Chamaepelia Talpacoti.

Columba Talpacoti *Temm.* Pig. 22. pl. 12. — *Wagl.* Syst. Av. sp. 86. —
Pr. *Max z. Wied* Beitr. IV. 465. 6. — *v. Tschudi* Fn. per. Orn. 45.
7. — *Schomb.* Reise britt. Gyan. 744. 336.
Talpacotia cinnamomea *Bonap.* l. l. 22. 1.
Chamaepelia cinnamomea *Swains.*
Columba Cabocolo *Spix.* Av. Bras. II. 58. 3. tb. 75. a. 1.
Paloma roxica *Azara* Apunt. III. 21. 223.
Pomba rolla der Brasilianer.

Oberkopf und Nacken blaugrau; ganzes Gefieder weinrothbraun, Schwingen und Schwanz schwarz.

Schnabel kürzer und kräftiger als bei der vorigen Art, hornbraun,
hinten weiß bepudert, vorn dunkler. Iris rothgelb. Oberkopf und Nacken
hell bleigrau; Stirn, Zügel und Kehle röthlichweiß; von da an das ganze
übrige Gefieder schön weinrothbraun; die Flügel mehr ins Zimmtrothe fallend, auf den größeren Deckfedern und den hinteren Armschwingen je ein
schiefer schwarzvioletter Raudstreif in der Außenfahne vor der Spitze;
Schwingen mit Ausnahme der drei letzten, die rothbraun sind, graubraun,
nach innen heller, weißgrau; innere Flügeldeckfedern am Bug schwarz.
Schwanz schwarz, die beiden Mittelfedern rostroth, die anderen mit röthlichem Endrande. Beine fleischroth.

Das Weibchen ist heller matter gefärbt und hat nur wenige schiefe
Flecken auf den Flügeln, welche den hintersten Armschwingen zukommen;
den jungen Vögeln fehlen sie ganz; dafür haben letztere deutliche röthliche
Randsäume am Schwanz.

Ganze Länge 7—7½″, Schnabelfirste 5‴, Flügel 3½″, Schwanz
2⅓″, Lauf 6‴, Mittelzehe ohne Kralle 5¾‴. —

Ueberall gemein in ganz Brasilien, selbst in den Dörfern und Städ-
ten; läuft auf dem Boden und kommt bis in die Fahrwege der Vorstädte
Rio de Janeiros.

Anm. Auch diese Art löst Bonaparte a. a. O. in 3 verschiedene Spezies auf, die andern beiden sind:

8. Talpacotia rufipennis aus Columbien; mehr rostrothbraun, mit
ganz rostrothen, nur am Rande schwarzbraunen Schwingen.
9. Talpacotia Gadinae, aus Ecuador oder Mittel-Amerika; größer,
olivenbräunlich mit weinrothen Nacken- und Flügeldeckfedern, dunkelbraunen
Schwingen und größeren schiefen Flecken im Flügel.

4. Gatt. Columbula *Bonap.*
Columbina *Spix.*

Der feine, zierliche Schnabel und die zarten Füße verbinden die
hierher gehörigen Arten innig mit den vorigen; selbst das Gefieder

iſt eben ſo weich, wie bei jenen und der Flügelſchnitt eben ſo kurz, nur wenig über die Baſis des Schwanzes hinabreichend, mit mäßig verkürzter erſter Schwinge; — aber der lange, ſchmalfedrige Schwanz, deſſen Seitenfedern ſtark ſtufig abgekürzt ſind, unterſcheidet die hier= her gehörigen Arten ſogleich von den vorigen.

Nach dem Colorit und der Zeichnung des Gefieders zerfällt auch dieſe Gattung in Gruppen, welchen ich jedoch keinen generiſchen Rang zuerkennen kann.

1. **Scardafella** nennt Bonaparte (a. a. O. S. 24.), nach einer Bezeichnung im Dante (!), die Gruppe, deren Gefieder ſchwarze Ränder hat, was dem Colorit ein ſchuppenför= miges Anſehn giebt.

1.   Columbula squamosa.

Temm. Pig. 127. pl. 59. — Id. hist. nat. d. Pig. et Gallin. 336. — Wagl. Syst. Av. I. sp. 104. — Pr. Max z. Wied Beitr. IV. 469. 7.
Scardafella inca Bonap. l. l. 24.
Picui-pinima Marcgr. h. nat. Bras. 204.

Oberſeite grau, Unterſeite weiß, beide mit feinen ſchwarzen Federrändern; Schwingen ſchwarz, innen roſtroth; Schwanzfedern ſchwarz, mit weißer Spitze der äußeren.

Eine ungemein hübſche, ſchlanke Taube, kaum ſo groß wie eine Sing= droſſel (Turd. musicus), mit ſchwärzlich braunem Schnabel und rother Iris, deren Gefieder am Oberkopf, Nacken, Rücken und auf den Flügeln einen etwas röthlich angeflogenen, aſchgrauen Grundton hat, während die Stirn und die ganze Unterſeite darin weiß ſind, mit weinröthlichem Anfluge auf dem Vorderhalſe. Alle Federn des Rumpfes, oben wie unten, haben einen feinen, ſchwärzlichen, bogenförmigen Endrand. Ein Theil der Flügel= deckfedern, beſonders die großen, und die hinterſten Armſchwingen ſind an der Außenfahne weiß; die Schwingen ſelbſt ſchwarzbraun, innen breit roſt= roth geſäumt; die beiden mittleren Schwanzfedern ſind dunkel aſchgrau, die übrigen ſchwarz, die drei äußeren jeder Seite am Ende weiß, ſtufig ver= kürzt, die vierte mit einem weißen Fleck an der Spitze. Beine fleiſchroth. Untere Schwanzdecken weiß, obere wie der Rücken, mit ſchwarzem Spitzen= ſaum. —

Ganze Länge 8″, Schnabelfirſte 6‴, Flügel 4″, Schwanz 3⅓″, Lauf 7½‴, Mittelzehe ohne die Kralle 7¼‴. —

Männchen und Weibchen ſehen ſich ganz ähnlich, erſteres iſt etwas größer, voller gefärbt und dichter bogig gerandet; die Jungen ſind an= fangs graulicher und feiner ſchwarz gerandet.

Ich fand diese niedliche Taube nur einmal in einem kleinen Schwarme bei der Fazende von Caraucas in Minas geraes; die Individuen waren stets paarig bei einander, aber so scheu, daß wir nur mit großer Vorsicht zum Schuß gelangen konnten. —

2. Uropelia *Bonap.* Gefieder ohne Schuppenzeichnung, mit Metallflecken auf den Flügeln; Schwanz sehr lang, spitz und die Federn stärker an den Seiten abgestuft.

2.   Columbula campestris.

Columbina campestris *Spix.* Av. Bras. II. 57. 2. tb. 75. fig. 2. — *Wagl.* Syst. Av. I. sp. 110.
Uropelia campestris *Bonap.* Compt. rend. XL. 24.
Columba venusta *Temm.* pl. col. 341. 1.

Rückengefieder bräunlichgrau, Stirn bleigrau, Vorderhals und Brust wein- roth. Hinterste Deckfedern mit weißen Spitzen und Metallflecken. —

Kleiner als die vorige Art, nur wegen des längeren Schwanzes grö- ßer erscheinend, als Chamaepelia grisola. — Schnabel sehr zierlich, schwarz- braun; Iris orange; Augenlieder nackt, fleischroth. Stirn hell bleigrau bis hinter die Augen; Hinterkopf, Nacken, Rücken, Flügel und mittlere Schwanzfedern lederbraungrau; die hinteren großen Deckfedern und die Reihe vor ihnen mit breiten weißen Spitzen, vor denen ein schwärzlich vio- letter Metallfleck liegt; ähnliche Flecken auch auf den kleinen Deckfedern davor und den hintersten Armschwingen; die übrigen Schwingen schwarz, wie auch das untere Flügeldeckgefieder. Seitliche Schwanzfedern schwarz, mit breiter, schiefer, weißer Spitze; die drei äußeren jeder Seite stark stufig verkürzt. Kehle, Vorderhals und Brust gelblich weinroth; Bauch und Steiß weiß, Beine fleischroth. —

Ganze Länge 6½", Schnabelfirste 4‴, Flügel 2½", Schwanz 3¼", Lauf 6¼‴. —

Im Innern Brasiliens, auf dem Camposgebiet; von Spix im Ser- tong von Bahia gesammelt; in Minas geraes von mir noch nicht beobachtet.

3. Columbula *Bonap.* Körperbau etwas kräftiger, Schwanz kürzer, die Seitenfedern sehr wenig abgestuft; Colorit einfarbig, mit Metallflecken am Flügel.

3.   Columbula strepitans *Spix.*

Columbina strepitans *Spix.* Av. Bras. II. 57. I. tb. 75. fig. 1. — *Wagl.* Syst. Av. I. sp. 109. — *Bonap.* l. l. XL. 23.

Gelbgrau, Unterseite weiß; am Bug kleine schwärzliche Metallflecken im Deckgefieder; äußerste Schwanzfedern ganz weiß. —

Etwas größer als die vorige Art, aber nicht völlig so groß, wie C. squamosa; kräftiger gebaut, der Schnabel etwas länger, schwarzbraun. Iris orangegelb. Vorderste Stirngegend weißlich; Oberkopf, Nacken, Rücken und mittlere Schwanzfedern gelbbraungrau; kleine Flügeldeckfedern am Bug mit schwarzvioletten Streifen, die großen Deckfedern weiß gesäumt und davor schwärzlich gestreift; Schwingen und innere Flügeldeckfedern ganz schwarz. Aeußere Schwanzfedern ganz weiß, nur die 2 äußersten abgestuft. Unterfläche von der Kehle bis zum Bauch und Steiß weiß, die Brust leicht rosa angeflogen. Beine fleischroth.

Ganze Länge 7", Schnabelfirste 6''', Flügel 3", Schwanz 2⅔", Lauf 6½'''.

Im Norden Brasiliens, am unteren Amazonenstrom, bei Para und im Innern stromaufwärts verbreitet; läßt im Fluge einen eigenthümlich schwirrenden Ton hören.

4. Columbula Picui.

Columba Picui *Temm.* hist. nat. d. Pig. et Gallin. I. 435. — *Wagl.* Syst. Av. sp. 87. — *Vieill.* Enc. méth. Orn. 385. — *Knip.* et *Prev.* Pig. pl. 30. Paloma Picui, *Azara* Apunt. III. 23. 324.

Rückengefieder braun, Stirn und Unterseite weißlich; über die Flügel eine Binde saphirblauer Flecken.

Größe der Vorigen; Schnabel und Augenlieder bleigrau, Iris orange. Stirn und Unterseite des Körpers weißlich, die Brust weinroth überlaufen, die Seiten des Halses und der Brust bräunlich. Oberkopf, Nacken, Rücken und Flügel braun; auf den großen Deckfedern eine Reihe saphirblauer, weißlich gerandeter Flecken, deren Farbe bei jüngeren Vögeln matter und schwärzlicher ist; Schwingen und untere Flügeldeckfedern schwarz. Schwanz schwärzlichbraun, die äußerste Feder jeder Seite ganz weiß, die drei folgenden mit weißer Spitze; Beine dunkel fleischroth violett. —

Ganze Länge 7⅓", Schnabelfirste 5½''', der Flügel 2" 10''', des Schwanzes 2" 2''', des Laufs 8'''.

Bewohnt Süd=Brasilien, Montevideo, Paraguay. —

5. Gatt. Metriopelia *Bonap.*

Der feine, zierliche, ziemlich lange Schnabel und das einfarbige gelbgraubraune Gefieder verbindet die hierher gehörigen Arten mehr mit den vorigen; aber die langen, obgleich nicht spißen, sondern breit abgerundeten Flügel und der kurze, grade, breite, abgerundete Schwanz

unterscheiden sie scharf von jenen. Es sind kleine Tauben von etwas
gedrungenem Körperbau, welche besonders im Norden und Westen
Süd-Amerikas zu Hause sind, und im östlichen Brasilien nicht mehr
vorkommen; daher mir auch keine Art begegnet ist.

Bonaparte, welcher die Gattung aufgestellt hat, zielt dahin:

1. Columba melanoptera *Gmel.* aus Chili.
2. Columba Aymara *D'Orb.* aus Bolivien.
3. Chamaepelia Anais *Less.* — Col. gymnops *Gray.*
4. Columba erythrothorax *Meyen* N. act. ph. med. Soc. Caes.
   Leop. Car. nat. Cur. Vol. XVI. Suppl. 222. tb. 26. — C. monticola
   v. *Tschudi* Fn. peruan.
   Zenaida plumbea *Gosse.* von Jamaica.

6.   Metriopelia inornata *Gray.*

Bonaparte, Compt. rend. XL.

Rückengefieder graubraun, Unterseite aschgrau, mit einem röthlichen Anflug;
Rücken und Flügeldeckfedern schwarz gestreift. —

Schnabel schwarzbraun. Iris rothgelb. Gefieder sehr wenig ausgezeichnet, die ganze Oberseite des Körpers graubraun; der Rücken und die
Flügeldeckfedern mit einem schwarzen Längsstreif auf der Mitte; der Flügelrand am Bug aschgrau. Unterseite des Körpers aschgrau, weinroth angeflogen, besonders auf der Brust; Steiß und untere Schwanzdecken weiß.
Schwingen und Schwanzfedern schwärzlich graubraun. Beine fleischroth.

Ganze Länge 9" 10"', Schnabelfirste 7"', Flügel 5", Schwanz 2".

Im Innern Brasiliens. —

6. Gatt.   Zenaida *Reichenb.*

Schnabel wie bei den vorigen Gattungen, sehr schlank und ge-
streckt gebaut, mit wenig gewölbter, lang gezogener Kuppe am Ende;
Augen von einem schmalen, nackten Ring umgeben. Körperbau und
Gefieder derber als bisher; die Flügel lang, bis über die Mitte des
Schwanzes hinabreichend; die Handschwingen schmal, lang zugespitzt,
schon die erste die längste, die Armschwingen kurz, breit abgerundet.
Schwanz eher kurz, als lang, ziemlich schmalfedrig, die einzelnen
Federn länglich abgerundet, die Gesammtform kreisförmig gerundet,
also die äußeren Federn etwas verkürzt. Beine mit langen, feinen
Zehen, kleinen Krallen, aber nicht sehr dünnem Lauf von der Länge
der Mittelzehe, welcher vorn geschildet und bis oben hinauf nackt
ist. Gefieder vorwiegend rothbraun. —

1. Zenaida maculata.

Bonaparte, Compt. rend. XL. 97.
Columba maculata *Vieill.* Enc. méth. Orn. 376. — *Darwin*, Zool. of the
Beagl. III. 115.
Columba aurita *Licht.* Doubl. d. zool. Mus. 66. 686. (nec *Temminck*). —
v. Tschudi Fu. peruan. Orn. 45. 10. — *Hartl.* Ind. syst. z. Azara 20. —
Wagl. Syst. Av. I. 70.
Zenaida chrysauchenia *Reichenb.*
Paloma parda machada *Azara* Apunt. III. 17. 322.

Braun; Rücken gelbgraubraun, Vorderhals und Bruſt rothbraun; an den
Seiten des Halſes oben ſchwarze Streifen, darunter Metallflecken. Schwanz
weiß geſäumt.

Kleiner als eine Lachtaube (Columba risoria *Linn.*), zierlicher und
geſtreckter gebaut, beſonders auch der Schnabel; ſchwarzbraun, die Schuppe
blaß gelbgrau, weiß bepudert. Gefieder braun, Stirn, Vorderhals und
Bruſt röthlich; Oberkopf, Nacken und Rücken reiner braun; Unterrücken,
untere Partie der Flügeldeckfedern und Schwanz graulich; Bauch und Steiß
roſtgelblich. Am Halſe hinter und unter dem Auge zwei ſchwarze Streifen
über einander und darunter die Halsſeiten gegen den Nacken zu metalliſch
meſſinggelb mit Roſaſchiller; die hinterſten großen Deckfedern und Arm=
ſchwingen mit je einem blauſchwarzen Fleck auf jeder Feder. Schwingen und
vordere große Deckfedern ſchieferſchwarz; erſtere fein weiß gerandet, letztere
mit blaßgelber Spitze. Unterſeite der Flügel grau, der Rand am Bug
dunkler. Die zwei mittelſten Schwanzfedern wie der Unterrücken, die an=
deren oben blaugrau mit weißer Spitze und ſchwarzer Binde vor der Spitze;
unten ſchwarz mit weißer Spitze, die äußerſte Feder jeder Seite auch weiß
am Außenrande. Beine fleiſchroth. —

Ganze Länge 9″, Schnabelfirſte 8‴, Flügel 5″, Schwanz 2″ 9‴,
Lauf 10‴. —

Im Innern Braſiliens, beſonders in Minas geraes, St. Paulo,
Sta Catharina und Paraguay, doch mehr auf dem Camposgebiet anſäßig.
Mein Sohn ſchoß ein Exemplar bei Lagoa ſanta. —

Anm. Bonaparte weiſt a. a. O. nach, daß: 2. Columba aurita
Temm. Pig. 60. pl. 25. — C. castanea *Wagl.* Syst. Av. I. sp. 77. nicht dieſe,
ſondern eine ganz andere größere Art iſt, aus den nördlichen Gegenden Süd=
Amerikas und Weſtindien. Zu ihr gehört Col. martinica *Briss.* — C. bima-
culata *Gray.*

3. Columba amabilis *Bonap.*, welche v. Tſchudi mit Z. maculata
(ſeiner C. aurita) verbindet, iſt auch davon verſchieden und in Nord=Amerika
zu Hauſe.

Noch 2 Species ſind: 4. Zen. hypoleuca *Gray.* aus Central=Amerika
und 5. Z. ruficauda *Gray.* (Z. mexicana *Bonap.*) aus Columbien. — Vier
weitere neue Species werden von Bonaparte a. a. O. definirt und für die
verwandte Form der Columba leucoptera *Linn.* S. Nat. I. 617. 15. —

Lath. Ind. orn. II. 595. 6. — *Wagl.* Syst. Av. I. sp. 71. die eigene Gattung Melopelia gegründet, welche durch breite, kurz abgerundete Schwanzfedern von Zenaida sich unterscheidet. — Als eine zweite Art dieser Gattung ist Columb. meloda *v. Tschudi* Fn. peruan. Orn. 44. 2. Taf. 29. aufgeführt.

b. **Peristeridae.** Schnabel nach Verhältniß stärker, kürzer, hö= her; imgleichen der ganze Körperbau etwas kräftiger, beson= ders die Beine; Schwanzfedern breit und breit abgerundet.

7. Gatt. Peristera *Swains. Bonap.*

Der viel kräftigere Schnabel, mit mehr gewölbter Endkuppe und höherer Kieferbildung unterscheidet diese Gattung scharf von Zenaida, mit welcher sie sonst in Farbe und Zeichnung am meisten überein= stimmt; doch ist der Schwanz bei Peristera beträchtlich länger, brei= ter und stumpfer, auch der Flügelschnitt, wegen der stark verkürzten, am Ende abgesetzt zugespitzten ersten Handschwingen und der längeren Armschwingen, ein etwas anderer. Dagegen findet sich im Fußbau kein hinreichender Unterschied zur Trennung.

Bonaparte und Swainson haben die Gattung wieder in zwei getrennt, welche wir als Untergattungen festhalten.

Peristera hat kürzere Armschwingen, die Zuspitzung der ersten Handschwingen ist auch kurz, die zweite schon ebenso lang wie die dritte; der Schwanz länger, schmalfedriger. Männchen und Weibchen im Colorit verschieden.

1. Peristera cinerea.

Bonaparte, Compt. rend. XL. 99.
Columba cinerea *Temm.* Pig. 126. pl. 58. — *Id.* pl. col. 260. fem. — *Wagl.* Syst. Av. I. sp. 85.
Columba ustulata *Licht.* Mus. ber. fem.

Männchen bleigrau, Schwingen und Schwanz schwarz; Flügeldeckfedern violettschwarz gefleckt.

Weibchen gelbgraubraun, Schwingen und Schwanz schwarzbraun; Flügel= deckfedern kleiner violettschwarz gefleckt.

Ein kleines zierliches Täubchen, wenig größer als Columbula Talpacoti. Schnabel bleigrau, die Spitze blasser; Iris orange, innen braun. — Ge= fieder des Männchens schön blaugrau, am Bauch heller als am Rücken, die Kehle weißlich. Alle Flügeldeckfedern und die hintersten Armschwingen mit einem schwarzvioletten, matt metallischen Fleck auf der Außenfahne. Schwingen und vorderste große Deckfedern schieferschwarz, unten bleigrau;

Schwanz kohlschwarz, die mittelsten Federn grau. Beine fleischroth. — Weibchen wie das Männchen gezeichnet, aber nicht blaugrau sondern gelbgraubraun gefärbt; Kehle, Vorderhals und Brust röthlicher; Bauch, Bürzel und Steiß lichter grau. Alle Flügeldeckfedern mit ähnlichen aber kleineren Flecken wie beim Männchen. Schwingen und Schwanzfedern schwarzbraun, die letzteren rostrothbraun gesäumt. — Junge Vögel beiderlei Geschlechts anfangs wie das Weibchen gefärbt, aber matter, mit viel kleineren Flecken im Flügeldeckgefieder. —

Ganze Länge 8″, Schnabelfirste 7‴, Flügel 4″ 3‴, Schwanz 2″ 8‴, Lauf 8‴. —

Im Waldgebiet des südlichen Brasiliens, besonders in St. Paulo und Sta. Catharina; von mir in 2 männlichen Exemplaren bei Neu=Freiburg gesammelt, aber dort nicht häufig.

2. Peristera Geoffroyi.

Columba Geoffroyi *Temm.* Pig. 125. pl. 57. — *Id.* hist. nat. d. Pig. et Gallin. 297. — *Wagl.* Syst. Av. sp. 81.
Columba trifasciata *Reichenb.* fem.
Pomba do Spelho der Brasilianer.

Männchen grau; Kehle, Bauch und Schwanz größtentheils weiß. Flügeldeckfedern mit breiter violetter Binde.

Weibchen gelbbraun, Schwanz am Grunde schwarz; Flügel mit schmälerer Binde. —

Etwas größer als die vorige Art, doch ähnlich gebaut. Schnabel schwarz, die Spitze weißlich; Iris außen orange, innen braun. — Gefieder des Männchens mehr hell schiefergrau, als bleigrau; Stirn, Kehle, Bauch, Steiß und die größere Partie der Schwanzfedern weiß; alle in der Tiefe schwarz, die mittleren ganz grau. Schwingen braunschwarz; am Bug ein stahlblauer Fleck im kleinsten Deckgefieder; große Flügeldeckfedern mit breiter grünlich violetter Binde an der Außenfahne, welche nach der Spitze zu schwarz gerandet ist, die Spitze selbst weißgrau. Beine fleischfarben. — Weibchen wie das Männchen gezeichnet, aber die Farbe gelbbraun, nur die Kehle und die Aftergegend weißlich, der Rücken aber dunkler als die Bauchseite. Schwingen braun, rostgelb fein außen gerandet. Schwanzfedern schwarz, die äußerste jeder Seite am Rande und die Enden aller rostgelb, die mittelsten 2 ganz braun. Die Zeichnungen am Flügel schmäler und von gleicher Farbe, purpurviolett.

Ganze Länge 9″, Schnabelfirste 7½‴, Flügel 5″, Schwanz 2″ 10‴, Lauf 9‴. —

Ebenfalls bei Neu=Freiburg gesammelt und dort häufiger, als die vo=
rige Art. Der Prinz zu Wied traf den Vogel am Rio Mucuri und
Belmonte; er geht nördlicher, als jener. Seine Nahrung besteht nicht
bloß in Sämereien, sondern auch in fleischigen Früchten, selbst die reifen
Mammongfrüchte geht er an. —

      b. Leptoptila *Swains.* Größere Tauben mit einfarbigen
      Flügeln und gleichem Colorit bei beiden Geschlechtern,
      deren erste Schwinge sehr lang zugespitzt, deren zweite
      und dritte auch noch verkürzt, aber deren Armschwingen
      viel länger sind.

Peristera frontalis.

Columba frontalis *Temm.* Pig. 18. pl. 10. — *Id.* hist. nat. d. Pig. et Gallin. 411
Columba rufaxilla *Richard,* Act. d. l. Soc. d'hist. nat. de Paris I. 74. 1792. —
    Wagl. Syst. Av. I. sp. 69. — *Pr. Max z. Wied* Beitr. IV. 474. 8.
Paloma parda tapadas roxas, *Azara* Apunt. etc. III. 12. 320.
Pomba Juruté der Brasilianer.

    Weinrothbraun, im Nacken violettgrau, Rücken und Flügel olivenbraun;
Schwanz schwarz, die Seitenfedern mit weißer Spitze; Schwingen innen und
untere Flügeldeckfedern rostroth.

    So groß wie unsere Haustaube, aber nicht so breitschultrig. — Der
Schnabel ist schwarz; die Iris braun, innen rostroth. Gefieder des Rumpfes
hauptsächlich bräunlich weinroth, Stirn und Kehle weißlich; Oberkopf blei=
grau, Nacken bis zum Rücken violettweinroth; Rücken, Flügel und mittlere
Schwanzfedern olivengelbbraun, nach vorn röthlicher. Schwingen außen
graubraun, innen rostroth, ebenso die Unterseite der Flügel. Schwanz
schwarz, die drei äußeren Federn jeder Seite weißlich am Ende gesäumt,
die 4 mittleren bräunlich obenauf; die unteren Schwanzdecken weiß, die
Steißgegend gelblichweiß, die Beine taubenroth. —

    Das Weibchen und der junge Vogel sind kleiner als das alte
Männchen, nicht so lebhaft gefärbt und im Nacken dunkler und mehr schie=
fergrau violett gefärbt mit grünlichem Metallschiller beim Weibchen. Beide
haben viel breitere weiße Spitzen an den Schwanzfedern.

    Ganze Länge 10—11″, Schnabelfirste 7—8‴, Flügel 5″ 3‴—5″ 9‴,
Schwanz 3″ 4‴—3″ 10‴, Lauf 1″—14‴.

    Von allen Tauben, welche ich auf meiner Reise gesehen habe, ist diese
die gemeinste in der Waldregion; sie geht zwar ebenfalls viel auf den Bo=
den, aber man sieht sie nicht in offenen Gegenden, wo C. Talpacoti überall
im Wege läuft, sondern nur auf den dichten Waldpfaden, wo sie ziemlich
gut den Schützen ankommen läßt. Sie nistet im Walde, mäßig hoch, und

legt 2 weiße, ziemlich kurze Eier, von denen ich nur 1 mitgebracht habe, das zweite zerbrach auf der Reise.

Anm. Columba jamaicensis *Linn.* Syst. Nat. 1. 283. 25. — *Lath.* Ind. orn. II. 595. 8., welche gewöhnlich für gleich mit der hier beschriebenen Art gehalten wird, ist nach Bonaparte davon verschieden, zwar ähnlich ge= färbt, aber beträchtlich kleiner. Sie findet sich in Westindien. Wohin die Art Guyana's gehört, weiß ich nicht; Cabanis führt in *Schomb.* Reise III. 744. 337. C. jamaicensis *Linn.* und C. frontalis *Temm.* als Synonymen an.

Noch 4 Arten aus anderen Gegenden Süd=Amerikas rechnet Bonaparte a. a. O. XL. 99. Darunter als beschriebene:

3. Columba erythrothorax *Temm.* Pig. 15. pl. 7. — *Wagl.* Syst. Av. 1. 68.

4. Columba melancholica v. *Tschudi* Fn. peruan. Orn.   II. (b.

c. **Starnoenidae.** Plump, besonders kurz und breit gebaute Tauben, mit kurzen Flügeln, deren erste Handschwingen mit= unter sehr stark verkürzt, aber nie abgesetzt zugespitzt sind; und hohen dicken Läufen neben kürzeren Zehen.

8. Gatt. Oreopelia *Gosse.*

Schnabel ungemein fein gebaut, schmal, dünn, mit langgezoge= ner Endkuppe und weit über die Nasenschuppe herabreichendem Stirn= gefieder. Augen von einem breiten, nackten Ringe umgeben. Gefieder sehr derbe und kurzfederig, daher der Leib so kurz und breit aussieht; die Flügel zwar bis zur Mitte des Schwanzes reichend, aber nur, weil der Schwanz selbst so sehr kurz ist, übrigens ziemlich spitz, doch breitfederig, nur die beiden ersten Schwingen etwas verkürzt; Arm= schwingen sehr lang. Schwanz nicht abgerundet, die Seitenfedern eben so lang wie die mittleren; alle breit, am Ende schnell stumpf= zugespitzt. Beine mit kurzem dicken, aber ganz glatten, unten schwach getäfelten Lauf und schmalen dünnen, noch ziemlich langen Zehen, deren Krallen kurz, fein und sehr wenig entwickelt sind. —

1.   Oreopelia montana.

Columba montana *Linn.* S. Nat. 1. 281. 13. — *Lath.* Ind. orn. II. 594. 3. — *Temm.* Pig. 10. pl. 4. — *Buff.* pl. enl. 141. — *Levaill.* Ois. d'Afr. VI. 82. pl. 282. — *Wagl.* Syst. Av. 1. sp. 75. — *Pr. Max z. Wied* Beitr. IV. 479. 9. — *Schomb.* Reise III. 744. 338.
Pomba Pariri der Brasilianer.
Paloma roxa y amarilla *Azar.* Apunt. III. 15. 321.

Männchen bräunlich weinroth, dunkler am Rücken; rostgelb am Bauch bis zum Steiß.

Weibchen grünlich olivenbraun am Rücken, rostgelbbraun am Bauch, bis zum Steiß hin fast weißlich.

Eine kurze gedrungene Taube, von der Größe der Lachtaube, aber kürzer wegen des kürzeren Schwanzes. — Schnabel blutroth, die Endkuppe fleischfarben. Iris fein orange gesäumt. Gefieder des Männchens voll und schön weinrothbraun am Oberkopf, Nacken und Rücken; Flügel und Schwanz mehr rostbraun, Kehle und Halsseite blaß rosa, Vorderhals und Brust hell violett weinrothbraun; Bauch, Steiß und untere Schwanzdecken isabellgelb. Vor dem Flügelbug einige weiß gesäumte Federn. Beine taubenroth. — Weibchen nicht weinroth, sondern olivenbraungrün am Oberkopfe, Nacken und den Flügeln gefärbt; Schwingen und Schwanzfedern einfach rauchbraun, fein rostgelb gerandet. Kehle und Vorderhals blaß weißlichgelb, Brust voll braungelb, Bauch blaß isabellgelb, gegen den Schwanz hin beinahe weiß. — Junger männlicher Vogel etwas mehr röthlich als das Weibchen, aber durchaus nicht so voll weinroth, wie der alte; junger weiblicher mehr grangelbbraun, viel matter gefärbt als der alte.

Ganze Länge 9 — 9½", Schnabelfirste kaum 5''' unbefiedert, die Mundspalte 10''' lang, Flügel 5'' 4''', Schwanz 2'' 10''', Lauf 1''. —

Die Art ist über ganz Brasilien und Guyana verbreitet; ihr feiner zierlicher Schnabel, der schmale kleine Kopf, die kurzen derben Flügel, der sehr kurze Schwanz und der dicke Lauf machen sie sehr kenntlich. Ich erhielt sie bei Neu-Freiburg, der Prinz zuerst bei Capo frio und dann nordwärts immer häufiger. Schomburgk beschreibt sie aus Guyana, Azara aus Paraguay. —

Anm. Prinz Bonaparte sucht nachzuweisen, daß auch unter dieser Art mehrere sehr ähnliche Spezies bisher verkannt worden seien, er unterscheidet davon:

2. Columba cayanensis *Briss.*, wohin wahrscheinlich C. violacea *Temm.* Pig. 67. pl. 29. — *Wagl.* Syst. Av. I. sp. 72. gehöre.

3. Columba chrysia *Bonap.*, wohl die wahre C. martinica *Linn.*, von Florida.

4. Columba mystacea *Temm.* Pig. 124. pl. 56. — *Wagl.* Syst. Av. I. sp. 66. — Bogota.

Columba frenata v. *Tschudi* Fn. per. Orn. 21. tb. 28. — Peru.

Außerdem ein Paar sehr schöne Arten, welche von ihm a. a. O. XI. S. 101. definirt werden.

9. Gatt. Starnoenas *Bonap.*

Schnabel zwar viel höher und breiter, aber nicht länger als bei Oreopelia, die Kuppe sehr lang, dick gewölbt, kräftig; die Nasen= schuppe ziemlich schmal; die Befiederung der Stirn bis über das Nasenloch hinab auf die Schnabelfirste verlängert. Augengegend breit nackt, mit kleinen ovalen Warzen z. Th. zwischen dem Backen= gefieder bekleidet. Gefieder sehr derbe, aber ziemlich kleinfedrig; Flü= gel kurz, fast wie beim Rephuhn gebaut, die Handschwingen schmal, säbelförmig gebogen, zugespitzt, die vordersten stark verkürzt, die dritte und vierte die längsten; Handschwingen stumpf, zwar breiter, aber doch nicht sehr breit. Schwanz etwas länger als bei Oreopelia, stumpf zugerundet, die äußeren Federn etwas verkürzt, Beine höchst eigenthümlich, wahrhaft huhnartig, mit langen dicken Läufen, die überall in mehreren Reihen von kleinen, sechseckigen scharf gesonder= ten Mosaiktafeln bekleidet sind; die vorderen Tafelreihen größer als die hinteren. Zehen entschieden kürzer als der Lauf, dick fleischig, obenauf von gleich großen, kurzen Halbgürteln bekleidet, mit ziem= lich großen, stark gebogenen Krallen. —

Starnoenas cyanocephala.

Columba cyanocephala *Linn.* S. Nat. 1, 282. 20. — *Buff.* pl. enl. 174. — *Lath.* Ind. orn. II. 608. 54. — *Temm.* Pig. 8. pl. 3. — *Leraill.* Ois. d'Afr. 17. pl. 281. — *Wagl.* Syst. Av. 1. sp. 112. —
Turtur jamaicensis *Briss.* Av. 1. 135. pl. 13. — *Jacq.* Beitr. th. 17.

Oberkopf blaugrau, Gefieder umbrabraun; Kehle, Vorderhals und Backen schwarz, blau und weiß gefleckt.

Völlig so groß wie eine Haustaube, aber wegen der viel höheren Beine größer erscheinend. Schnabel corallroth, die Kuppe schiefergrau mit weiß= licher Spitze; Iris orange. Oberkopf und Zügel hell blaugrau, die Ränder der Stirn und Haube schwärzlich; Backen bis zum Ohr, Kehle und Vorder= hals schwarz und weiß getüpfelt, doch so daß die mittlere Partie nur schwarz bleibt; an den Halsseiten auch kleine blaugraue Flecken darin. Gefieder umbrabraun, der Rücken mit den Flügeln reiner braun, die Brust bis zum Bauch hin mehr rothbraun; mitten auf der Brust eine trüb purpurrothe Stelle. Flügel inwendig hellgrau, die Schwingen schieferschwarz, außen und der Schaft umbrabraun. Schwanz obenauf braunschwarz mit schwär= zerer Spitze, unten grauschwarz. Beine lebhaft taubenroth.

Ganze Länge 12″, Schnabelfirste 6‴ nackt, Mundrand 1″ lang; Flü=
gel 5″, Schwanz 4″, Lauf 1″ 5‴, Mittelzehe 1″ 1‴ ohne die Kralle. —

Diese sonderbare Taubenform ist vorzugsweise auf den antillischen
Inseln zu Hause; sie verbreitet sich nordwärts bis nach Florida, südwärts
nach Venezuela und scheint auch die oberen Gegenden Brasiliens am Ama=
zonenstrom zu berühren, weiter südlich aber nicht zu gehen. Sie lebt fast
nur auf dem Boden, fliegt schlecht, ist scheu, einsam, still, geht wie ein Rep=
huhn mit eingezogenem Halse und buckligem Rücken und sitzt gewöhnlich
zusammengekauert auf einem niedrigen Zweige, um dort zu ruhen. Ihr
Nest ist gleichfalls am Boden.

Fünfte Ordnung.

Scharrvögel. Rasores.

Keine Vogelgruppe gleichen Ranges hat, bei einer so allgemeinen Verbreitung über die Erdoberfläche, eine solche Verschiedenheit des Körperbaues, wie die hier zu behandelnde der Scharrvögel, deren übliche Familienbezeichnung auch die der Hühner im weitesten Sinne (Gallinaceae) zu sein pflegt. Hühner giebt es überall, nicht bloß als Hausgeflügel, von den Menschen über die Erdoberfläche verbreitet; auch ursprünglich ist eine Hühnergestalt an allen bewohnbaren Gegenden der Erde vorhanden; aber freilich der charakteristische Ausdruck des Huhns in der äußeren Erscheinung oft so versteckt, daß es Mühe kostet, die Hühnerverwandtschaft im Vogel nachzuweisen. Als allgemein geltende Gruppenmerkmale lassen sich folgende Eigenschaften aufführen.

Der Schnabel ist in der Regel kurz, noch nicht so lang wie der halbe Kopf, also kürzer als der Taubenschnabel; dabei breiter, höher, plumper, doch ebenfalls deutlich von einem kuppenförmigen abgesetzten hornigen Nagel am Ende bekleidet, gegen den die hintere weichere häutige Partie nur deshalb weniger scharf sich absetzt, weil diese Strecke des Schnabels kürzer ist, als bei den Tauben und sehr gewöhnlich ganz mit Federn bekleidet. Darin sitzt dann die schmale wenig gewölbte Schuppe, welche auch bei den Hühnern die Nasengrube und das Nasenloch zu bedecken pflegt. Von dieser Schilderung weicht indessen der Schnabel der Crypturiden und Megapodiiden durch die schlanke gestreckte Form, welche der Kopfeslänge wenig nachgiebt, die schwache Kuppenbildung der sehr kurzen hornigen Endschuppe, und die lange Nasengrube mit weit offenem Nasenloch gar sehr ab; sie bezeichnet eine durchaus eigenthümliche Abänderung der Hühnergestalt auf der südlichen Hälfte der Erde.

Außer dem Schnabel sind die nackten, schwieligen Stellen am Kopfe vieler Hühner bemerkenswerth; sie umgeben das Auge, wovon sich schon Andeutungen bei Tauben (Starnoenas) bemerkbar mach-

ten, und dehnen sich zuletzt über den ganzen Kopf bis zum Ober=
halse aus, kommen aber bei den Hühnern Süd=Amerikas nur selten
und in geringer Entfaltung vor.

Das Gefieder der Hühner ist im Allgemeinen derbe und groß=
federig; die Conturfedern werden nach unten dunig, haben hier einen
stärker verdickten Schaft, und tragen an der Spuhle einen zweiten,
sehr großen, bloß dunigen Afterschaft. Ihre Flügel sind kurz, ein=
wärts gekrümmt, schildartig gewölbt und die ersten Handschwingen
stets mehr oder weniger verkürzt. Sie bestehen aus 22—29 Schwin=
gen, wovon immer 10 am Handtheil des Flügels sitzen. Im Schnitt
machen freilich die afrikanischen Steppenhühner durch ihre lan=
gen spitzen Taubenflügel eine sehr merkwürdige Ausnahme. Der
Schwanz der Hühner ist ebenfalls nur kurz, obgleich es auch Gat=
tungen mit langen Schwänzen besonders unter den Phasianiden
und Penelopiden giebt. Die Süd=Amerikanischen Gallinaceen
scheinen nie mehr als zwölf Steuerfedern zu besitzen, bei einer Form
Nord=Amerikas (Meleagris) steigert sie sich auf achtzehn, beim
Pfau (Pavo) sogar auf zwanzig, doch nur beim Männchen. Da=
gegen ist der völlige Mangel aller Steuerfedern eine die Crypturi=
den Süd=Amerikas z. Th. bezeichnende Eigenschaft. — Die dem Ge=
fieder bestimmte Bürzeldrüse ist ziemlich groß, mehr oval, oder breit
herzförmig, mit kurzem Zipfel, der nur wenige Dunen an der Mün=
dung besitzt. Den Crypturiden fehlt der Zipfel an der Drüse, daher
ihre Mündung dorsal liegt. —

Die Beine der Scharrvögel sind stark gebaut, schon weil sie das
Hauptbewegungsorgan der meisten bilden. Die Befiederung endet
bei den Arten Süd=Amerikas stets über den Hacken, geht aber bei
den Nordischen Wald= und Schneehühnern bis an die Zehen oder
gar bis an die Krallen. Der hohe starke Lauf hat vorn kurze Halb=
gürtel, hinten sechseckige Schildchen; die Zehen sind obenauf von
kleinen scharf abgesetzten Halbgürteln, unten von einer warzigen Sohle
bekleidet. Die Hinterzehe der meisten Hühner ist klein, höher ange=
setzt und beim Gehen von untergeordneter Bedeutung; sie fehlt mit=
unter ganz, doch pflegt der Nagel noch zu bleiben. Groß und lang
ist die Hinterzehe der auf Bäumen lebenden Penelopiden und
Megapodien, bei denen auch die im Allgemeinen nicht sehr lan=

gen Vorderzehen eine bedeutendere Länge bekommen. Die Krallen endlich sind nie sehr groß, theils kurz, breit und stumpf, theils lang, schmal und wenig gebogen. —

Die Scharrvögel leben vorzugsweise von Vegetabilien und vorzüglich von harten, trocknen Samen, welche sie gewöhnlich am Boden aufsuchen und zu dem Ende im Boden scharren, um die herabgefallenen und vom Erdreich überdeckten Samen hervorzukratzen. Dieser Eigenthümlichkeit verdanken sie ihren Namen. Sie besitzen, gleich den Tauben, einen Kropf und einen starken Muskelmagen, aber zwei sehr lange keulenförmige Blinddärme, statt der kürzeren am Taubendarm. Ihr Nest ist entweder eine einfache Grube im Boden, oder ein kunstloser Bau aus Reisig auf Bäumen; sie legen zahlreiche ziemlich große Eier, deren Farbe und Zeichnung die größten Verschiedenheiten darbietet. Ihre Jungen tragen ein vollständiges, faseriges Nestdunenkleid und verlassen unter Anführung der Mutter bald das Nest, um sich selbst ihre Nahrung zu suchen. Die im Neste bleibenden werden von den Aeltern mit Nahrung versehen und fressen dann mehr Insekten und fleischige Früchte, als trockne Samen. Selbst die Aeltern lieben diese Nahrung und ziehen sie theilweis den harten Samen vor. Das gilt zumal von den Penelopiden Süd-Amerikas.

Die Trennung der Rasores in Unterabtheilungen ist, bei der großen Verschiedenheit ihres Aeußeren, nicht schwierig; die meisten Gruppen scheiden sich scharf ab und geben sich von selbst zu erkennen. Süd-Amerika besitzt vier ihm eigenthümliche Formen; keine andere östliche Hühner-Familie, als die der überall ansäßigen Tetraoniden ist dort vertreten; — es sind hauptsächlich die schwanzlosen Crypturiden mit verkümmerter Hinterzehe und die langschwänzigen Penelopiden mit großer Hinterzehe, welche das Hühnervolk hier repräsentiren; jene entsprechen den Wachteln, diese den Phasanen der alten Welt. Die dritte Gruppe der Craciden, nur in dem stärkeren Schnabel und höheren Lauf von den Penelopiden relativ abweichend, kann damit füglich verbunden werden; Opisthocomus bildet das sehr natürliche Uebergangsglied zwischen beiden, anscheinend heterogenen Gestalten. — Zu ihnen gelangt man von den Crypturiden durch die Tetraoniden, während die

Crypturiden am natürlichsten an die Tauben sich anschließen. In dieser Folge werden wir die Hühner Süd-Amerikas behandeln also in drei Familien zerlegen. —

Vierundzwanzigste Familie.
Injambus. Crypturidae.

Hühnervögel mit dünnen, schlanken, mäßig gebogenen Schnäbeln von mehr als halber Kopfeslänge, deren Hinterzehe verkümmert ist, nicht bis zum Boden hinabreicht, und deren Schwanz entweder ganz fehlt, oder so kurz ist, daß er nicht über die Schwanzdecken hervorragt. — Der lange, dünne, gebogene Schnabel hat keinen kuppig abgesetzten Hornnagel an der Spitze, sondern eine sanft und allmälig in die hintere häutige Bedeckung übergehende vordere Hornbekleidung; die lange, weite Nasengrube reicht tief in den Oberschnabel hinab und enthält über dem Nasenloch keine förmliche Schuppe, sondern bloß einen Hautsaum, der die Nasengrube ausfüllt und das Nasenloch mehr nach vorn, selbst über die Mitte des Schnabels hinausschiebt, obgleich es nicht bei allen Mitgliedern dort liegt. Das Gefieder ist am Kopfe und Halse kleinfedrig, daher diese Theile klein und schwach erscheinen; der Rumpf ist voll, stark und großfedrig. Die kurzen, runden Flügel reichen nur bis auf den Unterrücken und haben sehr schmale, spitze, stark abgestufte Handschwingen, unter denen die vierte oder fünfte die längste zu sein pflegt. Der Schwanz ist entweder verkümmert und dann fehlen ihm die Steuerfedern völlig, oder sehr kurz und aus zehn bis zwölf zwar nicht weichen, aber nicht hervorragenden Federn gebildet. Die Beine haben einen langen Lauf, dessen Sohle mit sechsseitigen Tafeln bekleidet und bisweilen, wenn diese Tafeln abstehende Ränder haben, wahrhaft rauh und einem Tannenzapfen nicht unähnlich beschaffen ist. Die Hinterzehe ist stets ganz klein, steht hoch über dem Boden und scheint mitunter ganz zu verschwinden, so daß nur die Kralle von ihr übrig bleibt; die drei Vorderzehen sind ziemlich lang, dünn, ungleich, die innere etwas kürzer als die äußere, und alle bis zum Grunde frei, ohne erhebliche Spannhaut. — Beide Geschlechter haben gleiches Gefieder und auch sonst keine Abzeichen von einander; die Vögel sind strenge Erdbewohner, fliegen selten, laufen im Gebüsch oder hohem Grase, wie die Wachteln, fort, niſten auf dem Boden, und legen einfarbige, aber ſchön hellrothe, blaue, grüne oder violette, prachtvoll glänzende Eier. Vgl. *Thienemann*, Fortpfl. Gesch. d. ges. Vögel Taf. 5.

1. Gatt. Crypturus *Illig.*
Prod. Mamm. et Av.

Schnabel etwas kürzer als der Kopf, dünn, nach vorn verflacht, ſanft gebogen, ohne abgeſetzte Endkuppe, mit hinten ſtark abgeplatteter Firſte; die Naſengrube bis zur Mitte der Schnabellänge hinabreichend, das Naſenloch vorn in der Grube, länglich oval, ohne Hautdecke, der Schnabelmitte genähert, aber nicht vor ihr, wie bei Trachypelmus. Kopf etwas breiter, der Hals kürzer und ganz taubenartig, wodurch dieſe Gattung von den beiden folgenden ſich ſchon äußerlich unterſcheidet. Gefieder ſehr dunkel, entweder ganz einfarbig braun, ohne alle ſchwarzen Querwellen, oder fein quer gewellt, mitunter dunkler gebändert. Flügel kurz, die erſte Schwinge ſehr klein, mitunter nicht halb ſo lang wie die zweite; die vierte gewöhnlich die längſte. Schwanz fehlt, die eigentlichen Steuerfedern nicht vorhanden, nur von den weichen Schwanzdecken vertreten. Beine weicher. Die Hornbedeckung ſehr dünn, faſt membranös, vorn am Lauf Halbgürtel, hinten ſechseckige Tafeln, die aber auf der Mitte der Sohle ſehr groß ſind; nur die Seiten kleiner gitterartig getäfelt. Zehen lang aber dünn, wenig fleiſchig, der Daumen ſehr klein oder ein bloßer Nagel, die Krallen der Vorderzehen ſchmal und kurz. —

Nach der Form des Schnabels und der Zeichnung des Gefieders laſſen ſich mehrere Unterabtheilungen feſtſtellen.

A. Gefieder, zumal am Rücken, einfarbig; ohne ſcharfe dunklere Querwellenbinden.

1. Crypturus Tataupa.

Lichtenst. Doubl. d. zool. Mus. 68. 707. — *Temm.* pl. col. 415. — *Id.* hist. nat. d. Pig. et Gallin. III. 590. — *Vieill.* Enc. méth. Orn. 371. — *Wagl.* Syst. Av. sp. 12.
Tinamus Tataupa *Pr. Max z. Wied* Beitr. IV. 515. 4. — *Swains.* zool. Illustr I. pl. 19.
Pezus Niambú *Spix* Av. Bras. 64. 4. tb. 78.

Tinamus plumbeus *Lesson* Traité d'Orn. 513.
Tataupá, *Azara* Apunt. III. 48. 329.
Injambú der Brasilianer (gesprochen Ihn-jam-bu).

Schnabel korallroth, Beine fleischroth; Kopf, Hals und Brust grau, Kehle
weißlich, Rücken rothbraun; Steißfedern schwarz oder braun, weiß oder gelb
gesäumt.

Die kleinste, bekannteste und häufigste Art unter den Injambus und
diejenige, welche diesen Namen vorzugsweise führt; das Männchen so
groß wie ein weibliches Rephuhn, das Weibchen etwas kleiner. Schnabel lebhaft korallroth, etwas eigenthümlich gebaut, das Nasenloch eine
schmale Längsöffnung etwas vor der Mitte; die hintere Partie der Nasengrube bauchig gewölbt, fast wie bei den Tauben, aber ohne Spalt am
Rande. Gefieder weich und voll; Kopf, Hals, Brust, Nacken und Oberbauch bleigrau, der Scheitel am dunkelsten; Kehle weißlich; Bauch heller
aschgrau, die Seiten gebräunt. Rücken und Flügeldeckfedern schön voll dunkel rothbraun, etwas ins Purpurrothe spielend. Schwingen schwarzbraun,
die Spitzen röthlich angeflogen. Schenkelfedern, Steiß und untere Schwanzdecken beim Männchen schwarz, breit weiß gerandet, beim Weibchen
braun, feiner weiß gesäumt; die Schwanzdecken gelb gesäumt, mit schwarzem
Keilfleck am Schaft, von dem sich ein Rand ringsum ablöst. Beine im
Tode schwarzbraungrünlich, im Leben fleischbraun. —

Ganze Länge des Männchens 9", des Weibchens 8", Schnabelfirste
11''', Flügel 4½", Lauf 16''', Mittelzehe 13''' ohne die Kralle.

Gemein in allen Gebüschen Brasiliens, obgleich man den Vogel sehr
selten sieht, desto häufiger aber hört, besonders gegen Abend, wo man seinen Ruf vielfach vernimmt; es ist ein eigenthümlicher Laut, der mit 2 etwas
gedehnten Tönen beginnt, worauf 6—8 kurze schnell wiederholte ähnliche
Töne folgen. — Der Vogel nistet auf dem Boden und legt mehrere, wie
Milchchokolade gefärbte, glänzende Eier von der Größe starker Taubeneier.
(Vgl. *Cabanis* Journ. f. Ornith. I. S. 176.). Thienemann hat ein solches
Ei a. a. O. Fig. 12., als das von Nothura minor abgebildet. — Der Injambu ꝛc. ist ein sehr gewöhnlicher Braten, er hat eine sehr dünne durch-
sichtige Haut und ein ganz klares gallertartig durchscheinendes Fleisch, das
gekocht völlig weiß wie geronnener Faserstoff aussieht, und fast ohne alles
Fett ist. — Ich erhielt ihn in Menge, sowohl in Neu-Freiburg, als auch
in Lagoa santa. —

Anm. Crypturus parvirostris *Wagl.* Syst. Av. I. sp. 13. ist auf jüngere weibliche Individuen dieser Art mit matterem Gefieder gegründet. So
groß, wie in Temmincks Figur, sieht man den Vogel selten, es muß ein
sehr altes männliches Stück gewesen sein, das dem Bilde zum Grunde lag.

Spix Abbildung giebt die Größe richtiger, doch fast etwas zu klein an, besonders den Kopf und die Beine, welche an allen seinen Tinamus zu klein gerathen sind.

Crypturus obsoletus.

Tinamus obsoletus *Temm*. pl. col. 196. — *Lichtenst*. Doubl. d. zool. Mus.
    68. 703.
Crypturus obsoletus *Wagl*. Syst. Av. I. sp. 11.
Cryptura coerulescens *Vieill*. N. Dict. d'hist. nat. Tm. 34. 104.
Inambu azulado, *Azara* Apunt. III. 52. 330.

Kopf bis zum Nacken braungrau, Kehle weißgrau, Rumpfgefieder rothbraun,
die Bauchseite heller rostroth; die Steißfedern schwarzbraun, rostgelb gesäumt.

Gestalt und ganzes Ansehn der vorigen Art, aber beträchtlich größer;
Oberschnabel braun, Unterschnabel besonders am Kinnrande voll fleischroth. Iris braun. Gefieder des Kopfes bräunlichgrau, die Stirn und
Backen lichter, die Kehle weißgrau. Rumpfgefieder rostrothbraun, der
Rücken dunkler, sehr fein und matt schwärzlich gewässert; Brust, Vorderhals und Oberbauch lebhaft rostroth, mehr ins fleischrothe als ins gelb-
rothe spielend; die großen Federn am Schenkel, After und Steiß schwarzbraun, breit rostgelb gesäumt. Die Schwingen schwarzbraun, auf der
Innenseite grau. Beine grünlichfleischbraun, wie der Oberschnabel. —

Ganze Länge 10″, Schnabelfirste 1″, Flügel 5″, Lauf 20‴, Mittelzehe 14‴. —

Diese der vorigen nahe stehende Art erhielt ich nur einmal bei Neu-
Freiburg, wo der Vogel viel seltener war, als der vorige; Hr. Bescke
überließ mir auch die Eier desselben, welche ebenfalls wie Milchchokolade
gefärbt, aber viel größer sind, als die von Cr. Tataupa. Ich habe sie in
Cabanis Journ. d. Ornith. I. S. 176. 15. fraglich als die des Cr. variegatus
beschrieben. (*Thienem*. a. a. O. Fig. 7.). Der Vogel lebt einsam im dichten
Walde und kommt darum selten zum Vorschein; weder der Prinz zu Wied
noch Spix haben ihn gefunden, weil er mehr den südlichen Distrikten Brasiliens angehört.

Anm. Temmincks Figur a. a. O. ist nicht wohl getroffen, der Körper
des Vogels zu klein, die Farbe zu hell und besonders das Gefieder am Schenkel viel greller dargestellt als in der Wirklichkeit.

Crypturus Sovi.

Tetrao Sovi *Gmel*. *Linn*. . Nat. I. 2. 768. — *Buff*. pl. enl. 829.
Crypturus Sovi *Licht*. Doubl. d. zool. Mus. 68. 705. — *Wagl*. Syst. Av. I.
    sp. 10. — *Schomb*. Reise III 748. 352.
Tinamus Sovi *Temm*. hist. nat. d. Pig. et d. Gallin. III. 597. — *Pr. Wied*
    Beitr. IV. 522. 6.
Tururi, der Brasilianer.

Rückengefieder olivenbraungrau, Oberkopf dunkel aschgrau, Kehle weiß, Brust und Bauch bis zum Steiß rostgelbbraun. —

Größe und Ansehn wie die vorige Art, aber viel heller und lebhafter gefärbt. — Schnabel am Oberkiefer braun, am Unterkiefer hell fleischroth. Iris gelbbraun. Gefieder des Oberkopfes bis zum Nacken und die Zügel schiefergraubraun, vom Halse herab bis zum Bürzel in Olivenbraun über- gehend, besonders auf den Flügeln deutlich mit grünlichem Anflug. Hand- schwingen schwarzbraun, am Rande olivenbräunlich. Kehle weiß; Hals- seiten, Vorderhals und Brust lebhaft gelbbraun, der Bauch blasser, der Steiß mehr rostroth überlaufen, die Seitenfedern hinter den Schenkeln matt dunkler braun gebändert, besonders deutlich die hintersten Schwanzdecken. Diese Zeichnungen bei jüngeren Vögeln deutlicher; überhaupt das Flügel- deckgefieder derselben mit rostgelben Punkten, die dunkler gesäumt sind; am Rande der Armschwingen und großen Deckfedern, selbst auf der Brust einzelne schwärzliche Querwellenlinien.

Ganze Länge 9 — 10″, Schnabelfirste 1″, Flügel 5″, Schwanz 2″, Lauf 1½″, der Mittelzehe 10‴. —

Die Art gehört dem Waldgebiet der nördlichen und mittleren Distrikte Brasiliens an und kommt bei Rio de Janeiro nicht mehr vor; der Prinz zu Wied traf sie am Rio Belmonte, Schomburgk in Guyana. Ihre Lebens- art ist wie bei C. Tataupa, ihre Stimme ein tremulirender Pfiff. Die Farbe der mehr kugelförmigen Eier ist gleichfalls wie blasse Milchchokolade, mit vorwiegendem Grau im Ton. (*Thienem. a. a. O.* Fig. 9.).

4. Crypturus cinereus.

Tetrao cinereus *Gmel. Linn.* S. Nat. I. 2. 768.
Tinamus cinereus *Lath.* Ind. orn. II. 633. 2. — *Temm.* hist. nat. d. Pig. et Gallin. III. 574.
Crypturus cinereus *Wagl.* S. Av. I. sp. — *v. Tschudi* Fn. per. Orn. 46. 4.

Einfarbig graubraun, die Backen etwas röthlicher, Steiß und untere Schwanzdecken heller gelbgrau gebändert. —

Größer als die vorhergehenden 2 Arten, namentlich hochbeiniger, der Schnabel auch breiter und stärker. Oberkiefer braun, Unterkiefer und Basis des oberen gelbroth. Gefieder einfarbig tabacksbraun, der Oberkopf mehr ins Graue fallend, die Backen am Ohr rostroth. Mit dem Alter erhält die Farbe, besonders beim Männchen, einen grauen Anflug, aber wahrhaft bleigrau, wie bei Cr. Tataupa wird sie nicht. Die Federn des Hinterkopfes und Nackens sind etwas schopfartig verlängert; die der Kehle und des Vor- derhalses stehen sperriger und haben breite weiße Schäfte; der Oberrücken ist etwas voller braun, der untere mehr rothbraun. Die hinteren großen

Deckfedern und die Armschwingen haben feine, gelbliche Tüpfel am Rande, welche dunkler begrenzt sind und sich nach innen als leichte Querwellen ausdehnen; die Handschwingen sind einfarbig umbrabraun, nicht schwarzbraun. Die ganze Unterfläche hat dieselbe braune Farbe, wie der Rücken und wird im Alter sichtbarer graulich; an den Steißfedern sind hellere gelbgraue Binden sichtbar und die unteren Schwanzdecken haben einen breiten, gelbgrauen Endsaum, mit mehreren schmalen gelblichen Querbinden davor in dem viel dunkleren Grunde. Die Farbe der Beine ist blaß fleischbraun, in der Jugend förmlich hell fleischroth, wie auch der Schnabel. —

Ganze Länge 12—13″, Schnabelfirste 11‴, Mundrand 15‴, Flügel 7″, Schwanz 2½″, Lauf 2″. —

Im nördlichen Waldgebiet Brasiliens, bei Para und am unteren Amazonenstrom, gleich wie über Holländisch-Guyana und hinüber in Peru verbreitet; Lebensart die der vorigen Arten, aber die Farbe der gleichfalls sehr kugeligen Eier schön blaugrau, und darin den gestreiften Arten verwandter. (*Thienem.* a. a. O. Fig. 3.). Die hier gegebene Beschreibung nach einem noch sehr jungen männlichen Vogel unserer Sammlung, der früher von Berlin bezogen worden. —

B. Gefieder mit feinen, wenig scharfen, aber doch deutlich sichtbaren, schwarzen Querwellen, besonders am Rücken.

Crypturus vermiculatus.

Tinamus vermiculatus *Temm.* pl. col. 369.
Crypturus vermiculatus *Wagl.* Syst. Av. I. sp. 4.
Crypturus adspersus *Licht.* Doubl. d. zool. Mus. 68. 704. — v. *Tschudi* Fn. per. Orn. 46. 3.

Rückengefieder olivengraubraun, fein schwarz gewellt, Kehle und Bauch weiß, Brust und Vorderhals wie der Rücken, Steiß rostgelb.

Der vorigen Art verwandt, ebenso groß und ziemlich ähnlich gebaut. Schnabel hornbraungrau, Iris braungelb; Nackenfedern am ganzen Halse etwas schopfartig verlängert. Gefieder des Kopfes, Halses, der Brust und des Rückens graulich olivenbraun, auf jeder Feder feine schwarze Querwellen mit Punkten untermischt; der Farbenton im Nacken und Rücken etwas mehr rostbraun, an der Stirn und den Backen entschiedener Grau, auf dem Vorderhalse röthlicher, an der Brust heller und mehr aschgrau; hier nur sehr wenige dunklere Querwellen. Kehle weiß, Bauch bis zu den Schenkeln ebenfalls; Unterschenkel, Steiß und untere Schwanzdecken rostgelb, in der Tiefe die Federn schwarz gebändert. Flügeldeckfedern und Arm-

schwingen voller olivenbraungrau, dicht schwarz gewellt; Handschwingen ein=
farbig schwarzgraubraun. Beine fleischbraun. —

Ganze Länge 13″, Schnabelfirste 1″, Flügel 7¼″, Schwanz 2″ 5‴,
Lauf 1″ 10‴, Mittelzehe 13‴. —

Im Innern Brasiliens, Goyaz und Mato grosso, von Aug. b. St.
Hilaire zuerst gesammelt, mir im südlichen Minas geraes nicht begegnet,
doch wahrscheinlich schon dort ansässig, weil Lichtenstein St. Paulo als
Heimath der Art angiebt. Nach v. Tschudi auch in Peru. — Die Eier
sind nicht grün, sondern blaß röthlich graumeiß gefärbt und scheinen gelb=
roth durch; sie ähneln am meisten denen der zuerst beschriebenen Arten.
(*Thienem.* a. a. O. Fig. 6.).

6. Crypturus adspersus.

Tinamus adspersus *Temm.* hist. nat. d. Pig. et Gallin. III. 585.
Pezus Yapura *Spix.* Av. Bras. II. 62. 4. tb. 78.
Crypturus adspersus *Wagl.* Syst. Av. I. sp. 3.

Umbrabraun, dicht und fein schwarz quergewellt, Ohrgegend rostroth, Kehle
weiß, Steiß rostgelb und schwarz gebändert. —

Steht der vorigen Art höchst nahe, ist etwas kleiner, und unterscheidet
sich von ihr hauptsächlich durch die dunklere, mehr homogene Färbung. —
Schnabel schwarzbraun, der Kinnrand lichter; Iris gelbbraun. Oberkopf,
Nacken, Rumpf und Flügel tabacksbraun, die Flügel etwas mehr ins Oli=
venfarbene spielend, der Oberrücken reiner braun, der Oberkopf und der
Nacken dunkler gefärbt; die Brust und der Bauch heller, graulicher im Ton,
mit rostgelben Seiten; der Vorderhals wie der Rücken, nur die Kehle rein
weiß, die Backen daneben bis zum Ohr rostrothgelb. Alle Federn des Kop=
fes, Halses, Rumpfes und der Flügel fein in die Quere wellenförmig ge=
streift, hie und da die Wellen unterbrochen, mit Punkten gemischt und ab=
wechselnd; die am Bauch und der Unterbrust schwächer und auf der Mitte
fast ganz verloschen. Unterschenkel, Steiß und untere Schwanzdecken voller
rostgelbgrau, deutlicher heller und dunkler quer gebändert; die Schwanz=
decken am vollsten rostgelb und schwarz bandirt. Handschwingen einfarbig
schwarzbraun. Beine hell fleischbraun. —

Ganze Länge 12″, Schnabelfirste 11‴, Flügel 6½″, Schwanz 2″,
Lauf 1″ 9‴, Mittelzehe 13‴. —

Im Innern des nördlichen Brasiliens, am mittleren Amazonenstrom
von Spix gesammelt, auch in Columbien und Venezuela ansässig; scheint
die am dichtesten bewaldeten heißesten Gegenden zu lieben. —

C. Rückengefieder breit heller und dunkler quergebändert; gewöhnlich braun, mit breiten schwarzen bandförmigen Querwellen.

7. Crypturus noctivagus.

Wagler Syst. Av. I. sp. 6.
Tinamus noctivagus *Pr. Max.* z. *Wied* Beitr. z. Naturg. Bras. IV. 504. 2.
Pezus Zabélé *Spix* Av. Bras. I. 62. 2. tb. 77.
Ivo oder Zabélé der Brasilianer.

Oberseite dunkelbraun, Rücken und Flügel breit quer schwarz gestreift; Unterseite hellbraun, die Brust dunkler, der Bauch schwarz quer gebändert.

Eine der größeren Arten, vom Körperbau des Cr. cinereus und Cr. vermiculatus. — Schnabel dunkel hornbraun, die Firste der Länge nach schwärzlich, der Kinnrand blaßgelblich. Iris gelbbraun. Gefieder des Oberkopfes schwarzbraun, gegen den Nacken hin lichter, röthlicher, und so fort über den ganzen Rücken bis zum Schwanz leicht grau überlaufen, vom Mittelrücken an schwarzbraun. Quere Wellenbinden von der Breite eines Strohhalms, welche sich auch über die heller gefärbten, mehr gelbbraunen Flügeldeckfedern und Armschwingen ausdehnen; die Handschwingen einfarbig schwarzbraun, mit etwas röthlicher Spitze. Kehle, Backen am Auge und Ohr bis zum Oberhals hell rostgelb; Vorderhals und Oberbrust aschgrau, fein schwarz quer gewellt; Bauch bis zum Steiß voller rostgelb, mit breiten schwarzbraunen, aber nicht so gemähnten schwarzbraunen Querbinden; die Mitte des Bauches bis zum After weißlich, die unteren Schwanzdecken mit breiten, schwarzen, keilförmig zugespitzten Querflecken auf der Mitte. Untere Flügeldecken aschgrau. Beine gelbbräunlich. —

Ganze Länge 12½—13½", Schnabelfirste 1"—13"', Flügel 6⅔"—Schwanz 2¾", Lauf 2" 2"', Mittelzehe 11"'. —

Die alten Vögel beiderlei Geschlechtes sind nur in der Größe, wenig im Colorit, das beim Weibchen matter ist, verschieden; die jungen Vögel haben am Rücken viel schwächere Querbinden im Gefieder und helle, blaßgelbe Randpunkte an den Federn des Rückens, der Flügel und den letzten Armschwingen, die dunkler gerandet und nach innen bindenartig erweitert sind; die Bauchseite ist dichter und voller quergebändert.

Der Vogel bewohnt die großen Waldungen der ganzen Küstenstrecke Brasiliens und kommt schon bei Rio de Janeiro vor, wird aber nordwärts häufiger; er zieht die flachen heißesten Gegenden den höher gelegenen Gebirgspartien vor und findet sich z. B. nicht mehr bei Neu-Freiburg. Tief im Walddunkel am Boden versteckt, läßt er bei Tage, wie bei Nacht im Mondschein, seine kenntliche Stimme, die aus drei bis vier nicht sehr hohen pfeifenden Tönen besteht, erschallen; er läuft beständig umher, nach

Nahrung suchend, und kommt bisweilen auf die offenen engen Waldpfade, sich schnell zurückziehend, wo er sich bemerkt glaubt. Sein Nest ist im Dickigt am Boden verborgen und enthält 8—10 schön grünlichblane, trüb ultramarinfarbene Eier. (*Thienem.* a. a. O. Fig. 4.).

8. Crypturus variegatus.

Tetrao variegatus *Gmel. Linn.* S. Nat. I. 2. 768. — *Buff.* pl. enl. 828.
Tinamus variegatus *Lath.* Ind. orn. II 634. 3. — *Temm.* hist. nat. d. Pig. et Gall. III. 576. — *Pr. Max z. Wied* Beitr. IV. 510. 3.
Crypturus variegatus *Wagl.* Syst. Av. I. sp. 7. — *Schomb.* Reise III. 748. 350.
Chororão der Brasilianer.

Rückengefieder gelbbraun und schwarz quer gebändert, Kehle, Bauch und Steiß weiß, Brust rothbraun, Oberkopf bis zum Nacken schieferschwarz.

Beträchtlich kleiner als die vorige Art, in der Zeichnung ihr ähnlich, aber lebhafter gefärbt. — Schnabel dunkel schwärzlich hornfarben, Iris braun. Oberkopf bis zum Nacken hinab schieferschwarz, matt überlaufen, wie bereift; Hals und Oberbrust lebhaft rostroth; Rücken und Flügel bis zum Schwanz schwarzbraun, jede Feder mit schönem hell rostrothgelbem Randsaume, bisweilen davor am Flügel noch eine zweite ähnliche Binde; Schwingen schwarzbraun, die hinteren Armschwingen rostroth querfleckig marmorirt, besonders an der Außenfahne, soweit wie unbedeckt. Kehle weiß, Unterbrust rostgelb, Bauch weiß, die Seiten und der Steiß schwarz quer gefleckt, die unteren Schwanzdecken mit rostgelbem Endsaume. Beine gelb=lichbraun. —

Ganze Länge 11—12″, Schnabelfirste 1″, Flügel 6″, Schwanz 2″, Lauf 1″ 7‴, Mittelzehe 10‴. —

Beim jungen Vogel ist der dunkle Oberkopf rostgelb punktirt, beson=ders an den Seiten und hinter dem Auge ein rostrother Randstreif sicht=bar; das Gefieder des Rückens ist viel matter gefärbt, der rostgelbe Ton herrscht vor, jede Feder hat einen schwarzen Randsaum nebst zwei gelben Bogenbinden. Die rothbraune Brust zeigt weißliche Federränder und da=vor einen schwärzlichen Bogen; die Schulter= und Flügelfedern sind, gleich den Steißfedern am Rande blaß gelblichweiß punktirt. Der Bauch ist auch heller und dunkler gewellt. —

Im nördlichen Waldgebiet Brasiliens und dort häufig, auch über Guyana und Columbien verbreitet und hier ein unter dem Namen Schororong allbekannter Vogel, der sogar gezähmt auf den Hühnerhöfen mitunter gehalten wird. Lebt in der Wildniß ganz wie die vorige Art, ist aber we=niger vorsichtig, läßt den Jäger nahe ankommen und hält auf dem Nest sogar bis zum Ergreifen Stand. Nistet am Boden, legt 5—8 graulich rosafarbene Eier (*Thienem.* a. a. O. Fig. 8.), und verräth sich in ähnlicher Weise durch die leisere, sanftere, tremulirende Stimme, welche der Vogel aber nur bei Tage, doch fast beständig, hören läßt. —

9. Crypturus undulatus.

Tinamus undulatus *Temm.* hist. nat. d. Pig. et Gallin. III. 582. — *Lesson* Traité d'Orn. 512.
Cryptura sylvicola *Vieill.* Gal. d. Ois. III. pl. 216. — *Id.* Enc. méth. orn. 373. — *Id.* N. Dict. d'hist. nat. Tm. 34. pag. 107.
Crypturus undulatus *Wagl.* Syst. Av. I. sp. 8.
Inambú listado, *Azara* Apunt. III. 53. no. 331.

Oberkopf schiefergrau, Kehle weiß, Brust rostroth, Bauch weiß; Rücken schwarz und rostgelb quergestreift, die Achselfedern mit einer Reihe weißlicher Punkte. —

In Farbe und Zeichnung der vorigen Art zum Verwechseln ähnlich, aber eher etwas größer als kleiner, kräftiger gebaut, besonders der Schnabel und die Zeichnung des Rückens breiter, gröber. — Oberschnabel schwarzbraun, Unterschnabel gelblich. Iris rothbraun. Stirn, Zügel, Oberkopf und Nacken schieferschwarz, graulich überlaufen, wie bereift. Unterrücken, Halsseiten, Vorderhals und Brust lebhaft rostroth. Rücken und Flügel schwarzbraun und rostgelb gebändert; jede Feder mit rostgelbem Saume und breiter schwarzer Binde davor, auf welcher sich ein zweiter rostgelber Bogen nach unten abzusetzen pflegt; die Achselfedern nicht breit, sondern schmal schwarz, größtentheils rostbraun, mit weißlichem Schaftstreif, der in dem schwarzen Bogen vor dem Ende scharf abgesetzt endet. Schwingen schwarzbraun, die hinteren des Armes und die hinteren großen Deckfedern am Rande schwarz und gelb quergebändert; die Handschwingen und vordersten großen Deckfedern einfarbig. Bauch und Steiß weiß, die Seitenfedern am Ende rostgelb mit schwarzer Bogenbinde; die unteren Schwanzdecken breiter rostgelb gesäumt, mit schwarzem Bogen in der Mitte. Beine fleischbraun.

Ganze Länge 12—12½″, Schnabel 1″, Flügel 6″, Schwanz 2½″, Lauf 2″ 3‴. —

Lebt in den dichten Waldungen des südlichen Brasiliens, wo der Vogel zwar häufig ist, aber sich schwer beikommen läßt; er nistet auf dem Boden und legt 4—6 schön violette, glänzende Eier.

10. Crypturus strigulosus.

Wagler, Syst. Av. I. sp. 9.
Tinamus strigulosus *Temm.* hist. nat. d. Pig. et Gallin. III. 594. und 752.

Stirn und Scheitel schwarz, Nacken und Hals rostroth, Brust grau, Kehle und Bauch weiß; Rücken rostbraun, schwarz gebändert.

Kleiner als die 2 vorhergehenden Arten und eigenthümlicher gebil=
det. — Schnabel braun, Kinngegend gelblich. Iris gelbbraun. Stirn und
Scheitel schwarz; Hinterkopf, Nacken, Wangen und Hals rostroth; Brust
bleigrau, die Seiten etwas rostgelb überlaufen. Rücken, Flügel und
Schwanzgegend trüb rothbraun, jede Feder mit einer schwarzen Bogen=
binde, die aber in der vorderen Rückengegend fast ganz versteckt bleibt;
hintere große Deckfedern und Armschwingen deutlich schwarzbraun und
rostgelb gebändert; vordere und die Handschwingen schwarzbraun. Kehle
weiß; Bauch weißlich, die Mitte reiner weiß, die Seiten graulich, rost=
gelb gebändert; die Steißfedern entschiedener rostroth, mit schwarzen zacki=
gen Querbinden und weißlichem Endrande. Beine gelbgraubraun. —

Ganze Länge 10″, Schnabelfirste 9‴, Flügel 5″, Schwanz 2″, Lauf
1″ 9‴, Mittelzehe 10‴. —

Im Innern Brasiliens, auf dem Camposgebiet der nördlichen Ge=
genden, zwischen Bahia und Pernambuco; lebt wie die vorigen Arten
in schattigen Wäldern, und legt ziemlich kugelige, hell röthlichgraue Eier.

Anm. Nach der Farbe der Eier sondern sich die Arten ebenfalls in drei
Gruppen, deren Mitglieder sich aber anders zu einander gruppiren, als nach
der Körperzeichnung:

1. Matt gefärbte graulich weiße Eier mit röthlichem Anflug, welche den
Eiern von Nothura im Ton sich anschließen, haben Cr. strigulosus, Cr. vermiculatus (Cr. adspersus *Licht.*) und Cr. Sovi.

2. Klar und deutlich hell rothe, bald mehr in Rosa, bald in Milchscho-
laden = Farbe übergehend, sind die Eier von Cr. Tataupa, Cr. obsoletus und Cr.
variegatus.

3. Blaugrün oder grünlichblau, mit Neigung zum reinen Ultramarinblau
findet man die Eier bei Cr. cinereus, Cr. noctivagus und Cr. undulatus. Durch
diese Farbe spielen sie in die Eier von Trachypelmus hinüber.

2. Gatt. Trachypelmus *Caban.*
Rich. Schomb. Reise III. 749.

Schnabel länger, fast von Kopfeslänge, mit stumpfer herabge=
bogener Spitze und weitem ovalem Nasenloch neben der Mitte des
Schnabels in der vordersten Ecke der langen Nasengrube; letztere
ohne Hornschuppe. Schnabelfirste von der Stirn bis zu den Nasen=
löchern flach abgeplattet, die Seiten daneben am Anfange der Nasen=
grube befiedert. Augenlieder am Rande mit kleinen schuppenförmigen
Federn besetzt. Gefieder voll am Rumpfe, mit feinen dunklen Wellen=
zeichnungen am Rücken, die Federn sehr breit; am Kopfe und Halse
sehr klein. Hals lang und dünn. Schwanzfedern vorhanden,
stark und steif anzufühlen, etwas länger als die Schwanzdecken. Lauf

21 *

ſehr hoch, höher nach Verhältniß als bei der vorigen Gattung, vorn
mit flachen, breiten, wenig abgeſetzten Halbgürteln; hinten mit klei=
nen dreieckigen Tafeln bekleidet, deren oberer Rand ſcharf abgebogen
iſt, wodurch die Sohle feilenartig rauh wird.   Zehen nach Verhält=
niß kürzer als bei den übrigen Gattungen; die Hinterzehe ſehr hoch
angeſetzt, zwar klein, aber deutlicher und größer als bei Crypturus.

1. Trachypelmus Tao.

Crypturus Tao. *Licht.* Doubl. d. zool. Mus. 67. 701. — *Wagl.* Syst. Av. I.
   sp. 1. — *Id.* Isis 1829. 745.
Tinamus Tao *Temm.* hist. nat. d. Pig. et Gallin. III. 569.
Tinamus solitarius *Vieill.* Enc. méth. Orn. 373. — *Id.* N. Dict. d'hist. nat.
   Tm. 34. 105.
Macoicagoa *Azara* Apunt. III. 57. 332.

   Rückengefieder roſtbraun, ſchwarz quergewellt; Bruſt und Bauch gelbgrau,
die Steißgegend und die Schenkel dunkler gewellt, am Halſe nach hinten jeder=
ſeits ein roſtgelber Streif. —

   Im Rumpf größer als eine ſtarke Henne, und wegen des längeren
Halſes und der längeren Beine noch viel größer erſcheinend. Oberſchnabel
braun, die Spitze und der ganze Unterſchnabel blaßgelb. Oberkopf bis zum
Nacken dunkel roſtbraun, matt heller getüpfelt; die Seiten neben dem Nacken
mit einem deutlichen roſtgelben Streif; die Backen und Halsſeiten roſtgelb
getüpfelt auf dunklerem Grunde, die Kehle bis zum Kinn und Ohr blaß
gelblichweiß. Unterhals, Bruſt, Bauch und Steiß gelbgrau, die erſten bei=
den einfarbig, der Bauch, die Schenkel und der Steiß brauner und fein
heller gewellt, die unteren Schwanzdecken mit roſtgelbem Längsſtreif.
Rücken, Flügeldeckfedern und Armſchwingen ſchön voll roſtbraun, jede Feder
mit mehreren buchtigen klammerförmigen ſchwarzen Querlinien über ein=
ander, die der Armſchwingen und großen Deckfedern getüpfelt. Die Hand=
ſchwingen ſchwarz, die Schwanzfedern braun, fein und unregelmäßig ſchwarz
gewellt, aber dunkler als der Rücken. Beine grünlichbraun, faſt wie bei
den Waſſerhühnern; die rauhe Sohle des Laufes etwas lichter. —

   Ganze Länge 18—19″, Schnabelfirſte 15‴, Flügel 9″, Schwanz bis
zum After 3″, Lauf 2″ 8‴, Mittelzehe ohne Kralle 14‴. —

   Im Süden Braſiliens, St. Paulo, Süd=Minas, Sta Catharina,
Montevideo, Paraguay; beſonders in den dichten Waldungen der Flußufer
und Niederungen; ein einſamer, ſcheuer, vorſichtiger Vogel, der bei Tage
raſtet und beſonders Morgens und Abends thätig iſt. Dann hört man
wohl ſeinen aus 2 Sylben beſtehenden, mäßig lauten Ruf aus dem Gebüſch
erſchallen. Er niſtet im Dickigt auf dem Boden und legt zwei ſchön blau=

grün gefärbte Eier, die denen des Pfau in Gestalt und Größe völlig gleich= kommen. (*Thienem.* a. a. O. Fig. 1.).

2. Trachypelmus brasiliensis.

Perdix brasiliensis *Briss.* Av. I. 227. 4.
Tinamus brasiliensis *Lath.* Ind. orn. II. 633. 1. — *Pr. Max z. Wied* Beitr.
    IV. 496. 1. — *Buff.* pl. enl. 476. — *Temm.* hist. nat. d. Pig. et Gallin.
    III. 562.
Tetrao major *Gmel. Linn.* S. Nat. I. 2. 767.
Crypturus serratus *Wagl.* Syst. Av. sp. 2.
Pezus serratus *Spix* Av. Bras. II. 61. 1. tb. 76.
Macucagua *Marcgr.* hist. nat. Bras. 213.
Macuca s. Macucava der Brasilianer.

Rückengefieder rostbraun, breiter schwarz gewellt; Bauch und Brust heller gefärbt, mit feineren schwärzlichen Querwellen. Kehle weißlich, Halsseiten schwarz und weiß getüpfelt. —

Etwas kleiner, als die vorige Art, ziemlich ähnlich gefärbt, der Ober= schnabel braun, der Unterschnabel gelblichgrau, die Iris braun. Oberkopf, Oberhals, Nacken, Rücken und Flügel rostrothbraun, mit mattem oliven= grünen Anflug, besonders auf den Flügeln; jede Feder mit etwas breiteren schwarzen Querwellen, die am Schaft mit der Spitze nach vorn gerichtet sind, wie eine Druckklammer; hie und da ein heller gelber Punkt am Ende des unteren Rückens und hinteren Flügeldeckfedern zur Seite der Schaft= spitze, welche Punkte auch der vorigen Art zukommen, aber dort kleiner und schwächer sind. An den Seiten des Oberhalses, vom Auge her, ein schwärz= licher Streif statt des rostrothen der vorigen Art. Zügel, Backen, Kehle und Vorderhals blaßgelb, jede Feder dieser Theile mit schwarzem bogigem Endsaum, vor welchem sich ein hellerer mehr weißer Fleck bildet. Brust, Bauch, Schenkel und Steiß gelbgraubraun, die Federn ebenso, aber dichter und nicht so dunkel quergewellt, wie am Rücken, diese Wellen nach hinten immer deutlicher und breiter; untere Schwanzdecken mit breitem rostgelbem Längsstreif. Schwanzfedern wie der Rücken, aber etwas mehr ins Graue fallend. Schwingen der Hand schwarzbraun, unten heller grau. Beine grünlichgrau. —

Das Weibchen ist etwas kleiner als das Männchen, matter gefärbt, aber sonst ihm sehr ähnlich.

Ganze Länge 17—18″, Schnabelfirste 1″, Flügel 9″, Schwanz 3″, Lauf 2″ 8‴, Mittelzehe 13‴. —

In den dichten Wäldern des mittleren und nördlichen Brasiliens, lebt einsam und still im Gebüsch, läuft viel auf dem Boden und nistet daselbst, übernachtet aber auf niederen Zweigen hockend. Die Nahrung besteht in

Früchten, besonders den fleischigen Beeren mit großen Samen aus der Lau-
rinen-Familie; auch findet man stets Kieselsteine, zur Unterstützung der Zer-
malmung und Spuren von Insekten im Magen. Das Nest enthält, nach
der Beobachtung des Prinzen zu Wied, 9—10 oder noch mehr ziemlich
große, blaugrüne Eier, welche etwas kleiner und kugelförmiger gestaltet sind
als bei der vorigen Art (*Thienem.* a. a. O. Fig. 2.). — Der Vogel ist eines
der beliebtesten Jagdthiere der Brasilianer, sie beschleichen ihn vorsichtig,
wie die Nordländer den Auerhahn, und manche Leute hängen mit unbe-
schreiblicher Leidenschaft an dieser Beschäftigung. Ein eintöniger lauter
Pfiff, welchen der Jäger nachahmt, verräth den Vogel und wird sein Un-
glück, indem er sich dadurch täuschen läßt. —

Anm. Ich kenne aus eigener Ansicht nur die beiden hier beschriebenen
Arten; Cabanis führt a. a. O. noch 2 andere auf:
3. Trachypelmus canus. Crypturus canus *Wagl.* Isis 1829. 746. —
Größer als alle übrigen Arten, 21″ lang, grau von Farbe, fein schieferschwarz
gewellt, Bauchseite heller, Steiß rostroth, schwarz gebändert. — Von Para.
4. Trachypelmus subcristatus, *Caban.* Schomb. Reise III. 749.
353. — Wie Tr. Tao gefärbt und gezeichnet, ebenso groß, die Hinterkopf- und
Nackenfedern schopfartig verlängert. — Guyana, Columbien. —

3. Gatt. Rhynchotus *Spix.*

Av. Bras. II.

Habituell am meisten mit Trachypelmus verwandt bildet diese
eigenthümliche Gattung durch die Lage des Nasenlochs den Uebergang zu Nothura; Formen, welche durchaus nicht mit Crypturus
verbunden bleiben können, sondern mit vollem Rechte schon von Spix
und Wagler als besondere Gattungen aufgestellt wurden. Auch
ihre Lebensweise ist eine andere, sie meiden den dichten Wald und
halten sich nur auf Feldern und Triften im hohen Grase oder lichtem
Gebüsch versteckt. —

Schnabel so lang wie der Kopf, sanft gebogen, flach, am Ende
stumpf gerundet, ohne Spur einer Kuppe; die Nasengrube kurz, weit,
reicht nicht bis zur Mitte des Schnabels; das Nasenloch frei und
offen in der vorderen Ecke der Grube weit vor der Mitte, hinten
häutig gesäumt: Schnabelfirste abgeplattet, die hintere Partie vor den
Nasenlöchern breiter, von einer schwieligen scharf abgesetzten Wachshaut bekleidet, die zum Nasenloch hinabreicht; Nasengrube bis zum
Nasenloch dicht befiedert. Zügel und Wangen von eigenthümlichen

kleinen Federn spärlich bekleidet und auf dieselbe Weise auch die Au=
genlieder, aber der Rand mit langen steifen borstenförmigen Wimpern
besetzt. Hals= und Rumpfgefieder voll, weich, doch ohne Eigenheiten;
der Rücken mit breiten Querbändern gezeichnet. Die Flügel ange=
krümmt, mit spitzen Handschwingen, die erste sehr verkürzt, die zweite
mäßig, die dritte wenig, die vierte die längste. Wirkliche Steuer=
federn fehlen; der Schwanz weich, von den oberen und unteren Deck=
federn gebildet. Beine hoch und stark, der Lauf vorn und die Zehen
oben von kurzen starken Halbgürteln bekleidet, die Seiten des Laufs
fein genetzt, die Laufsohle mit etwas größeren aber doch nur kleinen
Tafelschildern bekleidet. Hinterzehe nach Verhältniß groß, mit starkem
Nagel; Nägel der Vorderzehen lang, stark gebogen, spitz, am Grunde
breit, der mittelste nach innen etwas erweitert.

Rhynchotus rufescens.

Wagler, Syst. Av. I. gen. et spec.
Tinamus rufescens *Temm.* hist. nat. d. Pig. et Gallin. III. 552. et 748. —
    Id. pl. col. 412.
Crypturus rufescens *Licht.* Doubl. d. zool. Mus. 67. 702. — *Darw.* Zool. of
    the Beagl. III. 120.
Rhynchotus fasciatus *Spix* Av. Bras. II. 60. 1. tb. 76. c.
Tinamus Guazu *Vieill.* Enc. méth. orn. 370. — *Id.* N. Dict. d'hist. nat. Tm.
    34. 103.
Inambú guazu *Azara* Apunt. III. 34. no. 326.
Perdiza der Brasilianer.

Rostgelbroth, Kehle weißlich, Oberkopf schwarz gestreift, Rücken und Flügel=
deckfedern breit schwarz gebändert.

Von der Größe einer Haushenne, der Hals etwas länger und dün=
ner, der Kopf niedriger. Schnabel braun, Unterkiefer besonders nach der
Basis zu blaßgelbbraun. Iris rostgelbbraun. Federn des Oberkopfes
schwarz gestreift, besonders die Mitte der oberen Federnhälfte schwarz; Zü=
gel und Backen rostgelb, Kehle weißgelb, Ohrdecke auf der Mitte schwärz=
lich. Nacken, Hals und Oberbrust rostrothgelb, nach unten zu gegen den
Rücken und den Bauch gelbgraulich. Rücken und Flügel breit schwarz quer
gebändert, indem jede Feder vor dem schmalen gelben Endsaum zwei breite
schwarze Binden über einander trägt, von denen die obere zunächst der
Spitze jederseits noch einen feinen rostgelben Seitenstreif enthält. Auf den
Flügeln werden die schwarzen Querbinden schmäler und wechseln nicht bloß
mit blaßgelben, sondern auch mit breiteren graugelben Querbinden. Die
Handschwingen sind einfarbig voll und schön rostgelbroth, die Armschwingen

ebenfalls, aber mit schwarzen und grauen Querwellen auf der Außenfahne geziert; die unteren Rückenfedern, oberen und unteren Schwanzdecken und die Steißfedern bis über die Unterschenkel hinauf haben die dreifarbige Querstreifung der Flügeldeckfedern, aber einen mehr grauen Ton; die Brust und der Oberbauch sind graugelb, matt heller und dunkler quer gebändert; die Beine fleischbraun.

Das Weibchen ist nur wenig kleiner als das Männchen, hat zwar dieselbe Zeichnung, aber einen mehr grauen, matten Farbenton, besonders an der Brust, im Nacken und auf den Flügeln. —

Ganze Länge 16—17″, Schnabelfirste 1½″, Mundrand 2″ 2‴, Flügel 8″, Schwanz 2″, Lauf 2″ 8‴, Mittelzehe 1″ 4‴ ohne die Kralle.

Auf dem Camposgebiet des mittleren Brasiliens, besonders in St. Paulo, Süd-Minas und Goyaz zu Hause; hier unter dem Namen Perdiz allbekannt und der Lieblingsgegenstand des Jägers, welcher dem Vogel ebenso nachschleicht, wie der Macuca im Walde; scheu und vorsichtig, läuft im hohen Grase, fliegt selten, streift nur in der Dämmerung nach Nahrung umher, nistet am Boden in einem dichten Busch und legt 7—9 dunkel grauliche, gleichförmig ovale, mehr längliche Eier, mit violettem Anflug, so groß wie Hühnereier von auffallend glänzend polirter Oberfläche. (*Thienem.* a. a. O. S. 24. Taf. 4. Fig. 5.). —

Ich erhielt durch die Bemühungen eines mir öfters gefälligen Einwohners von Congonhas diesen zwar nicht seltenen, aber wegen der schwierigen Jagd werthvollen Vogel in einem schönen männlichen Individuum, dessen Fleisch ich mir wohl schmecken ließ, da es zu den besten Wildbraten gehört, welchen man dort haben kann.

4. Gatt. Nothura *Wagl.*
Syst. Av. I.

Schnabel nach Verhältniß kürzer, hinten breiter, die Spitze mehr herabgebogen, etwas übergewölbt; die Nasengrube bis über die Mitte des Schnabels hinabreichend, aber das Nasenloch ganz hinten, dicht vor dem Gefieder der hinteren Partie, länglich oval, unter einer Hautfalte; die hinterste Partie des Schnabelüberzuges selbstständig abgesetzt, die Nasenhäute mit in sich aufnehmend. Zügel und Augengegend mit schmalen in Borstenspitzen ausgehenden Federn sparsam bekleidet, der Augenrand mit mäßig langen, feinen Borstenwimpern. Gefieder weich und voll, die Federn einzeln länglicher, schmäler; die

des Rückens mit doppelter Zeichnung; Streifen am Rande, Quer=
wellen auf der Mitte; die Schwingen am Außenrande hell und dun=
kel bandirt, die erste kleinste Schwinge völlig rudimentär, die zweite
lang, fast so lang wie die dritte, welche der vierten kaum nachsteht.
Schwanzfedern nicht vorhanden, die Schwanzdecken sehr weich. Die
Beine mäßig stark, völlig wie bei Rhynchotus bekleidet, aber die
Halbgürtel des Laufs und der Zehen, weicher, dünner, weniger scharf
abgesetzt; die hinteren Laufschilder größer und zu einer nach unten
abnehmenden Schilderreihe ausgedehnt. Hinterzehe ziemlich kräftig,
die Vorderzehen nicht sehr stark, mit kleiner, aber ziemlich dicker, zu=
gespitzter Kralle.

Die Arten dieser Gattung sind kleinere Vögel, vom Ansehn der
Wachteln und nur wenig größer; sie leben auf offenen Triften im
Grase und heißen bei den Brasilianern Codornix (Wachtel). Man
unterscheidet vier Arten aus verschiedenen Gegenden Süd=Amerikas.

1. Nothura Boraquira.

Wagler, Syst. Av. I. sp. 1.
Tinamus Boraquira *Spix* Av. Bras. I. 63. 1. tb. 79.

Blaßgelb, Rückenseite braun und schwarz gewellt; Unterseite weißlich, der
Hals braun gestreift, die Brustseiten fein gewellt.

Oberschnabel braun, Unterschnabel blaßgelb. Oberkopf, Nacken, Rücken
bis zum Schwanz und die Flügel gelbbraun; jede Feder des Kopfes und
Rumpfes mit blaßgelbem Seitensaum und brauner schwarz quergewellter
Mitte, worunter sich am Rückengefieder eine etwas breitere Binde vor der
Spitze auszeichnet. Die kleinen Deckfedern der Flügel lebhafter rostgelb,
mit braunen, schwarz gerandeten Querbinden; die großen Deckfedern und
Schwingen schwarzbraun, am Vorderrande rostgelb in gleich breiten Ab=
ständen gebändert. Ganze Unterseite weiß, die des Halses grau überlaufen;
jede Feder am Halse und an der Oberbrust mit bräunlichem, auf der Mitte
nach unten erweitertem Längsstreif; die Federn des Oberbauches und der
Bauchseiten mit feinen, schwarzen Querwellen gezeichnet, welche sich auch
am Steiß und auf den unteren Schwanzdecken erkennen lassen. Die oberen
Schwanzdecken wie der Rücken, mit breiterer rostgelber Endbinde. Beine
blaß gelbbraun. —

Ganze Länge 10½—11″, Schnabelfirste 8‴, Flügel 5″ 2‴, Lauf
1″ 6‴, Mittelzehe ohne Kralle 1″. —

Im Innern Brasiliens auf dem Camposgebiet der mittleren östlichen

Diſtricte, zwiſchen Bahia und Pernambuco bis in das nördliche Minas geraes; im Diamantendiſtrict von Spix geſammelt; lebt wie die folgende Art auf offenen Triften und iſt deren nördlicher Stellvertreter. Die Eier haben, nach Thienemann a. a. O. S. 26. Taf. 5. Fig. 10. eine ſehr dunkle bräunlichgraue Farbe, ſind ziemlich kurz gebaut und ſtehen den Eiern des gemeinen Faſans an Größe gleich. —

2. Nothura maculosa.

Tinamus maculosus *Temm.* hist. nat. d. Pig. et Gallin. III. 557. 748. — *Id.*
  pl. col. livr. 70. texte, no. 2. — *Pr. Max z. Wied* Beitr. IV. 519.
Crypturus maculosus *Licht.* Doubl. d. zool. Mus. 68. 706.
Cryptura fasciata *Vieill.* Enc. méth. Orn. 370. — *Id.* N. Dict. d'hist. nat.
  Tm. 34. 109.
Nothura major *Wagl.* l. l. sp. 2. mas und ibid. sp. 3. N. medius fem s. juv.
Tinamus major et medius *Spix* Av. Bras. II. 64. 2. et 3. taf. 80. et 81. mas.
  et fem.
Inambui, *Azara* Apunt. III. 40. n. 327.
Codornix der Braſilianer in Minas geraes.

Roſtgelb, Rückengefieder und Oberkopf braun gewellt; Vorderhals und Bruſt mit ſchwarzbraunen roſtroth geſäumten Schaftſtreifen. —

So groß wie ein weibliches Rephuhn, der Kopf kleiner, die Beine nach Verhältniß höher. Oberſchnabel braun, Unterſchnabel gelb; Iris orange. Oberkopf ſchwarzbraun, jede Feder mit roſtgelbem Saume, die Seitenfedern nach außen breiter roſtgelb. Zügel, Backen, Hals, Bruſt und die ganze Bauchſeite roſtgelb, nur die Kehle weiß. Am Halſe, im Nacken und auf der Oberbruſt hat jede Feder einen ſchmalen ſchwarzbraunen Streif, der gegen die Spitze hin breiter wird und an den Seiten roſtroth geſäumt iſt; dieſe Streifen ſind bei älteren, beſonders männlichen Vögeln voller ge= färbt, und ſchärfer abgeſetzt; bei jungen und den kleineren Weibchen matter, ſchmäler und undeutlicher. Die Mitte des Bauches iſt ungefleckt; die Bauch= ſeiten und der Steiß haben ſchwarzbraune Querbinden, die ſich am Schaft etwas ausdehnen, nach den Seiten verſchmälern und anfangs, gegen die Bruſt hin, als Vförmige Flecken auftreten. Am Rücken hat jede Feder einen breiten roſtgelben Seitenrand und eine ſchwarze Mitte, worin feine, roſt= rothe, gewöhnlich zickzackförmige Querlinien an der Spitze und an der Baſis der ſchwarzen Partie enthalten ſind; die Mitte bleibt eine breite, ſammet= ſchwarze, ununterbrochene Stelle. Die letzten Bürzelfedern ſind ſehr weich und ihre Fahnen fein faſerig zerſchliſſen. Am Flügel haben die Deckfedern mehr einen röthlich roſtgelben Ton und darin ſchwarze, bogenartige Quer= binden, welche ſich am Schaft breiter ausdehnen; gewöhnlich iſt die letzte Binde vor der Spitze bloß ein rautenförmiger Fleck. Die vorderſten Deck=

federn und die Schwingen sind schwarzbraun, am Außenrande roftrothgelb
gebändert oder gefleckt; letzteres bei älteren, erfteres bei jüngeren Indivi=
duen. Beine gelbbraun. —

Ganze Länge 9—10″, Schnabelfirfte 7‴, Flügel 5″, Schwanz 1″,
Lauf 18‴, Mittelzehe 1″ ohne Kralle.

Die jungen Vögel haben mattere Grundtöne und ftets breitere hellere
Querbinden im Gefieder; die alten Vögel find röthlicher roftgelb, feiner
quergewellt am Rücken und fchärfer gezeichnet auf dem Halfe. Ihre Kehle
ift reinweiß, beim jungen Vogel nur weißlich. —

Auf dem füdlichen Camposgebiet, in Minas geraes, St. Paulo, Monte=
video und Paraguay zu Haufe und hier unter dem Namen Codornix (Wach=
tel) bekannt; lebt nur in offenem bufchigem Terrain, läuft beftändig am
Boden, niftet im Grafe und legt fehr glänzende, ganz wie bei der vorigen
Art dunkel röthlichgrau gefärbte, aber etwas länglicher ovale Eier, die zwar
gleiche Länge, aber eine geringere Dicke befitzen. Ich erhielt den Vogel
mehrmals von demfelben Jäger, der mir den Rhynchotus rufescens brachte,
in Congonhas bei Sabara. — Sein Fleifch ift wohlfchmeckend und ein
beliebter Braten. —

Anm. Spix hat aus dem alten männlichen und jüngeren weiblichen Vo=
gel eine befondere Art gemacht, dabei aber im Text nicht verfchwiegen, daß beide
zu einer Art gehören; Wagler, bekanntlich fehr artenfüchtig, folgt ihm in der
Trennung, unterfcheidet aber von beiden Formen Männchen und Weibchen,
d. h. er zieht die alten Individuen beider Gefchlechter zu Nothura major, die jün=
geren zu Nothura medius. Es ift aber zwifchen beiden durchaus kein haltbarer
Unterfchied aufzufinden und wenn man mehrere Exemplare vergleicht, fo über=
zeugt man fich bald, daß die in den Spix'fchen Abbildungen hervortretenden
Unterfchiede nicht ftichhaltig find. Außerdem ift Kopf und Schnabel bei Tinamus
major viel zu klein, das Bein zu dünn dargeftellt, und eben diefe Theile wieder
zu groß bei Tinamus medius.

Anhangsweife erwähne ich die beiden kleineren Arten, welche ich nicht felbft
gefehen habe:

3. Nothura minor, *Wagl.* Syft. Av. I. fp. 4. — Tinam. minor *Spix*.
Av. Braf. I. 65. 4. th. 82. — Oberfeite roftgelb, Unterfeite blaßgelb: Kopf und
Rücken fchwarz gebändert, die fchwarzen Binden des Rückens überall feiner als
der Grund, die Seiten der Federn breit blaßgelb gefäumt, mit fchwarzem Längs=
ftreif davor nach innen; Hals und Oberbruft braun geftreift, Bauchfeiten fchwarz
quer gewellt. — Ganze Länge 7″. — Im Diamantendiftrict, bei Tijucca. —
Nach Temmind pl. col. livr. 70. texte, no. 5. das Jugendkleid der folgenden Art.

4. Nothura nana *Wagl.* Syft. Av. I. fp. 4. — Tinamus nanus *Temm.*
hift. nat. d. Pig. et Gall. III. 600. und 753. — Id. pl. col. 316. — Inambú=
carapé, *Azara* Apunt. III. 45. 327. — Graulichgelb am Rücken, weißlichgelb
an der Bruft; Kehle und Bauchmitte bis zum After rein weiß; Rückengefieder
dicht in der Quere fchwarz gebändert, die dunkleren Binden breiter als die
lichten; jede Feder weißgrau an den Seiten gefäumt. Oberkopf und Nacken
fleckig geftreift; Unterhals, Bruft und Bauchfeiten fein quer gewellt. Obere
Schwanzdecken des Männchens pfauenartig verlängert, des Weibchens ohne Aus=
zeichnung; bei beiden Gefchlechtern die Säume der Federn zart und fein zer=
fafert. — Ganze Länge 6″. — St. Paulo, Paraguay. —

Fünfundzwanzigſte Familie.
Waldhühner. Tetraonidae.

Schnabel viel kürzer, dicker, höher, am Ende kuppig gewölbt, mit herabgebogener, breithakiger Spitze und ſcharfen, vorragenden, ſchneidenden Mundrändern, die mitunter ſogar gezähnt ſind. Naſen= grube kurz, breit, tief, mit ſchwieliger Haut ausgefüllt, worin vorn das Naſenloch unter einer beſonderen kleinen Schuppe ſich befindet. Zügel und Augengegend mehr oder weniger nackt, warzig granulirt, dazwiſchen z. Th. mit kleinen Federn beſetzt. Gefieder beider Ge= ſchlechter in der Regel nicht ſehr verſchieden, namentlich im Bau über= einſtimmend, höchſtens mit ſcharfer Farbendifferenz; die Weibchen matter gefärbt und ſtets von kleinerer Statur als die Männchen. Flügel kurz, abgerundet, gewölbt, die 3—4 erſten Schwingen ſtark abgeſtuft verkürzt, ſäbelförmig gekrümmt; die Armſchwingen lang, beinahe ſo lang wie die längſten Handſchwingen. Schwanz vor= handen, aber in der Regel kurz und klein, nie keilförmig verlängert, ſtets abgerundet, aus 12 weichen ſchwachen Federn bei der Mehrzahl gebildet. Beine nicht ſehr groß und ſtark, der Lauf mittelhoch, mit ſechseckigen Schildern bekleidet, von denen die der Vorderſeite viel größer ſind und ſich theilweis zu Halbgürteln ausdehnen. Zehen nach Verhältniß lang, nur die Hinterzehe klein, obgleich viel größer als bei den Crypturiden, doch den Boden berührend und mit auftretend; die vorderen 3 Zehen durch eine kurze Spannhaut am Grunde verbunden, obenauf mit Gürtelſchildern bekleidet; die Kral= len theils lang, dünn, ſpitz, theils kurz, breit kuppenförmig; im letz= ten Falle der Lauf der Männchen mitunter geſpornt.

Die Familie iſt zwar über die ganze Erdoberfläche verbreitet, erreicht aber in der kalten und gemäßigten Zone ihre größte und zahlreichſte Entfaltung; Süd=Amerika ſüdlich vom Aequator iſt ſehr arm an Tetraoniden und Braſilien beſitzt nur einen Repräſentan= ten derſelben. Sie leben in den Wäldern oder auf den Triften, ganz wie die Crypturiden, niſten gewöhnlich auf dem Boden, legen weiß= liche oder hellgraugelbe, z. Th. dunkler gefleckte Eier, und nähren ſich nur von Früchten und Sämereien.

Gatt. Odontophorus *Vieill.*

Schnabel ungemein hoch, mehr seitlich zusammengedrückt, als kuppig gewölbt, mit starkem Endhaken und gezähntem Rande des Unterkiefers, der obere bloß abwärts gekrümmt. Augengegend nackt, sperrig mit kleinen Federn besetzt. Gefieder beider Geschlechter ganz gleich, der Farbenton beim Männchen schwärzlicher, beim Weibchen bräunlicher; die vierte Schwinge die längste. Beine ziemlich dünn, der Lauf vorn alternirend groß getäfelt, hinten geschildert; die Zehen lang, mit schmalen, spitzen, scharfen, wenig gebogenen Krallen. Das Männchen nicht gespornt. —

Leben nur im dichten Gebüsch auf dem Boden zwischen dem Unterholz; legen weiße Eier.

Odontophorus dentatus.

Perdix dentata *Licht*. Doubl. d. zool. Mus. 63. 666. 667.　　*Pr. Max z.*
　　Wied Beitr. IV. 1. 486.
Orthyx capistratus *Jard. Selb.* III. Orn.
Perdix Capueira *Spix.* Av. Bras. II. 59. 1. tb. 76.
Uru, *Azara* Apunt. etc. III. 62. 334.
Capueira der Brasilianer.

Oberkopf rothbraun, gelb getüpfelt; Rücken gelbbraun, schwarz gefleckt, die Seiten der Federn blaßgelb; Unterseite und Backen schiefergrau. —

So groß wie unser Rephuhn (Perdix cinerea), der Schnabel höher und stärker, hornschwarzgrau. Iris braun. Augengegend und Zügel nackt, dunkel fleischroth. Gefieder des Oberkopfes braun, Zügel und Augenrand bis zum Nacken heller rostrothgelb, jede Feder mit feinen rostgelben Punkten in einer Reihe hinter einander am Schaft; die Hinterkopffedern besonders beim Männchen schopfartig verlängert. Oberhals, Nacken, Rücken, Flügel und Schwanz gelbbraun; die Federn des Halses und Oberrückens mit gelbem Schaftstreif und abwechselnd schwarz und braun gefleckten Seiten; auf den Schultern nur die Innenseite der Fahne mit großem schwarzem dreieckigen Fleck; die Deckfedern mit herzförmigem blaßgelbem Fleck an der Spitze, die unteren Schulterfedern und letzten Armschwingen am Innenrande rostgelb gesäumt, mit breitem schwarzem Saum daneben; die Mitte aller Federn rostgelb und graubraun oder rothbraun wellig marmorirt. Schwingen braun, die der Hand am Außenrande weiß gefleckt, die des Armes mit rostgelben Querbinden auf der Außenfahne. Unterrücken, Bürzel und Schwanz rostgelbbraun, tüpfelig marmorirt, jede Feder mit blaßgelbem

Spitzensaum und schwarzem Fleck vor der Spitze. Kehle, Backen, Hals, Brust und Bauch schiefergrau, die Ränder der Federn bräunlich; die unteren Schwanzdecken fast wie die oberen. Beine graulich, fleischroth durchscheinend. —

Das Weibchen ähnelt dem Männchen in der Zeichnung, doch ist der Farbenton matter und die Zeichnung verloschener, graulicher. — Der junge Vogel spielt im Ganzen mehr ins Rostbraune, namentlich am Bauch, und hat noch mehr verloschene Zeichnungen. —

Ganze Länge 10″, Schnabel in jeder Linie 6‴, Flügel 5″, Schwanz 2″, Lauf 18‴, Mittelzehe 15‴ ohne die Kralle. —

Gemein in allen Gebüschen Brasiliens, aber selten sichtbar, dagegen stets hörbar an dem eigenthümlichen Lockton, welchen der Jäger nachahmt und dadurch den Vogel beschleicht; kaumt gegen Abend, aber nicht hoch, und übernachtet in kleinen Gesellschaften auf niedrigen Zweigen; nistet auf dem Boden und legt 10—15 rein weiße Eier. — Der Vogel war bei Neu-Freiburg ebenso gemein, wie bei Lagoa santa und an beiden Orten meine häufige Kost. Ich fand denselben aber nicht so wohlschmeckend wie unser Rephuhn. —

Anm. 1. Die in Guyana und Columbien einheimische Art ist etwas kleiner, völlig rostrothgelb, hat dickere Beine, einen noch höheren Schnabel und keine Zähne am Unterkiefer, wenigstens nicht immer und namentlich nicht in der Jugend. Dahin gehört Tetrao guianensis *Gmel. Linn.* Syst. Nat. I. 2. 767. — Perdix guianensis *Lath.* Ind. orn. II. 650. 21. — Perdix dentata *Temm.* hist. nat. d. Pig. et Gallin. III. — Odontophorus rufus *Vieill.* Gal. d. Ois. III. 38. pl. 211. — Perdix rufina *Spix* Av. Bras. II. 60. 2. tb. 76. 6.

2. Azara beschreibt als Chororó Apunt. III. 59. 333. einen Vogel, der kein Injambu sein kann, weil er einen starken Schwanz und größere Hinterzehen besitzt, dabei nur 8″ lang wird, obgleich die angegebene scharfe Kante an der Laufsohle auf Trachypelmus hinweist. Temminck hat darin ein Wasserhuhn vermuthet, wogegen Dr. Hartlaub (syst. Ind. z. Azara S. 21.) mit Recht erinnert, daß die Beschreibung des Gefieders nicht damit vereinbar sei. Ich glaube eher, daß es ein verflogenes Exemplar von Ortyx cristatus *aut.* Tetrao cristatus *Linn.* S. Nat. I. 277. 18. — *Buff.* pl. enl. 126. 1. gewesen ist, das Noseda darunter beschrieben hat. Die beiden in v. Tschudi's Fn. peruana Ornith. S. 285. (O. speciosus) und 282. (O. pachyrhynchus) aufgestellten neuen Arten können nicht auf den Chororó bezogen werden; letztere möchte überhaupt kaum von O. guianensis verschieden sein. —

Sechsundzwanzigste Familie.

Jacuhühner. Penelopidae.

Schnabel länger als bei den Tetraoniden, die Spitze kuppig ge=
wölbt, für sich allein von einem hornigen Ueberzuge bedeckt, der sich
am Mundrande hinzieht und breit hakig am Ende herabgebogen ist;
die hintere Partie von einem häutigen Ueberzuge bekleidet, welcher
die ganze Nasengrube, die Zügel und die Augengegend überzieht und
das weite ovale Nasenloch im vorderen Ende der Grube frei läßt,
ohne eine eigenthümliche Schuppe über demselben einzuschließen.
Zügelgegend mit einem Wirtel borstenförmiger Federn besetzt; Augen=
rand mit theils feinen, theils starken Wimpern. Gefieder sehr derbe
und großfedrig, aber darum nicht zahlreich und dicht; die Flügel
stark abgerundet, bis auf den Anfang des Schwanzes, oder etwas
darüber hinabreichend; die 4—5 vordersten Handschwingen stufig
verkürzt, zugespitzt, mitunter abgesetzt schlankspitzig; die Armschwingen
lang, stets den ganzen Handtheil des Flügels in der Ruhe bedeckend.
Schwanz zwölffedrig, sehr lang, stark, kräftig, etwas abgerundet
oder gleich breit. Beine von mittlerer Stärke, der Lauf nicht grade
hoch, vorn mit zwei Reihen Schilder bekleidet, hinten mit kleinen
ovalen Schildern in mehreren Reihen; bisweilen (bei Opisthocomus)
gleichmäßig genetzt. Zehen lang und dünn; die Hinterzehe sogar sehr
lang, tief unten am Hacken angesetzt, nicht erhöht, wie bei den ächten
Gallinaceen; die Vorderzehen bald frei, bald durch eine Spannhaut
verbunden, auf der Oberseite mit ungleichen, über den Gelenken kür=
zeren Halbgürteln bekleidet; die Krallen lang, ziemlich schmal, scharf
zugespitzt und sanft gebogen. —

Die Vögel leben auf Bäumen, nisten auch dort, legen weiße,
matte Eier und vertreten die Stelle der Fasane oder Truthühner in
Süd=Amerika. —

1. Gatt. Penelope *Gmel.*
Wagler, Isis 1830. S. 1109.

Schnabel nach Verhältniß schlank und niedrig; der von der
Wachshaut am Grunde bekleidete Theil bedeutend länger, als die

hornige Endkuppe, das Nasenloch in Folge dessen über die Mitte des Schnabels hinabgerückt. Augengegend und Kehle bis zum Vorderhalse hinab nackt, sparsam mit kurzen Pinsel- oder langen Haarfedern besetzt; Gefieder des Oberkopfes und Halses schmal, spitzig, am Hinterkopf mehr oder weniger verlängert, doch ohne einen Kamm oder eine Krone zu bilden. Flügel kurz, nur den Anfang des Schwanzes überdeckend. Schwanz lang, stark abgerundet, die drei äußeren Federn jeder Seite mehr oder weniger abgestuft. Lauf ziemlich dünn und hoch, so lang wie die Mittelzehe ohne Kralle, vorn mit zwei Reihen größerer Schilder bekleidet, die Reihe nach innen etwas kleiner als die nach außen; die Zehen lang, dünn, am Grunde durch eine ziemlich breite Spannhaut aneinander geheftet, besonders die äußere mit der mittleren. — Gefieder düster metallisch am Rücken, die Federn z. Th. oder vorzugsweise mit helleren Säumen, besonders auf der Brust. —

Fasanartige Vögel, doch nur in der Lebensweise, welche deren Stelle in Süd-Amerika vertreten und von den Brasilianern mit dem Namen Jácú (gesprochen: Schakuh) belegt werden. —

I. Vorderste Handschwingen abgesetzt zugespitzt, in eine schmale enge Spitze auslaufend.

A. Lauf vorn kürzer als die Mittelzehe; die drei ersten Handschwingen lang und sehr schmal abgesetzt zugespitzt.

1. Penelope Pipile *Gmel.*

Gmel. Linn. S. Nat. I. 2. 734. — *Lath.* Ind. orn. II. 620. 2. — *Temm.* hist. nat. d. Pig. et Gallin. III. 76. — *Wagl.* l. l. 1109. 1.
Crax Pipile *Jacq.* Beitr. etc. Voy. 26. th. 21.
Penelope Jacutinga *Spix* Av. Bras. II. 53. 3. th. 70.
Penelope leucoptera *Pr. Wied.* Beitr. IV. 544. 2.
Penelope nigrifrons *Less.* Traité d'Orn. 482.
Jacú-apéti, *Azara* Apunt. III. 80. 337.
Jacu-tinga der Brasilianer.

Grünlich violettschwarz, Oberkopf weiß; Ränder der kleinen Flügeldeckfedern und Brustfedern weiß; große Flügeldeckfedern mit breiter weißer Binde. —

So groß wie ein Silberfasan (Phasianus nychthemerus *Linn.*) oder noch drüber. — Schnabel hornschwarz; Zügel, Augengegend und Kinnrand blau, untere Partie des nackten Halses roth. Oberkopf von der Stirn bis zum Nacken weiß, bei jüngeren Vögeln jede Feder mit schwarzem Längsstreif. Backen unter dem Auge, Nacken, Hals und ganzes Rumpfgefieder grünlich violettschwarz, metallisch glänzend, wie beim Raben; die kleinen Deckfedern und die Brustfedern mit schmalen weißen Rändern, die sich allmälig mehr und mehr abnutzen; die großen Deckfedern mit breiter, weißer nach innen verschmälerter Binde vor der Spitze. Erste, zweite und dritte Schwinge mit schmaler, scharf abgesetzter langer Spitze, die vierte ebenfalls noch sehr an der Spitze verschmälert. Schwanz lang und breit, die äußeren Federn nur sehr wenig verkürzt; obenauf wie der Rücken ge= färbt, unten matt schwarzgraubraun. Steißfedern weicher, graulicher me= tallisch. Beine taubenroth, die Krallen braun, sehr lang, hoch und stärker gekrümmt als bei den übrigen Arten. Die nackte Kehlhaut zu einer starken, dünnen, hängenden Wamme ausgedehnt. Laufsohle warzig genetzt. —

Weibchen kleiner als das Männchen, matter metallisch, die weißen Federnsäume breiter, die Oberkopffedern kürzer.

Junger Vogel grauschwarzbraun, die Federn breiter, aber matter hell gesäumt, die Oberkopffedern sehr kurz, schwärzlicher, nur an den Sei= ten über dem Auge weiß; Bauch und Steiß beinahe rostbraun. —

Ganze Länge 28″ (2′ 4″), Schnabelfirste 1″ 4‴, Flügel 12″, Schwanz 10″, Laufsohle 2″ 6‴, Mittelzehe 2″.

In allen Waldungen des wärmeren Süd=Amerikas, von Columbien bis Paraguay; sitzt einzeln oder paarig am Tage hoch auf den Bäumen, hält lange auf derselben Stelle aus, ist aber scheu und muß vorsichtig be= schlichen werden. Sein Nest findet sich eben dort in den Kronen großer Waldbäume und enthält 2—3 ganz weiße Eier. (*Thienem.* Fortpf. Gesch. I. 9. Taf. 4. Fig. 5.).

B. Lauf auch vorn entschieden länger als die Mittelzehe; Gefieder weicher, großfedriger; die Federn des Ober= kopfes kürzer und nicht so spitz. Salpiza *Wagl.*

Penelope superciliaris *Ill.*

Temm. hist. nat. d. Pig. et Gallin. III. — *Wagl.* Isis 1830. 1110. 7. — *Pr. Wied* Beitr. IV. 539. 1.
Penelope Jacu-pemba *Spix* Av. Bras. I. 55. 5. tb. 72. alt.
Penelope Jacu-peba *Spix* ibid. 4. tb. 71. jung.
Jacu-pema *Marcgr.* hist. nat. Bras.
Jacu-pema und Jacu-pemba der Brasilianer.

Rückengefieder matt erzgrün, die Federn rostrothgelb gesäumt; Brust schwarz= grau, die Federn weißgrau gesäumt, Bauch rostroth und braun matt querge= wellt; über dem Auge ein weißlicher Streif.

Von der Größe des gemeinen Fasan (Phasianus colchicus). Schna= bel, Zügel und Augengegend schwarz; Iris braun; die nackte Kehle dunkel

fleischroth. Oberkopf, Nacken, Hals und Brust schieferschwarz, grau überlaufen, jede Feder mit weißgrauem Rande; über dem Auge die weißlichen
Federsäume breiter, so daß ein Streif entsteht. Rücken, Flügel und Schwanz
obenauf erzgrün, die vordersten Rückenfedern noch weißgrau gesäumt, die
übrigen und die Flügeldeckfedern rostrothgelb; die Schwingen fein graugelb
gerandet; die Schwanzfedern einfarbig, wie die vordersten Handschwingen,
von denen nur die erste abgesetzt zugespitzt und lange nicht so schmal ist, wie
bei der vorigen Art. Bauch und Steiß rostgelbroth und braun matt quergewellt, bei älteren Vögeln die Federn nur breit rostgelbroth gesäumt. Beine
graulich fleischrothbraun. —

    Das Männchen hat einen helleren Augenstreif und hellere Federn-
säume, ist aber sonst kaum größer, als das Weibchen. — Der junge
Vogel weicht mehr ab, er ist sehr matt graubräunlich gefärbt, hat weniger
scharf abgesetzte grauliche Federnränder an der Brust, rostgelbe am Rücken,
keinen weißlichen Augenstreif, sondern einen rostrothgelben, der besonders
hinter dem Auge über dem Ohr sehr deutlich wird, und feiner, dichter
quergewelltes Brust-, Steiß- und Schenkelgefieder. Die Beine sind blasser
fleischbraun, und der Schnabel lichter horngelbbraun. —

    Ganze Länge 24″, Schnabelfirste 1″ 2‴, Flügel 10″, Schwanz
10½″, Lauf hinten 3″, Mittelzehe 2″ ohne Kralle. —

    Ueberall in dem von mir bereisten Strich Brasiliens einheimisch und
dort viel häufiger als die vorige Art; lebt übrigens nur im Walde, wie
jene, und steht ihr im Betragen durchaus nahe. Ich erhielt mehrmals
Exemplare sowohl in Novo-Friburgo, als auch in Lagoa santa. — Das
Fleisch des Vogels ist ein geschätzter Braten, bleibt aber hinter dem der
vorigen Art an Wohlgeschmack zurück, da es weniger kernig ist. Die Vögel
fressen übrigens mehr Beeren, als harten Samen, und haben im Kropf auch
stets einige Insektenreste. —

    Anm. 3. Spix beschreibt als Penelope Jacucaca (Av. Bras. II. 53.
2. tb. 69.) eine ähnliche Art, die Wagler a. a. O. 1110. no. 6. festhält und
Schomburgk in seiner Reise III. 745. 342. ebenfalls annimmt. — Sie ist
mir unbekannt, nach den Angaben etwas größer als die vorige. 30″ lang, hat
eine etwas dunklere Farbe, einen schwärzlichen Rücken und bloß weiße Seiten-
ränder an den Federn des Kopfes, Halses, der Brust und der oberen Flügel-
deckentheile; alle anderen Körperpartieen sind einfarbig schwarzgrün. Besonders
die Ohrdecken sind weiß getüpfelt und die nackten Augensäume blau gefärbt.
Alles übrige wie bei P. superciliaris. Der Vogel lebt in den Catinga-Wäldern
des Sertongs von Bahia und verbreitet sich nordwärts bis Guyana; ist scheu,
und geht öfters auf den Boden, als andere Arten. Dem Gebiet meiner Reise
gehört er nicht mehr an.

    4. Als eine sehr eigenthümliche, mir gleichfalls unbekannte Art ist hier zu
erwähnen: Penelope pileata Licht. Wagl. Isis 1830. 1109. 3. — Sie hat
die Größe der folgenden; einen weißlichen Oberkopf mit gelblichem Nacken und

schwarzem Augenrande; das Rückengefieder ist schwärzlich erzfarben, weiß gerandet; der Hals und die ganze Unterfläche kastanienbraun, die Halsfedern weiß
gesäumt; die Flügel und Schwanzfedern dunkel erzfarben schwärzlich; die Beine
fleischroth. Ganze Länge 29″, Schwanz 13¼″. — Von Para. —

Penelope cristata.

Gmel. Linn. S. Nat. I. 2. 733. — *Lath.* Ind. orn. II. 619. 1. — *Edw.*
Av. tb. 13. — *Temm.* hist. nat. d. Pig. et Gallin. III. 46. — *Wagl.* Isis
1830. 1110. 5. — *Schomb.* Reise III. 745. 340.
Meleagris cristata *Linn.* S. Nat. I. 269. 2.
Penelope Jacuaçu *Spix* Av. Bras. II. 53. 1. tb. 68.
Jacu-guaçu der Brasilianer.

Rußbraun, kupferig erzfarben schillernd am Rücken; Hals-, Brust-, Rücken-
und kleine Flügeldeckfedern weißlich gesäumt; Bauch, Steiß und Bürzel rostbraun.

Die größte Art der Gattung, größer und kräftiger gebaut als die
erste, der Schnabel dicker, höher, der Lauf viel länger. Schnabel hornbraungrau, Zügel und die nackte Augengegend bis zum Ohr blau; Kehle
und Vorderhals bis zur Brust hinab nackt, voll fleischroth. Gefieder des
Rückens rußbraun, kupferig metallisch schillernd; die Federn des Oberkopfes,
Halses, der Brust und des Oberrückens nebst den kleinen Flügeldeckfedern
weißlichgrau gerandet; die großen Deckfedern, Schwingen und Schwanzfedern einfarbig kupferig metallisch schillernd. Die Unterbrust, der Bauch,
die Unterschenkel und der Steiß trüb rostrothbraun. Beine fleischrothbraun.

Das Weibchen weicht vom Männchen nur durch mattere Farben
ab; der junge Vogel hat keinen Metallschiller am Rücken, breitere weißgraue matte Ränder am Vorderleibe und trübe braune Querwellen am
Bauch. —

Ganze Länge 30″, Schnabelfirste 18‴, Flügel 14″, Schwanz 13″,
Lauf 3½″, Mittelzehe 2½″. —

Im nördlichen Brasilien, am Amazonenstrom und über Guyana, Columbien und Peru verbreitet; lebt, wie die vorigen Arten im Walde, hält
sich gern paarweis, sitzt auf hohen Bäumen im dichten Laube, das Männchen einsam, wenn das Weibchen brütet; ist dann vorsichtig, läßt sich aber,
jung aufgezogen, leicht zähmen und wird viel, selbst von den Indianern,
zwischen den Haushühnern gehalten. Das Nest sitzt gewöhnlich in einem
Busch, nicht grade sehr hoch über dem Boden, nach Schomburgk sogar
auf dem Boden selbst, und enthält 2—3 ganz weiße Eier, welche die Eier
des Truthahns an Umfang übertreffen. —

Anm. Wie sich Penelope Jacucaca zu P. superciliaris verhält, so die eben
beschriebene Art zu G. Penelope Morail *Gmel. Lath.* Ind. orn. II. 620.
4. — *Buff.* pl. enl. 338. — *Wagl.* l. l. 1110. 8. — Der Vogel ist etwas
kleiner, hat ein einfarbiges erzgrün metallisches Rückengefieder, eine eben solche

Bruſt mit weißen Ränbern der Federn hier, am Halſe und im Nacken, und ein roſtrothes Bauch-, Steiß- und Unterſchenkelgefieder. Geſicht, Zügel, Kehle und Vorderhals ſind dunkel fleiſchroth, die Beine fleiſchrothbraun. Ganze Länge 24″. Guyana, beſonders in den Küſtenwaldungen. —

7. Im Süden Süd-Amerikas vertritt deren Stelle: Penelope obscura *Illig.* — *Temm.* hist. nat. d. Pig. et Gallin. III. 68. — *Wagl.* Isis 1830. 1111. 9. — Jacuhú, *Azara* Apunt. III. 72. no. 335. Dieſe Art erreicht die Größe von P. superciliaris, iſt am Oberkopf, Halſe und Nacken ſchwarz, am Oberrücken und auf den Flügeln mehr dunkel ſchiefergrau, an der Bruſt röthlichbraun und an allen dieſen Stellen mit weißlichen Federrändern geziert; der Bauch, Steiß und der Unterrücken ſind roſtroth, die Flügel, mit Ausnahme der kleineren Deck-federn, und der Schwanz ſchwarzbraun. — Ganze Länge 28″. Paraguay. —

II. Vorderſte Handſchwingen nicht abgeſetzt zugeſpitzt, allmälig zugerundet, wie die übrigen; Gefieder ſehr weich, abgerundet; der Lauf vorn nicht länger als die Mittelzehe. Ortalida *Merrem.*

8.   Penelope Aracuan *Spix.*

Aves Brasiliae II. 56. 7. tb. 74. — *Wagler,* Isis 1830. 1112. 18. — *Pr. Max* z. *Wied* Beitr. IV. 549. 3.

Aracuão der Braſilianer.

Oberkopf, Bürzel, Steiß und Spitze der Schwanzfedern roſtroth; Hals, Rücken, Bruſt und Flügel olivenbraun, die Federn weiß gerandet; Oberbauch weiß. —

Viel kleiner als die vorhergehenden Arten, zierlicher gebaut, beſonders die Füße dünner und ſchlanker. Schnabel hornbleigrau, die Spitze weiß-lich; Zügel und Augengegend bläulich ſchieferſchwarz; die nackte Kehle fleiſchroth, auf der Mitte ein ſchwarzblauer befiederter Streif. Iris braun. Gefieder des Oberkopfes bis zum Nacken rothbraun, die Federn ſchmal, zugeſpitzt, am Ende weißlich, auf der Mitte bräunlich. Hals, Oberbruſt, Rücken, Flügel und mittlere Schwanzfedern bräunlich olivenfarben; die Flügel und Schwanzfedern matt metalliſch glänzend; die des Vorderhalſes, der Bruſt und die kleinſten Deckfedern des Flügels weißlich geſäumt, beſon-ders breit und deutlich am Unterhalſe gegen die Bruſt hin. Unterbruſt und Oberbauch ganz weiß; Unterbauch, Unterſchenkel, Steiß, Bürzel, innere kleinſte Flügeldeckfedern und die Endhälfte der drei äußeren Schwanzfedern roſtrothbraun; die Aftergegend und der Steiß weniger lebhaft, mehr roſt-gelbgrau, gleich den inneren Flügeldecken von ſehr weicher dunniger Beſchaf-fenheit. Beine hell fleiſchrothbraun.

Männchen äußerlich vom Weibchen wenig verſchieden, die Farbe matter, die weißen Ränder blaſſer; aber innerlich durch die lange über die Bruſtmuskeln unter der Haut bis zum Bauch hinabreichende Luftröhre, welche daſelbſt umkehrt, neben dem Kamm zur Gurgel zurückläuft, und hier zwischen die Schenkel des Gabelbeines in die Rumpfhöhle hineintritt, sehr merkwürdig. Außerdem ist die Anwesenheit einer fleischigen Sförmig ge= wundenen Ruthe in der Kloake ein, das Männchen bezeichnender, allen Penelope-Arten in verschiedenem Grade eigner Charakter. (v. Tschudi, Fn. per. Orn. 290.). Die jungen Vögel sind viel matter gefärbt, mehr gleich= förmig olivengraubraun im Ton, mit deutlichem rostrothen Strich am Ober= kopf, Bürzel, Steiß und Schwanz, und breiteren lichten Säumen am Halse und der Brust. Das ist Pen. ruficeps *Wagl.* l. l. 12.

Ganze Länge 16—17″, Schnabelfirste 10—11‴, Flügel 7″, Schwanz 8″, Lauf hinten 2″, Mittelzehe 18‴. —

Im mittleren Brasilien, bei Bahia, in der oberen Hälfte von Minas geraes, bis nach Pernambuco und in den benachbarten Gegenden nicht sel= ten; lebt in den lichten Catinga=Wäldern und hat im Betragen und der Lebensweise ganz die mehrmals erwähnten Züge der vorigen Arten. —

Anm. Süd=Amerika beherbergt noch eine Anzahl ähnlicher Arten, die mir nicht aus eigener Ansicht bekannt sind, daher ich sie nicht beschreiben kann; Wagler giebt davon a. a. O. kurze Diagnosen, welche ich hersetze.

9. Penelope Parrakua *Temm.* hist. nat. d. Pig. et Gallin. III. 85. — Phasianus Motmot *Linn.* S. Nat. I. 271. 2. — *Buff.* pl. enl. 146. — *Lath.* Ind. orn. II. 632. 9. — Penel. Motmot *Wagl.* a. a. O. 1111. 10. — Ober= kopf und Oberhals rostroth, Rücken grünlich olivenbraun, Hals und Brust graulich olivenfarben, mit weißlichen Federrändern; Steiß rostgelbgrau; vier mittlere Schwanzfedern matt erzgrün, die seitlichen ganz rostroth, ebenso der Bürzel bis zum After und die unteren Flügeldeckfedern. — Ganze Länge 18″, Schwanz 9″. — Guyana und Columbien. — Penelope albiventris *Wagl.* l. l. 11. halte ich, mit Temminck, für den jungen Vogel der P. Parrakua; er unter= scheidet sich, wie gewöhnlich, durch mehr weiß am Bauch und breitere lichte Federnränder von dem Alten.

10. Penelope guttata *Spix.* Av. Bras. II. 55. 6. tab. 73. — *Wagl.* l. l. 1112. 17. — Kopf, Hals, Brust und ganzes Rückengefieder olivenbraun, Hals und Brustfedern weiß gesäumt; Bauch und Steiß nicht rostroth, sondern rußgraubraun, ebenso die äußeren Schwanzfedern, die mittleren metallisch erz= farben. Ganze Länge 20″. — Am Amazonenstrom. — Nach Spix Abbildung, die Wagler selbst genau nennt, sind Bauch, Steiß und äußere Schwanzfedern rothbraun, und überhaupt die Art nur durch ihre Größe von P. Aracuan ver= schieden. --

11. Penelope canicollis *Wagl.* l. l. 16. — Jacú-caraguatá *Azara* Apunt. III. 77. 336. — Schwärzlichbraun, erzgrün schillernd am Rücken; Ober= kopf und Oberhals bis zur Brust bleigrau; Unterbrust und Bauch braun, mit weißlichen Federnrändern. Flügel und mittlere Schwanzfedern schwärzlich erz= grün, die seitlichen und der Bürzel rostroth. — Ganze Länge 22″, Schwanz 9½‴. — Paraguay. — Nach Temminck und Vieillot einerlei mit Penelope Parrakua. —

2. Gatt. Opisthocomus *Illig.*

Prodr. Syst. Mamm. et Av.

Schnabel kürzer, höher, besonders nach hinten; durchaus dem von Crax in der Anlage ähnlicher, aber die Spitze nicht so stark

kuppig gewölbt, sanft und allmälig herabgebogen, daher der hohe
Unterkiefer mit dem vorragenden Kinnwinkel sehr sonderbar sich aus=
nimmt; hintere Partie des Schnabels von Haut bekleidet, welche
die flache Nasengrube ausfüllt, darin vorn das ovale, ganz wie bei
Penelope gestaltete Nasenloch. Mundrand unter der Nasengrube
fein gekerbt. Zügel, Augengegend und Backen bis zum Ohr nackt;
Augenränder mit langen Wimperborsten, am Zügel ein Wirbel von
Borstenfedern. Gefieder des Kopfes und Halses lang, schmal, spitzig;
die Federn des Oberkopfes sehr lang und schmal, zu einer aufricht=
baren Haube oder Kamm verlängert; Rumpfgefieder sehr großfedrig,
am Rücken derbe, am Bauch weich und gegen den Steiß hin dunig,
wie bei Ortalida. Flügel ziemlich lang, über die Mitte des Schwan=
zes hinabreichend; die Handschwingen etwas länger als die Arm=
schwingen, die vordersten zugespitzt, aber ohne Absetzung, die fünfte
und sechste Schwinge die längsten, die erste sehr klein. Schwanz
lang, mäßig breit, zehnfedrig; die Seitenfedern etwas verkürzt, alle
am Ende abgenutzt. Beine mit kurzen Läufen und langen, am
Grunde nicht durch eine Spannhaut verbundenen Zehen, die Mit=
telzehe beträchtlich länger als der Lauf vorn; der Lauf dick, vorn
mit größeren, hinten mit kleineren sechseckigen Schildern bekleidet,
aber nicht getäfelt; die Zehen auf der Oberseite mit Halbgürteln,
welche über den Gelenken etwas kürzer sind, als dazwischen; die
Krallen lang, stark, ziemlich gebogen, scharf zugespitzt; der Daumen
nach Verhältniß noch größer als bei Penelope. —

Anm. Diese eigenthümliche Gattung bildet ein ganz natürliches Zwischen=
glied zwischen Penelope und Crax und hat auch im Knochengerüst alle wesent=
lichen Merkmale der Hühner, namentlich der Penelopiden. Eine Verbindung
derselben mit den Musophagiden, welche Nitzsch in seiner Pterylographie
vertritt (S. 155), läßt sich nicht rechtfertigen; es ist lediglich äußere Analogie,
welche den Vogel dahin bringt, obgleich er auch darin näher theils an Penelope,
theils an Crax erinnert. Am inneren Bau hat L'Herminier die verwandt=
schaftlichen Beziehungen zu den Hühnern bereits nachgewiesen. (Ann. d. Sc. nat.
zool. 2. Ser. VII. 97. — *Wiegm.* Arch. 1838. I. 365.).

Opisthocomus cristatus *Illig.*

Phasianus cristatus *Gmel. Linn.* S. Nat. I. 2. 741. — *Buff.* pl. enl. 337. —
    Lath. Ind. orn. II. 631. 7.
Opisthocomus cristatus *Illig.* — *Cuv.* R. Anim. II. 472. — *Schomb.* Reise
    III. 712. 212.
Sasa cristata *Vieill.* Gal. d. Ois. II. 326. pl. 193.

Rückengefieder braun, Oberkopf und Nacken weißgelb gestreift, Flügeldeckfedern und Schwanz ebenso gesäumt; Vorderhals und Brust weiß; Bauch,
Steiß und die meisten Schwingen rostroth. —

Schnabel hornbraungrau, die Spitze blasser; Zügel, Backen und Augenring voll fleischroth; Iris hellbraun. Stirn- und Oberkopffedern schmal,
linienförmig, gegen den Hinterkopf bis auf 4″ verlängert, weißgelb, die
hintersten schwarz gesäumt. Nacken, Rücken, Flügel, die hintere Hälfte der
Armschwingen und der Schwanz braun; die großen hinteren Armschwingen
erzgrün schillernd, die Schwanzfedern mehr schwarzbraun. Die Federn des
Halses und Oberrückens mit weißgelbem Schaftstreif; die des Flügels weißgelb gesäumt, die vorderen am Bugrande mit weißlicher Außenfahne, die
hinteren nur am Ende weiß, ebenso die Schwanzfedern. Kehle, Vorderhals
und Brust ganz weißlich; Bauch, Unterschenkel, Steiß, die Handschwingen,
selbst noch die vordere Hälfte der Armschwingen hell rostroth; ebenso die
inneren Flügeldeckfedern. Beine fleischbraun. —

Ganze Länge 24″, Schnabelfirste 1″, Flügel 13″, Schwanz 11″,
Lauf hinten 2″, Mittelzehe ohne die Kralle 2″ 2‴. —

Nur im nördlichen Brasilien, oberhalb des Amazonenstromes ansäßig,
besonders aber in Guyana zu Hause, wo Schomburgk den Vogel freilich
nur einmal antraf. Derselbe wurde in ziemlicher Anzahl, am bewaldeten
Ufer des Rio Takutu von ihm gesehen; einige saßen auf den Bäumen, ab-
und zufliegend, andere gingen auf dem Boden umher, wohin sie viel kommen, wie schon die stets abgenutzten Schwanzfedern beweisen. Ihre Nahrung besteht in Früchten, besonders den fleischigen Beeren einer Aroidee,
von denen das Fleisch einen eigenthümlichen Geruch, wie Castoreum, annimmt, der es ungenießbar macht.

Anm. Um die richtige systematische Stellung des Vogels angeben zu können, hielt ich es für passend, ihn zu schildern, obgleich er im eigentlichen Brasilien nicht mehr vorkommt.

3. Gatt. Crax *Linn.*

Schnabel hoch am Grunde, nach vorn allmälig herabgebogen,
die hintere Strecke grade, aber abwärts geneigt, die vordere eine
zusammengedrückte Hornkuppe, welche am Unterkiefer grade und horizontal steht, ohne sich am Kinn so scharf abzusetzen, wie bei
Opisthocomus, obgleich der Schnabel viel stärker und kräftiger gebaut ist; der hintere Mundrand ziemlich weich, ungezähnt; die Nasengrube sehr groß, ganz von weicher Haut überdeckt, unter welcher das
länglich ovale, horizontale, ziemlich lange Nasenloch liegt. Zügel mit

kleinen Pinselfedern sperrig besetzt, die Augengegend nackt, der Augenrand nicht mit Borstenwimpern, sondern mit kleinen Pinselfedern.
Gefieder des Oberkopfes zu einer hohen kammförmigen Haube verlängert, deren Federn gewöhnlich am Ende erweitert und vorwärts
übergebogen sind. Backen, Oberhals und Steißgegend weich dunig
befiedert; Unterhals und Rumpf mit runden harten, aber nicht sehr
großen Federn bekleidet, dagegen die Federn der Flügel und des
Schwanzes auffallend groß und derbe gebaut, besonders die Schäfte.
Handschwingen etwas länger als die Armschwingen, die vordersten
3—4 stufig verkürzt, zugespitzt, aber ohne Absetzung; völlig wie bei
Opisthocomus gestaltet, auch die Flügel über die Basis des Schwanzes mehr oder weniger hinabreichend. Schwanz lang, steif, etwas
abgerundet, zwölffedrig, die 1—2 äußeren Federn verkürzt, alle zugerundet. Lauf hoch und stark, stets länger als die Mittelzehe ohne
die Kralle, vorn und hinten von doppelter Schilderreihe bekleidet,
die hinteren Reihen kleiner, dazwischen an den Seiten ein schmaler
Streif kleiner länglicher Schildchen eingeschoben. Zehen obenauf mit
Halbgürteln bekleidet, mit starken, ziemlich gebogenen, scharfen Krallen; der Daumen recht lang, die 3 Vorderzehen am Grunde durch
breite Spannhaut verbunden.

Große Vögel, welche dem Truthahn nur wenig an Umfang
nachstehen, in den Wäldern leben, auf Bäumen doch mehr in mittlerer Höhe rasten und im dichten Gebüsch ein großes Nest aus Reisig
bauen, worin 2—4 völlig weiße Eier mit körniger rauher Oberfläche
sich befinden, die denselben ein durchaus eigenthümliches Ansehn giebt.
(*Thienem.* Fortpfl. Gesch. etc. I. S. 8. Taf. 4.). Sie sollen
in Polygamie leben (*Spix* und *Martius* Reise III. S. 1083.) und
die Hähne um den Besitz der Weibchen mit einander kämpfen.
Ihr Kleid ist größtentheils schwarz, mit weißem oder rostgelbem
Bauch, Steiß und Unterschenkel. Die Männchen haben eine starke
fleischige Ruthe in der Kloake. (*Joh. Müller* Abh. d. Königl.
Acad. d. Wissensch. z. Berlin a. d. Jahr 1836. S. 137. —
Dess. Arch. f. Phys. etc. 1844. S. 442.).

1. Crax Alector *Linn.*

Linn. S. Nat. I. 269. 1. — *Lath.* Ind. orn. II. 622. 1.
Crax globicera *Linn.* S. Nat. I. 695. 3. — *Buff.* pl. enl. 86.
Mitú *Azara* Apunt. III. 83. 338.

Männchen schwarz, Bauch und Spitze der Schwanzfedern weiß; im Alter ein Fleischhöcker auf dem Schnabelgrunde.

Weibchen am Vorderleibe schwarz, am Hinterleibe rostroth und schwarz gebändert, am Bauch rostroth, der Kamm weiß gefleckt. —

Beinahe so groß wie ein Truthahn; der Schnabel höher, stärker, am Grunde gelb oder gelbroth; der Augenring violettroth, in der Jugend schwarz. Das alte Männchen mit fleischigem Höcker auf der Schnabelfirste und kurzen Hautlappen am Schnabelrande hinter dem Nasenloch; die Iris braun. —

Gefieder des Männchens im Alter einfarbig und glänzend blau= schwarz; nur der Bauch, der Steiß und der Endsaum der Schwanzfedern weiß. Die Beine bräunlichroth, fleischroth durchscheinend. —

Weibchen nur am Kopf, Halse, der Brust und dem Rücken schwarz; die Flügel und Unterschenkel rostrothgelb gewellt, der Bauch ganz rostroth, die Spitze der Schwanzfedern rostgelblichweiß. Die Beine blaß rothgelb, fleischroth durchscheinend. —

Junger Vogel matter gefärbt, der männliche weiß und schwarz am Bauche gebändert, der weibliche viel weiter hinauf, breiter und blasser rost= gelb quergestreift. —

Ganze Länge 3″ (36‴), Schnabelfirste 1½″, Flügel 16″, Schwanz 12″, Lauf 4″, Mittelzehe 3″ ohne Kralle. —

Im Innern Brasiliens, nördlich bis Guyana, südlich bis Paraguay verbreitet, und dort in allen großen Wäldern zu finden; aber ein scheuer, vorsichtiger Vogel, dessen Jagd, wie die des Auerhahns, viel Umsicht und Geduld erfordert. —

Anm. Die Anwesenheit eines fleischigen Höckers auf dem Schnabelgrunde ist Alterscharakter und bildet keinen Art-Unterschied; die Abbildung bei Büsson stellt einen noch ziemlich jungen Vogel vor. — Dagegen ist die Anzahl der Schilder vorn am Lauf zur Artcharakteristik brauchbar. Bei Crax Alector sind diese Schilder kürzer, also zahlreicher, als bei der folgenden Art; ich zähle 16—17 in der äußeren Reihe, welche an der Außenzehe endet, und 14—15 in der in= neren Reihe, die an der Mittelzehe endet. —

2. Crax Blumenbachii *Spix.*

Aves Bras. II. 50. 4. tb. 64. (altes Weibchen).
Crax fasciolata *Spix* ibid. 48. 1. tb. 62. a. (junger weiblicher Vogel).
Crax rubirostris *Spix* ibid. 51. 6. tb. 67. (altes Männchen). — *Pr. Max z. Wied* Beitr. IV. 528. 1.
Crax Alector (Mitu) *Vieill.* Gal. d. Ois. II. 6. pl. 199.
Mutung der Brasilianer.

Männchen ganz schwarz, Bauch und Steiß weiß.

Weibchen am Vorderleibe schwarz, Kamm und Hals weißgefleckt; Flü= gel, Oberbauch und Schenkel rostgelb gebändert. Bauch und Steiß rostroth.

Etwas kleiner als die vorige Art, besonders die Beine dünner und schwächer gebaut, der Schnabel dagegen etwas höher und stärker; seine Hornkuppe beim Männchen schwarz, die Wachshaut blaßroth, im Alter dunkel blutroth, mit fleischiger Rückenschwiele. Iris braun. Das Gefieder glänzend blauschwarz, die Flügel matter und etwas bräunlicher; der Bauch bis zum Steiß rein weiß; der Schwanz ohne Spur eines weißen Saumes. Die Beine hell orangeroth; der Lauf vorn mit großen Schildern, von denen die Innenreihe aus 12—13 Platten besteht, und mit gleicher Größe der Platten bis zur Hackengelenkfuge reicht, die äußere Reihe, noch größere Schilder, aber nur 10—11 Platten enthält. Hieran ist das Männchen sicher von dem der vorigen Art zu unterscheiden; auch haben die Beine eine viel hellere Farbe, als bei jener. —

Das Weibchen hat eine dunklere rothbraune Wachshaut, die in der Jugend blaß gelbroth gefärbt ist, und eine hellere Hornspitze. Die Federn des Kammes haben weiße Flecke, deren Größe mit dem Alter abnimmt, und die benachbarten Kopf= und Kehlfedern weiße Tüpfel, die allmälig ganz verschwinden. Hals, Oberbrust und Rücken sind im Alter glänzend blaugrün-schwarz; die Flügel, die Unterbrust und die Unterschenkel rostroth fein quer-gebändert, der Bauch mit dem Steiß ganz rostroth; die Beine heller fleisch-roth mit blaßgelbem Anflug. Bei jüngeren Vögeln dehnen sich die breiteren, aber einander ferner stehenden rostgelben Querbinden vorwärts bis zum Nacken und über die ganze Brust aus, hinterwärts sogar über den Schwanz, der auch später noch einen rostrothen Vorstoß zu haben pflegt.

Ganze Länge 34'', Schnabelfirste 1⅓'', Flügel 15'', Schwanz 10'', Lauf 4'', Mittelzehe 2'' 9'''. —

Bewohnt das Urwaldgebiet Brasiliens an der Ostküste, von Rio de Janeiro bis Bahia und ist dort unter dem Namen Mutung bekannt; ich erhielt den Vogel nur einmal am Rio da Pomba, in den dichter bevölkerten Gegenden ist er schon ziemlich selten und schwer zu bekommen. Sehr hoch auf die Bäume gehen sie in der Regel nicht; man trifft sie besonders in dem dunklen Gebüsch des Unterholzes, und entweder da, oder ganz auf dem Boden nisten sie auch. Ihre Nahrung suchen sie ebenfalls am Boden und nähren sich größtentheils von den herabgefallenen Baumnüssen und größe-ren trocknen Samen. —

Anm. Wahrscheinlich giebt es in den innern nordwestlichen Gegenden Brasiliens noch zwei Arten von Mutungs, die ich indessen nicht beschreiben kann, weil ich sie nicht gesehen habe; daher setze ich nur Diagnosen derselben her.

3. Crax globosa *Spix* Av. Bras. II. 50. 5. th. 65. mas, tab. 66. sem. — Crax carunculata *Temm.* hist. nat. d. Pig. et Gallin. III. 44.? — Gefieder beider Geschlechter einfarbig schwarz, das Männchen mit weißem, das Weibchen mit

roſtgelbem Bauch und roſtgelb gewelltem Unterſchenkel. Schnabelkuppe ſchwarz, Wachshaut orange, beim Männchen mit hohem Rückenhöcker und hängendem Lappen am Munde. Beine gelblich fleiſchroth. Schwanz ohne weiße Endbinde. Ganze Länge 30—32″, Flügel 12″, Schwanz 10″, Lauf 4″. — Am oberen Amazonenſtrom und Solimoes. —

4. Crax Temminckii v. *Tschudi* Fn. peruan. Orn. 47. und 287. — Cr. peruvianus *Briss.* Av. I. 305. 10. — Crax rubra *Temm.* hist. nat. d. Pig. et Gallin. III. 21. und 687. — *Buff.* pl. enl. 125. — Männchen ganz ſchwarz, Bauch und Steiß weiß; Schnabelkuppe ſchwarz, Wachshaut orange mit fleiſchigem Höcker. Beine röthlich fleiſchbraun — Weibchen mit weißen Kammfedern, deren Spitze bloß ſchwarz iſt; Geſicht, Hals und Kehle weiß gefleckt auf der Mitte jeder Feder; Bruſt und Rücken ſchwarz; Flügel rothbraun, fein ſchwarz quergewellt, Schwingen am Rande weiß gefleckt; Bauch und Steiß roſtgelb, ſchwarz gewellt, Steiß roſtroth. Schnabel gelblichgrau, Beine hell röthlichgrau. — Ganze Länge des Männchens 38—40″, des Weibchens 34″, Lauf 4¾—5¼. — In Peru und am Oſtabhange der Cordilleren. —

4. Gatt. Urax *Cuv.*

Schnabel kürzer, höher, die Hornkuppe ſelbſtſtändig gewölbt; die Wachshaut ſehr kurz, daher das Naſenloch als ſenkrecht ovale Oeffnung ganz hinten dicht vor den Zügeln ſich befindet; Zügel und Backen gewöhnlich dichter befiedert, die Federn weich bunig, wie bei Crax am Halſe; die Federn des Oberkopfes mehr oder weniger haubenartig verlängert, aber nicht eigenthümlich geſtaltet, ſchmal und zugeſpitzt. Gefieder des Rumpfes derbe, beſonders feſt und ſtark die Flügel und Schwanzfedern, welche übrigens völlig den Schnitt haben, wie bei Crax; der Schwanz nach Verhältniß nicht ganz ſo lang, kurz abgerundet. Beine wie bei Crax, doch der Lauf etwas kürzer, die Vorderzehen am Grunde geheftet. —

A. Zügelgefieder nur aus feinen Borſtenfedern gebildet; Oberkopf mit langen ſpitzen Federn, die einen ſchopfartigen Kamm bilden; Augenring breit nackt. Nothocrax. *Nob.*

1. Urax Urumutum.

Crax Urumutum *Spix* Aves Brasiliae II. 49. 2. tab. 62. — *Schomb.* Reise britt. Guy. III. 746. 345.

Die Art hat die Größe einer ſtarken Henne und ähnelt ſowohl in der Farbe, als auch in der Beſchaffenheit des Federnkammes am meiſten dem Opisthocomus. —

Der Schnabel iſt kurz, hoch, die Kuppe nur mäßig gewölbt, über die größere Hälfte des Schnabels ausgedehnt, von blaß röthlichgelber Farbe, mit kurzem hinteren Hautüberzuge, welcher mit der bläulichgrün gefärbten

Zügel- und Augenhaut innig zusammenhängt. Die Federn des Kammes sind lang, schmal, zugespitzt und schwarzbraun; die vordersten rostgelbroth, wie die Stirn, der übrige Kopf, Hals, Nacken, die Brust und der Bauch); an den Unterschenkeln fällt der Ton mehr ins Rostrothe. Der Rücken, die Flügel und die zwei mittelsten Schwanzfedern haben zwar dieselbe rostgelbe Grundfarbe, aber sie sind dicht mit feinen schwarzbraunen Querwellen bedeckt und fallen dadurch dunkler aus; die Schwingen, mit Ausschluß der hintersten des Armes, sind schwarzbraun, die seitlichen Schwanzfedern schwarz, blauschillernd, und gleich den mittleren am Ende breit weiß gesäumt. Die Beine haben eine grünlichgraue Farbe. —

Ganze Länge 25″, des Schnabels 1½″, der Flügel 5¼″, des Schwanzes 8¼″, des Laufes 3½″. —

Lebt in den großen Wäldern am Rio Negro nördlich vom Amazonenstrom und verbreitet sich weiter über Columbien und Guyana. Der Vogel ist selten und wurde nur von Spix beobachtet; ich habe ihn nicht gesehen.

B. Zügelgefieder aus weichen Pinselfedern gebildet, wie auch das Halsgefieder; der nackte Augenring schmäler.

a. Federn des Oberkopfes haubenartig verlängert, kammartig aufgerichtet.

2. Urax tuberosa.

Crax tuberosa *Spix* Av. Bras. II. 51. 7. th. 67. a.

Glänzend blauschwarz, Schnabel und Beine roth, Bauch rostroth; Scheitel und Hinterkopf mit langen, schmalen, spitzen Federn.

Schnabel korallroth, die Hornkuppe hoch gewölbt, mit abgerundeter, buckelförmiger, nicht scharfkantiger Firste; vor der Stirn abgeplattet vertieft, die Seiten bauchig gewölbt. Gefieder glänzend blauschwarz, die Federn des Oberkopfes lang, spitz, schmal, schopfartig nach hinten verlängert und übergebogen; um das Auge ein schmaler nackter Ring. Rücken, Flügel, Schwanz und Schnabel gleichfarbig, die Spitze des Schwanzes breit weiß gesäumt; Bauch und Steiß rostroth, die Seitenfedern des Steißes mit schwarzen Binden. —

Ganze Länge 31″, Flügel 12″, Schwanz 13″, Lauf 4″, Schnabel am Mundrande 1½″ lang, in der Mitte 7″ hoch).

Von Spix in den Wäldern am Rio Solimoes gesammelt.

Anm. Die Art steht der folgenden sehr nahe, ist aber ein wenig größer und besonders durch die abgerundete Schnabelfirste und die längeren Oberkopffedern von ihr verschieden. —

3. Urax Mitu.

Crax Mitu *Linn.* S. Nat. I. 270.   — *Lath.* Ind. orn. II. 623. *β.* — *Temm.*
pl. col. 153.
Crax brasiliensis *Briss.* Av. I. 296. 11.
Mitu *Marcgr.* hist. nat. Bras.

Glänzend blauschwarz, Schnabel und Beine korallroth, ersterer mit scharf=
kantiger hoher Firste; Gefieder des Oberkopfes aufgerichtet, wenig verlängert.

Schnabel kurz, sehr hoch, die Firste kammartig erhaben, hinten höcker=
artig abgesetzt; mittlere Kopffedern allmälig von der Stirn her verlängert,
zu einer Holle aufgerichtet, aber nicht schmäler und nicht schopfartig herab=
hängend. Gefieder der Backen, des Hinterkopfes und Halses weich, sammet=
artig, matt schwarz; das übrige Gefieder derbe, blauschwarz, die Federn
mit einem matten schwarzen Saume; Schwanzfedern mit schmalem weißem
Rande am Ende. Bauch und Steiß rostrothbraun. Beine korallroth, wie
der Schnabel; Iris braun. —

Das Weibchen stimmt mit dem Männchen überein, die jungen
Vögel sind matter gefärbt, und die Schnabelfirste ist niedriger und stumpfer.

Ganze Länge 29″, Schnabelfirste ohne die Krümmung 9″, Flügel
12″, Schwanz 10″, Lauf 3²/₃″.

Bewohnt das Waldgebiet des mittleren Brasiliens und findet sich be=
sonders nördlich von Bahia, bei Pernambuco, Para, und in den Wäldern
am untern Amazonenstrom. —

**b. Federn des Oberkopfes kurz und ebenso sammetartig
weich, wie die des Halses.**

4. Urax tomentosa.

Crax tomentosa *Spix* Av. Bras. I. 49. 3. th. 63. — *Schomb.* Reise III.
746. 346.

Blauschwarz, mit Stahlschiller; Schnabel mäßig gewölbt, Oberkopf mit
kurzen, weichen Federn bekleidet, Bauch und Schwanzende rostrothbraun.

Von der Größe der vorigen Art, ebenso gefärbt, aber anders gebaut;
der Schnabel blaß korallroth, hoch gewölbt, stark seitlich zusammengedrückt,
aber die Firste nicht höckerartig abgesetzt. Gefieder des ganzen Kopfes
gleichförmig kurz, weich, sammetartig, gleich wie das des Halses; die unte=
ren Halsfedern derber, wie die Rumpffedern, blauschwarz, stahlschillernd,
der Saum sammetschwarz. Schwanz ziemlich lang, mit rostrothem End=
saum. Bauch und Steiß rostroth; Beine dunkel fleischroth.

Ganze Länge 30″, Schnabel am Mundrande 1″ 2‴, die Firste 10‴, Flügel 12″, Schwanz 13″, Lauf 4½″. —

Von Spix am Rio Negro bei dem Dorf Barcellona gesammelt, auch weiter abwärts am Amazonenstrom und über Guyana verbreitet. —

Anm. Urax Pauxi *aut.* Crax Pauxi *Linn.* S. Nat. 1. 270. 5. — *Lath.* Ind. orn. II. 624. — *Buff.* pl. enl. 78. *Vieill.* Gal. d. Ois. III. 50. pl. 200. unterscheidet sich von der vorstehenden, ihr am nächsten kommenden Art durch den weißen Bauch, den weißen Saum am Schwanze und den hohen, violetten, ovalen Fleischkörper auf der Basis des Schnabels, welcher mit zunehmendem Alter immer größer wird und sich rückwärts über die Stirn legt. Der Vogel ist größer, 34″ lang, lebhafter violett schillernd, und über Guyana, Columbien bis nach Mittel-Amerika verbreitet. —

Sechste Ordnung.
Laufvögel. Currentes.

Große Vögel mit langem Halse, hohen kräftigen Beinen, eigen=
thümlichem Gefieder, ohne Schwungfedern an den Flügeln und ohne
Steuerfedern am Schwanz. Die Hinterzehe fehlt gewöhnlich, die
Bürzeldrüse immer, gleich wie dem Brustbein der Kamm.

Siebenundzwanzigste Familie.
Strauße. Struthionidae.

Die Strauße unterscheiden sich von den übrigen Laufvögeln
durch die Lage der Nasenlöcher in oder vor der Mitte des Schna=
bels; die breiten, panaschenartigen Rumpffedern, welchen der zweite
hintere Schaft fehlt; durch den nach Verhältniß längeren Hals, fla=
cheren Kopf, die längeren schlankeren Läufe und die relativ kürzeren
Zehen. Den rudimentären, sehr kleinen Umfang der Vorderglieds=
maßen, welcher besonders am Skelet auffällt, haben sie mit den Ka=
suaren gemein; aber das unten zwischen den Schaambeinen verbun=
dene, nicht wie bei den Kasuaren offene Becken kommt nur dem
afrikanischen Strauß zu; das Becken von Rhea ist hier geöffnet.
Derselbe Strauß besitzt eine fleischige Ruthe, welche der Rhea und
den Kasuaren fehlt. (*Joh. Müller* Abh. d. Berl. Acad. a. d.
Jahr 1836.).

Gatt. R h e a *Briss.*

Schnabel etwa so lang wie der Kopf, ziemlich flach, am Grunde
breit, die Spitze gerundet, mit einer leicht gewölbten Hornkuppe
bekleidet; die Nasengrube breit, tief in den Schnabel hinabreichend,
mit weiter ovaler Nasenöffnung in der Spitze, parallel dem Schna=
belrande und ziemlich in der Mitte des Schnabels; die Firste abge=
plattet, hinten von abgesetzter grauer Wachshaut bekleidet, welche
sich an den Seiten bis zum Nasenloch erstreckt, und die Nasengrube
ausfüllt. Zunge nicht groß, weich, einer stumpfen Pfeilspitze ähn=
lich, vorn abgerundet, ohne Hornspitzen. Zügel und Augengegend
nackt, mit runzeliger Haut bekleidet, am Rande abstehend borstig be=
fiedert; Augenlieder mit großen steifen Borstenwimpern. Um die mit
Borstenfedern besetzte Ohröffnung gleichfalls ein nackter Ring. Ober=

kopf, Kehle, Hals, Rumpf und Schenkel bis zum Hacken befiedert;
die Federn des Kopfes und Halses klein, schmal, spitz; die des
Rumpfes und besonders der Flügel größer, breiter, länglich, oval
zugerundet, panaschenartig weich, ohne eine zusammenhängende straffe
Fahne zu bilden. Schwingen und Steuerfedern nicht vorhanden;
dagegen ein langer, dornartiger Nagel an der Spitze des Flügels.
Beine vom Hackengelenk an nackt, die Hackengegend schwielig warzig, der Lauf vorn, wie die Zehen obenauf, mit kurzen aber breiten
Halbgürtelschildern bekleidet, die Seiten klein warzig chagrinirt, die
hintere Laufseite mit einer Reihe kleinerer quer ovaler Tafelschilder
bekleidet. Füße dreizehig, die Zehen kurz, sperrig divergirend, mit
kurzer Spannhaut am Grunde; die Nägel grade, stark seitlich zusammengedrückt, mit scharfkantigem Rücken, nach vorn stumpf zugeschärft. —

Rhea americana.

Brisson Orn. V. 8. — *Lath.* Ind. orn. II. 665. 1. — *Pr. Max z. Wied*
Beitr. IV. 559. 1. — *Vieill.* Gal. d. Ois. III. pl. 224. — *Darw.* Zool. of
the Beagl. III. 120.
Struthio Rhea *Linn.* S. Nat. I. 266. 3.
Churi oder Nandú, *Azara* Apunt. III. 89. 339.
Nhandu-guaçu, *Marcgr.* hist. nat. Bras. 190.
Emu der Brasilianer.

Hauptfarbe grau, Oberkopf, Nacken und ein Theil der großen Flügelfedern
schwarz, Halsmitte gelblich; Bauchseite und größte Flügelfedern weißlich. —

Beträchtlich kleiner als der afrikanische Strauß, doch von dessen Statur; der Hals lang, die Beine hoch, doch beide im Verhältniß etwas kürzer
als bei dem Afrikaner. Schnabel horngraubraun; Augen und Ohrgegend
fleischfarben, Iris perlgrau. Oberkopf, Oberhals, Nacken und die Spitze
der Zügelborsten im Gesicht schwarz; gewöhnlich auch die Oberbrust, da
wo der Hals in die Brust übergeht; Mitte des Halses gelblich, Kehle,
Backen und obere Halsseiten heller bleigrau. Rücken, Brustseiten nebst
den Flügeln bräunlich aschgrau, die meisten Federn am Vorderleibe gegen
die Spitze hin etwas heller, die am Hinterrücken dunkler, bräunlicher;
die größeren Panaschen an der unteren Partie des Flügels schwarzbraun,
die darunter sitzenden noch größeren weiß. Unterbrust, Bauch, Steiß und
Schenkel bis zum Hacken trüb weiß; Beine grau, die größeren Hornschilder der Vorderseite und die Nägel schwärzlich. —

Höhe des stehenden Vogels gewöhnlich 4 Fuß oder etwas drüber,
Schnabelfirste bis zur Stirn 3″, der Mundrand 5″, Länge des Halses 1½
Fuß, des Rumpfes vom Ende des Halses bis zur Spitze des Schwanzes

3 Fuß, Unterschenkel vom Kinn bis zum Hacken 8″, des Laufs vom Hacken bis zu den Zehen 14″, der Mittelzehe mit dem Nagel 4″ 3‴, der Außen= und Innenzehe jede beinahe 3″. —

Der Amerikanische Strauß oder Emu bewohnt das Camposgebiet des inneren Brasiliens und breitet sich südwärts bis über den Rio de la Plata aus; der Vogel lebt, wo er ungestört ist, in kleinen Trupps von 10—30 Individuen und nährt sich von Früchten, Insekten und kleinen Amphibien, die er am Boden und am Grase sucht. Aufgescheucht flieht er im schnellen Laufe davon, bisweilen in höchster Anstrengung mit den Flü= geln schlagend, gewöhnlich aber sie angeschlossen tragend. Er ist in der Nähe der Ansiedelungen scheu, vorsichtig und schwer zu bekommen; an un= gestörten Orten dagegen ziemlich dreist; läßt sich, jung eingefangen, leicht zähmen, ist dann neugierig, zutraulich, kennt seinen Herrn oder Pfleger sehr wohl, geht ohne Scheu selbst in die Häuser, und dient sehr zur Unterhal= tung der Bewohner. Ein Nest baut er nicht; die Eier liegen in Gruben an sonnigen Plätzen ziemlich zahlreich zusammen, und werden von mehreren Weibchen abwechselnd bebrütet. Einzelne Weibchen brüten indeß auch für sich, bloß ihre eigenen Eier aus. Letztere (*Thienem.* Fortpf. Ges. I. 4. Taf. 2.) sind länglicher und viel kleiner, als die des afrikanischen Straußes, ganz glatt, mit flacheren etwas langgezogenen, streifigen Poren und weiß von Farbe. Die Jungen haben, wenn sie aus dem Ei kommen, eine Höhe von 8 Zoll, ein dichtes Borstenfedernkleid von blaß gelbbrauner Farbe mit dun= kelbrauner Scheitel= und Rückenfläche, aber letztere mit zwei blaßgelben Längsstreifen geziert, welche sich zwischen den Flügeln sattelförmig nach au= ßen krümmen. —

Ich habe den Emu nicht lebend gesehen, obgleich er in den Gegenden, wo ich war, bei Sabara, Sta Luzia, Lagoa santa nicht gar ferne sich findet, indessen, wegen der ziemlich dichten Bevölkerung, in die unbewohnten öde= sten Striche sich zurückgezogen hat. Das hier beschriebene Individuum wurde mir bald nach meiner Abreise von Lagoa santa nachgesendet und stimmt mit dem andern unserer Sammlung vollständig überein. Eier und Nestjunge erhielt ich von Montevideo, wo der Vogel ziemlich häufig ist, aber auch in bewohnten Gegenden schon selten wird, weil er den Menschen, dessen Nachstellungen er kennen gelernt hat, bald meidet. —

Ausführliche Schilderungen seines Betragens im Freien geben Azara und der Prinz zu Wied a. a. O. —

Anm. Bekanntlich findet sich in Patagonien eine zweite Art, welche Dar= win und D'Orbigny ziemlich gleichzeitig entdeckten. Sie ist viel kleiner und von Gould ausführlich in der Zool. of the Beagle. Vol. III. als Rhea Dar= winii, von D'Orbigny als Rh. pennata beschrieben.

Siebente Ordnung.

Sumpfvögel. Grallae.

Ein allermeist langer dünner Hals und lange, zum Halse mit dem Schnabel in entsprechendem Verhältniß stehende Beine schließen die hierhergehörigen Vögel schon habituell an die vorhergehende Lauf- oder Riesenvögel; allein ihr Gefieder ist von der normalen Beschaffenheit und namentlich der Flügel, wie der Schwanz, mit kräftigen Ruder- und Steuerfedern am Rande besetzt. Ihre Beine haben nicht bloß nackte Läufe, sondern auch über dem Hackengelenk bleibt ein Theil des Unterschenkels unbefiedert, von demselben hornigen Schilder- oder Warzenkleide überzogen, das auch den Lauf und die Zehen bedeckt. Letztere sind bald kurz, bald lang, am Grunde mehr oder weniger durch eine Spannhaut, mitunter gar durch eine förmliche Schwimmhaut verbunden und in den meisten Fällen vierzehig, indem die hintere Zehe vorhanden, wenn auch nur klein ist. Die Vögel fliegen geschickt und zum großen Theile sehr anhaltend und strecken dabei ihre langen Beine nach hinten aus, wo sie neben dem Schwanze hervorragen. Sie nisten größtentheils auf dem Boden, einige an erhabenen Orten z. B. auf hohen Bäumen und diese tragen ihren stets mit einem dichten borstenartigen Nestkleide befiederten Jungen die Nahrung zu, alle andern überlassen es den alsbald aus dem Neste laufenden Jungen, sich ihre Nahrung, die in Sämereien, Gewürmen, Fischen oder Amphibien zu bestehen pflegt, selbst zu suchen. Sie lieben die Nähe des Wassers, halten sich aber lieber und zahlreicher im Schilf der Binnengewässer, an Weilern, Flüssen oder auf Wiesen, als am offenen Meeresgestade auf und waten viel ins Wasser, dort ihre Nahrung sich suchend.

Man unterscheidet am zweckmäßigsten vier Hauptgruppen der Sumpfvögel, wie folgt:

    A. Zügel ebenso dicht befiedert und von denselben Federn, wie der ganze Körper bekleidet.

        1. Limicolae. Hinterzehe klein oder fehlend.

        2. Paludicolae. Hinterzehe sehr lang, ganz auftretend.

B. Zügel nackt oder mit abweichenden, eigenthümlichen Fe=
dern bekleidet.
3. Arvicolae. Hinterzehe klein, nicht anstretend.
Aquosae. Hinterzehe groß, ganz anstretend. —

Achtundzwanzigste Familie.

Schnepfenvögel. Limicolae *Nitzsch.*
Syst. d. Pterylogr. S. 194.

Größtentheils kleinere, zierlich gebaute Sumpfvögel, mit dünnen,
theils kurzen, theils langen Schnäbeln, deren vordere Hälfte oder
Spitze einen mehr oder minder abgesetzten hornigen Ueberzug hat,
während die hintere nur von einer weichen Haut bekleidet wird.
Darin liegen die schmalen, offenen, stets sichtbaren, länglich spalten=
förmigen Nasenlöcher. Das Gefieder des Kopfes ist klein, dicht und
bekleidet die Zügel ohne Unterschied bis an den Schnabelrand; es
stimmt stets mit dem des Halses und Rumpfes in der Beschaffen=
heit überein, ist ziemlich weich, dicht und voll, im Grunde stark
dunig und weichlich; die Flügel sind lang, spitz und bis ans Ende
des Schwanzes oder gar darüber hinaus gerückt mit ihrer Spitze;
sie haben stets sehr lange hintere Armschwingen, welche hinter den
vordersten Handschwingen wenig an Länge zurückbleiben, und zehn
Handschwingen, wovon die zweite oder dritte die längste ist und die
erste beiden nur wenig nachsteht. Nicht sehr entwickelt ist in der
Regel der Schwanz; ein langer Schwalbenschwanz, wie bei Glareola,
gehört zu den Ausnahmen; meistens ist er kurz, breit, abgerundet
oder abgestutzt und aus ziemlich weichen Federn gebildet; in einigen
Fällen übersteigt die Zahl der Federn zwölf, welches die gewöhn=
liche Anzahl ist. Die Bürzeldrüse fehlt noch bei Otis, welche Gat=
tung dadurch und durch einige andere Analogien, den Straußen
sich anschließt; gewöhnlich hat sie einen starken Federnkranz am
Zipfel und zwei recht weite Mündungen. Die Beine sind fein und
zierlich, im entsprechenden Verhältniß zum Schnabel; wo der dicker
und kräftiger wird, da kommen auch stärkere, besonders mehr flei=
schige Beine hinzu. Ihre Oberfläche ist von der unteren Hälfte des

Unterschenkels an nackt, doch verkürzt sich die Strecke über dem Hacken bisweilen sehr; je länger der Lauf, desto länger auch die nackte Strecke des Unterschenkels. Die Bedeckung des Laufs ist nicht stark hornig, meistens nur pergamentartig, vorn in kleine kurze Halbgürtel getheilt, hinten mehr sechseitig getäfelt; die Zehen haben obenauf deutliche kurze Halbgürtel und am Ende eine feine, spitze, sanft gebogene Kralle. Die Hinterzehe ist sehr klein, berührt kaum den Boden, oder fehlt ganz; mitunter tritt noch der Nagel derselben auf. Zwischen der Außen- und Mittelzehe ist stets eine ziemlich breite Spannhaut vorhanden, bisweilen auch zwischen Mittel- und Innenzehe; in einigen Fällen dehnt sich diese Spannhaut zu einer förmlichen Schwimmhaut aus. —

I. Charadriinae.

Schnabel so lang wie der Kopf oder kürzer, die Hornschneide an der Spitze kuppig gewölbt, mehr oder minder deutlich aufgetrieben und abgesetzt von dem häutigen Ueberzuge. Flügel länger als der Schwanz, die erste Schwinge kaum oder sehr wenig kürzer als die zweite. Beine in der Regel ziemlich hoch, die Hinterzehe fehlend oder sehr klein, die beiden äußeren Vorderzehen am Grunde mehr oder weniger breit geheftet. Leben auf Wiesen, an Binnengewässern und nähren sich von Gewürm. —

Anm. Die Gattungen Otis und Oedicnemus, welche die Reihe der Cha-radrien eröffnen, sind in Brasilien nicht vertreten, erstere gehört der östlichen Halbkugel an, letztere den nordwestlichen Gebieten von Süd-Amerika (Vgl. L'Herminier, Guérin Mag. d. Zool. VII. cl. 2. pl. 84. v. Tschudi Fn. per. Orn. 293.). — Auch die Unterabtheilung der Glareoliden, wohin außer Glareola noch Oxypetes Wagl. (Isis 1829. 762. — Thinocorus Esch. zool. Atlas Taf. 2. — Lesson Cent. zool. pl. 50.) aus Chili und Patagonien zu stellen, ist nicht in Brasilien einheimisch.

1. Gatt. Charadrius Linn.

Schnabel ohne besondere Eigenheiten, die Hornkuppe sehr läng-lich, fast bis zur Mitte des Schnabels reichend, gewöhnlich der ganze Schnabel ein wenig kürzer als der befiederte Kopf. Der Haupt-charakter liegt im Bein, das dünn, hoch und bloß dreizehig ist, indem die Hinterzehe ganz fehlt. —

a. Charadrius pc. Gefieder gelbgrau, fein weiß getüpfelt; Lauf und Unterschenkel gleichförmig genetzt; Mittelzehe und Außenzehe durch eine ziemliche Spannhaut verbunden. Farbe der Beine blaugrau= grünlich.

1. Charadrius virginianus Linn.

Linn. S. Nat. I. (ed. 1748.). — v. Tschudi Fn. per. Orn. 49.
Pluvialis dominicensis Briss. Orn. V. 48. 3. tb. 6. f. 1.
Charadrius pluvialis var. β. Gmel. Linn. S. Nat. I. 2. 688 7. — Lath. Ind.
orn. I. 740. 1. β.
Charadrius pectoralis Vieill. N. Dict. d'hist. nat. Tm. 27. p. 143. — Id. Enc.
méth. Orn. 337.
Charadrius virginicus Borkh. — Pr. Max z. Wied Beitr. IV. 761. 1. —
Schomb. Reise III. 750. 357.
Charadrius marmoratus Wagler Syst. Av I. sp. 12.
Mbatmini Azara Apunt. III. 283. no. 389. jung, 390. alt.

Rückengefieder bräunlichgrau, weiß getüpfelt, Schwingen schwarzbraun; Unterseite weiß, im Alter schwarz gefleckt, Brust grau gebändert in der Jugend.

Schnabel braun, die Hornschuppe schwarz, die Wachshaut fleischroth durchscheinend. Iris braun. Gefieder ähnlich wie bei unserm Regen= pfeiffer (Ch. pluvialis), die Rückenseite rauchbraungrau, der Scheitel bis zum Hinterkopf und der Rücken zwischen den Flügeln schwarzbraun, jede Feder mit weißgrauer Spitze und die größeren der Flügel mit kleinen Tüp= feln am Rande; die Tüpfelchen an den Achselfedern z. Th. gelbgelb. Vor= dere große Deckfedern und Armschwingen dunkler rauchgrau, metallisch erz= grün schillernd, die Ränder der Deckfedern weißlich. Schwanzfedern obenauf rauchbraungrau, am Rande matt weißlich getüpfelt, unten weiß. Stirn, Hals, Brust und Bauchseiten heller rauchbraungrau und weiß gemischt; an der Stirn und den Backen blassere Schaftflecke auf jeder Feder; am Halse und der Brust die Endhälfte der Federn grau, weiß gerandet. Kehle, Bauch= mitte und Steiß ganz weiß. Innenseite der Flügel ziemlich voll rauchgrau, die Federn am Ende lichter gerandet.

Der alte Vogel weicht von dem vorstehend beschriebenen häufigeren Kleide des jungen nur durch eine vollere Rückenfarbe und breite schwarze Flecke mitten auf dem Bauche und der Brust ab. Die weißen Gegenden des Körpers sind reiner und die Randflecken der Schwanzfedern breiter, mehr zu Binden nach innen ausgedehnt. — Die Farbe der Beine ist bleigrau, beim jungen Vogel braungrau. —

Ganze Länge 9¼″, Schnabelfirste 1″, Flügel 7″, Schwanz 2″, Lauf 1″ 9‴, Mittelzehe 1″. —

Ziemlich über ganz Süd=Amerika, auch über Westindien, und die süd= lichen Gegenden Nord=Amerikas verbreitet; lebt ganz wie unser Regen=

pfeiſſer auf feuchten Niederungen, nahe bei Teichen und Flüſſen, und frißt vorzugsweiſe Sämereien. Azara ernährte einen gefangenen Vogel bloß mit zerſtoßenem Mays. Ich erhielt Exemplare aus Sta Catharina, auf meiner Reiſe begegnete mir der Vogel nicht. —

b. Hoplopterus *Bon.* Am Handgelenk des Flügels ein Sporn; Gefieder weiß und grau, ohne Tüpfel, aber mit ſchwarzen Binden am Kopf und dem Vorderleibe. Beine ſehr lang, die Läuſe vorn mit größeren Schildern bekleidet, die Spannhant zwiſchen der Mittel= und Außen= zehe fehlt. Farbe der Beine fleiſchrothgelb.

Charadrius cayanus *Lath.*

Ind. orn. II. 749. 25. — *Buff.* pl. enl. 833.
Hoplopterus cayanus *Bonap.* — *Schomb.* Reiſe III. 730. 356.
Charadrius spinosus *Pr. Wied.* Beitr. IV. 764. 2.
Charadrius stolatus *Wagl.* spec. 12.
Mbatuitui armado, *Azara* Apunt. III. 289. 391.

Steiß, Hinterkopf und Rücken grau; Stirn, Backen, Nacken und eine Binde über die Bruſt ſchwarz, Achſeln mit ſchwarzem Längsſtreif. —

Vom Anſehn des Charadrius hiaticola, aber hochbeiniger und der Rumpf geſtreckter. Schnabel ziemlich dick und ſtark gebaut, ſchwarz, der Unterkiefer nach der Baſis zu fleiſchröthlich. Stirn, Zügel, Augengegend, Binde im Nacken und eine andere quer über die Bruſt, welche beide oben am Rücken zuſammentreffen, ſchwarz; von derſelben Farbe der größere Theil der Achſelfedern, die Handſchwingen und ein Fleck an der Spitze der Schwanzfedern, welcher bei dem äußerſten Paar noch ſehr klein iſt. Der Sporn am Flügelbug kurz, dick, etwas aufgebogen, weißlichgrau. Bauch, Bruſt und Kehle weiß; an der Stirn einige weißliche Federn, hinter der ſchwarzen Stirnbinde eine ſchmälere weiße, die ſich ringartig um den gan= zen Oberkopf herumlegt, die Mitte des Ober= und Hinterkopfes bräunlich= aſchgrau; von derſelben Farbe der Rücken, die Flügeldeckfedern und die hin= teren Armſchwingen, doch die Spitzen der Federn matt roſtgelb; die großen Deckfedern weiß, ebenſo der Rand der ſchwarzen Achſelfedern, die unteren Schwanzdecken und die Baſis des Schwanzes. Beine gelblich fleiſchfarben, die Nägel ſchwarz. —

Ganze Länge 8⅓″, Schnabelfirſte 1″, Flügel 5½″, 1″ länger als der Schwanz, letzterer 2″, Lauf 1″ 9‴, Mittelzehe 9‴ ohne die Kralle. —

Ich erhielt dieſe ausgezeichnete Art in Lagoa ſanta von Sette Lagoas, wo ſie an den Ufern der dortigen Seen mitunter, aber nicht häufig vor= kommt. Der Prinz zu Wied traf den Vogel am Rio Belmonte und fand dort auch ſein Neſt.

Aeglalites *Boje*. Ganz wie die vorige Gruppe gezeichnet, die Beine kürzer, die Außen= und Mittelzehe mit Spannhaut; oben am Hand=gelenk des Flügels kein Sporn.

Charadrius brevirostris.

Pr. Max z. Wied Beitr. IV. 769. 3. — *Schomb.* Reise britt. Guy. III. 750. 359. — *v. Tschudi* Fn. per. Orn. 49.

Weiß, hinter der Stirn zum Auge und Nacken eine schwarze Binde und eine zweite über die Brust; Obertheile graubraun. —

Gestalt der vorigen Art, schlank hochbeinig gebaut, aber etwas kleiner. Schnabel schwarz, Iris graubraun. Stirn, Kinn, Kehle und die ganze Unterseite weiß; hinter der Stirn eine schwarze Querbinde zum Auge, die von da zum Nacken hinabreicht, eine zweite schwarze Binde quer über die Brust trifft mit ihr im Nacken zusammen. Oberkopf, Rücken, Flügel und Schwanz graubraun; die großen Deckfedern mit weißen Spitzen, Hand=schwingen an der Vorderfahne schwarzbraun, an der Hinterfahne grau=braun. Mittlere Schwanzfedern graubraun, am Ende schwärzlich, die übrigen gelbgraulich, mit weißen Spitzen, deren innerer Vorstoß dunkler und schwärzlicher gefärbt ist, die äußerste Feder ganz weiß. Beine blaß weißlich fleischroth. —

Den jüngeren Vögeln fehlt die schwarze Binde hinter der Stirn und die auf der Brust ist nur angedeutet; die Rückenfarbe fällt mehr ins gelbbraune. —

Ganze Länge 7″, Schnabelfirste 6‴, Flügel 4½″, Schwanz kaum 2″, Lauf 1″, Mittelzehe 7‴. —

Im mittleren Brasilien, besonders im Küstengebiet, vom Prinzen zu Wied gesammelt, namentlich an der Mündung der Flüsse; sehr gemein an denselben Stellen in Guyana, wie in Peru am Strande des Stillen Oceans.

4. Charadrius crassirostris.

Spix Av. Bras. II. 77. 1. tb. 94. — *Schomb.* Reise britt. Guyana, III. 750. 358. Charadrius Wilsonii var. *Wagl.* Syst. Av. I. sp. 26.

Stirn, Kehle, Brust und Unterseite weiß, Rückenseite grau. Mittelkopf, Augenrand, Backen und eine Binde quer über die Brust nebst den Schwingen schwarz. —

Steht den vorigen beiden Arten nahe, ist etwas größer als diese und kleiner als jene. Stirn, Kehle, Vorderhals, Brust, Bauch und Steiß weiß. Hinter der weißen Stirn beginnt eine schwarze Binde, die sich zum Auge herabzieht und über die Backe ausbreitet, daher ein Strich am Zügel zum Mundwinkel ebenfalls schwarz; mitten über die Brust eine schwarze Binde,

auch die Handſchwingen ſchwarz. Oberkopf, Rücken, Flügel und Schwanz graulichgelbbraun, die großen Flügeldeckfedern weiß gerandet; die Schwanz=
federn ſchwarzgrau, die beiden äußeren weiß. Beine fleiſchrothgelb.

Der junge Vogel (Spix Figur) iſt am ganzen Rücken rauchgrau, mit lichteren Federrändern; die Stirn, Zügel und Kehle haben keine ſchwar=
zen Binden und ſtatt der ſchwarzen Binde über die Bruſt findet ſich nur eine graue. —

Ganze Länge 7½″, Schnabelfirſte 7‴, Mundrand 10‴, Flügel 4½″, Schwanz 1″ 10‴. —

Im Innern Braſiliens, an den Ufern der Flüſſe, heißt dort, wie die vorige Art, Masarinho oder Masarico. Auch Martgraf führt eine Art dieſer Gattung als Matuitui auf (Hist. nat. Bras. pag. 199.) und der Prinz zu Wied eine andere ähnliche weit größere als Ch. flavirostris Beitr. IV 772. —

5. Charadrius trifasciatus *Licht.*

Doubl. d. zool. Mus. etc. 71. no. 734. — *Wagl.* Syst. Av. sp. 31.   *Id.* Isis 1829. 651.

Oberſeite grau, Unterſeite weiß; zwiſchen den Augen eine ſchwarze Binde, eine zweite quer über die Bruſt, eine dritte am Bauch.

Auch von der Größe und den Körperverhältniſſen der vorigen Arten; Schnabel ſchwarz. Stirn, Kehle, Bruſt und Bauch weiß; zwiſchen den Augen eine ſchwarze Binde quer über den Kopf, welche am Auge endet; eine zweite am Unterhalſe über die Bruſt, eine dritte vor den Schenkeln zwiſchen Bruſt und Bauch. Mittelkopf hinter der ſchwarzen Binde roſtroth, das übrige Rückengefieder grau, die Ränder roſtgelb matt geſäumt; die Schwingen ſchwarzgran, mit weißen Schäften; der Schwanz ſchwarzgrau, die Baſis blaſſer, die drei äußeren Federn jeder Seite weiß. Beine gelbroth.

Der junge Vogel hat keine ſchwarze Stirnbinde und ſtatt der beiden ſchwarzen Binden an der Bruſt ebenda zwei graue Binden, von der Farbe des Rückens.

Ganze Länge 7½—8″, Schnabelfirſte 7—8‴, Flügel 5—5½″, Lauf 15‴. —

Im ſüdlichen Braſilien, bei Montevideo.

6. Charadrius Azarae.

Lichtenst. Doubl. d. zool. Mus. 71. 733. — *Wagl.* Syst. Av. sp. 34. — *Schomb.* Reise III. 751. 360.   *Temm.* pl. col. 184. — *Pr. Max Wied* Beitr. IV. 772. 5.

Charadrius collaris *Vieill.* Enc. méth. Orn. 355. — *Id.* N. Dict. d'hist. nat.
Tm. 27. p. 136. — *Darwin*, Zool. of the Beagl. Orn. III. 127.
Mbatuitui collar negro, *Azara* Apunt. III. 291. 392.

Oberseite grau, die Federn rostroth gesäumt; Unterseite weiß, Stirn quer
über die Mitte, Zügel und eine Binde über die Brust schwarz, dahinter rostroth.

Kleiner als die vorigen Arten, kaum so groß wie Ch. minor. Schna=
bel schwarz, in der Jugend die Basis bräunlich; Stirn bis zum Auge und
die ganze Unterseite weiß, die Oberseite rauchgrau, jede Feder mit rostgel=
bem Vorstoß. Oberkopf zwischen den Augen schwarz, der hintere Rand
dieses Flecks rostgelbroth eingefaßt; Zügel schwarz, Backen am Ohr braun,
nach hinten rostgelbroth. Ueber die Brust oben am Ende des Halses eine
breite schwarze Binde, welche da, wo sie an den grauen Nacken stößt, einen
rostrothen Saum hat. Schwingen und große Flügeldeckfedern schwarzgrau,
fein weiß gerandet, auch die Schäfte weiß. Mittlere Schwanzfedern schwarz=
grau, die seitlichen rein weiß. Beine fleischroth. —

Der junge Vogel ist am Rücken viel matter grau gefärbt und jede
Feder breiter rostgelb gesäumt; die Stirn hat einen dunkleren Schatten
statt der schwarzen Binde, und ein ähnlicher grauer Bogen erstreckt sich über
die Brust; die großen Flügeldeckfedern und Armschwingen haben viel brei=
tere weiße Spitzen, die mittleren grauen Schwanzfedern einen rostgelben
Saum. Die Beine sind viel blasser fleischroth gefärbt. —

Ganze Länge 5¾″, Schnabelfirste 6‴, Flügel 3¾″, Schwanz 1½″,
Lauf 1″, Mittelzehe 7‴ ohne Kralle. —

Gleich der ersten Art durch ganz Brasilien verbreitet, an Seen und
Flüssen überall häufig; ich erhielt den Vogel in Lagoa santa und von Sette
Lagoas; er geht südlich bis Paraguay, nördlich bis nach Columbien und
Guyana. —

d. Oreophilus *Gould.* Schnabel sehr lang und dünn, dem von Tringa
nicht unähnlich, die Hornschuppe schlank, schmal und zugespitzt. Bildet
den Uebergang zu Strepsilas.

7   Charadrius ruficollis *Licht.*

Wagler, Isis 1829. 653. — *Licht.* Nom. Av. Mus. berol. 94. — *Gould*,
Zoolog. of the Beagle III. 132.

Aschgrau, Stirn und ein Fleck vor dem Auge rostgelb, ein Streif über
die Zügel zum Ohr schwarz; Vorderhals und Brust rostgelbroth, Bauch weiß.

So groß wie unser Regenpfeifer (Char. morinellus), aber schlan=
ker gebaut; der Schnabel durch seine lange, dünne Form besonders auffällig;
die Beine hoch und dünn, wie bei Hoplopterus. Schnabel schwarz, Iris

braun. Stirn und ein Fleck vor jedem Auge blaßgelb, Zügel, Augenrand und Ohrdecke schwarz. Oberkopf, Nacken, Rücken und Flügel rauchgrau, die Federn rostgelblich gesäumt; Kehle und Vorderhals rostrothgelb, Brust und Oberbauch aschgrau, Unterbauch und Steiß weiß; mitten am Bauch zwischen den Unterschenkeln ein dunkler schwarzer Fleck; Schwanz obenauf gelblich aschgrau von der Basis nach der Spitze zu, die untere Seite weiß, die Federn mit einer schwarzen Binde vor der Spitze; Handschwingen schwarzbraun, an der Basis nach innen weißlich; die Armschwingen grau, innen weiß gesäumt; die unteren Deckfedern weiß. Beine gelblich fleisch= roth, der Lauf hoch, die Zehen kurz, ziemlich fleischig. —

Ganze Länge 10″, Schnabelfirste 14‴, Flügel 6″, Schwanz gegen 3″, Lauf 2″, Mittelzehe 9‴. —

Im südlichen Brasilien, von Maldanado in der Berliner Sammlung; scheint nur dem Küstengebiet anzugehören. —

2. Gatt. Vanellus Cuv.

Von der vorigen Gattung hauptsächlich durch die Anwesenheit einer kleinen, bisweilen noch ganz unvollständigen Hinterzehe mit Kralle verschieden, übrigens im Körperbau, der Schnabelform und dem Gefieder mit Charadrius übereinstimmend; die Beine bald kür= zer, bald länger, die Außenzehen durch eine ziemliche Spannhaut am Grunde verbunden. —

a. Squatarola Cuv. Gefieder hell getüpfelt, Beine kürzer, die Unter= schenkel und der Lauf genetzt, nicht getäfelt; die Hinterzehe sehr klein, nur als Sporn angedeutet.

1. Vanellus modestus.

Charadrius modestus *Licht.* Doubl. d. zool. Mus. 71. 730. — *Wagl.* Syst. Av. I. sp. 14. *Idem.* Isis 1829. 654.
Tringa d'Urvillei *Garnot.* Ann. d. Sc. nat. Zool. 1826. I. 16. — *Id.* Voyage de l'Uranie Zool. pl. 43. — *Lesson* Man. II. 309.
Charadrius rubecula *King.* zool. Journ. 1828. 96.

Grau, der Rücken bräunlich, die Federn am Rande weißlich; Stirn und Bauch weiß, Brust rostgelb mit schwarzer Binde.

Gestalt wie unser Halsband=Regenpfeifer (Char. morinellus), nur etwas kleiner. Schnabel schwarz. Gefieder des Rückens rauchgrau, die Federn besonders auf den Flügeln lichter gerandet; die Stirn zwischen den Augen weiß, der Oberkopf dunkelgrau, der vordere Stirnrand und die

Kehle hellgrau; Brust rostrothgelb, am unteren Rande mit breiter schwarzer
Binde; Bauch, Steiß und die 2 seitlichen Schwanzfedern schwarz, die nächstfolgenden weißgrau, die mittleren rußbraun; die Schwingen schwarz, die
vordersten am Grunde weiß, ebenso die unteren Deckfedern der Flügel.
Beine grünlichgrau. —

Der junge Vogel hat eine ganz weißliche Stirn und Kehle und eine
graue Unterseite mit leichtem Schatten einer Querbinde; Schwingen und
mittlere Schwanzfedern schwarz. Das ist Char. nebulosus *Less.* Man.
d'Orn. II. 315.

Ganze Länge 9″, Schnabelfirste 8‴, Flügel 5½″, Schwanz 3½″,
Lauf 16‴, Mittelzehe 12‴. —

Im südlichen Brasilien und von Montevideo, selbst bis nach Patagonien und an die Magelhaens-Straße verbreitet. —

b. **Vanellus s. p.** Gefieder nicht getüpfelt, ähnlich gefärbt wie bei
Aegialites; Nackenfedern schopfartig verlängert; Flügel am Handgelenk
öfters mit einem Sporn versehen. Beine lang, der Lauf vorn getäfelt, die Hinterzehe vollständiger entwickelt.

2. Vanellus cayanensis.

Parra cayanensis *Gmel. Linn.* S. Nat. I. 2. 706. — *Buff.* pl. enl. 836.
Tringa cayanensis *Lath.* Ind. orn. II. 727. 5.
Charadrius cayennensis *Licht.* Doubl. d. zool. Mus. 70. 718.
Charadrius lampronotus *Wagl.* Syst. Av. I. sp. 48.
Vanellus cayanensis *Pr. Max z. Wied* Beitr. IV. 754. 1.
Teruteró o Tetén *Azara* Apunt. III. 264. 386.
Quer-Quer der Brasilianer.

Kopf, Hals, Rücken und Flügel aschgrau; Stirn, Kehle, Nackenschopf, Brust,
Schwingen und Schwanzspitze schwarz; Bauch weiß, Flügelbug gespornt.

Höher und größer als ein Kiebitz (Vanellus cristatus), doch ihm ähnlich; Schnabel am Grunde hell blutroth, die Spitze schwarzbraun. Iris
roth. Stirn, Mundrand, Kehle und ein Streif am Vorderhalse schwarz;
desgleichen die ganze Brust, die Schwingen, die Endhälfte des Schwanzes
und die schmalen, spitzen, langen Federn am Hinterkopf. Der Kopf, Hals,
Rücken und die Flügel aschgrau, die vorderste Kopf- und Halsgegend unmittelbar hinter der schwarzen Zeichnung lichter; der Rücken und die Achselfedern prächtig metallisch glänzend, der Rücken mehr kupferroth, die Achselfedern erzgrün. Kleine Flügeldeckfedern quer über die Mitte des Flügels,
das ganze untere Deckgefieder, der Bauch, Steiß und die Basis der Schwanzfedern weiß, auch der äußerste Endrand der letztern; Beine corallen- oder
taubenroth, die Zehen nur untere Partie des Laufes braun, der Sporn
am Handgelenk des Flügels hellroth.

Ganze Länge 12″, Schnabelfirste 14‴, Flügel 8½″, Schwanz 3¼″, Lauf 3″, Mittelzehe 14‴ ohne die Kralle. —

Auf feuchten Niederungen an Flüssen und Seen ein bekannter überall in Brasilien ansäßiger Vogel, der gleich unserm Kiebitz gern paarig sich zusammenhält, über den Nestern aufgescheucht mit lautem Geschrei Kerr, Kerr, Kerr hinfliegt, und so lange fortfährt, als der Gegner ihm nahe bleibt. Im Herbst und Winter (Mai—October) sieht man die Vögel in großen Schaaren an passenden Orten und hört dann, wenn man sie aufschreckt, ihren Ruf unaufhörlich durch einander. Ihr Nest ist im Sumpf zwischen hohen Binsengruppen angebracht und enthält 2 olivenbräunliche, schwarz gefleckte Eier, die denen unseres Kiebitz ähneln. —

2. Totanidae.

Schnabel so lang oder länger als der Kopf, die Basis bis gegen die Mitte hin von Haut bekleidet, die zweite Hälfte, oder etwas mehr, von einer graden, kegelförmig pfriemenförmigen oder dolchartigen Hornscheide, die anfangs von dem Hautüberzuge sich zwar absetzt, dann aber ganz sanft und allmälig sich zuspitzt, ohne im Geringsten als Kuppe selbstständig gewölbt zu sein; Nasengrube bis zum Hornüberzuge hinabreichend, mit spaltenförmigem langem Nasenloch am unteren Rande nahe der Basis. Beine verschieden gebaut, bald hoch und dünn, bald kurz und fleischig oder kräftig; Hinterzehe gewöhnlich vorhanden, mitunter fehlend. —

3. Gatt. Strepsilas *Illig.*

Schnabel nicht länger als der Kopf, aber eben so lang, mäßig stark, die Hornscheide deutlich kegelförmig zugespitzt, sanft und wenig sichtbar aufwärts gebogen. Hals kurz, Flügel lang, aber ruhend doch etwas kürzer als der Schwanz. Beine kurz, der Unterschenkel nur wenig von Federn entblößt, der Lauf vorn mit kurzen Halbgürtelschildern, hinten genetzt; die Zehen bis zum Grunde frei, ohne Spannhaut; die Hinterzehe vorhanden, ziemlich entwickelt.

Strepsilas collaris.

Temminck Manuel d'Orn. II. 555. — *Pr. Max z. Wied* Beitr. IV. 730. 1. — *v. Tschudi* Fn. per. Orn. 49. 1.
Tringa interpres Linn. S. Nat. I. 248. 1. — *Buff.* pl. enl. 340. und 856. — *Lath.* Ind. orn. II. 738. 45. — *Wils.* Am. Orn. III. 32. tb. 57. f. 2.
Schomb. Reise III 751. 361

Tringa morinella *Linn.* et *Lath.* ibid. var. β.
Morinellus collaris *Meyer* orn. Taschenb.
Strepsilas melanocephala *Vig.* zool. Journ. IV. 356.
Arenaria interpres *Vieill.* Gal. III. 102. pl. 237.

Jung grau am Rücken, weiß am Bauch, Brust braungrau getüpfelt.
Alter Vogel schwarz an der Brust, dem Nacken und Rücken, hier und
an der Achsel rostgelbroth gefleckt. —

Ein bekannter, weit verbreiteter Vogel, auch in Europa und Nord-
Amerika zu Hause, ziemlich gedrungen gebaut, obgleich nicht groß. Der
Schnabel schwarz, die Iris braun, die Beine gelblich fleischroth.

Junger Vogel am ganzen Rücken braungrau, d. h. rauchfarben, die
Federn an den Seiten blasser, zum Theil weiß, der Schaftstreif schwarzbraun, aber verwaschen; die Schwingen schwarzbraun, die Schwanzfedern
mit breiter schwarzbrauner Binde, die Spitzen, die Basis und die oberen
Schwanzdecken weiß. Unterseite ganz weiß, nur die Brust stark rauchgrau
getüpfelt, besonders die Seitenpartien.

Alter Vogel mit schwarzbrauner Stirn, Backen unter dem Auge,
Halse, Nacken, Brust und Oberrücken; Kehle und ein runder Fleck vor jedem
Auge weiß; Oberkopf an den Seiten weiß, auf der Mitte rauchgrau, am
Unternacken vor dem Rücken ein weißer Ring, der bis zur Brust reicht;
Bauch, Steiß, Basis des Schwanzes und Unterrücken weiß; die oberen
Schwanzdecken schieferschwarz, wie die breite Schwanzbinde. Schwingen
außen schwarzbraun, innen, wie die Flügeldeckfedern weiß. Mitte des Ober-
rückens mit rostgelbem Fleck und ein solcher Streif quer über die schwarzen
Achselfedern; kleine Flügeldeckfedern hell rauchgrau, weißlich gerandet;
große Armdeckfedern ebenso gefärbt. —

Ganze Länge 8¾″, Schnabelfirste 1″, Flügel 5″, Schwanz 2″, Lauf
1″, Mittelzehe 10‴ ohne die Kralle. —

An der ganzen Ostküste Brasiliens von Guyana bis nach Sta Catharina, von wo ich den Vogel erhielt; Lebensweise bekannt, sucht Gewürm
unter Steinen und frißt kleine Seethiere, welche er am Ufer aufliest. Nistet
auch dort in offenen Gruben und legt sehr bestimmt birnförmige, gelblich
graugrüne, matt braun gefleckte, 1½″ lange Eier. —

4. Gatt. Haematopus *Linn.*

Schnabel viel länger als der Kopf, die vordere von Horn bekleidete Partie etwas erhöht, aber grade, scharfkantig, dolchförmig,
mit stumpfer Endkante; die hintere anfangs verengt abgesetzt, flacher,
breiter, mit ebener Rückenfläche und schmalen spaltenförmigen Nasenlöchern am Mundrande. Gefieder vorwiegend schwarz; die Flügel

ruhend so lang wie der Schwanz, zugespitzt, schon die erste Schwinge die längste. Schwanz kurz, grade abgestutzt, ziemlich breitfedrig. Beine stark, dick, fleischig; die Befiederung des Unterschenkels endet dicht vor dem Hacken, der Lauf ist bloß fein genetzt, die Zehen obenauf mit kurzen Halbgürteln, die beiden äußeren vorderen Zehen durch eine starke Spannhaut verbunden, alle mit dicker fleischiger, als Falte vortretender schwieliger Sohle; die Hinterzehe nicht vorhanden.

Haematopus palliatus.

Temminck Manuel d'Ornith. II. 532. — *Pr. Max z. Wied* Beitr. IV. 746. Haematopus brasiliensis *Licht.* Doubl. d. zool. Mus. 73. 744.

Kopf und Hals schieferschwarz; Rücken, Flügel und Schwanz schwarzbraun; Unterbrust, Bauch, große Flügeldeckfedern und obere Schwanzdecken weiß.

Gestalt und Größe des europäischen Austernfischers (Haematopus ostralegus); der Schnabel über doppelt so lang, wie der Kopf, höher und stärker als bei unserer Art, hochroth, wie die Iris und die Augenlieder gefärbt. Kopf, Hals und Brust schieferschwarz, mehr oder weniger ins Graue spielend; vom Nacken über den Rücken, die Flügel und den Schwanz brauner gefärbt. Unterbrust, Bauch, Steiß und Innenseite der Flügel weiß, desgleichen die oberen Schwanzdecken. Schwanzfedern an der Basis weiß, am Ende breit schwarzbraun, zuletzt ganz schwarz. Beine dunkel fleischroth, die Krallen schwarz. —

Ganze Länge 16″, Schnabelfirste 2″ 10‴, Flügel 10½″, Schwanz 3″, Lauf 2″, Mittelzehe ohne die Kralle 1″ 3‴. —

Lebt an der Meeresküste von ganz Brasilien und den ihr zunächst gelegenen großen Wassern des Binnenlandes, und ist überall zwischen der Mündung des Amazonenstromes und Rio de La Plata ziemlich häufig anzutreffen; selbst an der Westküste von Chili bis Mexico findet sich der Vogel.

Anm. 1. In Patagonien und südlich vom Rio de La Plata vertritt der etwas kräftiger gebaute Haematopus niger *Less.* et *Gem.* Voy. d. l'Uran. Zool. pl. 34. die vorige Art; derselbe ist ganz schieferschwarzgrau mit braunem Rücken. Schnabel, Augen und Beine sind roth. Ganze Länge 17″. —

2. Dem Gattungstypus von Haematopus steht, nach meinem Dafürhalten, der sonderbare Scheidenvogel von den Maluinen- oder Falklands-Inseln zunächst: Chionis alba *Forst.* — Vaginalis alba *Lath.* Ind. orn. II. 777. — Voy. d. l'Uran. pl. 35. — Chionis necrophaga *Vieill.* Gal. d. Ois. III. 146. pl. 258. — Vgl. darüber Nitzsch Pterylogr. S. 199. und Blainville Ann. d. nat. 2. Ser. VI. 99.

Gatt. Himantopus *Briss.*
Hypsibates *Nitzsch.*

Schnabel der vorigen Gattung, aber nur in der Anlage; in der Ausführung sehr viel feiner, zierlicher und spitzer; der Hornüber=zug niedriger, verflacht, und in den hinteren Schnabelrücken allmälig übergeführt, die Spitze des Oberschnabels etwas herabgebogen, die Mundränder einwärts gebogen; die schmale lange Nasengrube weiter nach vorn fortgesetzt. Kopf klein, Hals ziemlich lang und dünn; Flügel viel länger als der Schwanz, sehr spitz, die erste Schwinge die längste; Schwanz klein, weich, unter dem Deckgefieder versteckt. Beine ganz auffallend lang, dünn, der Unterschenkel größtentheils nackt; die Zehen nach Verhältniß kurz, fein, mit breiter Spannhaut am Grunde, aber die zwischen Mittel= und Innenzehe kürzer. Hinter=zehe nicht vorhanden. —

Himantopus mexicanus.

Wilson, Am. Orn. VII. 52. tb. 58. f. 2. — *Pr. Max Wied* Beitr. IV. 741. 1. — *v. Tschudi* Fn. per. Orn. 53.
Himantopus nigricollis *Vieill.* Gal. d. Ois. III. 85. pl. 229.
Hypsibates nigricollis *Schomb.* Reise III. 758. 397.
Zanendo, *Azara* Apunt. etc. III. 297. n. 393.

Weiß; Oberkopf, Nacken, Rücken und Flügel schwarz.

Gestalt ganz wie bei unserer Art (H. rufipes); der Schnabel schwarz, die Iris und die Beine lebhaft lackroth. — Oberkopf von der Augengegend an, ganzer Oberhals, Rücken und Flügel außen wie innen schwarz auf dem Rücken und den Flügeln lebhaft metallisch kupferig erzgrün schillernd; ganzer übriger Körper weiß, nur die mittleren Schwanzfedern silbergrau, mit weißen Enden. —

Ganze Länge 13″, Schnabelfirste 2″ 4‴, Flügel 8½″, Schwanz 2″, Lauf 4″, Mittelzehe 1¼″, der nackte Unterschenkel viel kürzer als bei un=serer Art, nur 1⅓—1½″ unbefiedert. —

Im ganzen wärmeren Amerika an Binnengewässern, in der Lebens=weise völlig mit unserer Art übereinstimmend; frißt Gewürm aller Art, aber auch Landinsekten, welche sie auf den Wiesen im Grase suchen.

Anm. Die beiden zunächst stehenden Gattungen: Leptorhynchus (*Guérin,* Mag. d. Zool. VI. cl. 2. pl. 45) mit gradem, und Recurvirostra *aut.,* mit aufwärts gebogenem Schnabel haben halbe Schwimmhäute zwischen den Zehen und letztere schon eine Spornzehe statt des Daumens; sie bilden mit der dickschnäbligen Gattung Dromas *Payk* (Kongl. Vetensk. Acad. Handl. 1805.

188. — *Temm.* pl. col. 362.), welche eine größere vollständige Hinterzehe be
sitzt, eine Reihe von Uebergängen zwischen Haematopus durch Chionis zu Totanus,
worin sich der Haupttypus der Gruppe darstellt. Die 3 genannten Genera
fehlen in Brasilien. Auch Anarhynchus albifrons Voy. de l'Astrolabe
Zool. pl. 31. gehört hierher und steht zwischen Recurvirostra einerseits, wie Haematopus andrerseits; endlich noch Phalaropus.

6. Gatt. Totanus *Bechst.*

Schnabel lang, dünn, pfriemenförmig, grade, dem von Himantopus ähnlich, aber nach Verhältniß etwas dicker, kräftiger, besonders
höher; die Firste weniger abgeplattet, mehr halbrund, die Spitze
etwas gewölbt; die Nasenfurche über die Mitte des Schnabels hinab=
reichend, das Nasenloch der Basis näher gerückt, schmal spaltenförmig.
Gefieder weich und voll, die Rückenfläche dunkler und fein gespren=
kelt oder gewellt gezeichnet; Flügel spitz, genau so lang wie der
Schwanz, die erste Schwinge die längste. Beine fein und zierlich
gebaut, die nackte Strecke des Unterschenkels bald mehr, bald weni=
ger ausgedehnt, vorn, wie der Lauf, mit kurzen Gürtelschildern be=
kleidet. Zehen fein und dünn, nur die äußeren am Grunde etwas
verbunden; die Hinterzehe deutlich entwickelt und größer als bisher.

1. Totanus melanoleucus.

Scolopax melanoleuca *Gmel. Linn.* Nat. I. 659. — *Lath.* Ind. orn. II.
723. 28.
Totanus melanoleucus *Licht.* Doubl. d. zool. Mus. 73. 750. — *v. Tschudi*
Fn. per. Orn. 52. 3. — *Schomb.* Reise brit. Guyana III. 757. 391. —
Darwin, Zool. of the Beagl. Birds III. 130.
Totanus solitarius *Vieill.* Enc. méth. orn. 1105.
Totanus maculatus *Pr. Wied.* Beitr. IV. 727. 2.
Chorlito rabadilla blanca *Azara* Apunt. III. 305. no. 394.

Rückengefieder graubraun, Federn weiß gerandet, Brust grau gestreift,
Kehle und Bauch weiß; Schwanz weiß, schmal graubraun quergestreift; Beine
braungelb. —

Gestalt und Größe wie Totanus Glottis. der Schnabel grader, die
Beine noch länger, die Schwanzdecken kürzer. — Schnabel ziemlich stark,
die vordere von Horn bekleidete Partie etwas aufgebogen, in der Art wie
bei Strepsilas, aber die Spitze des Oberkiefers länger und hakig überge=
bogen; übrigens schwarzbraun gefärbt, mit gelblicher Basis besonders am
Unterkiefer. Rückengefieder bräunlichgrau, die Federn alle breit weiß ge=
säumt, die Spitze selbst aber nicht; die großen Deckfedern, hintersten Achsel=
federn und letzten Armschwingen außerdem weiß getüpfelt am Rande, mit

davon ausgehenden dunkleren Querbinden nach innen; innere Flügeldeck=
federn weißlich, mit Vförmiger, braungrauer Zeichnung, die nach dem
Rumpf hin feiner quergewellt; Schwingen graubraun, mit feinem blassem
Endrande, unten und an der Innenfahne ins Weißliche übergehend.
Schwanzfedern weiß, schmal graubraun quergebändert. Kehle ganz weiß,
Brust und Hals braungrau fein gestreift; Bauch, Steiß, Unterschenkel und
untere Schwanzdecken rein weiß. Beine hell gelblichbraun, in der Jugend
blasser braungelb. —

Ganze Länge 14″, Schnabelfirste 2″ 2‴, Flügel 7½″, Schwanz
2″ 8‴, nackte Unterschenkelstrecke 1″ 6‴, Lauf 2″ 7‴, Mittelzehe 1″ 5‴.

Gleich der folgenden Art über ganz Süd=Amerika verbreitet, an offe=
nen Uferstellen auf dem Kies herumlaufend, aber gewöhnlich nur einzeln
sichtbar. —

Anm. Totanus maculatus *Pr. Wied*, den v. Tschudi mit Tringa macularia *Wils.* Am. orn. II. 350. pl. 59. f. 1. verbinden will (Fn. per. Orn. 51.
11. 1.), ist beinahe doppelt so groß, also gewiß ein anderer Vogel. Die Tr.
macularia gehört zu Actitis *Boje* und kommt, wie G. R. Lichtenstein angiebt,
(Doubl. 74. 757) bis nach Brasilien, südwärts aber nicht mehr bis in die von
mir bereisten Gegenden. Sie ist von der Größe der dritten Art (8″), oben
bräunlich schiefergrau, schwarz quer gebändert, unten weiß, mit großen schwar=
zen Flecken. Der Schnabel vorn braun, hinten rothgelb, wie die Beine.

2. Totanus flavipes.

Scolopax flavipes *Gmel. Linn.* S. Nat. I. 2. 659. — *Lath.* Ind. orn. II.
723. 29.
Totanus flavipes *Pr. Wied.* Beitr. IV. 723. 1. — *Lichtenst.* Doubl. d. zool.
Mus. 75. 754. obs. — *Vigors* zool. Journ. III. 448. — *Schomb.* Reise
britt. Guyan. III. 757. 390. — *v. Tschudi* Fn. per. Orn. 51. 12. 2. —
Darwin, Zool. of the Beagle III. 1129.
Tringa flavipes *Wilson* Am. Orn. II. 346. pl. 58. f. 4.
Chorlito pardo picado de blanco et Ch. p. mayor *Azara* Apunt. III. 308. no.
396. (alt) und 314. no. 399. (jung).

Rückengefieder schiefergrau, schwarzgrau und weiß gefleckt; untere Flügel=
decken und Schwanzfedern weiß und schwarz gebändert; Brust grau, Bauch und
Kehle weiß; Beine gelb. —

Gleicht im Ansehn unserem Totanus stagnatilis. Schnabel schwarz,
Iris schwarzbraun, Gefieder am ganzen Rücken, der Brust, dem Oberkopfe
und dem Nacken bräunlich schiefergrau; Kopf, Hals und Brust fein dunkler
querstreifig marmorirt; Backen und Halsseiten feiner längsstreifig gefleckt,
der Grund weiß, wie die Kehle, der Vorderhals, die Unterbrust, der Bauch
und der Steiß. Vom Schnabelgrunde nach dem oberen Augenrande hin
ein weißer Streif. Rücken= und Flügeldeckgefieder mit feinen weißlichen
Randpunkten an den Federn, die nach innen dunkler schwarzgrau gesäumt

Burmeister system. Ueberf. III. 24

und in Querwellen ausgezogen find; befonders deutlich die hinterften gro=
ßen Achselfedern und letzten Armschwingen fo gezeichnet. Schwingen fchwarz=
grau, die mittleren fein weiß gerandet. Untere Flügeldeckfedern bräunlich
fchiefergrau; die unteren Rumpffedern weißlich und grau gebändert, ebenfo
die Schwanzfedern, aber die mittelften mehr wie die Schwanzdecken gefärbt,
graulich mit dunkleren Binden. Beine blaßgelb, Nägel fchwarz.

Das Weibchen hat einen mehr bräunlichen, das Männchen einen
fchwärzlicheren Grundton und letzteres fchärfere Zeichnungen; am jungen
Vogel fehlt die weiße Flecken=Zeichnung mehr, daher er dunkler und weniger
getüpfelt ausfieht; auch find die weißen Binden unter den Flügeln und am
Schwanz breiter.

Ganze Länge 10—11″, Schnabelfirfte 1¼—1⅓″, Flügel 4½″,
Schwanz 2½″, Lauf 1″ 8‴, Mittelzehe 1″.

Ueberall durch ganz Süd=Amerika verbreitet, an Teichen, Flüffen,
Seen und am Meeresufer, an offenen, von Schilf und Gebüfch entblößten
fandigen Stellen; fo namentlich bei Neu=Freiburg, öfters ganz nahe dem
Haufe, worin ich wohnte, beobachtet. —

Totanus caligatus.

Lichtenstein Doubl. d. zool. Mus. 74. 756.
Totanus punctatus *Vieill.* Enc. méth. Orn. 1104.
Tringa macroptera *Spix* Av. Bras. II. 76. 1. tb. 93.
Chorlito pardo menor, *Azara* Apunt. III. 315. 400.

Rückengefieder braungrau, die Federn am Rande weiß getüpfelt; Zügel=
ftreif, Kehle, Bauch und Steiß weiß; Schwanz grau und weiß gebändert. Lauf=
fohle getäfelt. —

Rückengefieder rauchgrau, die Zügel weiß getüpfelt, darüber ein wei=
ßer Streif vom Schnabelgrunde bis zum oberen Augenrande; Nacken,
Rücken und Flügeldeckfedern mit weißlichen Seitenrändern, welche den
größeren Federn ein getüpfeltes, nach innen dunkler gebändertes Anfehn
geben. Schwingen graubraun, unten weißlich, nach der Innenfahne
zu lichter rauchgrau; untere Flügeldeckfedern und Rumpffeite regelmäßig
fchwarzgrau und weiß quer gebändert, die am Rande fchmäler und zuletzt
ganz grau. Zwei mittelfte Schwanzfedern graubraun, wie der Unterrücken,
die feitlichen weiß und fchwarz gebändert. Kehle, Bauch und Steiß weiß,
die Bruft dicht braungrau geftreift. Schnabel fchwarz, Iris braun, Beine
gelb. Der Lauf mit Tafelfchildern bekleidet, deren Gränze fich verwifcht und
z. Th. ganz verfchwindet. —

Ganze Länge 7¾—8″, Schnabel 1″ 3‴, Flügel 5″, Schwanz 1¾″, Lauf 1″ 5‴. —

Im südlichen Brasilien, an ähnlichen Orten wie die vorigen Arten.

Anm. Die Art steht dem Totanus solitarius *Wils.* Am. Orn. II. 344. pl. 58. f. 3. nahe, ist aber ein wenig größer, die Beine sind heller gefärbt, der Rücken etwas stärker weiß getüpfelt, der Lauf schmäler geschient.

3. Scolopacinae.

Schnabel am Ende nicht scharf zugespitzt, sondern etwas kuppig abgesetzt, bis zur Spitze von dem häutigen Ueberzuge bedeckt, und bloß am Rande der flachen Kuppe hornig; der Knochen fein porös, zum Durchtritt der Nerväste unter die Haut; daher die Schnabel= spitze im Tode getüpfelt aussieht und im Leben einen empfindlichen Tastapparat bildet zum Aufsuchen der Nahrung im Boden und Sumpf. Flügelschnitt der vorigen; die Beine etwas fleischiger, die nackte Strecke des Unterschenkels sehr verkürzt, die Hinterzehe gewöhnlich vorhanden und dann ziemlich entwickelt. — Leben theils am Meeres= gestade, theils im Binnenlande an Weilern, Seen, in Sümpfen und Gebüschen. —

7. Gatt. Calidris *Illig.*

Schnabel ziemlich dick, grade, nur etwas länger als der Kopf, die Kuppe am Ende deutlich abgesetzt, länglich oval gestaltet. Flü= gel ruhend viel länger als der Schwanz, die erste Schwinge die längste; Schwanz etwas ausgeschnitten, die mittleren Federn kleiner und kürzer. Beine ziemlich kurz, besonders die nackte Strecke des Unterschenkels, der Lauf vorn mit kurzen Halbgürteln bekleidet; die Zehen fleischig aber nicht plump gebaut, ohne Spannhaut am Grunde; die Hinterzehe nicht vorhanden. —

Calidris arenaria *Illig.*

Temm. Man. d'Orn. II. 524. — *Wils.* Am. Orn. II. 359. th. 59. f. 4. — *Pr. Max z. Wied* Beitr. IV. 750. 1. — *Lichtenst.* Doubl. 72. 740. — *Schomb.* Reise III. 758. 396.
Tringa arenaria *Linn.* S. Nat. I. 251. 16.
Charadrius calidris *Linn.* ibid. 255. 9. — *Lath.* Ind. orn. II. 741. 4.
Arenaria grisea *Bechst.*
Tringa tridactyla *Pall.*
Charadrius rubidus *Gmel.*

24*

Rückengefieder grau, die Federn weiß gerandet; Kehle, Brust, Bauch und Steiß weiß; Schwingen schwarzbraun, die Basis weiß.

Sommerkleid kräftiger schwärzer gefärbt; die großen Achselfedern rostgelb gesäumt und gefleckt, mit weißlicher Spitze; Brust und Bauchseiten rostgelb angelaufen.

Ein kleiner etwas gedrungener Vogel, dessen Körperbau an den von Strepsilas erinnert, aber der Schnabel durchaus wie bei Tringa, nur etwas kräftiger. Gefieder im Winterkleide am Rücken hellgrau, die Schäfte dunkler braungrau, die Säume der Federn weiß; welche Farbe an der Stirn, der Kehle, dem Vorderhalse und der ganzen Unterseite bis zum Steiß völlig rein auftritt. Die großen Flügeldeckfedern braungrau, mit breiter weißer Spitze und feinem weißen Rande; die Schwingen schieferschwarz, innen und an der Basis weiß; die Schwanzfedern obenauf grau, gegen die Spitze hin dunkler, am Ende weiß gerandet; die Basis und die untere Seite weiß; die oberen Schwanzdecken aschgrau. — Beine bräunlichgelb, im höheren Alter wie der Schnabel schwarz; die Iris braun. —

Der junge Vogel hat am ganzen Rücken einen viel dunkleren Farbenton, die Kopf= und Halsfedern sind graubraun getüpfelt, die der Seiten des Halses und der Brust grau quer gewellt, die Rückenfedern schwarzbraun, weißlich gesäumt, und in der Tiefe zu beiden Seiten rostgelb gefleckt, welche Flecken besonders an den langen Achselfedern und mittleren Rückenfedern sich bemerklich machen. Bürzel und Schwanz obenauf viel brauner als am alten Vogel; Beine heller blaßgelbbraun, Schnabel etwas dicker und mehr gleich breit nach vorn gebaut, weil die Kuppe sich noch nicht so entwickelt hat.

Im Sommerkleide hat besonders das Männchen viel rostgelb im Gefieder, die Oberkopf= und Nackenfedern sind braun gefleckt, die schwarzen Rücken= und Achselfedern gelb gesäumt mit weißer Spitze und rostgelben Seiten in der Querbinden=Tiefe; die Brust und die Bauchseiten sind rostgelbroth überlaufen, schwarz gefleckt. —

Ganze Länge 8″, Schnabelfirste 1″, Flügel 5″, Schwanz 1¾″, Lauf 1″ 1‴. —

Im mittleren Brasilien am Seegestade, wo er gern auf den so eben bei der Ebbe entblößten Strecken herumläuft und Nahrung sucht; daselbst häufig und, wie alle kleinern Schnepfenvögel, Masarico von den Brasilianern genannt. —

Anm. G. R. Lichtenstein meint (Doubl. l. l.), daß der von Azara als Chorlito pies roxos beschriebene Vogel (Apunt. III. 318. no. 702.) diesen unsern Sonderling vorstelle; aber der alte genaue Beobachter hätte schwerlich die fehlende Hinterzehe vergessen, wenn sein Vogel daran Mangel gelitten; — ich bezweifle darum die Richtigkeit der Deutung. Vieillot hat auf Azaras Vogel seinen Totanus nigellus gegründet (Enc. méth. Orn. 1103.).

8. Gatt. Tringa *Linn.*

Schnabel etwas schlanker und schmäler, auch nach Verhältniß länger, übrigens wie bei der vorigen Gattung; der Tastapparat bei beiden schwach und wenig entwickelt. Gefieder grau, seltner rostgelb, dunkler gefleckt und heller gesäumt. Flügel so lang wie der Schwanz oder etwas länger. Schwanz stumpf, die 2 mittelsten Federn verlängert, zugespitzt. Beine ziemlich hoch, der Lauf vorn mit kurzen zarten Halbgürteln; die drei Vorderzehen nur ganz am Grunde leicht ge= heftet, die Hinterzehe zwar vorhanden, aber klein und so hoch angesetzt, daß sie den Boden kaum berührt. —

Anm. Von dieser Gattung kommen in Brasilien vier Arten vor, allein nur eine derselben ist mir aufgestoßen, weil sie alle am Meeresgestade leben, wohin ich nicht kam. Da mir auch keine sicheren brasilianischen Exemplare zu Gebote stehen, so muß ich mich hierbei ganz auf die Angaben meiner Vorgänger stützen. —

1. Tringa Canutus *Linn.*

Linn. S. Nat. I. 251. 15. — *Lath.* Ind. orn. II. 738. 44. — *Naumann,* Naturg. d. Vög. Dtschl. Taf. 182.
Tringa islandica *Gmel. Linn.* S. Nat. I. 682. — *Lath.* Ind. orn. II. 737. 39.
Tringa cinerea *Brünn* no. 179. — *Lath.* Ind. orn. 733. 25. — *Temm.* Man. d'Orn. II. 627. — *Pr. Max z. Wied* Beitr. IV. 735. 1. — *Wils.* Am. Orn. 7. pl. 52. f. 2.
Tringa rufa *Wilson* ibid. mas.

Rückengefieder grau, die Federn lichter gerandet, der Schaft schwärz= lich; vom Schnabel zum Auge ein weißlicher Streif; Kehle und Hals weiß, grau gestreift, Brust weiß, mit grauen Bogenstrichen; Bauch und Steiß weiß; Bauchseiten und Unterrücken weiß, mit grauen zackigen Querlinien. Große Flügeldeckfedern und Schwingen schieferschwarz, die ersteren mit wei= ßer Spitze, die letzteren am Rande nach unten weiß. Schwanzfedern hell= grau, unten weiß. Schnabel und Beine schwarz. —

Männchen im Hochzeitskleide am Rücken viel dunkler und brauner, als das Weibchen; die Achsel= und Rückenfedern fast schwarz, mit blaßgel= ben Randflecken und feinen weißen Rändern; die ganze Unterseite von der Kehle bis zum Steiß rostroth.

Junger Vogel mit einer deutlichen schwarzen feinen Randlinie auf jeder Rücken= und Flügeldeckfeder vor dem weißen, schärfer abgesetzten Rande; die Bauchseiten beim männlichen Vogel rostgelb überlaufen. —

Ganze Länge 10″, Schnabelfirste 15‴, Flügel 5″, Schwanz 2″, Lauf 14‴. —

Am Meeresstrande des ganzen Brasilianischen Küstenrandes. —

2. Tringa dorsalis *Licht.*

Meyen Reise III. Nov. act. phys. med. Soc. Caes. Leop. Carol. Nat. Cur.
XVI. Suppl.
Tringa melanotos *Vieill.* Enc. méth. Orn. 1089.
Chorlito lomo negro *Azara* Apunt. III. 317. no. 401.

Rückengefieder schwarzbraungrau, Oberkopf mit rostgelbem Fleck am
Ende der Federn; die Nacken-, Rücken- und Flügeldeckfedern sehr dunkel
gefärbt, matt weiß gerandet, die großen Achsel- und hintersten Armfedern
an den Seiten gelb gefleckt. Unterrücken und Bürzel schieferschwarz, die
Ränder der Federn rostgelb. Schwingen und große Flügeldeckfedern dunkel
schwarzbraun, die letzteren matt weiß gesäumt an der Spitze; Schwanzfedern
heller braungrau, weiß gesäumt, unten und die seitlichen Federn ganz weiß.
Vom Schnabel geht über dem Auge ein weißlicher Streif bis zum Hinterkopf; Kehle, Brust, Bauch und Steiß weiß, die Federn auf der Brust mit
schwarzgrauem Schaftstreif. Schnabel schwarz, Beine gelblich graugrün.
Ganze Länge 8″, Schnabel 13‴, Flügel 5″, Schwanz 2″, Lauf
1″ 3‴. —
Süd-Brasilien, Montevideo, Chili.

3. Tringa campestris.

Lichtenst. Doubl. d. zool. Mus. 74. 764.
Tringa fuscicollis *Vieill.* Enc. méth. Orn. 1088. — *v. Tschudi* Fn. per. Orn.
51. 10. 1.
Tringa minutilla *Pr. Wied* Beitr. IV. 736.
Tringa pectoralis *Say. Bonap.*
Chorlito pestorejo pardo, *Azara* Apunt. III. 322. 404.

Rückengefieder rauchgrau, Kopf und Hals lichter, hellgrau, jede Feder
mit dunklerem Schaftstreif. Rückenfedern im Jugend- und Winterkleide einfarbig dunkel aschgrau, die Schaftgegend etwas dunkler; im Sommerkleide
schwarzbraun, die Rückenfedern mit rostgelbem, die kleinen Flügeldeckfedern
mit weißlichem scharf abgesetztem Saume. Schwingen schwarzgrau, die
Schäfte und die Innenseite weiß; große Flügeldeckfedern feiner weiß gerandet. Mittlere Schwanzfedern oben braungrau, unten weiß, die seitlichen ganz weiß. Ein Streif vom Schnabel zum oberen Augenrande und
die Kehle weiß; die Brust weißlich mit braungrauen Schaftstreifen; der
Bauch und der Steiß weiß. Schnabel schwarz, Iris braun, Beine in der
Jugend gelblichbraun, im Alter ebenfalls schwarzbraun. —
Ganze Länge 7″, Schnabelfirste 1″, Flügel 4″, Schwanz 1½″,
Lauf 13‴. —

Ich erhielt ein Individuum von dieser Art in der Mauser durch Herrn
Besoke, weiß aber nicht anzugeben, wo es erlegt wurde; der Prinz zu
Wied fand den Vogel in Menge am Seegestade. —

4. Tringa nana *Licht.*

Nomencl. Av. Mus. berol. 92.
Tringa minutilla *Vieill.* N. Dict. d'hist. nat. Tm. 34. 466.

Noch kleiner als die vorige Art, 5½ — 6″ lang, in Zeichnung und
Färbung mit ihr übereinstimmend, und mir nicht näher bekannt. —

Anm. 1. In der Fu. per. Orn. 51. 10. 1. vereinigt v. Tschudi diese
Art mit der vorigen; ich habe darüber kein Urtheil, weil ich sie nicht kenne.

2. Als mir gleichfalls unbekannte, angeblich in Brasilien gefundene Vögel,
welche sich systematisch zwischen Tringa und Scolopax stellen, kann ich hier noch
namhaft machen:

Ereunetes semipalmatus *Ill. Licht.* Nom. Av. 92. — Tringa semipalmata *Wils.* Am. Orn. III. 32. pl. 63. f. 4. — Heteropoda semipalmata *Natt.* —
Schomb. Reise III. 758. 395. — Tringa brevirostris *Spix* Aves Bras. II. 76. 2.
tb. 93. — Vom Ansehn unserer Tringa minuta, aber der Schnabel kürzer, hinten
höher, vorn niedriger, flacher und etwas mit der Kuppe herabgebogen. Rückengefieder bräunlich schiefergrau, die Federn im Jugendkleide heller gesäumt, im
Sommerkleide mit mehr rostgelblichen Rändern; am Zügel bis zum Auge blasser
gefärbt. Kehle, Backen, Vorderhals und ganze Unterseite weiß; Schnabel schwarz,
kaum so lang wie der Kopf; Beine schwarzbraun, die Vorderzehen durch halbe
Schwimmhaut verbunden. — Länge 5″, Schnabel 10‴, Flügel 4″, Schwanz
1¼″, Lauf 14‴. —

Limicola brevirostris *Licht.* Nom. Av. Mus. berol. 92. — Numenius
brevirostris *Temm.* pl. col. 381. — Tringa campestris *Vieill.* Enc. méth. Orn.
1087. — Chorlito campesino *Azara* Apunt. III. 310. no. 397. Schnabel etwas
länger als der Kopf, von der Mitte an sanft gebogen, am Ende beträchtlich
erweitert, und flach gedrückt; Unterkiefer am Grunde gelblich. Gefieder röthlich gelbgrau; der Oberkopf, der Rücken nebst den Flügeln braun, die Federn
blasser gesäumt; am Auge ein weißlicher Streif, Kehle weiß; Hals und Oberbrust braun gestreift, Mittelbrust und Bauchseiten mit braunen Vförmigen Querlinien; Schwanzfedern schwarz gebändert, Beine schwarz. Länge 11″. — Lebt
auf Wiesen und Triften und nicht in der Nähe der Flüsse, im Binnenlande.

Numenius brasiliensis *Pr. Max z. Wied* Beitr. IV. 708. 1. — Numenius melanopus *Vieill.* Enc. méth. Orn. 1156. — *Id.* N. Dict. d'hist. nat.
Tm. 8. 306. — Größe und Färbung wie N. phaeopus. Schnabel viel länger,
schwarz, am Unterkiefer blasser. Rückengefieder graubraun, die Federn
heller gesäumt; Oberkopf mit zwei dunkleren Längsstreifen, die durch einen mittleren röthlichgelben Längsstreif getrennt sind. Vom Zügel durch das Auge zur
Ohrdecke ein brauner Streif, darüber ein hellerer, der vom Schnabelgrunde her-
kommt; Hals und Oberbrust graubraun, breit weißlich gestreift, Kinn und Kehle
weiß, Unterbrust weißlich mit röthlichgrauen Schaftstreifen, die nach unten und
nach den Seiten des Bauches in hufeisenförmige Winkellinien übergehen. Bauch
und Steiß weißer; Schwingen graubraun, die vorderen an der Innenfahne, die
übrigen an beiden Fahnen quergebändert; Schwanz gelbgrau, heller und
dunkler quergebändert; Beine dunkel schwarzgrau. — Länge 16″, Schnabel 4″,
Flügel 8⅓″, Schwanz 3¼″, Lauf 2″. — Am Ufer eines Binnensees. —

9. Gatt. S c o l o p a x *Linn.*

Schnabel sehr lang, völlig grade, am Ende mehr oder weniger erweitert, mit stumpfer Spitze, deutlichem Tastapparate, langer fast bis zur Spitze reichender Nasengrube und kleinem spaltenförmigem Nasenloch unmittelbar am Grunde neben der ziemlich hohen, all= mälig nach hinten emporsteigenden, abgeplattet gewölbten Firste. — Augen groß, weit nach hinten und oben am Schädel zurückgesetzt. Gefieder weich, vorherrschend braun oder braungelb gefärbt; Flügel etwas stumpfer, kürzer als der Schwanz, doch die erste Schwinge auch hier die längste. Beine kurz, besonders die nackte Strecke des Unterschenkels über dem Hacken. Lauf so lang oder selbst kürzer als die Mittelzehe; die Hinterzehe klein, aber vorhanden, die drei Vor= derzehen lang, dünn, bis zum Grunde völlig getrennt. —

1. Scolopax gigantea *Temm.*

Pl. color. 403.

Scolopax lacunosa *Illig. Licht.* Nom. Av. Mus. ber. 93.

Rostgelb bis zum Bauch, dann weißbraun gestreift; braun am Rücken, rost= gelb gesäumt und rostroth gewellt; Schwingen weiß gebändert.

Größer als alle anderen Arten, wohl doppelt so groß wie unsere Waldschnepfe, mit relativ längerem Schnabel, höheren Beinen und mehr wie eine Bruchschnepfe (Sc. major) gebaut. Oberkopf schwarzbraun, mit 3 rostgelbrothen Streifen der Länge nach und einem dunkleren Zügel= streif vom Schnabel zum Auge. Hals und Nacken braun gestreift auf rost= gelbem Grunde, die Streifen ziemlich schmal, wenig erweitert; Brust und Bauchseiten weißlicher im Ton, mit deutlichen schwarzbraunen Kreuzflecken; Bauchmitte und Steiß rein weiß. Rücken, Schulter und obere Flügeldeck= federn schwarzbraun, breit rostgelb gesäumt, mit rostrother Spitze und rost= rothen Zickzackquerlinien in bedeutenden Abständen von einander. Schwin= gen graubraun, fein weiß gerandet, weißlich gewellt. Schwanzfedern ver= schieden, die seitlichen schmal, fein zugespitzt, weiß und grau quer gebändert; die mittleren rostroth, schwarz gewellt, die beiden mittelsten größtentheils schwarz. Schnabel und Beine dunkelbraun, die Iris schwarzbraun. —

Ganze Länge 15 — 16", Schnabel beinahe 5", Flügel 6 — 7", Schwanz 2¼", Lauf 2½". —

Im Innern Brasiliens, von mir einmal bei Congonhas angetroffen.

Anm. Die in Guyana einheimische, der beschriebenen höchst ähnliche Scolopax paludosa *Gmel. Linn.* S. Nat. I. 2. 661. — *Lath.* Ind. orn. II. 714. — *Buff.* pl. enl. 895., ist gegen ein Viertel kleiner und hat etwas kürzere Beine.

2.   Scolopax frenata *Ill.*

Pr. Max z. Wied Beitr. IV. 712. 1. — *Lichtenst.* Doubl. d. zool. Mus. 75. 770. Note. — *v. Tschudi* Fn. Per. Orn. 52. 1. — *Schomb.* Reise III. 758. 399.
Becasino segunda *Azara* Apunt. III. 275. 388.

Rostgelb bis zum Bauch, dann weiß, braun gestreift; Rücken braun, gelb gesäumt; Schwingen einfarbig graubraun.

Viel kleiner als die vorige Art und kleiner als unsere Sc. major. Oberkopf braun, rostroth getüpfelt; über jedem Auge ein rostgelber Streif bis zum Nacken und der Anfang eines dritten Stirnstreifs vom Schnabel= grunde bis zu den Augen; Zügel breit braun, Hals und Oberbrust rost= gelb, jede Feder mit braunem schmalem Längsstreif. Rücken braun, die Fe= dern blaßgelb gesäumt, die Achselfedern sammetschwarz, mit rostrothen sparsamen Querbinden. Flügeldeckfedern mehr graubraun, und rostgelb= roth gebändert. Schwingen einfarbig graubraun, fein weiß gerandet. Rumpf unten weiß, die Bauchseiten schieferbraungrau quer gebändert. Alle Schwanzfedern obenauf lebhaft rostroth, blasser gesäumt, mit schwarzen Zickzacklinien, die seitlichen kleiner, kürzer, gleich den mittleren zugerundet. Schnabel und Beine gelbbraun, die Spitze des Schnabels und die Iris schwarz. —

Ganze Länge 9—10″, Schnabelfirste 2″ 9‴, Flügel 4″ 3‴, Schwanz 1″ 9‴, Lauf 1″ 3‴, Mittelzehe 1″ 2‴ ohne Kralle. —

Gemein in ganz Brasilien in Sümpfen, an Weilern und Seen im Schilf, wie unsere Sumpfschnepfe; von meinem Sohn bei Lagoa santa erlegt. —

Anm. Azara unterscheidet a. a. O. 271. sub n. 287. eine etwas größere Form, worauf die Scolopax brasiliensis *Swains.* gegründet ist; ich kenne die= selbe nicht näher, um ihre Artrechte unterstützen zu können. Vgl. Zoology of the Beagle. Orn. III. 131.

10. Gatt. Rhynchaea.

Schnabel in der Anlage wie der von Scolopax, aber die vor= dere Hälfte langsam herabgebogen, mit stumpf hakiger Spitze; der Tastapparat nicht so deutlich, die Firste nach hinten nicht so erhöht; das Nasenloch kleiner, kürzer, gegen die Stirn zu von einem auf= geworfenen Rande umgeben; Gefieder gleichfarbiger, am Kopf und

Hals weder gewellt noch deutlich gestreift, vorwiegend braun, Bauch weiß, Flügel und Beine ziemlich ebenso wie bei Scolopax, erstere kürzer als der Schwanz, letztere ebenfalls kurz, aber mit sehr langen dünnen Vorderzehen; die Hinterzehe dagegen sehr klein, kleiner als bei Scolopax.

Rhynchaea Hilaerea *Valenc.*

Valenc. Mus. Paris. Msc. — *Lesson*, Traité d'Orn. 557. — *Id.* Ill. zool. pl. 18. — *v. Tschudi* Fn. Peruana. Orn. 52. 14. 1. — *Darwin* Zool. of the Beagle III. 131.
Rhynchaea semicollaris *Vieill.* Enc. méth. Orn. 1100.
Chorlito golas obscura y blanca, *Azara* Apunt. III. 323. no. 405.

Kopf und Hals braun, Stirn und zwei Streifen auf dem Rücken rostgelb; Achsel= und Flügelfedern quergestreift. Bauchseite weiß.

Wenig größer als eine Becassine und von deren Gestalt; der Schnabel sanft gebogen, gelbbraun, die Spitze röthlicher, die Basis grünlich. Iris schwarz. Kopf, Hals und Rücken braun; Oberkopf schwarz, Augenrand und ein Streif von der Stirn her rostgelb; Kehle weißlich getüpfelt; Seiten des Halses vor den Flügeln mit einem weißen, schwarz gesäumten Halbringe. Rücken und Flügeldeckfedern fein grau und schwarz gewellt, die langen seitlichen Rückenfedern breit rostgelb gesäumt, mit schwarzer Schaft= gegend. Mitten auf dem Flügel einige größere und kleinere weiße Flecken, die hintersten Armschwingen und Achselfedern mit trübem rostgelbem Spitzenfleck; alle anderen Schwingen schwarzgraubraun, an der Außenfahne weiß gefleckt. Unterrücken und Schwanz rostgelbgrau, fein dunkler gewellt; Bauch weiß, die Seiten und der Steiß rostgelb überlaufen. Das ganze Flügelgefieder beim alten Vogel metallisch erzgrün schillernd; die Beine graugrün. —

Ganze Länge 8'', Schnabelfirste 1½'', Flügel 4'', Schwanz 1'' 10''', Lauf 1'' 3''', Mittelzehe 1'' 2'''. —

In Paraguay, Chili und den La Plata=Gegenden in Sümpfen, im Binnenlande, wie unsere Becassine. —

Neunundzwanzigste Familie.

Schilfhühner. Paludicolae.

Eigenthümlich gestaltete Sumpfvögel mit hohem stark seitlich zusammengedrücktem Körper, etwas längerem Halse als die meisten Schnepfen, und mäßig langem, stärkerem, kräftigem Schnabel, der gleichfalls zusammengedrückt, höher als breit und an der vorderen Partie von einer festen Hornscheide bedeckt ist. Die hintere Partie häutig, mit langer Nasengrube und schmalen spaltenförmigen, mehr oder weniger offenen durchgehenden Nasenlöchern. Die Zügel sind gleichmäßig dicht befiedert, wie bei den Schnepfen, das übrige Gefieder aber abweichend in der Zeichnung, die gewöhnlich nicht die bekannten Tüpfel der Schnepfen besitzt. Die Flügel sind ziemlich kurz, mehr abgerundet, als zugespitzt und reichen nicht über den kurzen, weichen und schwachen Schwanz hinab, ja erreichen in der Regel nicht einmal seinen Anfang; die 2—3 ersten Handschwingen stark stufig verkürzt. Der Hauptcharakter der Gruppe liegt im Fuß, dessen Zehen ungemein lang, dünn und z. Th. mit sehr langen Krallen besetzt sind; das gilt auch von der Hinterzehe, die nicht bloß viel größer ist, als bei den Schnepfen, sondern auch in ihrer ganzen Länge den Boden berührt. —

Die Vögel leben in Sümpfen zwischen Schilf und Rohr, laufen gern auf den schwimmenden Schilfmassen, nisten daselbst und nähren sich vorzüglich von Gewürm aller Art, das sie am Schilf und im Grase suchen, aber nicht aus dem Boden holen. —

I. Rallinae.

Schnabel meistens länger als der Kopf, stark, hoch, grade; die Hornscheide nicht kuppig abgesetzt, das Nasenloch eine Längsspalte in der Mitte des häutigen Ueberzuges. Keine nackten Schwielen im Gesicht. Beine hoch, aber die Zehen nicht sehr lang, die Mittelzehe kürzer als der Lauf, die Hinterzehe viel kleiner als die Vorderzehen; alle Zehen frei bis zum Grunde und ohne Hautfalten an den Seiten.

1. Gatt. Aramus *Vieill.*

Schnabel über doppelt ſo lang wie der Kopf, dick, ſtark, aber doch höher als breit, die Firſte gerundet, die Spitze beider Kiefern mit einwärts gebogenem Mundrande, die hintere Hälfte des Mund=randes ſtumpfkantig abſtehend. Naſengrube bis zur Mitte des Schna=bels reichend, darin die Naſenſpalte genau in der Mitte. Hals lang und dünn; Rumpf weniger zuſammengedrückt als bei den meiſten Familiengenoſſen. Flügel über die Baſis des Schwanzes hinabrei=chend, die zwei erſten Schwingen verkürzt, die dritte, vierte und fünfte die längſten; die erſte am Innenrande ausgeſchweift, am Ende der Innenfahne wieder breiter. Schwanz breiter und ſteiffedriger als bei den übrigen Ralliden, aber doch nicht lang, etwas länger als die ruhenden Flügel. Beine hoch, aber auch ſtark; Unterſchnabel und Lauf vorn wie hinten mit kurzen, ſchiefen Halbgürteln bekleidet. Zehen mäßig lang, mit ſcharfen, ſpitzen, wenig gebogenen Krallen.

Aramus scolopaceus.

Vieill. Galer. d. Ois. III. 134. pl. 252. — *Nitzsch.* Pterylogr. 180.
Ardea scolopacea *Gmel. Linn.* S. Nat. I. 2. 647. 87. — *Buff.* pl. enl. 848. —
   Lath. Ind. orn. II. 701. 89.
Rallus gigas *Licht.* Doubl. d. zool. Mus. 79. 815.
Rallus ardeoides *Spix* Av. Bras. II. 72. 1. tb. 91.
Natherodius Guarauna *Wagl.* Syst. Av. 1.   *Pr. Max z. Wied* Reise IV.
   777. 1.
Natherodius scolopaceus *Cab. Schomb.* Reise brit. Guy. III. 759. 401.
Corän *Azara* Apont. III. 202. 366.
Guarauna *Marcgr.* hist. nat. Bras. 204.
Caräo in Braſilien.

Schwarzbraun, Geſicht und Kehle weißlich, Nacken und Halsrücken weiß geflect. —

Ein großer Vogel, beinahe ſo groß wie eine Rohrdommel (Ardea Nycticorax *Linn.*). Schnabel braun, die Baſis des Unterkiefers blaßgelb, was allmälig durch grau, grün in braun nach vorn übergeht. Iris braun. Zügel, Stirn, Backen und Kehle weißgrau, bei jungen Vögeln matter ge=färbt, bei älteren reiner weiß. Oberkopf ſchwarzbraun, in der Jugend mit lichteren Schaftpartien, im Alter faſt ſchwarz. Der ganze übrige Körper einfarbig düſter umbrabraun; die Halsfedern, beſonders die oberen mit weißem Längsſtreif; die Flügeldeckfedern trüb graulich geſäumt; Schwingen und Schwanzfedern am dunkelſten ſchwarzbraun. Beine grünlich grau=ſchwarz. —

Ganze Länge 24″, Schnabelfirste 4″ 3‴, Flügel 12″, Schwanz 4″, Lauf 4″, Mittelzehe 3″ 2‴ ohne Kralle. —

An den Ufern der Seen und großen Flüsse, steht wie ein Reiher im Wasser auf Beute lauernd, schreitet am Ufer oder auf sandigen Untiefen langsam umher und hat ganz das Betragen eines großen Sumpfvogels. Scheint übrigens durch das ganze tropische und wärmere Süd-Amerika verbreitet zu sein. —

2. Gatt. Rallus *Linn.*

Schnabel fast ganz wie bei Aramus, nur etwas kürzer; übrigens mit abgerundeter Firste, eingebogenen Mundrändern, langer bis über die Mitte hinabreichender Nasengrube, deren unterer Rand leistenartig neben dem Mundrande vortritt, und ziemlich deutlich abgesetztem, aber stumpfem Kinnwinkel. Gefieder mit dunkleren Schaftstreifen am Rücken und Querwellen an den Bauchseiten; weich, weniger großfedrig als bei der nachfolgenden Gattung; die Flügel kurz, die Schwingen breit, einwärts gebogen, die dritte die längste. Der Schwanz sehr kurz und weich, die Beine ebenfalls kurz, besonders die Strecke des Unterschenkels über dem Hacken; der Lauf ziemlich stark, wenig zusammengedrückt; die Zehen lang, die mittlere dem Lauf an Länge gleich, die hintere nicht grade sehr lang. —

Anm. Die Bestimmung der Gattungen Rallus, Crex und Gallinula hat seine Schwierigkeiten, wenn man bloß nach der Form des Schnabels geht; ich ziehe hier nur die Arten zu Rallus, welche den langen Schnabel und das schaftstreifige Gefieder unseres Rallus aquaticus besitzen und beschränke die Gattung Gallinula bloß auf die Arten mit Hautfalten an den Zehen; dann bleiben die kurzschnäbligen Crex-Arten mit Schaftstreifen und die einfarbigen langschnäbligen Serracuren übrig und bilden jede für sich eine Gattung, welche letztere den Namen Aramides erhalten kann.

1. Rallus longirostris.

Gmel. Linn. S. Nat. I. 2. 718. — *Buff.* pl. enl. 849. — *Lath.* Ind. orn. 759. 17.

Rückengefieder olivenbraun mit dunkleren Schaftstreifen; Vorderhals und Brust rostgelbroth; Bauch und Steiß weiß und grau quer gebändert.

Wohl dreimal so groß wie unsere Wasserralle (Rallus aquaticus), doch ihm in Zeichnung ähnlich. Schnabel dick, stark, etwa anderthalbmal so lang wie der Kopf; braungelb, die Firste dunkler, die Spitze weißlich horngrau. Oberkopf, Nacken, Rücken, Flügel und Schwanz olivenbraun, vom Nacken an jede Feder mit deutlichem schwarzbraunem Schaftstreif; Schwingen und

Schwanzfedern einfarbig braun. Kehle weißlich, Vorderhals und Brust rostgelbroth mit grau gemengt; Bauchseiten, Steiß, Aftergegend und Unter=schenkel grau und weiß quer gebändert, an den Seiten am deutlichsten; die unteren Schwanzdecken außen ganz weiß. Beine fleischrothgelb. —

Ganze Länge 12—13″, Schnabelfirste 2″, Flügel 5½″, Schwanz 2″, Lauf 1″ 10‴, Mittelzehe 1″ 9‴ ohne die Kralle. —

Aus der Gegend von Bahia, durch einen dortigen Sammler mir di=rekt übersendet; außerdem über Guyana verbreitet; — lebt im dichten Schilf versteckt und entzieht sich leicht den Nachstellungen der Jäger. —

Anm. Rallus crepitans aut. Lath. Ind. orn. II. 756. 2. ist dieser Art ähnlich, aber etwas größer, angeblich 16″ lang und mir unbekannt. —

2. Rallus variegatus.

Gmel. Linn. S. Nat. I. 718. 26. — Buff. pl. enl. 775. — Lath. Ind. orn. II. 760. 20.
Rallus maculatus Boddart.
Rallus nivosus Swains. Anim. in Menag.
Juspeado todo Azara Apunt. III. 217. 370.

Rückengefieder braun, die Federn weißlich gerandet; Unterseite grau, weiß quer gebändert. —

Etwas kleiner als die vorige Art, der Schnabel feiner, schlanker, hel=ler grünlich gefärbt, mit dunklerer Firste. Gefieder am Rücken vorherr=schend schwarzbraun; die Kopf= und Halsfedern grauer, mit weißem Spitzen=fleck; die des Rückens und der Flügel am Schaft sammetschwarz, daneben braun, weißlich gesäumt. Kehle ganz weiß. Vorderhals und Brust schiefer=grau, jede Feder weiß gesäumt und weiß gefleckt auf der Mitte; Brust, Bauch, Steiß und Unterschenkel regelmäßiger grau und weiß gebändert. Schwingen braun. Schwanzfedern schwärzlich. Beine fleischroth.

Ganze Länge 10—11″, Schnabelfirste 1⅔″, Flügel 5″, Schwanz 1½″, Lauf beinahe 2″, Mittelzehe 1″ 8‴.

Im Innern Süd=Amerikas, lebt, gleich der vorigen Art, im Schilf versteckt und läßt sich selten sehen; wahrscheinlich durch das ganze tropische Gebiet von Paraguay bis nach Guyana verbreitet. —

3. Gatt. Aramides Pucher.
Ortygarchus Caban.

Schnabelbildung etwas verschieden, bald etwas länger, bald kürzer als bei der vorigen Gattung, mehr seitlich zusammengedrückt, daher der Mundrand weniger eingezogen und die Spitze niedriger, sanfter abfallend. Nasenloch eine Längsspalte mitten in der Nasen=

grube. Gefieder einfarbig, ohne Schaftstreifen und Querwellen; die hintere Bauch=, Steiß= und Aftergegend stets mehr oder minder rein schwarz gefärbt. Flügel etwas länger, bis auf die Mitte des Schwan= zes reichend, die dritte und vierte Schwinge auch hier die längsten. Beine etwas höher, der Lauf dünner, mehr zusammengedrückt; die Zehen aber nicht länger, daher die Mittelzehe stets kürzer als der Lauf; alle Zehen ohne seitliche Hautfalten, welche überhaupt den Ralliden fehlen; die Krallen ziemlich lang, scharf, mäßig gebogen. Schnabel stets grün gefärbt, die Beine meistens fleischroth. —

Anm. Bisher stellte man diese Vögel theils zu Rallus, theils zu Gallinula; von ersteren haben sie die Körperform mit dem Fußbau, von letzteren das Ge= fieder. Sie nisten im Schilf und legen blaß rostgelbe, zerstreut braun gefleckte Eier. Die Brasilianer nennen diese Vögel Serracura.

1.   Aramides gigas.

Gallinula Gigas *Spix* Av. Bras. II. 75.   tab. 99.

Rückengefieder olivengrün, Oberhals rothbraun; Oberkopf, Hals, Brust und Unterschenkel grau, Bauch rostroth, Steiß und Schwanz schieferschwarz; Schwin= gen rostroth. —

Größer als alle übrigen Arten, etwa so groß wie eine kleine Henne, aber Hals und Beine länger. Schnabel gelbgrün, die Hornspitze graulicher. Gefieder am Kopfe, Vorderhalse, der Brust und den Schenkeln schiefergrau, Hinterkopf und Oberhals rothbraun, allmälig in olivengrün übergehend, welche Farbe den Rücken und die Flügeldeckfedern beherrscht; Schwingen lebhaft rostroth, ebenso doch etwas trüber die Unterbrust und die Bauch= seiten; Unterbauch, Steiß, Aftergegend und Schwanz schwarz. Beine fleischroth. —

Ganze Länge 18″, Schnabelfirste 2″ 9‴, Flügel 10″, Schwanz 3″, Lauf 3″. —

In den Sümpfen des Innern von Brasilien, besonders in Minas geraes, an Bächen mit viel Schilf und stehenden Gewässern im oder am Walde; läßt einen eigenthümlichen Ruf hören, wie alle Serracuren, welcher den Vogel schon von ferne verräth und den man besonders Morgens und Abends vernimmt. Uebrigens scheu, vorsichtig und schwer zu schießen. Ich sah den Vogel lebend in der Gefangenschaft in Rio de Janeiro. —

2.   Aramides plumbeus.

Vieill. N. Dict. d'hist. nat. XIX. 404. — Enc. méth. Orn. I. 344. 12.
Gallinula plumbea *Pr. Wied* Beitr. IV. 795. 1. — *v. Tschudi* Fn. per. Orn. 52.
Gallinula Serracura *Spix* Av. Bras. II. 73. u. ib. 98.
Chiricote aplomado *Azara* Apunt. III. 216. no. 369.

Rücken olivengrün, Oberhals und Nacken rothbraun, Scheitel dunkelgrau, Kehle weiß, Hals und Brust bis zu den Unterschenkeln grau, Steiß und Schwanz schwarz. —

Der vorigen Art sehr ähnlich, aber kleiner. Schnabel hellgrün, die Spitze blasser. Iris blutroth. Stirn, Zügel und Oberkopf schiefergrau; Nacken und Oberhals bis zum Rücken rostroth; Rücken und äußere Flügel= deckfedern olivenbraungrau; innere Flügeldeckfedern rostroth und schiefer= schwarz quer gebändert. Schwingen braun, an der Innenfahne besonders nach unten rostroth. Kehle weißlich; Vorderhals, Brust, Oberbauch und Unterschnabel bleigrau; Unterbauch, After, Steiß und Schwanz schwarz. Beine fleischroth. —

Ganze Länge an 13—14″, Schnabelfirste 2″, Flügel 7″, Schwanz 2″, Lauf 3″, Mittelzehe 2″.

An ähnlichen Orten, wie die vorige Art, aber mehr im Waldgebiet der Küstenregion; hält sich im Schilf versteckt, läuft aber auch gern im Ge= büsch und auf den Waldungen umher, woselbst ich den Vogel öfters bei Neu=Freiburg getroffen habe. Ich erhielt daselbst auch 2 Eier desselben, die ich in *Cab. Journ. f. Ornith.* I. S. 176. aus Versehen als die von Rallus nigricans beschrieben habe; es gehört hierher, zu Aramides plumbeus. Seine Form ist kugeliger, als die unserer Wasserhühner, doch die Farbe und Zeichnung sehr ähnlich; röthlich gelbweiß, mit rostbraunen Punkten und zerstreuten Flecken.

3.　Aramides cayennensis.

Fulica cayennensis *Gmel. Linn.* S. Nat. I. 2. 700. 12. — *Buff.* pl. enl. 352.
Gallinula cayennensis *Lath.* Ind. orn. II. 767. 3. — *Pr. Max* Beitr. IV. 798. 2.
Gallinula ruficollis Var. *Swains.* Zool. III. III. pl. 173.
Gallinula ruficeps *Spix* Av. Bras. II. 74. 2. tb. 96.
Ortygarchus cayennensis *Cabau. Schomb.* Reise III. 759. 402.

Hinterkopf braun, Kopf und Hals bleigrau, Rücken olivenbraun, Brust und Schwingen rostroth, Bauch, Steiß und Schwanz schwarz.

Wieder etwas kleiner als die vorige Art, aber nicht viel. — Schnabel völlig ebenso gestaltet, ziemlich hoch, gelbgrün, die Hornspitze weißlich. Iris blutroth. Stirn, Oberkopf und der Hals hell schiefergrau, bläulich blei= grauer; Kehle weiß, Hinterkopf braun. Rücken und Flügeldeckfedern bräun= lich olivengrün, die inneren Flügeldeckfedern schwarz und rostroth quer ge= bändert, die Schwingen ganz rostroth, wie die Brust und die Bauchseiten; Bauchmitte, Aftergegend, Steiß und Schwanz schwarz; Unterschnabel asch= grau; Beine fleischroth. —

Ganze Länge 12—13″, Schnabelfirste 1″ 10‴, Flügel 7″, Schwanz 2″, Lauf 2″ 8‴, Mittelzehe 1″ 10‴ ohne Kralle. —

In den Wäldern und bewaldeten Sümpfen des mittleren Brasiliens, wie es scheint, besonders durch die inneren Gegenden verbreitet; ich erhielt den Vogel zweimal lebend in Lagoa santa, aber weder bei Neu=Freiburg, noch bei Rio de Janeiro, wo Spix ihn gefunden haben will. Der Prinz zu Wied erlegte seine Exemplare am Rio Espirito Santo. —

Anm. Sehr ähnlich ist der eben beschriebenen Art die weiter nordwärts bis nach Guyana, besonders am Meeresgestade in den Manglegebilschen einheimische Art:

4. Aramides Mangle, Gallinula Mangle *Spix* Av. Bras. II. 74. 3. tb. 97. — Ortygarchus Mongle *Caban.* *Schomb.* Reise III. 760. 403. — Aramides Chiricote *Vieill.* Enc. méth. orn. 1061. Chiricote *Azara* Apunt. III. 214. n. 368. — Kopf, Hals, Brust, Bauch und Handschwingen lebhaft rostroth; Kinn und Kehle weiß; Nacken bis zum Oberrücken blaugrau; Rücken, Flügeldeckfedern und Arm= schwingen grünlich olivenbraun; untere Flügeldeckfedern schwarz und weiß quer gebändert; Bauch, Steiß und Schwanz schwarz, Unterschenkel aschgrau. Ganze Länge 13″. —

Aramides nigricans.

Vieillot, Encycl. méth. Orn. 1067. — N. Dict. d'hist. nat. Tm. 28. 560. Rallus immaculatus *Licht.* Douhl. etc. 79. 816. Rallus nigricans *Pr. Wied* Beitr. IV. 782. 1. — *v. Tschudi* Fn. per. Orn. 52. 15. 1. Gallinula caesia *Spix* Av. Bras. II 73. 1. tb. 95. Ipecaha obscuro, *Azara* Apunt. III. 219. 371.

Schiefergrau, Kehle weißlich, Rücken und Flügel olivenbraun, Schwanz und Steiß schwarz.

Durch den längeren, schlankeren Schnabel weicht diese Art von der vorigen etwas mehr ab, aber der Bau des Schnabels ist ganz derselbe und keineswegs der von Rallus crex; seine Farbe ebenfalls gelblichgrün mit blasserer Spitze; die Iris blutroth. Gefieder weich, voll; nur die Federn vorn auf der Stirn, besonders die seitlichen, vom Schnabel bis zur oberen Augendecke, haben steife, stehende aber angelegte Schäfte. Farbe schiefer= grau; Kehle, Kinn und untere Backen heller weißlicher; die Mitte des Ober= halses, der Rücken und die Flügeldeckfedern außen bräunlich olivengrün; die Schwingen braun, die unteren Flügeldeckfedern schwärzlich. Vom Bauch an wird der graue Ton schwärzlicher und geht am Steiß in schwarz über; Schwanz ganz schwarz; Beine fleischroth.

Ganze Länge 11—12″, Schnabelfirste 2″, Flügel 5″ 6‴, Schwanz 1″ 8‴, Lauf 2″, Mittelzehe 1″ 9‴. —

Die gemeinste Art der Serracuren, überall in den Wäldern an Bä= chen und im Schilf häufig; läuft viel auf offenen Waldpfaden und kam mir im Urwalde fast täglich zu Gesicht. —

Anm. Mit Unrecht wird diese Art von den meisten Ornithologen zu Rallus gestellt, während man die 3 vorigen Arten zu Gallinula rechnet; die Vögel können nicht getrennt werden.

4. Gatt. Ortygometra *Leach.*

Rallus *aut.*

Schnabel kürzer als der Kopf, nach Verhältniß hoch, stark seit-lich zusammengedrückt, grade, mit sanft abwärts gebogener Firste, grader Spitze, etwas vorspringendem Kinn und kürzerem mehr nach hinten gerücktem Nasenloch; übrigens in der Anlage ganz wie bei der vorigen Gattung. Zügelgefieder z. Th. etwas kleiner, pinsel-förmig, daher die nackte Haut durchscheint. Körpergefieder weich, ziemlich großfedrig, nicht weichlich, einfarbig, oder mit dunkleren Schaftstreifen; Flügel kurz abgerundet, die dritte Schwinge die längste. Schwanz sehr kurz, weich und fast ganz unter den ruhenden Flügeln versteckt. Beine ziemlich hoch, die nackte Strecke des Unterschenkels kurz, der Lauf etwas länger als die Mittelzehe; die Zehen fein, dünn, bis zum Grunde getrennt, mit sehr kleinen, kurzen, schwachen Nägeln.

a. Gefieder einfarbig, ohne Schaftstreifen; Zügel sperrig befiedert.

1. Ortygometra cayennensis.

Rallus cayennensis *Gmel. Linn.* S. Nat. I. 2. 718.   *Buff.* pl. enl. 368. et 753. — *Lath.* Ind. orn. II. 760. 21.
Gallinula pileata *Pr. Wied* Beitr. IV. 802. 3.

Scheitel und Unterseite rostroth, Rückengefieder olivenbraun; Unterschenkel grau. —

Noch etwas kleiner als Ortygometra porzana, besonders die Füße zierlicher. Schnabel horngrau, die Basis des Unterkiefers heller blaugrau. Iris roth. Augengegend und Zügel röthlichgrau, sparsam mit rostrothen Federn bedeckt. Oberkopf, Kinn, Kehle und die ganze Unterseite bis zum Schwanz rostroth; Hinterkopf, Oberhals, Rücken, Flügel und Schwanz olivenbraun, mehr oder weniger grünlich angeflogen; Flügel und Schwanz-federn reiner braun, außen röthlich, innen graulich überlaufen. Beine hell fleischroth. —

Ganze Länge 6″, Schnabelfirste 7‴, Flügel 3″ 4‴, Schwanz 1″, Lauf 16‴, Mittelzehe 13‴ ohne Kralle. —

Im mittleren Brasilien und über Guyana verbreitet, lebt im Walde an Bächen im Schilf und entzieht sich schon wegen seiner Kleinheit leicht den Nachstellungen.

b. Gefieder bunt, mit Schaftstreifen und Querwellen.
Crex auf.

2. Ortygometra albicollis.

Vieill. Enc. méth. Orn. 1069.
Crex mustelina *Licht.* Doubl. d. zool. Mus. 79. 821.　　*Schomb.* Reise III.
760. 405.
Ipecaha aplomado y pardo *Azara* Apunt. III. 226. 374.

Rückengefieder braun, die Schaftgegend schwärzlich, die Ränder der Federn rostgelb; Unterseite bleigrau, Steiß braun und weiß gebändert. —

Schnabel grünlich, Iris karminroth. Rückengefieder, Flügel und Schwanz schwarzbraun, alle Federn bloß röthlich olivenfarben gerandet; der Flügelrand beinahe weiß, die Schwingen schwarzbraun, Kehle weiß; Vorderhals, Brust, Bauch bleigrau; Steiß und untere Schwanzdecken braun und weiß quer gebändert; die unteren Flügeldecken schieferschwarz, weiß gerandet. Beine dunkel fleischroth. —

Ganze Länge 8″, Schnabelfirste 10‴, Flügel 4½″, Schwanz 1½″, Lauf 1″ 7‴. —

Im südlichen Brasilien, von St. Paulo bis Montevideo. —

Ortygometra lateralis.

Crex lateralis *Lichtenst.* Doubl. d. zool. Mus. 79. 822.
Gallinula lateralis *Pr. Max z. Wied* Beitr. IV. 805. 4.
Corethura melanophaea *Gray. Hartl.* syst. Ind. z. Azara S. 24.
Ipecaha pardo obscuro *Azara* Apunt. III. 230. 376.

Rückengefieder olivenbraun; Halsseiten bis zu Brust und Steiß rostroth; Kehle und Bauchmitte weiß. Unterbauch schwarz und weiß gebändert.

Kleiner als die vorige Art. Schnabel grün, die Rückenfirste schwärzlich; Iris zimmtroth. Oberkopf, Nacken, Rücken, Flügel olivenbraun; Unterrücken, Schwanz und Schwingen schwarzbraun; Zügelstreif bis zum Auge, Kinn, Kehle, Brust und Bauchmitte weiß; Halsseiten bis zur Brust hinab und der Bürzel rostroth; Aftergegend und Bauchseiten schwarz und weiß quer gestreift; Steiß und untere Schwanzdecken rostroth. Beine olivenfarben. —

Ganze Länge 6″, Schnabelfirste 8‴, Flügel 3″, Schwanz 1½″, Lauf 1⅓″. —

Im mittleren Brasilien, bis nach Paraguay verbreitet.

4. Ortygometra minuta.

Rallus minutus *Gmel. Linn.* S. Nat. I. 2. 719. — *Buff.* pl. enl. 847. —
Lath. Ind. orn. II. 761. 23.
Rallus superciliaris *Vieill.* Enc. méth. Orn. 1070.
Ortygometra flaviventris *Bodd. Hartl.* syst. Ind. z. Azara 24.
Ipecaba ceja blanca *Azara* Apunt. III. 231. 377.

Rücken braun, die Federn blaßgelb geſtreift; Bauchſeite weißgelb; Oberkopf und Hals grau, Zügelſtreif weiß. —

Schnabel hornbraun, Iris braun. Oberkopf, Nacken und Hals graubraun, vor dem Auge ein weißer Streif; Zügel ſchwärzlich bis unter das
Auge. Rücken braun, jede Feder mit weißem Streif, der an der Spitze
ſich ausbreitet und roſtgelbroth färbt. Schwingen braun, die vordere
Fahne weiß geſleckt; die Deckfedern mit roſtgelben Säumen, die oberſten
faſt ganz roſtroth. Kehle und Vorderhals weißlich, die Seiten beſonders
die unteren und der Bruſt am Flügelbug rothgelb; Bruſt und Bauch
iſabellgelb, Steiß weiß, untere Schwanzdecken weiß und ſchwarz gebändert
bis hinauf zum Bauchrande. Beine gelblich. —

Ganze Länge 6″, Schnabelfirſte 6‴, Flügel 3″, Schwanz 1¼″,
der Lauf 1½″.

Im Innern Süd-Amerikas, von Guyana bis Paraguay verbreitet;
lebt gleich den vorigen beiden Arten tief im Schilf der feuchten Niederungen und iſt ſchwer zu bekommen. —

2. Fulicariae.

Schnabel theils wie bei Ortygometra, theils höher, dicker und
ſtärker, aber nicht länger als der Kopf, mit abgeſetzter, nackter Stirnſchwiele, welche ſich in die Befiederung mehr oder weniger tief verſteckt;
Naſengrube kurz, das Naſenloch im vorderſten Winkel derſelben angebracht. Gefieder größtentheils ganz einfarbig; die Flügel ſehr
kurz, der Schwanz beinahe verkümmert. Beine etwas kräftiger gebaut, der Lauf nach Verhältniß kürzer, ſtärker; die Zehen relativ
länger, gewöhnlich mit ſeitlicher, lappig ausgebuchteter Hautfalte
verſehen. —

5. Gatt. Gallinula *aut.*

Schnabel zierlich und fein gebaut, die Firſte gerundet, nach hinten abgeplattet, mit kurzer, ſchmaler Stirnſchwiele; Naſenloch eine
ſchiefe, offene, durchgehende Spalte dicht hinter der Hornſcheibe des

Schnabels. Gefieder sehr voll und weich; die Flügel kurz, die zweite oder dritte Schwinge die längsten. Beine mit langen, dünnen Zehen und schlanken, spitzen Krallen; die Hautfalte am Rande der Zehen sehr schmal oder überhaupt gar nicht deutlich entwickelt.

Gallinula galeata.

Pr. Max z. Wied Beitr. IV. 807. 1. — *Hartl.* syst. Ind. z. Azara S. 24. — *v. Tschudi* Fn. per. Orn. 52. — *Schomb.* Reise III. 760. 407.
Crex galeata *Licht.* Doubl. d. zool. Mus. 80. 826.
Jahaná, *Azara* Apunt. III. 238. 379.

Dunkelaschgrau, Seitenfedern des Unterbauches weiß gestreift; Rücken olivenbräunlich. —

Gleicht völlig unserer Gallinula chloropus, ist aber beträchtlich größer. Schnabel größtentheils roth, die Hornschwiele gelbgrün; Iris braun, innen heller gesäumt. Gefieder dunkel schiefergrau; Kopf, Hals und Brust ziemlich ins Schwarze fallend; Oberrücken mehr bleifarben, Unterrücken und Flügel olivenbräunlich. Schwingen braun, die vorderste weißlich gerandet, Schwanzfedern schwarzbraun. Mitte des Bauches weißlich, weil die Federn hier breit weiß gesäumt sind; die Seitenfedern des Bauches mit weißer Außenfahne; untere Schwanzdecken ganz weiß. Beine blaß grünlich, über dem Hackengelenk eine rothe Binde am Unterschenkel. —

Ganze Länge 13—14″, Schnabelfirste mit Einschluß der Stirnschwiele 1½″, Flügel 7″, Schwanz 2″, Lauf 2″, Mittelzehe 2″ 8‴ ohne Kralle. —

Ueberall gemein in ganz Süd-Amerika an stehenden Gewässern im Schilf; schwimmt auf dem Wasser oder rudert im Schilf, wobei ihm seine langen Zehen sehr zu Statten kommen. Seine Nahrung besteht in Gewürm aller Art, das er im Schilf oder Wasser aufsucht; sein Nest ist wie das unseres Vogels, meist auf dem Wasser schwimmend im Schilf angelegt. Die Brasilianer nennen den Vogel *Frungo d'agoa*, d. h. Wasserhühnchen.

6. Gatt. Fulica *aut.*

Schnabel wie bei Gallinula, nur höher, stärker, die Stirnschwiele dicker und mehr aufgeschwollen; das Nasenloch weiter vorgerückt, durchgehend und etwas weiter als bei Gallinula. Gefieder dichter und voller; Flügel kürzer, die Schwingen schmäler, die zweite und dritte die längsten; Schwanzfedern sehr weich und fast verkümmert. Beine kurz, der Unterschenkel beinahe bis zum Hacken befiedert, der Lauf bedeutend kürzer als die Mittelzehe, vorn mit kurzen, dünnen

Gürtelschildern bekleidet; die Zehen mit breiten, bogig abgerundeten, seitlichen Hautlappen, deren Zahl der Gliedzahl ohne das Krallenglied entspricht; die Krallen lang, scharf, fast grade und sehr spitz.

Fulica armillata *Vieill.*

Vieill. Encycl. méth. Orn. 343. — *Lesson* Revue zool. etc. 1842. 209. — *Hartl.* syst. Ind. z. Azara S. 28. — Ders. in *Cabanis* Journ. d. Ornith. I. 1853. Extrab. S. 82. no. 8.
Focha de lignas roxas *Azara* Apunt. III. 475. 448.

Schnabel gelb, Mitte des Oberkiefers blutroth; Gefieder schiefergrau, Kopf und Hals schwärzer. —

Etwas größer als unser Wasserhuhn (Fulica atra), aber ähnlich gestaltet. Schnabel hell gelbgrün, die Mitte des Oberkiefers über der Nasengrube blutroth; die Stirnschwiele klein, erreicht nicht die Höhe der Augen. Iris roth. Gefieder schiefergrau, etwas matt; Kopf und Hals sammetschwarz; Schwingen braungrau, die erste Handschwinge mit feinem aber scharfem weißen Rande. Untere Schwanzdecken weiß. Beine dunkel schwarzgrau, die Spitze des Unterschenkels über dem Hacken gelb. —

Ganze Länge 16″, Schnabelfirste mit der Stirnschwiele 1″ 9‴, Flügel 7″, Schwanz 2″, Lauf 2″ 4‴, Mittelzehe 3″ ohne Kralle. —

In Süd-Brasilien, außerhalb der Tropenzone; hier nach einem Exemplar von Sta Catharina beschrieben, das ich von dort direkt bezog. Lebensart völlig wie bei unserm Wasserhuhn. —

Anm. 1. Azara beschreibt eine zweite kleinere Art mit an der Spitze weißen Armschwingen, worauf Vieillot die Fulica leucoptera gründet (Enc. meth. Orn. 343.); sie kommt in Brasilien nicht mehr vor, scheint aber westwärts bis zum Fuß der Cordilleren verbreitet zu sein. Vgl. Hr. Hartlaub in *Cabanis* Journ. a. a. O. S. 87. unter: F. Stricklandi.

2. Eine dritte Art: Fulica leucopyga *Licht. Hartl.* l. l. 84. 9. hat keinen weißen Rand an der ersten Handschwinge, ist ebenfalls kleiner (12—13″ lang) und kommt von Montevideo.

7. Gatt. Podoa *Illig.*

Schnabel dünner, niedriger, aber nicht kürzer, vollständig so lang wie der Kopf; die hintere Partie der Firste abgerundet, aber nicht in das Stirngefieder hinein ausgedehnt; das Nasenloch schmäler und mehr wagrecht am unteren Rande der Nasengrube angebracht, Kopf klein, Hals dünn, der Rumpf aber breiter und flacher gebaut als bei den meisten Fulicarien. Die Flügel nach Verhältniß lang, über die Basis des Schwanzes hinabreichend, zugespitzt, die zweite

Schwinge die längste. — Der Schwanz breit, abgerundet und beträchtlich länger als die ruhenden Flügel. Die Beine sehr kurz; der Unterschenkel bis zum Hacken befiedert, der Lauf sehr kurz, viel kürzer als die Mittelzehe; alle Zehen mit breiten gelappten Hautfalten an den Seiten, welche zwischen den Grundgliedern der Vorderzehen zu einer ganzen Schwimmhaut sich verbinden. —

Anm. Die Gattung wird gemeiniglich zu den Schwimmvögeln gerechnet, bald unter die Colymbiden, bald zu den Steganopoden; ihre Anatomie aber, und namentlich die Anlage des Knochengerüstes, das ich vergleichen kann, beweist die innigste Verwandtschaft mit Fulica, wohin sie auch Nitzsch in seiner Pterylographie (S. 183.) gestellt hat.

Podoa surinamensis *Illig.*

Pr. Max z. Wied Beitr. IV. 823. 1. — *Schomb.* Reise III. 765. 423.
Plotus surinamensis *Gmel. Linn.* S. Nat. 1. 2. 581. — *Buff.* pl. enl. 893. —
Lath. Ind. orn. II. 896. 3.
Heliornis fulicarius *Vieill.* Tabl. encycl. et. méth. 65.
Dedales, *Azara* Apunt. III. 468. 446.
Picaparra oder Patiahu d'agoa der Brasilianer.

Oberkopf und Oberhals schwarz; Kehle, Vorderhals und Augenstreif weiß; Rücken, Steiß und Schwanz braun; Brust und Bauch gelblichweiß. —

Schnabel blaß horngelb, im Alter roth, die Firste am Grunde bis zum Nasenloch gebräunt, später schwarz gefleckt. Iris braun. Stirn, Oberkopf und Hals schwarz; Kinn, Kehle, Vorderhals und ein Streif an den Halsseiten weiß; ein anderer am oberen Augenrande bis zum Nacken hin ebenfalls; die Backen unter dem Auge und die obere Halsseite voll isabellgelb. Rücken, Flügel, Bürzel und Steiß olivenbraun; Schwingen und Schwanzfedern dunkler braun, die letzteren mit weißem Endrande. Oberbrust und Seiten bis zum Bauch gelblichbraun, Brustmitte und Bauch weiß, Unterschenkel braun. Beine gelbröthlich, der Lauf innen und hinten schwarz, die Zehen mit einer schwarzen Binde mitten auf jedem Gelenk. —

Ganze Länge 11—12″, Schnabelfirste 13—14‴, Flügel 5″, Schwanz 3″, Lauf 8‴, Mittelzehe 13‴ ohne die Kralle. —

Durch das Waldgebiet vom ganzen wärmeren Süd-Amerika verbreitet; lebt auf den kleinen Waldflüssen im Schatten überhängender Bäume oder Büsche, an einsamen ungestörten Stellen und ist ein stiller vorsichtiger Vogel, ganz wie ein Wasserhuhn geschickt tauchend und schwimmend. Die jungen Vögel sind anfangs nackt und werden von den Aeltern unterm Flügel getragen, bis sie befiedert geworden und selbst schwimmen gelernt haben; alsdann begleiten sie einzeln oder paarig ihre Aeltern. Der alte Vogel fliegt, so lange er die Jungen führt, nicht auf, sondern taucht oder versteckt

sich im Schilf; außerhalb der Brütperiode fliegt dagegen der Vogel sehr
gewandt und rastet selbst auf freien Zweigen über dem Wasser. Zur Brützeit sieht man sie viel paarig, sonst nur einzeln. Vgl. *Schomb.* Reise II.
S. 505. —

3. Parridae.

Schnabel etwas verschieden gestaltet, bald dünner bald dicker,
häufig oder gewöhnlich mit nackter Stirnschwiele; das Nasenloch
kleiner, namentlich kürzer als bei den Fulicarien und Rallinen; Gefieder spärlicher und etwas derber als bei den Fulicarien, die Flügel
ziemlich lang, schmal und spitz; der Schwanz kurz, schmalfedrig klein,
meist unter den Flügeln versteckt. Beine zwar nicht länger, als bei
den Rallinen, aber die Zehen sehr viel länger, besonders die hintere, welche sich durch ihre ganz auffallende Größe grade in dieser
Gruppe am meisten auszeichnet; der Lauf etwa so lang wie die
Mittelzehe ohne die Kralle. —

8. Gatt. Porphyrio *Briss.*

Schnabel dick, am Grunde hoch, mit breiter, abgerundeter, an-
liegender Stirnschwiele und kleinem, kreisrundem Nasenloch in der
Spitze der wenig vertieften Nasengrube. Gefieder bläulichgrün; die
Flügel recht lang, aber die Achsel- und Armfedern kurz, die Handschwingen nicht verdeckend; erste Schwinge wie gewöhnlich stark verkürzt, die zweite die längste, alle noch ziemlich breit, stumpf zugespitzt.
Schwanz zwar klein, aber doch viel länger als die oberen Deckfedern,
die einzelnen Steuerfedern schmal und scharf zugespitzt. Beine stark
und kräftig gebaut, die Zehen ganz frei, mit großen, aber gekrümmten Nägeln, die nicht völlig so lang sind, wie das Zehenglied vor
dem Nagelgliede. —

Porphyrio martinica.

Fulica martinica *Linn.* S. Nat. I. 259. 7. — *Buff.* pl. enl. 897. (jung, aber
    fehlerhaft mit weißer Bauchseite vorgestellt).
Gallinula martinica *Lath.* Ind. orn. II. 812. 6. — *Wilson* Am. Orn. III. 188.
    pl. 73. fig. 2.
Gallinula martinicensis *Pr. Wied* Beitr. IV. 812. 6.
Crex martinica *Licht.* Doubl. d. zool. Mus. 79. 820.
Parra viridis *Gmel. Linn.* S. Nat. I. 2. 708. — *Lath.* Ind. orn. II. 763.

Porphyrio martinica *Temm.* pl. col. 405. texte. — *Hartl.* syst. Ind. z. Azara
S. 24. — *Schomb.* Reise III. 761. 408.
Porphyrio tavona *Vieill.* Gal. d. Ois. III. 170. pl. 267. et 268. (jung; Gal-
linula ardesiaca S. 173.).
Porphyrio cyanicollis *Vieill.* Enc. méth. Orn. 1051.
Jahana celeste y verde *Azara* Apunt. III. 243. 380. (alt) und Jahana garganta
celeste ibid. 253. 383. (jung).

Kopf, Hals und Brust cyanblau, Rücken grün, Bauch und Steiß schwärzlich, untere Schwanzdecken weiß.

So groß wie Gallinula chloropus, aber kräftiger gebaut. Schnabel
an der Spitze grünlichgelb, dann roth bis zur Stirn, die Stirnschwiele
blauviolett. Iris roth. Gefieder des Kopfes, Halses, der Brust und des
Oberbauches cyanblau; Unterbauch und Steiß dunkler, schwärzlich indigoblau. Rücken und Flügeldeckfedern grün, der Rücken mehr ins Olivengrüne, die Flügeldeckfedern ins Smaragdgrüne fallend. Schwingen außen
grün, innen graubraun; Schwanzfedern obenauf olivengrün, unten grau,
die unteren Deckfedern weiß. Die Beine gelb.

Der junge Vogel hat einen bräunlichen Schnabel mit gelber Spitze,
einen braunen Kopf und Hals mit bläulichem Anflug, eine matter grau-
blaue Unterseite und einen mehr olivenbraunen Rücken, nebst braunen
Schwingen. —

Ganze Länge 11 — 12″, Schnabelfirste mit der Stirnschwiele 1″
8—10‴, Flügel 6″ 6—8‴, Schwanz 2—2″ 3‴, Lauf 2″ 2‴, Mittelzehe 2″ 4‴ ohne die Kralle. —

Lebt im Walde an offenen Stellen, wo Flüsse und Bäche stehende
Wasseransammlungen bilden, oder wo Teiche sich finden, im Rohr und
Schilf, ganz wie die Parren, welche aber offene Gegenden vorziehen;
fliegt übrigens sehr geschickt und ruht gern über dem Wasser auf offenen
Zweigen, wie Gallinula, was Parra nicht vermag. Die Art ist durch
das ganze wärmere Amerika bis nach Carolina verbreitet und in Paraguay ebenso bekannt, wie in Brasilien. —

9. Gatt. Parra *Linn.*

Schnabel feiner, zierlicher und nach Verhältniß länger, ziemlich
gleich stark in der ganzen Strecke, nach hinten also nicht erhöht, mit
etwas abgesetzter Hornscheibe und ovalem Nasenloch vor der Mitte;
gewöhnlich eine nackte, abstehende Stirnschwiele und nackte Mundwinkellappen. Gefieder weniger voll als bei den meisten Sumpfhühnern; die Flügel schmal, spitzfedrig, mit unverkürzter erster
Schwinge; der Schwanz sehr klein (wenigstens bei den Amerikanern),

und unter den Deckfedern versteckt. Beine höher und dünner gebaut, als bei Porphyrio, aber mit ähnlichen Verhältnissen; die Zehen auch nicht länger, aber die Krallen viel länger, grade, fein zugespitzt und länger als das Zehenglied vor der Kralle. —

Parra Jacana aut.

Linn. S. Nat. I. 259. 3. — Buff. pl. enl. 322. — Lath. Ind. orn. II. 762.
   1. — <i>Pr. Max z. Wied</i> Beitr. IV. — <i>Schomb.</i> Reise III. 759. 400.
Parra viridis <i>Gmel. Linn.</i> S. Nat. I. 2. 708. — <i>Buff.</i> pl. enl. 846. — <i>Lath.</i>
   Ind. orn. II. 763. 4. (junger Vogel).
Aguapeazó, <i>Azara</i> Apunt. III. 257. 384. und Ag. blanco debaxo ibid. 262.
   385. (jung).
Jaçana, <i>Marcgr.</i> hist. nat. Bras. 190.
Jassuna der Brasilianer.

Alter Vogel an Kopf, Hals, Brust und Bauch schwarz, dem Rücken, den Flügeln und Bauchseiten rothbraun, die Schwingen gelbgrün mit schwarzer Spitze. —

Junger Vogel vom Kinn bis zum Steiß gelbweiß, Oberkopf und Nacken schwarz, Rücken olivenbraun. —

Schnabel roth, die Spitze ins Gelbe fallend, die nackte Stirnschwiele und der Mundwinkellappen blutroth; Iris weißgelb. Gefieder des Kopfes, Halses, des Oberrückens, der Brust und der Bauchmitte schwarz, gegen den Steiß hin allmälig brauner werdend. Rücken und Flügeldeckfedern hell rostrothbraun, die Schwingen gelblichgrün, die erste Handschwinge mit schwarzem Rande und gleich den folgenden mit schwarzer Spitze; innere Flügeldeckfedern rothbraun; Bauchseiten und Unterschenkel dunkel rothbraun, die Beine bleigrau, nach oben grünlicher. Am Handgelenk des Flügels ein vorstehender, aufgebogener, gelber Dorn.

Der junge Vogel ist ganz anders gefärbt; der Schnabel braun; der Oberkopf, Nacken und Oberhals bis zum Rücken schwarz; das Kinn, die Kehle, der Vorderhals, die Brust und der ganze Bauch bis zum Steiß rostgelblichweiß; hinter dem Auge zieht sich am schwarzen Kopfgefieder ein weißlicher Streif zum Nacken hinab, der beim Weibchen rostroth gefärbt und bis zur Stirn verlängert ist; Rückengefieder bräunlich olivenfarben, bald mehr ins Graue, bald mehr ins Braune fallend, mit rostrothen Rändern an allen Federn; Schwingen wie beim alten Vogel, nur matter gefärbt; Beine braungrau.

Ganze Länge 9—10″, Schnabelfirste 1″ ohne den Stirnlappen, Flügel 4″ 9‴, Schwanz 1″, Lauf 2″ 2‴, Mittelzehe 2″ ohne die Kralle, Hinterzehe 2″ mit der Kralle.

An stehenden Gewässern auf offenen Stellen, steht gern mitten im Wasser auf den schwimmenden Wasserpflanzen oder im niedrigen Schilf und ist ein überall bekannter, häufiger Vogel, der wegen seines schönen Farbenschmucks geliebt und ungestört in der Nähe der Ansiedelungen geduldet wird. Er nistet auf dem Boden, ohne Unterlage, wie ein Kiebitz, und legt 4—5 graulichgrüne oder bläuliche, leberbraun punktirte Eier. —

4. Palamedeidae.

Große Sumpfvögel, wie Parra gestaltet, aber mit viel kürzerem, dickerem Schnabel, dessen Hornscheide kuppig gewölbt und fast wie bei den Hühnern gebaut ist. Das Gefieder sehr stark, voll, am Halse kleinfedrig; der Flügel am Handgelenk mit 1—2 Sporen; der Schwanz ziemlich lang, großfedrig. Die Beine kürzer, stärker, kräftiger als bisher, mit langen, fleischigen Zehen, unter denen besonders die hintere nach Verhältniß noch sehr lang ist, die Oberfläche klein warzig chagrinirt, die beiden äußeren Vorderzehen am Grunde durch eine kurze Spannhaut an einander geheftet; die Krallen kürzer, dicker, sanft gewölbt, scharf zugespitzt. —

10. Gatt. Palamedea Linn.

Schnabel ziemlich so lang wie der Kopf, der von der Wachshaut bekleidete Theil länger als die Hornscheide, nach hinten höher aufsteigend mit langem, weitem, ovalem Nasenloch in schiefer Stellung, ganz ähnlich wie bei Fulica. Augenring und z. Th. auch die Zügel nackt, der übrige Kopf dicht befiedert, aber die Federn eigenthümlich pinselartig gestaltet, weich anzufühlen, wie die des Halses. Gefieder des Rumpfes derber gebaut, großfedriger, die Flügelfedern sehr groß, die hinteren Arm= und Achselfedern sehr lang, den Handflügel in der Ruhe völlig bedeckend; die drei ersten Handschwingen etwas stufig abgekürzt, gleich den folgenden schmal und spitzig gestaltet, dem Typus von Parra verwandt; am Handgelenk ein großer Sporn, und ein kleinerer darunter, beide auf den Anfang und das Ende des ersten großen Fingerknochens sich stützend. Schwanz viel länger als die ruhenden Flügel. Beine stark, fleischig, kleintäfelig chagrinirt, übrigens eigenthümlicher gebaut, wie bereits angegeben.

A. Palamedea. Zügel dicht befiedert, auf dem Scheitel ein Horn. Kopf= und Halsgefieder kurz, die Federn sehr klein, sammetartig weich.

1. Palamedea cornuta *Linn.*

Linn. S. Nat. I. 232. 1. — *Buff.* pl. enl. 451. — *Lath.* Ind. orn. II. 669.
1. — *Vieill.* Galer. III. 154. pl. 261. — *Pr. Max z. Wied* Beitr. IV.
585. 1. — *Wagl.* Syst. Av. I. sp. 1. — *Schomb.* Reise III. 751. 363.
Anhima *Marcgr.* hist. nat. Bras. 215.
Anhuma (gesprochen A-ni-u-ma) der Brasilianer.

Hals, Brust und Rücken schwarzbraun, Oberkopf und Mittelbrust grau, Bauch und Steiß weiß; mitten auf dem Kopf ein Horngriffel.

So groß wie ein Truthahn, und fast auch so gestaltet, aber der Kopf nicht nackt, sondern mit dem Halse von einem dichten, weichen, sammetartigen Federnkleide, wie bei Psophia, bedeckt. Schnabel schwarzbraun, die Spitze zumal des Unterkiefers weißlich; das Horn auf dem Oberkopf weißlichgrau, die Iris orange. Oberkopf weißgrau, die Federn mit schwärzlicher Spitze; Backen, Kehle, Hals, Rücken, Brust, Flügel und Schwanz schwarzbraun; die Achsel= und großen Flügeldeckfedern grünlich metallisch schillernd; die kleinen Deckfedern an der Basis lehmgelb, die unteren nur gelb gesäumt, besonders am Außenrande. Unterhals und Oberbrust bis zum Nacken hinauf hell silbergrau, jede Feder mit breitem schwarzem Endrande. Bauch und Steiß rein weiß; untere Flügeldeckfedern weiß, schwarz gefleckt. Beine schiefergrau, die beiden Sporen am Flügelrande weißlich.

Ganze Länge 30″, Schnabelfirste 1″ 10‴, Stirnhorn 3″, Flügel 20″, Schwanz 8″, Lauf 5″, Mittelzehe 4⅔″ ohne Kralle.

Lebt im Waldgebiet des mittleren Brasiliens und verbreitet sich von da nordwärts über Guyana und Columbien; hält sich stets nahe den Fluß= ufern auf, watet im Schilf oder geht noch lieber an offenen Stellen des Ufers auf dem Kies einher und nährt sich vorzüglich von den Blättern und Früchten verschiedener saftreicher Sumpfgewächse, welche der Vogel an den bezeichneten Stellen aufliest. Er ist scheu, vorsichtig, verräth sich von Zeit zu Zeit durch seinen eigenthümlichen Ruf, der wie víhu, víhu klingt, fliegt erschreckt auf wie ein Storch, ruht dann auf einzelnen hohen Bäumen, nistet aber auf dem Boden im Schilf, wie ein Wasserhuhn. Seine Eier sollen weiß sein. —

Anm. Obgleich der Vogel in der Bildung des Kopfes und der Befiede= rung des Halses an Psophia erinnert, so zeigt doch die Schnabel= und Fuß= bildung deutlich genug, daß er den Fulicarien zunächst steht, wie das be= reits Nitzsch vermuthete (Pterylogr. S. 175.). Die lange Hinterzehe entfernt den Vogel sogleich von den Kranichen und von Psophia; sie beweist bestimmt, daß er zu den Paludicolis gehört, wie auch seine Lebensweise es wahrscheinlich macht. —

B. Chauna *Illig.* Opistolophus *Vieill.* Zügel nackt, mit dem nackten Augen=
ringe verbunden; Schnabel etwas kürzer. Gefieder des Kopfes und
Halses sehr weich, mit fadenförmigen Astspitzen; im Nacken ein Schopf
verlängerter Federn.

2. Palamedea Chavaria.

Parra Chavaria *Linn.* S. Nat. I. 260. 9. — *Lath.* Ind. orn. II. 764. 9.
Palamedea Chavaria *Temm.* pl. col. 219. — *Wagl.* Syst. Av. I. sp. 2.
Opistolophus fidelis *Vieill.* Gal. III. 156. pl. 262.
Chajá, *Azara* Apunt. III. 106. 341.

Schiefergrau, der Rücken schwärzlich; Kehle, Hals und Backen weißlich;
mitten am Halse ein nackter Ring. —

So groß wie die vorige Art; der Schnabel etwas kürzer, daher nach
hinten breiter, die Hornscheibe mehr kuppig hakig, das Nasenloch kleiner,
schwarz gefärbt, Zügel und nackter Augenring fleischroth. Gefieder in der
Jugend ganz grau, mit dunklerem Rücken und schwarzbraunen Schwingen
wie Schwanzfedern; — im Alter nur der Oberkopf und die langen Nacken=
federn nebst dem Rumpfe unterhalb des nackten Halsringes bleigrau; die
Backen, Kehle und der Hals bis zum nackten Ringe weiß, dieser fleisch=
farben; die Befiederung zunächst unter dem Ringe noch ebenso weich, wie
die darüber, aber dunkler und mehr braun gefärbt, wie der Rücken, die
Flügel und der Schwanz. Flügelrand und innere Deckfedern weißlich; die
beiden Sporen scharfkantiger und etwas aufwärts gebogen. Bauch und
Steißgegend weißlich, Beine fleischroth. —

Ganze Länge 32″, Schnabelfirste 1″ 7‴, Flügel 19″, Schwanz 8″,
Lauf 5″, Mittelzehe 4½″ ohne Kralle.

Im Süden Brasiliens, besonders an den großen Nebenflüssen des
Rio de la Plata; lebt wie die vorige Art am Ufer und watet ins Wasser,
wie ein Reiher, frißt aber ebenfalls nur Wassergewächse und deren Früchte;
nistet am Ufer im Schilf und legt 2 Eier. Die Jungen, wie bei Fulica,
mit einem borstigen Nestdunenkleide, begleiten die Mutter gleich nach dem
Auskriechen. —

Anm. Die Art verhält sich zur vorigen fast wie Dicholophus zu Psophia;
eine Trennung in 2 Gattungen ist indessen weniger gerechtfertigt, weil Flügel
und Füße bei beiden ganz im Bau übereinstimmen.

Dreißigste Familie.

Feldstörche. Arvicolae.

Große Sumpfvögel mit kurzem oder mäßig langem, nicht sehr kräftigem Schnabel, dessen Spitze von einer Hornkuppe bedeckt ist, während die Basis nur einen häutigen Ueberzug hat, der die lange Nasengrube auskleidet und die langen, offenen, durchgehenden Nasen= löcher darin umgiebt; in diesem Punkte stimmen die Vögel mit den Sumpfhühnern überein, allein die in der Regel nackten, oder nur mit Borstenfedern besetzten Zügel bringen sie in eine verwandtschaft= liche Beziehung zu den Störchen, denen sie auch im allgemeinen An= sehn durch den langen Hals und die langen Beine weit mehr ähneln, als den Sumpfhühnern. Dazu kommt, daß alle viel kleinere, kür= zere Zehen besitzen, und namentlich der Daumen grade sehr klein und mehr rudimentär, wie bei den Schnepfen, gestaltet ist. Dadurch weichen sie auch von den Störchen ab, die alle eine ziemlich große, lang auftretende Hinterzehe besitzen, während die der Feldstörche nur mit der Spitze, bisweilen gar nicht, den Boden berührt. Die Vögel leben nicht in Sümpfen, sondern auf trocknen Feldern und nähren sich theils von Sämereien, theils von Insekten; sie nisten am Boden oder in mäßiger Höhe, und legen farbige gefleckte Eier, welche ziem= lich ähnlich sind in ihrem Colorit denen der Trappen oder Wasser= hühner, dagegen mit denen der Störche und Reiher gar keine Aehn= lichkeit haben. —

Anm. Als altweltliche Mitglieder gehören in diese Familie die Kraniche (Gruinae, mit Anthropoides und Grus), wovon nur eine Art in Nord=Amerika auftritt; Süd=Amerika besitzt keinen ächten Kranich, sondern 2 correspondirende Vögel, von welchen der eine: Psophia crepitans nur nördlich vom Amazonen= strome ansässig ist und habituell an Palamedea erinnert, während der andere: Dicholophus cristatus, seinem inneren Baue nach unverkennbare Beziehungen zu den Störchen zeigt. Diesen hätten wir allein, als brasilianischen Vogel, zu be= sprechen; wollen aber Psophia mit behandeln, weil Spix den Vogel auch in Brasilien am Rio Negro beobachtete.

1. Gatt. Psophia *Linn.*

Schnabelform wie bei Fulica und Palamedea, dicker als jener, schmäler als dieser; das durchgehende Nasenloch weiter, übrigens schief gestellt, die Hornscheide sanft herabgebogen, völlig Fulicaartig; der ganze Schnabel etwas kürzer als der Kopf. Kopf und Hals von weichen, sammetartigen, abstehenden, kurzen Federn bekleidet, auch die Zügel dicht befiedert; das übrige Federnkleid sehr großfedrig, und ebenfalls weich, an der Bauchseite fast dunig. Schwungfedern derbe, die Handschwingen in der Ruhe fast ganz von den hintersten Arm- und Achselfedern bedeckt, die drei ersten Handschwingen stufig ver- kürzt. Schwanzfedern klein und schwach, aber vorhanden; von den ruhenden Flügeln völlig versteckt. Beine hoch, die unbefiederte Strecke des Unterschnabels kurz, der Lauf lang, vorn und hinten von schie- fen Halbgürteln bekleidet; die Zehen kurz, aber der Daumen den Boden noch berührend, wenigstens mit der Kralle, alle Krallen stark, beträchtlich gebogen, scharf zugespitzt; die Außen- und Innenzehe durch eine kurze Spannhaut zusammengeheftet. —

Anm. Die Osteologie des Vogels, welche ich vergleichen kann, erinnert durch die Form des Brustbeines und die Anlage der Schädelkapsel sehr an den Typus der Kraniche und nähert sich am meisten der Bildung von Anthropoides.

Psophia crepitans *Linn.*

Linn. S. Nat. I. 263. 1. — *Buff.* pl. 169. — *Lath.* Ind. orn. II. 657. 1. — *Schomb.* Reise III. 751. 362. — *Vieill.* Gal. III. 162.
Psophia viridis (jung) und Psophia leucoptera (alt) *Spix* Av. Bras. II. 66. 1. et 2. tab. 83. et 84.

Schwarz, Brust stahlblau oder erzgrün schillernd; Rücken und Achselfedern aus olivenbraun in grauweiß übergehend. —

Schnabel in der Jugend schwarz, im Alter grünlichweiß; Iris roth- braun, der nackte Augenring fleischfarben. Kopf, Hals, Oberrücken, Flügel, Unterbrust, Bauch und Steiß schwarz; das Gefieder des Kopfes und Hal- ses sammetartig, das des Bauches lang dunig. Rücken anfangs oliven- braun, mit zunehmendem Alter allmälig in bleigrau, zuletzt in silbergrau übergehend, welche Farbe besonders die langen, wie beim Kranich zerschlisse- nen Achselfedern und letzten Armschwingen annehmen; alle diese Theile hel- ler und klarer gefärbt beim Männchen als beim Weibchen und jungen Vogel. Unterhals und Oberbrust prächtig stahlblau, oder kupferig schillernd, mit Regenbogenrand am Anfange des breiten Saumes, der allein die me- tallische Färbung besitzt. Flügeldeckfedern am Bug purpurschwarz, mitunter violett schillernd. Beine gelblich fleischfarben. —

Ganze Länge 19—20″, Schnabelfirste 1″, Flügel 11″, Schwanz kaum 1″, Lauf 5½″, Mittelzehe 2″ ohne die Kralle. —

Von Spix am Amazonenstrom und Rio Negro gesammelt, vorzugsweise in Columbien und Guyana zu Hause, wo der Vogel im dichten Walde in großen Gesellschaften lebt und gern dem Laufe der Flüsse folgt; er fliegt schlecht, wenig ausdauernd, schläft aber nicht am Boden, sondern auf kleinen Bäumen im Unterholz, soll aber am Boden nisten. Er läßt sich leicht zähmen und übt auf den Hühnerhöfen dann eine entschiedene Oberherrschaft aus, etwa wie bei uns die Truthähne. Ich sah einen solchen gezähmten Vogel in Rio de Janeiro. Sein Name Trompetenvogel soll die eigenthümliche schmetternde Stimme andeuten, welche er von Zeit zu Zeit hören läßt; Büffon nennt ihn Agami.

2. Gatt. Dicholophus *Illig.*
Microdactylus *Geoffr.*

Schnabel stärker, höher, länger, mit der Spitze mehr herabgebogen, hakig, einem schlanken Raubvogelschnabel nicht unähnlich; Nasenloch kurz oval, sehr schief gestellt, nicht durchgehend; Zügel auf der Mitte nackt, mit dem nackten Augenringe verbunden, die vordere Partie der Nasengrube und der Mundrand abstehend borstig befiedert. Federn des Kopfes und Halses lang, schmal, zugespitzt, weichlich; die der Stirn, besonders am Schnabelgrunde, zu einem aufrechtstehenden Schopf verlängert. Rückengefieder nicht eigenthümlich verändert, das des Bauches und Steißes weicher, dunenartig. Flügel hart und kräftig gebaut, die ersten 4 Handschwingen stufig verkürzt, ziemlich schmal und zugespitzt; die hinteren Armschwingen verlängert, den ruhenden Flügel von oben bedeckend. Schwanz stark, groß, breitfedrig, etwas abgerundet, viel länger als die ruhenden Flügel, die äußeren Federn verkürzt. Beine sehr hoch, die nackte Strecke des Unterschenkels lang, der Lauf sehr lang, vorn wie hinten von schiefen Gürtelschildern bekleidet; die Zehen sehr kurz, besonders der hoch angesetzte Daumen, welcher den Boden nicht erreicht; die Außenzehe durch eine breite, die Innenzehe durch eine schmale Spannhaut mit der Mittelzehe verbunden; alle mit kurzen, dicken, stark gekrümmten, zugespitzten Krallen, worunter die der Innenzehe durch Größe, Schärfe und raubvogelartige Krümmung sich auszeichnet. —

Anm. Die anatomische Untersuchung, welche ich in den Abh. d. naturf. Gesellsch. z. Halle I. Bd. 1. Quart. S. I. (1853.) bekannt gemacht habe, zeigt unverkennbare Beziehungen des Vogels zu den Störchen, dem er sich in ähnlicher Art nähert, wie Psophia den Kranichen. Mit den Raubvögeln und namentlich mit Gypogeranus, findet gar keine verwandtschaftliche Berührung statt; es ist bloße Analogie der Form, welche die äußere Aehnlichkeit beider Vögel hervorruft.

Dicholophus cristatus *Illig.*

Palamedea cristata *Linn.* S. Nat. I. 252. 2. — *Lath.* Ind. orn. II. 669. 2.
Microdactylus cristatus *Geoff.* Ann. d. Mus. Vol. 13.
Dicholophus cristatus *Illig.* Prod. — *Temm.* pl. col. 237. — *Pr. Max z.*
  Wied Beitr. IV. 570. 1. — Derselbe, in N. Act. ph. med. Soc. Caes. Leop.
  Carol. nat. cur. Tm. XII. p. 2. tb. 45.
Cariama saurophaga *Vieill.* Gal. d. Ois. III. 148. pl. 259.
Cariama *Marcgr.* hist. nat. Bras. 203.
Sariá, *Azara* Apunt. III. 101. 340.
Seriema der Brasilianer.

Gelbgrau, fein gewellt, Brustfedern mit blassen Schaftstreifen; Flügel und Schwanzfedern schwarzbraun, weiß gebändert. —

Schnabel roth, im Alter voller gefärbt, in der Jugend blasser, gelb= rother; Zügel graulich fleischfarben, der nackte Augenring bläulich, die Iris hell schwefelgelb, im Alter blasser. Gefieder des Männchens reiner grau, des Weibchens gelbgrau, jede Feder mit feinen helleren und dunkleren Querzickzackwellenlinien, die am Kopfe, Halse und der Brust die Schaft= gegend unberührt lassen, vielmehr eine Strecke vom Schaft zu einer dunk= leren Längslinie verfließen; die feinen Schaftstreifen werden gegen den Bauch hin immer breiter; der Unterbauch und der Steiß ohne Zeichnungen, beim Männchen hell aschgrau, beim Weibchen röthlich isabellgelb. Alle Federn des Kopfes und Nackens lang zugespitzt, die vordersten auf der Stirn sehr verlängert, schmal linienförmig gestaltet, am Ende etwas breiter und hier schwarz, gleich wie der Schaft; die Nackenfedern sehr groß, hauben= artig abstehend, fein zugespitzt. Ueber dem Auge eine Reihe steifer, schwar= zer Borsten, die aber nicht am Augenliede sitzen, sondern auf dem Orbital= rande. Schwanzfedern braun, die Innenfahne abwechselnd weißlich quer gebändert, mit feinen Tüpfeln in den weißen Binden; die Handschwingen außerdem mit weißlicher Spitze. Mittelste zwei Schwanzfedern einfarbig graubraun, die übrigen auf der Mitte schwarzbraun, am Ende weiß, an der Basis weiß, dicht braun besprengt. Beine storchroth, die Krallen schwarzbraun. —

Das Männchen hat einen mehr aschgrauen Ton, das Weibchen einen gelbgrauen; das Nackengefieder des ersteren ist voller, länger; der Schwanz größer, sowohl breiter als länger und kürzer zugerundet, auch mit einer zweiten schmalen Querbinde in der weißlichen Basis gezeichnet. (*Temm.* pl. col. 237.). Vieillot's Figur (pl. 259.) stellt das alte mehr gelblich gefärbte Weibchen mit kürzerem Schwanze vor. —

Der junge Vogel weicht in mehreren Punkten vom alten ab, obgleich er in der Hauptsache ihm ähnlich sieht; die langen, schmalen Stirnfedern sind nach Verhältniß breiter und ihre Spitze ist nicht so dicht gebaut, oder so schwarz gefärbt; am Halse zeichnen sich die blassen Schaftstreifen nicht so deutlich aus, dagegen bilden sich auf den langen Nackenfedern viel deutlichere schwarze Querwellen; die Handschwingen sind viel schmäler, spitzer und auf der Außenfahne blasser graubraun gefärbt. Besonders aber weicht der Schwanz ab, indem dessen sämmtliche Federn, gleich denen der Flügel, weißlich und braun gebändert erscheinen. An den zwei mittelsten Federn zeigen sich nur mattere dunklere Querbinden, an den übrigen dagegen scharf abgesetzte weiße und schwarzbraune Binden, die an beiden Fahnenseiten alterniren, so daß die weißen Binden der Innenfahne z. Th. den braunen der Außenfahne entsprechen. Diese Alternation wird nun so größer, je mehr die Schwanzfeder eine äußere ist. Außerdem sind Schnabel und Beine viel blasser gefärbt, nur gelblich fleischroth im Ton. —

Ganze Länge 31—32″, Schnabelfirste 1″ 8‴, Flügel 14″, Schwanz 10″ beim Weibchen, 12″ beim Männchen. Nackte Strecke des Unterschenkels 4″, Lauf 8″, Mittelzehe 2″ ohne die Kralle. —

Der Seriema ist einer der bekanntesten Vögel auf dem offenen Camposgebiet im Innern Brasiliens; man hört seine eigenthümliche belfernde Stimme von Zeit zu Zeit, während man durch die Fluren reitet, beständig; dem Waldgebiet fehlt er. Der Vogel lebt im hohen Grase, läuft am Boden geduckt fort, ohne sich zu verrathen, und fliegt erst in der höchsten Noth vor dem Verfolger auf. Seine Nahrung sind hauptsächlich die großen Ameisen und Raupen; doch frißt er daneben viele fleischige rothe Beeren, die ich stets in seinem Magen traf; angeblich auch Eidechsen und Schlangen, besonders giftige. Er nistet in Mannshöhe über dem Boden in einem dichten Busch und legt 2 den Eiern von Crex pratensis ähnlich gezeichnete, aber viel größere Eier, etwa so groß wie Pfau=Eier (*Thienem.* Fortpfl. Gesch.). Die Jungen haben ein vollständiges Nestdunenkleid und bleiben einige Zeit im Neste liegen, bis sie von den Aeltern herausgetrieben werden.

Einunddreißigste Familie.

Sumpfftörche. Aquosae.

Ebenfalls große Sumpfvögel mit völlig nackten unbefiederten Zügeln, aber viel längerem, stärkerem, sowohl breiterem als dickerem Schnabel, deffen Oberfläche größtentheils von einem harten, hornigen Ueberzuge bekleidet ist, der die Wachshaut am Grunde völlig verdrängt hat; daher liegt das Nasenloch hinten, dichter an der Stirn; sei es unmittelbar vor derselben, sei es eine kurze Strecke weiter in den Schnabel hinabgerückt. Im ersten Falle ist gar keine Nasengrube sichtbar, im letzten sieht man sie als eine seichte Furche, die sich mitunter (bei Ibis) bis zur Spitze des Schnabels erstrecken kann. Das Gefieder ist weichlich und im Ganzen kleinfedrig, besonders am Kopfe und Halse, daher diese Theile glatt und scharf umgränzt erscheinen; mitunter freilich fehlt ihnen die Befiederung ganz, dagegen tritt nie ein weiches sammetartiges oder wolliges Kleid daran auf. Die Flügel sind von mäßiger Länge und stets zweilappig, wie bei den Schnepfen; die erste Handschwinge verkürzt sich nur wenig, dagegen verlängern sich die hinteren Armschwingen und die Achselfedern so bedeutend, daß sie den Handtheil in der Ruhe fast vollständig bedecken. Der Schwanz hat auch manches Schnepfenartige, denn er ist stets klein, schmalfedrig und wenig oder kaum länger als die ruhenden Flügel. Sehr hoch und lang sind in der Regel die Beine, zumal auch die nackte Strecke des Unterschenkels; sie sowohl wie der Lauf haben theils eine homogen warzige Bedeckung, theils schiefe Halbgürtelschilder, wenigstens auf der vorderen Seite; durch die viel größere Länge der Zehen, die breitere Spannhaut am Grunde derselben, besonders der äußeren und der langen, ganz auftretenden Daumen sondern sie sich dagegen sehr scharf von den Schnepfen und nähern sich weit mehr den Sumpfhühnern, mit denen sie auch die wasserreichen Standorte gemein haben. Ihre Nahrung besteht in Fischen und Amphibien. Sie nisten an erhabenen Orten, tragen ihren Jungen die Nahrung zu und legen weiße oder bläulichgrüne, stets hellfarbige ungefleckte Eier. —

1. Reiher. Ardeinae.

Schnabel scharfkantig, gewöhnlich feiner und zierlicher als bei den Störchen, mit vertiefter Nasengrube und langem, von einem Hautsaum umgebenem Nasenloch; die Spitze stets scharf, mitunter hakig gebogen. Kopf- und Halsgefieder gewöhnlich schopf- oder haubenartig verlängert. Beine feiner, zierlicher, der Lauf vorn mit Halbgürteln bedeckt; die Zehen lang, dünn, mit langen, spitzen Kral-len, unter denen sich die mittlere vordere durch einen vortretenden, kammartig gezackten inneren Rand auszeichnet; die Spannhaut am Grunde der Zehen klein, wenig entwickelt. —

1. Gatt. Cancroma *Linn.*

Der eigenthümlich gestaltete, flach gewölbte, umgekehrt löffelför-mige Schnabel zeichnet diese Gattung sehr aus; die Firste desselben ist stumpfkantig abgesetzt, hakig am Ende herabgebogen, daneben gru-big vertieft, welche Vertiefung als Nasengrube zu deuten, worin hinten das länglich ovale, offene Nasenloch liegt; die Seiten fallen gewölbt ab, und runden sich allmälig nach vorn zu, um in die ha-kige Spitze überzugehen; die Kinnfläche ist breit, eben, bis zur Spitze getheilt und mit nackter Haut ausgefüllt. Das Gefieder ist durch-aus reiherartig, der Hals ziemlich kurz, mehr breitfedrig als spitz-fedrig, daher dick, der Rumpf etwas mehr verflacht, der Schwanz länger als die ruhenden Flügel, das Bein kurz, besonders die nackte Strecke des Unterschenkels, die Zehen lang, die mittlere vordere Kralle an der Innenseite gekämmt. —

Cancroma cochlearia *Linn.*

Linn. S. Nat. I. 233. 1. — *Buff.* pl. enl. 38. und 869. *Lath.* Ind. orn.
II. 671. 1. — *Vieill.* Gal. d. Ois. III. 129. pl. 249. — *Pr. Max z. Wied*
Beitr. IV. 660. 1. — *Schomb.* Reise britt. Guyana III. 755. 383.
Cymbops cochlearia *Wagl.* Syst. Av. 1.
Tamutia, *Marcgr.* hist. nat. Bras. 208.
Culhere der Brasilianer.

Oberkopf und Nacken schwarz; Stirn, Kehle, Backen und Hals weiß. Rücken grau, Bauch rostroth. —

Schnabel braun, Rand des Unterkiefers und die Kehlhaut gelb; Iris braun, innen grau gerandet. Stirn, Kehle, Backen und Vorderhals weiß;

der Unterhals und die Brust ins Gelbliche spielend, der Rücken hellgrau, der oberste Rand im Nacken und der Bauch bis zum Steiß rostrothbraun, die Bauchseiten schwarz; Schwingen und Schwanz weißlichgrau. Beine gelblich. —

Der junge Vogel ist anfangs ganz rothbraun, die Brust blasser, der Rücken dunkler braun.

Ganze Länge 22″, Schnabelfirste 3½″, Flügel 11″, Schwanz 4″, Lauf 3⅓″, Mittelzehe 2⅓″. —

Lebt im Schilf an den Ufern aller Waldflüsse Brasiliens und wird stets einzeln, oder zur Brützeit paarig angetroffen. Seine Nahrung besteht in kleinen Wasserthieren aller Art, nicht in Fischen. Er ist nordwärts über Guyana und Columbien verbreitet. —

2. Gatt. Ardea *Linn.*

Schnabel grade, spitz, scharfkantig, etwas zusammengedrückt, mit abgerundeter, nach hinten verflachter Firste und langer Nasengrube, worin die länglich ovalen mehr spaltenförmigen als weit offenstehenden, durchgehenden Nasenlöcher. Hals sehr lang und dünn, gewöhnlich mit langen abstehenden, theils spitzen, theils breiten runden Federn bekleidet. Körper hoch, ziemlich stark seitlich zusammengedrückt, dem Typus der Schilfhühner verwandt. Beine theils hoch, theils für die Größe der Vögel kurz, aber die Zehen immer lang, besonders lang der Daumen und dieser mit der längsten, stärksten und größten Kralle versehen; Vorderzehen nach Verhältniß feiner, zierlicher gebaut, die äußeren mit der mittleren etwas, die inneren nur sehr wenig durch eine Spannhaut verbunden. —

A. Gefieder des Halses breitfedrig, abstehend, der Hals dadurch scheinbar sehr dick.

    a. Schnabel ziemlich kurz, am Grunde hoch, die Firste sanft gebogen; im Nacken einige lange, schmale, linienförmige Federn. 1. Nycticorax *Steph.*

1. Ardea Gardeni *Gmel.*

Gmel. Linn. S. Nat. I. 645. — *Buff.* pl. enl. 939. — *Lath.* Ind. II. 685. 32. (jung).
Ardea jamaicensis Gmel. Linn. S. Nat. I. 625. — *Lath.* Ind. II. 679 14. (alt).
Ardea maculata Vieill. Enc. méth. Orn. 1129.

Ardea Nycticorax *Pr. Wied* Beitr. IV. 646. 10.
Nycticorax americanus *Bonap.* List. of Birds 48. — *v. Tschudi* Fn. per. Orn.
　50. 5. 4.
Nycticorax Jardeni *Jard.* Schomb. Reise III. 755. 380. — *Wils.* Am. orn.
　II. 5. pl. 61. f. 1. 2.
Garza parda chorreada *Azara* Apunt. III. 168. no. 355. et G. tagazaG mira.
　ibid. 173. no. 357.

Oberkopf und Rücken schwarzgrün, im Nacken ein Paar lange weiße Federn; Flügel und Schwanz grau, übrigens alles weiß.

Vom Ansehn unseres Nachtreihers (Ardea nycticorax *Linn.*) und dem
ganz ähnlich, doch etwas kräftiger gebaut und besonders die Beine größer.
Schnabel schwarz, die nackten Zügel grünlichgrau. Stirn, Backen, Kehle,
Hals und die ganze Unterseite weiß, Bauch und Steiß etwas gelblich überlaufen. Oberkopf bis zum Nacken hinab schwarzgrün, darin ein Paar lange
weiße Federn am Hinterkopf; Oberrücken schwarzgrau; Flügel und Schwanz
rauchgrau, die Innenseite der Flügel weiß; die Beine fleischrothgelb. —

Der junge Vogel ist röthlichgelb, mit dunkleren Schaftstreifen auf
jeder Feder; der Oberkopf, Nacken und Rücken rothbraun, mit lichten Fe-
derurändern; die Schwingen und die Schwanzfedern graubraun; Schnabel,
Zügel und Beine hell graugrün. —

Ganze Länge 23 — 24″, Schnabelfirste 3″, Flügel 11″, Lauf 3″,
Mittelzehe 2″ 8‴ ohne Kralle.

Eine der häufigsten Reiherarten Brasiliens, überall im Schilf der
Wiesen und nahe den Flüssen, wo wasserreiche Niederungen sich finden;
dreist und oft ganz nahe bei den Ansiedelungen, aber scheu in weiter Ferne
sich haltend und darum schwer zu schießen. Mir ist der Vogel öfters im
alten, wie im Jugendkleide vorgekommen. —

Ardea pileata *Lath.*

Lath. Ind. orn. II. 695. 66. 　*Buff.* pl. enl. 907. — *Pr. Wied* Beitr. IV.
　617. 5. — *Wagl.* Syst. Av. I. sp. 23.
Nycticorax pileatus *Gray*, Schomb. Reise III. 754. 378.

Weiß, Oberkopf schwarz.

Gestalt und Größe der vorigen Art, etwas schlanker gebaut, besonders
der Schnabel feiner, niedriger, graber. Ganzes Gefieder weiß, der Oberkopf allein schwarz; im Nacken einige lange weiße Federn. Zügel, Augenring und Schnabel hellblau, die Spitze etwas graulich; Iris graugrünlich,
Beine bleigrau. —

Der junge Vogel ist wahrscheinlich ganz graulich gefärbt, mit dunklerem Scheitel, Rücken, Flügel und Schwanz, deren Federn hellere Ränder
besitzen; der Schnabel und die Beine sind matter grünlichgrau. Allmälig

wird das Gefieder heller, aber der Scheitel dunkler und später ganz weiß, nur der Scheitel schwarz.

Ganze Länge 24″, Schnabelfirste 3″, Flügel 11″, Schwanz 4″, Lauf 3½″, Mittelzehe 2″.

Ich beobachtete diesen schönen Vogel im Thale des Rio de Pomba unweit Capivory, erhielt ihn aber nicht; später und namentlich landeinwärts ist er mir nicht wieder vorgekommen. Der Prinz zu Wied traf ihn zuerst am Rio Cabaguaoa etwas nördlich vom Parahyba, also in gleicher Breite wie ich, und weiter nördlich öfters; er ist auch über Guyana verbreitet. —

Anm. Zwischen der eben beschriebenen und nachfolgenden Art hält die Mitte:

3. Ardea sibilatrix *Temm.* pl. col. 271. — *Wagl.* Syst. Av. sp. 24. — Ard. cyanocephala *Vieill.* Enc. méth. Orn. 1115. Garza flauta del Sol, *Azar.* Apunt. III. 169. 356. — Er hat dieselbe Größe, einen rothen Schnabel, dessen Spitze schwarz und dessen Basis nebst dem Zügel und Augenring himmelblau ist. Der ganze Oberkopf ist schwarz, nur die Spitzen der langen Nackenfedern sind weiß, wie die Kehle; die Warzen unter dem Auge bis zum Ohr sind rost- gelb, der ganze Hals und die Brust blaßgelb, der Bauch mit dem Schwanz weiß, der Rücken und die Flügel licht bleigrau, die Schwingen schieferschwarz, die kleinen Deckfedern rostrothgelb, mit 2 schwarzen Längsstreifen. Die Beine schwarz. Ganze Länge 22″, Schnabel 2″ 8‴, Schwanz 4″, Lauf 3½″." In Süd-Brasilien, bei Montevideo und in Paraguay einheimisch. — Der junge Vogel ist oben braungrau, unten weißlichgelb, mit dunkleren Schaftstreifen am Rücken und dem Nacken gezeichnet; der Oberkopf, die Schwin- gen und der Schwanz schwarzbraun.

4. Ardea violacea *Linn.*

Linn. S. Nat. I. 238. 16. — *Lath.* Ind. orn. II. 690. 50. — *Wils.* Am. orn. III. 47. pl. 65. fig. I.
Ardea cayanensis *Gmel. Linn.* S. Nat. I. 2. 626. — *Buff.* pl. enl. 899. — *Lath.* Ind. orn. II. 680. 17. — *Pr. Max z. Wied* Beitr. IV. 652. 11.
Ardea callocephala *Wagl.* Syst. Av. sp. 34.
Ardea sexsetacea *Vieill.* N. Dict. d'hist. nat.

Bleigrau, Kopf schwarz, Oberkopf weiß, Backen mit weißem Streif.

Vom Ansehn der vorigen Art, im Ganzen ein wenig kleiner. Schna- bel schwarz, die Kinnkante und die Basis grünlich; Iris orangeroth; Kinn- haut und die Augengegend graugrünlich. Stirn, Scheitel und Hinterkopf weiß; die langen weißen Nackenfedern mit schwarzbraunen Schäften. Kehle, Backen, Schläfen und Nacken schwarz; unter dem Auge ein weißer Streif, der bis zum Ohr reicht. Das ganze übrige Gefieder bleigrau; die Federn des Rückens mit dunkleren Schaftflecken; die des Unterrückens stark ver- längert, mit etwas zerschlissenen Fahnen. Schwingen schieferschwarz. Beine graugelb, oder bei alten Vögeln röthlichgelb.

Der junge Vogel hat eine braungraue Farbe mit hellen Federrän- dern, weißlicher Kehle und weißlichen Schaftstreifen am Halse. Später stellen sich schwarze Flecken am Kopfe ein, und der Scheitel fängt an, weiß zu werden. Schnabel und Beine sind matter, graulicher gefärbt. —

Ganze Länge 20—22″, Schnabelfirste 3″, Flügel 10″, Schwanz 4″, Lauf 3″, Mittelzehe 2″ ohne Kralle.

Die Art lebt nicht im Walde, sondern in offenen Gegenden an Sümpfen, und kam mir auf meiner Reise nicht vor; der Prinz zu Wied traf den Vogel in den wasserreichen Niederungen nahe der Küste von Cabo frio bis zum Rio Parahyba und weiter nordwärts überall. Er ist gemein in Guyana und verbreitet sich bis nach Nord-Amerika. —

> b. Schnabel länger, niedriger, grader, mehr dolchförmig gestaltet; Gefieder ohne verlängerte Nackenfedern, vorwiegend rostgelb und schwarz gescheckt.
>
> > Halsfedern lang und spitz, mit steifen Schäften; Zehen und Krallen sehr lang, besonders die Krallen. 2. Botaurus *Steph*.

Ardea pinnata *Licht.*

Lichtenst. Mus. ber. Nom. Av. 89. — *Wagl.* Isis 1829. S. 662.
Ardea brasiliensis *Pr. Wied* Beitr. IV. 642. 9.

Rostgelb, die Federn mit schwarzen Zeichnungen, Armschwingen hell und dunkler gebändert.

Schnabel gelblich, die Firste bis zur Spitze braun. Gefieder dem der Rohrdommel (Ard. stellaris) ähnlich. Oberkopf schwarz, Backen und Oberhals rostgelb, braun quer gewellt, Kehle weiß; Vorderhals mit V=förmigen braunen Streifen auf jeder Feder; Rücken und Flügel rostgelbbroth, mit aus dreieckigen Flecken gebildeten Querbinden; Bauchmitte weiß, Bauchseiten gelb, fein braun gewellt; Handschwingen schwarz, an der Innenfahne weißlich getüpfelt; Armschwingen an der Innenfahne rostroth und schwarz quer gebändert, an der Spitze rostrothbraun scheckig gefleckt; Schwanzfedern schwarz, der Saum rostrothgelb getüpfelt. Beine braun. —

Ganze Länge 25″, Schnabelfirste 3″ 2″′, Flügel 11½″, Schwanz 4¼″, Lauf 3⅓″, Mittelzehe ohne die Kralle 3″. —

Bei Bahia; in Lebensweise und selbst im Ansehn am nächsten mit unserer Rohrdommel verwandt.

6.   Ardea lentiginosa *Shaw.*

Shaw. Gener. Zoology.
Ardea minor *Wilson* Am. Orn. III. 57. pl. 65. fig. 3.
Ardeae stellaris var. β. *Lath.* Ind. orn. II. 680. 18.
Ardea Makoho *Vieill.* N. Dict. d'hist. nat. — *Wagl.* Syst. Av. I. sp. 29.

Roſtgelb, die Federn ſeiner dunkler gewellt, am Halſe jederſeits ein ſchwar⸗
zer Streif; Schwingen außen ſchwarzbraun mit roſtgelber Spitze.

Schnabel gelblich, die Firſte bis zur Spitze ſchwarz; Iris gelb. Ge⸗
ſieder in der Hauptfarbe roſtgelb, ähnlich dem der Rohrdommel; Oberkopf
bis zum Nacken rothbraun, die Stirn ſchwarz geſtreift; Kehle weiß, auf der
Mitte ein feiner roſtgelbbrauner Streif; neben der weißen Kehle jederſeits
am Halſe ein breiter ſchwarzer Streif; das übrige Halsgeſieder roſtgelb,
die Federn mit dunkleren roſtrothen Schaftſtreifen, die ſich auf der Bruſt
durch einen ſcharfen ſchwärzlichen Rand von den gelben Säumen abſetzen;
die mittleren Halsfedern mehr weiß geſäumt. Rücken und oberſte Achſel⸗
federn kaſtanienbraun, blaßgelb geſäumt, fein braun gewellt. Flügeldeck⸗
federn, Unterbruſt, Bauch und Unterſchenkel roſtgelb, dicht braun gewellt,
die Seiten der Federn lichter. Schwingen außen ſchwarzbraun, innen weiß⸗
grau, alle mit roſtgelber Spitze, worin feine ſchwarzbraune Tüpfelchen
ſtehen; die Schwanzfedern ebenſo, aber heller gefärbt, die Beine braun. —
Der junge Vogel hat die Farbe des alten, aber kleinere, dunklere
Schaftſtreifen auf allen Rumpf⸗ und Halsfedern, nebſt blaſſer gefärbten
Beinen. —

Ganze Länge 24″, Schnabelfirſte 3″, Flügel 12″, Schwanz 4″, Lauf
4″, Mittelzehe 3″ ohne die Kralle. —

Im Norden Braſiliens, am Amazonenſtrom, beſonders in Guyana,
Columbien, Weſtindien und Nord⸗Amerika einheimiſch; im eigentlichen
mittleren Braſilien nicht mehr anſäßig und dort von der vorigen Art ver⸗
treten. Lebensweiſe ganz die unſerer Rohrdommel.

bb. Halsfedern breit und rund, mit feinen nicht ſteifen Schäften.
Zehen kürzer, mit viel kürzeren, mehr gebogenen, aufrecht ſte⸗
henden Krallen. 3. Tigrisoma Steph.

7. Ardea tigrina.

Gmel. Linn. S. Nat. 1. 2. 638. — Buff. pl. enl. 790. — Lath. Ind. orn.
II. 682. 24. — Wagl. Syst. Av. I. sp. 30. α. — v. Tschudi, Fn. per.
Orn. 50. 6. — Schomb. Reise III. 753. 374.
Ardea marmorata Vieill. Enc. méth. Orn. 1117.
Garza japeada Azara Apunt. III. 160. 353.

Rückengeſieder roſtgelbroth, ſchwarz gefleckt; Bauchſeite weiß, mit ſchwarz⸗
braunen Querflecken. Schwung⸗ und Schwanzfedern gebändert.

Ebenfalls vom Anſehn der Rohrdommel, aber das Geſieder weicher,
voller, runder und die Zeichnung eine andere. Schnabel länger, höher,
beſonders der Unterkiefer ſtärker, braun gefärbt, der Kinnrand bis zur
Spitze blaßgelb. Iris gelb; Zügel fleiſchbraun. Die Federn des Oberkopfes,

Halfes, Rückens und der Flügel roftrothgelb; die kleineren mit einfacher, die größeren mit mehrfacher breiter schwarzbrauner Querbinde; die Schwingen schwarz, die Handschwingen an der Außenfahne mit gelben Randflecken; die Armschwingen hier roftgelb, an der Innenfahne weiß quer gebändert. Schwanzfedern schwarz mit 4 weißen am Schaft unterbrochenen Querbinden. Unterfläche weißlichgelb, die Federn mit kurz winkeligen, schwarzbraunen Querflecken; die Kehle ganz weiß, daneben an jeder Seite ein nackter fleischfarbener Streif. Beine schwarzbraun, viel zierlicher gebaut als bei den wahren Rohrdommeln, die Zehen und besonders die Krallen kurz, letztere stark gebogen. —

Der junge Vogel hat ganz die Zeichnungen und Farben des alten, nur mattere Töne, weniger schwarz, mehr roftgelb im Gefieder, besonders am Rücken, und ein viel kürzeres Halsfedernkleid; sein Schnabel und seine Beine haben eine gelbgraue Farbe.

Ganze Länge 26″, Schnabelfirste 3¼″, Flügel 12″, Schwanz 4″, Lauf 4″, Mittelzehe 2⅓″. —

Ich erhielt diese Art in Lagoa santa, sie gehört dem Binnenlande an und scheint dem Küftenwaldgebiet zu fehlen. —

8. Ardea brasiliensis.

Linn. S. Nat. I. 239. 23. — *Lath.* Ind. orn. II. 681. 23. (jung). — *Schomb.* Reise III. 754. 375.
Ardea lineata *Gmel. Linn.* S. Nat. I.   638. — *Buff.* pl. enl. 860. — *Lath.* Ind. orn. II. 682. 25. (alt). — *Pr. Max z. Wied* Beitr. IV. 634. 8.
Ardea Saco *Wagl.* Syst. Av. I. sp. 30.
Saco *Marcgr.* hist. nat. Bras. 210.
Garza obscura azulada *Azara* Apunt. III. 164. 354.

Gefieder afchgraubraun, fein in die Quere roftroth gewellt; Vorderhals weiß, schwarzbraun geftreift. Schwingen und Schwanzfedern einfarbig.

Gestalt und Ansehn der vorigen Art, aber größer und besonders der Hals etwas länger. Schnabel gelblich hornfarben, die Rückenfirste bis zum Mundrande braun; Zügel und Augengegend hellgelb, Iris gelb. Gefieder am ganzen Rücken, an Schultern, Flügeln, Nacken und Oberkopf braungrau, erzgrün schillernd, mit feinen roftrothen Querwellenlinien geziert, die sich z. Th. nur als Randquerstreifen bemerkbar machen; Kehle weißlich, an jeder Seite von einem nackten Streif eingefaßt, die Federn daneben schwarz geftreift. Vorderhals weiß, jede Feder mit schwarzem Streif an der Spitze und roftröthlichem Saum daneben. Schwanzfedern schwarzbraun, grün überlaufen, unten weißgraulich überflogen; die Spitzen blaßgelblich gerandet, die Armschwingen mit einer hellen Binde vor der Spitze. Unterbruft,

Bauch und Steiß graulich aschfarben, braun überlaufen, Schwanz schwarz=
braun, unten grau. Beine bräunlich olivenfarben, die Krallen lichter.

Der junge Vogel hat eine viel breitere rostgelbroth gebänderte Rücken=
zeichnung und eine ebenfalls heller quergebänderte Bauchseite. Die Arm=
schwingen sind mit einigen gelblichen Querbinden an der Spitze geziert und
der Schnabel wie die Beine blasser, gelblicher gefärbt.

Ganze Länge 30″, Schnabelfirste 4″, Flügel 13″, Schwanz 4½″,
Lauf 4½″, Mittelzehe 2″ 9‴ ohne die Kralle.

Der Vogel bewohnt das Waldgebiet des ganzen tropischen Küsten=
randes von Süd=Amerika und verbreitet sich nordwärts über Guyana, süd=
wärts bis nach Paraguay; er ist zwar nirgends häufig, aber auch keine
Seltenheit. In seinem Betragen stimmt er ganz mit der Rohrdommel
überein; seine Lieblingsaufenthaltsorte sind die schilfreichen Ufer der Wald=
bäche und größeren wasserreichen Niederungen der Ebenen; die hohen Ge=
birgsgegenden und engen Thäler scheint er zu meiden. —

B. Gefieder des Halses nicht breitfedrig und abstehend, vielmehr schmal,
lang zugespitzt und anliegend.

Nacken und Unterhalsfedern schopfartig verlängert, doch
ohne eine eigenthümliche Form anzunehmen. Gefieder
bunt, vorwiegend grau. 4. Ardea aut.

9. Ardea scapularis *Illig.*

Licht. Doubl. d. zool. Mus. 77. 790. — *Pr. Max z. Wied* Beitr. IV. 623.
6. — *Wagl.* Syst. Av. I. sp. 35. — *Schomb.* Reise III. 753. 373.
Ardea virescens var. β. *Lath.* Ind. orn. II. 685. — *Buff.* pl. enl. 908.
Ardea cyanura *Vieill.* Enc. méth. Orn. 1120.
Ardeola *Marcgr.* hist. nat. Bras. 210.
Garza cuello aplomado *Azara* Apunt. III. 177. 358. alt und G. cuello pardo
ibid. 180. 359. jung.

Oberkopf, Nacken und Rücken schwarz, grünlich metallisch schillernd; der
übrige Körper bleigrau, der Vorderhals weiß, rostroth gestreift.

Nicht viel größer als unsere kleine Rohrdommel (Ard. minuta)
auch von deren Gestalt. Schnabel grade, spitz, dolchförmig, schwarzbraun,
der Kinnrand grünlich; Iris gelb, Zügel und Augenrand blau. Oberkopf
bis zum Nacken nebst den verlängerten Federn schwarz, im Alter dunkel
erzgrün schillernd; Hals, Schultern, Rumpf und Steiß bleigrau, Oberrücken
schwarz; grünlich metallisch schillernd. Flügeldeckfedern von derselben Farbe,
alle fein weißlich gerandet. Schwingen schieferschwarz, außen graulich
schillernd; Schwanz dunkel schwarzgrün. Kinn, Kehle und Vorderhals bis
zur Brust weiß, am Mundwinkel ein schwarzer Streif, die Halsfedern

rostroth gesäumt. Steiß weißlich, die unteren Schwanzdecken z. Th. mit schwarzer Spitze; Beine rothgelb. —

Der junge Vogel hat einen matten aschgrauen, bräunlich überlaufenen Farbenton, statt des schwarzen einen schwarzbraunen Oberkopf, einen blasseren Schnabel und breite roströthliche Ränder an den Flügeldeckfedern; alle seine Halsfedern sind kürzer und stumpfer.

Ganze Länge 16—17″, Schnabelfirste 2″ 4‴, Flügel 6″ 6‴, Schwanz 2″ 3‴, Lauf 2″, Mittelzehe 1¼″ ohne die Kralle. —

Ueberall in Sümpfen und feuchten Gebüschen nicht selten, wo der Vogel lange aushält und daher leicht erlegt wird; ich erhielt ihn in Areas am unteren Rio Parahyba, wo der Vogel häufig war. Er verbreitet sich südwärts bis Paraguay, von wo ihn Azara beschreibt.

10.   Ardea virescens.

Linn. S. Nat. I. 238. 10. — *Buff.* pl. enl. 909. (jung) und 912. (alt). —
Lath. Ind. orn. II. 684. 31. — *Wagl.* S. Av. I. sp. 36. — *Wils.* Am.
Orn. III. 1. pl. 61. f. 1.
Ardea lineata *Gmel. Linn.* S. Nat. I. 2. 638. — *Lath.* Ind. orn. II. 682. 25.
Ardea virgata *Gmel.* ibid. 643. — *Lath.* Ind. orn. II. 693. 60.

Hals und Rücken braun, Oberkopf und Flügel schwarzerzgrün schillernd, die Deckfedern und Schwingen mit weißen Spitzen.

Der vorigen Art in Größe und Gestalt ganz ähnlich und die jungen Vögel nicht schwer zu unterscheiden. Im Alter hat diese Art einen rostrothen Hals, dessen Kehle weiß und dessen Vorderseite mit langen, blaßgelbrothen Schaftstreifen geziert ist; was beide Arten leicht unterscheidet. Der Schnabel ist feiner, gestreckter, blaßgelb von Farbe und nur der Oberschnabel bis zum Mundrande braun. Die Iris ist gelb, die nackten Zügel und Augenringe blaugrau. Die Stirn und der Oberkopf bis zum Nacken sind schwarz, matt erzgrün schillernd; der Oberrücken ist dunkelbraun, mit erzgrünem Anflug, die Flügel haben eine lebhafter erzgrün schillernde schwarze Farbe, die Deckfedern sind fein rostroth gerandet mit einem dreieckigen Fleck an der Spitze, welcher nach unten gegen den Flügelrand hin blasser weißlicher wird und an den Handschwingen wirklich weiß ist. Der Schwanz ist obenauf schwärzlich erzgrün, unten grau, welche Farbe auch die Innenseite der Flügel besitzen; der Bauch, der Steiß und die Schenkel haben einen matten rostgelbrothen Ton mit lichteren Schaftstreifen; die Beine sind hell und klar wachsgelb. —

Beim jungen Vogel sind alle Farbentöne matter; der Hals hat mehr einen braungrauen Ton, die Kehle hat kleine braune Tüpfel, die vorderen Halsfedern sind am Rande dunkler braun gesäumt; die Flügeldeckfedern ha-

ben breitere blassere Ränder, keinen abgesetzten Spitzenfleck und die Hand=
schwingen am Ende einen weißen Saum. Die Bauchseite ist gelbgraulich,
sehr trübe heller gestreift.

Ganze Länge 17—18″, Schnabelfirste 2″ 8‴, Flügel 7″, Schwanz
2″ 7‴, Lauf 2″, Mittelzehe 1″ 7‴ ohne die Kralle.

Lebt ganz wie die vorige Art und an denselben Stellen im nördlichen
Brasilien, am Amazonenstrom bei Para und verbreitet sich über Colum=
bien, Westindien und Nord=Amerika, wo diese Art häufig ist. —

11. Ardea erythromelas *Vieill.*

Vieill. Enc. méth. Orn. 1121. — *Wagler*, Isis 1829. 663. — *Pr. Max*
Beitr. IV. 629. 7.
Ardea involucris *Vieill.* ibid. 1127. (jung).
Garza roxa y negra *Azara* Apunt. III. 182. 360. und G. varia ibid. 185. 361.

Kleiner, Rückengefieder rothbraun, schwarz gefleckt; Hals olivengrau, vorn
weißlich mit dunklen Längsstreifen.

Viel kleiner als die vorigen beiden Arten, selbst kleiner als Ardea
minuta. Schnabel gelb, der Oberkiefer bis zum Mundrande braun; Zügel
und Augenring gelb, ebenso die Iris. Oberkopf längs der Mitte schwarz,
die Seiten rothbraun, einige Federn schwarz gestreift; Hals, Nacken und
Brust gelblich graubraun, die vordere Seite des Halses von der Kehle an
weiß, mit gelbgrauer Längslinie, die sich nach unten in Flecken auflöst,
Rücken rothbraun, schwarz und weiß gefleckt, d. h. jede Feder längs der
Mitte schwarz, am Innensaum rothbraun, am äußeren weiß gerandet;
Achselfedern sehr verlängert, übrigens ebenso gezeichnet. Kleinste Flügel=
deckfedern rothbraun, die mittleren weißlich gerandet; Schwingen schwarz=
braun mit rostrothen Spitzen. Bauch auf der Mitte weiß; die Seiten, die
Schenkel und der Steiß graugelbroth, dunkler gestreift. Schwanzfedern in
der Mitte graubraun, am Ende gelbroth, am Außenrande weiß gesäumt.
Beine blaßgelb, auf der vorderen Kante olivenbraun.

Die jungen Vögel ähneln dem alten im Farbenton, welcher aber
matter ist, und haben außerdem an allen Hals= und Rückenfedern breitere
dunklere Schaftstreifen, wodurch ihr Gefieder ein gleichförmiges Ansehn
erhält. —

Ganze Länge 12—13″, Schnabelfirste 1″ 10‴, Flügel 4″ 6‴,
Schwanz 1″ 8‴, Lauf 1″ 7‴, Mittelzehe 1″ 4‴ ohne die Kralle. —

Im mittleren und südlichen Brasilien, besonders in dem flachen
Küstenstrich von Capo frio bis zur Mündung des Rio Parahyba, wo
sumpfige Niederungen in Menge vorkommen, an denen dieser kleine Reiher

nicht selten ist. Azara beobachtete ihn auch in Paraguay und berichtet, daß man den Vogel mit der Hand greife, weil er nicht fliegen könne, was gewiß nicht auf alle Individuen Anwendung findet. —

12. Ardea Agami.

Gmel. Linn. S. Nat. I. 2. 629. 35. — Buff. pl. enl. 859. — Lath. Ind. orn. II. 699. 79. — Wagl. Syst. Av. I. sp. 21. — v. Tschudi Fn. per. Orn. 50. 5. — Schomb. Reise brit. Guy. III. 753. 372.

Hauptfarbe rothbraun; Oberkopf, Flügel und Schwanz schwarz; erzgrün schillernd.

Der alte Vogel mit langen silbergrauen Nacken- und Rückenfedern.

Der junge Vogel ohne beide, mit weißem Band. —

Ein zierlicher, schlank gebauter Reiher mittlerer Größe, mit sehr langem Schnabel aber sehr kurzen Krallen. — Unterschnabel, Zügel und Augengegend gelb, Oberschnabel schwarzbraun; Iris gelb. Oberkopf bis zum Nacken schwarz, am Hinterkopf einige lange, schmale, hellbleigraue Federn; Kehle weiß, mit braunrother Längslinie. Hals rostrothbraun, auf der Rückenseite und am Unterhalse bleigrau überlaufen, der Unterrücken schieferschwarz, erzgrün schillernd; Oberrücken rothbraun, ebenso die Brust, der Bauch, die Unterschenkel und der Steiß; Flügel schwarz, erzgrün schillernd, die Federn des Unterrückens hell bleigrau, lang und zugespitzt, über die Flügel herabhängend, der Schwanz schwarz, die Beine gelb. —

Der junge Vogel ist matter gefärbt, am Halse und Rücken mehr umbrabraun; der Oberkopf bis zum Nacken schwarz, die Schwingen und Schwanzfedern schwärzlichbraun, matt erzgrün schillernd; der Steiß, Bauch, die Unterschenkel und die Mitte der Brust weiß; der Vorderhals weißlich gefleckt, die Kehle ganz weiß, ohne rothbraune Mittellinie. —

Ganze Länge 28—30″, Schnabelfirste 5″, Flügel 10″, Schwanz 4″, Lauf 3″ 8‴, Mittelzehe 2″ 3‴ ohne Kralle.

Im nördlichen Brasilien, zu beiden Seiten des Amazonenstromes, in Guyana und Columbien zu Hause; lebt an den Ufern der Waldbäche, an offenen Stellen des Ufers auf dem Kies stehend, oder in der Nähe des Ufers auf freien überhängenden Zweigen sitzend.

13. Ardea coerulea Linn.

Linn. S. Nat. I. 238. 17. — Lath. Ind. orn. II. 689. 49. — Buff. pl. enl. 349. — Wils. Am. Orn. III. 20. pl. 62. f. 3. — Pr. Max Beitr. IV. 604. 2. Ardea coerulescens Lath. Ind. orn. II. 690. 49. — Wagl. Syst. Av. I. sp. 15. — Licht. Doubl. d. zool. Mus. 77. 792.

Alter Vogel schiefergrau, Kopf und Oberhals rostrothbraun; Beine grünlichgelb.

Junger Vogel weiß; Beine grünlichgrau.

Kleiner als die vorige Art, aber etwas kräftiger gebaut, der Schnabel kürzer und höher, die Beine stärker. Schnabel, Zügel und Augenring blei=grau, die Spitze des Schnabels allmälig dunkler, zuletzt schwarz; Iris perlfarben. — Gefieder am Kopfe und Oberhalse röthlich violett, mehr oder minder ins Braunrothe fallend; der ganze übrige Körper schiefergrau, die Schwingen und Schwanzfedern dunkler schwärzlicher; die Beine gelblich=grün. Am Hinterkopf, der Brust und dem Unterrücken die Federn schmal linienförmig zugespitzt und nur so länger, je älter der Vogel ist. —

Junger Vogel anfangs ganz matt weißlich gefärbt, später grau ge=tüpfelt, wenn sich die Federn der zweiten Mauser einstellen.

Ganze Länge 20½″, Schnabel 3″, Flügel 9″, Schwanz 3″, Lauf 3″, Mittelzehe 2″ ohne Kralle. —

Im nördlichen und mittleren Brasilien, besonders in der Nähe der Seegestade, sowohl am Meeresufer, als auch an Teichen und Seen in der Nähe; ist über Guyana, Columbien, Westindien bis nach Nord=Amerika verbreitet.

14. Ardea Cocoi *Linn.*

Linn. S. Nat. I. 237. 14. — *Lath.* Ind. orn. II. 699. 80. — *Lichtenst.*
Doubl. d. zool. Mus. 77. 786. — *Wagl.* Syst. Av. l. sp. 2. — *Pr. Max*
z. Wied Beitr. IV. 598. 1. — *Schomb.* Reise III. 752. 367. — *v. Tschudi*
Fn. per. Orn. 50. 4.
Ardea palliata *Illig.* Msc.
Ardea Maguari *Spix* Av. Bras. II. 171. tb. 90.
Ardea plumbea *Merr.*, *Ersch.* et *Grub.* Enc. V. 177.
Ardea coerulescens *Vieill.* Enc. méth. Orn. 1116.
Garza aplomado, *Azara* Apunt. III. 148. 347.

Rücken grau; Oberkopf, Brustseiten, Schwingen und Schwanz schwarz; Hals in der Jugend grau, vorn schwarz und weiß gestreift, im Alter weiß, vorn schwarz gestreift. —

Unserem grauen Reiher (Ardea cinerea) ähnlich, aber viel größer. Schnabel groß, stark, im Alter ganz gelb, in der Jugend der Oberkiefer, zumal nach hinten braun. Iris gelb. Zügel und Augenring bläulichgrau. Oberkopf von der Stirn bis zum Nacken schwarz, die Federn des Hinter=kopfes verlängert, zugespitzt. Der Hals des alten Vogels ganz weiß, nur vorn bis zum Unterhalse schwarz gestreift; die Brustseiten am Flügelbug bis zu den Schenkeln hinab und die Aftergegend schwarz; Unterschenkel, Bauchmitte und Steiß weiß; Schwingen und Schwanzfedern dunkelgrau, Rücken und Flügeldeckfedern hell bleigrau, gegen den Flügelrand die Federn weißlich gesäumt; Innenseite der Flügel grau, am Bug ein kleiner Höcker, der Rand daneben rein weiß. Beine am Anfange der nackten Strecke gelb, hernach braun, besonders die vordere Seite, die Zehen schwarz.

Der junge Vogel weicht vom alten in mehreren Punkten ab. Zuvörderst hat die graue Farbe einen bräunlichen Anflug, welcher am Deckgefieder mehr ins Weißliche übergeht. Der Hals ist nicht weiß sondern grau, vorn weißlich, dunkel schiefergrau gestreift bis zur Brust; die Kehle ist ganz weiß, die Strecke des Vorderhalses darunter dicht schwarz fein gestrichelt. Statt der schwarzen Brust sind die Seiten des Rumpfes am Flügel bis zur Achsel schwärzlichgrau, mit weißlichen Schaftstreifen; die ganze Unterfläche ist weiß, mit schwarzgrünen Streifen an der Innenfahne der Brust und des Bauches auf der Mitte. Die Beine sind oben und auf der Hinterseite blaßgelb, vorn und an den Zehen schwarzbraun. Die beiden äußeren Zehen breiter als sonst geheftet, die Krallen ziemlich lang, scharf und hoch gekrümmt. —

Ganze Länge 44″, Schnabelfirste 5″ 8‴, Flügel 16″—16″ 4‴, nackte Strecke des Unterschenkels 4″ 3‴, Lauf 7″, Mittelzehe 4″ ohne die Kralle. —

Der große Reiher hat ganz das Benehmen unseres grauen Reihers, lebt nicht im Walde, sondern an den Ufern der großen Flüsse, wo er gern im Wasser steht und auf Beute lauert. Ich sah den Vogel öfters am Rio St. Franzisco und erhielt das hier beschriebene junge Exemplar in Lagoa santa. Den alten Vogel hat Spix gut abgebildet. — Die Brasilianer nennen den Vogel Maguari oder Baguari, bei Marcgraf kommt er als Çocoï vor (hist. nat. Bras. 209.).

b. Gefieder des Halses kurz, knapp anliegend, wie das des übrigen Körpers rein weiß. 5. Leucerodia.

15. Ardea Leuce *Illig.*

Licht. Doubl. d. zool. Mus. 77. 793. — *Schomb.* Reise 752. 368.
Ardea Egretta *Wils.* Am. Orn. III. 9. pl. 61. f. 4. — *Wagl.* Syst. Av. I. sp. 7. *Lath.* Ind. orn. II. 694. 63. — *Buff.* pl. enl. 925. — *Pr. Max* Beitr. IV. 607. 3. — *v. Tschudi* Fn. per. Orn. 49. 1.
Ardea nivea *Jacq.* Beitr.
Guiratinga *Marcgr.* hist. nat. Bras. 210.
Garza grande branca *Azara* Apunt. III. 151. 348.
Garça branca der Brasilianer.

Gefieder weiß, Schnabel gelb, Beine schwarz; Kopf ohne Nackenschopf; Rückenfedern lang, mit zerschlissener Fahne.

Dieser schon ganz weiße Reiher hat völlig die Größe und das Ansehn unseres Silberreihers (Ardea alba *aut.*), unterscheidet sich aber von ihm durch den ganz gelben Schnabel und die ganz schwarzen Beine; die hintere Zügelpartie und der Augenring sind grünlich, die Iris ist gelb. Die Hin-

terkopffedern sind nicht verlängert, die des Unterrückens dagegen sehr be=
deutend. —

Ganze Länge 35″, Schnabelfirste 4″, Flügel 15″, Schwanz 6″,
Lauf 6″, Mittelzehe 3¾″.

Ich erhielt diesen Vogel bei Lagoa santa, wo er am Ufer des Sees
nicht selten war. —

16. Ardea nivea.

Licht. Doubl. d. zool. Mus. 77. 795. — *Lath.* Ind. orn. II. 696. 67.
Temm. Man. D'Orn. II. 576. — *Schomb.* Reise III. 753. 369.
Ardea candidissima *Gmel.* Linn. S. Nat. I. 3. 633. — *Jacq.* Beitr. 18. 13. —
Wagl. S. Av. I. sp. 11. — *Pr. Max* Beitr. IV. 612. 4. — *Wils.* Am.
Orn. III. 23. pl. 62. f. 4.
Garza chica branca *Azara* Apunt. III. 153. 349.
Garça branca pequena der Brasilianer.

Kleiner, ganz weiß, Schnabel und Beine bis zu den Zehen schwarz; Hin=
terkopf mit verlängertem Federschaft.

Wie die vorige Art dem großen, so gleicht diese dem kleinen Silber=
reiher (Ardea Garzetta), sie ist aber im Ganzen etwas kleiner. Der Schna=
bel ist schwarz; die Zügel, der Augenring und die Iris sind wachsgelb;
das weiße Gefieder besteht aus längeren, spitzeren Federn am Halse, die am
Hinterkopf und der Brust einen förmlichen Schopf bilden; die verlängerten
Federn des Unterrückens sind kürzer, und stark rückwärts gebogen mit der
Spitze. Die übrigens schwarzen Beine haben wachsgelbe Zehen. —

Ganze Länge 20″, Schnabelfirste 3″, Flügel 10″, Schwanz 3″,
Lauf 3″, Mittelzehe 2″ ohne die Kralle.

Ueberall häufig an wasserreichen Niederungen an Teichen und Seen,
wie auch am Meeresgestade. —

Anm. 1. Im Innern Brasiliens lebt noch eine dritte weiße Reiherart,
die Ardea candida *Briss.* Orn. V. 428. 15. — *v. Tschudi* Fn. per. Orn. 49.
2. — Garza blanca mediana *Azara* Apunt. III. 153. 351. — welche vielfältig mit
Ard. alba *aut.* verwechselt wird, aber kleiner ist, nur 22″ lang wird, und wie
Ard. alba einen gelben, längs der Firste schwarzen Schnabel besitzt, nebst oben
und auf der Hinterseite gelbem, vorn schwarzem Lauf mit schwarzen Zehen. Im
Gefieder stimmt die Art mehr mit Ard. alba als mit Ard. Leuce überein.

2. Außerdem gehört zur Gruppe der Reiher noch Eurypyga Helias
III. — *Wagl.* Syst. Av. I. — Ardea helias *Gmel.* — Scolopax Helias *Lath.*
Ind. orn. II. 725. 38. — *Buff.* pl. enl. 782. — Helias phalaenoides *Vieill.* Gal.
III. 117. pl. 244. — eine fein gebaute zierliche Reiherform mit buntem Ge=
fieder, breitem Schwanz und zarter Schnabel= wie Fußbildung, welche in Guyana
und Nord=Brasilien am Rio Negro auftritt.

Ciconiinae.

Plumper gebaute Sumpfvögel mit dickerem Schnabel, höheren Beinen, kürzeren Zehen und kurzen, dicken, mehr kuppigen Krallen, deren mittlere keinen gekerbten Rand hat; die drei Vorderzehen sind am Grunde etwas breiter geheftet, wenigstens die innere und mittlere.

3. Gatt. Ciconia.

Schnabel stark, hoch, grade oder sanft aufwärts gebogen, mit flacher, schmaler Nasengrube in der Nähe der Firste, worin ganz hinten am Kopfgefieder das schmale, spaltenförmige durchgehende Nasenloch sich befindet. Gesicht nackt, bisweilen der ganze Kopf und Hals unbefiedert. Gefieder sehr voll und derbe; die Kopf- und Hals-federn, wenn vorhanden, klein, nicht schopfartig verlängert. Flügel groß und stark, bis ans Ende des Schwanzes reichend; letzterer ziemlich groß, breitfedrig. Beine hoch und plump gebaut, die nackte Strecke des Unterschenkels lang, dieselbe und der Lauf warzig cha-grinirt getäfelt, ohne Halbgürtel; die Zehen obenauf mit kurzen Halb-gürteln bekleidet, ziemlich fleischig, mit kurzer Spannhaut am Grunde der vorderen; der Daumen nach Verhältniß kleiner, als bei den Rei-hern; die Krallen kurz, dick, kuppig.

1. Ciconia Mycteria *Illig.*

Lichtenst. Doubl. d. zool. Mus. 76. 782. — *Wagl.* Syst. Av. I. sp. 4.
Mycteria americana *Linn.* S. Nat. I. 252. 1. — *Buff.* pl. enl. 817. — *Lath.*
Ind. orn. II. 670. 1. — *Pr. Max* Beitr. IV. 675. 1. — *Schomb.* Reise
britt. Guy. III. 751. 364. — *v. Tschudi* Fn. per. Orn. 50. 6. 1.
Jabirú *Marcgr.* hist. nat. Bras. 200.
Collar roxo *Azara* Apunt. III. 117. 343.

Gefieder weiß; Kopf, Hals und Beine nackt, schwarz, am Halse eine rothe Binde. —

Einer der größten Störche der Erde, stark und kräftig gebaut; der Schnabel sehr hoch, sanft aufwärts gebogen, die Spitze des Oberschnabels etwas kuppig gewölbt, schwarz. Kopf und Hals im Alter nackt, ebenso ge-färbt, die untere Partie des nackten Halses fleischroth. Das ganze Gefieder nebst den Flügeln und Beinen weiß. Die Beine schwarz.

Der junge Vogel hat ein grauliches Gefieder, besonders am Rande der Federn auf dem Rücken, und einen mit weichen braunen Federn besetzten

Hinterkopf; sein Schnabel ist in dieser Zeit etwas kürzer und erscheint dadurch noch höher, als am alten Vogel; die fleischrothe Stelle des Unterhalses ist viel matter.

Ganze Länge 4½', Schnabelfirste 11—13", Flügel 2", nackte Strecke des Unterschenkels 6", Lauf 13—14", Mittelzehe 5" ohne Kralle. —

Ueber ganz Süd-Amerika verbreitet, lebt besonders im Innern an den großen Flüssen oder an Seen, wo sich die Vögel schaarenweise zu sammeln pflegen, aber scheu und wachsam, wie sie sind, nur selten sich beschleichen lassen. Ich erhielt den hier beschriebenen jungen Vogel bald nach meiner Abreise von Lagoa santa; das alte Individuum unserer Sammlung stammt aus Surinam. —

2. Ciconia Maguari *Temm.*

Temm. Man. d'Orn. II. 563. — *Wagl.* Syst. Av. I. sp. 7. — *Pr. Max z. Wied* Beitr. IV. 677. 1. — *Schomb.* Reise III. 752. 365.
Ciconia Jaburu *Spix* Av. Bras. II. 71. tb. 89.
Ardea Maguari *Gmel. Linn.* S. Nat. I. 2. 623. — *Lath.* Ind. orn. II. 677. 10.
Maguari *Marcgr.* hist. nat. Bras. 204.
Baguari, *Azara* Apunt. III. 114. 342.

Weiß; Schwingen und Schwanz schwarz; Gesicht und Beine dunkel fleischroth. —

Vom Ansehn unseres weißen Storches, aber viel größer. Schnabel nicht roth, sondern grau, gegen die Spitze hin allmälig dunkler, im Alter braun, in der Jugend schwarz. Zügel, Augenring und die nackte Kehle voll fleischroth. Gefieder am Kopfe und Halse dicht gedrängt, weiß gefärbt, etwas ins Gelbliche spielend am Rumpfe; große Flügeldeckfedern, Schwingen, Seitenfedern des Unterrückens und des Schwanzes schwarz, voll erzgrün schillernd. Beine voll fleischroth.

Der junge Vogel hat mattere Farben und braungraue Ränder an allen Federn, übrigens die Zeichnung des alten; der Schnabel ist anfangs ganz schwarz.

Ganze Länge 3⅓ Fuß, Schnabel 7—7½", Flügel 20", Schwanz 8", nackter Unterschenkel 3", Lauf 9", Mittelzehe 3" 8‴. —

Im Waldgebiet der Küstengegenden durch ganz Süd-Amerika verbreitet, aber nicht im Walde, sondern auf offenen feuchten Niederungen, wo dieser Storch ganz wie der europäische sich zeigt, aber viel scheuer ist, und den Jäger nicht leicht nahe kommen läßt. —

4. Gatt. Tantalus *Linn.*

Vögel vom Ansehn der Störche, mit mehr drehrundem, am Grunde hohem, dickem, nach vorn verschmälertem, sanft abwärts ge-

27*

bogenem, am Ende stumpfem, leicht gewölbtem Schnabel; kleinerem, mehr ovalem Nasenloch unmittelbar am Grunde neben der Firste; nacktem Gesicht, hohen Beinen und längeren Zehen, deren Lauf= bekleidung ebenfalls aus feinen, eckigen Chagrintäfelchen besteht; ihre Vorderzehen sind am Grunde breiter geheftet.

Tantalus Loculator *Linn.*

Linn. S. Nat. 1. 240. 1. — *Buff.* pl. enl. 868. — *Lath.* Ind. orn. II. 702.
1. — *Wagl.* Syst. Av. 1. sp. 1.   *Pr. Max* Beitr. IV. 682. 1. — *Wils.*
Am. Orn. III. 60. pl. 66. f. 1. — *Schomb.* Reise III. 756. 383. — *v.*
Tschudi Fn. per. Orn. 50. 8. 1.
Tantalus plumicollis *Spix* Av. Bras. II. 68. th. 85.
Ibis Nandapa *Vieill.* Enc. méth. Orn. 1149.
Jabirú-guaçu *Marcgr.* hist. nat. Bras. 200.
Coagui, *Azara* Apunt. III. 122. 344.

Gefieder weiß, Schwingen und Schwanzfedern schwarz; Gesicht und Kopf im Alter nackt, in der Jugend grau befiedert. —

Vom Ansehn eines kleinen Storches und nur durch die abweichende Schnabelform davon verschieden. Schnabel gräulich, nach der Spitze zu dunkler, die Mundränder röthlich, die Basis nebst dem nackten Gesicht schieferblaugrau, warzig schuppig auf der Oberfläche, Iris braun. — Ge= fieder weiß; Schwingen, vorderste Partie der großen Deckfedern und die Schwanzfedern schwarz, erzgrün schillernd; letztere fast ganz unter den gro= ßen weißen Deckfedern versteckt. Beine dunkel bleigrau, nach dem Unter= schenkel hinauf blauer, nach der Spitze zu heller, in fleischroth übergehend, die Zehen ganz fleischroth.

Der junge Vogel hat einen gräulichgelben Schnabel, und einen dicht von braungrauen weichen Federn bekleideten Kopf, ohne alle Nacktheit; das Gefieder ist matter, als am alten Vogel gefärbt; die Rumpffedern haben gräuliche Ränder, und die Flügeldeckfedern schwärzliche Schäfte. Die Farbe der Beine ist fleischbraun, die der Zehen wenig lichter. —

Ganze Länge 3' 4—6", Schnabel 8½", Flügel 18", Schwanz 6", nackte Unterschenkel 4", Lauf 7½", Mittelzehe 4" ohne die Kralle.

Ueberall gemein an Teichen, Seen, Flußufern, aber nicht am Meeres= gestade, wo der Vogel wie unsere schwarzen Störche im Sumpfe watet, und besonders nach großem Gewürm aller Art und Fischen hascht. In ein= samen Gegenden an Binnenseen trifft man ihn in Gesellschaft der Reiher, Störche und Ibis=Arten mitunter in großer Menge an; so im mittleren Gebiet des Rio St. Francisco, wo Spix und Martius die großen Ge= sellschaften solcher Sumpfvögel beobachteten (vgl. deren Reise u. den Atlas).

5. Gatt. Ibis *Möhr.*

Kleinere, feiner und zierlicher gebaute Vögel mit dünnerem, stärker gebogenem Schnabel, dessen Form an die von Numenius erinnert; Oberschnabel mit tiefer Längsfurche bis zur Spitze, worin hinten dicht vor dem Kopfgefieder das kleine enge Nasenloch sich befindet. Zügel, Gesicht und Kehle mehr oder weniger von Federn entblößt; das übrige Gefieder dicht und straff, gleichmäßig entwickelt. Flügel zierlicher, spitzer als bei den Störchen, in der Regel etwas kürzer als der mäßig entwickelte Schwanz. Beine feiner gebaut, der Unterschenkel und der Lauf theils mit kurzen, wenig abgesetzten Halbgürtelschildern auf der Vorderseite bekleidet, theils ganz chagrinirt getäfelt, wie bei den Störchen; die Zehen ziemlich lang, die vorderen am Grunde breiter geheftet, die Krallen schlanker, spitzer, graber.

Eine anatomische Eigenheit ist die Kleinheit der ganz kurzen, dreieckigen Zunge, welche diese Gattung mit der folgenden gemein hat; Nitzsch vereinigt darum beide in eine Unterabtheilung: Hemiglottides (Pterylogr. S. 193.).

A. **Lauf chagrinirt getäfelt; die nackte Strecke des Unterschenkels kurz, der Lauf nur wenig länger als die Mittelzehe.** Geronticus *Gould.*

1. Ibis melanopis *Forst.*

Ibis melanopis *Wagl.* S. Av. sp. 17. — *v. Tschudi* Fn. per. Orn. 51. 3.
Ibis albicollis *Pr. Max* 2. *Wied* Beitr. IV. 698. 1. — *Schomb.* Reise britt. Guy. III. 757. 388.
Tantalus melanopis *Forst.* Desc. Anim. p. 332. — *Gmel* I. l. 633. — *Lath.* l. l. 5.
Tantalus albicollis *Gmel. Linn.* S. Nat. I. 2. 653. — *Buff.* pl. enl. 976. — *Lath.* Ind. orn. II. 704. 6.
Geronticus melanopis *Gould. Darw.* Zool. of the Beagl. Orn. III. 128.
Curicáca *Marcgr.* hist. nat. Bras. 191.
Mandurria ó Curucáu *Azara* Apunt. III. 189. 362.

Schiefergrau, die Federn blaß gerandet, die Schwingen erzgrün; Kopf und Hals gelb, Oberkopf braun.

Gedrungen gebaut, mit kurzen fleischigen Beinen. Schnabel, nacktes Gesicht und Kehle schwarz, die Spitze des Schnabels blaßgrünlich. Gefieder des Kopfes und Halses blaß bräunlichgelb, der Oberkopf bis zum Nacken und der Unterhals an der Brust ganz braun. Rücken, Flügel und Rumpfgefieder bräunlich schiefergrau, die Federn blasser weißgraugelb gerandet,

vor dem Rande ein dunklerer Saum; große Flügeldeckfedern an der Vor=
derfahne weißgrau, die hintersten ganz schwarz. Schwingen und Schwanz=
federn schwarz, lebhaft erzgrün schillernd, oder bei recht alten Vögeln gar
kupferroth. Der Schwanz keilförmig zugespitzt, etwas länger als die Flügel.
Beine dunkel fleischroth, Iris hellbraun.

Der junge Vogel viel matter gefärbt, als der alte, der Ton mehr
aschgrau, die breiten weißen Flügeldeckfedern heller grau, der Oberkopf und
der Hals mit dunklen Schaftstreifen. —

Ganze Länge 26″, Schnabel 5″ 8‴, Flügel 13″ 9‴, Schwanz 8″,
Schienbein 1¼″ nackt, Lauf fast 3″, Mittelzehe 2″ ohne Kralle. —

Ueber ganz Süd=Amerika verbreitet und überall ein bekannter Sumpf=
vogel, welcher in kleineren oder größeren Gesellschaften besonders im Bin=
nenlande an den Sümpfen der Niederungen neben Teichen und Seen sich
aufhält, aber mehr im Wiesengrunde als im Wasser seine Nahrung sucht.
Die Brasilianer nennen den Vogel mit seinem alten guaranischen Namen
Curicáca. Er geht südwärts, wenigstens im Sommer, bis zum Feuerlande,
wo ihn zuerst N. Förster beobachtete. —

2. Ibis plumbea *Temm.*

Planch. color. 235. — *Wagl.* Syst. Av. I. sp. 14. — *v. Tschudi* Fn. peruan.
    Orn. 51. 1.
Ibis coerulescens *Vieill.* Enc. méth. Orn. 1147.
Curucáu aplomado *Azara* Apunt. III. 195. 363.

Bleigrau, Rücken und Flügel erzgrün, Stirnrand weiß, Schnabel schwarz.

Größe und Gestalt der vorigen Art und ihr nahe verwandt im gan=
zen Körperbau. Schnabel, Zügel und nackte Kehle schwarz; vorderster
Stirnrand weiß, das ganze übrige Gefieder schön bleigrau, die Nacken=
federn etwas schopfartig verlängert; Rücken und Flügeldeckfedern bräunlich
olivengrün, erzfarben glänzend; Schwingen und Schwanzfedern schwarz,
erzgrün schillernd. Beine rothgelb, Iris orange. —

Ganze Länge 26″, Schnabel 5″, Flügel 11″, Schwanz 6″, Lauf 3½″.
Im Süden Brasiliens und in Paraguay.

3. Ibis infuscata *Licht.*

Lichtenst. Doubl. d. zool. Mus. 75. 778. — *Pr. Max z. Wied* Beitr. IV.
    699. 2.
Ibis nudifrons *Spix* Av. Bras. II. 69. tb. 86. — *Wagl.* S. Av. I. sp. 6.
Curucáu ofeytado *Azara* Apunt. III. 201. 363.

Schwarzbraun, kupferig violett glänzend; nacktes Gesicht und Schnabel
fleischroth. —

Ebenfalls vom Ansehn der ersten Art, nur etwas zierlicher gebaut. Schnabel und das nackte Gesicht mit der Kehle bis zu den Augen hin hell fleischroth, die Iris braun. Ganzes Gefieder schwarzbraun, überall mit lebhaftem Kupferglanz, der bei älteren Exemplaren stärker ist und mehr ins Violette spielt; Schwingen und Schwanzfedern dunkel erzgrün. Beine fleischbraunroth. —

Der junge Vogel ist anfangs einfarbig graubraun, mit schwarzen Schwingen und Schwanzfedern, ohne allen Metallglanz. —

Ganze Länge 20″, Schnabel 4½″, Flügel 10″, Schwanz 4″, Lauf 2″ 8‴, Mittelzehe 1″ 10‴ ohne die Kralle. —

In der Provinz von Rio de Janeiro, an den Teichen und Seen zunächst dem Meeresgestade im Schilf und dort häufig; geht weiter südwärts nach St. Paulo, Sta Catharina und Paraguay.

4. Ibis cayennensis *Gmel.*

Gmel. Linn. S. Nat. I. 2. 652. — *Buff.* pl. col. 820. — *Lath.* Ind. orn. II. 704. 3. — *Schomb.* Reise britt. Guy. III. 757. 386.
Ibis sylvatica *Vieill.* — *Pr. Max z. Wied* Beitr. IV. 702. 3.
Ibis dentirostris *Wagl.* Syst. Av. I. sp. 7.

Schwarzbraun, stahlblau und erzgrün schillernd; die Nackenfedern verlängert; Schnabel und nacktes Gesicht grünlich.

Etwas größer als die vorige Art, sonst ebenso gestaltet. Schnabel, Zügel und nacktes Gesicht grünlichgrau, die hintere Partie des Gesichtes bleifarbener, bei recht alten Vögeln bläulich. Iris braun. Gefieder schwarzbraun, die Nackenfedern etwas verlängert, wie der ganze Rumpf bläulich erzfarben schillernd, die Flügel mehr kupferig erzgrün, die Schwingen und der Schwanz schwärzer, erzgrün schillernd. Beine wie der Schnabel gefärbt, aber heller. —

Junger Vogel braungrau, die Federn des Vorderkopfes und Vorderhalses weißlichgrau, mit blassen Schaftstreifen; die Schwingen und Schwanzfedern schwarz, erzgrün schillernd. Schnabel und Beine bläulicher, matter gefärbt. —

Ganze Länge 22—24″, Schnabel 4½—5″, Flügel 11—12″, Schwanz 5—6″, Lauf 2—2⅓″, Mittelzehe 1″ 9—10‴. —

Bewohnt die Sümpfe und schilfreichen Ufer der Flüsse im dichten Urwalde der mittleren und nördlichen Gegenden Brasiliens, und verbreitet sich bis nach Guyana; sitzt gern auf Zweigen über dem Wasser und fliegt in der Dämmerung wie die Waldschnepfe.

5. Ibis oxycercus *Spix.*

Aves Bras. II. 69. 1. tb. 87. — *Wagl.* Syst. Av. I. sp. 15. — *Schomb* Reise brit. Guy. III. 757. 387.

Dunkel schwarzbraun, stahlblau schillernd; Schwanz verlängert, zugespitzt.

Auch diese Art steht den vorigen beiden nahe, ist aber noch größer als die vorhergehende und besonders an dem längeren spitzen Schwanz kenntlich. — Der Schnabel und das nackte Gesicht sind im Leben blaß fleischroth, der Mundwinkel und die Augengegend dunkler, der Schnabel gelblicher, mit leicht gebräunter Spitze. Die Backen unter den Augen und ein mittlerer Streif an der Kehle sind mit weichen, dunigen, grauen Federn bekleidet, ebenso die Stirn bis an die Augen; vom Mittelkopf an wird das Gefieder derber, bekommt eine dunkel schwarzbraune Farbe und einen lebhaften bald mehr bläulichen, bald grünlichen Metallschiller; die Schwingen und Schwanzfedern haben einen sehr dunklen, schwarzgrünen Ton. Die Beine sind fleischrothgelb.

Jungen Vögeln fehlt der Stahl- und Erzschiller, ihr Gefieder ist rauchbraun, der Vorderkopf mit der Kehle weißlicher.

Ganze Länge 30—31″, Schnabel 5″ 9‴, Flügel 13″, Schwanz 10″, Lauf 2½″. —

Am oberen Amazonenstrom und nördlich davon am Rio Negro von Spix gesammelt, später auch von Schomburgk am Tanuku in brit. Guyana gefunden. —

B. Lauf vorn getäfelt, die nackte Strecke des Unterschenkels ebenfalls; Hals länger, dünner, die Beine höher als in der vorigen Gruppe. Ibis aut.

6. Ibis Guarauna *Licht.*

Lichtenst. Doubl. d. zool. Mus. 75. 777. — *Wagl.* Syst. Av. I. sp. 8. Numenius Chihi *Vieill.* N. Dict. d'hist. nat. Tm. 8. 303. Numenius Guarauna *Lath.* Ind. orn. II. 712. 8. Scolopax Guarauna *Linn.* S. Nat. I. 422. 1. Curucau cuello jaspeado *Azara* Apunt. III. 197. 364.

Gefieder graubraun, Kopf und Hals fein weiß gestrichelt; Flügel und Schwanzfedern kupferig erzgrün schillernd. —

Schlanker, zierlicher, hochbeiniger als alle vorigen Arten. Schnabel bleigrau, nackte Zügel dunkel fleischrothbraun, grau überlaufen. Gefieder des Kopfes, Halses und Rumpfes graubraun, matt, ohne Glanz; die Kopf- und Halsfedern mit feinen weißen Rändern; Rücken, Flügel und Schwanz mit lebhaftem Metallschiller, der bald mehr in Kupferroth, bald in Erzgrün spielt; der Unterrücken lebhaft violett stahlblau. Die Achselfedern verlängert, mit zerschlissenen Fahnen. Beine dunkel violettrothbraun, durch lange Zehen und schlanke spitze Krallen sich auszeichnend.

Der junge Vogel hat keinen Erzschiller am Rücken und eine mattere grauere Farbe am ganzen Körper.

Ganze Länge 22″, Schnabelfirste 5″ 3‴, Flügel 9″, Schwanz 3″, nackte Strecke des Unterschenkels 2⅓″, Lauf 4″, Mittelzehe 2″ 8‴ ohne Kralle. —

Im südlichen Brasilien, Sta Catharina, Rio grande do Sul, Monte-video und Paraguay einheimisch; in der Lebensweise mit den früheren Arten übereinstimmend.

7. Ibis rubra *aut.*

Wagl. Syst. Av. I. sp. 4. — *Wils.* Am. Orn. III. 63. pl. 66. f. 2. — *Schomb.* Reise brit. Guy. III. 756. 384.
Tantalus ruber *Linn.* S. Nat. I. 241. 5. — *Buff.* pl. enl. 80. 81. — *Lath.* Ind. orn. II. 703. 2.
    Junger Vogel.
Tantalus fuscus *Linn.* S. Nat. I. 242. 7. — *Lath.* Ind. orn. II. 705. 8.
Ibis leucopygus *Spix* Av. Bras. II. 70. 3. tb. 87.
    Nestvogel.
Tantalus minutus *Linn.* S. Nat. I. 241. 3. — *Lath.* Ind. orn. II. 708. 19.

Ganzes Gefieder scharlachroth, nur die Handschwingen außen und an der Spitze schwarz.

Gestalt der vorigen Art, der Schnabel länger, die Beine besonders aber die Zehen kürzer, mit viel kürzeren, stumpferen Nägeln.

Schnabel des alten Vogels schwarzbraun, die Basis fleischroth, wie die nackte Stirn, Kehle und Zügelgegend; alle diese Stellen fein runzelig. Gefieder lebhaft scharlachroth, nur die Außenseite der Schwingen und die Spitze der Innenseite sind schwarzbraun. Beine fleischroth.

Der junge Vogel ist im Nestkleide blaßbraun am Rücken, weißlich am Bauch und Steiß; das nackte Gesicht und die Beine haben einen hellen Fleischton, der Schnabel aber ist gelblich gefärbt. Nach der ersten Mauser wird die Farbe lichter, namentlich graulicher; mit der zweiten stellen sich blaß rosenrothe Federn ein, die mit jeder Mauser eine dunklere, zuletzt scharlachrothe Farbe bekommen.

Ganze Länge 24″, Schnabelfirste 6″, Flügel 10″, Schwanz 3″, nackte Strecke des Unterschenkels 1″ 10‴, Lauf 3″ 3‴, Mittelzehe 1″ 6‴ ohne die Kralle.

Der rothe Ibis gehört den nördlichen Gegenden Brasiliens an und ist häufig in der Nähe des Amazonenstromes, kommt aber bei Rio de Ja-neiro nicht mehr vor. Indessen sah ich den Vogel hier lebend, im Käfig gehalten, und zwar im Uebergangsgefieder, mit rosenrothen und braunen Federn und schwarzbraunen Schwingen. Etwas jünger ist das Individuum, worauf Spix seinen Ibis leucopygns gegründet hat.

8.   Ibis alba *aut.*

Wagl. Syst. Av. I. sp. 5. — *Wils.* Am. Orn. III. 64. pl. 66. fig. 3. Tantalus albus *Linn.* S. Nat. I. 242. 6. — *Buff.* pl. enl. 915. — *Lath.* Ind. orn. II. 705. 9.

Gefieder weiß, Gesicht und Beine fleischfarben, vorderste Handschwingen schwarz. —

Ganzes Ansehn und Größe der vorigen Art, aber das Gefieder rein weiß im Alter, nur die vier vordersten Handschwingen schwarz, mit grünlichem Metallschiller. Gesicht, Zügel, Kehle und Grund des Schnabels fleischroth, die nackten Stellen fein gerunzelt, der Schnabel allmälig durch grün in schwarz gegen die Spitze hin übergehend. Beine fleischroth. —

Der junge Vogel hat überall grauliche Federnränder und einen blaßgelblichen Schnabel mit bräunlicher Spitze.

Ganze Länge 24″, Schnabelfirste 6″, Flügel 11″, Schwanz 3½″, Lauf 2″ 9‴, Mittelzehe ohne Kralle 2″ 3‴. —

Der weiße Ibis ist vorzugsweise über Westindien, die wärmeren Gegenden Nord-Amerikas, über Columbien und Guyana verbreitet; nach Brasilien kommt er, wie es scheint nicht, als höchstens in das Gebiet des Amazonenstromes bis zum Rio Negro.

6. Gatt.   Platalea *Linn.*

Stirn, Zügel und Kehle nackt; Schnabel am Grunde hoch, stark mit breit abgeplatteter Firste, die nach vorn sehr schnell fällt und von der Mitte an zu einer breiten, ganz flachen ovalen, spatelförmigen Platte sich ausbreitet; darauf am Rande, dem Umfange concentrisch, die Fortsetzung der Nasenfurche, welche wie bei Ibis bis zur Spitze reicht, und hinten, etwas vor der Stirn, wo die Furche sich stark vertieft, das länglich ovale Nasenloch. Kopf, Hals und Rumpf dicht befiedert, wie bei Ibis; Flügel groß und stark, doch nicht länger als der Schwanz. Beine mit beträchtlich nacktem Unterschenkel, mäßig langem Lauf und ziemlich langen Zehen, von denen die 3 vorderen durch breite Spannhäute am Grunde verbunden sind; die Oberfläche des Laufs und Unterschenkels, wie beim Storch, chagrinirt getäfelt; die Zehen mit kurzen Halbgürteln. —

Platalea Ajaja *Linn.*

Linn. S. Nat. I. 231. 2. — *Buff.* pl. enl. 165. — *Lath.* Ind. orn. II. 668. 2. — *Wils.* Am. Orn. III. 26. pl. 63. f. 1. — *Pr. Max z. Wied* Beitr. IV. 668. 1. — *v. Tschudi* Fn. per. Orn. 50. 7. 1. — *Schomb.* Reise III. 755. 382.

Ajaja, *Marcgr.* hist. nat. Bras. 204.

Espátula *Azara* Apunt. III. 128. 345.

Culhere der Brafilianer.

Kopf und Hals weiß, übriges Gefieder rosenroth, große Deckfedern und Schwingen karminroth, bei jüngeren Vögeln schwarz.

Etwas kleiner als der Europäische Löffelreiher, der Schnabel nach Verhältniß breiter. — Schnabel grünlichweiß, bei jungen Vögeln ein= farbig, bei älteren nach der Bafis zu schwarzfleckig; Iris hochroth, nach innen orange; Zügel, Augenring und Kehle gelbroth, fein gerunzelt. Kopf und Hals weiß; der Rücken, die Flügel und der Bauch rosenroth; die gro= ßen Deckfedern und die Schwingen karminroth, desgleichen der Unterrücken, aber der Schwanz blaßroth. Beine fleischroth, die untere Partie des Laufs und die Zehen mehr gebräunt. —

Ganz alte Vögel haben einen nackten grünlichgrauen Oberkopf, der von einer schwarzen Schläfenbinde umfaßt wird; ihr Gefieder ist länger, am Unterhalse und auf der Achsel reiherartig feinästig; ihr Schnabel schwarz quergewellt, und ihre Beine ganz fleischroth.

Im mittleren Alter haben der Oberkopf und die Schläfen ein dich= tes weißes Gefieder, wie der Hals; der Farbenton des Rumpfes ist blaß= rosa; die Spitzen der Deckfedern und Schwingen sind schwarz, die Beine fleischbraun mit blaßrother Bafis.

Noch jüngere Vögel erscheinen ganz weiß, mit graulichen Federn= rändern, besonders auf den Flügeln und am Schwanze. Die Beine ganz schwarzbraun.

Ueber das ganze wärmere Amerika verbreitet, besonders am See= gestade und an den größeren Flüssen aufwärts von der Mündung, auch im Binnenlande; häufig an den Baien wo Untiefen sind, auf denen die Vögel zur Ebbezeit nach Nahrung suchen können, und eine weite Aussicht ihnen frei bleibt; denn sie sind ungemein scheu und schwer zu beschleichen. Das hier beschriebene Exemplar mittleren Alters stammt von der Insel Sta Catharina und hat folgende Maaße:

Ganze Länge 28″, Schnabelfirste 5″, Flügel 14″, Schwanz 4″, nackte Strecke des Unterschenkels 3″, Lauf 4″, Mittelzehe 3″ ohne die Kralle. —

Achte Ordnung.
Schwimmvögel. Natatores.

Die Anwesenheit einer Hautfalte nicht bloß zwischen den ersten Gelenken der Vorderzehen, sondern zwischen den ganzen Zehen bis zum Krallengliede hinab bildet das Hauptmerkmal dieser letzten Gruppe unter den Vögeln. Bei einer Familie, den Steganopoden, ist auch die vierte hintere Zehe durch die Schwimmhaut mit den vorderen verbunden und in Folge dessen mehr nach innen als nach hinten gestellt; gewöhnlich bleibt die Hinterzehe außer der Schwimmhaut, oder fehlt ganz. In der Mehrzahl der Fälle hat der Lauf einen kurzen, kräftigen, soliden Bau, nur einmal, bei Phoenicopterus, wird er sehr lang und sehr dünn, ganz wie bei einem Sumpfvogel, und eben diese Gattung ist durch eine lange, nackte Strecke des Unterschenkels den Sumpfvögeln ähnlich, auch bisher gewöhnlich zu den Sumpfvögeln gerechnet worden; bei den übrigen typischen Schwimmvögeln geht die Befiederung bis nahe an das Hackengelenk, läßt aber stets das Gelenk nackt und unbedeckt. Das sind die Eigenschaften der Fußbildung bei den typischen Schwimmvögeln; eine Gattung: Podiceps, hat keine geschlossenen Schwimmhäute, sondern breite Hautlappen an den Zehen; eine andere: Aptenodytes, keine einfachen Laufknochen, wie alle übrigen Vögel, sondern drei kurze, an den Enden verwachsene Tafelbeine, mehr nach dem Typus der Säugethiere. —

Im ganzen übrigen Körperbau der Schwimmvögel liegt kein so sicherer Gruppencharakter, wie im Fuß. Sie haben in den meisten Fällen kürzere Schnäbel und daneben längere Hälse, als die Sumpfvögel, bei denen Schnabel= und Halslänge mehr in Harmonie stehen; dann ein sehr dichtes, aus zahlreichen kleinen Federn gebildetes Gefieder mit selbstständigen Dunen zwischen den Deckfedern; eine sehr große stark entwickelte Bürzeldrüse und einen gewöhnlich nur schwachen, kleinfedrigen Schwanz. Die meisten nisten am Boden, bauen gar keine oder unvollständige Nester, füttern ihre Jungen nicht, und

fliegen, gleich den Sumpfvögeln mit nach hinten ausgestreckten Bei=
nen, während alle anderen Vögel beim Fluge die Beine an die Brust
ziehen und unter dem Brustgefieder verstecken. Diese beiden Eigen=
schaften, die Haltung der Beine im Fluge und der höchst mangel=
hafte, auch für die meisten Sumpfvögel geltende Nestbau zeigen die
nähere Verwandtschaft an, worin Sumpf= und Schwimmvögel zu
einander stehen. —

Sie zerfallen gleichfalls in vier Gruppen, deren Unterschiede
nicht so scharf sich angeben lassen, weil sie zugleich an mehreren
Organen auftreten. —

Zweiunddreißigste Familie.

Siebschnäbler. Lamellirostris.

Der Schnabel ist nicht viel länger als der Kopf und bloß von
Wachshaut bekleidet, mit Ausnahme der Spitze, die von einer Horn=
schuppe mehr oder weniger bedeckt wird. An den Rändern beider
Schnabelhälften zeigen sich kleine Kerben, von denen dünne Horn=
blättchen nach innen gegen die Mundhöhle entspringen, senkrecht ne=
ben einanderstehen und so gestellt sind, daß die Blättchen beider
Schnäbel abwechselnd zwischen einander liegen. Gewöhnlich hat auch
die starke, fleischige Zunge einen eben solchen Blätterbesatz an beiden
Seiten. Das Gefieder ist sehr dicht und kleinfedrig; die Flügel ha=
ben keine sehr große Länge, aber zahlreiche (24—32) Schwingen;
der Schwanz ist ganz klein, schwachfedrig und unentwickelt, obgleich
die Zahl seiner Federn in den meisten Fällen mehr als zwölf (14—24)
beträgt. Die Füße besitzen vier vollständige Zehen, von denen aber
nur die drei vorderen durch Schwimmhaut zum Ruderorgan ver=
bunden sind. Diese Vögel legen ungefleckte, weiße, matt grünliche,
oder matt isabellgelbe Eier. Ihre Nahrung besteht theils in Vege=
tabilien, theils in Gewürm oder in Fischen; jene leben mehr an
Binnengewässern, diese mehr am Seegestade oder auf Binnenmeeren.

1. Phoenicopridae s. Odontoglossae.

Schnabel stiefelartig geknickt; der Oberschnabel flach, nach vorn
etwas breiter; der Unterschnabel hoch zur Aufnahme des oberen, die

Hornschuppe an der Spitze jenes flach gewölbt, sanft mit der Spitze herabgebogen, so breit wie die ganze Spitze. Nasenloch eine lange enge Spalte am hinteren Rande des Oberschnabels; Beine sehr lang, die Zehen kurz, die hinteren klein, nicht auftretend.

1. Gatt. Phoenicopterus *Linn.*

Zu den angegebenen Charakteren der Gruppe kommt noch der lange dünne Hals, der kleine Kopf, welcher kürzer ist, als der Schnabel; die nackten Zügel, und die ganz enorme Länge des Beines in den beiden Strecken des Unterschenkels und Laufs, während die Zehen kurz, aber durch eine vollständige Schwimmhaut verbunden sind. Beide Abschnitte haben vorn und hinten schief neben einander liegende schmale Halbgürtel. Am Schnabelrande ist die Kerbung fast ganz verschwunden und die Lamellenbildung in Folge dessen sehr fein, niedrig, dicht zusammengedrängt und schwach. Das Gefieder zeigt nichts Eigenes, und schließt sich sowohl in der Beschaffenheit, als auch in der Färbung an Ibis und Platalea, besonders an die fast ganz rothen Arten der neuen Welt. —

Anm. Man hat diese Gattung ziemlich allgemein zu den Sumpfvögeln gestellt und an die Störche angereiht, aber die Schnabel- und Fußbildung bringen sie ebenso entschieden, wie das Knochengerüst, zu den Schwimmvögeln, unter denen sie ein sehr natürliches Bindeglied zwischen Platalea und Cygnus verstellt.

Phoenicopterus ignipalliatus.

Ph. ruber var. *Linn.* S. Nat. I. 230. — *Buff.* pl. enl. 63. — *Lath.* Ind. orn. II. 788. 1. — *Schomb.* Reise britt. Guyana III. 761. 412.
Phoenicopterus ignipalliatus *Geoffr.* Ann. d. Sc. natur. XVII. 454. — *Guérin,* Magaz. d. Zoolog. II. 2. pl. 2. (1832.). — *v. Tschudi* Fn. per. Orn. 53. 20. 1.
Phoenicopterus chilensis *Molina* hist. nat. Chil. 214. — *Lath.* Ind. orn. II. 789. 2.
Flamenco, *Azara* Apunt. III. 133. 346.

Rosenroth, Flügel feuerroth, vordere Hälfte des Schnabels und die Schwingen schwarz. —

Das höchst eigenthümliche Ansehn des Vogels wird besonders durch den enorm langen Hals, den kleinen Kopf und den dicken, ziemlich starken geknickten Schnabel bewirkt. Letzterer ist von der Spitze her bis genau in die Mitte der Biegung hinein schwarz, hernach blaß gelbroth, gleich den nackten Zügeln. Das ganze Gefieder hat eine lichte Rosafarbe, nur die sämmtlichen Flügeldeckfedern sind feuerroth, die Schwingen aber schwarz.

Der kleine Schwanz besteht aus vierzehn Federn. Die Beine haben eine dunkel violettgraue Farbe, nur das Hackengelenk und die Schwimmhäute haben ein entschieden fleischrothes Colorit. —

Der junge Vogel ist anfangs ganz grün, wie ein junger Schwan, bekommt aber schon nach der ersten Mauser seine hellrothe Farbe; die Beine sind ganz blaßbraun; der Schnabel ist weißbläulich an der Basis, schwarz an der Spitze. —

Ganze Länge 3′ 3″, Schnabelfirste 5″, Hals über 1½′, Flügel 15″, nackte Strecke des Unterschenkels 6″, Lauf 11″, Mittelzehe 3″ ohne Kralle.

Nicht bloß am Meeresgestade, sondern auch an den Flüssen des Binnenlandes durch ganz Süd-Amerika verbreitet, aber nur stellenweis heimisch, nicht überall gleich häufig. Besonders im Süden häufiger, namentlich im Gebiet des Rio de la Plata, wo Azara den Vogel in großen Schaaren zusammen antraf. Lebensweise und Gewohnheiten ganz wie bei der Europäischen Art, fischt kleine Wasserthiere mit umgekehrtem Schnabel an der Oberfläche, baut ein hohes Nest aus Schilf, worauf der Vogel reitend brütet, und liefert einen wohlschmeckenden Braten, der dem Gänsebraten nicht nachsteht. —

Anm. Isid. Geoffroy St. Hilaire hat am angeführten Orte in Guérin's Mag. d. Zool. vier Flamingo-Arten unterschieden, nachdem Temminck im Text zu pl. 419. der Abbild. schon 3 Arten angenommen hatte. Ihre Unterschiede sollen hauptsächlich in der Größe der schwarzen Schnabelspitze liegen.

1. Ph. antiquorum *Temm.* l. l. ist blaßroth, mit dunkel rosenrothen Flügeln, schwarzen Schwingen und bloß an der Spitze schwarzem Schnabel.

2. Ph. minor *Temm.* pl. 419. ist viel kleiner, hat besonders einen viel kürzeren Hals, einen braunrothen Schnabel mit schwarzer Spitze und lichteren Rändern am Flügeldeckgefieder und lebt am Senegal.

3. Ph. ruber *Wils.* (Am. Orn. III. 66. pl. 66. f. 4.) ist ganz dunkel feuerroth mit blaßrothem Schnabel, schwarzen Schwingen und kurzer schwarzer Spitze am Schnabel. — Nord-Amerika.

4. Ph. ignipalliatus *Geoffr.* Die hier beschriebene süd-amerikanische Art mit blaßrothem Gefieder, feuerrothen Flügeln, schwarzen Schwingen und bis zur Mitte schwarzem Schnabel. — Süd-Amerika.

Da ich nur die Europäische Art selbst untersuchen kann, so darf ich die Triftigkeit dieser Unterschiede hier nicht weiter prüfen, sondern überlasse die Entscheidung weiteren eigenen Untersuchungen. —

2. Anatidae.

Unterschenkel kurz, die nackte Strecke nur dicht über dem Hackengelenk als Gürtel sichtbar. Schnabel grade, ohne Winkelung in der Mitte; beide Hälften flach, niedrig, der Oberschnabel nach hinten gewölbt, mit ovalem Nasenloch in der Nähe der Firste. —

2. Gatt. Cygnus *Linn.*

Schnabel nach vorn etwas breiter, mit flacher schmaler Hornkuppe in der Mitte des Vorderrandes. Zügel nackt. Hals gewöhnlich sehr lang und dünn; Rumpf breit, groß, mit starken kräftigen
Flügeln, aber kleinem spitzem Schwanze, der aus 16—24 schmalen,
schwachen Federn besteht. Bürzeldrüse sehr groß mit zwei völlig getrennten Oeffnungen. Beine besonders groß, der Lauf stark, die
Zehen lang, mit ganzer Schwimmhaut; nur der Daumen klein nach
Verhältniß. Beide Geschlechter von gleicher Farbe und Zeichnung.

Cygnus nigricollis.

Anas nigricollis *Gmel. Linn.* S. Nat. 1. 502. — *Lath.* Ind. orn. II. 834. 3.
Anas melanocorypha *Mol.* hist. nat. Chil. 207.
Cygnus nigricollis *aut.* — *Rupp.* Mon. Mus. Senkenb.
Cisne de cabeza negra *Azara* Apunt. III. 404. 425.

Weiß, Kopf und Hals schwarz, Schnabel und Beine roth.

So groß wie ein kleiner Singschwan und ziemlich so gebaut, nur
Schnabel und Beine nach Verhältniß kleiner, schwächer. Schnabel, Zügel
und nackter Augenring roth; Iris braun. Kopf und Hals bis über die
Mitte hinab schwarz; hinter dem Auge ein weißer Streif; der ganze übrige
Körper weiß. Die Beine roth. Flügel sehr kurz, erreichen kaum die Basis
des Schwanzes; Schwanz zwölffedrig; Schwingen 28, die drei ersten die
längsten und gleichlang.

Ganze Länge 40" (3' 4"), Schnabelfirste 3", Flügel 14", Lauf 3",
Mittelzehe 4" ohne die Kralle. —

Ich erhielt das hier beschriebene Exemplar direkt aus Brasilien, von
der Insel Sta Catharina, wo der Vogel also noch vorkommt; eine mehr
nach Norden gelegene sichere Brutstätte an der Ostküste ist mir nicht bekannt.

Gatt. Anser *aut.*

Schnabel so lang wie der Kopf oder etwas kürzer, am Grunde
hoch, dann schnell nach vorn abfallend, mit vorwärts convergirenden
Rändern, und großer breiter, die ganze Spitze einnehmender Hornkuppe. Nasenloch kurz oval, weit durchgehend. Zügel dicht befiedert. Hals lang, dünn, kürzer als am Schwan, aber länger als
bei den Enten. Flügelfedern kräftig entwickelt, die zweite Schwinge
die längste, aber die erste nur wenig kürzer. Schwanz zwar nicht

grade groß, aber doch etwas kräftiger als bei den meisten Enten, die Form kürzer, mehr abgerundet, die Zahl der Federn 12, 14 oder 16, bisweilen 18. Beine nicht völlig so stark, wie die der Schwäne, aber viel kräftiger als die der Enten, besonders der Lauf höher, stärker, die Zehen daher kleiner erscheinend, indem die Mittelzehe stets kürzer ist als der Lauf, die Hinterzehe ziemlich groß; die Krallen aller Zehen dicker, mehr gebogen, stumpfer. Gefieder bei beiden Geschlechtern übereinstimmend. —

A. **Chenalopex.** Schnabel sehr kurz, aber auch ziemlich dick; am Handgelenk des Flügels ein Höcker oder Sporn. Schwanz groß, vierzehnfedrig. Lauf vorn klein getäfelt.

1. Anser jubatus *Spix.*

Spix, Aves. Brasil. II. 84. th. 108. — *Schomb.* Reise britt. Guy. III. 762. 413. Anser pollicaris *Illig.* — *Lichtenst.* Nom. Av. Mus. ber. 101. — Verz. d. Hall. Samml. 71. 6.

Kopf, Hals und Brust grau; Rand der Achselfedern und die Bauchseiten rostgelb; Flügel und Schwanz erzgrün, Bauch schwarz.

Eine ächte Gans in ihrer ganzen Erscheinung, langhalsig, hochbeinig, nur der Schwanz länger, breiter, stärker als bei unsern Gänsen. Schnabel rothgelb, die Firste des Oberschnabels gebräunt. Iris orange. Gefieder des Kopfes, Halses und der Brust gelblich grauweiß, lichter und dunkler quer gewellt; der Hals weißer, die Brustseiten in rostgelb übergehend. Rücken und Achselfedern braun, die ganze Außenseite der letzteren lebhaft rostgelb. Flügel und Schwanz schwarz, dunkel erzgrün schillernd, die Spitze der vorderen Armschwingen weiß, wodurch ein weißer rautenförmiger Fleck im Flügel entsteht. Am Handgelenk ein kleiner stumpfer, von Horn bekleideter Höcker, der mit dem Alter sich spornartig erhebt. Bauchseiten vor den Unterschenkeln lebhaft rostroth, die Bauchmitte weißlich mit rostrothen Flecken; der Unterbauch und der Steiß braungrau, an den Seiten vom Rücken her schwarz; Aftergegend und untere Schwanzdecken weiß. Unterschenkel gelbgrau. Beine gelblich fleischroth.

Ganze Länge 22″, Schnabelfirste 1½″, Flügel 13″, Schwanz 5″, Lauf 3″, Mittelzehe 1″ 10‴ ohne die Kralle.

Am oberen und mittleren Amazonenstrom und über Guyana verbreitet, wahrscheinlich auch stromabwärts bei Para. — Das hier beschriebene Exemplar unserer Sammlung ist alt und stammt aus Surinam. —

Anm. Im eigentlichen mittleren Brasilien giebt es keine wilde Gans (Anser), selbst die zahme Europäische Gans gedeiht dort nur schlecht, namentlich brütet sie nicht gern. —

Dagegen tritt im Innern Brasiliens noch auf:

2. **Anser melanotus** *Linn.* Gmel. S. Nat. I. 2. 503. — *Buff.* pl. enl 937. — *Lath.* Ind. orn. II. 839. 18. — *Vieill.* Gal. d. Ois. III. 213. pl. 285. — Sarcidiornis regia *Eyton.* Mon. Anat. — Anas carunculata. *Illig.* — Pato crestudo *Azara* Apunt. III. 417. no. 428. — *Pr. Max z. Wied* Beitr. IV. 942. Anm. — Schnabel kurz, hoch, schwarz, beim Männchen mit großem, hohem Fleischlappen auf der Basis, welcher beim Weibchen nur angedeutet zu sein pflegt. Gefieder weiß. Kopf und Oberhals bis zum Nacken schwarz gefleckt. Rücken, Flügel und Schwanz schieferschwarz, lebhaft erzgrün glänzend beim alten Vogel; Beine schwarz, mit ziemlich kurzem Lauf und großen Zehen. Ganze Länge 32″ — Der Vogel ist auch über ganz Mittel = Afrika und bis nach Vorderindien verbreitet. —

4. Gatt. A n a s *aut.*

Schnabelform der Schwäne, aber kürzer; die Hornkuppe bald etwas breiter, bald ebenso groß; die Stirn ohne Fleischhöcker beim Männchen, die Zügel dicht befiedert. Hals kurz, Leib zierlicher kleiner gebaut, besonders zierlicher die Füße, deren Lauf vorn mit feinen kurzen schiefen Quergürteln oder Schildern bekleidet ist; die Mittelzehe gewöhnlich etwas länger als der Lauf, die Hinterzehe klein, theils mit theils ohne Hautsaum auf der unteren Kante. Die Krallen schlank, spitz. Gefieder beider Geschlechter mehr oder minder verschieden, das des Männchens lebhafter, bunter, prächtiger.

Leben meistens an Binnengewässern und nähren sich vorzugsweise von Vegetabilien; die mit breitem Hautlappen an der Hinterzehe tauchen geschickt und ziehen das Meer als Aufenthalt vor. Bei den Brasilianern heißen alle Arten Maréca. —

I. Hinterzehe klein, schwach, ohne Hautlappen.

A. Lauf hoch, gänseförmig; Hornkuppe breit, stark hakig Gefieder beider Geschlechter nur relativ und wenig verschieden. Dendrocygna *Sw.*

1. Anas viduata.

Linn. S. Nat. I. 205. 38. — *Buff.* pl. enl. 808. — *Lath.* Ind. orn. II. 858. 65. — *Lichtenst.* Doubl. 84. 879. — *Pr. Wied* IV. 921. 3. — *v. Tschudi* Fn. per. Orn. 54. 3. 3. — *Schomb.* Reise brit. Guy. III. 762. 414. Pato cara blanca *Azara* Apunt. III. 440. 435.

Gesicht weiß, Hinterkopf schwarz, Brust rothbraun, Schwingen und Schwanz schwarz; Bauch schwarz und gelb quer gebändert. —

Eine eigenthümliche hochbeinige Entengestalt, welche sich den Gänsen im Habitus nähert. Schnabel schwarz, der Enthaken breit und dick. Stirn,

Oberkopf, Zügel, Backen und Kehle weiß; Hinterkopf und Oberhals schwarz, darin am Vorderhalse noch ein weißer Fleck. Unterhals und Brust kastanienbraun, Nacken und Rücken und Achselfedern gelbbraun, die ersteren quer gelb gebändert, die letzteren blaßgelb gesäumt. Flügel und Schwanz schwarz. Die oberen Deckfedern etwas schiefergrau überlaufen. Bauchseiten bis zum Steiß hin fein schwarz und gelb in die Quere gebändert; Bauchmitte schwarzbraun. Beine schwarz.

Männchen viel lebhafter gefärbt, als das hier beschriebene Weibchen; die Flügel auf den Achseln mehr rothbraun als gelbbraun; die kleinen Deckfedern olivenbraungrau, die braunrothe Farbe der Brust bis zum Bauch ausgedehnt.

Ganze Länge 18″, Schnabelfirste 1″ 9‴, Flügel 8″, Schwanz 2½″, Lauf 2″, Mittelzehe 2″ ohne Kralle. —

Ueber ganz Brasilien verbreitet, aber nur an den Binnengewässern, wo sie häufig ist, besonders in der nördlichen Hälfte gegen den Amazonenstrom hinauf. —

2. Anas fulva Gmel.

Gmel. Linn. S. Nat. I. 2. 530. — Lath. Ind. orn. II. 863. 79. —
z. Wied Beitr. IV. 918. 2. — Wagler Isis 1831. 532.
Anas virgata Dessen Reise n. Brasil. I. 322.

Rostgelbgrau, Nacken mit einem schwarzen Streif; Rücken rostgelb und schwarz gewellt; Bauchseiten rostroth mit blaßgelben Streifen.

Etwas kleiner als die vorige Art, aber von deren Statur. Schnabel bleigrau, die Hornkuppe schwärzlich. Iris braun. Gefieder röthlich gelbgrau, Scheitel dunkler braun, auf den Rücken des Halses als schwarzbrauner Längsstreif fortgesetzt. Rücken rothbraun und schwarz quer gewellt; Flügel schwarzbraun, die Achselpartie rothbraun überlaufen; Schwingen und Schwanzfedern schwarz, ebenso die Innenseite der Flügel. Bauchseiten vom Flügelbug an rostroth, jede Feder mit breitem hellerem Schaftstreif, der an der vorderen Seite durch eine schwarze Linie begrenzt wird; Aftergegend, Steiß und untere Schwanzdecken weißgelb. Beine bleigrau.

Ganze Länge 17″ 9‴, Schnabelfirste 1″ 8‴, Flügel 7½″, Schwanz 2½″, Lauf 2″, Mittelzehe 2″ 3‴ ohne die Kralle.

Im mittleren Brasilien, am Rio Belmonte, aber auch an der Seeküste bei Porto Sapino vom Prinzen zu Wied beobachtet; nach Wagler auch in Mexico und schon von Hernandez beschrieben (vgl. d. angezogene Stelle der Isis).

Anm. Zwei verwandte Arten Amerikas, die vielleicht die nördlichen Gegenden Brasiliens am Amazonenstrom betreten mögen, sind:

1. Anas arborea *Linn.* Syst. Nat. 1. 207. 44. — *Buff.* pl. enl. 804. — *Lath.* Ind. orn. II. 852. 53. — Gelbgrau, Stirn rostgelb, Oberkopf bis zum Nacken schwarz, Kehle weiß, Schwingen und Schwanz schwarz; Rückengefieder blaß gelbbraun, die Federn lichter gesäumt. Bauchseite mit schwarzen Querbogen und Flecken auf jeder Feder. Schnabel und Beine grauschwarz. — 21" lang. — Westindien.

Anas autumnalis *Linn.* Syst. Nat. 1. 205. 39. — *Buff.* pl. enl. 826. — *Lath.* Ind. orn. II. 852. 52. — *Schomb.* Reise britt. Guy. III. 762. 415. — Oberkopf und Rücken braun, Gesicht und Hals bis zur Brust gelbgrau, letzterer mehr rostgelbbraun. Bauch, Schwingen und Schwanz schwarz. Flügeldeckfedern gelbgrau, Bauch und Steiß weiß, jede Feder mit schwarzem Bogenfleck. Schnabel und Beine in der Jugend braun, im Alter roth, der Schnabel mit schwarzer Spitze. 20" lang. — Guyana.

Alle vier Arten nisten auf Bäumen und haben die Gewohnheit, gern darauf zur Ruhe sich niederzulassen; die letzten 2 Arten gehen mehr an die Flußmündungen und in die Nähe der Küste. —

B. Lauf niedriger, kürzer, auch die Zehen kleiner; Hornkuppe des Schnabels auf die Mitte des Endrandes beschränkt.

Hals lang und dünn, wie in der vorigen Gruppe, aber die Füße kleiner, dagegen der Schwanz groß, lang zugespitzt. Dafila *Leach.*

Anas bahamensis *Linn.*

Linn. S. Nat. 1. 199. 7. — *Lath.* Ind. orn. II. 855. 58. — *Pr. Max z. Wied* Beitr. IV. 925. 4. — *Tschudi* Fn. per. Orn. 54. 2. 1. — *Schomb.* Reise III. 763. 417.
Poecilonetta bahamensis *Eaton* Mon. Anatid. 116.
Anas rubrirostris *Vieill.* Encl. méth. 355.
Anas fimbriata *Merr., Ersch.* et *Grub.* Enc. 35.
Pato pico aplomado y roxo *Azara* Apunt. III. 436. no. 433.

Eine zierliche schlank gebaute Ente, vom Ansehn der Anas acuta, aber kleiner. — Schnabel schlank und schmal, nach vorn kaum etwas breiter, bleigrau, die Basis an jeder Seite orange. Oberkopf und Halsrücken röthlich graubraun, mit dichten, feinen, dunkleren und helleren Querwellen; Vorderhals, Brust und Bauch ebenso röthlich graubraun, aber statt der Wellen mit runden, schwarzbraunen Flecken geziert, die erst hinter dem After sich verlieren. Kinn, Kehle und Backen bis zum Auge weiß. Rücken dunkler graubraun mit hellerem Saume, die Achselfedern grünlich metallisch. Flügeldeckfedern röthlich graubraun, die großen Deckfedern lebhafter erzgrün metallisch, rostgelb gesäumt am Ende; der Spiegel ebenso grün metallisch, am unteren hinteren Rande sammetschwarz, mit breitem gelbrothem Saume. Schwanzfedern graubraun, mit dunklerer, schwarzbrauner Außen-

feite; letzte Armſchwingen und Achſelfedern lang zugeſpitzt, rothgelbgrau
geſäumt, Schwanzfedern lang, ſteif zugeſpitzt, am Ende gewöhnlich abge=
nutzt, weißlichgelb, die äußeren etwas weinroth. —

Beide Geſchlechter zeigen keinen großen Unterſchied in der Farbe, das
Weibchen hat einen blaſſeren Ton und weniger ſcharf markirte Zeichnungen.
Ganze Länge 17‴, Schnabel 1″ 6‴, Flügel 7″, Schwanz 3″ 6‴,
Lauf 1″ 6‴, Mittelzehe 1″ 7‴ ohne die Kralle. —

Durch ganz Süd=Amerika verbreitet, beſonders am Meeresgeſtade,
wo Untiefen ſich befinden und größere oder kleinere Flüſſe münden; im Bin=
nenlande ſeltner auf Teichen und Seen, wo der Prinz zu Wied ſie nur
einmal in einem kleinen Schwarme antraf. Nach v. Tſchudi häufig am
Rande des ſtillen Oceans zwiſchen Lurin und Chorillos, wo bei Villa viele
Lagunen ſich finden, an denen die Ente in Menge ſich aufhält. Azara traf
ſie nur in der Gegend von Buenos Ayres, aber nicht oft. —

        b. Hals kurz, der ganze Körperbau etwas gedrungener,
        das Rückengefieder ſtumpfer, der Schwanz klein, größ=
        tentheils unter den Deckfedern verſteckt. Zeichnung
        und Colorit der Geſchlechter mehr poſitiv verſchieden.
        Anas aut.

4. Anas brasiliensis *Briss.*

Briss. Orn. VI. 360. 13.   *Gmel. Linn.* Nat. I. 2. 517.   *Lath.* Ind.
   orn. II. 856. 59. — *Pr. Max* z. *Wied* Beitr. IV. 936.   *Schomb.* Reiſe
   III. 762. 416.
Anas paturi *Spix* Av. Bras. II. 85. tb. 109.
Anas Ipecutiri *Vieill.* Enc. méth. Orn. 354.
Anas notata *Illig.*
Pato Ipecutiri, *Azara* Apunt. III. 443. 437.

Braungrau, Backen weiß geſtrichelt, Oberkopf und Hals ſchwarz; Bruſt
rothbraun angeflogen, ſchwarz bogig geſchäckt, die Seite am Bug mit großen
runden Flecken. Flügeldeckfedern oben ſchwarz, unten erzgrün.

Etwas kleiner als unſere wilde Ente (Anas Boschas), von deren
Habitus und z. Th. auch deren Farbe. — Geſicht und Vorderkopf braun,
die Backen und Halsſeiten weißlich geſtrichelt, Scheitel ſchwarz, die Federn
mit braunen Rändern, die ganze Oberſeite des Halſes trüber ſchwarz. Vor=
derhals, Bruſt, Rücken und Bauch gelbgraubraun; die Bruſt und der
Oberrücken mehr roſtroth, jede Feder dieſer Partien mit ſchwarzem Bogen=
fleck vor der Spitze, doch die Flecken des Halſes kleiner, matter; die an der
Seite der Bruſt ſehr groß, ſammetſchwarz; Unterrücken ganz ſchwarz,
ebenſo die Schwingen und Schwanzfedern, aber die Schwanzdecken, wie
der Bauch und das Achſelgefieder bräunlichgrau, ohne hellere oder dunk=

lere Zeichnungen. Flügeldeckfedern sammetschwarz, die unteren am Rande und alle großen Deckfedern lebhaft erzgrün, die oberen stahlblau; die hinteren Armschwingen graubraun, mit großem weißem Fleck an der Spitze der Außenfahne. Schnabel gelbroth, die Firste graubraun angeflogen, Beine rothgelb, Iris braun. —

Das Weibchen ist matter gefärbt, als das Männchen, namentlich am Kopf, wo das braune Gesicht und der schwarze Scheitel mehr einen braungrauen Ton annehmen, der nach der Kehle hin weißlich wird. Im Flügel ist weniger Metallschiller sichtbar und der Bauch bis zum Steiß weißlicher gefärbt.

Ganze Länge 16—17", Schnabelfirste 1" 9‴, Flügel 7", Schwanz 3", Lauf 1" 2‴, Mittelzehe 1" 6‴ ohne Kralle.

Häufig in Teichen und in Sümpfen durch ganz Brasilien verbreitet und ziemlich die gemeinste Entenart von allen dort ansäßigen.

Anas erythrophthalma.

Pr. Max z. W ed Beitr. IV. 929.

Braun, Hals und Brust roth angeflogen; Rücken fein gelblich punktirt, Bauch gelblicher. Flügel mit weißem Spiegel.

Etwas größer als die vorige Art, aber ganz ebenso gestaltet. Schnabel grünlichgrau, gegen die Spitze zu dunkler, grauer. Iris zinnoberroth. Gesicht bis zum Auge dunkelbraun, Scheitel und oberer Längsstreif des Halses violettschwarz; die Backen und Vorderhals nebst der Brust rothbraun, die Brust weniger voll als der Hals gefärbt; Halsseiten schwarzbraun, Rücken und Achselfedern graubraun, höchst fein rostgelblich und graulich punktirt; Bauch bis zum Schwanz heller braun als die Brust, an den Seiten röthlich angelaufen. Große Deckfedern weiß, mit graubrauner Spitze. Schwingen und Schwanzfedern graubraun. Beine graulich bleifarben. —

Das Weibchen hat am Kinn einen breiten weißlichen Fleck, der sich am Schnabelgrunde hinaufzieht; das Rumpfgefieder ist heller graubraun, als beim Männchen und auf dem Rücken mit helleren Federrändern statt der feinern gelben Punkte geziert, Brust und Bauch sind graubraun und rostbraun gescheckt. Der Scheitel und Oberhals sind zwar dunkler, als das benachbarte Gefieder, aber nicht so stark im Ton davon verschieden. Iris und Beine blasser gefärbt. —

Ganze Länge 17" 9‴, Schnabelfirste 1" 7‴, Flügel 7" 8‴, Schwanz 2" 3‴, Lauf 1" 3‴, Mittelzehe 1" 9‴.

Im mittleren Brasilien, auf der Lagoa do Braço am Rio Belmonte vom Prinzen zu Wied entdeckt.

Anm. 1. Dieser Ente steht am nächsten: Anas melanocephala *Vieill.* Enc. méth. Orn. 354. — Anas atricapilla *Merr.*, *Ersch.* et *Grub.* Enc. pag. 26. Pato cabeza negra *Azara* Apunt. III. 447. 438. — Sie hat einen weit schmäleren Schnabel, mit rothem Fleck zu jeder Seite am Grunde und kürzere Beine von schwarzgrauer Farbe, ist übrigens ganz ähnlich gezeichnet, aber beträchtlich kleiner, nur 16" lang, der Flügel 6½", der Schwanz kaum 2". Paraguay und Montevideo.

2. In Peru vertritt die Anas Puna *Lichtenst.* v. *Tschudi* Fn. Per. Orn. 309. 5 deren Stelle; sie ist wieder größer, 20" lang, hat einen bis zu den Augen herab schwarzen Oberkopf und ein fein hellgelbgrau und schwarz gewelltes Steißgefieder. —

II. Hinterzehe größer, stärker, mit breiten Hautlappen. Tauchenten (Platypus *Brehm*).

Die Mitglieder dieser zweiten Hauptgruppe der Enten gehören vorzugsweise den kalten, hochnordischen Regionen an, leben mehr am Seegestade und sind besonders auf den Binnengewässern der Tropenzone sehr sparsam vertreten. Aus dem tropischen Süd-Amerika ist nur die nachstehende Art bekannt, welche zur Untergattung Erismatura *Bon.* gehört, an dem dicken Kopf und den langen, steifen Schwanzfedern kenntlich.

6. Anas dominica *Linn.*

Linn. Nat. I. 201. 72. — *Buff.* pl. enl. 965. *Lath.* Ind. orn. II. 574. 102. *Pr. Max* *Wied* Beitr. IV. 938. 7.

Rothbraun; Vorderkopf, Schwingen und Schwanz schwarz; im Flügeldeckgefieder ein weißer Fleck.

Gestalt wie Anas leucocephala; der Schnabel stark, breit, am Grunde hoch, mit breiter Hornkuppe; die Spitze schwarz, die Mitte breit, himmelblau; die Basis grünlich. Iris braun. Stirn, Zügel, Wangen und Oberkopf schwarz, kurz und sammetartig befiedert. Hals, Brust und Rücken rothbraun; die Achselfedern und oberen Flügeldeckfedern mehr gelbbraun, mit großem schwarzem Mittelfleck auf jeder Feder; untere Flügeldeckfedern und Schwingen schwarz, nur die mittleren großen Deckfedern ganz und die kleineren zunächst vor ihnen halb weiß, ebenso die Basis der mittleren Armschwingen. Schwanz aus 12 steifen, schmalen, lang zugespitzten Federn gebildet, schwarzbraun, die oberen und unteren Deckfedern ganz schwarz. Bauch und Steiß röthlich gelbgrau, allmälig von der rothgelben Brust her graulicher werdend; die Bauchseiten schwarzbraun gefleckt, welche Flecken sich gegen die Mitte hin allmälig verlieren. Beine groß, stark, bräunlich gelbgrau.

Beide Geschlechter gleich gefärbt, das Weibchen nur etwas blasser und mehr grünlich im Ton.

Ganze Länge 14″, Schnabelfirste 1″, Flügel 5″   Schwanz 3″ 4‴, Lauf 1″ 2‴, Mittelzehe 1″ 8‴ ohne die Kralle. —

Eine häufige Art auf den Landseen und Teichen des mittleren Brasiliens; taucht und schwimmt geschickt, und läßt sich ziemlich nahe kommen. Ihre Nahrung besteht aus Wasserschnecken und allerhand Gewürm.

Anm. Es giebt noch mehrere verwandte Arten dieser Gruppe in Süd-Amerika, die aber noch nicht in Brasilien beobachtet sind; als solche nenne ich:

1. Anas ferruginea *Eyton*. Mon. An. — A. cyanorhyncha *Licht*. Chili.
2. Anas leucophrys *v. Tschudi* Fn. per. Orn. 55. u. 310. tb. 36. Peru.
3. Anas spinosa *Lath*. Ind orn. II. 874. 103. — *Buff*. pl. 969. Cayenne. —

5. Gatt. Cairina *Flemm*.

Schnabel von der Länge des Kopfes, nach vorn flach, gleich breit, parabolisch zugerundet, mit breiter, hakig herabhängender Hornkuppe; hinten hoch mit starkem Fleischhöcker vor der Stirn beim alten Männchen. Zügel nackt. Hals kurz, völlig entenartig. Rumpf breit und kräftig gebaut, mit langen, spitzen Flügeln, aber relativ noch längerem, keilförmig zugespitztem Schwanz; unter den Schwingen nicht die zweite, sondern die vierte die längste. Schwanz aus achtzehn Federn bestehend. Beine sehr stark gebaut, größer als bei den wahren Enten, mit starken Halbgürtelschildern nicht bloß auf den Zehen, sondern auch auf der vorderen Seite des Laufes. Geschlechter in der Farbe ziemlich übereinstimmend, aber das Männchen viel größer, mit hohem Stirnhöcker.

Cairina moschata.

Anas moschata *Linn*. S. Nat. 1. 199. 16. — *Buff*. pl. enl. 989. — *Lath*. Ind. orn. II. 846. 37.   *Pr. Max z. Wied* Beitr. IV. 910. 1. — *Tschudi* Fn. per. Orn. 54. 1. 1. — *Schomb*. Reise III. 763. 118.
Anas silvestris *Marcgr*. hist. nat. Bras. 213.
Pato grande   real *Azara* Apunt. III. 410. 427.
Pato oder Pato do mato der Brasilianer.

Schwarz, erzgrün metallisch glänzend; große Flügeldeckfedern weiß. Schnabelspitze und Beine roth. —

Die größte bekannte Ente und in der Form durch den viel plumperen Körperbau, den kurzen Hals, den langen spitzen Schwanz und die dicken

Beine sehr abweichend. Schnabel an der Spitze roth, die Hornschuppe nach hinten gebräunt; die Mitte des Schnabels violettblau, gegen die Basis hin blasser; der Fleischhöcker des Männchens, die Zügel und der nackte Augenring roth, hier und da schwärzlich gefleckt. Gefieder glänzend schwarz, violett oder erzgrün schillernd, die Schwingen meist grün oder stahlblau; die großen Deckfedern und einige Reihen vor ihnen weiß. Bauchseite matter, sammetartiger gefärbt; Steiß und Schwanz erzgrün. Beine violettroth. —

Weibchen beträchtlich kleiner als das Männchen, matter, glanzloser gefärbt, der Schwanz kürzer und nicht so stark zugespitzt, der Schnabel ohne Fleischhöcker auf der Basis.

Ganze Länge 24—30″, Schnabelfirste 2—2½″, Flügel 12—14″, Schwanz 6—8″, Lauf 2½—3″.

Ziemlich gemein in ganz Süd-Amerika, lebt in den Sümpfen an den Wäldern der Niederungen, und wird überall als Hausvogel in gezähmtem Zustande gehalten; es ist die Stammart unserer Bisamente.

6. Gatt. Mergus *Linn.*

Schnabel so lang wie der Kopf, schmal, niedrig, nach vorn allmälig schmäler, mit breiter die ganze Spitze einnehmender Hornkuppe; der Rand scharf gezähnt; Nasenlöcher schmal, spaltenförmig durchgehend. Gestalt entenartig, der Hals kurz, der Rumpf breit mit flachem Bauche; die Beine kurz, aber die Zehen lang, mit großer vollständiger Schwimmhaut und breitem Hautlappen an der Hinterzehe. Flügel von mäßiger Länge, spitz, die erste Schwinge die längste; Schwanz ziemlich groß, breitfedrig, gewöhnlich aus 16—18 Federn gebildet. Gefieder beider Geschlechter sehr verschieden, das der Männchen meist schwarz und weiß, das der Weibchen grau; beide Geschlechter mit verlängerten Federn am Hinterkopf.

Mergus brasiliensis *Vieill.*

N. Dict. d'hist. nat. 2. Ed. Tm. 14. pag. 222. — *Id.* Gal. d. Ois. III. 209. pl. 283.

Mergus fuscus *Lichtenst.* Doubl. d. zool. Mus. 85. 901.

Kopf, Schnabel, Beine und Schwingen schwarz; Rücken rauchgrau, Bauchseite weiß, schwarz wellig getüpfelt.

So groß wie ein Mergus serrator, oder etwas kleiner. Schnabel grünlichschwarz. Iris braun. Kopf und Oberhals schwarz, erzgrün schillernd, am Hinterkopf ein Schopf langer, schmaler, spitzer Federn, die nach hinten an Länge abnehmen. Nacken und Rücken rauchbraungrau; Flügel, Schwingen und Schwanz schwarz; die kleinen Deckfedern auf der Mitte des Flügels weiß, ebenso die Spitzen der mittleren großen Deckfedern und Armschwingen. Unterseite vom Halse bis zum Steiß weiß, alle Federn mit feinen schwarzen Querwellenlinien oder Querstreifen, die sich nach beiden Seiten zuteilen. Beine grünlichschwarz.

Das Weibchen ähnelt dem Männchen in der Zeichnung, aber alle Farben sind matter und der Rücken entschieden grauer. Die Kehle ganz weiß. —

Ganze Länge 18″, Schnabelfirste 2″ 2‴, Flügel 8½″, Schwanz 4″, Lauf 20‴, Mittelzehe 24‴ ohne die Kralle. —

Im südlichen Brasilien, St. Paulo, Sta Catharina.

Anm. G. R. Lichtenstein zieht a. a. O. Mergus fuscus *Lath.* Ind. orn. II. 832. 9. her, aber die Anwesenheit eines weißen Flecks hinter dem Auge unterscheidet diese nordnordische Art von der brasilianischen. —

— · —

Dreiunddreißigste Familie.

Langflügler. Longipennes.

Schwimmvögel mit langen, spitzen Flügeln, und starkem, gewöhnlich nur aus zwölf kräftigen Federn gebildetem Schwanz, der auch in manchen Fällen sehr lang und keil= oder gabelförmig zugespitzt ist. Das Gefieder dicht und voll, aber großfedriger als bei den Enten, Gänsen und Schwänen, daher an Federnzahl ärmer; die Bürzeldrüse groß, mit Federnkranz und häufig mehr als zwei Oeffnungen. Schnabel immer seitlich zusammengedrückt, selbst scharfkantig, gewöhnlich mit abgerundeter Firste, und starker, selbstständig abgesetzter, kräftiger Hornkuppe am Ende, die sich zu einem großen Haken herabzubiegen pflegt; der Unterschnabel mit ähnlicher abgesetzter, aber kleiner Hornkuppe. Nasenlöcher theils an den Seiten des Schnabels nahe der Mitte, theils oben auf der Schnabelfirste und dann in besondere Röhren eingelassen, rund; die seitlichen spaltenförmig und durchgehend. Beine groß, der Lauf ziemlich hoch, die Zehen lang, mit großer vollständiger Schwimmhaut zwischen den drei Vor=

derzehen; die Hinterzehe klein, mitunter nur als Sporn angedeutet, oder ganz fehlend. Gefieder ohne Geschlechtsunterschied, aber mit stark abweichendem, graubräunlichem Jugendkleide; die alten Vögel größtentheils weiß, seltner schieferschwarz oder rauchbraun. — Leben am Meeresgestade oder auf dem Ocean, stoßen und tauchen nach Fischen, kommen seltener auf Binnengewässer, woselbst nur einige der kleineren Arten sich häufig sehen lassen; legen bunte, gelblich= oder grünlichgraue, braun gefleckte Eier ohne alle Unterlagen in den Kies der Meeresgestade. —

I. Tubinares s. Procellaridae.

Nasenlöcher in Röhren auf der Kante des Schnabels oder an den Seiten in einer Furche; kreisrund oder oval, nicht durchgehend, nur nach vorn oder oben geöffnet; Schnabel weniger stark zusammen= gedrückt, mehr drehrund, daher der Endhaken dick und kuppenförmig gestaltet; Flügel und Schwanz von mäßiger Länge. Nur auf dem Ocean zu Hause oder an offenen Meeresküsten. —

Anm. Ich habe, wie so viele Reisende, mehrere dieser Vögel täglich auf dem Ocean gesehen, aber keinen erhalten, daher ich mich ganz auf meine Vor= gänger stützen muß. Vgl. Kuhl, Beitr. z. Zool. I. S. 135. — Gould. Ann. et Mag. nat. hist. Tm. 13.

1. Gatt. Pachyptila *Illig.*
Prion *Lacep.*

Schnabel kürzer als der Kopf, am Grunde sehr breit, nach vorn allmälig verschmälert, mit abgesetzter, stumpfer, gewölbter Rücken= firste, deren Basis ein kurzes, flaches Rohr mit den Nasenlöchern trägt, während die Spitze in einen stark gekrümmten Endhaken über= geht; Unterkiefer bis zur Spitze gespalten, mit flacher, nackter Heft= haut. Mundrand des Oberkiefers nach innen mit kleinen, dünnen, parallelen Lamellen besetzt, in der Art wie bei der vorigen Familie. Gefieder weich, mövenartig; die Flügel lang und stark, die erste Schwinge ebenso lang oder etwas kürzer als die zweite. Schwanz breit, stumpf, aus 12 Federn gebildet, die beiden mittleren etwas vortretend. Beine wie bei Möven, der Lauf etwas zusammengedrückt, netzartig geschildert; Zehen ziemlich lang, obenauf mit kurzen Halb= gürteln bekleidet; Hinterzehe sehr klein, nur als Sporn angedeutet.

Pachyptila vittata *Forst.*

Procellaria vittata Observ. etc. 199. — *Gmel. Linn.* Nat. I. 560. —
Kuhl. Beitr. I. 149. 28.
Procellaria Forsteri *Lath.* Ind. orn. II. 827. 21. — *Lesson* Manuel II. 400.
Pachyptila Forsteri *Illig.* Prod. 275. — *Pr. Max z. Wied* Beitr. IV. 846. 1.
Prion vittatus *Gould* Birds of Austr. XVI. 8.

Oberteile bleigrau, Rücken= und Achſelfedern dunkler; Rand des Flügels
und Schwanzes ſchwärzlich. Rumpf weiß.

Schnabel dunkel blaugrau, Iris braun. Oberkopf, Oberhals, Rücken
und Flügel blaugrau, im friſchen Gefieder himmelblau überlaufen; Achſel=
gefieder und kleinere oberſte Flügeldeckfedern dunkel ſchiefergrau, desgleichen
die Spitzen der letzten oberſten Armſchwingen und Achſelfedern, aber der
Endrand ſelbſt wieder heller. Handſchwingen ſchieferſchwarz, die Baſis der
Innenfahne weißlich; Schwanz blaugrau mit ſchwärzlichem Endſaume.
Augenrand, Zügel, Vorderhals, Bruſt, Bauch und Steiß rein weiß. Beine
hell und lebhaft blaugrau. —

Ganze Länge 10" 3''', Schnabel 1" 1''', Flügel 6" 4''', Schwanz
3" 6''', Lauf 1" 2''', Mittelzehe 1" 2''' ohne die Kralle.

An der Küſte Braſiliens, vom Aequator bis zum Wendekreiſe, beſon=
ders an Orten, wo Felſenriffe und kleine Inſeln vor der Küſte liegen, auf
denen die Vögel niſten. Ihre Eier angeblich ganz weiß und ſehr groß.

2. Gatt. Procellaria.

Schnabel ſchmäler, höher, kräftiger, ziemlich drehrund geſtaltet,
der Mundrand nicht abſtehend erweitert, ſanft abwärts gewölbt, im=
mer ohne ſenkrechte Lamellen; der Endhaken groß und ſtark, kuppig
mehr oder minder gewölbt. Naſenlöcher an der Baſis des Schna=
bels auf der Firſte angebracht, als einfaches horniges Rohr mit
weiter ausgeſchnittener Mündung, worin die beiden durch eine Scheide=
wand getrennten Naſenlöcher hinten ſichtbar ſind; die Ränder der
Mündung etwas gegen einander gebogen. Schwingen lang, ſchmal,
zugeſpitzt; Schwanz etwas keilförmig, die mittleren Federn mehr oder
weniger verlängert. Beine mittelgroß, die Hinterzehe nur als Sporn
angedeutet.

Anm. Die Arten dieſer Gattung ſieht man ſehr häufig auf dem hohen
Ocean, wo ſie beſonders des Abends in Schwärmen von Hunderten ſich zeigen,
munter in der Luft treiſen, aber den Schiffen ſtets fern bleiben; nur hier und
da kommt ein einzelner verſtiegener hungriger Vogel in die Nähe des Schiffes,
bleibt dort mitunter wohl eine Viertelſtunde, ſchwebt hoch über dem Maſt, und
lauert, ob nicht etwas über Bord geworfen wird, und zieht, wenn er nichts

bekommt, bald wieder ab. Denn es ist durchaus richtig, was Lesson angiebt, daß sich diese Vögel nie bemühen, Meerthiere aus dem Kielwasser aufzulesen, sondern lediglich des Schiffes wegen in dessen Nähe kommen. Im Kielwasser sind dagegen die kleinen Thalassidromen stets und besonders bei ruhiger See, zahlreich beschäftigt, kleine Meerthiere aufzulesen. Ich brachte leider, auf meiner Reise, keine ächte Procellaria in meine Gewalt, glaube aber folgende 2 Spezies sicher gesehen und in der Luft nahe dem Schiff unterschieden zu haben; weiter beschreiben freilich kann ich sie nicht.

1. Procellaria aequinoctialis.

Linn. S. Nat. I. 213. 4. — *Lath.* Ind. ornithol. II. 821. 3. — *Kuhl.* Beitr. I. 141. 10. fig. 5. — *Pr. Max* z. *Wied* Beitr. IV. 480. 1.

Ganzes Gefieder rauchbraungrau, nur die Kehle weißlich; erste Schwinge die längste, die ruhenden Flügel etwas länger als der keilförmige Schwanz; Schnabel kurz aber stark, gelb, Beine schwarz, die Zehen ziemlich lang mit kräftigen gebogenen Krallen. —

Der jüngere Vogel hat eine weißgraue Unterseite, die an der Brust gelblich überlaufen ist und an allen Federn einen dunkleren rußbraunen Rand besitzt.

Ganze Länge 18″, Schnabelfirste 2″, Flügel 14″, Schwanz 5″, Lauf 2⅓″, Mittelzehe 3‴ mit der Kralle, letztere 5‴. —

Im atlantischen Ocean die größte Art; kommt bisweilen an die Brasilianische Küste und wurde vom Prinzen zu Wied bei Villa Viçoza erlegt.

2. Procellaria atlantica.

Gould, Ann. and Mag. of nat. Hist. XIII. 362.
Procellaria fuliginosa *Forst.* Icon. 93. B. — *Licht.* Ed. *Forst.* Descr. An. etc. no. 23.
Procellaria grisea *Kuhl* Beitr. 141. 15. fig. 9.

Männchen chokoladenbraun, Schnabel und Beine kohlschwarz, glänzend; Weibchen matter graubraun, die Brust gelblichgrau. — Der junge Vogel am Bauch weißlich, mit graubraunen Federnrändern. Zweite Schwinge die längste, Schwanz stumpf keilförmig. —

Ganze Länge 13″, Schnabelfirste 1″ 2‴, Flügel 9″ 4‴, Schwanz 1″ 3‴, Lauf 1″ 4‴, Mittelzehe 1″ 10‴ mit der Kralle. —

Die gemeinste Art auf dem atlantischen Ocean, man sieht große Schwärme, worin die weißbäuchigen Jungen vorherrschen; besonders die Weibchen mit gelblicher Brust kommen dem Schiff öfters recht nahe; das Männchen sah ich nur einige Mal deutlich in der Nähe. —

Gatt. Thalassidroma *Vigors.*

Schnabel klein, größtentheils von weicher Haut bedeckt, am Grunde etwas breiter, nach vorn stark zusammengedrückt, mit hohem, schmalem Endhaken; das Nasenrohr weich, knorpelig, von Haut bekleidet, mit seinen etwas divergirenden Nasenlöchern. Gefieder dunkel rauchbraun, Bürzel, Bauch und Steiß mehr oder weniger breit weiß; Flügel schmal und spitz, gewöhnlich die zweite Schwinge die längste. Schwanz stumpf, kürzer als die ruhenden Flügel. Beine fein und zierlich gebaut; der Spornrest von der Hinterzehe sehr klein, Mittelzehe so lang wie der Lauf. —

Anm. Diese kleinen Vögel heißen bei den Matrosen Schwalben, weil sie mit ähnlichem schnellen Flügelschlage dicht über den Wellen hinfliegen und beständig hier und da ein Thierchen auflesen. Sie lieben eine bewegte See und fliegen stets in demselben Wellenthal hin, bis eine besonders hochgehende Welle sie verscheucht und in ein anderes versetzt. Bei anhaltender Windstille kommen sie zu Dutzend an das Schiff, halten sich aber stets hinter demselben am Kielwasser auf, stehen daselbst auf dem Wasser, durch zuckenden Flügelschlag sich in dieser Stellung erhaltend, und lesen Meerthiere auf. Man fängt sie mit feinen Angeln, durch ein Stückchen Speck, das mit der Angel an einem Holzkreuz zu vieren befestigt, auf dem Wasser schwimmt. Es gelang mir leider ein solcher öfters angestellter Versuch nie, die Vögelchen beängelten den Speck mit Gier, bissen aber nicht zu, wie die Matrosen meinten, weil die Stückchen ihnen zu groß seien. Ich habe daher auch von dieser Gattung keine Art erhalten.

1. Thalassidroma Wilsonii *Bonap.*

Bonap. Journ. of the Acad. N. S. of Phil. III. 231. pl. 9. — *Wils.* Am. II. 381. pl. 60. f. 6. — *Gould* Birds of Austr. XXII. 17.
Procellaria pelagica *Wils.* l. l.
Procellaria oceanica *Kuhl* Beitr. I. 136. 2. tb. X. f. 1.

Rußbraun, Schwingen und Schwanz schwarz, Schnabel und Beine glänzend schwarz, Schwimmhäute auf der Mitte gelb. Bürzel, Steiß und Schwanzdecken weiß.

Ganze Länge 6½″, Schnabelfirste 6‴, Flügel 5″ 4‴, Schwanz 2″ 9‴, Lauf 1⅓″, Mittelzehe 1¼″.

Im nördlichen Atlantischen Ocean bis zum Aequator. —

2. Thalassidroma leucogaster *Gould.*

Gould Ann. et Mag. nat. Hist. XIII. 367. — Birds of Austr. XXVI. 16.
Th. tropica *Gould* Ann. et Mag. l. l. 366.

Kopf und Hals tief rußbraun, Rücken etwas grau überlaufen, die Federn weißlich gerandet. Flügel und Schwanz schwarz; Bauch, Steiß und Bürzel weiß. —

Ganze Länge 7″, Schnabel 8‴, Flügel 6″, Schwanz 3″, Lauf 1½″, Mittelzehe 1⅙″.

Im atlantischen Ocean, zwischen den Tropen, besonders südlich vom Aequator häufig. —

2. Fissurinares.

Die Nasenlöcher sind offene, schmale, durchgehende Spalten in der Fläche des Schnabels auf jeder Seite bald nahe der Mitte, bald nahe an der Basis; der ganze Schnabel hat eine mehr zusammengedrückte Gestalt, ist viel höher als breit, mit stumpfkantiger Rückenfirste und scharfer, schmaler Hornkuppe, deren Spitze weniger oder gar nicht hakig herabgebogen ist; dagegen tritt die Hornkuppe des Unterschnabels am Kinnwinkel etwas deutlicher vor; Kinnhaut schmal. (*Boje*, Isis 1844. S. 178. flgd.).

A. Larinae. Schnabel hoch, mit herabgebogener Hornkuppe; Nasenloch vor oder in der Mitte des Schnabels; Kinnhaut länger als der halbe Schnabel. Kopf groß und rundlich, Flügel mäßig lang, doch länger als der gewöhnlich abgerundete (Larus) oder keilförmige (Lestris) Schwanz.

Anm. Nur die beiden alten Gattungen Lestris, welche den Uebergang zu den Procellarien vermittelt, und Larus bilden den Inhalt dieser Unterabtheilung; von Lestris kommt keine Art in Brasilianischen Meeren vor.

4. Gatt. Larus *Linn.*

Schnabel stark seitlich zusammengedrückt, viel höher als breit; das Nasenloch dem Mundrande parallel, vor der Mitte, der Basis gewöhnlich etwas näher als der Spitze; Gefieder vorwiegend weiß mit farbigem grauem Rücken in verschiedenen Abstufungen; die jungen Vögel graulich, mit getrübten Federnrändern. Schnabel in der Regel gelb, Beine hell fleischfarben. Schwanz abgerundeter, bisweilen gabelförmig. —

Anm. Die Gattung ist kürzlich von Bruch systematisch behandelt (in *Cabanis* Journ. d. Ornith. I. et III.), und in 16 Gruppen getheilt, wovon nur 2 mit Arten in Brasilien auftreten.

Larus s. str. Schnabel sehr hoch und stark. Rückengefieder und Flügel (Mantel) bleigrau oder schieferschwarz, übrigens weiß; im Winterkleide kleine graue Flecken am Kopfe. Die jungen Vögel matt bräunlichgrau, dunkler gefleckt und gestrichelt. Schwingen schwarz mit weißen Spitzen. Füße vierzehig, die Hinterzehe aber klein.

1. Larus vociferus.

Gray. Gen. of Birds. — Gould Zool. of Beagl. III. 142. — Bruch l. l. III. 281. 14. Taf. 4. Fig. 4.
Larus dominicanus Licht. Doubl. 82. 846. — Pr. Max z. Wied Beitr. IV. 850. 1.
Gabiota mayor Azara Apunt. III. 338. 409.

Weiß, Rücken und Flügel schieferschwarz; Spitzen der Achselfedern und Armschwingen weiß.

Gestalt wie Larus fuscus, etwas größer, der Schnabel nach Verhältniß stärker, höher, besonders der Unterkiefer. Farbe des Schnabels gelb, am Kinn ein rother Fleck; Nasenloch etwas über die Mitte des Schnabels vorgerückt. Iris gelb. Gefieder blendend weiß. Rücken und Flügel schieferschwarzgrau, die vordersten Handschwingen mit kleinem weißem Fleck an der Spitze, die hinteren mit weißem Spitzenrande, die Armschwingen mit breiterer weißer Spitze, ebenso die hintersten Achselfedern und dadurch besonders von L. fuscus im Gefieder verschieden. Beine gelblich fleischgrau. —

Ganze Länge 22″, Schnabelfirste 2″ 2‴, Flügel 16″, Schwanz 6″, Lauf 2″ 8‴, Mittelzehe 2″ ohne Kralle. —

Sehr gemein auf der Bai von Rio de Janeiro; man sieht täglich und zu jeder Zeit Individuen daselbst fischen, ja selbst unmittelbar am Bollwerk zwischen den Schiffen Fische herausholen. Nisten auf den isolirten unbewohnten Inseln vor dem Eingang der Bai, sind aber scheu und lassen sich nicht leicht nahe kommen. Der Vogel ist übrigens am ganzen Küstenrande Brasiliens verbreitet.

b. Chroecocephalus Eyton. Kleinere Vögel mit feinerem, niedrigerem Schnabel, dessen Endkuppe weniger stark herabgebogen ist, obgleich die Kinnecke noch scharf hervortritt. Im Sommerkleide der Kopf braun oder grau, im Winter nur ein graulicher Fleck am Ohr. Mantel silbergrau.

2. Larus maculipennis Licht.

Doubl. d. zool. Mus. 83. 855.
Larus poliocephalus Temm. Manuel II. 780. — Pr. Max Wied Beitr. IV. 854. 2.
Larus cirrocephalus Vieill. Gal. III. 223. pl. 289. — Id. N. Dict. d'hist. nat. Tm. 21. pag. 502. — Id. Enc. méth. Orn. 345.
Gabiota reniciente Azara Apunt. III. 350. 410.

Kopf und Kehle grau, kaum dunkler als der Mantel. Schwingen schwarz mit weißer Spitze, die mittleren auch mit weißer Mitte.

Gestalt und Größe wie L. ridibundus. Schnabel ziemlich ebenso schlank, roth. Kopf und Kehle bis zum Vorderhalse hell aschgrau, nach hinten zu etwas dunkler, die Stirngegend weißlich überlaufen. Rücken und Flügeldeckfedern lebhafter bläulichgrau, gegen den Bugrand hin dunkler. Vorderste große Deckfedern weiß. Schwingen schieferschwarz, die beiden ersten Handschwingen mit weißem Fleck vor der Spitze, die drei folgenden auf der Mitte und am Vorderrande ganz weiß, die folgenden mit weißer Spitze und grau angelaufener Außenfahne. Uebriges Gefieder rein weiß. Beine lebhaft zinnoberroth.

Länge 16″, Schnabelfirste 1″ 5‴, Flügel 12″, Schwanz 4″ 5‴, Lauf 1″ 10‴, Mittelzehe 1″ 4‴.

Am ganzen Küstenrande Brasiliens, besonders wo Flüsse münden, auch vor der Bai von Rio de Janeiro und besonders an den kleinen Inseln vor der Küste daneben.

Anm. An der Westküste Süd=Amerikas kommen ähnliche Arten vor, namentlich:

Larus serranus v. *Tschudi* Fn. per. Orn. 53. 2. und 307. — *Bruch.* l. l. III. 289. 53. — Larus personatus *Natt.* — Kopf schwarz, Mantel hell blaugrau; beide ersten Schwingen von der Basis bis zur Mitte schwarz, dann weiß mit schwarzer Spitze; die folgenden ebenso, die Spitze unmerklich schwarz gesäumt, die Strecke dazwischen an der Außenfahne hellgrau, an der Innenfahne dunkelgrau. Schnabel und Beine purpurroth. — Ganze Länge 14—16″, Schnabel 2″, Flügel 12″, Lauf 1″ 6‴. In den Hochthälern Peru's an Sümpfen, aber auch am Fuß der Cordilleren über West=Brasilien verbreitet (Ratterer).

Larus glaucotes *Meyen* Nov. act. ph. med. Soc. Caes. Leop. Car. N. Car. — L. albipennis *Licht.* — Kopf schiefergrau, Mantel ebenso gefärbt. Schwingen schwarz, die vordersten von der Spitze bis über die Mitte hinab ganz weiß, die inneren davon an der Innenfahne grau gesäumt. Schnabel und Beine roth. — Länge 16″. — Chili.

B. Sterninae. Schnabel zwar nicht niedriger, mitunter sogar höher, aber grader, nach vorn allmälig zugespitzt, die Horn= kuppe nicht abgesetzt sanft gebogen, der Kinnwinkel schwach. Nasenloch stets der Schnabelbasis genähert, z. Th. dicht vor derselben. Körperbau feiner, gestreckter, der Schwanz in der Regel gabelförmig.

5. Gatt. Sterna *Linn.*

Oberschnabel solang wie der Unterschnabel, sanft herabgebogen mit stumpfkantiger Firste, und abwärts geneigter übrigens scharfer

Spitze; Kinnecke bemerkbar abgesetzt, die Kinnspalte bis über die Mitte
des Schnabels hinabreichend; Nasenloch von der Stirn abgerückt,
der Mitte genähert, ebensoweit von der Firste wie vom Mundrande
entfernt. Lauf und Zehe zwar kurz, aber die Schwimmhaut zwischen
den Vorzehen vollständig; Hinterzehe klein, aber deutlich. Flügel
sehr lang und zugespitzt, die erste Schwinge die längste; Schwanz
gabelförmig, in der Regel viel kürzer als die ruhenden Flügel, nur
mitunter die beiden äußersten sehr langen Federn etwas länger. —

I. **Phaëthusa** *Wagl.* Isis 1832. S. 1224. Schnabel nach Verhältniß kurz
und dick, die ganze Firste vom Grunde an sanft bis zur Spitze herabgebogen; der Mundrand einwärts gerollt, die Nasengrube stark vertieft mit lang ovalem Nasenloch; die Kinnecke kaum abgesetzt. Körperbau kräftiger mövenartiger; der Schwanz kurz, schwach gegabelt; die
Zehen für die Größe der Vögel klein, die Schwimmhaut bogig aus-
geschweift.

1.   Sterna erythrorhynchos.

Pr. Wied Beitr. IV. 857. 1. — *v. Tschudi* Fn. per. Orn. 53.

Schnabel roth, Beine schwarzbraun, die Sohle gelb; Oberkopf schwarz,
Mantel silbergrau; Schwingen aschgrau mit weißlichen Rändern. —

Gestalt wie Sterna caspia, aber kleiner; der Schnabel nicht völlig so
dick, der Lauf etwas kürzer und der Schwanz etwas tiefer ausgeschnitten.
Schnabel im Alter korallroth, in der Jugend matter und heller gefärbt, mit
einem Stich ins Gelbe. Iris braun. Oberkopf bis zum Nacken hinab und
die Augengegend schwarz; Stirn, Zügel, Backen unter dem Auge, Kehle und
der ganze Rumpf mit dem Unterhalse weiß. Rücken und Flügeldeckfedern
hell bleigrau; Schwingen dunkler und mehr bläulich aschgrau, der Vorderrand lichter und fast weiß, der hintere Rand am dunkelsten. Schwanz weiß.
Beine schwarz, die Zehen und Schwimmhäute bräunlich, die Sohle der
Füße orangegelb.

Ganze Länge 18—19″, Schnabelfirste 2″ 2‴, Flügel 13—14″,
Schwanz 5½—5″ 8‴ an den äußeren, 4½—4″ 7‴ an den mittelsten
Federn, Lauf 1″ 3‴, Mittelzehe 10‴ ohne die Kralle.

Am Seegestade Brasiliens, hauptsächlich an der Winkelungsstelle bei
Capo frio und von da nordwärts gegen die Mündung des Rio Parahyba
und Rio Belmonte hin.

2.   Sterna magnirostris.

Lichtenst. Doubl. d. zool. Mus. 81. 835. — *Spix* Av. Bras. II. 81. tb. 104. —
Pr. Max z. Wied Beitr. IV. 861. 2. — *v. Tschudi* Fn. per. Orn. 53. 1.
1. — *Schomb.* Reise III. 761. 410.

Phaëthusa magnirostris *Wagl.* Isis 1832. 1224.
Sterna chloripoda *Vieill.* Enc. méth. Orn. 349.
Hati cabeza negra *Azara* Apunt. III. 372. 412. und 373. 413. alt; ibid 376. 414. jung.
Guacu-guaçu, *Marcgr.* hist. nat. Bras. 205.

Schnabel und Beine citronengelb; Oberkopf bis zum Nacken schwarz, Rücken schiefergrau, Schwingen schwärzlich. —

Vom Ansehn der vorigen Art, aber beträchtlich kleiner; der Schnabel nach Verhältniß dicker und nicht roth gefärbt, sondern citronengelb mit ins Grünliche spielender Basis. Iris braun. Oberkopf bis zum Nacken hinab schwarz; vorderster Stirnrand, Zügel, Backen unter dem Auge, Kehle, Hals und die ganze Bauchseite weiß; Rücken und Flügeldeckfedern schiefergrau, der Rand und die großen vordersten Deckfedern weiß, darin einige schwärzliche Flecken. Schwingen dunkelschieferschwarz, innen grau; Schwanzfedern obenauf schiefergrau, unten silbergrau, die Basis der äußeren Federn ins Gelbliche fallend. Beine citronengelb, die Sohle wie bei der vorigen Art mehr orange.

Ganze Länge 14½—15″, Schnabelfirste 2½″, Flügel 10½″, Schwanz 4″ 2—3′″, Lauf 1″, Mittelzehe 9′″.

Der jüngere Vogel hat blaßgelbe, ins fleischröthliche fallende Beine, einen graulich gescheckten Rücken und einen weißen Oberkopf, der später schwärzliche Flecken bekommt, und einen viel kleineren, besonders kürzeren Schnabel. Daher St. brevirostris *Vieill.* Enc. méth. Orn. 347.

Gemein an allen Seeküsten des wärmeren Süd-Amerikas, auch weiter landeinwärts in der Nähe großer Flußmündungen und Seen nicht selten.

2. **Sterna** *aut.* Schnabel stärker zusammengedrückt, niedriger und dünner; die Firstenkante anfangs ganz grade, die Kinnecke deutlicher vortretend. Schwanz lang und spitz gabelförmig, die äußeren Federn so lang oder etwas länger als die ruhenden Flügel. Füße mit ausgeschweifter Schwimmhaut und langer, spitzer Mittelkralle.

Sterna Wilsonii *Bonap.*

Wilson, Am. Orn. II. 368. pl. 60. f. 1.
Sterna Hirundo *Pr. Max* z. *Wied* Beitr. IV. 865. 3. — *Lesson* Voy. d. l. Coquill. Zool. I. 224.

Schnabel und Beine roth, Oberkopf schwarz, Mantel silbergrau, Rumpf weiß. —

Der Vogel ähnelt so vollständig unserer Sterna Hirundo, daß man ihn in früherer Zeit allgemein dafür gehalten hat; er ist aber ein wenig kräftiger gebaut, hat höhere Beine, einen stärkeren Schnabel und nach Verhältniß nicht so lange spitze Flügel. Der Schnabel ist korallroth, die Iris braun; der Oberkopf bis zum Nacken schwarz; die Zügel, Backen unter dem Auge, Kehle, Hals, Brust und Bauch sind weiß; der Rücken und das Flügeldeckgefieder ist silbergrau, die Schwingen und Schwanzfedern ebenfalls, aber die Außenfahne der vordersten und die Spitze aller Handschwingen ist schwärzlich; die Innenfahne an allen weiß. Beine roth.

Ganze Länge 14″, Schnabelfirste 1¼″, Flügel 10″, Schwanz 5—6″, Lauf 9‴, Mittelzehe 7‴.

Am Küstenrande des ganzen Brasiliens.

3. **Gelochelidon** *Brehm.* Schnabel kurz, niedrig, aber dick am Grunde, die Firste anfangs grade, von der Mitte an gebogen, der Kinnwinkel etwas vortretend; Basis des Ober= und Unterkiefers weit befiedert, das Nasenloch bis nahe an die Befiederung herangerückt. Schwanz stumpf gabelig, viel kürzer als die ruhenden Flügel; Schwimmhaut tief ausgebuchtet.

4. Sterna aranea *Wils.*

Wilson Am. Ornith. III. 179. pl. 72. fig. 6.
Sterna anglica *Pr. Wied* Beitr. IV. 867. 4.

Schnabel, Oberkopf und Beine schwarz, Nacken und Mantel silbergrau, Unterfläche weiß.

Gleicht vollständig unserer Sterna anglica und verhält sich zu ihr, wie die vorige zu St. Hirundo; d. h. sie ist etwas robuster gebaut und hat namentlich einen viel höheren Lauf. Der starke aber nicht lange Schnabel ist schwarz, ebenso der ganze Oberkopf bis zum Nacken hinab; Zügelrand, Backen, Kehle, Vorderhals, Brust und Bauch sind weiß; Nacken, Rücken, Flügel und Schwanz obenauf silbergrau; die Handschwingen an der Spitze schiefergrau, an der Innenfahne weißlich; die Beine dunkel schwarzrothbraun. —

Ganze Länge 14—15″, Schnabelfirste 1″ 6‴, Flügel 13″, Schwanz 5—5¼″, Lauf 15—16‴, Mittelzehe 9‴ ohne Kralle. —

Am Küstenrande Brasiliens, aber auch auf Binnengewässern an größeren Strömen und Seen, wo der Vogel stellenweis sehr häufig ist.

4. **Sternula** *Boje.* Schnabel der vorigen Gruppe, nur feiner und die Spitze länger ausgezogen, daher die Kinnecke viel weiter zurückliegt. Nasenloch eng, ziemlich dicht an das Kopfgefieder gerückt; Flügel sehr lang und spitz, der Schwanz kurz, stumpf gegabelt; Zehen und Schwimmhaut sehr klein.

Sterna argentea.

Pr. Max z. Wied Beitr. IV. 871. 5.
Sterna superciliaris *Vieill.* Enc. méth. Orn. 350.
Hati reja blanca *Azara* Apunt. III. 377. 415.

Stirn, Kehle und Bauchseite weiß; Oberkopf, Nacken und Zügelstreif schwarz; Mantel silbergrau.

Gestalt und Größe wie Sterna minuta, aber lebhafter gefärbt, der Schnabel und die Beine nicht roth, sondern grünlichgelb, ersterer mit schwarzer Spitze. Oberkopf vom Auge an, Nacken und ein Streif vom Schnabel bis zum Auge schwarz; die weiße Stirn über dem Auge etwas nach hinten verlängert. Rücken, Flügel und Schwanz obenauf silbergrau, unten wie die Kehle, der Hals, die Brust und der Bauch weiß. Vorderste große Deckfedern und Handschwingen schieferschwarz, innen weiß gesäumt; Lauf etwas länger als die Mittelzehe; Schwimmhäute klein, tief aus-gebuchtet. —

Ganze Länge 9″, Schnabelfirste 1″ 2‴, Flügel 6″ 5‴, Schwanz 3″, Lauf 7‴, Mittelzehe 5‴ ohne die Kralle. —

An ähnlichen Orten, wie die vorigen beiden Arten.

Anm. Boje will diese von Azara beschriebene Art von der des Prin-zen trennen (Isis 1844. 183.), allein ich sehe dazu keinen Grund. Azara be-schreibt auch den jungen Vogel mit fleckigem Gefieder als Hati machado ibid. 379. 416., den Vieillot Sterna maculata nennt, Enc. méth. Orn. 350.

Anous Leach. Schnabel der typischen Seeschwalben, niedrig, schmal, mit mehr nach vorn gerücktem Nasenloch, tiefer Nasenfurche und ab-gesetzter vorwärts geschobener Kinnecke. Gefieder rußschwarz. Beine mit kurzem Lauf aber langen Zehen, deren Schwimmhaut sehr groß und durchaus nicht ausgebuchtet ist. Schwanz kurz gabelig, stumpf-eckig, kürzer als die Flügel.

6. Sterna stolida aut.

Linn. S. Nat. 1. 227. 1. — Buff. pl. enl. 997. — Lath. Ind. orn. II. 805. 6. — Pr. Max z. Wied Beitr. IV. 874. 6. — Boje Isis 1844. 183. 2.

Rußschwarz, Schnabel, Schwingen und Beine kohlschwarz; Stirn weiß, zum Oberkopf allmälig in silbergrau übergehend. —

Etwas größer als Sterna Hirundo, beinahe so groß wie Sterna anglica; aber der Schnabel viel länger, feiner und mehr wie bei St. Hi-rundo gebaut. Schnabel, Beine und Schwingen kohlschwarz, auch die vor-dersten großen Deckfedern von derselben Farbe. Schwanz schwarzbraun; das ganze übrige Gefieder rauchbraun, nur der Oberkopf bis zum Nacken silbergrau, hier allmälig in der Umgebung verwaschen, nach der Stirn hin heller, die eigentliche Stirn ganz weiß, die Zügel daneben schwarz.

Ganze Länge 14″, Schnabelfirste 1″ 9‴, Flügel 10″, Schwanz 4″ 4‴, Lauf 1″, Mittelzehe 14‴ ohne die Kralle. ——

Im atlantischen Ocean zwischen den Tropen, fern von allen Küsten, aber nur einzeln; ich erhielt ein Exemplar in der Nähe von der Insel Fernando Meronha Ende Januars, das sich gegen Abend auf unsern oberen Mastkorb setzte, um dort zu übernachten. Nach Aussage der Matrosen ist es der einzige oceanische Vogel, der diese Gewohnheit hat und daher so oft gegriffen wird. Er lebt von Mollusken, nicht von Fischen, stößt auch nicht, wie die Seeschwalben, schwimmt viel, und sucht seine Nahrung an der Oberfläche des Wassers. —

Anm. Der Prinz zu Wied beobachtete einen verschlagenen Schwarm dieser Vögel bei seiner Ueberfahrt; ich sah ihn stets nur einzeln. Nächst ihm ist es nur von Sula Piscator bekannt, sich auf Schiffe zu setzen: Procellarien, Phaethon und andere oceanische Vögel thun das nie. —

6. Gatt. Rhynchops *Linn.*

Schnabel höchst eigenthümlich gebaut, der Unterschnabel bedeutend länger als der Oberschnabel, ebenso hoch, beide messerklingenförmig, nach vorn verschmälert, der obere spitzer als der untere; Mundöffnung am Schnabel sehr kurz, auf die Basis beschränkt; beide Schnabelhälften mit scharfer, schneidender Mundkante. Nasenloch ganz hinten, dicht vor dem Stirngefieder, unmittelbar am Mundrande des Schnabels. Flügel lang und spitz, die erste Schwinge die längste, ruhend viel länger als der Schwanz, letzterer kurz gabelförmig. Beine auffallend klein, die Zehen kurz mit langen Krallen, aber kurzer, ausgebuchteter Schwimmhaut.

Anm. Die Osteologie der Gattung hat Brandt in den Mém. d. l'Acad. Imp. d. St. Petersb. Sc. nat. Tm. III. 1840. behandelt.

Rhynchops nigra *Linn.*

Linn. S. Nat. I. 228. 1. *Buff.* pl. enl. 357. — *Lath.* Ind. orn. II. 802. 1. — *Licht.* Doubl. 80. 831. — *Wils.* Am. Orn. II. 376. pl. 60. f. 4. — *Pr. Max z. Wied* Beitr. IV. 877. 1. — *c. Tschudi* Fn. per. Orn. 53. 2. 1. Rhynchops cinerascens *Spix* Av. Bras. tb. 102. jung. Rayador, *Azara* Apunt. III. 329. 408.

Rückengefieder und Flügel schwarzbraun, Stirn, Unterseite und eine Binde über die Flügel weiß.

Vom Ansehn einer Seeschwalbe, aber der Kopf dicker, plumper gebaut. Schnabel von der Mitte bis zur Spitze schwarz, die Basis rothgelb oder roth, je nach dem Alter; Iris braun. Oberkopf bis zu den Augen, Nacken, Rücken und Flügel schwarzbraun; Stirn, Kehle, Backen unter dem

Auge, Vorderhals, Brust und Bauch weiß. Armschwingen an der Spitze und Innenfahne weiß, Handschwingen schwarz, die Innenfahne grau. Schwanzfedern schiefergrau, jede Feder außen weiß gesäumt. Beine roth.

Der junge Vogel ist matter gefärbt und der dunkle Rücken aschgrau, auf den Flügeln mit lichteren gelblichen Federnrändern; die Stirn und die Unterseite hellgrau, die hinteren Handschwingen fein weiß gerandet, die Armschwingen und großen Deckfedern mit weißer Spitze. Schnabel und Flügel kleiner, besonders kürzer. —

Ganze Länge 19″, Firste des oberen Schnabels 3″, des unteren 3″ 10‴, Flügel 15¾″, Schwanz 5″, Lauf 1″, Mittelzehe 8‴ ohne Kralle.

Gemein am ganzen Seegestade Brasiliens, aber auch auf den größeren Küstenflüssen bis eine Tagereise weit ins Innere. Fischt auf der Oberfläche des Wassers, indem er den Unterschnabel eintaucht und den oberen aufgerichtet über dem Wasser hält; wobei er den Schnabel schließt, wenn sich der Fisch zwischen beiden Kiefern befindet und ihn so heraushebt. Sein Flug ist langsam mit gesenktem Kopfe und gehobenen Flügeln, die doch von Zeit zu Zeit ins Wasser schlagen, wenn Wellen ihnen begegnen. Gesättigt ruht er auf Sandbänken und Untiefen am Ufer, woselbst sich diese Vögel schaarenweis gegen Abend versammeln. Ebenda brüteten sie auch. —

<hr>

Vierunddreißigste Familie.

Ruderfüßer. Steganopodes.

Schwimmvögel von sehr verschiedener Schnabelform, die bald grade messerförmig, bald dick drehrund und hakenförmig an der Spitze, bald breit, flach und fast löffelförmig ist; die Oberfläche des Schnabels von Horn bekleidet, die Nasengrube verwischt, das Nasenloch auf die Basis des Schnabels zurückgeschoben, eine kleine enge Spalte, die mitunter nach außen völlig geschlossen ist. Gefieder zahlreich, am Rumpfe aus kleinen theils sehr spitzen, theils abgerundeten Federn gebildet. Flügel zwar lang und spitz, aber doch nicht allgemein so lang, wie bei der vorigen Gruppe. Schwanz höchst verschieden, bald kurz und schwach aus zahlreichen kleinen Federn gebildet, bald lang und stark, zwölffedrig und in diesem Fall theils gabelförmig, theils breit abgerundet. Der Hauptcharakter der Gruppe liegt im Fußbau, dessen Zehen alle vier durch Schwimmhaut zu einem breiten Ruderorgan verbunden sind; daher die hintere Zehe hier mehr nach innen als nach hinten steht. Die meisten Mitglieder sind Meerbewohner, welche aber nicht sowohl auf dem großen Ocean, als an den Küsten von Busen und Binnenmeeren sich aufhalten und von Fischen sich nähren; einige kommen auch auf Binnengewässer, aber nur eine Gattung (Plotus) lebt da ausschließlich.

1. Gatt. Phaëthon *Linn.*

Schnabel stark seitlich zusammengedrückt mit sanft gebogener Firste und grader Spitze, dem von Phaëthusa ziemlich ähnlich; der Mundrand einwärts gebogen, fein sägeartig gekerbt; die Nasengrube angedeutet, mit schmalem, spaltenförmigem, ziemlich langem Nasen= loch nach hinten, dicht vor dem Kopfgefieder. Körperbau gedrungen, der Kopf dick, der Rücken breit, Gefieder rundfedrig; die Flügel schmal und spitz, mäßig lang; der Schwanz klein, schwach, sechszehn= federig, keilförmig, die beiden mittelsten Federn sehr verlängert, mit ganz schmaler Fahne, aber sehr starkem Schaft. Beine klein, der Lauf sehr kurz, die Zehen mäßig lang, mit kleinen scharfen Krallen und vollständiger großer Schwimmhaut.

Die Arten sind oceanische Vögel, welche sich weit von den Küsten entfernen und auf verlassenen Felseninseln brüten; am eigent= lichen Gestade Brasiliens sieht man sie nicht, aber auf der Heim= reise pflegt man ihnen in der nördlichen Tropenzone zu begegnen.

Anm. Eine Monographie der Gattung lieferte Brandt, Mém. d. l'Acad. Imp. d. St. Petersb. Sc. nat. Tm. III. S. 239. 1840.

Phaëthon phoenicurus *Gmel.*

Linn. Gmel. S. Nat. I. 2. 583. 3. — *Buff.* pl. enl. 979. — *Lath.* Ind. orn. II. 894. 3. — *Brandt* l. l. 252. 1. tb. 1. — *Lesson* Traité d'Orn. 625. 2.
Phaëthon melanorhynchus *Lath.* l. l. 894. 2. junger Vogel.

Weiß, am Auge ein schwarzer Bogen; Schnabel und mittelste Schwanz= federn roth.

Junger Vogel mit schwarzem Schnabel und bogig quer gestreiftem Rücken.
Alter Vogel mit schwarzen Schäften der Schwungfedern.
Ganz alter Vogel rosenroth, nur der Bogenstreif am Auge schwarz.

Von der Größe einer weiblichen Hausente (Anas boschas), der Schna=
bel roth, in der Nasengrube ein schwarzer Streif. Gefieder des alten Vo=
gels ganz weiß, je nach dem höheren Alter rosa überlaufen; nur vor dem
Auge ein schwarzer Bogen und die Schäfte der Handschwingen und Steuer=
federn schwarz, die äußerste Spitze weiß. Die beiden mittelsten sehr langen
Federn roth mit schwarzem Schaft; die hintersten Armschwingen, Achsel=
federn und Federn der Bauchseite über dem Schenkel mit dunkel schiefer=
grauem Streif an der Innenfahne. Lauf und Anfang der Zehen gelb, die
größere Partie der Zehen schwarz.

Der junge Vogel hat einen kürzeren ganz schwarzen Schnabel, brei=
ter an der Basis, gelbe Zehen und wellenförmige ziemlich breite Bogen
von schieferschwarzer Farbe auf dem Oberkopf, Nacken, Rücken und Flügel=
deckgefieder, die auf den Achselfedern und Seitenfedern des Bauches zu
breiten, gezackten Flecken sich ausdehnen; auch die Handschwingen haben
einen schwarzen Fleck vor der Spitze. Die beiden langen rothen Schwanz=
federn fehlen. —

Ganze Länge 20″, die langen Schwanzfedern dazu noch 14″, Schna=
belfirste 2½″, Flügel 11″, Lauf 13‴, Mittelzehe 2″.

Im atlantischen Ocean, auf der Höhe von Trinidad beobachtet.

2. Gatt. S u l a *Briss.*

Dysporus *Ill. Temm.*

Schnabel dicker, stärker, mehr drehrund, obgleich entschieden
höher als breit; die Firste stumpfer, nach hinten breit und fast ab=
geplattet; die Spitze deutlicher herabgebogen, aber nicht hakig, die
Mundränder von da bis über die Mitte hinab scharf sägeartig ge=
zähnt. Das Nasenloch fehlt, die Nasengänge sind nach außen nicht
geöffnet; die Kehle und die Zügel breit nackt. Gefieder rundfedrig,
weich und kurz, das der Flügel derbe und fest; die Handschwingen
groß, lang, spitz, die erste Schwinge etwas kürzer als die zweite,
aber länger als die dritte. Schwanz keilförmig, zwölffedrig, die
mittelsten Federn zwar die längsten, aber nicht auffallend verlängert.
Beine sehr groß, der Lauf zwar kurz, aber die Zehen lang, eine
breite Ruderfloße bildend, der Mittelnagel groß, am Rande kamm=
artig gekerbt. —

Sula brasiliensis.

Spix, Aves Bras. II. 83. 1. th. 107.
Dysporus Sula *Pr. Max* Beitr. IV. 890. 1.

Kaffeebraun, der Bauch weiß, die Schwingen schwarzbraun. Schnabel und Beine weißlich fleischroth. —

Völlig so groß wie Sula alba, aber einfarbig kaffeebraun mit weißem Bauch. Schnabel gelblich hornfarben, die Basis und die nackten Zügel nebst der nackten Kehle weißlich fleischroth; Iris perlweiß. Gefieder hell kaffeebraun, Bauch und Steiß weiß. Handschwingen schwarzbraun. Beine weißlich fleischfarben.

Der junge Vogel (Spix Figur) hat einen graulichen Schnabel, ein viel matteres Gefieder mit lichteren Federrändern und keinem weißen, sondern einem gelblich grauweißen Bauch, dessen Farbe sich weiter gegen die Brust hinauf erstreckt, als beim alten Vogel; auch ist der Schwanz kürzer und stumpfer.

Ganze Länge 30″, Schnabelfirste 4″, Flügel 16″, Schwanz 8″, Lauf 1″ 10‴, Mittelzehe 3″ ohne Kralle.

Sehr gemein auf der Bai von Rio de Janeiro, wo man stündlich und fortwährend einige Exemplare stoßend fischen sieht; kommt aber nicht so nahe ans Ufer, wie die Möven und der Fregattvogel und ist ziemlich scheu. Er verbreitet sich am Küstenrande Brasiliens sowohl nordwärts als südwärts, denn ich erhielt ihn noch von der Insel Sta Catharina. —

Anm. Die von Vieillot abgebildete Art Sula fusca *aut.* Gal. III. 194. pl. 277. ist beträchtlich kleiner, nur 25—26″, viel dunkler braun gefärbt und schmächtiger gebaut. Sie bewohnt die süd-afrikanischen Küsten, und kommt an Brasilien nicht vor.

3. Gatt. Tachypetes *Vieill.*

Schnabel mehr flach rund, in der Mitte breiter als hoch, gegen die Stirn hin sanft aufsteigend, mit flacher Firste, neben welcher eine feine aber scharfe Furche zur Spitze verläuft; darin hinten das kleine, enge, spaltenförmige Nasenloch; die Spitze eine hohe, starke, hakige, für sich abgesetzte Kuppe, welche auch am Unterschnabel in ähnlicher Art, nur abwärts gebogen, vom übrigen Schnabelüberzuge sich absetzt. Zügel befiedert, die Kehle aber nackt. Gefieder etwas großfedriger, als bei Sula, die Federn zwar länglich, aber abgerundet; Flügel ganz enorm lang, sehr spitz, die erste Schwinge die längste; Schwanz nicht minder lang, tief gabelig getheilt, zwölffedrig, weit über die ruhenden Flügel hinausreichend. Beine klein, der Lauf kurz, bis zu den Zehen von Federn bedeckt; Zehen nach Verhältniß lang, dünn, mit langen, starf gebogenen Krallen, aber kurzer, tief ausgeschweifter Schwimmhaut; die vordere Mittelkralle sehr lang und mehr gestreckt; die Hinterzehe zwar nach innen ge= richtet, aber nur durch eine schmale Spannhaut gehalten. —

Tachypetes Aquilus *aut.*

Pelecanus Aquilus *Linn.* S. Nat. I. 216. 2. — *Buff.* pl. enl. 961. — *Lath.* Ind. orn. II. 885. 10.
Tachypetes aquila *Vieill.* Gal. d. Ois. III. 187. pl. 274. — *Pr. Max z. Wied* Beitr. IV. 885. 1. — *Schomb.* Reise britt. Guy. III. 763. 419.
Grapirá der Brasilianer.

Männchen glänzend schwarz, metallisch glänzend.
Weibchen mattschwarz, Kopf, Hals und Brust weiß.
Junger Vogel rauchbraun, ein Wisch über die Deckfedern heller, Brust weiß. —

Ein großer Vogel, im Rumpf größer als ein Tölpel (Sula alba), mit ganz enorm langen Schwingen und Schwanzfedern.

Männchen im reifen Alter glänzend schwarz, grünlich matallisch schillernd, Schnabel und Beine korallroth; Kehle und Vorderhals nackt, dunkel fleischroth.

Weibchen einfach kohlschwarz; Kopf, Hals und Brust weiß; Schna= bel und Beine blasser gefärbt, der Schnabel besonders. —

Junger Vogel rußbraun, Schwingen und Schwanzfedern schwarz= braun, nach der Basis zu heller, besonders der Schaft; kleine Deckfedern quer über den ganzen Flügel vom Bug her hell graugelbbraun; Brust weiß, beim Weibchen sich gegen den Hals hinauf weiter ausdehnend; Vorderhals bis zur Kehle schwach besiedert. —

Ganze Länge 36—38", Schnabelfirste 5", Flügel 25—26", Schwanz 15—16", Lauf 1½", Mittelzehe 2" ohne Kralle. —

Am Küstengestade Brasiliens, bis hoch in die See hinaus, aber nicht leicht weiter als etwa eine Tagereise vom Ufer; besonders auf Busen und an den großen Flußmündungen, so namentlich sehr gemein auf der Bai von Rio de Janeiro, wo man die Vögel sowohl in Schwärmen hoch in der Luft schweben, als auch nahe am Ufer zwischen den Schiffen herumfliegen und auf Fische stoßen sieht. Ihr Flügelschlag ist langsam, ihr Flug aber schnell und sicher. Sie brüten auf den unbewohnten Inseln vor der Bai.

4. Gatt. Halieus *Illig.*

Phalacrocorax *Briss.*　Carbo *Temm.*

Schnabel von Tachypetes, aber viel kleiner, zierlicher, und die Zügelgegend bis zum Auge hin nackt; Nasengrube und Längsfurche sehr seicht, das Nasenloch eine sehr enge Spalte am hinteren Ende; Kehle und Mundwinkelgegend auch nackt. Hals lang, ziemlich dünn, mit sehr kleinen, weichen Federn bekleidet; Rumpffedern länglich oval, Flügel ziemlich kurz, wenig über den Anfang des Schwanzes hinab= reichend, die erste Schwinge die längste. Schwanz ziemlich groß, aus 12 starken kräftigen Federn gebildet, weit über die ruhenden Flügel hinabreichend, abgerundet. Beine sehr stark, der Lauf zwar nicht lang, aber hoch, nackt; die Außenzehe die längste, entschieden länger als die Mittelzehe, doch letztere mit dickerer, breiterer Kralle; Hinterzehe groß, ganz nach innen gerückt.

Halieus brasilianus.

Lichtenst. Doubl. d. zool. Mus. 86. 908. — *Pr. Wied* Beitr. IV. 895. 1. — *Schomb.* Reise III. 764. 420.
Carbo brasilianus *Spix* Av. Bras. II. 83. 1. tb. 106.
Procellaria brasiliana *Gmel. Linn.* S. Nat. I. 2. 564. — *Lath.* Ind. orn. II. 821. 2.
Zaramagallon negro *Azara* Apunt. III. 395. 423.

Kohlschwarz, die Ränder der Federn glänzend metallisch grün; Schnabel und Gesicht gelb. —

Völlig so gestaltet wie unser See=Raabe (Halieus Carbo), auch ebenso groß. Schnabel gelb, die Firstenkante etwas gebräunt; Zügel und Kehle röthlich wachsgelb. Iris hellblau. Gefieder des alten Vogels gleich= mäßig kohlschwarz, alle Federnränder grünlich metallisch glänzend, an sich dunkler im Ton. Beine schwarz. —

Junger Vogel braun, Kehle und Backen weißlich; Hals gelbbraun= grau, die Spitzen der Federn schwarz. Brust weiß, die Spitzen der Federn schwarzbraun. Rücken, Flügel und Schwanz braun, alle Federnränder kohl= schwarz; Bauch und Steiß schwarz, erzgrün schillernd.

Ganze Länge 30″, Schnabelfirste 2″ 6‴, Flügel 12″, Schwanz 6″, Lauf 2″, Außenzehe 3″ 2‴ ohne Kralle.

An Seeküsten wie auf Binnengewässern durch ganz Süd=Amerika, von Guyana bis zum Rio de la Plata verbreitet; geschickt im Tauchen und

Schwimmen und gewandter Fischjäger, der auf kleineren Gewässern, wo er sich sammelt, gleich dem unsrigen viel Schaden anrichtet.

5. Gatt. Plotus *Linn.*

Schnabel fein, grade, spitz, etwas zusammengedrückt, ohne Spur eines Endhakens, mit kurzer, seichter Nasengrube und feinem, spaltenförmigem Nasenloch darin; Zügel, Kehle und Backen nackt. Kopf klein, Hals sehr lang. Gefieder voll, weich, sehr kleinfedrig; das des Rückens und der Flügel scharf zugespitzt. Flügel ziemlich lang, spitz, die erste Schwinge verkürzt, die zweite auch. noch etwas kürzer als die dritte längste. Schwanz ungemein lang, aus 12 starken, breiten Federn gebildet, im Ganzen abgerundet. Beine stark und kräftig, der Lauf zwar kurz, aber dick; die Zehen lang, die Außenzehe ebenso lang wie die mittleren, doch letztere mit größerer nach innen erweiterter Kralle.

Plotus Anhinga.

Linn. Syst. Nat. I. 218. 1. — *Buff.* pl. enl. 959. und 960. — *Lath.* Ind. orn. II. 895. 1. — *Pr. Max* Beitr. IV. 900. 1. — *Schomb.* Reise III. 764. 422.
Zaramagullon chorreado *Azara* Apunt. III. 399. 424.
Anhinga *Marcgr.* hist. nat. Bras. 218.
Myuá der Brasilianer.

Männchen ganz schwarz, Rücken und Flügeldeckfedern mit weißgrauem Fleck an der Spitze; die großen Armdecken ganz grau.

Weibchen ebenso, aber Kopf, Hals und Brust graulich braungelb.

Wenig kleiner als ein See-Raabe, aber feiner, schlanker gebaut, der Hals nach Verhältniß viel länger. Schnabel gelbgrau, die Firste gebräunt; Zügel und Kehle wachsgelb, Iris orange. — Gefieder des Männchens ganz kohlschwarz, matt violett schillernd; die Bauchseite mehr ins Erzgrüne fallend; alle Rückenfedern, die langen spitzen Achselfedern und die Flügeldeckfedern mit graulicher Spitze, welche sich als breiter Schaftstreif zur Basis fortsetzt; große Flügeldeckfedern am Armtheil, wie weit sichtbar, ganz weißgrau. Schwanzfedern mit graulichem Endrande. Beine schmutzig rothgelb, die Schwimmhaut nach der Spitze zu dunkler, bräunlicher. — Weibchen mit gelbgrauem Kopfe, Halse und ebenso gefärbter Brust, der Oberkopf dunkler, sonst wie das Männchen. —

Ganze Länge 35″, Schnabelfirste 3″, Flügel 13″, Schwanz 12″, Lauf 1″, Mittelzehe 2″ 2‴. —

Auf Binnengewässern durch ganz Brasilien verbreitet, doch nur auf den größeren Flüssen, so weit sie im Urwalde strömen; nährt sich von Fischen und größeren Wasserthieren, welche er auf dem Wasser schwimmend, nach Art der Reiher, im Wasser floßend fängt. Nistet auf Bäumen und bringt auch da die Nächte zu, ganz wie der Cormoran, dessen Lebensweise er führt. Ich erhielt ein Weibchen auf meiner Reise am Rio Chipate, dem Anfange des Rio Belmonte. —

--

Fünfunddreißigste Familie.
Steißfüßer. Pygopodes.

Die ungemein weit zurückgesetzte Stellung der Beine, welche bis nahe an den Hacken heran mit in der Körperhaut stecken, und dadurch dem After nahe kommen, hat diesen Vögeln ihren Namen gegeben. Im Körperbau und in der Schnabelform sind sie übrigens sehr von einander verschieden. Charakteristisch für sie ist die Kleinheit des Gefieders, worin sie an Plotus sich anschließen, die dichte Stellung der Federn und die weiche z. Th. ganz eigenthümliche Beschaffenheit derselben. Die Flügel sind kurz und erreichen nur den Anfang des Schwanzes, daher diese Vögel schlecht und nie anhaltend fliegen; mehreren fehlen zugleich mit dem Flugvermögen die Schwingen ganz. Auch der Schwanz ist klein, schwach und wenig entwickelt. Ihre Beine haben z. Th. nur drei Zehen, in der Regel aber vier, doch sind nur drei durch Schwimmhaut verbunden; bei einer Gattung, der einzigen, welche in Süd-Amerika auftritt, bildet die Schwimmhaut nur breite Säume an den Zehen, die aber nicht durch Buchten ausgezackt sind. Diese allein haben wir also hier zu betrachten.

Gatt. Podiceps Lath.

Schnabel fein, zierlich, grade, fast kegelförmig, etwas seitlich zusammengedrückt; Oberschnabel den Unterschnabel umfassend, mit tiefer Nasengrube bis zur Mitte, worin das ovale, spaltenförmige, aber offene, durchgehende Nasenloch sich befindet. Gefieder dicht, weich, seidenartig; mit wenig zusammenhängender Fahne; Flügel klein, schwach, nur bis zur Bürzeldrüse reichend, die Schwingen schmal, die erste Handschwinge etwas verkürzt. Steuerfedern nicht vorhanden. Beine ziemlich groß, der Lauf kurz, stark, seitlich zusammengedrückt, auf der hinteren Kante mit einer doppelten Reihe scharfer Sägezähne bekleidet; die drei Vorderzehen mit breitem, am Grunde verbundenem Hautsaum, der nach der Innenseite breiter ist, und flachem, platten= förmigem Nagel; Hinterzehe vorhanden, mit feiner, schmaler Kralle; die Oberfläche aller mit schmalen, divergirenden, dünnen Tafeln be= kleidet. —

Leben auf Binnengewässern, besonders Landseen, tauchen und schwimmen geschickt, fliegen aber schlecht und nur kurze Strecken.

1. Podiceps dominicus.

Lath. Ind. orn. II. 785. 10. — *Pr. Max Wied* Beitr. IV. 885. — *Spix*, Aves Bras. II. 78. 2. tb. 101.
Colymbus dominicus *Linn.* S. Nat. I. 223. 10. — *Licht.* Doubl. d. zool. Mus. 87. 921. — *Schomb.* Reise III. 765. 424.
Macas menor, *Azara* Apunt. III. 467. 443.

Aschgrau; Unterschnabel, Kehle und Bauch weißlich. Beine schwarz; Ober= schnabel schwarz, Unterschnabel weiß.

So groß wie unser Podiceps minor. Oberschnabel schwarz, Unter= schnabel weiß, Basis und Spitze grau. Iris orange. Gefieder dunkel asch= grau, der Oberkopf etwas ins Bleigraue, der Hals und der Rücken mehr ins Bräunliche spielend; bei alten Vögeln mit leichtem Kupferschiller. Kehle weiß; Unterbrust und Bauchfläche nur weißlich, weil überall der graue Grund scheckig durchscheint, übrigens seidenartig glänzend. Beine grünlich= schwarz, die Spitze der platten Nägel weiß gesäumt. Schwingen außen rauchbraungrau, der ganzen Innenfahne bis nahe zur Spitze weiß; ebenso die großen Flügeldeckfedern; aber beide unter den dichten langen Achsel= federn und dem Rumpfseitengefieder versteckt. —

Ganze Länge 8" 8‴, Schnabelfirste 9‴, Flügel 3", Lauf 1", Mittel= zehe 1" 6‴ ohne die Kralle.

Gemein auf allen Binnenseen Brasiliens, ich erhielt den Vogel häufig in Lagoa santa.

2. Podiceps ludovicianus.

Lath. Ind. orn. II. 785. 13. — *Buff.* pl. col. 943. — *Pr. Max z. Wied* Beitr. IV. 830. 1.
Podiceps carolinensis *Lath.* ibid. 12. — *Spix*, Av. Bras. II. 78. 1. tb. 100.

Colymbus Podiceps *Linn.*   Nat. I. 223. 11.
Colymbus ludovicianus *Gmel. Linn.* S. Nat. I. 592. — *Licht.* Doubl. 88. 922.
Macas pico corvo *Azara* Apunt. III. 464. 444.

Rauchbraungrau am Rücken, weißlich am Bauch, die Seiten gelblich überlaufen; Kehle schwarz, Schnabel weiß mit grauer Binde.

Doppelt so groß wie die vorige Art und ziemlich von der Größe des
Podiceps cornutus. Schnabel stärker und dicker, weiß, dicht hinter dem
Nasenloch eine graue Querbinde. Oberkopf bis zum Nacken, Rücken und
Flügel rauchgraubraun; die Schwingen am Rande der Innenfahne weißlich graugelb. Kehle kohlschwarz; Hals, Brust und Bauchseiten grau, gelblich überlaufen, die letzten bei alten Vögeln ganz rostgelb, dazwischen dunklere Querwellen, wo der graue Grund durchscheint; Bauchmitte reiner
silberweiß. Iris citronengelb. Beine schwarz.

Ganze Länge 14″, Schnabelfirste 11‴, Flügel 5″, Lauf 1″ 5‴,
Mittelzehe 2″ 2‴ ohne die Kralle. —

Lebt mehr im Küstenwaldgebiet und verbreitet sich am ganzen Rande
Süd-Amerikas bis zum La Plata und nordwärts bis nach Süd-Carolina.
Der Prinz zu Wied traf den Vogel auf einem See in der Nähe des Rio
Belmonte; ich habe ihn nicht erhalten, weil es in der Nähe Neu-Freiburgs
keine großen Seen giebt.

Anm. Azara führt aus dem Süden noch eine Art auf, den 3. Podiceps bicornis *Lichtenst.* Doubl. d. zool. Mus. 88. 924. — Macas cornudo
Azara Apunt. III. 457. 443. — Der Vogel ist viel größer, 23″ lang, hat einen
längeren schlankeren Schnabel von 3″ Länge, der sich sanft aufwärts biegt, und
einen zweitheiligen Federnschopf am Hinterkopf von stahlblauer Farbe; die Kehle
ist weiß, der Vorderhals kastanienbraun, der Hinterhals und der Rücken dunkel
schieferschwarz, die Bauchfläche weißlich.

Anhang.

Im erften Bande zwifchen Pipra und Calyptura einzufchalten (S. 447,) die mir bisher entgangene

Gatt. Jodopleura *Less.*

Cent. zoolog. pl. 26.

Geftalt und Größe von Calyptura, aber der Schnabel größer, breiter, mehr gewölbt, bauchig gerundet, die Firfte ziemlich scharf= kantig, die Spitze feiner abgefetzt; die Nafengrube vortretend, mit länglich ovalem Nafenloch am unteren Rande. Zügelgefieder mit einigen feinen Borften befetzt, desgleichen alle Federn am Schnabel= grunde, die Nafengrube und Kinnrand befchattend. Gefieder weich aber ziemlich kleinfedrig; die Flügel nach Verhältniß lang, faft bis ans Ende des fehr kurzen Schwanzes reichend, die erfte und zweite Schwinge nur fehr wenig kürzer als die dritte längfte, welcher die vierte gleich kommt. Schwanz fehr klein und fchmalfedrig. Beine fein und zierlich, die Lauffohle mit mehreren Reihen ovaler Warzen bekleidet, die Zehen dünn, der Daumen lang, die Krallen aber klein; die Außenzehen kaum mit der Mittelzehe verwachfen, nur am Grunde beide etwas inniger verbunden. —

Jodopleura Pipra *Lesson.*

Centurie zoologique pl. 26. — *Des Murs* Iconogr. etc. pl. 68. 2. — *Bonap.* Consp. I. 171. 331. — *Hartl.* Catal. Mus. Brem. 56.
Pipra modesta *Licht.* Mus. ber.
Euphone aurora *Sundev.*

Rückengefieder braunfchwarz, etwas feidenartig fchillernd; Kehle und Steiß roftgelb, Bauch und Bruft weiß.

Junger Vogel matter gefärbt, grau unterlegt, die weiße Unterfläche grau gebändert.

Etwas größer als Calyptura cristata, das Gefieder derber, viel kleinfedriger. Schnabel und Beine schwarz, Iris graubraun; Gefieder des Rückens braunschwarz, Oberkopf kohlschwarz, Nacken und Halsseiten schiefergrau; Flügel und Schwanz bräunlicher, seidenartig schillernd. Kehle, Vorderhals und Steiß hell rothbräunlich, Brustseiten grau, Brustmitte und Bauch weiß, grau quer gebändert. —

Ganze Länge 3½", Schnabel 2"', Flügel 2" 4"', Schwanz 1", Lauf 7"'.

In den Gebüschen bei Lagoa santa, einmal von meinem Sohne erlegt; nordwärts bis zum Amazonenstrom verbreitet. —

Anm. Eine sehr ähnliche Art aus Venezuela hat Parzudacki als Idopleura Isabella Rev. zool. 187. 186. beschrieben; dieselbe hat einen weißen Augenstreif und weißen Bürzel.

Druckfehler.

Im zweiten Bande:
Seite 491 Zeile 19 v. oben lies Spitzenflecken statt Spitzenfedern.
Seite 494. Nach Sclater (a. a. O.) ist die hier anhangsweise beschriebene Gatt. Hapalura *Cuban.* der ächte Typus von Swainson's Gatt. Culicivora, und nicht die Bd. III. S. 111. beschriebene, welche er deshalb Polioptila genannt hat.
Seite 518 Zeile 1 von unten lies verkannt statt erkannt.
    Unter den Citaten fehlt ebenda bei Taeniptora Neugeta die Abbildung von Strickland, Ann. et Mag. nat. hist. 1844., welche den Vogel ziemlich gut darstellt.

www.ingramcontent.com/pod-product-compliance
Lightning Source LLC
Chambersburg PA
CBHW020901210326
41598CB00018B/1737